普通高等教育“十三五”规划教材

计算机基础与应用（第三版）

主　编　张春芳　秦　凯　张　宇

中国水利水电出版社
www.waterpub.com.cn
·北京·

内 容 提 要

本书针对非计算机专业学生的特点，结合编者们多年从事大学计算机基础课程教学的经验编写而成。书中以 Windows 10 和 Microsoft Office 2016 为教学和实验环境，全面涵盖了高等院校各专业计算机基础课程的基本教学内容和全国计算机等级考试大纲内容，包括计算机基础知识、操作系统 Windows 10、Word 2016、Excel 2016、PowerPoint 2016、Access 2016、计算机网络基础和程序设计初步。

本书基本概念翔实，关键技术先进，理论与实践并重，组织结构合理，适合课堂教学及自学者使用。

图书在版编目（C I P）数据

计算机基础与应用 / 张春芳，秦凯，张宇主编. -- 3版. -- 北京 : 中国水利水电出版社，2018.9
普通高等教育“十三五”规划教材
ISBN 978-7-5170-6853-2

Ⅰ. ①计… Ⅱ. ①张… ②秦… ③张… Ⅲ. ①电子计算机－高等学校－教材 Ⅳ. ①TP3

中国版本图书馆CIP数据核字(2018)第206243号

策划编辑：石永峰　　责任编辑：周益丹　　封面设计：李　佳

书　名	普通高等教育“十三五”规划教材 计算机基础与应用（第三版） JISUANJI JICHU YU YINGYONG
作　者	主　编　张春芳　秦　凯　张　宇
出版发行	中国水利水电出版社 （北京市海淀区玉渊潭南路 1 号 D 座　100038） 网址：www.waterpub.com.cn E-mail：mchannel@263.net（万水） sales@waterpub.com.cn 电话：（010）68367658（营销中心）、82562819（万水）
经　售	全国各地新华书店和相关出版物销售网点
排　版	北京万水电子信息有限公司
印　刷	三河市鑫金马印装有限公司
规　格	184mm×260mm　16 开本　23 印张　568 千字
版　次	2008 年 6 月第 1 版　2008 年 6 月第 1 次印刷 2018 年 9 月第 3 版　2018 年 9 月第 1 次印刷
印　数	0001—3000 册
定　价	56.00 元

第三版前言

随着计算机在社会生活各个领域的应用和普及，计算机已经是人们工作、学习不可缺少的工具。大学计算机基础作为普通高等学校非计算机专业学生的必修课程，以培养学生信息化素养、提高学生计算机基本操作技能为目标，是步入社会及深层次学习计算机相关课程的基础，由于其覆盖面大，实用价值强，其教学效果影响深远。

为了配合搞好计算机基础的教学工作，使学生更容易地掌握计算机基础操作内容，本书针对非计算机专业学生的特点，结合编者们多年从事大学计算机基础课程教学的经验编写而成。全书系统地介绍了计算机基础知识、Windows 10 操作系统、文字处理软件 Word 2016、电子表格软件 Excel 2016、演示文稿软件 PowerPoint 2016、数据库软件 Access 2016，以及计算机网络基础知识和程序设计初步。

本书由张春芳、秦凯、张宇主编。全书第 1 章至第 8 章分别由陈艳、刘立君、张春芳、杨毅、梁宁玉、杨明学、秦凯、张宇编写。

由于时间紧迫，加之编审者水平有限，书中可能存在一些不妥之处，恳请广大读者及专家批评指正。

编　者

2018 年 6 月

第一版前言

在信息化社会的今天，计算机作为信息处理的工具、手段、载体，其地位和作用被人们普遍认可，于是是否掌握计算机的知识和操作的技能已经是衡量信息化社会的“文盲”的标准。

为了提高高等学校计算机基础教育的水平，我们在大学计算机基础教育过程中不断地总结教学经验，在教育部高等教育司2006年制定的大学计算机教学基本要求和教学指导委员会关于高等学校计算机基础教学的意见的要求下，结合二批段本科学生的特点及多年的教学经验编写了本书，由浅入深是该书的一大特点。

本书共分6章。第1章介绍计算机的基本知识和基本概念，利用简短的篇幅介绍了计算机的发展过程、计算机的基本组成、进制的转换等相关知识。第2章介绍Windows XP操作系统，从如何安装开始由浅入深地介绍Windows XP的基本操作，包括管理桌面、任务栏的使用、窗口及其操作、工具栏的使用、文件和文件夹的管理、磁盘管理、系统设置、附件使用等。第3～5章以Office 2000这一比较成熟的版本为对象进行介绍，力求为读者介绍较新较好用的知识和操作技能。第3章介绍文字处理软件Word，重点介绍了编辑与排版的技巧、表格的制作与编辑、图文混排的方法等知识和技巧；第4章介绍电子表格Excel的使用，重点介绍了Excel的基本功能、数据的快速录入方法、公式的建立与使用、在地址等比较难以理解和掌握的部分列举了大量的实例，由浅入深地展开介绍有利于自学者尽快掌握；第5章介绍幻灯片制作软件PowerPoint，从认识开始，到新建、制作、管理与放映，再到制作实例，完全按照学习者的学习过程来介绍，利用大量的例题详尽说明了制作的过程与制作的技巧。第6章介绍网络基础，从基本概念开始到网络的七层体系结构，从计算机网络的功能到网络操作系统再到网络的基本设备，从IP地址到网络的基本协议，再到常用上网工具Internet Explorer等，使读者既能掌握基本知识又能具备一定的操作技能。

本书由张宇任主编，刘立君、陈艳、马骥任副主编，参加本书部分编写工作的还有张春芳、王立武、苏瑞、陈敬、秦凯、王锦、邵一川、梁宁玉、刘莹昕等。本书在编写过程中，得到了辽宁省计算机基础教育学会许多专家的大力支持，由沈阳大学信息工程学院副院长范立南教授审定，在此一并表示感谢。

由于时间仓促及作者水平有限，书中疏漏甚至错误之处在所难免，恳请广大读者批评指正。

编者

2008年4月

目　　录

第 1 章　计算机基础知识

1.1　计算机概述

现代计算机是一种按程序自动进行信息处理的通用工具。它的处理对象是数据，处理结果是信息。在这一点上，计算机与人脑有着某些相似之处。因为人的大脑和五官也是信息采集、识别、存储、处理的器官，所以计算机又被称为电脑。

随着信息时代的到来和信息高速公路的兴起，全球信息化进入了一个新的发展时期。人们越来越认识和领略到计算机强大的信息处理功能，计算机已经成为信息产业的基础和支柱。

1.1.1　计算机的发展过程

在第二次世界大战中，敌对双方都使用了飞机和火炮，猛烈轰炸对方军事目标。要想打得准，必须精确计算并绘制出“射击图表”。经查图表确定炮口的角度，才能使射出去的炮弹正中飞行目标。但是，每一个数都要做几千次的四则运算才能得出来，十几个人用手摇机械计算机算几个月，才能完成一份“图表”。针对这种情况，人们开始研究把电子管作为“电子开关”来提高计算机的运算速度。许多科学家都参加了实验和研究，终于制成了世界上第一台电子计算机，名字叫电子数值积分计算机（Electronic Numberical Integrator and Computer，ENIAC），如图 1-1、如图 1-2 所示。

图 1-1　世界上第一台电子计算机（1）

图 1-2　世界上第一台电子计算机（2）

机器被安装在一排 2.75 米高的金属柜里，使用了 17468 个真空电子管，耗电 174 千瓦，占地 170 平方米，重达 30 吨。电子管平均每隔 7 分钟就要被烧坏一只，尽管如此，ENIAC 的运算速度达到每秒钟 5000 次加法，可以在千分之三秒时间内做完两个 10 位数乘法。一条炮弹的轨迹，20 秒钟就能被它算完，比炮弹本身的飞行速度还要快。虽然它的功能还比不上今天最普通的一台微型计算机，但是在当时它已是运算速度的绝对冠军，并且其运算的精确度和准确度也是史无前例的。ENIAC 奠定了电子计算机的发展基础，开辟了计算机科学技术的新纪元。有人将其称为人类第三次产业革命开始的标志。

ENIAC 诞生后，数学家冯·诺依曼提出了重大的改进理论，主要有两点：一是电子计算机应该以二进制为运算基础；二是电子计算机应采用“存储程序”方式工作，并且进一步明确指出了整个计算机的结构应由 5 个部分组成（运算器、控制器、存储器、输入装置和输出装置）。冯·诺依曼的这些理论的提出，解决了计算机运算自动化的问题和速度配合问题，对后来计算机的发展起到了决定性作用。直至今天，绝大部分的计算机还是采用冯·诺依曼方式工作。

ENIAC 诞生后短短几十年间，计算机的发展突飞猛进。主要电子器件相继使用了真空电子管、晶体管、中小规模集成电路和大规模超大规模集成电路，引起计算机的几次更新换代，每一次更新换代都使计算机的体积和耗电量大大减小，功能大大增强，应用领域进一步拓宽。这台计算机的问世，标志着电脑时代的开始。

现代计算机的发展阶段主要是依据计算机所采用的电子器件的不同来划分的。计算机器件从电子管到晶体管，再从分立元件到集成电路以至微处理器，促使计算机的发展出现了 3 次飞跃。

1. 第一代计算机（1946～1958）

人们通常称这一时期为电子管计算机时代，第一代计算机主要用于科学计算。

（1）采用电子管作为逻辑开关元件。

（2）主存储器使用水银延迟线存储器、阴极射线示波管静电存储器、磁鼓和磁芯存储器等。

（3）外部设备采用纸带、卡片、磁带等。

（4）使用机器语言，20 世纪 50 年代中期开始使用汇编语言，但还没有操作系统。

这一代计算机主要用于军事目的科学研究，体积庞大、笨重、耗电多、可靠性差、速度慢、维护困难。图 1-3 为电子管。

图 1-3 电子管

2. 第二代计算机（1958～1964）

人们通常称这一时期为晶体管计算机时代。

（1）采用半导体晶体管作为逻辑开关元件。

（2）主存储器均采用磁芯存储器，磁鼓和磁盘开始用作主要的辅助存储器。

（3）输入输出方式有了很大改进。

（4）开始使用操作系统，有了各种计算机高级语言。

计算机的应用已由军事和科学计算领域扩展到数据处理和事务处理。它的体积减小，重量减轻，耗电量减少，速度加快，可靠性增强。图 1-4 为晶体管。

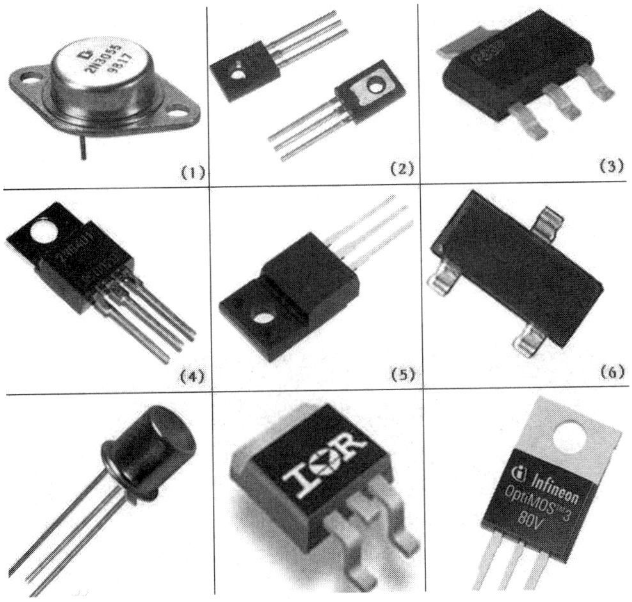

图 1-4　晶体管

3. 第三代计算机（1964～1971）

人们通常称这一时期为集成电路计算机时代，其主要特点如下：

（1）采用中小规模集成电路作为逻辑开关元件。

（2）开始使用半导体存储器，辅助存储器仍以磁盘、磁带为主。

（3）外部设备种类增加。

（4）开始走向系列化、通用化和标准化。

（5）操作系统进一步完善，高级语言数量增多。

这一时期计算机主要用于科学计算、数据处理以及过程控制。计算机的体积、重量进一步减小，运算速度和可靠性有了进一步提高。图 1-5 为集成电路。

图 1-5　集成电路

4. 第四代计算机（1971 年至今）

第四代计算机是从 1971 年开始，至今仍在继续发展。人们通常称这一时期为大规模、超大规模集成电路计算机时代，其主要特点如下：

（1）采用大规模、超大规模集成电路作为逻辑开关元件。

（2）主存储器使用半导体存储器，辅助存储器采用大容量的软硬磁盘，并开始引入光盘。

（3）外部设备有了很大发展，采用了光字符阅读器（OCR）、扫描仪、激光打印机和各种绘图仪。

（4）操作系统不断发展和完善，数据库管理系统进一步发展，软件行业已经发展成为现代新型的工业部门。

这一时期，数据通信、计算机网络已有很大发展，微型计算机异军突起，遍及全球。计算机的体积、重量及功耗进一步减小，运算速度、存储容量和可靠性等又有了大幅度提高。图 1-6 为超大规模集成电路。

图 1-6　超大规模集成电路

5. 新一代计算机

从 20 世纪 80 年代开始，日本、美国以及欧洲共同体都相继开展了新一代计算机（FGCS）的研究。新一代计算机是把信息采集、存储、处理、通信和人工智能结合在一起的计算机系统。它不仅能进行一般信息处理，而且能面向知识处理，具有形式化推理、联想、学习和解释的能力，能帮助人类开拓未知的领域和获得新的知识。

新一代计算机的研究领域大体包括人工智能、系统结构、软件工程和支援设备，以及对社会的影响等。新一代计算机的系统结构将突破传统的冯 • 诺依曼机器的概念，实现高度并行处理。图 1-7 为新一代计算机芯片。

图 1-7　新一代计算机芯片

6. 计算机未来的发展趋势

未来电脑发展趋势可以用几个字形容：轻、薄、微、云。

摩尔定律说当价格不变时，集成电路上可容纳的晶体管数目，约每隔 18 个月便会增加一倍，性能也将提升一倍。换言之，每一美元所能买到的电脑性能，将每隔 18 个月翻两倍以上。现在 CPU 的发展，更精密的工艺，让 CPU芯片在面积上变得更加小巧。可以推断出到极小纳米工艺时代时电脑整机体积将会变得越来越小。板卡集成度将会变高、芯片体积会更小，许多原来单独的硬件将整合在一起，最终使电脑轻薄微小，颠覆现在的笔记本、平板，现在出来的超级本就是个趋势。只要性能持续增强，以后相对体积较大的台式机会失去市场。现在的台式机不是有一体机出现了吗？虽然市场占有率低，但是是个趋势，说不定以后的家用台式机就是一个显示器，而且是超薄型的。

云是指云端服务，据预测未来多数公司、甚至家庭都将使用云端服务，云计算给用户带来更多新体验。例如：家里只需要有一个联网的液晶显示器，显示器内置 ARM 芯片。通过网络云端系统，软件数据的运算可以通过云端主机来代替传统家用机的运算。英特尔与各行业用户一致认为，数据中心只有具备互通、自动化以及客户端自适应的特性，才能更好地满足当时乃至之后的云计算发展。

1.1.2　计算机的分类

计算机的种类很多，而且分类的方法也很多。有些分法是在专业人员中使用的，例如用 I 代表“指令流”，用 D 代表“数据流”，用 S 表示“单”，用 M 表示“多”。于是就可以把系统分成：SISD、SIMD、MISD、MIMD 共四种。

根据计算机分类的演变过程和近期可能的发展趋势，国外通常把计算机分为 6 大类：

1. 超级计算机或称巨型机

超级计算机通常是指最大 、最快、最贵的计算机。例如目前世界上运行最快的超级机速度为每秒 1704 亿次浮点运算。生产巨型机的公司有美国的 Cray 公司、TMC 公司，日本的富士通公司、日立公司等。我国研制的银河机也属于巨型机，银河 1 号为亿次机，银河 2 号为十亿次机。图 1-8 为银河巨型机。

图 1-8　银河巨型机

2. 小超级机或称小巨型机

小超级机又称桌上型超级电脑，可以使巨型机缩小成个人机的大小，或者使个人机具有超级电脑的性能。典型产品有美国 Convex 公司的 C-1、C-2、C-3 等；Alliant 公司的 FX 系列等。图 1-9 为小超级机。

图 1-9　小超级机

3. 大型主机

它包括我们通常所说的大、中型计算机。这是在微型机出现之前最主要的计算模式，即把大型主机放在计算中心的玻璃机房中，用户要上机就必须去计算中心的端上工作。大型主机经历了批处理阶段、分时处理阶段，进入了分散处理与集中管理的阶段。IBM 公司一直在大型主机市场处于霸主地位，DEC、富士通、日立、NEC 也生产大型主机。不过随着微机与网络的迅速发展，大型主机正在走下坡路。我们许多计算中心的大机器正在被高档微机群取代。图 1-10 为大型计算机。

图 1-10　大型计算机

4. 小型机

由于大型主机价格昂贵，操作复杂，只有大企业大单位才能买得起。在集成电路推动下，60 年代 DEC 推出一系列小型机，如 PDP-11 系列、VAX-11 系列。HP 有 1000、3000 系列等。通常小型机用于部门计算，同样它也受到高档微机的挑战。图 1-11 为小型计算机。

图 1-11　小型计算机

5. 工作站

工作站与高档微机之间的界限并不十分明确，而且高性能工作站正接近小型机，甚至接近低端主机。但是，工作站毕竟有它明显的特征：使用大屏幕、高分辨率的显示器；有大容量的内外存储器，而且大都具有网络功能。它们的用途也比较特殊，例如用于计算机辅助设计、图像处理、软件工程以及大型控制中心。图 1-12 为工作站。

6. 个人计算机或称微型机

这是目前发展最快的领域。根据它所使用的微处理器芯片的不同而分为若干类型：首先是使用 Intel 芯片 386、486 以及奔腾等 IBM PC 及其兼容机；其次是使用 IBM-Apple-Motorola 联合研制的 PowerPC 芯片的机器，苹果公司的 Macintosh 已有使用这种芯片的机器；再次，DEC 公司推出使用它自己的 Alpha 芯片的机器。图 1-13 为微型计算机。

图 1-12　工作站

图 1-13　微型计算机

1.1.3　计算机的特征

（1）运算速度快。计算机由高速电子元器件组成，并能自动地连续工作，因此具有很高的运算速度。现代计算机的最高运算速度已经达到每秒几十亿次乃至几百亿次。

（2）计算精度高。计算机内采用二进制数字进行运算，因此可以通过增加表示数字的字长和运用计算技巧来使数值计算的精度越来越高。

（3）在程序控制下自动操作。计算机内部的操作、控制是根据人们事先编制的程序自动控制运行的，一般不需要人工干预，除非程序本身要求用人机对话方式去完成特定的工作。

（4）具有强记忆功能和逻辑判断能力。计算机具有完善的存储系统，可以存储大量的数据，具有记忆功能，可以记忆程序、原始数据、中间结果以及最后运算结果。此外，计算机还能进行逻辑判断，根据判断结果自动选择下一步需要执行的指令。

（5）通用性强。计算机采用数字化信息来表示数及各种类型的信息，并且有逻辑判断和处理能力，因而计算机不但能做数值计算，而且还能对各类信息做非数值性质的处理（如信息检索、图形和图像处理、文字识别与处理、语音识别与处理等），这就使计算机具有极强的通用性，能应用于各个学科领域和社会生活的各个方面。

1.1.4　计算机的应用

计算机的应用非常广泛，涉及人类社会的各个领域和国民经济的各个部门。计算机的应用概括起来主要有以下方面：

（1）科学计算。科学计算是计算机最重要的应用之一。在基础学科和应用科学的研究中，计算机承担着庞大和复杂的计算任务。计算机高速度、高精度的运算能力可以解决人工无法解决的问题，如数学模型复杂、数据量大、精度要求高、实时性强的计算问题都要应用计算机才能得以完成。

（2）信息处理。信息处理主要是指对大量的信息进行分析、分类和统计等的加工处理，通常是在企业管理、文档管理、财务统计、各种实验分析、物资管理、信息情报检索以及报表统计等领域。

（3）过程控制。计算机是产生自动化的基本技术工具，利用计算机及时采集数据、分析数据，制定最佳方案，进行生产控制。

（4）人工智能。人工智能是对人的意识、思维的信息过程的模拟。人工智能不是人的智能，但能像人那样思考、也可能超过人的智能。

（5）信息高速公路。信息高速公路，就是一个高速度、大容量、多媒体的信息传输网络。其速度之快，比目前网络的传输速度高 1 万倍；其容量之大，一条信道就能传输大约 500 个电视频道或 50 万路电话。此外，信息来源、内容和形式也是多种多样的。网络用户可以在任何时间、任何地点以声音、数据、图像或影像等多媒体方式相互传递信息。

（6）计算机的辅助功能。目前常见的计算机辅助功能有计算机辅助设计（CAD）、计算机辅助制造（CAM）、计算机辅助教学（CAI）和计算机辅助测试（CAT）等。

1.2 计算机系统的组成

计算机系统由硬件系统和软件系统两部分组成。硬件系统，简称为硬件，是指各种可见的物理器件；包括主机和外设两部分。软件系统，简称为软件，是程序、数据及文档的总称；包括系统软件和应用软件两部分。计算机系统的组成，如图 1-14 所示。

图 1-14　计算机系统的组成

1.2.1 计算机的硬件系统

计算机的硬件系统由五大部分组成：运算器、控制器、存储器、输入设备和输出设备。如图 1-15 所示。计算机的五大部分通过系统总线完成指令所传达的任务。系统总线由地址总线、数据总线和控制总线组成。

- 硬件系统
  - 主机
    - CPU
      - 运算器（ALU）
      - 控制器
      - 寄存器
    - 内存
      - ROM（只读存储器）
      - RAM（随机存储器）
    - 系统总线：数据总线、地址总线、控制总线
    - I/O 接口电路
  - 外设
    - 外存：磁带、磁盘
    - 输入设备
    - 输出设备

图 1-15　计算机的硬件系统组成

1. CPU

CPU，又称为中央处理器、微处理器、处理器。CPU 相当于人的大脑，是硬件中最重要的组成部分，也是速度最快的部件。CPU 的界面如图 1-16 所示。CPU 主要由运算器、控制器组成。CPU 的功能，如图 1-17 所示。

图 1-16　CPU

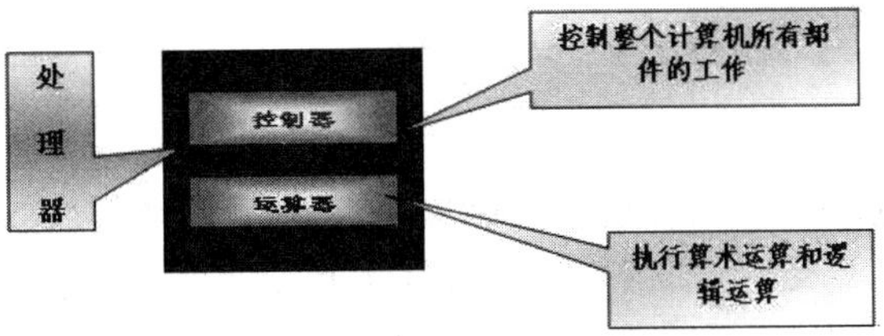

图 1-17　CPU 的功能

衡量计算机的性能指标，是由 CPU 的速度和 CPU 精度决定的。速度的快慢可以通过主频或周期来描述；CPU 的字或字长将对精度产生影响。

（1）运算器。运算器的主要任务是执行各种算术运算和逻辑运算，一般包括算术逻辑部件 ALU、累加器 A、寄存器 R。

（2）控制器。控制器是对输入的指令进行分析，控制和指挥计算机的各个部件完成一定任务的部件。控制器包括以下几个部分：指令寄存器、指令计数器（程序计数器）、操作码译码器。

2. 存储器

存储器是计算机用于存放程序、数据及文档的部件，是计算机存储数据和程序的记忆单元的集合，每个记忆单元由 8 位二进制位组成。

计算机的存储器可以分为两大类：一类是内部存储器，简称内存或主存，简写为 RAM；另一类是外部存储器，又称为辅助存储器，简称外存或辅存。内存的特点是存储容量小，存取速度快；外存的特点是存储容量大，存取速度慢。

存储器容量的最小单位是字节（Byte，简写 B），一个字节由 8 个二进制数位组成（1B=8bit）。容量单位除了字节外，还有 KB、MB、GB、TB。它们之间的转换关系为：

$1KB=2^{10}B=1024B$

1MB=1024KB

1GB=1024MB

1TB=1024GB

（1）ROM（只读存储器）：相当于人的神经系统，负责管理输入/输出部件。ROM 芯片使用永久性的预设字节进行了编程。地址总线通知 ROM 芯片应取出哪些字节并将它们放在数据总线上。图 1-18 为 ROM 的实物。

（2）RAM（随机存储器）：是用户与计算机进行对话的硬件。RAM 断电后的信息将会丢失，RAM 中的内容既可以输入，也可以进行输出。图 1-19 为 RAM 的实物。

图 1-18　ROM

图 1-19　RAM

（3）磁盘：磁盘属于外存，常用的磁盘有软盘（如图 1-20）、硬盘（如图 1-21）、U 盘（如图 1-22）、光盘（CD-ROM、DVD-ROM）（如图 1-23）。磁盘在使用前，要先进行格式化。磁盘中的内容，可以长期保存。

图 1-20　软盘

图 1-21　硬盘

图 1-22　U 盘

图 1-23　光盘

3．输入设备

输入设备是向计算机中输入信息（程序、数据、声音、文字、图形、图像等）的设备，常用的输入设备有键盘（如图 1-24）、鼠标器（如图 1-25）、图形扫描仪（如图 1-26）、数字化仪（如图 1-27）、光笔（如图 1-28）、触摸屏（如图 1-29）、麦克等。

图 1-24　键盘

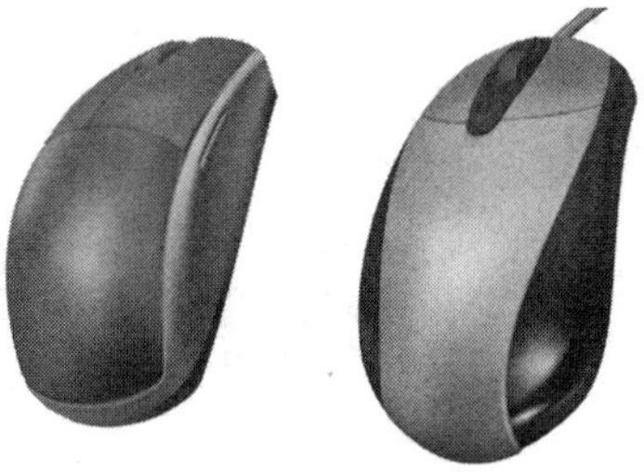

图 1-25　鼠标器

图 1-26　图形扫描仪

图 1-27　数字化仪

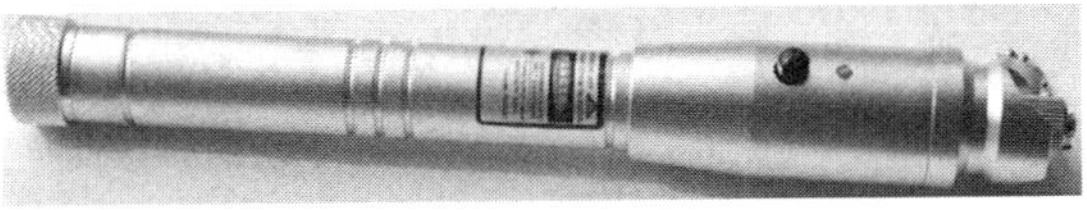

图 1-28　光笔

图 1-29　触摸屏

4. 输出设备

输出设备是由计算机向外输出信息的设备，常用的输出设备有显示器（如图 1-30）、打印机（如图 1-31）、绘图仪（如图 1-32）、投影仪（如图 1-33）、音箱（如图 1-34）等。

图 1-30 显示器

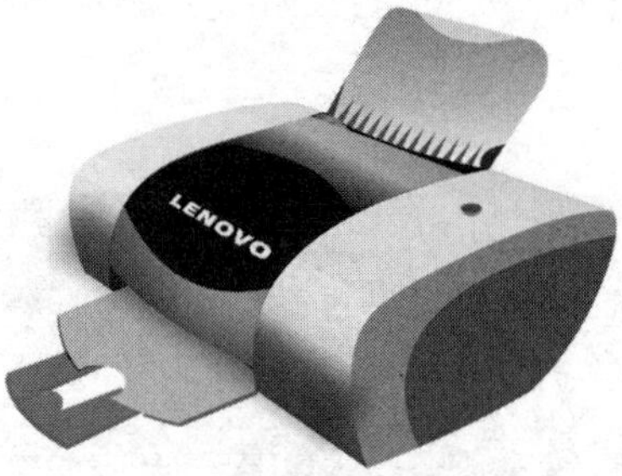

图 1-31 打印机

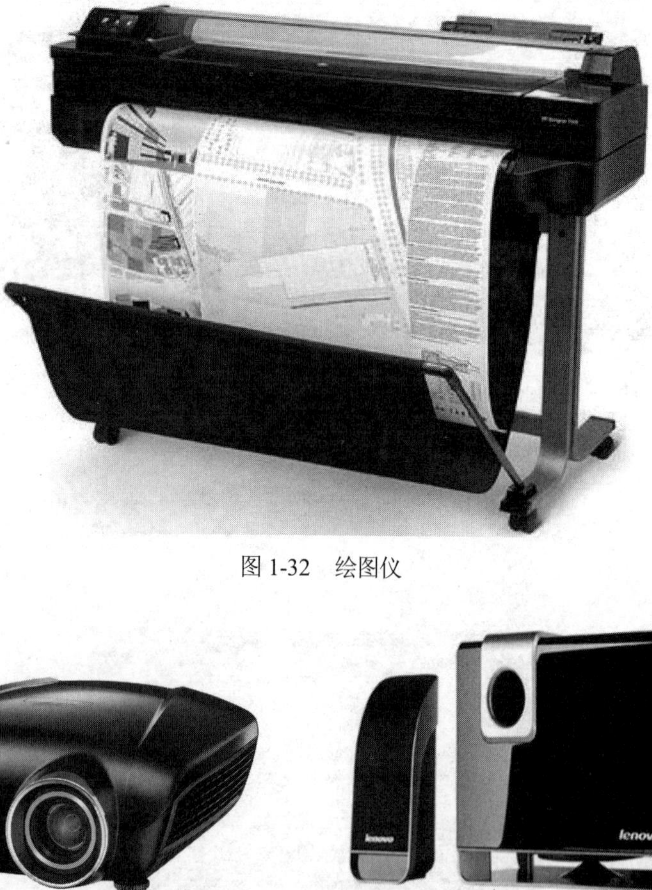

图 1-32 绘图仪

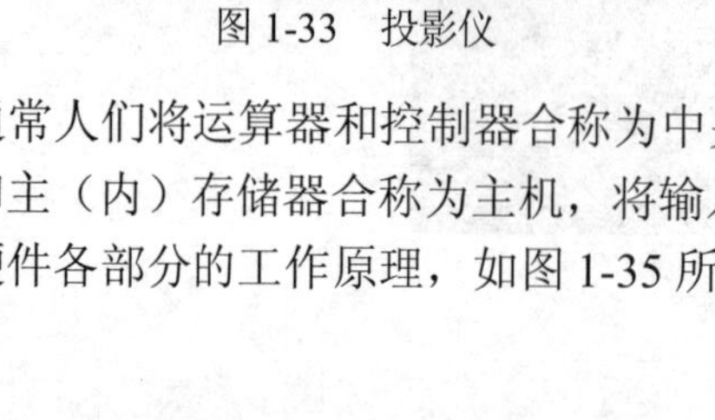

图 1-33 投影仪

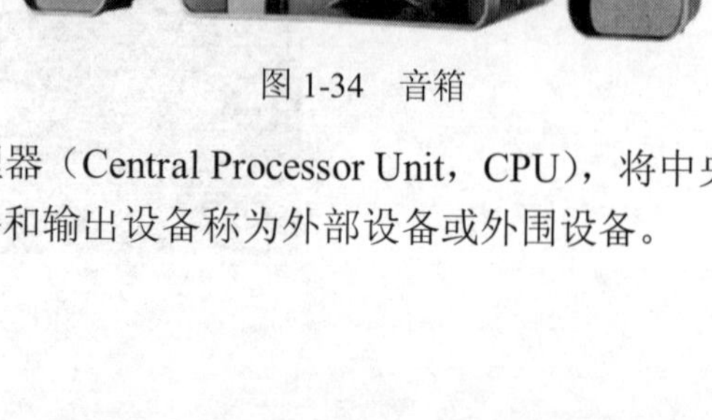

图 1-34 音箱

通常人们将运算器和控制器合称为中央处理器（Central Processor Unit，CPU），将中央处理器和主（内）存储器合称为主机，将输入设备和输出设备称为外部设备或外围设备。

硬件各部分的工作原理，如图 1-35 所示。

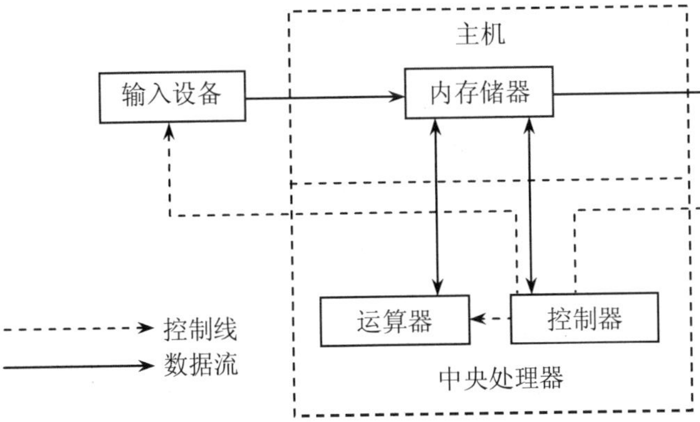

图 1-35　计算机硬件的工作原理

1.2.2　计算机的软件系统

软件（又称为软件系统），是程序、数据及文档的总称。软件由系统软件和应用软件两部分组成，计算机软件系统的组成如图 1-36 所示。

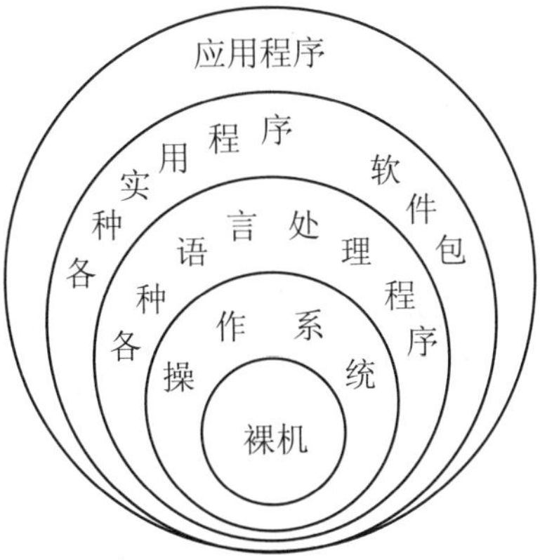

图 1-36　计算机软件系统的组成

1. 计算机语言

计算机语言，是编制计算机程序的工具；每种语言都规定了各自的语法、数据类型等。按照与硬件的接近程度分类，将计算机语言分为：低级语言和高级语言。与硬件直接接近的是低级语言，与硬件无关的是高级语言。其中，低级语言又分为机器语言和汇编语言。

（1）机器语言。能直接被计算机接受并执行的指令称为机器指令，全部机器指令构成计算机的机器语言。显然，机器语言就是二进制代码语言。机器语言程序可以直接在计算机上运行，但是用机器语言编写的程序不便于记忆、阅读和书写。尽管如此，由于计算机只能接受以二进制代码形式表示的机器语言，所以任何高级语言最后都必须翻译成二进制代码程序（即目标程序），才能被计算机所接受并执行。

（2）汇编语言。用助记符号表示二进制代码形式的机器语言，称为汇编语言。可以说，汇编语言是机器语言符号化的结果，是为特定的计算机或计算机系统设计的面向机器的语言。汇编语言的指令与机器指令基本上保持了一一对应的关系。

汇编语言容易记忆，便于阅读和书写，在一定程度上克服了机器语言的缺点。汇编语言程序不能被计算机直接识别和执行，必须将其翻译成机器语言程序才能在计算机上运行。翻译过程由计算机执行汇编程序自动完成，这种翻译过程被称为汇编过程。

（3）高级语言。机器语言和汇编语言都是面向机器的语言，它们的运行效率虽然很高，但人们编写的效率却很低。高级语言是同自然语言和数学语言都比较接近的计算机程序设计语言，它很容易被人们掌握，用来描述一个解题过程或某一问题的处理过程十分方便、灵活。由于它独立于机器，因此具有一定的通用性。

同样，用高级语言编制的程序不能直接在计算机上运行，必须将其翻译成机器语言程序才能执行。其翻译过程有编译和解释两种方式，编译是将用高级语言编写的源程序整个翻译成目标程序，然后将目标程序传给计算机运行；解释是对用高级语言编写的源程序逐句进行分析，边解释、边执行，并立即得到运行结果。

2. 系统软件

系统软件是管理、监控、维护计算机系统正常工作的软件。系统软件包括：

（1）操作系统（例如：DOS、Windows、UNIX、Linux、NetWare）；

（2）语言处理程序（汇编程序、解释程序、编译程序）；

（3）各种服务程序（调试程序、故障诊断程序、驱动程序）；

（4）数据库管理系统（DBMS）；

（5）网络通信管理程序。

3. 应用软件

应用软件是为了解决某个实际问题而编写的软件。应用软件的涉及范围非常广，它通常指用户利用系统软件提供的系统功能、工具软件和由其他实用软件开发的各种应用软件。如Word、Excel、PowerPoint、Flash、各种工程设计和数学计算软件、模拟过程、辅助设计和管理程序等都属于应用软件。

系统软件与应用软件的关系：应用软件依赖于系统软件。

1.3 计算机常用的数制及转换

在计算机内部，数据的存储和处理都是采用二进制数，主要原因是：

（1）二进制数在物理上最容易实现。

（2）二进制数的运算规则简单，加法只有 4 个规则：0+0=0、0+1=1、1+0=1、1+1=10；这将使计算机的硬件结构大大简化。

（3）二进制数的两个数字符号“1”和“0”正好与逻辑命题的两个值“真”和“假”相对应，为计算机实现逻辑运算提供了便利的条件。

但二进制数书写冗长，所以为了书写方便，一般用十六进制数或八进制数作为二进制数的简化表示。

1.3.1 基本概念

1. 基本概念

在四种进位计数制转换中，要用到的一些概念，如表 1-1 所示。

表 1-1 进位计数制中的概念

	二进制	八进制	十进制	十六进制
符号	B	O（Q）	D	H
基数（基底）	2	8	10	16
位权	2^i	8^i	10^i	16^i

说明：

数制是指用一组固定的符号和统一的规则来表示数值的方法。本节要涉及到四种数制为二进制、十进制、八进制、十六进制。

2．符号

为了表达不同的数制，可在数字后面加上字母以示区别。

例如：1011B 是一个二进制数，560O（或 560Q）是一个八进制数，1FFH 是一个十六进制数，824D（或 824）是一个十进制数。

3．基数

基数：又称为基底或底数，为每个数位上所能使用的符号的个数。

（1）二进制基数为 2，使用的符号为：0、1；

（2）八进制基数为 8，使用的符号为：0、1、2、3、4,、5、6、7；

（3）十进制基数为 10，使用的符号为：0、1、2、3、4,、5、6、7、8、9；

（4）十六进制基数为 16，使用的符号为：0、1、2、3、4、5、6、7、8、9、A、B、C、D、E、F。

4．位权

位权是用来说明数制中某一位上的数与其所在的位之间的关系。例如，十进制的数 123，百位 1 的位权是 100、十位 2 的位权是 10、个位 3 的位权是 1。

位权以指数形式表示，指数的底就是该进位制的基数（即以基数为底，位序数为指数的幂称为某一数位的权）。

（1）二进制的位权 2^i。

（2）八进制的位权 8^i。

（3）十进制的位权 10^i。

（4）十六进制的位权 16^i。

其中，I 代表数的位。

1.3.2 数制转换

1．二制数、八制数、十六制数转换成十进制数

转换规则：按权展开、相加。

例 1-1 将$(1101.101)_2$、$(305)_8$、$(32CF.48)_{16}$分别转换成十进制数。

（1）$(1101.101)_2=1\times2^3+1\times2^2+0\times2^1+1\times2^0+1\times2^{-1}+0\times2^{-2}+1\times2^{-3}$

$=8+4+0+1+0.5+0+0.125$

$=(13.625)_{10}$

（2）$(305)_8=3\times8^2+0\times8^1+5\times8^0=192+0+5=(197)_{10}$

（3）$(32CF.48)_{16}=3\times16^3+2\times16^2+C\times16^1+F\times16^0+4\times16^{-1}+8\times16^{-2}$

$=12288+512+192+15+0.25+0.03125$

$=(13007.28125)_{10}$

2. 十进制数转换成二制数、八制数、十六制数

（1）转换规则 1（整数部分）：用基底去除，取余数，直到商为 0 为止。

（2）转换规则 2（小数部分）：用基底去乘，取整数进位，直到小数部分为 0 为止。

例 1-2 将十进制数$(233.6875)_{10}$转换为二进制数。

（1）整数 233 的转换过程如下（设$(233)_{10}=(a_{n-1}\ a_{n-2}\cdots a_1\ a_0)_2$）：

2 | 233	余数
2 | 116	$1=a_0$
2 | 58	$0=a_1$
2 | 29	$0=a_2$
2 | 14	$1=a_3$
2 | 7	$0=a_4$
2 | 3	$1=a_5$
2 | 1	$1=a_6$
0	$1=a_7$

（2）小数部分 0.6875 的转换过程如下（设$(0.6875)_{10}=(a_{-1}\ a_{-2}\cdots a_{-m})_2$）：

0.6 8 7 5	
× 2	取整
1.3 7 5 0	$1=a_{-1}$
0.3 7 5	
× 2	
0.7 5 0	$0=a_{-2}$
0.7 5	
× 2	
1. 5 0	$1=a_{-3}$
0. 5	
× 2	
1. 0	$1=a_{-4}$

即$(233.6875)_{10}=(11101001.1011)_2$。

整数部分转换直到所得的商为 0 止，小数部分转换直到小数部分为 0 止。多数情况下，小数部分计算过程可能无限地进行下去，这时可根据精度的要求选取适当的位数。

例 1-3 将十进制数 159 转换成八进制数。转换过程及结果，如图 1-37 所示。

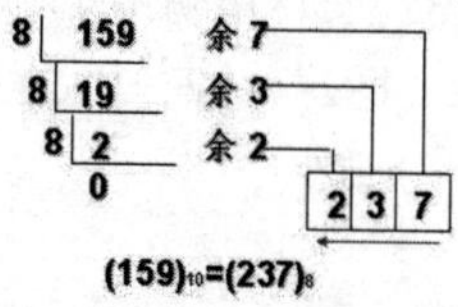

图 1-37 转换过程及结果

例 1-4　将十进制数 459 转换成十六进制数。转换过程及结果，如图 1-38 所示。

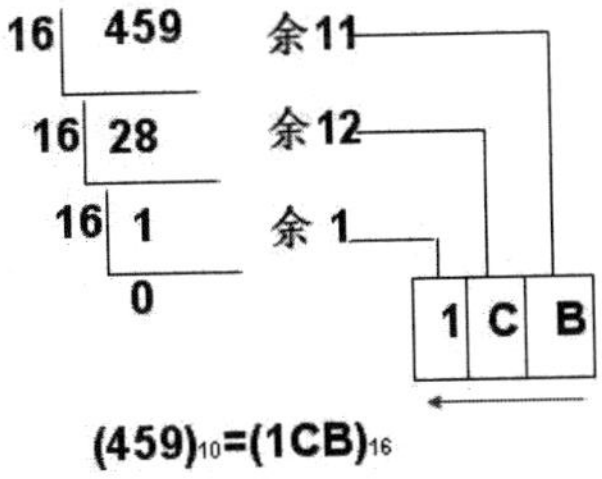

图 1-38　转换过程及结果

例 1-5　将十进制数 0.8123 转换成八进制。转换过程及结果，如图 1-39 所示。

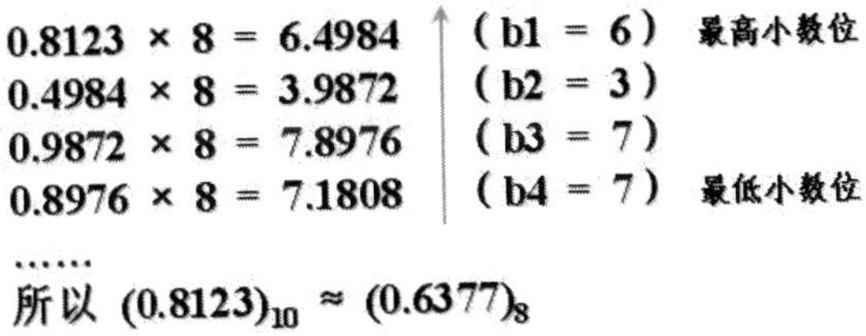

图 1-39　转换过程及结果

3. 二进制数与八进制数之间的转换

（1）二进制数转换成八进制数。

转换规则：从小数点开始，分别向左、右按 3 位分组转换成对应的八进制数字字符，最后不满 3 位的，则需补 0。转换规则，如图 1-40 所示。转换结果，如图 1-41 所示。

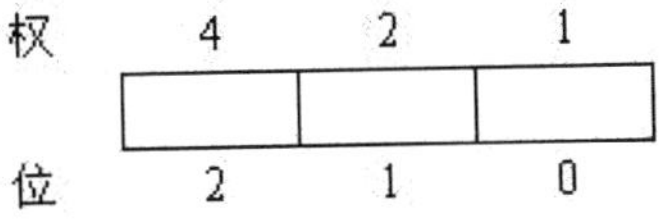

图 1-40　转换规则

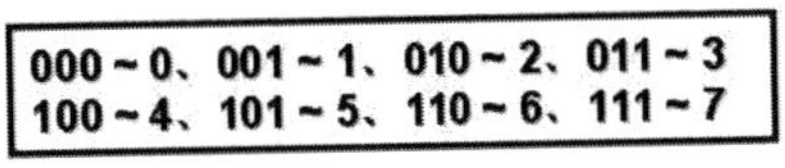

图 1-41　转换结果

例 1-6　将二进制数 1111101.11001B 转换成八进制数。转换过程及结果，如图 1-42 所示。

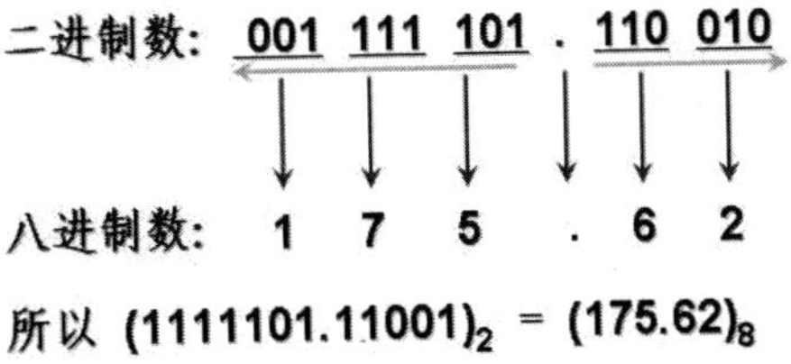

图 1-42　转换过程及结果

（2）八进制数转换成二进制数。

转换规则：只要将每位八进制数用相应的 3 位二进制数表示即可。

例 1-7　将八进制数 345.64Q 转换成二进制数。转换过程及结果，如图 1-43 所示。

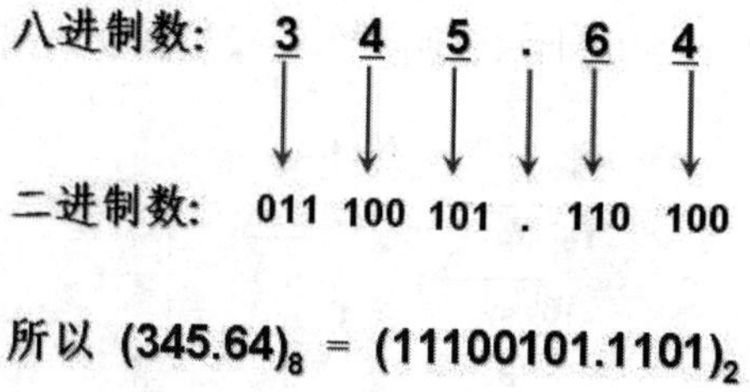

图 1-43 转换过程及结果

4. 二进制数与十六进制数之间的转换

（1）二进制数转换成十六进制数。

转换规则：从小数点开始，分别向左、右按 4 位分组转换成对应的十六进制数字字符，最后不满 4 位的，则需补 0。转换规则，如图 1-44 所示。转换结果，如图 1-45 所示。

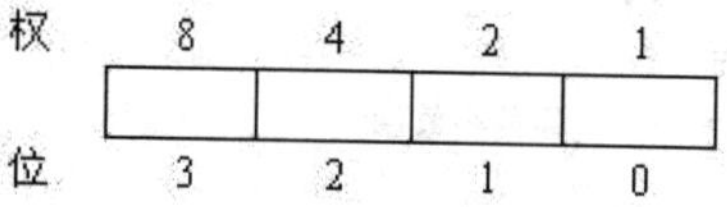

图 1-44 转换规则

0000 ~ 0、0001 ~ 1、0010 ~ 2、0011 ~ 3
0100 ~ 4、0101 ~ 5、0110 ~ 6、0111 ~ 7
1000 ~ 8、1001 ~ 9、1010 ~ A、1011 ~ B
1100 ~ C、1101 ~ D、1110 ~ E、1111 ~ F

图 1-45 转换结果

例 1-8 将二进制数 1101101.10101B 转换成十六进制数。转换过程及结果，如图 1-46 所示。

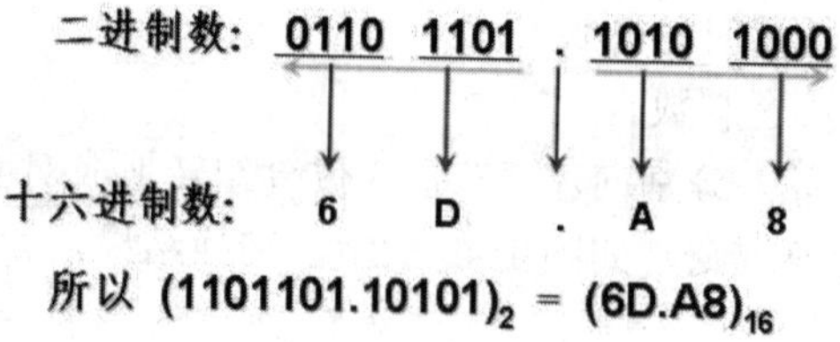

图 1-46 转换过程及结果

（2）十六进制数转换成二进制数。

转换规则：只要将每位十六进制数用相应的 4 位二进制数表示即可。

例 1-9 将十六进制数 A9D.6CH 转换成二进制数。转换过程及结果，如图 1-47 所示。

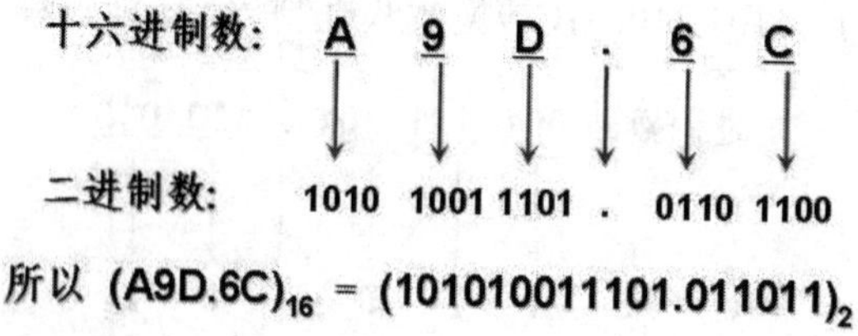

图 1-47 转换过程及结果

5. 八进制数与十六进制数之间的转换

转换规则：通过二进制转换。

例 1-10 将八进制数 345.64Q 转换成十六进制数。转换过程及结果，如图 1-48 所示。

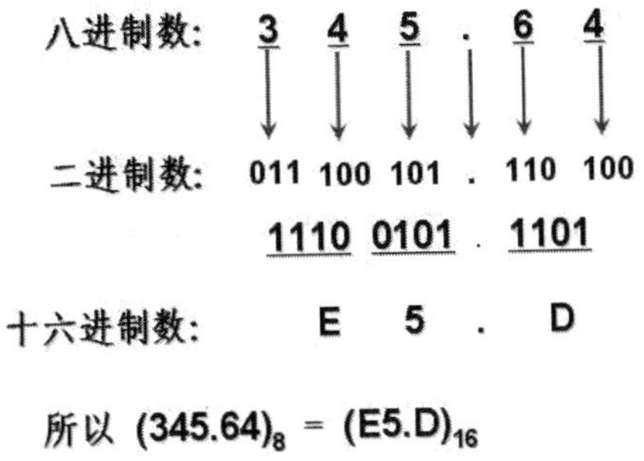

图 1-48 转换过程及结果

例 1-11 将十六进制数 A9D.6CH 转换成八进制数。转换过程及结果，如图 1-49 所示。

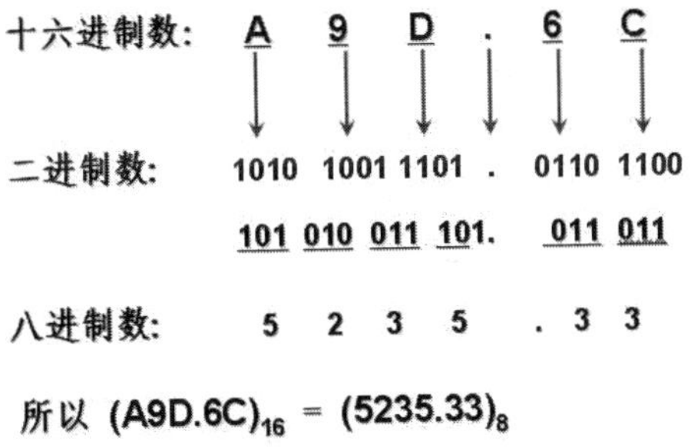

图 1-49 转换过程及结果

1.4 数据单位及信息编码

1.4.1 数据单位

1. 位（bit）

位（bit）：信息（或数据）的最小单位。一个二进制位只有两种状态“0”和“1”。

2. 字节（Byte）

字节（Byte）：简写为 B，是存储器容量的最小单位。8 个二进制位称为一个字节。

1B=8bit

1KB=2^{10} B =1024B

1MB=2^{20} B =1024KB

1GB=2^{30} B =1024MB

1TB=2^{40} B =1024GB

例如，字节的换算方法为：

（1）一个程序的大小是 256KB=256×1024 字节

（2）内存 64M=1024×1024×64 字节

3. 字（word）

（1）字（word）：计算机内部信息（数据）处理的最小单位。一个字是由若干个字节组成的。它的表示与具体的机型有关。

（2）字长：字的长度称为字长。例如：字长为 16 位、32 位、64 位等，字长与使用的计算机机型有关。

字与字长都是计算机性能的重要标志，它们对计算机的精度产生影响。不同档次的计算机有不同的字长。按计算机的字长可分为 16 位机、32 位机、64 位机、128 位机等。

4. 地址

地址是每个字节的数字编号。

1.4.2 信息编码

信息编码，就是规定用一定的编码来表示数据。目的是要把字符转换成计算机能够识别和处理的二进制数串，以便在计算机中存储和处理。

1. 英文字符编码

微机普遍使用的字符编码为 ASCII 码（美国标准信息交换代码）。

在 ASCII 码中，每个字符用 7 位二进制代码表示，所以最多可以表示 128 个字符。简写为：1ASCII 码=7bit。

常用 ASCII 码值：空格：32；'0'：48；'A'：65；'a'：97。

2. 汉字编码:

与汉字有关的编码有：外码、内码、字型码、国标码。各种编码之间的关系，如图 1-50 所示。

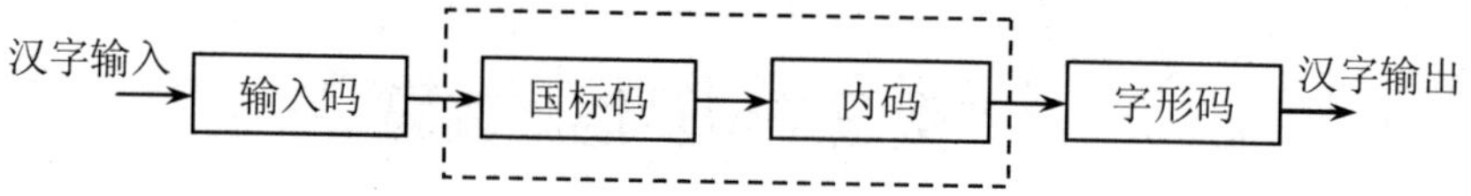

图 1-50　各种编码之间的关系

（1）外码（又称输入码）：键盘输入时用到的编码。常用的有：全拼、微软拼音、五笔形等。发展类型：语音输入、手写输入和扫描输入。

（2）内码（又称机内码）：是汉字在计算机内部存储、处理、传输所使用的代码。又称为全角字符，1 个内码=2B=16bit。

（3）字型码（又称为输出码）：是用来显示或打印汉字的。用点阵形式输出，常用的字型码有：16×16 点阵、32×32 点阵等。

（4）交换码（又称为国际码）：用于各种汉字系统交换用的。1 个交换码=2B=16bit。

1.5 计算机病毒

1.5.1 计算机病毒的概念

计算机病毒，是一种特殊的程序，是编制者在计算机程序中插入的破坏计算机功能或者数据的代码，能影响计算机使用，能自我复制的一组计算机指令或者程序代码。

计算机病毒具有传播性、隐蔽性、感染性、潜伏性、可激发性、表现性和破坏性。计算机病毒的生命周期：开发期→传染期→潜伏期→发作期→发现期→消化期→消亡期。

计算机病毒是一个程序，一段可执行码。就像生物病毒一样，具有自我繁殖、互相传染以及激活再生等生物病毒特征。计算机病毒有独特的复制能力，它们能够快速蔓延，又常常难以根除。它们能把自身附着在各种类型的文件上，当文件被复制或从一个用户传送到另一个用户时，它们就随同文件一起蔓延开来。

计算机病毒的共性：能将自身进行复制，将依附于其他程序，当运行该程序时，病毒首先运行。

1. *病毒的原理*

病毒依附存储介质软盘、硬盘及 U 盘等构成传染源。病毒传染的媒介由工作的环境来决定。病毒激活是将病毒放在内存，并设置触发条件，触发的条件是多样化的，可以是时钟，系统的日期，用户标识符，也可以是系统一次通信等。一旦条件成熟后，病毒就开始自我复制到传染对象中，进行各种破坏活动等。

病毒的传染是病毒性能的一个重要标志。在传染环节中，病毒复制一个自身副本到传染对象中去。

2. *感染策略*

为了能够复制其自身，病毒必须能够运行代码并能够对内存运行写操作。基于这个原因，许多病毒都是将自己附着在合法的可执行文件上。如果用户企图运行该可执行文件，那么病毒就有机会运行。

病毒可以根据运行时所表现出来的行为分成非常驻型病毒及常驻型病毒两类。非常驻型病毒会立即查找其他宿主并伺机加以感染，之后再将控制权交给被感染的应用程序。常驻型病毒被运行时并不会查找其他宿主。相反的，一个常驻型病毒会将自己加载内存并将控制权交给宿主。该病毒于后台运行并伺机感染其他目标。

（1）非常驻型病毒。

非常驻型病毒可以被想成具有搜索模块和复制模块的程序。搜索模块负责查找可被感染的文件，一旦搜索到该文件，搜索模块就会启动复制模块进行感染。

（2）常驻型病毒。

常驻型病毒包含复制模块，其角色类似于非常驻型病毒中的复制模块。复制模块在常驻型病毒中不会被搜索模块调用。病毒在被运行时会将复制模块加载内存，并确保当操作系统运行特定动作时，该复制模块会被调用。例如，复制模块会在操作系统运行其他文件时被调用，这样，所有可以被运行的文件均会被感染。

常驻型病毒有时会被区分成快速感染者和慢速感染者。

快速感染者会试图感染尽可能多的文件。例如，一个快速感染者可以感染所有被访问到的文件。这会对杀毒软件造成特别的问题。当运行全系统防护时，杀毒软件需要扫描所有可能会被感染的文件。如果杀毒软件没有察觉到内存中有快速感染者，快速感染者可以借此搭便车，利用杀毒软件扫描文件的同时进行感染。快速感染者依赖其快速感染的能力。但这同时会使得快速感染者容易被侦测到，这是因为其行为会使得系统性能降低，进而增加被杀毒软件侦测到的风险。

相反的，慢速感染者被设计成偶尔才对目标进行感染，如此一来就可避免被侦测到的机会。例如，有些慢速感染者只有在其他文件被拷贝时才会进行感染。但是慢速感染者此种试图避免被侦测到的作法似乎并不成功。

1.5.2 计算机病毒的特点

计算机病毒具有以下特点：

（1）繁殖性：计算机病毒可以像生物病毒一样进行繁殖，当正常程序运行时，它也运行自身复制，是否具有繁殖、感染的特征是判断某段程序为计算机病毒的首要条件。

（2）破坏性：病毒将对计算机软件造成破坏。计算机中毒后，可能会导致正常的程序无法运行，把计算机内的文件删除或受到不同程度的损坏，破坏引导扇区及BIOS等。

（3）传染性：计算机病毒传染性是指计算机病毒通过修改别的程序将自身的复制品或其变体传染到其他无毒的对象上，这些对象可以是一个程序也可以是系统中的某一个部件。病毒传染的途径主要是通过可移动磁盘（软盘、U 盘、移动硬盘、光盘）和计算机网络。

（4）潜伏性：计算机病毒潜伏性是指计算机病毒可以依附于其他媒体寄生的能力，侵入后的病毒潜伏到条件成熟才发作。

（5）隐蔽性：计算机病毒具有很强的隐蔽性，可以通过病毒软件检查出来少数病毒。计算机病毒时隐时现、变化无常，这类病毒处理起来非常困难。

（6）可触发性：编制计算机病毒的人，一般都为病毒程序设定了一些触发条件。例如，系统时钟的某个时间或日期、系统某些程序等。一旦条件满足，计算机病毒就会“发作”，使系统遭到破坏。

1.5.3 计算机病毒的类型

计算机病毒种类繁多而且复杂，按照不同的方式以及计算机病毒的特点及特性，可以有多种不同的分类方法。同时，根据不同的分类方法，同一种计算机病毒也可以属于不同的计算机病毒种类。

计算机病毒可以根据下面的属性进行分类。

1. 按破坏的程度分类

按破坏的程度分类，分为良性病毒、恶性病毒、极恶性病毒、灾难性病毒。

（1）良性病毒：不直接破坏，仅占用系统资源。

（2）恶性病毒：直接破坏，造成信息丢失。

（3）极恶性病毒、灾难性病毒：直接破坏操作系统，造成计算机系统瘫痪。

2. 按隐藏的位置分类

按隐藏的位置分类，分为引导扇区病毒、可执行文件型病毒、混合型病毒、宏病毒、CMOS 病毒、计算机网络病毒等。

（1）引导扇区病毒：主要通过软盘在操作系统中传播，感染引导区，蔓延到硬盘，并能感染到硬盘中的“主引导记录”。

（2）可执行文件型病毒：是文件感染者，也称为“寄生病毒”。它运行在计算机存储器中，通常感染扩展名为COM、EXE、SYS等类型的文件。

（3）混合型病毒：具有引导区型病毒和文件型病毒两者的特点。

（4）宏病毒：是指用BASIC 语言编写的病毒程序寄存在Office文档上的宏代码。宏病毒影响对文档的各种操作。

（5）CMOS 病毒：隐藏在 ROM 中的病毒。

（6）计算机网络病毒：隐藏在网络中的病毒。

3. 按连接方式分类

按连接方式分类，分为源码型病毒、入侵型病毒、操作系统型病毒、外壳型病毒等。

（1）源码型病毒：攻击高级语言编写的源程序，在源程序编译之前插入其中，并随源程序一起编译、连接成可执行文件。源码型病毒较为少见，亦难以编写。

（2）入侵型病毒：可用自身代替正常程序中的部分模块或堆栈区。因此这类病毒只攻击某些特定程序，针对性强。一般情况下也难以被发现，清除起来也较困难。

（3）操作系统型病毒：可用其自身部分加入或替代操作系统的部分功能。因其直接感染操作系统，这类病毒的危害性也较大。

（4）外壳型病毒：通常将自身附在正常程序的开头或结尾，相当于给正常程序加了个外壳。大部分的文件型病毒都属于这一类。

4. 按病毒传染渠道分类

按病毒传染渠道分类，分为驻留型病毒、非驻留型病毒等。

（1）驻留型病毒：这种病毒感染计算机后，把自身的内存驻留部分放在内存（RAM）中，这一部分程序挂接系统调用并合并到操作系统中去，它处于激活状态，一直到关机或重新启动。

（2）非驻留型病毒：这种病毒在得到机会激活时并不感染计算机内存，一些病毒在内存中留有小部分，但是并不通过这一部分进行传染，这类病毒也被划分为非驻留型病毒。

5. 按病毒破坏能力分类

按病毒破坏能力分类，分为无害型病毒、无危险型病毒、危险型病毒、非常危险型病毒等。

（1）无害型病毒：除了传染时减少磁盘的可用空间外，对系统没有其他影响。

（2）无危险型病毒：这类病毒仅仅是减少内存、显示图像、发出声音及同类影响。

（3）危险型病毒：这类病毒在计算机系统操作中造成严重的错误。

（4）非常危险型病毒：这类病毒删除程序、破坏数据、清除系统内存区和操作系统中重要的信息。

6. 按病毒算法分类

按病毒算法分类，分为伴随型病毒、“蠕虫”型病毒、寄生型病毒、变型病毒等。

（1）伴随型病毒：这类病毒并不改变文件本身，它们根据算法产生 EXE 文件的伴随体，具有同样的名字和不同的扩展名（COM），例如：XCOPY.EXE 的伴随体是 XCOPY.COM。病毒把自身写入 COM 文件并不改变 EXE 文件，当 DOS 加载文件时，伴随体优先被执行到，再由伴随体加载执行原来的 EXE 文件。

（2）“蠕虫”型病毒：通过计算机网络传播，不改变文件和资料信息，利用网络从一台机器的内存传播到其他机器的内存，计算机将自身的病毒通过网络发送。有时它们在系统存在，一般除了内存不占用其他资源。

（3）寄生型病毒：除了伴随型和“蠕虫”型以外，其他病毒均可称为寄生型病毒。它们依附在系统的引导扇区或文件中，通过系统的功能进行传播，按其算法不同还可细分为：

- 练习型病毒：病毒自身包含错误，不能进行很好的传播，例如一些病毒在调试阶段。
- 诡秘型病毒：它们一般不直接修改 DOS 中断和扇区数据，而是通过设备技术和文件缓冲区等对 DOS 内部进行修改，不易看到资源，使用比较高级的技术。利用 DOS

空闲的数据区进行工作。

（4）变型病毒（又称幽灵病毒）：这一类病毒使用一个复杂的算法，使自己每传播一份都具有不同的内容和长度。它们一般是由一段混有无关指令的解码算法和被变化过的病毒体组成。

1.5.4 病毒感染的征兆及预防

1. 病毒感染的征兆

计算机感染了病毒，可能具有的征兆有：

（1）屏幕上出现不应有的特殊字符或图像、字符无规则变化或脱落、静止、滚动、雪花、跳动、小球亮点、莫名其妙的信息提示等。

（2）发出尖叫、蜂鸣音或非正常奏乐等。

（3）经常无故死机，随机地发生重新启动或无法正常启动、运行速度明显下降、内存空间变小、磁盘驱动器以及其他设备无缘无故地变成无效设备等现象。

（4）磁盘标号被自动改写、出现异常文件、出现固定的坏扇区、可用磁盘空间变小、文件无故变大、失踪或被改乱、可执行文件（EXE）变得无法运行等。

（5）打印异常、打印速度明显降低、不能打印、不能打印汉字与图形等或打印时出现乱码。

（6）收到来历不明的电子邮件、自动链接到陌生的网站、自动发送电子邮件等。

2. 保护预防

程序或数据神秘地消失了，文件名不能辨认等；注意对系统文件、可执行文件和数据写保护；不使用来历不明的程序或数据；尽量不用软盘进行系统引导。

不轻易打开来历不明的电子邮件；使用新的计算机系统或软件时，先杀毒后使用；备份系统和参数，建立系统的应急计划等。

安装杀毒软件；分类管理数据。

第2章　Windows 10 操作系统

2.1　Windows 操作系统概述

操作系统（Operating System，OS）为用户提供工作的界面，为应用软件提供运行的平台。有了操作系统的支持，整个计算机系统才能正常运行。

2.1.1　什么是操作系统

操作系统是计算机系统中重要的系统软件，用于控制和管理计算机的软硬件资源，合理组织计算机的工作流程，从而方便用户对计算机的操作。

在计算机系统的层次结构中，操作系统介于硬件和用户之间，是整个计算机系统的控制管理中心。

操作系统直接运行于硬件之上，对硬件资源直接控制和管理，将裸机改造成一台功能强、服务质量好、安全可靠的虚拟机；操作系统还负责控制和管理计算机的软件资源，保障各种软件在操作系统的支持下正常运行；操作系统是人与计算机之间的桥梁，为用户提供清晰、简洁、友好、易用的工作界面，用户通过操作系统提供的命令和交互功能实现对计算机的操作。

2.1.2　了解 Windows 操作系统

1985 年 11 月 Microsoft 公司发布了窗口式多任务操作系统——Windows，它使计算机开始进入了所谓的图形化用户界面时代。在这种界面中，每一种软件都用一个图标表示，用户只需把鼠标指针移动到某个图标上，双击鼠标左键即可启动该软件并打开相应的窗口。这种界面方式为操作系统的多任务处理提供了可视化模式，给用户带来了很大的方便，令计算机的使用提高到一个崭新的阶段。

Windows 的发展经历了多种版本，如 Windows 95、Windows 98、Windows NT、Windows 2000、Windows XP、Windows 7、Windows 8、Windows 8.1、Windows 10 等。Windows 10 是一个不同于以往的操作系统，效率更高，集成了以前多种操作系统优势，在台式电脑、笔记本电脑、平板电脑、智能手机等都可以应用的操作系统。

2.1.3　Windows 10 的启动和关闭

启动和关闭计算机是最基本的操作之一，虽说简单，但如果操作不当，可能会造成硬盘数据丢失，甚至硬盘损坏的后果。

1. Windows *启动原理*

在接通计算机电源时，固化在主板上的启动程序先对机器进行自检，然后调用硬盘主引导扇区中的引导程序，把存储于硬盘的 Windows 操作系统程序载入内存，并开始运行，从此计算机与 Windows 操作系统程序产生关联，Windows 开始控制和管理计算机资源。当出现

Windows 提供的工作界面——Windows 桌面时，表示启动完毕。

2. Windows 10 的启动

安装好 Windows 10 的计算机系统后，只需打开电源开关，计算机即自动启动并出现 Windows 10 登录界面，如图 2-1 所示。输入登录密码并按回车键登录，出现如图 2-2 所示的桌面，完成启动。

图 2-1 Windows 10 登录界面

图 2-2 Windows 10 系统桌面

3. 重新启动 Windows 10

重新启动 Windows 10 就是将正在运行的 Windows 10 系统重新启动一遍，这样有助于将一些运行时产生的错误恢复到正确状态并提高运行效率。有的时候对系统进行更改设置后也会要求重新启动计算机。

重新启动 Windows 简称“重启”，可以通过两种方法来实现。一是从系统菜单中单击“重启”命令：单击桌面左下角的“开始”菜单图标⊞，打开“开始”菜单，再单击“电源”选项⏻，弹出如图 2-3 所示的子菜单，选择“重启”命令；二是按下计算机主机上的重启按钮。

从系统中重启时，在重启之前系统会将当前运行的程序关闭，并将一些重要的数据保存起来。而使用机箱上的重启按钮重启则立即重启，这有可能会导致正在运行的程序损坏和一些数据丢失。机箱重启按钮设置的目的是有时候从系统中无法完成重启或系统已经死机，这时就可以使用机箱的重启按钮了。

4. 睡眠模式

在睡眠模式中，系统会将内存中的数据全部存储到硬盘上的休眠文件中，然后关闭除了内存外的所有设备的供电，只保持内存的供电。当恢复使用计算机的时候，如果在睡眠过程中供电没有发生过异常，就可以直接从内存中恢复数据，计算机很快进入到工作状态。如果在睡眠过程中供电异常，内存中的数据将丢失，恢复使用计算机时需要从硬盘上恢复数据，速度较慢。

开启睡眠模式，需单击如图 2-3 所示菜单中“睡眠”命令，计算机就会在自动保存完内存数据后进入睡眠状态。

当用户按一下主机上的电源按钮，或者晃动鼠标或者按键盘上的任意键时，都可以将计算机从睡眠状态中唤醒，使其进入工作状态。

5. 注销计算机

Windows 10 是多用户操作系统，当出现程序执行混乱等小故障时，可以注销当前用户重新登录，也可以在登录界面以其他用户身份登录计算机。

注销计算机的正确操作方法是单击桌面左下角的“开始”菜单图标，打开“开始”菜单，再单击“账户”菜单图标，在其子菜单中选择“注销”命令，如图 2-4 所示。Windows 10 会关闭当前用户界面的所有程序，并出现登录界面让用户重新登录。如果计算机中存在多个用户，还可以在用户图标下拉列表框中选择相应的用户进行登录。

图 2-3　“电源”菜单列表

图 2-4　“账户”菜单列表

6. 锁定计算机

当用户临时离开计算机时，可以将计算机锁定，再次使用计算机时必须输入密码，达到保护用户信息的目的。

锁定计算机的操作方法是单击如图 2-4 所示菜单中“锁定”命令。锁定后的屏幕界面如图 2-5 所示，屏幕的右下角会出现“解锁”图标。当单击解锁图标时，会出现用户登录界面，必须输入正确的密码才能正常操作计算机。

图 2-5　锁定后屏幕界面

7. 关闭 Windows 10

关闭 Windows 10 的正确操作方法是单击如图 2-3 所示菜单中“关机”命令，这时系统会自动将当前运行的程序关闭，并将一些重要的数据保存，之后关闭计算机。

当系统无法完成关机或系统已经死机，这时按住机箱上的电源按钮 5 秒实现关机。这种方法有时会导致正在运行的程序损坏和一些数据丢失，所以尽量不要采用这种关机方法。

2.2 Windows 10 的基本操作

计算机已经成为人们工作、生活不可或缺的工具。作为信息社会的一员，有必要了解和掌握计算机的相关知识和基本操作，进而熟练地操作计算机。

2.2.1 鼠标的操作

对于 Windows 系统来说，鼠标和键盘都是重要的输入设备，是人机对话必不可少的工具，熟练操作鼠标和键盘非常重要，可以大大提高计算机的使用效率。这里我们讲述鼠标的有关操作。

1. 鼠标的基本操作

Windows 中的大部分操作都可以用鼠标来完成，鼠标的基本操作方法和功能如表 2-1 所示。

表 2-1 鼠标的基本操作

名称	操作方法	功能
指向	移动鼠标指针到所要操作的对象上	找到操作目标，为后续的操作做好准备
单击	轻击鼠标左键并快速松开	用于选择一个对象或执行一条命令
双击	在鼠标左键上快速连续地单击两下	用于打开一个文件夹、文件或程序
右击	轻击鼠标右键并快速松开	弹出快捷菜单
拖动	指向操作对象，按住鼠标左键移动至目标位置后释放	选择、移动、复制对象或者拖动滚动条

2. 鼠标指针形状及含义

认识鼠标指针的各种形状和含义，可及时对系统的当前工作状况作出判断。鼠标指针的基本形状是一个小箭头，但是并非固定不变，在不同的位置和状态下，鼠标指针的形状和含义可能会不同，具体如表 2-2 所示。

表 2-2 鼠标指针形状及含义

鼠标形状	含义
	正常选择状态，是鼠标指针的基本形状，表示准备接受用户的命令
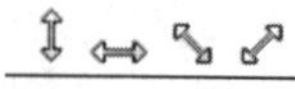	调整状态，出现在窗口或对象的周边，此时拖动鼠标可以改变窗口或对象的大小
	移动状态，在移动窗口或对象时出现，此时拖动鼠标可以移动窗口或对象的位置
	文本选择状态，此时单击鼠标，可以定位文本的输入位置
	链接选择状态，此时鼠标指向的位置是一个超链接，单击鼠标可以打开相关的超链接
	后台运行状态，表示系统正在执行某操作，要求用户等待
	系统忙状态，系统正在处理较大的任务，处于忙碌状态，此时不能执行其他操作
	不可用状态，表示当前鼠标所在的按钮或某些功能不能使用
	帮助选择状态，在按下联机帮助键或帮助菜单时出现的光标
	精确选择状态，在某些应用程序中系统准备绘制一个新的对象
	手写状态，此处可以手写输入

3. 设置鼠标属性

鼠标属性的设置，包括鼠标的按键方式、鼠标指针方案和鼠标移动方式。

（1）设置鼠标按键。

对于习惯用左手使用鼠标的用户，需要将鼠标左键和右键的功能互换。设置的方法如下。

1）在桌面空白处单击鼠标右键，在弹出的快捷菜单中单击“个性化”命令，打开“个性化”设置窗口，如图 2-6 所示。

图 2-6 “个性化”设置窗口

2）在“个性化”设置窗口中，选择“主题”选项，在右侧的主窗格中选择“鼠标光标”选项，打开“鼠标属性”对话框，如图 2-7 所示。

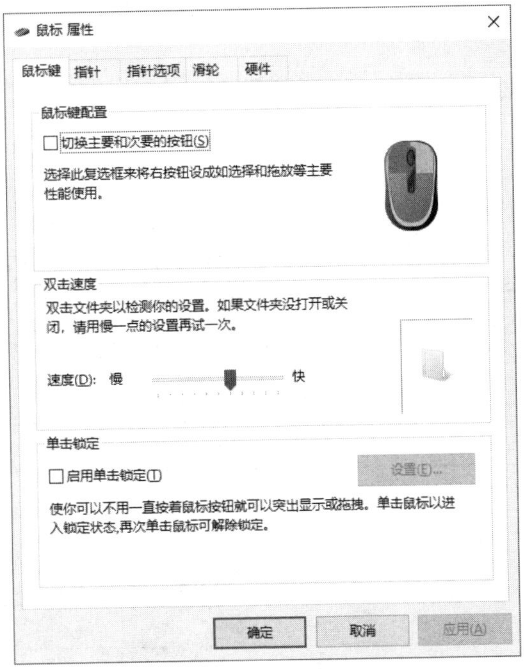

图 2-7 “鼠标属性”对话框

3）在“鼠标属性”对话框中选择“鼠标键”选项卡，勾选“切换主要和次要的按钮”复选框，可以使鼠标左键和右键的功能互换。

（2）设置鼠标指针方案。

设置鼠标指针方案可以改变 Windows 10 的缺省鼠标指针过于单调，或者指针显示不明显的情况。在“鼠标属性”对话框中，选择“指针”选项卡，单击“方案”下拉菜单，选择新的鼠标指针方案，如图 2-8 所示。也可以在“自定义”列表框中，选择每个功能的指针样式，然后单击“确定”按钮。

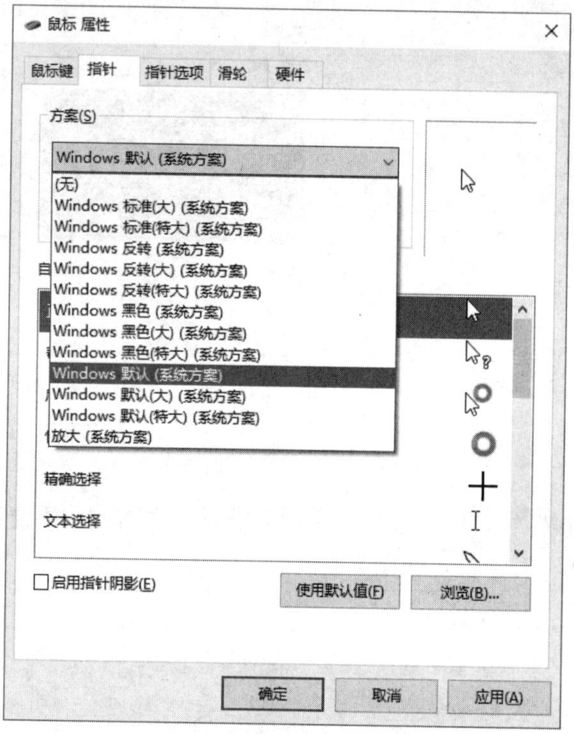

图 2-8　设置鼠标指针方案

4. Windows 10 常用快捷键

在 Windows 10 环境下，有时可以利用键盘代替鼠标快速地完成程序的启动、窗口的切换等操作，故有快捷键的说法。Windows 10 下常用的快捷键如表 2-3 所示。快捷键多为几个键组合使用，其使用方法是先按住前面的一个键或两个键，再按下后面的键，然后全部松开。

表 2-3　Windows 10 常用快捷键

快捷键	功能
Ctrl+Shift+Esc	快速启动“任务管理器”
Esc	取消当前任务
Alt+F4	关闭当前窗口
Alt+Tab	切换窗口
Win+空格	各种输入法之间循环切换

续表

快捷键	功能
Alt+Shift	中英文输入法之间切换
Ctrl+ .	中文输入法状态下中文/西文标点符号切换
Print Screen	捕获整个屏幕的图像，并复制到剪贴板中
Alt+Print Screen	捕获活动窗口或对话框图像到剪贴板
Ctrl+C	复制选中项目到剪贴板
Ctrl+X	剪切选中项目到剪贴板
Ctrl+V	粘贴剪贴板中的项目

2.2.2　桌面的组成及操作

“桌面”是 Windows 10 完成启动后呈现在用户面前的整个计算机屏幕界面，它是用户和计算机进行交流的窗口，如图 2-2 所示。在图 2-2 中，可以清楚地看到，桌面分为上下两部分。上部分是一幅风景画及其上面的图标，下部分是一条黑色的窄框。在使用计算机的过程中，“桌面”通常指的是上部分。

上部分的风景画在计算机术语中叫做“桌面背景”，它可以是一幅画、一张照片，甚至可以是一个纯色的背景；上面的图标叫做“桌面图标”，通过桌面图标可以打开相应的应用程序或功能窗口。

黑色的窄框在计算机术语中叫做“任务栏”，它隐藏着丰富的信息和功能，计算机大部分工作都可以从这里开始。任务栏由下面几部分构成，如图 2-9 所示。下面简单介绍“任务栏”的各部分，各部分标注如图 2-9 所示。

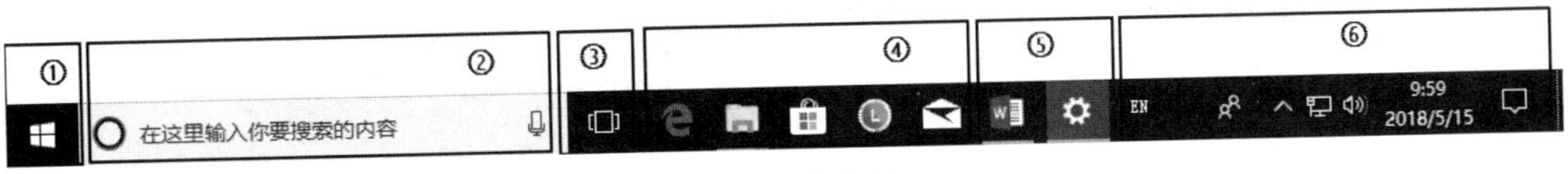

图 2-9　任务栏

① 开始：“开始”菜单是单击任务栏最左边第一个图标按钮所弹出的菜单，其中有计算机程序、设置、应用、功能按钮等选项，几乎包含使用本台计算机的所有功能。

② 搜索栏：可以直接从计算机或互联网中搜索用户需要的信息。

③ 任务视图：是 Windows 10 特有功能，用户可以在不同视图中开展不同的工作，完全不会彼此影响。

④ 快速启动区：用户将常用的应用程序或位置窗口固定在任务栏的快速启动区中，启动时只需单击对应的图标即可。

⑤ 程序按钮区：显示正在运行的程序的按钮。每打开一个程序或文件夹窗口，代表它的按钮就会出现在该区域，关闭窗口后，该按钮随即消失。

⑥ 通知区：显示计算机的一些信息，其中固定显示“输入法”“音量控制”“日期和时间”“通知”等。

1. “开始”菜单

“开始”菜单是 Windows 10 操作系统中的重要元素，几乎所有的操作都可以通过“开始”菜单实现。按下键盘上的 Windows 徽标键，或单击 Windows 10 桌面左下角的“开始”按钮，即可打开如图 2-10 所示的“开始”菜单。下面一一介绍“开始”菜单的各部分，各部分标注如图 2-10 所示。

图 2-10　Windows 10 “开始”菜单

① 开始菜单区：这里有设置、电源开关和所有应用等重要的控制选项。

② 开始屏幕区：这里是“开始”屏幕，有各种应用的磁贴，方便用户查看和打开。

③ 所有应用按钮：单击该选项可以在显示或隐藏系统中安装的所有应用列表间切换。

图 2-10 所示菜单是处于显示状态。在该界面中，可以看到所有应用按照数字、英文字母、拼音的顺序排列，上面显示程序列表，下面显示文件夹列表。单击列表中某文件夹图标，可以展开或收起此文件夹下的程序列表。如果计算机中安装的应用过多，在开始菜单中寻找需要应用的程序会比较麻烦。这时用户可以单击列表中的任意一个字母，列表会改变为首字母的索引列表，如图 2-11 所示。此时只需要单击需要应用的首字母，既可以找到该应用的位置。

例如查找应用程序 Word，在图 2-11 所示的索引表中，单击英文字母“W”，开始菜单将定位列出该计算机中安装的以字母“W”开始的所有程序，单击其中的 Word 即可，如图 2-12 所示。

④ 用户账户：显示当前用户账户。单击之，还可以注销和设置账户，如图 2-4 所示。具体设置方法在本章第 2.4.7 节详细介绍。

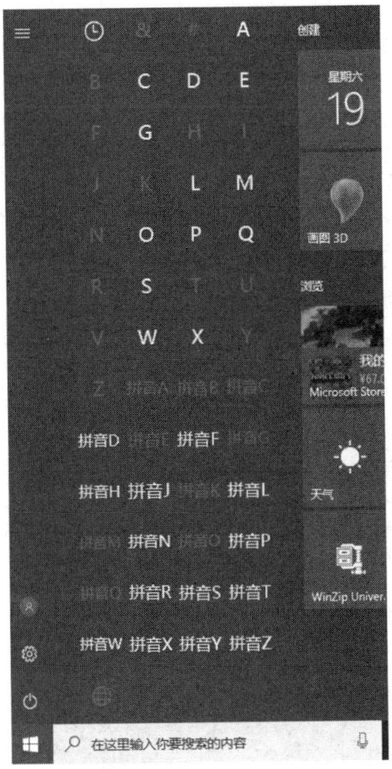

图 2-11　索引列表

图 2-12　查找应用程序 Word

⑤ 设置：单击之可以打开计算机的“设置”窗口，如图 2-13 所示。

图 2-13　设置窗口

“设置”是控制计算机的工具，无论是开关还是显示方式，都易于操作，适合触屏设备。Windows 10 还有另外一个控制计算机的工具——“控制面板”，其功能更加全面和细致，更适合在计算机中操作，控制面板的使用将在本章第 2.4.1 节详细介绍。

⑥ 电源：该选项是计算机的电源开关，如图 2-3 所示，可以重启或关闭计算机等。具体操作方法已在本书 2.1.3 节详细介绍。

⑦ 磁贴：可以动态显示应用的部分内容，比如日历、资讯等，如果关闭了磁贴的动态效果，可以把它当作应用的图标。

Windows 10 的“开始”菜单可以通过鼠标在菜单边缘拖动的方式来改变大小。加宽的“开始”菜单可以显示更多的磁贴，使操作更方便，如图 2-14 所示。

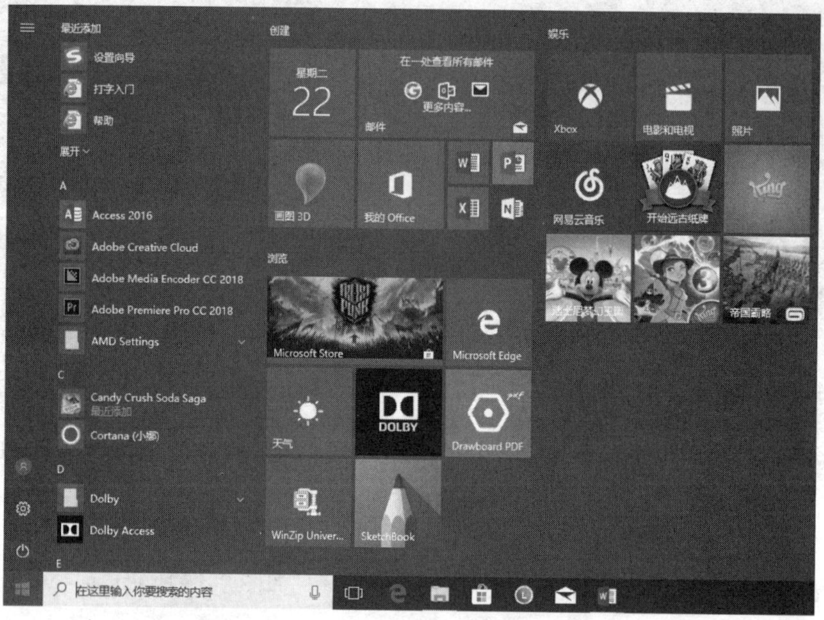

图 2-14 加宽的“开始”菜单

从图 2-14 可以看到，磁贴有三个部分，每个部分有一个名称。若更改名称，需单击该名称，打开名称文本框修改名称，如图 2-15 所示。

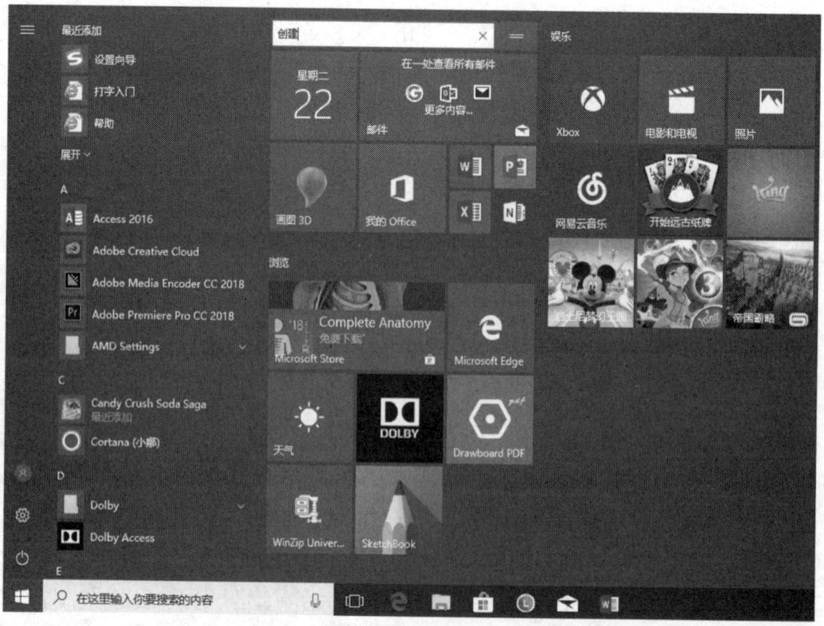

图 2-15 更改磁贴组名称

若需要将某应用磁贴在打开“开始”菜单屏幕时不再显示，只需在“开始”菜单中，右击该磁贴，在快捷菜单中单击“从‘开始’屏幕取消固定”即可，如图 2-16 所示。

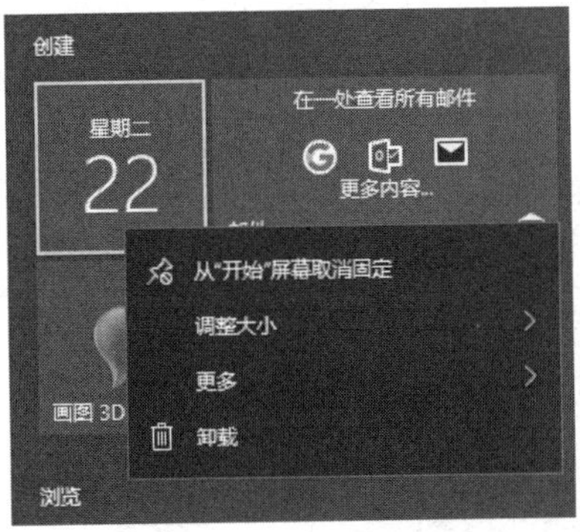

图 2-16　磁贴快捷菜单

在磁贴快捷菜单中，通过“调整大小”菜单提供的“小”“中”“宽”“大”选项可以改变磁贴在“开始”菜单屏幕中显示的模式。通过“更多”菜单提供的“关闭动态磁贴”命令，可以关闭该磁贴的动态显示，“固定到任务栏”命令将使该磁贴显示在任务栏快速启动区，如图 2-17 所示。

向“开始”菜单屏幕中添加磁贴，只需在“所有应用”中找到需要添加的应用，单击右键，在快捷菜单中选择“固定到‘开始’屏幕”即可，如图 2-18 所示。

图 2-17　磁贴快捷菜单之“更多”菜单

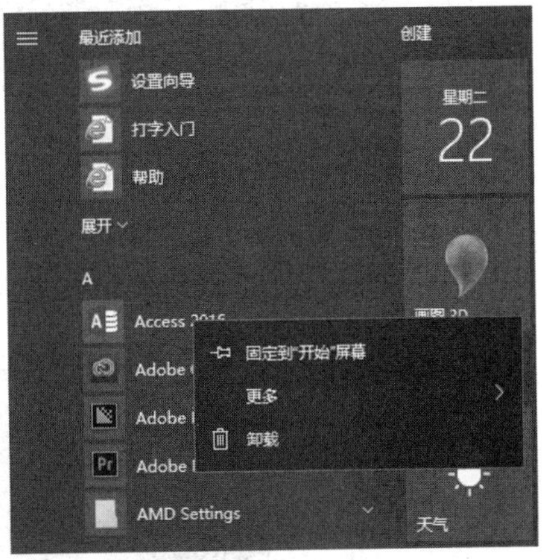

图 2-18　添加应用到“开始”菜单屏幕

2. *搜索栏*

搜索栏是任务栏中的一个文本输入框，可在其中输入待搜索的关键字，如图 2-9 所示。在 Windows 10 中，它不仅可以搜索 Windows 系统中的文件，还可以直接搜索 Web 上的信息。

单击搜索栏，不需要输入任何文字，就可以打开搜索主页，如图 2-19 所示。

① 主页：Cortana 搜索栏，单击之将显示出 Cortana 窗口主体⑤和⑥。Cortana（中文名：微软“小娜”）是微软在人工智能领域的尝试，它能够通过学习了解用户的喜好和习惯，帮助用户进行日程安排，还能回答用户一些简单的问题，⑦是 Cortana 的默认标记。窗口⑤可用来显示用户关注的相关信息。“搜索”栏⑥提供 3 个按钮，分别是“应用”“文档”“网页”，用来

选择搜索对象的类别，缩小搜索范围。文本框⑧用来输入需要查找的文件名称、网页，在输入过程中就有搜索结果列表显示，随着输入内容的增多，对列表筛选，直至筛选出最后结果。例如在网上查找“傅雷家书”一书，单击任务栏上的“搜索栏”→在文本框⑧中输入文本“傅雷家书”，按“回车键”即可，如图 2-20 所示。

图 2-19　搜索主页

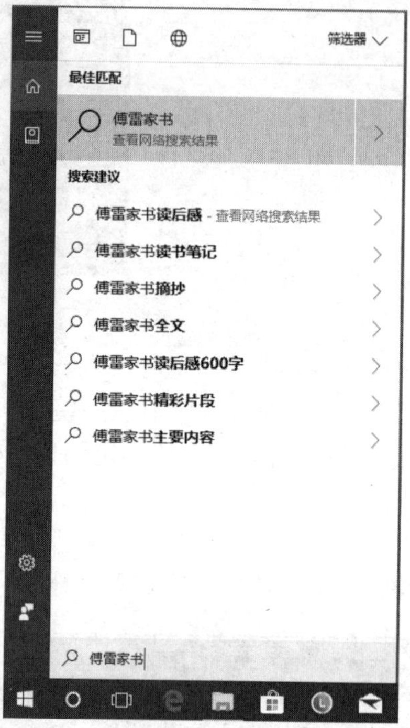

图 2-20　搜索举例

② 笔记本：可以在其中设置“日历和提醒”“天气”等用户关注的内容。例如在“笔记本”中设置开会提醒后，在提醒时间系统会在任务栏的通知区显示提示信息，如图 2-21 所示。

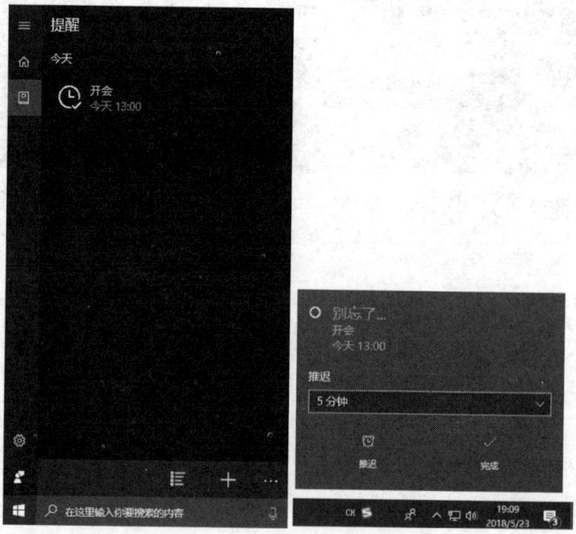

图 2-21　笔记本设置举例

③ 设置：在这里可以进行 Cortana 搜索栏的相关设置，如图 2-22 所示。

图 2-22　搜索栏的设置

④ 反馈：发送消息给微软，可以提出建议、喜欢或不喜欢哪方面的设置等信息，如图 2-23 所示。

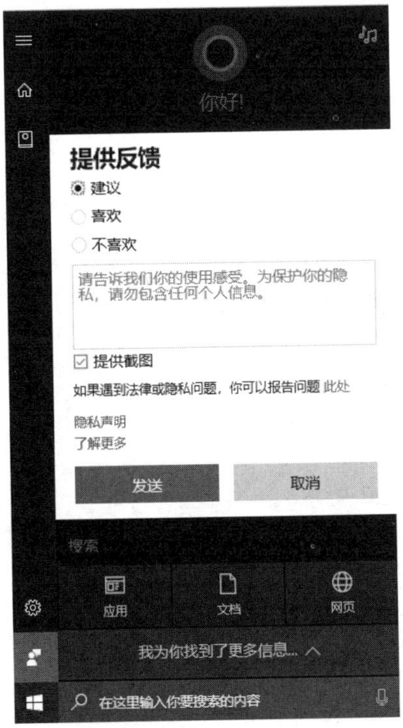

图 2-23　提供反馈

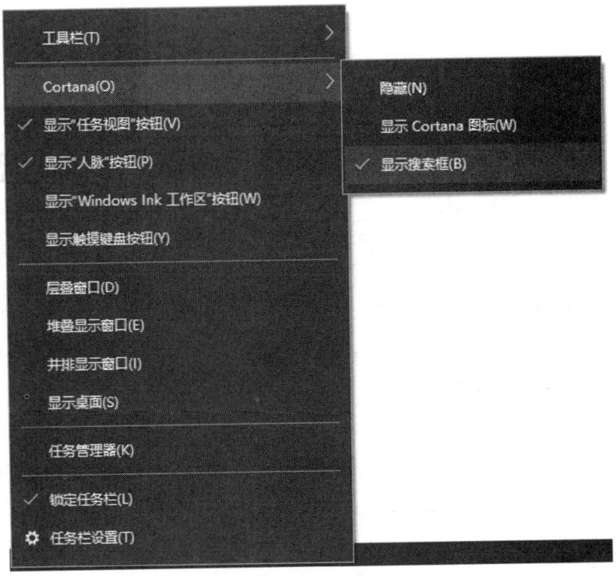

图 2-24　任务栏快捷菜单

搜索框还可以以按钮的形式显示在任务栏，或者在任务栏隐藏。设置的方法是：在任务栏空白处单击鼠标右键，在弹出的快捷菜单中，鼠标指向“Cortana”命令，弹出二级菜单，列出显示搜索框的 3 种模式，如图 2-24 所示。其中，“显示搜索框”是如图 2-9 所示显示一个大的搜索框，“隐藏”将在任务栏完全不显示搜索框，“显示 Cortana 图标”将用图标代替搜索框显示在任务栏。

3. 任务视图

任务视图按钮是多任务和多桌面的入口。

多任务是 Windows 10 的一个新功能，将最多 4 个开启的任务窗口排列在桌面上，用户可以同时关注 4 个任务窗口。Windows 10 官方称多桌面为“虚拟桌面”，可以将不同的任务分别安排在不同的桌面上，利用快捷键可以轻松地在桌面间切换。

（1）多任务视窗贴靠。

在 Windows 10 桌面上分布有 7 个任务视窗贴靠点，如图 2-25 所示。将任务视窗贴靠到不同的贴靠点时，视窗占用的屏幕空间会有不同的变化。下面以打开 4 个任务窗口为例。

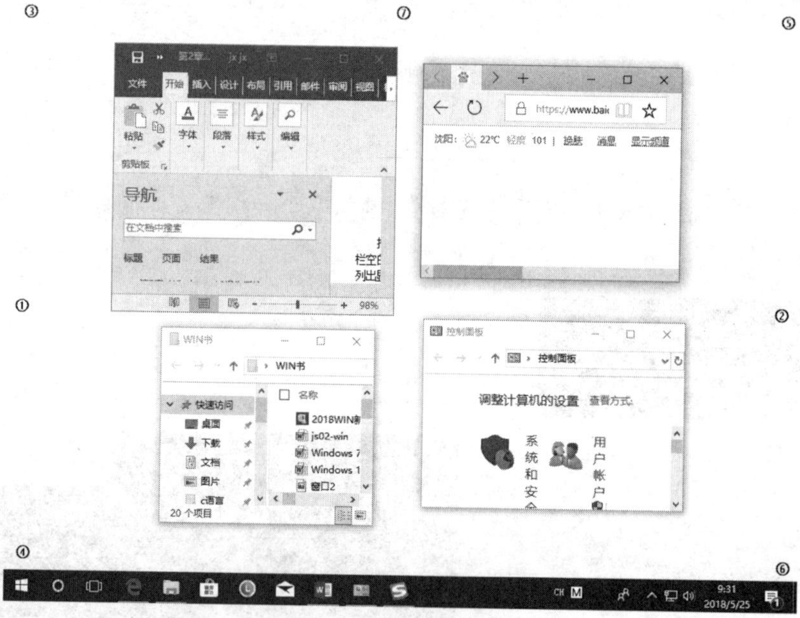

图 2-25 桌面上的贴靠点

① 左侧贴靠点：拖动一个窗口到左侧贴靠点，该窗口将在屏幕左半区固定，同时其他任务窗口被排挤到右侧。如图 2-26 所示。

② 右侧贴靠点：拖动一个窗口到右侧贴靠点，如图 2-27 所示。

③ 左上贴靠点：拖动一个窗口到左上贴靠点，如图 2-28 所示。

④ 左下贴靠点：拖动一个窗口到左下贴靠点，如图 2-29 所示。

⑤ 右上贴靠点：拖动一个窗口到右上贴靠点，如图 2-30 所示。

⑥ 右下贴靠点：拖动一个窗口到右下贴靠点，如图 2-31 所示。

⑦ 上贴靠点：拖动一个窗口到上贴靠点，该窗口自动最大化。拖离贴靠点后，窗口自动恢复原来大小。

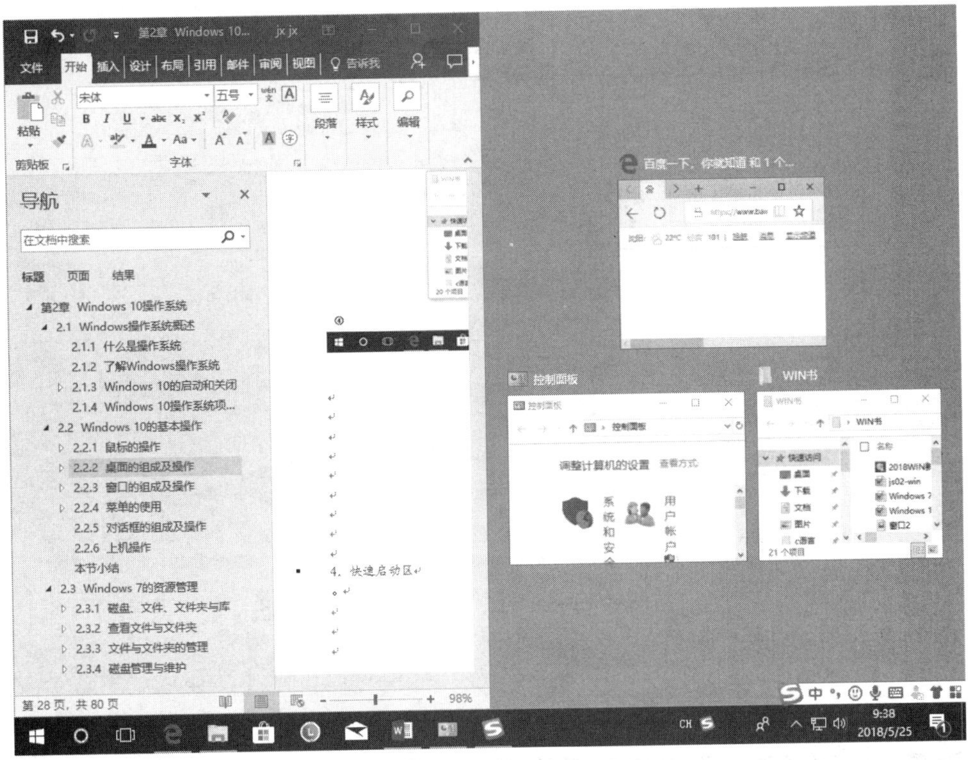

图 2-26　左侧贴靠

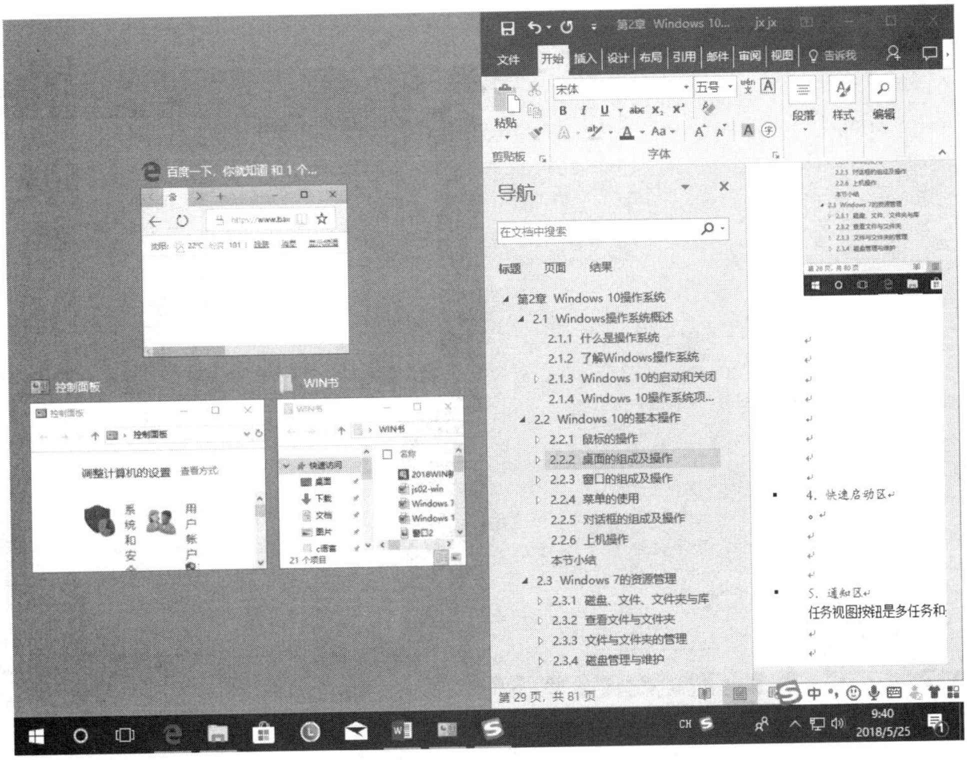

图 2-27　右侧贴靠

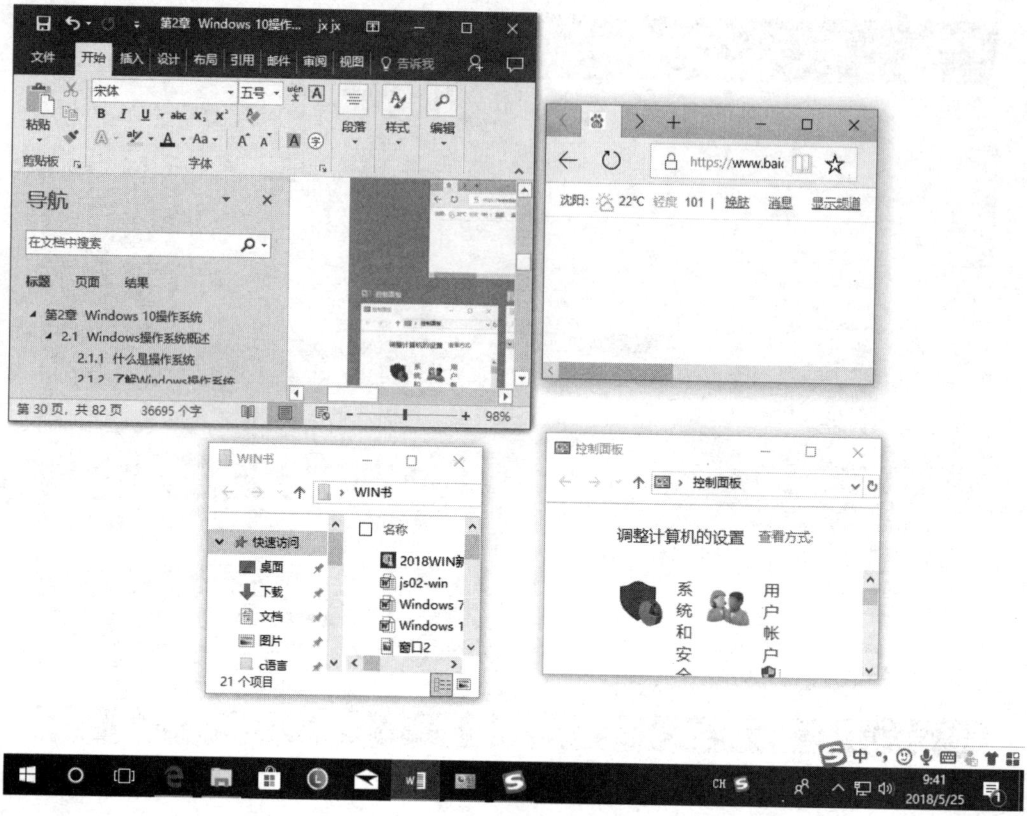

图 2-28 左上贴靠

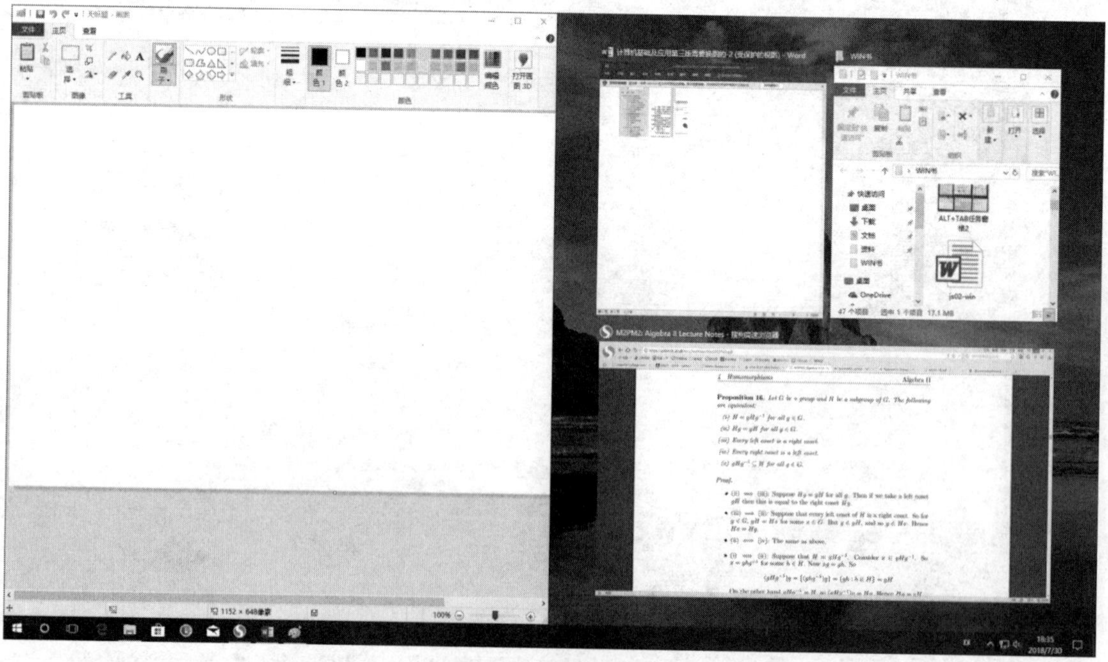

图 2-29 左下贴靠

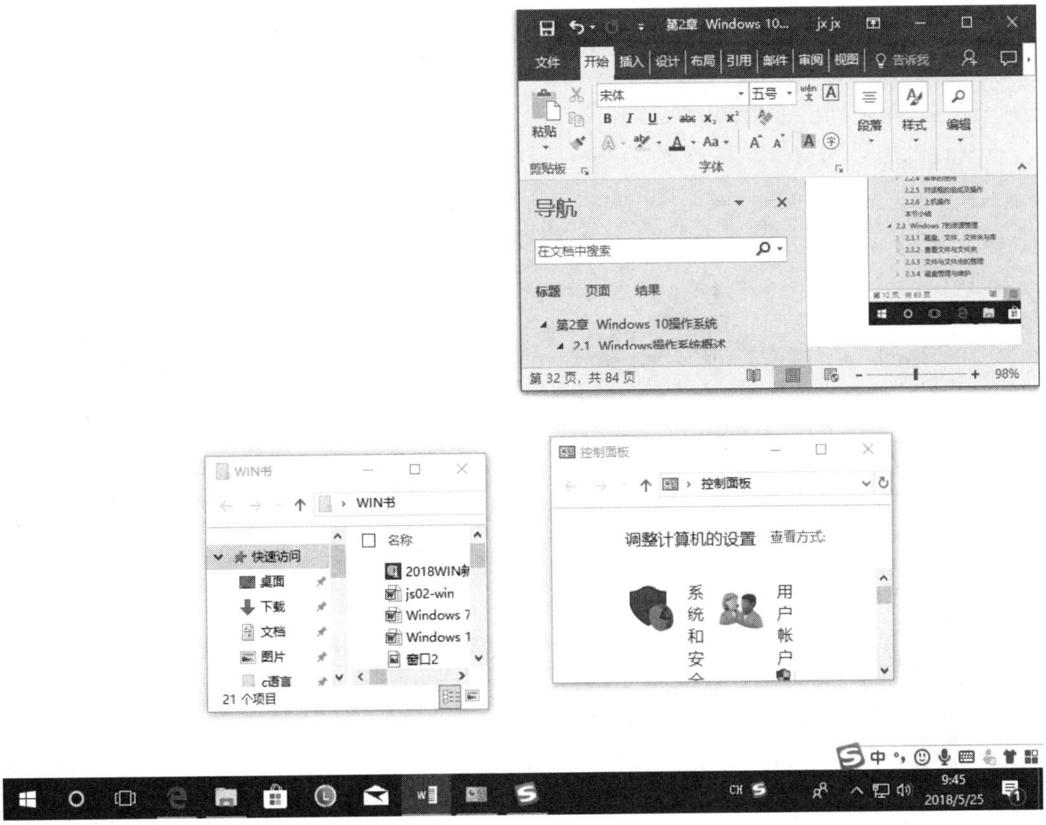

图 2-30　右上贴靠

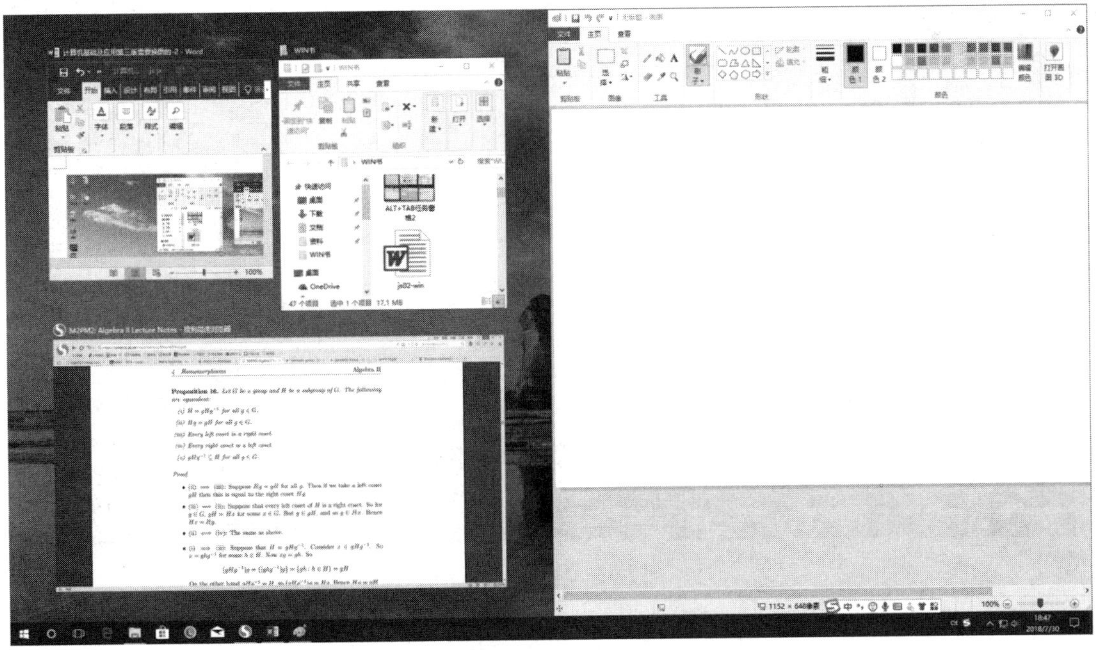

图 2-31　右下贴靠

（2）多任务切换。

在 Windows 10 中，Alt+Tab 组合键的窗口切换方式与低版本略有不同，不是直接切换到下一个任务，而是列出了当前所有打开窗口的预览缩略图，重复按下 Tab 键，逐一浏览各个窗口，直至找到需要的窗口，释放 Alt 键则显示所选的窗口，如图 2-32 所示。

图 2-32　切换任务视图

（3）虚拟桌面。

Windows 10 允许建立多个虚拟桌面，将任务窗口分散在不同桌面进行操作。

1）首先创建一个虚拟桌面。单击任务栏中“任务视图”按钮，打开新建桌面界面，如图 2-33 所示。

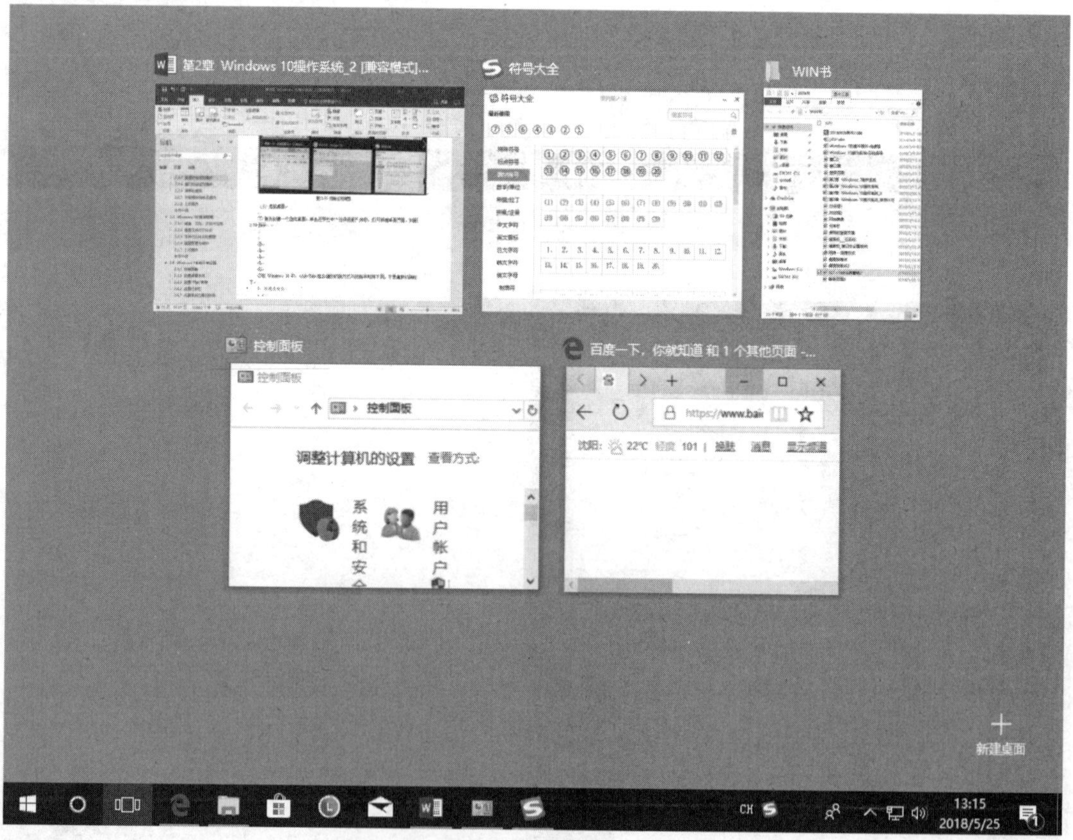

图 2-33　新建桌面界面

2）单击屏幕通知区上方的“新建桌面”按钮，添加一个“桌面 2”，如图 2-34 所示。将鼠标移动到两个桌面图标上，可以分别查看该桌面上打开的任务窗口。

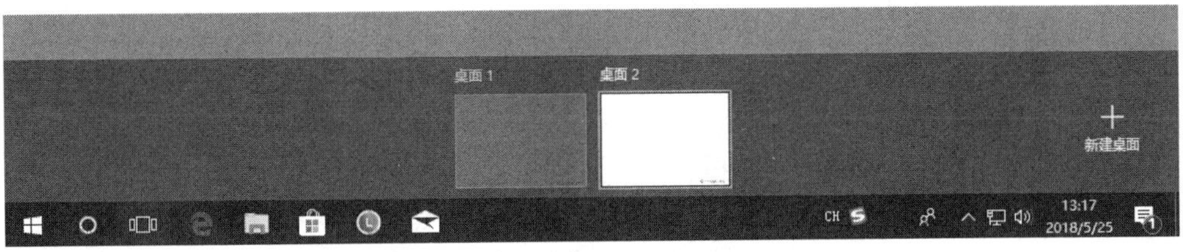

图 2-34　新建“桌面 2”

3）新建桌面以后，若需要将原来桌面上的任务窗口移动到新建桌面上，只要在查看时，在任务窗口上单击右键，在弹出的快捷菜单中选择“移至”→“桌面 2”命令即可实现移动，如图 2-35 所示。

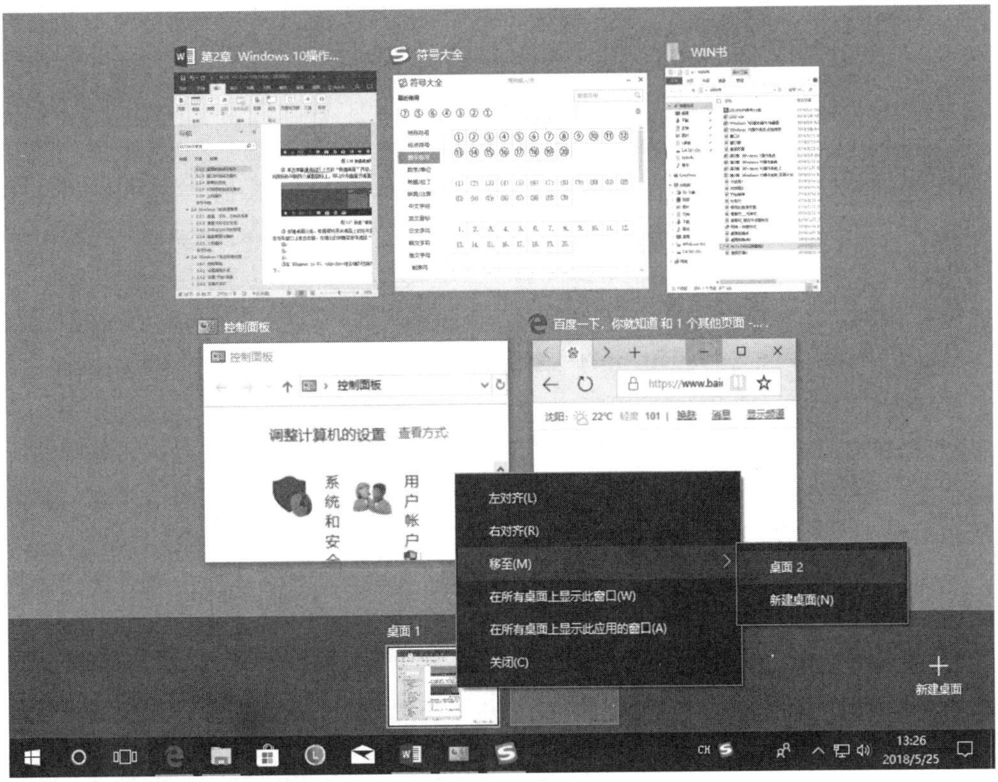

图 2-35　移动任务窗口

Windows 10 同时建立多个虚拟桌面，并将任务窗口分散在不同桌面后，可以通过 Ctrl+⊞+→或 Ctrl +⊞+←组合键在不同桌面间切换。

4. 快速启动区

快速启动区中的快速启动按钮是启动应用程序最方便的方式，启动时只需单击按钮即可，而启动桌面图标需要双击图标。如单击图标即可启动 QQ 应用程序。

如图 2-9 所示，快速启动区中的快速启动按钮，默认情况下只有“浏览器”“文件资源管理器”“应用商店”3 个按钮。

若要将其他应用图标放在这里，只需在应用的右键菜单中选择“固定到任务栏”命令即可，如图 2-36 所示。

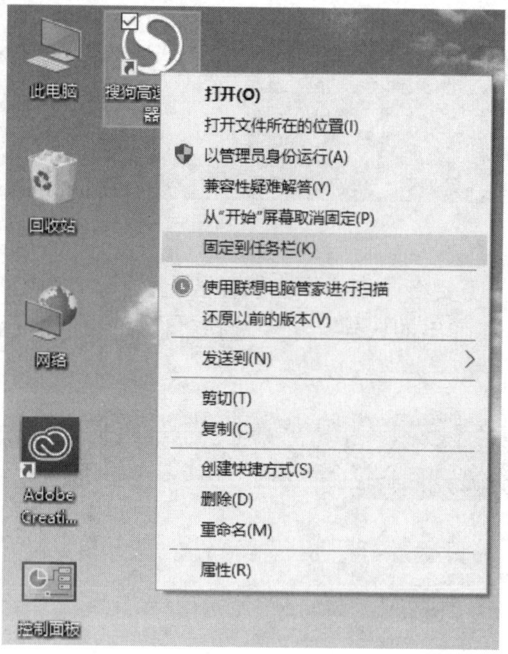

图 2-36 添加应用到快速启动

虽然快速启动按钮使用方便，但任务栏空间有限，无法容纳太多的应用。如果需要将某些应用从快速启动区移除，只需在任务栏中右击该应用按钮，从弹出的快捷菜单中选择“从任务栏取消固定”命令即可，如图 2-37 所示。

5. 程序按钮区

在程序按钮区，显示正在运行的程序的按钮。每打开一个程序或文件夹窗口，代表它的按钮就会出现在该区域，关闭窗口后，该按钮随即消失。

Windows 10 任务栏中的程序按钮默认为“合并”状态，即来自同一程序的多个窗口汇聚到任务栏的同一程序按钮里。当鼠标指向程序按钮时，其上方即会显示该程序所打开的多个窗口的预览缩略图，如图 2-38 所示。当鼠标移动到某一预览窗口上方时该窗口呈现还原显示预览状态，单击某个预览缩略图，该窗口即还原显示，成为活动窗口，如此可实现窗口间的切换。

图 2-37 将应用从快速启动删除

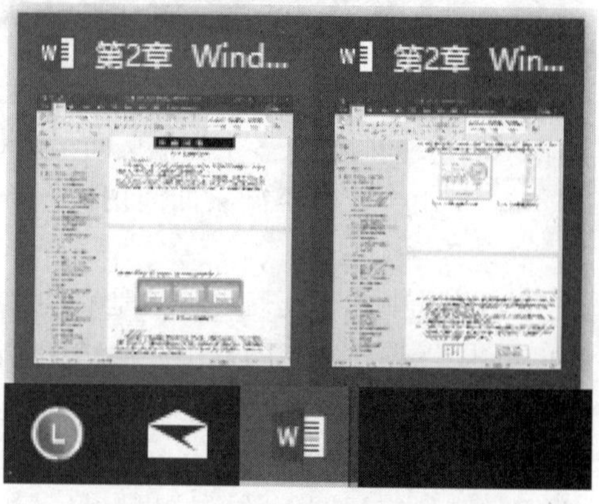

图 2-38 程序按钮的预览缩略图示例

6. 通知区

1）单击通知区内的“系统时钟”，可以显示日期和时间面板，用来显示当前日期和时间等详细信息，如图 2-39 所示。通过面板上的添加事件按钮可以对指定日期添加提醒事件，如在 6 月 6 日设置提醒是否开会，如图 2-40 所示。

图 2-39　“系统日期和时间”面板

图 2-40　在“系统日期和时间”面板设置提醒事件

2）单击通知区内的“扬声器”图标，弹出扬声器音量调节面板，如图 2-41 所示，拖动滑块可以调节扬声器的音量，或单击静音按钮，静音后的静音按钮变为。

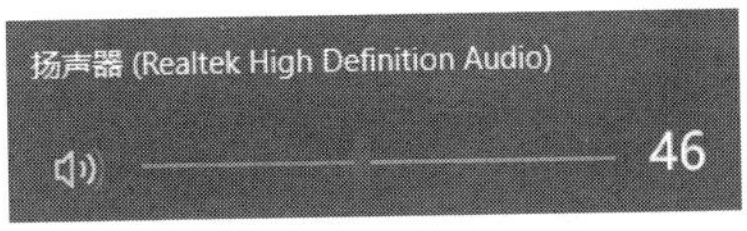

图 2-41　扬声器音量调节面板

3）单击通知区内的“自定义通知区按钮”，弹出如图 2-42 所示的通知区面板，可以查看到当前正在后台运行的程序图标。

4）“语言栏”是输入文字的工具栏，一般出现在桌面上或最小化到任务栏的通知区，单击语言栏上的输入法图标，弹出输入法列表，如图 2-43 所示。用户根据个人习惯，可以选择其中的一种输入法进行文字录入。

图 2-42　通知区面板

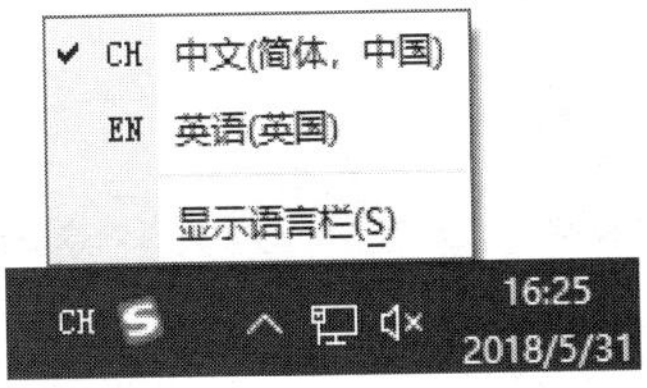

图 2-43　输入法列表示例

7. 桌面图标

“桌面图标”是指在桌面上排列的小图像，包含图形、说明文字两部分，如图 2-2 所示。小图形是标识符，文字用来说明图标的名称或功能，双击图标即打开相应的窗口。如果把鼠标指针放在图标上停留片刻，会出现对该图标内容的说明，或者是文件存放路径。Windows 10 的桌面图标有系统提供的，也有用户添加的。

（1）桌面图标的分类。

桌面图标通常分为系统图标、快捷方式图标、文件夹图标和文件图标。

1）系统图标。

Windows 10 在初始状态下，桌面上只有“回收站”一个系统图标，可以通过以下操作步骤显示其他系统图标。

- 在 Windows 10 桌面的空白处单击鼠标右键，在弹出的快捷菜单中选择“个性化”命令，打开“个性化”设置窗口，如图 2-6 所示。
- 在“个性化”设置窗口中，单击“主题”选项，在右侧的主窗格中向下滚动鼠标滑轮，选择“桌面图标设置”选项，打开“桌面图标设置”对话框，勾选需要在桌面上显示的系统图标的复选框。完成后单击“应用”或“确定”按钮，完成设置，如图 2-44 所示。

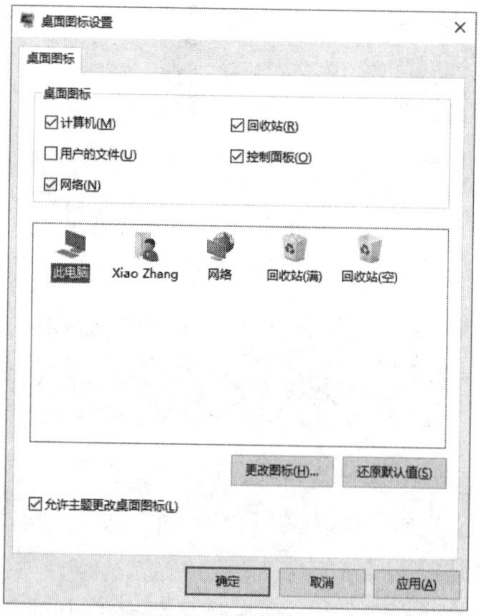

图 2-44 “桌面图标设置”对话框

如果对系统默认的图标外观不满意，可以单击“更改图标”按钮进行更改。单击“还原默认值”按钮，可以将图标还原为系统的默认值。常用的系统图标如图 2-45 所示。

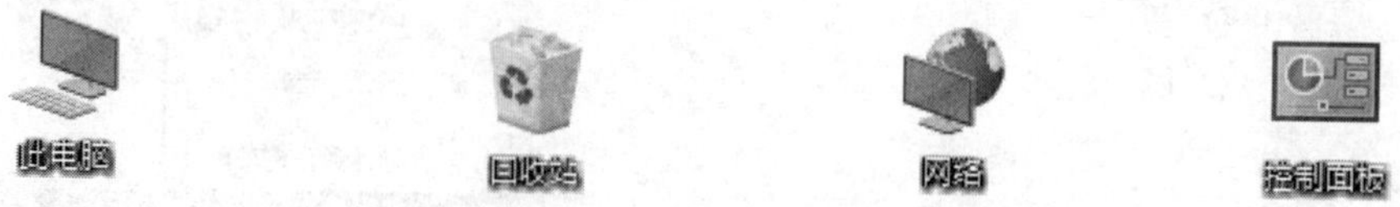

（a）“此电脑”图标　（b）“回收站”图标　（c）“网络”图标　（d）“控制面板”图标

图 2-45 Windows 10 系统图标

- “此电脑”图标代表正在使用的计算机，是浏览和使用计算机资源的快捷途径。双击该图标即可打开“此电脑”窗口，如图 2-46 所示，在该窗口中可以查看到计算机系统中的磁盘分区、移动存储设备、文件夹和文件等信息。

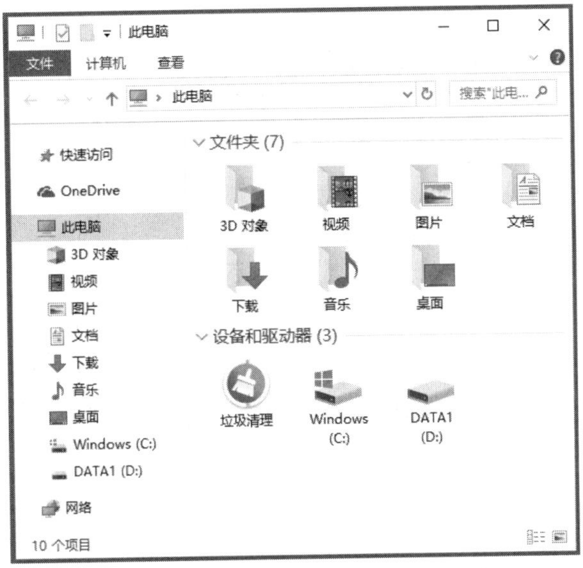

图 2-46　“此电脑”窗口

- “回收站”是系统在硬盘中开辟的一个区域，用于暂时存放用户从硬盘上删除的文件或文件夹等内容（关于回收站的介绍详见 2.3.4 节）。
- “控制面板”为用户提供了查看和调整系统设置的环境，通过“控制面板”用户可以更改桌面外观、控制用户账户、添加或删除软硬件等（关于控制面板的介绍详见 2.4.1 节）。
- “网络”主要用来查看网络中的其他计算机，访问网络中的共享资源，进行网络设置。

2）快捷方式图标。

桌面上，左下角带有箭头标志的图标称为快捷方式图标，又称快捷方式，如图 2-47 所示。快捷方式其实是一个链接指针，可以链接到某个程序、文件或文件夹。当用户双击快捷方式图标时，Windows 就根据快捷方式里记录的信息找到相关的对象并打开它。

图 2-47　快捷方式图标示例

用户可以根据需要随时创建或删除快捷方式，删除快捷方式后，原来所链接的对象并不受影响。针对某一对象，在桌面上创建快捷方式有以下几种方法：

- 右击图标后弹出快捷菜单，选择“发送到”→“桌面快捷方式”命令，如图 2-48 所示。
- 右击图标，在弹出的快捷菜单中选择“创建快捷方式”命令，如图 2-48 所示，然后将新创建的快捷方式图标移动至桌面。

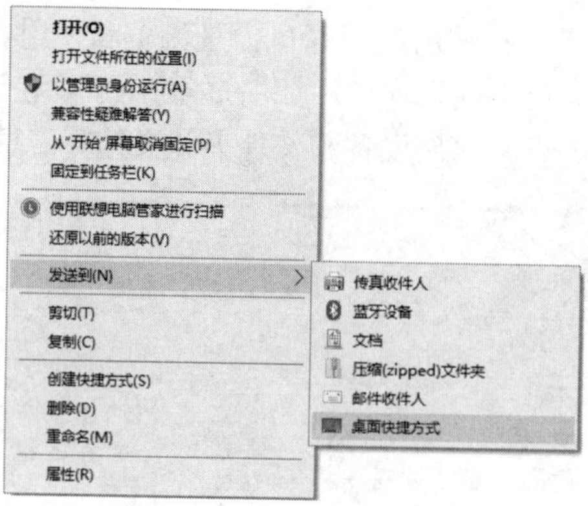

图 2-48　创建某图标的快捷方式

- 在对象所在的窗口中，选定图标后单击功能区中的“主页”功能区选项卡，在弹出的功能选项中，选择“新建”子功能区中“新建项目”按钮，在其下级菜单中选择“快捷方式”命令，如图 2-49 所示（有关功能区的介绍详见 2.2.3 节）。

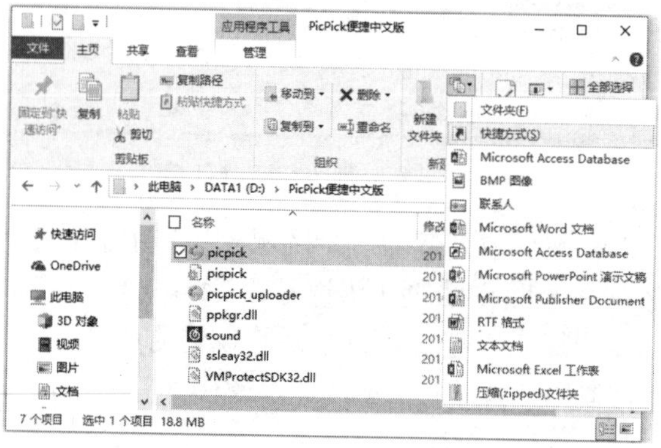

图 2-49　在对象所在窗口创建快捷方式

- 右击桌面空白处，弹出桌面快捷菜单，如图 2-50 所示，选择“新建”→“快捷方式”命令，在弹出的“创建快捷方式”对话框中进行设置。

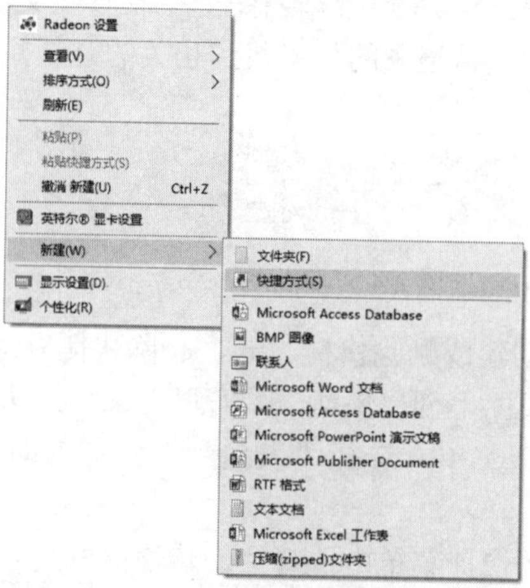

图 2-50　桌面快捷菜单及“新建”菜单列表

3）文件夹图标。

Windows 10 系统把所有文件夹统一用图标表示，用于组织和管理文件。双击文件夹图标即可打开文件夹窗口，可见其中的文件列表和子文件夹。

4）文件图标。

文件图标是由系统中相应的应用程序关联建立的，表示该应用程序所支持的文件。双击文件图标即可打开相应的应用程序及此文件，删除文件图标也就删除了该文件。不同的应用程序支持不同类型的文件，其图标也有所不同，如图 2-51 所示为几种常见的文件图标。

图 2-51　常见文件图标示例

（2）桌面图标的操作。

对 Windows 10 桌面图标的基本操作有：显示方式、图标的显示或隐藏、图标的移动和排列、图标的创建和删除等。

1）图标的显示和隐藏。

右击桌面空白处，弹出桌面快捷菜单，如图 2-52 所示，选择其中的“查看”命令，其下级菜单列表中的“显示桌面图标”项前若有√标记，表明该功能已选中，当前桌面上所有的图标正常显示，否则桌面图标被隐藏。对“显示桌面图标”项单击即可打上或去掉√标记。

2）图标的显示方式。

用户可以设置桌面图标的显示大小，设置方法是：右击桌面空白处，弹出桌面快捷菜单，选择“查看”命令，选择其下级菜单列表中的“大图标”“中等图标”和“小图标”中的某一项即可（参见图 2-52）。

3）图标的排列方式。

右击桌面空白处，弹出桌面快捷菜单，选择“排序方式”命令，其下级菜单列表中分别有按“名称”“大小”“项目类型”和“修改日期”4 种排列图标的方式供选择，如图 2-53 所示。

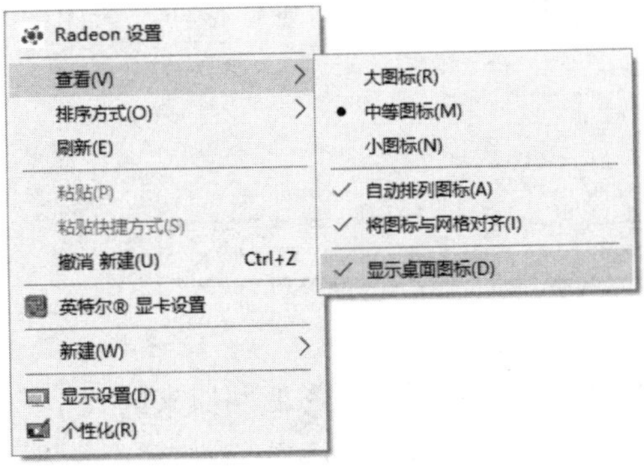

图 2-52　桌面快捷菜单及“查看”菜单列表

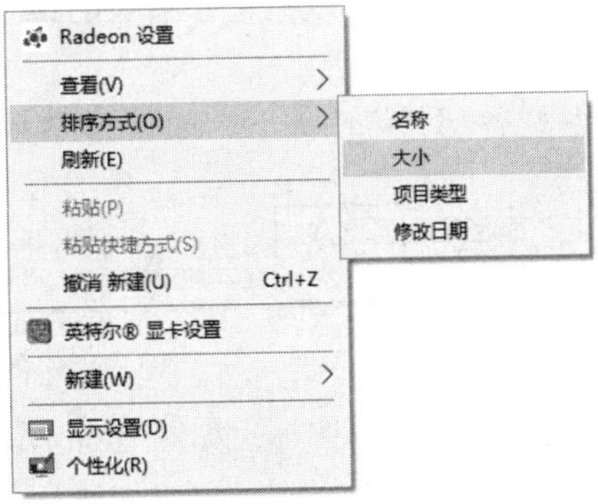

图 2-53　桌面快捷菜单及“排列方式”菜单列表

4）图标的删除。

选定待删除的图标，按 Delete 键即可删除；或者右击待删除的图标→“删除”命令（参见图 2-48）；也可以直接拖动待删除的图标至桌面上的回收站图标中。删除后的图标被放到回收站中。

2.2.3 窗口的组成及操作

每当打开一个文件夹、文件或运行一个程序时，系统就会创建并显示一个称为“窗口”的人机交互界面。在窗口中，用户可以对文件、文件夹或程序进行操作。

Windows 10 可同时打开多个任务窗口，但在所有打开的窗口中只有一个是当前正在操作的窗口，称为活动窗口。活动窗口的标题栏呈深色，非活动窗口的标题栏呈浅色。

1. 窗口的组成

图 2-54 为典型的 Windows 10 窗口，主要由标题栏、功能区、地址栏、导航窗格、文件列表栏、预览窗格、搜索框、状态栏等组成。

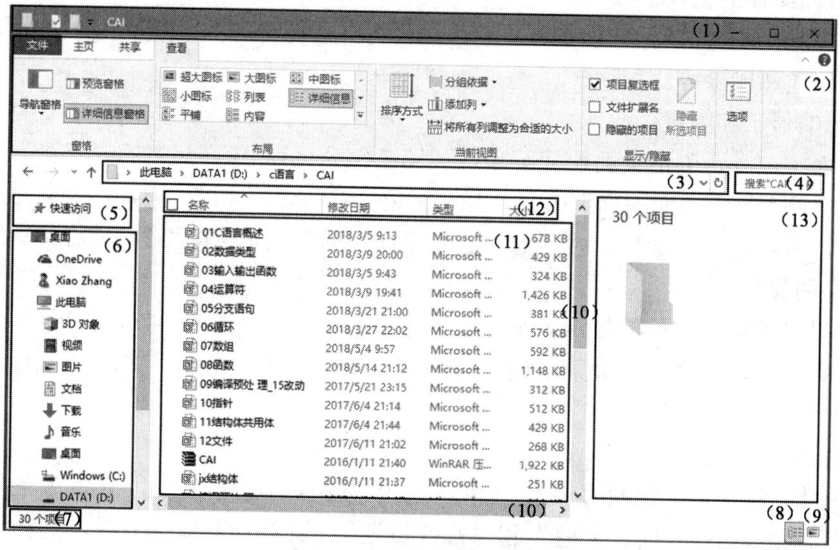

图 2-54 Windows 10 窗口示例

（1）标题栏：标题栏位于窗口的最上方，通过标题栏可以对窗口进行移动、关闭、改变大小等操作。

标题栏各部分说明如下，如图 2-55 所示。

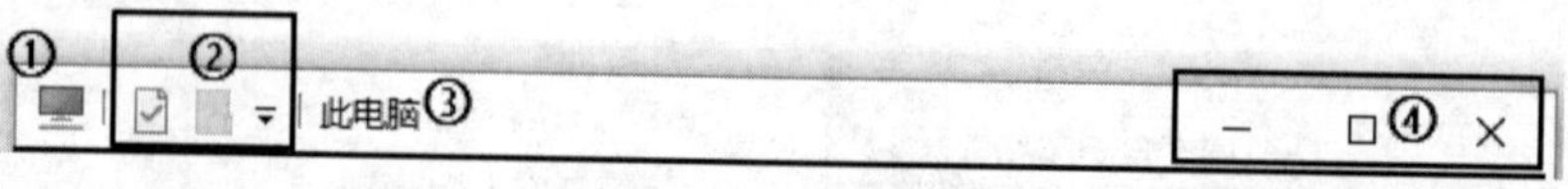

图 2-55 标题栏示例

① 窗口控制菜单图标：如图 2-56 所示，包括还原（从最大化状态变回原来的大小）、移动（单击之，鼠标变成✥时，可以用键盘上的上、下、左、右方向键移动窗口位置）、大小（单击之，可以用键盘上的上、下、左、右方向键来改变窗口大小）、最小化（隐藏到任务栏）、最大化（窗口充满整个屏幕）、关闭。

② 快速访问工具栏：可以通过这里的选项直接启动窗口内的功能，默认包含“属性”和“新建文件夹”两个选项。快速访问工具栏旁边向下的小箭头是“自定义快速访问工具栏”菜单按钮。可以将一些常用的功能添加到快速访问工具栏内，如图 2-57 所示。

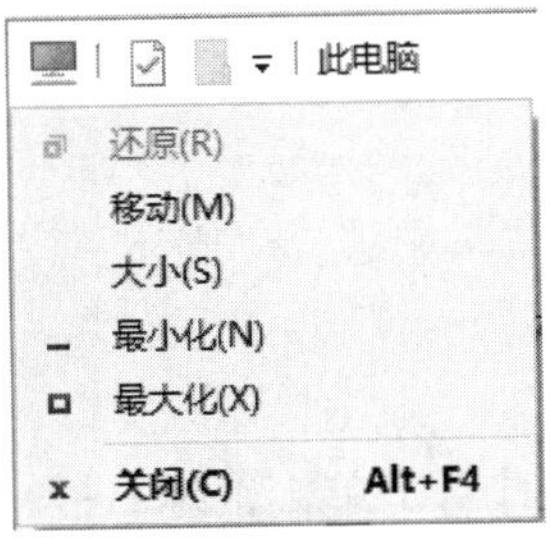

图 2-56　控制图标下拉菜单

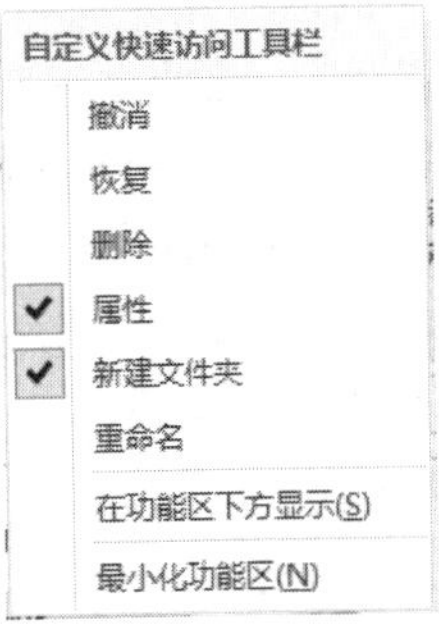

图 2-57　自定义快速访问工具栏

③ 名称：每一个窗口都有一个名称，以区别于其他窗口。

④ 标准按钮：“最小化”按钮、“最大化”按钮或“还原”按钮、“关闭”按钮是所有窗口都有的标准配置。

（2）动态功能区：采用 Office 2010 的 Ribbon 风格的功能区。功能区中集合了针对窗口及窗口中各对象的操作命令，并以多个功能选项卡的方式分类显示，如“文件”“主页”“查看”“共享”等。单击某个功能选项卡，即打开对应的功能选项，选择其中的某个命令项，即执行相应命令。

在文件列表栏⑪或导航窗格⑥中选择不同的文件或文件夹时，功能区的功能选项卡将出现动态的改变。

（3）地址栏：这里显示当前窗口的位置，其右侧的小箭头有与“最近浏览位置”按钮相同的功能。在地址栏中每一级文件夹的后面都有一个小箭头，单击之可以打开该级文件夹下的所有文件夹和文件列表，实现快速定位，而无需关闭当前窗口。也可以单击地址栏左侧的按钮（如图 2-58 所示），实现快速切换定位。

① “前进/返回”按钮：在操作过程中，若需要返回前一个操作窗口，需单击“返回”按钮；若再到下一个操作窗口，需单击“前进”按钮。

② “最近浏览位置”按钮：单击之，可以打开最近到过的位置列表，如图 2-59 所示。

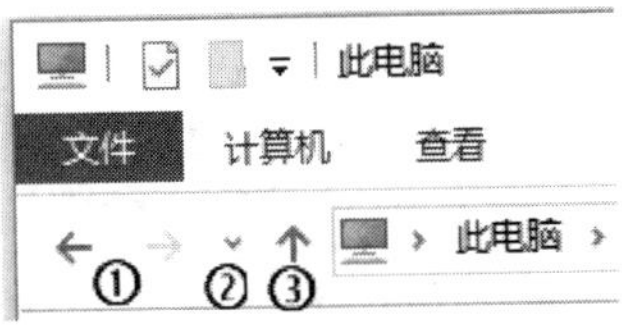

图 2-58　地址栏按钮

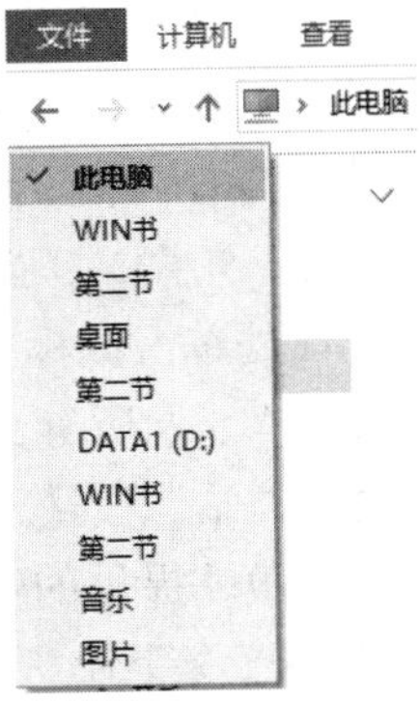

图 2-59　最近浏览的位置

③ “上移”按钮：单击之可以返回当前位置的上一层文件夹。

（4）搜索框：在搜索框中键入字词或字词的一部分，即在当前文件夹或库及其子文件夹中筛选，并将匹配的结果以文件列表的形式显示在文件列表栏。

（5）快速访问区：用户可以在快速访问区中将一些自己常用位置的链接固定在这里，方便以后访问。不仅可以添加本地驱动器和文件夹，还可以添加网络上的共享资源，对于频繁访问某个文件夹或网络上共享资源的用户来说，可以节省操作时间。

- 添加到快速访问区

在需要添加的文件夹上单击鼠标右键，在弹出的快捷菜单中选择“固定到‘快速访问’”命令，如图 2-60 所示，就能将文件夹添加到快速访问区。

- 从快速访问区中删除项目

若需从快速访问区中删除项目，只需在快速访问区的项目上单击鼠标右键，在弹出的快捷菜单中选择“从‘快速访问’取消固定”命令即可，如图 2-61 所示。

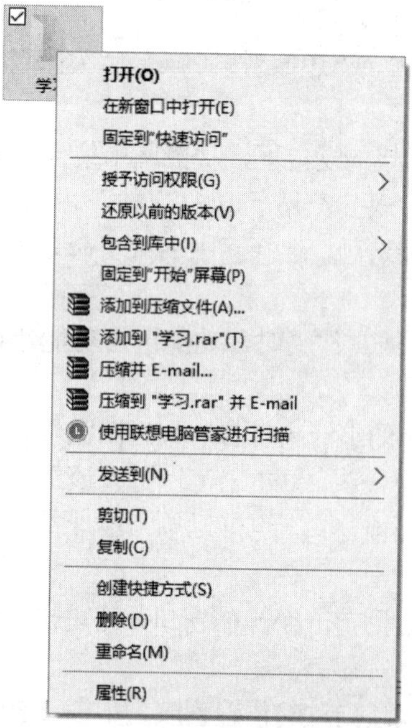

图 2-60 添加到快速访问区

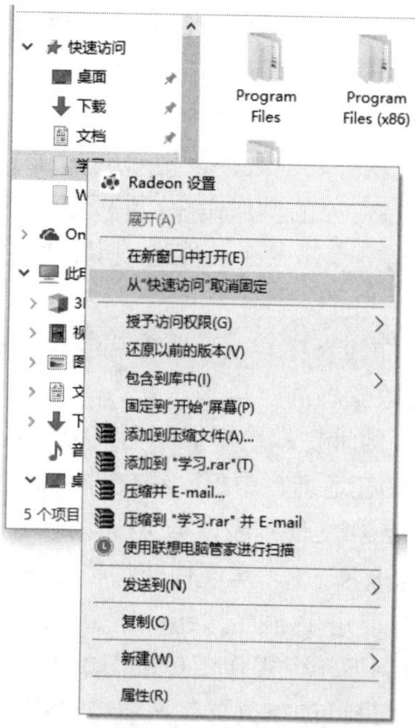

图 2-61 从快速访问区删除项目

（6）导航窗格：主要用于定位文件位置。在该区列出了当前计算机中的所有资源，由“此电脑”“库”“网络”等树形目录结构组成。使用“库”可以分类访问计算机中的文件；展开“此电脑”可以浏览硬盘、光盘、U 盘上的文件夹和子文件夹。

在导航窗格空白处单击鼠标右键，弹出快捷菜单，如图 2-62 所示，如果选择“显示所有文件夹”，在导航窗格将出现“控制面板”和“回收站”项目。

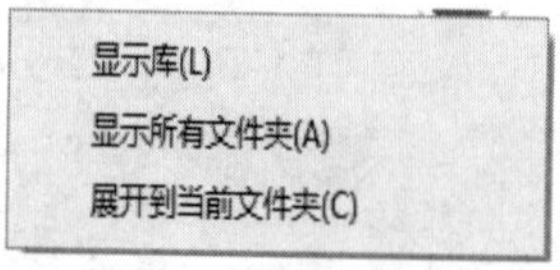

图 2-62 导航窗格快捷菜单

“OneDrive”是微软提供的云存储服务，它的前身叫作 SkyDrive，与“百度云”等其他云存储服务相同。用户可以通过网络将文件存储在微软云服务器中，然后使用不同的终端访问云服务器，获得文件。使用 Microsoft 账户登录 OneDrive，用户可以获得 7GB 大小的免费空间。如果需要更大的空间，可以另行购买，收费标准为 20GB 空间一年 10 美元。

登录 OneDrive 方法为：

1）单击导航窗格的“OneDrive”选项，打开“设置 OneDrive”窗口，输入微软账户预留邮箱，单击“登录”按钮，输入密码，再单击“登录”按钮，如图 2-63 所示。

图 2-63　登录 OneDrive

2）设置需要同步的文件夹，如图 2-64 所示。完成 OneDrive 登录，如图 2-65 所示。

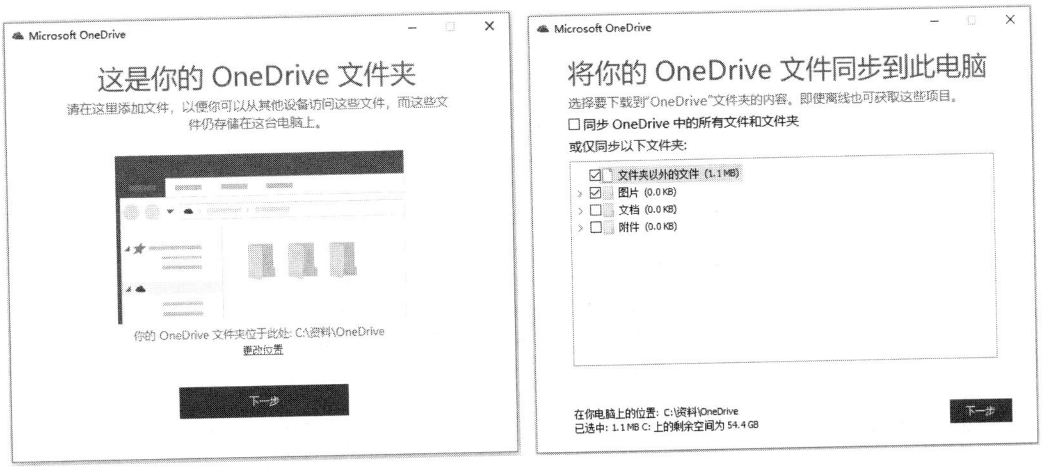

图 2-64　设置 OneDrive 同步文件夹

3）登录以后，用户可以在“此电脑”窗口中打开 OneDrive 文件夹，如图 2-66 所示。在此文件夹中的文件将会同步存储在微软云服务器中。

4）若不需要同步 OneDrive 文件，可以右击任务栏上通知区内的 OneDrive 图标打开其快捷菜单，来设置或退出 OneDrive，如图 2-67 所示。

（7）状态栏：是对窗口中选定项目的简单说明，比如“10 个项目”等。

（8）快速设置显示“详细信息”：这个选项可以将文件列表栏内的项目显示方式快速设置为显示每一项的“详细信息”。

图 2-65　OneDrive 登录完成

图 2-66　“此电脑”中的 OneDrive

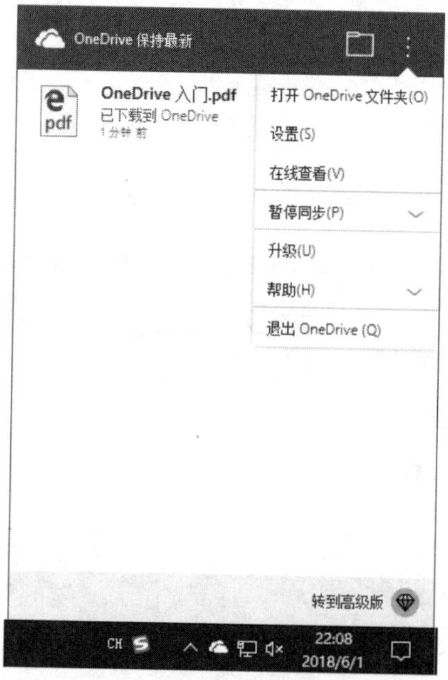

图 2-67　OneDrive 快捷菜单

（9）快速设置显示“大图标”：这个选项可以将文件列表栏内的项目显示方式快速设置为“大图标”。

（10）滚动条：滚动条分为垂直滚动条和水平滚动条两种，当窗口中的内容没有显示完全时，滚动条就会出现，拖动滚动条可以查看到超出窗口高度和宽度范围的其他内容。

（11）文件列表栏：文件列表栏是窗口的重要显示区，用于显示当前文件夹或库的内容。当向搜索框键入文字准备查找时，此区域显示出匹配的搜索结果。

（12）列标题：当文件列表以“详细信息”方式显示时，窗口中将会出现“列标题”，使用列标题可以更改文件列表中文件的整理方式。

（13）预览窗格：使用预览窗格可以查看选定文件的内容。如果窗口中未见预览窗格，可以单击功能选项卡“查看”，选择“窗格”选项组中“预览窗格”按钮即可。

2. 窗口的基本操作

熟练地对窗口进行操作，有助于提高用户操作计算机的工作效率。

（1）窗口的打开。

打开窗口有多种方法，常用的有以下几种：

- 双击要打开的程序、文件或文件夹图标。
- 选定图标后按下 Enter 键。
- 右击图标→“打开”命令。

（2）窗口的最大化、最小化和还原。

每个窗口都可以有 3 种显示方式，即缩小到任务栏的最小化、铺满整个屏幕的最大化、允许窗口移动并可以改变其大小的还原状态。实现这些状态之间的切换有以下几种常用方法：

- 利用标题栏右侧的、和按钮。
- 按下快捷键 Alt+空格或右击标题栏，或单击窗口控制菜单图标，打开窗口控制菜单，如图 2-56 所示，单击选择。
- 双击标题栏，可以实现窗口的最大化与还原状态之间的切换。
- 拖动标题栏到屏幕顶部可最大化窗口，将标题栏从屏幕顶部拖开则还原窗口。

注意：窗口的最小化并没有关闭窗口，仅是把窗口缩小到最小程度，以程序按钮的形式保留到任务栏。

（3）窗口的缩放。

仅当窗口为还原状态时，方可调整窗口的尺寸。当鼠标指向窗口的任意一个边角或边框时，鼠标指针变为、或、形状，此时按住鼠标左键拖动，可调整窗口的尺寸。

（4）窗口的移动。

仅当窗口为还原状态时，方可移动窗口的位置。移动窗口只需拖动窗口的标题栏，到目标位置后释放即可。

（5）窗口的切换。

Windows 是多任务操作系统，可以同时打开多个应用程序，显示多个窗口。若想使某个窗口成为活动窗口，则要做窗口之间的切换操作，以下是几种切换方法：

- 鼠标指针指向任务栏中的某个程序按钮时，其上方显示多个预览缩略图（参见图 2-38），单击其中某个预览缩略图即可切换至相应的窗口。
- 按住 Alt 键，再按下 Tab 键，在屏幕中间显示切换面板，如图 2-32 所示，重复按下 Tab 键，直至找到需要的窗口，释放 Alt 键则显示所选的窗口。

（6）窗口的关闭。

关闭窗口的方法很多，下列任意一种方法皆可关闭窗口。

- 单击标题栏右侧的“关闭”按钮。
- 选择功能区的“文件”→“关闭”命令。
- 按下快捷键 Alt + F4。
- 按下快捷键 Alt+空格，或右击标题栏，或单击窗口控制菜单图标，从弹出的窗口控制菜单中选择“关闭”命令。
- 鼠标指向任务栏上的程序按钮，其上方显示多窗口预览缩略图，鼠标指向其中的一个缩略图→“关闭”命令。

- 鼠标指向任务栏上的某个程序按钮→“关闭窗口”命令。

（7）多窗口的排列。

在打开多个窗口之后，为了便于操作和管理，可以将这些窗口进行不同样式的排列。其方法是：右击任务栏的空白区，弹出如图 2-68 所示的任务栏快捷菜单，选择其中的“层叠窗口”“堆叠显示窗口”或“并排显示窗口”即可将窗口排列成所需的样式。

3. 以“此电脑”窗口为例，介绍窗口功能区的基本操作

如图 2-54 所示，其中的②部分为功能区。单击功能选项卡，或者按 F10 键或 Alt 键可以激活功能选项卡。

（1）展开、收起和帮助。

在功能区的右上角有 ^ 和 ? 两个按钮。其中的小箭头是展开和收起功能区的按钮，箭头向上表示可以收起功能区，箭头向下表示可以展开功能区。蓝色的问号用于打开 Windows 帮助和关于 Windows 的说明。

（2）文件。

“文件”功能选项卡中的功能都是针对此窗口进行操作的，如图 2-69 所示。

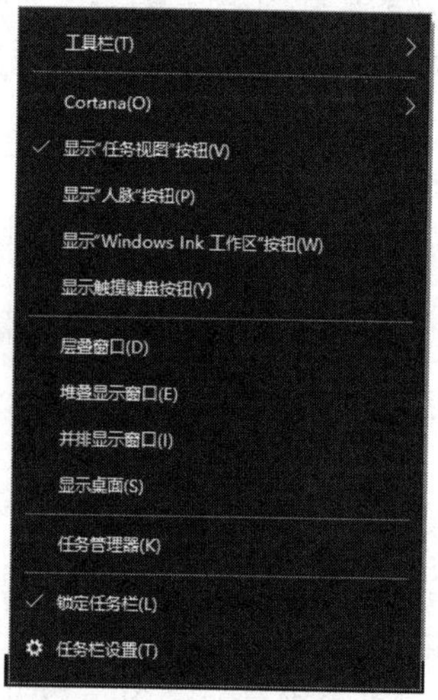

图 2-68 任务栏快捷菜单

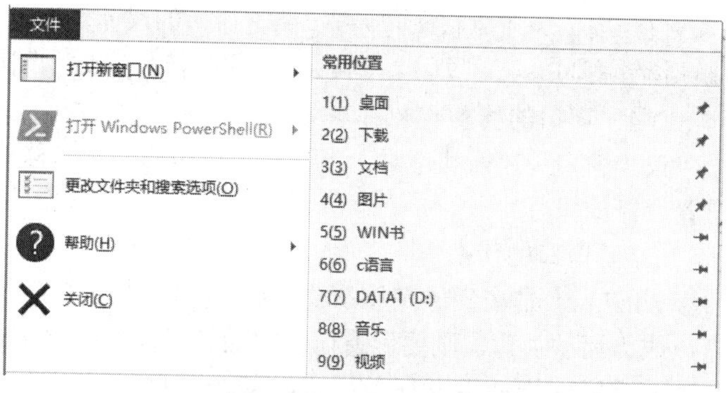

图 2-69 “文件”选项卡

- 打开新窗口：如果需要保留当前窗口，并在相同位置上再打开一个窗口，可以选择这个选项。
- 打开 Windows PowerShell：PowerShell 是微软公司开发的一款利用脚本语言进行编程的、提供丰富的自动化管理能力的管理工具。
- 选项：可以对文件夹和搜索进行进一步的设置，如图 2-70 所示。
- 帮助：该选项和功能区右上角的蓝色问号一样，能够打开 Windows 帮助和关于 Windows 的说明。
- 关闭：用于关闭当前窗口。
- 常用位置：这里可以设置需要经常打开的位置，位置选项后面的标志表示固定选项，表示该选项是历史记录。单击标志，可以使其在固定选项和历史记录间转换。历史记录可以通过如图 2-70 所示的“清除”按钮来清除。

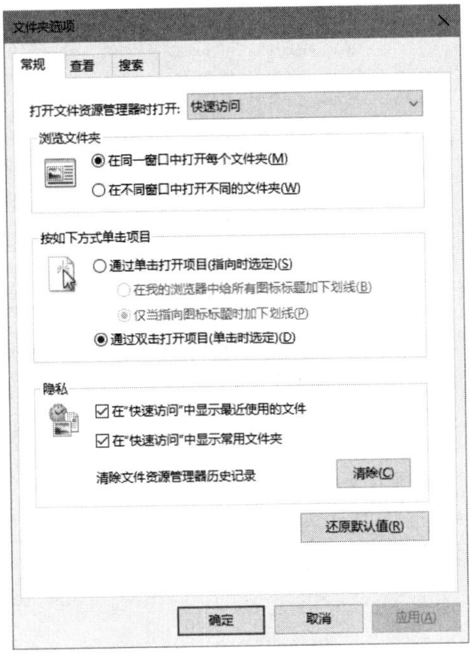

图 2-70　文件夹选项

（3）计算机。

“计算机”功能选项卡中的功能都是针对计算机和设备驱动器的功能选项，如图 2-71 所示。

图 2-71　“计算机”选项卡

- 位置：“属性”选项用来查看计算机的基本信息；使用“打开”和“重命名”选项都必须选中某个项目，比如选中图 2-54 中“Windows (C:)”后，可以用“打开”和“重命名”选项来操作。
- 网络：设置访问网络资源的工具选项。“访问媒体”用于访问本地局域网中的媒体资源；“映射网络驱动器”选项将经常访问的服务器映射为驱动器，可以使访问更加方便快捷；“添加一个网络位置”选项为某个网站或 FTP 站点添加快捷方式，下次访问就像打开文件夹一样简单。
- 系统：“打开设置”选项可以更改系统设置并对计算机的功能进行自定义。“卸载或更改程序”选项可以将指定的程序从计算机中删除，也可以对某些已安装的程序进行修复或更改。“系统属性”选项可以查看系统基本信息。“管理”选项可以监控系统状况，查看系统日志，管理存储、事件、任务计划和服务等。

（4）查看。

“查看”功能选项卡的选项多是对窗口主体中的文件和文件夹进行排列、组合而特殊设置的，如图 2-72 所示。

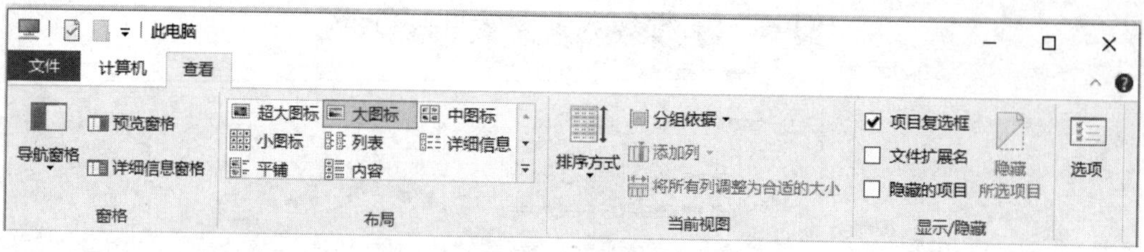

图 2-72 “查看”选项卡

- 窗格：“导航窗格”选项控制导航窗格项目的展开与收起。“预览窗格/详细信息窗格”选项，如图 2-73 所示，在窗口主体的右侧留出一块信息区，用来显示文件预览信息或详细信息，但这两种模式只能选其一。

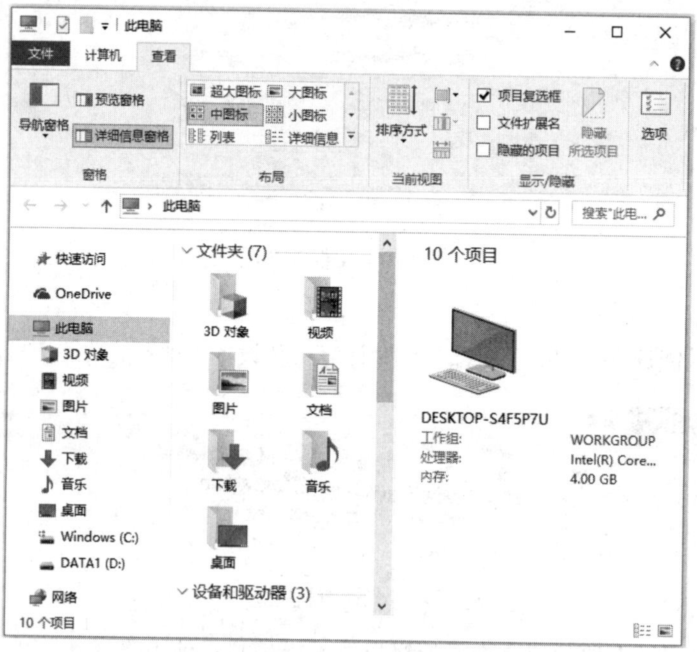

图 2-73 窗口主体上的详细信息窗格

- 布局/当前视图：用来选择窗口主体中项目的显示和排列方式，主要用于文件较多时改变文件的显示、排列、分组的方式，或是直接在窗口主体上显示文件的详细信息。
- 显示/隐藏：设置文件和文件夹是否隐藏，及文件扩展名是否隐藏。
- 选项：将打开如图 2-70 所示的“文件夹选项”对话框，对文件和文件夹进行进一步的设置。

（5）主页。

“主页”功能选项卡中的功能主要针对的对象是文件和文件夹，如图 2-74 所示。

“主页”功能选项卡中的选项，对操作文件和文件夹有很大的作用，而文件和文件夹是 Windows 系统的主体，此部分应用将在 2.3 节详细介绍。

（6）共享。

“共享”功能选项卡中的选项主要针对文件夹，将文件夹共享到局域网或 Internet 上，如图 2-75 所示。

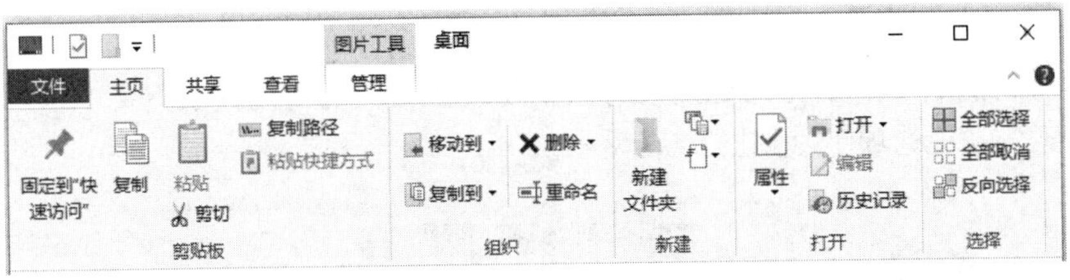

图 2-74　“主页”功能区

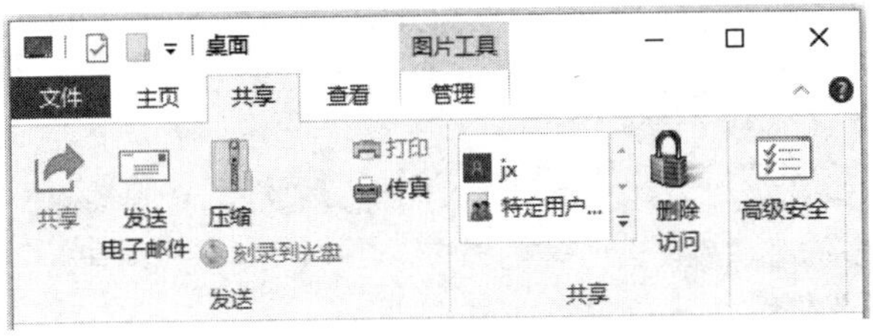

图 2-75　“共享”功能区

- 发送：“共享”选项将选中的文件发送到共享应用程序上。“发送电子邮件”选项通过电子邮件发送所选项目。如果发送的是文件，将以附件形式发送；如果发送的是文件夹，则以链接的形式发送。“压缩”选项将选中的项目压缩成压缩包。“刻录到光盘/打印/传真”选项将选中的项目发送到刻录光盘、打印机或者传真机，必须配合相关的设备使用。
- 共享：“当前登录账户/特定用户”选项可以查看和编辑家庭组并为特定用户设置权限。“删除访问”选项可以关闭文件夹共享的功能。
- 高级安全：共享文件的高级设置，如图 2-76 所示。

图 2-76　文件夹高级安全选项

（7）搜索。

“搜索”功能选项卡中有针对搜索的更多高级功能。单击“搜索”文本框，在功能区中将显示“搜索”功能选项卡，如图 2-77 所示。

图 2-77 “搜索”功能区

- 位置：“此电脑”选项表示搜索范围为全部硬盘。“当前文件夹”选项表示搜索范围为当前文件夹。“所有子文件夹”选项表示搜索范围为当前文件夹和文件夹中的所有子文件夹。“在以下位置再次搜索”选项表示在指定位置搜索。
- 优化：通过本选项组的选项为搜索添加附加条件，可以设置修改时间、文件类型、文件大小和其他属性，图 2-78 所示为“其他属性”中的选项。
- 选项：“最近的搜索内容”选项用来查看最近搜索过的内容。“高级选项”用来进一步设置搜索的选项，如图 2-79 所示。“保存搜索”选项将搜索条件保存为一个“已保存的搜索”选项，添加到“优化”选项组的“类型”中。“打开文件位置”选项用于在搜索结束后打开某个搜索结果。

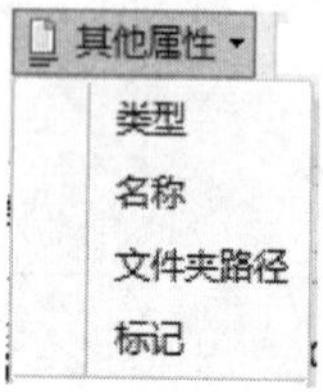

图 2-78 “优化”中的“其他属性”

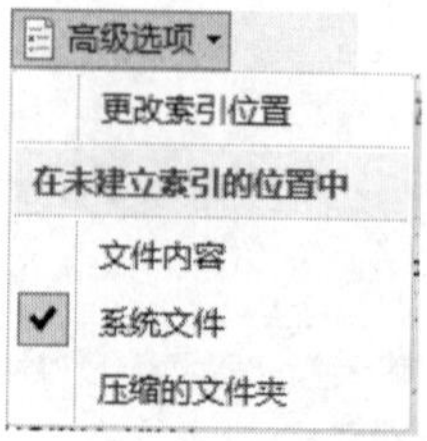

图 2-79 “搜索”中的“高级选项”

- 关闭搜索：用于关闭搜索结果窗口和“搜索”功能选项卡。

（8）管理。“管理”功能选项卡针对不同的对象有不同的选项。如图 2-80 所示是针对设备驱动器的“管理”功能选项卡。

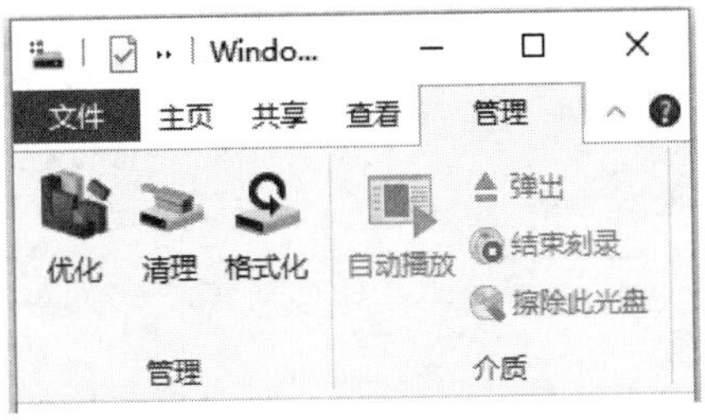

图 2-80　“管理”功能区

- 管理：“优化”选项用于优化磁盘可以提高运行效率。“清理”选项用于清理选中磁盘中的一些无用文件，以释放存储空间。“格式化”选项用于格式化选中的磁盘，格式化后该磁盘内的信息将全部丢失。
- 介质：通过该功能区的选项实现对光盘驱动器的自动播放和弹出等功能。

2.2.4　菜单的使用

Windows 10 菜单系统以列表的形式给出所有的命令项，用户通过鼠标或键盘选中某个命令项就可以执行对应的命令。

1. 菜单类型

Windows 10 操作系统提供四种菜单类型：“开始”菜单、下拉式菜单、弹出式快捷菜单、窗口控制菜单。在菜单中包括多个菜单命令。

（1）“开始”菜单。

单击“开始”按钮即可打开“开始”菜单，关于“开始”菜单的组成及功能详见 2.2.2 节，这里不再赘述。

（2）下拉式菜单。

在 Windows 10 窗口中，某些选项带有黑三角标志，单击之将打开下拉式菜单。菜单项中包含若干条菜单命令，并且这些菜单命令按功能分组，组与组之间用一条浅色横线分隔。图 2-81 所示为“排序方式”选项的下拉菜单。

（3）弹出式快捷菜单。

将鼠标指向桌面、窗口的任意位置或某个对象，右击后即可弹出一个快捷菜单。快捷菜单中列出了与当前操作对象密切相关的命令，操作对象不同，快捷菜单的内容也会不同。

（4）窗口控制菜单：位于标题栏的最左侧，不同窗口的控制菜单完全相同，通常双击控制菜单来关闭应用程序窗口。

2. 菜单命令的选择

打开“开始”菜单的方法是：单击“开始”按钮或按下键盘上的 Windows 徽标键；激活下拉菜单的方法是：用鼠标单击带有黑三角标志的选项；右击操作对象即可弹出快捷菜单。

菜单被激活后，移动鼠标指针至某一菜单命令，单击鼠标左键即可执行此命令。也可以利用键盘上的方向键←、→、↑、↓和 Enter 键选择执行。

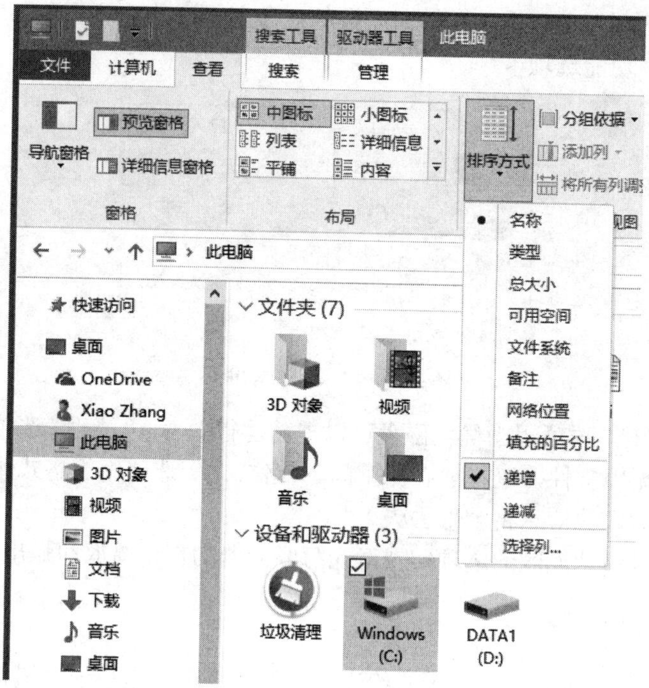

图 2-81 “排序方式”的下拉菜单

3. 菜单中的约定

在各种菜单列表中，有的菜单命令呈黑色，表示是正常可用的命令；有的呈浅色，表示当前不可用。菜单中还常出现一些特殊的符号，其具体的功能约定如表 2-4 所示。

表 2-4 菜单中常见的符号约定

符号	说明
浅色的命令	不可选用，当前命令项的使用条件不具备
命令后有“…”	弹出对话框，需要用户设置或输入某些信息
命令前有“√”	命令有效，若再次选择该命令，则√标记消失，命令无效
命令前有“●”	被选中的命令
命令后有“>”	鼠标指向该命令时，会弹出下一级子菜单
热键	按下 Alt 键，当前窗口的每个功能区选项卡旁都会显示一个字母热键，按下某字母键即打开对应的功能选项卡。或者直接按 Alt+热键也可打开该功能选项卡
快捷键	该选项提示信息中的组合键，勿需通过菜单，直接按下快捷键即可执行相应命令

2.2.5 对话框的组成及操作

对话框是 Windows 为用户提供信息或要求用户提供信息而出现的一种交互界面。用户可在对话框中对一些选项进行选择，或对某些参数做出调整。

对话框的组成与窗口相似，但比窗口更简洁、直观，不同对话框的组成不同，下面以“打印”对话框为例予以说明，各部分标注如图 2-82 所示。

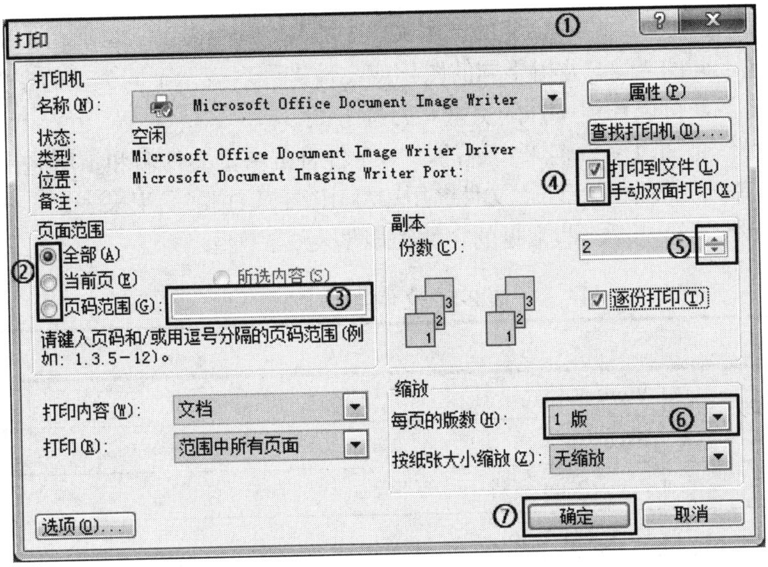

图 2-82　“打印”对话框

① 标题栏：每个对话框都有标题栏，位于对话框的最上方，左侧标明对话框的名称，右侧有关闭按钮。

② 选项按钮：一个后面附有文字说明的小圆圈，当被单击选中后，在小圆圈内出现蓝色圆点。通常多个选项按钮构成一个选项组，当选中其中一项后，其他选项自动失效。选项按钮又称单选按钮。

③ 文本框：一种用于输入文本信息的矩形区域。

④ 复选框：一个后面附有文字说明的小方框，当被单击选中后，在小方框内出现复选标记√。

⑤ 微调按钮：单击微调按钮的向上或向下箭头可以改变文本框内的数值，也可在文本框中直接输入数值。

⑥ 下拉列表框：单击下拉列表框中的下拉按钮而弹出的一种列出多个选项的小窗口，用户可以从中选择一项。

⑦ 命令按钮：带有文字的矩形按钮，直接单击可快速执行相应的命令，常见的有“确定”和“取消”按钮。

一些对话框内选项较多，这时会以多个选项卡来分类显示，每个选项卡内都包含一组选项。

2.3　Windows 10 的资源管理

计算机系统的各种软件资源，如文字、图片、音乐、视频及各种程序，都以文件的形式存储在磁盘中，为了更好地管理和使用软件资源，需要掌握文件及文件夹的基本操作。

2.3.1　磁盘、文件、文件夹

1. 文件

文件是一组相关数据的集合，通常由用户赋予一定的名称并存储在外存储器上。它可以是一个应用程序，也可以是用户创建的文本文档、图片、声音视频等。通常把文件按用途、使用方法等划分成不同的类型，并用不同的图标或文件扩展名表示不同类型的文件。只要根据文件图标或扩展名，便可以知道文件的类型和打开方式。

对文件的操作是通过文件名来实现的，文件名通常由主文件名和扩展名两部分组成，中间用“.”分隔开。一般情况下，主文件名用来标识文件，扩展名用来表示文件的类型，扩展名可以选择显示或不显示。一些常见的文件类型见表 2-5 所示。

表 2-5　文件类型对照表

类型	含义
docx	Word 文档
xlsx	Excel 文档
pptx	PowerPoint 文档
bmp、jpg、jpeg	图像文件
mp3、wav	声音文件
wmv、avi	媒体文件、多媒体应用程序
exe	可执行文件或应用程序
rar、zip	压缩文件
txt	文本文件

保存在磁盘中的文件不仅有文件名、扩展名，还有文件图标及描述信息，如图 2-83 所示。

图 2-83　文件信息

2. *磁盘、文件夹与路径*

（1）磁盘：通常是指计算机硬盘上划分的分区，用盘符来表示，如“C:”，简称为 C 盘。盘符通常由磁盘图标、磁盘名称和磁盘使用信息组成。双击桌面上的“此电脑”图标，打开“此电脑”窗口（参见图 2-84），在文件列表栏中可见各个磁盘的使用信息。

（2）文件夹：当磁盘上的文件较多时，通常用文件夹对这些文件进行管理，把文件按用途或类型分别放到不同的文件夹中，以便将来使用。文件夹可以根据需要在磁盘或文件夹中任意创建，数量不限。文件夹中可以包含下一级文件夹，通常称为子文件夹。文件夹的命名规则与文件的命名规则相同，但文件夹通常不带扩展名。在同一文件夹下不能有同名的子文件夹，不能有同名的文件。

Windows 10 中常见的文件夹图标如图 2-84 所示。

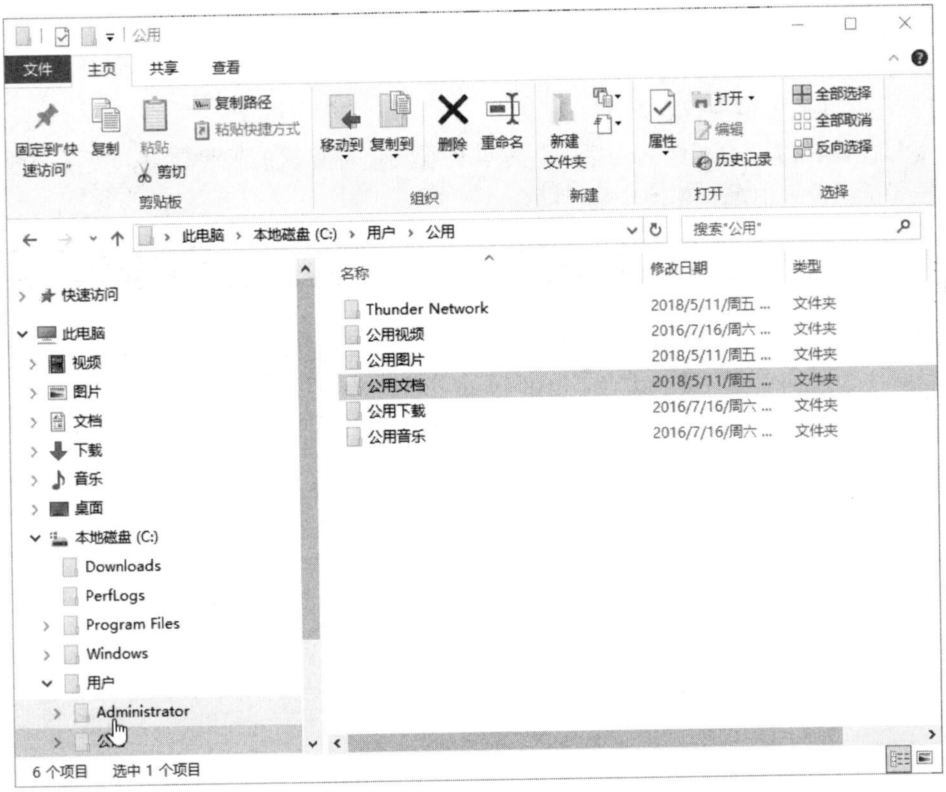

图 2-84 文件夹窗口示例

（3）路径：文件总是存放在某个磁盘的某个文件夹之中，通常用文件路径来表示文件的存储位置。文件路径的表示形式有两种，传统的表现形式是使用反斜杠来分隔路径中的磁盘或文件夹，例如“C:\Users\Public\Documents\教案.docx”表示文件“教案.docx”保存在 C 盘的 Users 文件夹下的子文件夹 Public 下的 Documents 中。在 Windows 10 中有时还使用下面的形式表示文件的路径：此电脑>本地磁盘（C:）>用户>公用，反斜杠“\”或级联符号“>”称为分隔符。反斜杠主要用于路径的输入，而级联符号“>”主要用于路径的显示。

3. 库

Windows 的“库”其实是一个特殊的文件夹，不过系统并不是将所有的文件保存到“库”这个文件夹中，而是将分布在硬盘上不同位置的同类型文件进行索引，将文件信息保存到“库”中，简单的说库里面保存的只是一些文件夹或文件的快捷方式，这并没有改变文件的原始路径，这样可以在不改动文件存放位置的情况下集中管理，提高了我们工作的效率。

Windows 的“库”通常包括音乐、视频、图片、文档等等。

2.3.2 查看文件与文件夹

文件与文件夹的管理是计算机资源管理的重要组成部分，每一个文件和文件夹在计算机中都有存储位置，Windows 10 为用户提供了文件管理的窗口——Windows 资源管理器。

1. 文件与文件夹的查看

在 Windows 10 中，Windows 资源管理器以“此电脑”窗口或普通文件夹窗口的形式呈现，通过窗口中的导航窗格、地址栏、文件列表栏可以查看指定位置的文件和文件夹信息。

“Windows 资源管理器”按钮常常出现在任务栏的程序按钮区，通过此按钮可快速打开文件夹窗口。

（1）在文件列表栏中查看。

在资源管理器窗口的文件列表栏中，可以查看当前计算机的磁盘信息，显示当前文件夹下的文件和子文件夹信息，如图 2-85 所示。

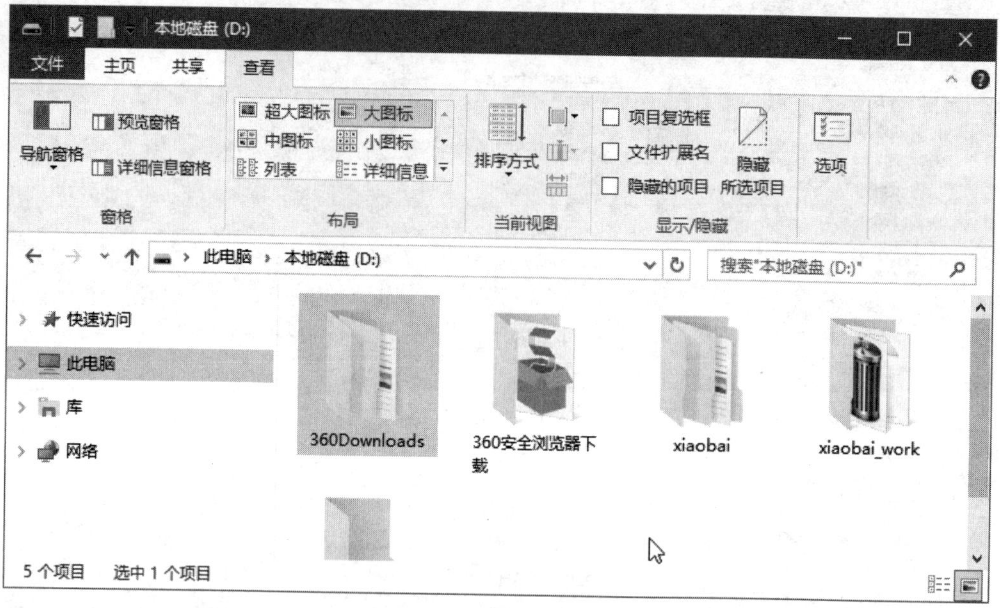

图 2-85　资源管理器窗口

双击文件列表栏中某个文件夹图标，可打开此文件夹，文件夹内容在文件列表栏中出现。

（2）在导航窗格中查看。

在每个 Windows 窗口中，导航窗格都提供了“快速访问”“此电脑”“库”和“网络”的树形目录结构，分层次地显示出计算机内所有的磁盘和文件夹。

在导航窗格的树形目录结构中，双击某个文件夹图标，可以将该文件夹展开/折叠，使其下一级子文件夹在导航窗格中出现/隐藏，同时此文件夹图标左侧的按钮变为“>”或“﹀”；单击“>”或“﹀”按钮，也可以展开/折叠文件夹。

（3）通过地址栏查看。

Windows 10 窗口的地址栏，以一系列箭头>分隔文本的形式，随时表示出当前窗口的层次位置。如图 2-85 所示的地址栏表明当前窗口为“此电脑中的 D 盘”。

地址栏中的“>”或“﹀”和文本都以“链接按钮”的形式呈现，单击某个链接就可以轻松地跳转、快速地切换位置；也可以单击地址栏左侧“←”或“→”按钮切换位置。

2. 文件与文件夹的显示方式

为了便于操作，可以改变窗口中文件列表栏的显示方式（也称视图）。Windows 10 资源管理器窗口中的文件列表有“超大图标”“大图标”“中图标”“小图标”“列表”“详细信息”“平铺”和“内容”8 种显示方式。单击“查看”选项卡中的“中图标”，则所有文件和文件夹均以中图标显示，如图 2-86 所示。也可以利用快捷菜单改变显示方式。

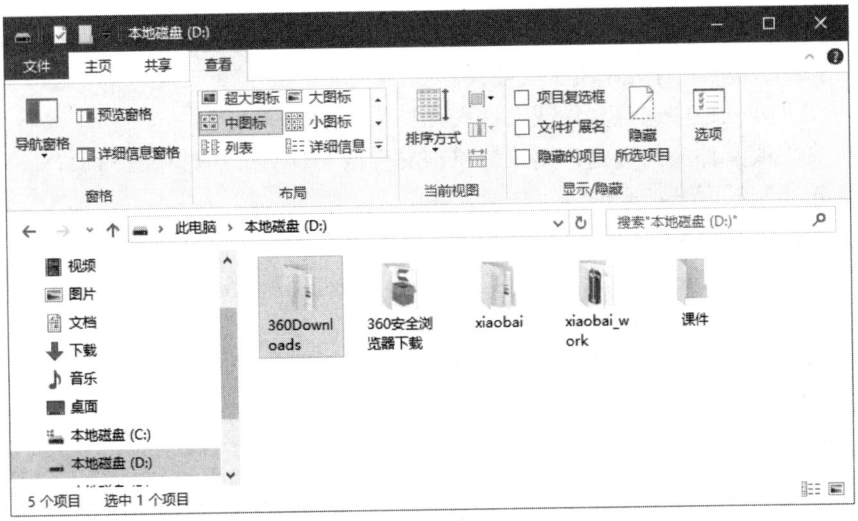

图 2-86　查看选项卡

3. 文件与文件夹的排序方式

为了便于浏览，可以按名称、修改日期、类型或大小方式来调整文件列表的排列顺序，还可以选择递增、递减或更多的方式进行排序。选择文件列表的排序方式可以单击“查看”选项卡的“排序方式”，如图 2-87 所示，选择按照名称递增排序。也可以使用快捷菜单法。

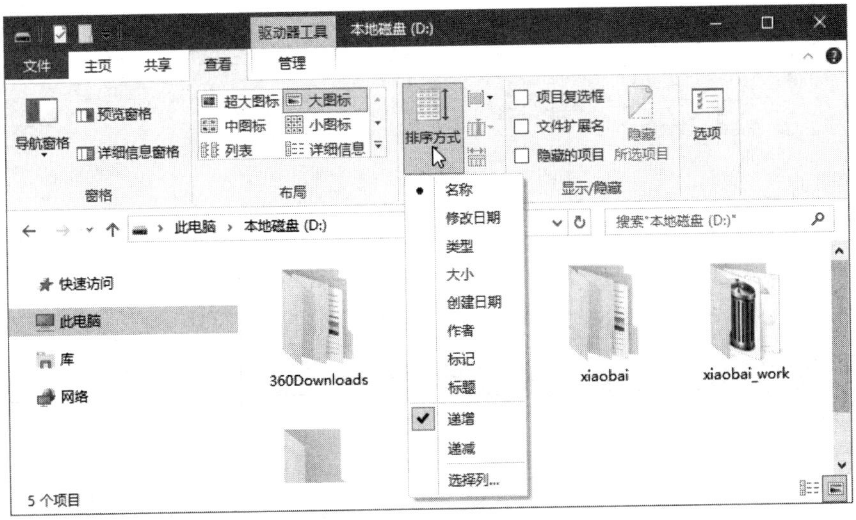

图 2-87　文件夹排序

2.3.3　文件与文件夹的管理

根据用户的需求，Windows 可以对系统中的文件和文件夹进行移动、复制、创建、删除、更名、更改属性等操作。

1. 文件与文件夹的选定

在 Windows 中，一般先选定要操作的对象，然后对其进行操作。被选定的文件及文件夹，其图标名称呈反向显示状态，选定操作可以在导航窗格或文件列表栏中进行。

（1）在导航窗格中只能选定单个文件夹，单击待选定的文件夹图标即可，同时在文件列表栏中显示出该文件夹下的文件及子文件夹。

（2）在文件列表栏中选定文件或文件夹几种常用的方法如下：

1）单个文件或文件夹的选定：用鼠标单击文件或文件夹即可选中该对象。

2）多个相邻文件或文件夹的选定：

- 按下 Shift 键并保持，再用鼠标单击首尾两个文件或文件夹。
- 单击要选定的第一个对象旁边的空白处，按住左键不放，拖动至最后一个对象。

3）多个不相邻文件或文件夹的选定：

- 按下 Ctrl 键并保持，再用鼠标逐个单击各个文件或文件夹。
- 首先选择“查看”选项卡，如图 2-88 所示。选中“项目复选框”，用鼠标移动到需要选择的文件，单击文件左上角的复选框就可选中。

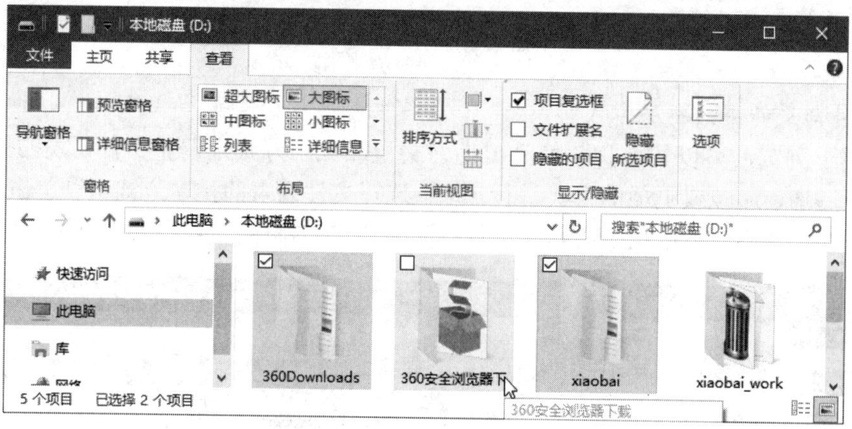

图 2-88 使用项目复选框

4）反向选定：若只有少数文件或文件夹不想选择，可以先选定这几个文件或文件夹，然后单击选择“主页”选项卡中的“反向选择”命令，如图 2-89 所示，这样可以反转当前选择。

5）全部选定：单击如图 2-89 所示“主页”选项卡中的“全部选择”命令或按 Ctrl+A 键。

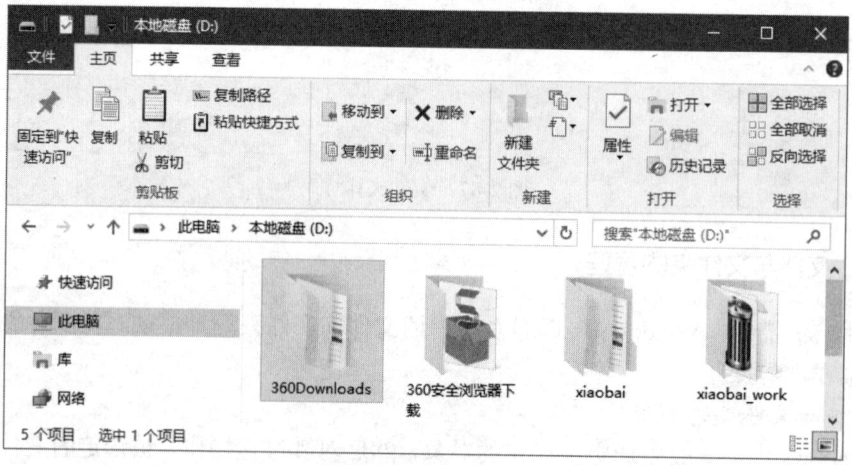

图 2-89 主页选项卡

2. 文件、文件夹、库的创建

（1）创建新的文件、文件夹、库。

在 Windows 10 资源管理器中，打开要创建文件或文件夹的位置，然后采用如下方法即可新建一个新的文件或文件夹；在“库”窗口下可以创建新库。

1）创建文件。

- 选择“主页”选项卡，单击“新建项目”→选择所需的文件类型，如图 2-90 所示。
- 右击文件列表栏的空白处，在弹出的快捷菜单中选择“新建”→选择所需的文件类型，如图 2-91 所示。

2）创建文件夹。

- 选择“主页”选项卡，单击“新建文件夹”，如图 2-90 所示。

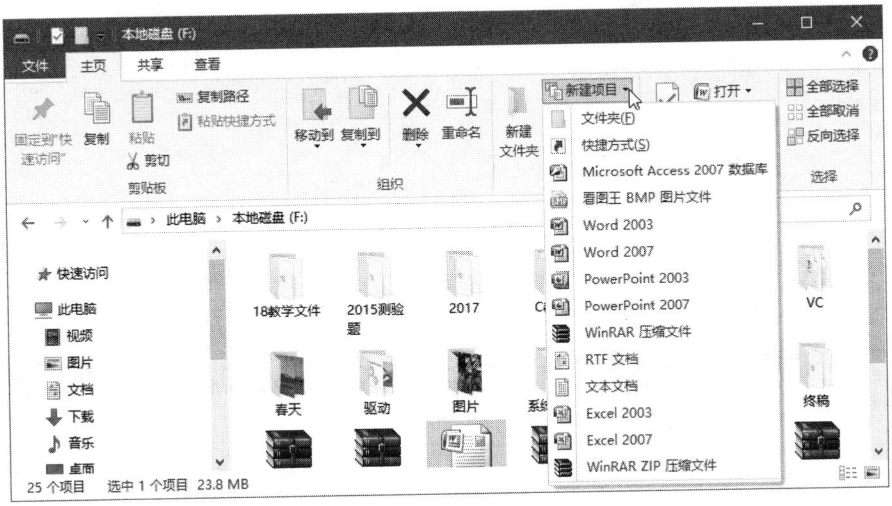

图 2-90　创建文件、文件夹

- 右击文件列表栏的空白处→“新建”→“文件夹”命令，如图 2-91 所示。

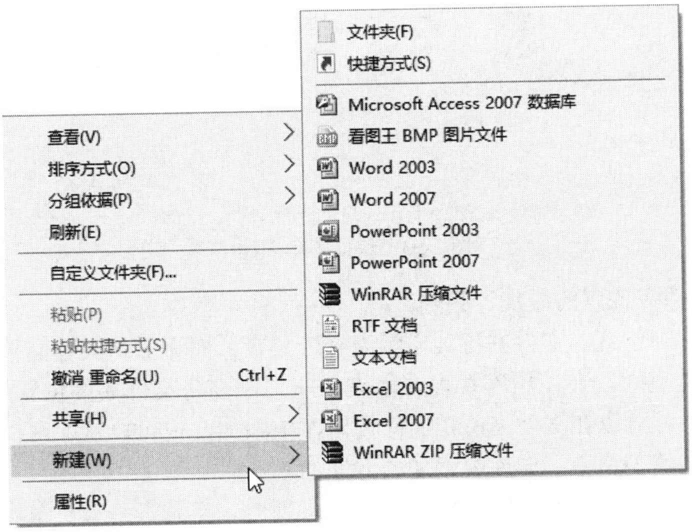

图 2-91　快捷菜单创建文件、文件夹

3）创建库。

- 在导航窗格单击“库”，选择“主页”选项卡，单击“新建项目”，选择“库”，如图 2-92 所示。

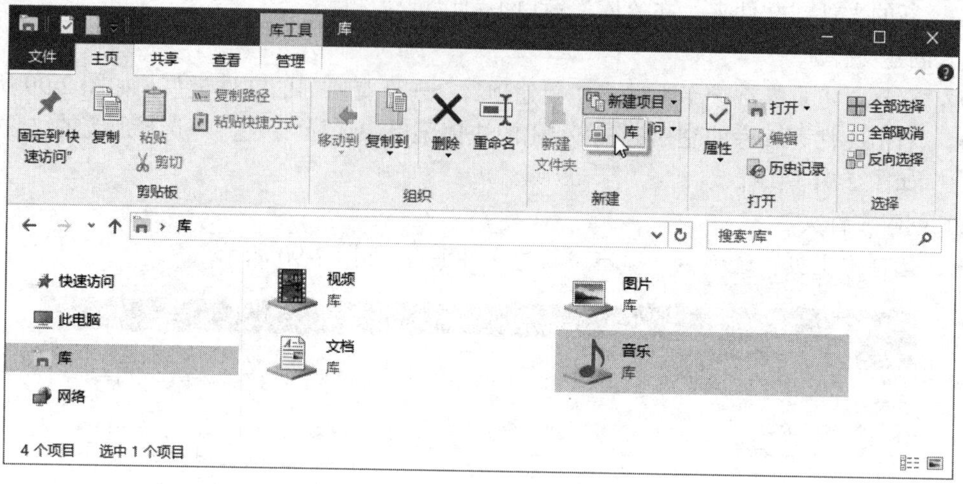

图 2-92 使用选项卡创建库

- 在导航窗格单击“库”，右击文件列表栏的空白处，在弹出快捷菜单中选择“新建”→“库”命令，如图 2-93 所示。

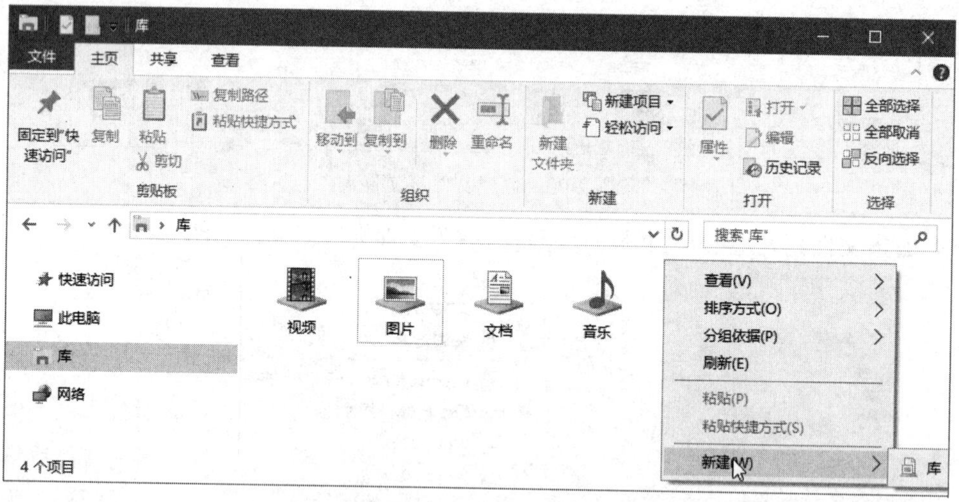

图 2-93 快捷菜单创建库

（2）库内文件夹位置的添加、删除。

库可以收集不同位置的文件并将其显示为一个集合，而无需从其存储位置移动这些文件。

新创建的库是空库，在使用库管理文件夹之前，需要将文件夹的位置添加到相应库中。添加的方法有多种，可以在文件夹所在的位置向库中添加，也可以从库窗口中添加。

在文件夹所在的窗口中，向库中添加的方法如下：

右击文件夹→“包含到库中”命令，如图 2-94 所示，在其下一级菜单中选择“视频”“图片”“文档”或“音乐”等类，即可将该文件夹位置添加到相应类的库中。

从库内将已添加的文件夹位置移除，可用以下方法：

- 在图 2-95 所示“库属性”对话框中，选中“库位置”列表中要移除的文件夹，单击“删除”按钮。

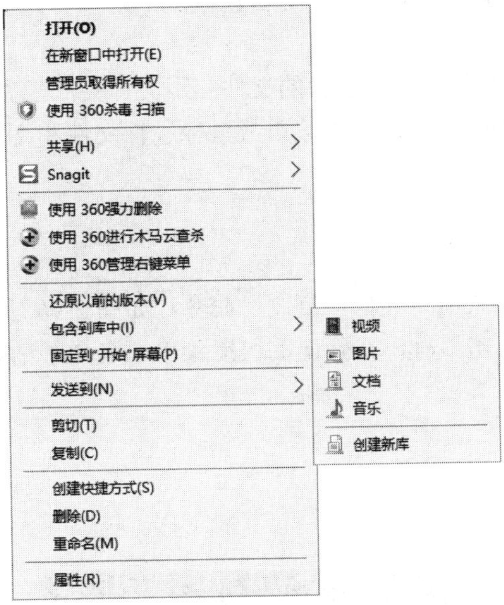

图 2-94　将文件夹包含到库中

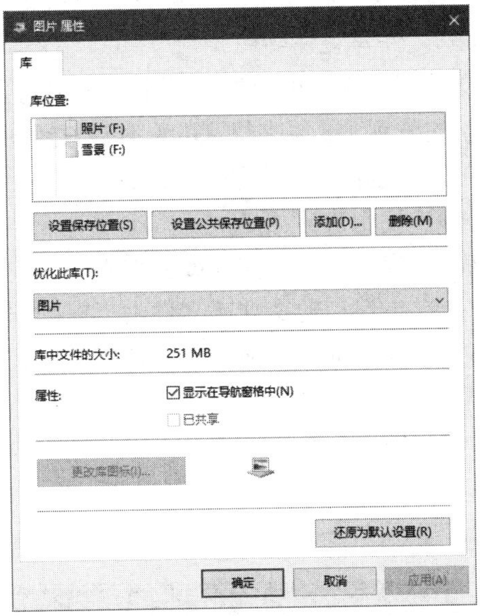

图 2-95　库属性

- 在“库”窗口的导航窗格中，右击要移除的文件夹，在弹出的快捷菜单中选择删除命令。

3. 文件与文件夹的重命名

在 Windows 10 中，更改文件、文件夹的名称是很方便的，其操作步骤如下：

（1）选定要重命名的文件或文件夹。

（2）执行“重命名”操作，具体有以下几种方法：

- 右击重命名文件，在弹出的快捷菜单中选择“重命名”命令，如图 2-96 所示。

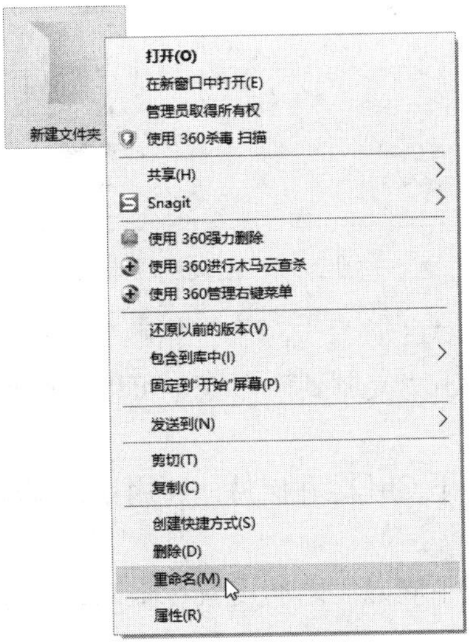

图 2-96　文件夹快捷菜单

- 在图 2-89 中选择“主页”选项卡，单击重命名。

执行“重命名”命令之后，选定的对象名称变为编辑状态。

（3）输入新的文件名、文件夹名，按 Enter 键或鼠标单击其他位置，完成重命名。

注意：文件的扩展名具有一定的意义，所以重命名文件时一定要谨慎！

4. 文件与文件夹的复制

文件或文件夹的复制，是指将选定的文件或文件夹及其包含的文件和子文件夹产生副本，放到新的位置上，原来位置的文件或文件夹仍然保留。可以使用菜单或鼠标进行文件和文件夹的复制，复制操作的方法如下：

（1）使用快捷菜单。

1）选定要复制的文件或文件夹。

2）右击选定的文件或文件夹，在弹出的快捷菜单中选择“复制”命令，如图 2-96 所示。

3）选择目标文件夹，在文件列表区空白处右击鼠标，在弹出的快捷菜单中选择“粘贴”命令，完成复制操作。

（2）使用主页选项卡。

1）选定要复制的文件或文件夹。

2）单击“主页”选项卡“复制”命令，如图 2-97 所示。

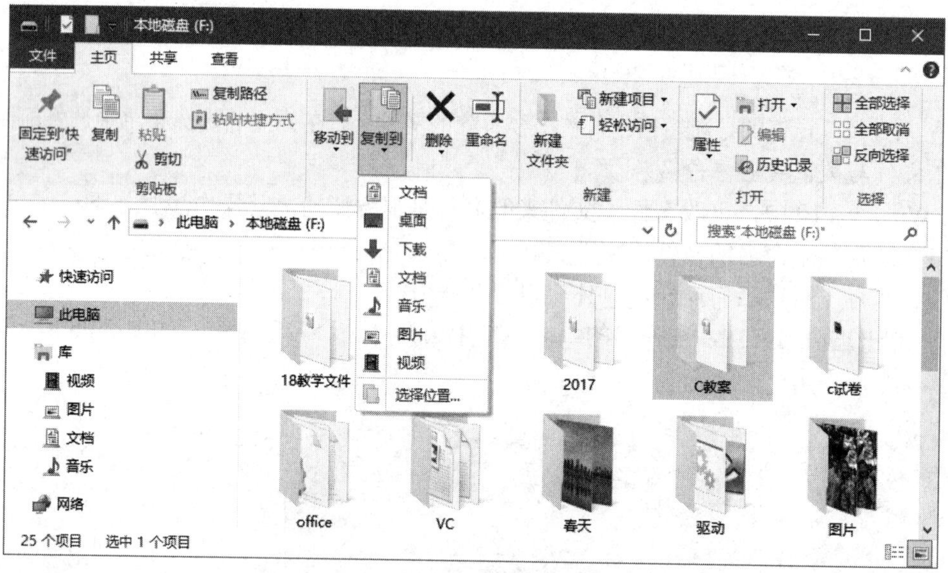

图 2-97 主页选项卡

3）选择目标文件夹，单击“主页”选项卡“粘贴”命令，完成复制操作。

或者使用如图 2-97 所示单击“复制到”命令也可以实现复制。

（3）使用鼠标拖动。

1）选定文件和文件夹，按下 Ctrl 键并保持，再用鼠标拖动到目标文件夹，完成文件和文件夹的复制。

2）选定文件和文件夹，在不同磁盘之间用鼠标拖动该对象到目标文件夹，同样可实现文件和文件夹的复制。

5. 文件和文件夹的移动

移动文件或文件夹是将当前位置的文件或文件夹移到其他位置，移动后原来位置的文件或文件夹自动删除。可以使用菜单或鼠标移动文件和文件夹。

（1）使用快捷菜单。

1）选定要移动的文件或文件夹。

2）右击选定的文件或文件夹，在弹出的快捷菜单中选择“剪切”命令，参见图 2-96。

3）选择目标文件夹，在文件列表区中空白处右击鼠标，在弹出的快捷菜单中选择“粘贴”命令，完成移动操作。

（2）使用主页选项卡。

1）选定要移动的文件或文件夹。

2）单击“主页”选项卡“剪切”命令，如图 2-97 所示。

3）选择目标文件夹，单击“主页”选项卡“粘贴”命令，完成移动操作。

或者在图 2-97 所示单击“移动到”命令也可以实现移动。

（3）使用鼠标拖动。

1）选定文件和文件夹，按下 Shift 键并保持，再用鼠标拖动该对象到目标文件夹，实现移动操作。

2）选定文件和文件夹，在同一磁盘的不同文件夹之间用鼠标拖动该对象到目标文件夹，完成移动操作。

6. 文件和文件夹的删除

删除文件或文件夹是将计算机中不再需要的文件和文件夹删除。删除后的文件和文件夹被放入“回收站”中，以后可将其还原到原来位置，也可以彻底删除。删除文件和文件夹的具体操作如下：

（1）使用快捷菜单。

1）在“资源管理器”中选定要删除的文件和文件夹。

2）右击选定的文件和文件夹，在弹出的快捷菜单中选择“删除”命令。

3）弹出文件和文件夹删除对话框，如图 2-98 所示。

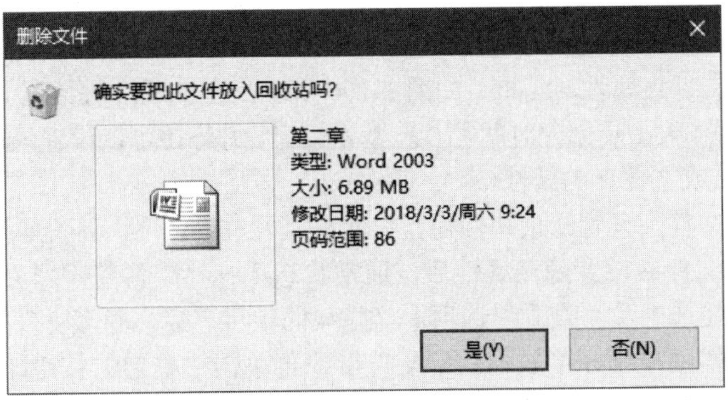

图 2-98　文件或文件夹删除

4）单击“是”按钮，将被删除文件和文件夹放入“回收站”中；单击“否”按钮，取消删除操作。

（2）使用主页选项卡中“删除”命令，如图 2-97 所示。

（3）使用鼠标拖动到“回收站”中。

删除文件或文件夹时有一些例外，文件或文件夹直接删除操作时需要特别注意：

- 从网络位置、可移动媒体（U 盘、可移动硬盘等）删除文件和文件夹或者被删除文件和文件夹的大小超过“回收站”空间的大小时，被删除对象将不被放入“回收站”中，而是直接被永久删除，不能还原。
- 如果在删除文件和文件夹同时按下 Shift 键，系统将弹出永久删除对话框，如单击“是”按钮，将永久删除该文件和文件夹。
- 单击图 2-99 中删除下拉箭头，在弹出菜单中选择“永久删除”， 将永久删除该文件和文件夹。

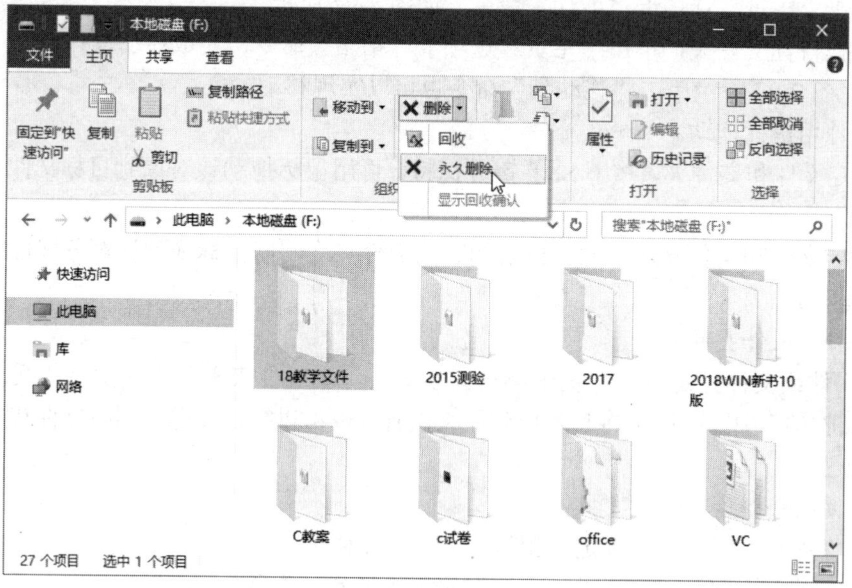

图 2-99　文件或文件夹删除

7. 文件和文件夹的属性设置

要设置文件或文件夹的属性，需右击该文件或文件夹，在弹出的快捷菜单中选择“属性”命令，打开文件或文件夹属性对话框。如图 2-100 所示是文件属性对话框，在这里可以看到文件的名称、存储位置、大小及创建时间等一些基本信息。另外还可以设置只读和隐藏两种属性。

（1）设置文件或文件夹的属性。

只读：文件或文件夹设置只读属性后，只允许查看文件内容，不允许对文件进行修改。

隐藏：文件或文件夹设置隐藏属性后，通常状态下在“资源管理器”窗口中不显示该文件或文件夹，只有在选中了“查看”选项卡“隐藏的项目”后，隐藏文件才显示出来。

设置属性时只需要单击相应属性前的复选框，再单击“确定”按钮即可。如果需要设置压缩、加密等其他属性，可单击“高级”按钮进行进一步操作。

（2）取消文件或文件夹的属性。

要取消文件或文件夹的只读属性，只需将文件或文件夹属性对话框中只读属性前面复选框的☑取消，然后单击“确定”按钮。

（3）设置文件夹的共享属性。

有时候需要共享文件夹。文件夹设置共享后，其中所有文件和文件夹均可以共享。共享的文件夹可以使用 Windows 10 提供的“网络”进行访问。设置方法如下：

1）右击文件夹，在弹出快捷菜单中选择“共享”命令；或者选择“属性”命令，在属性对话框中选择“共享”选项卡，均可以打开图 2-101 所示对话框，进行属性设置。

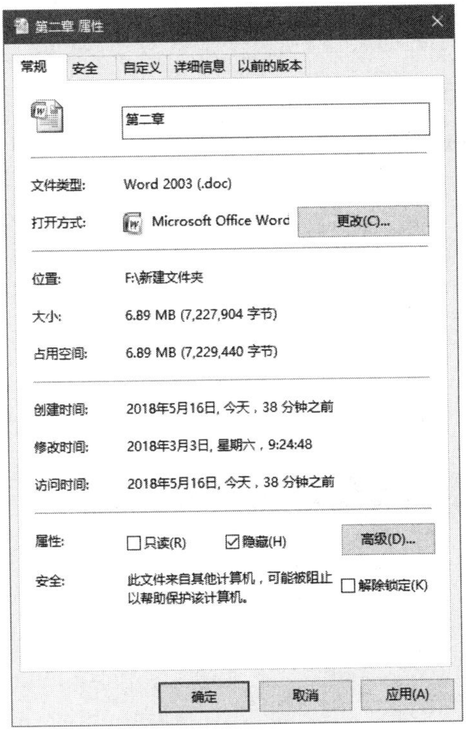

图 2-100　文件属性对话框示例

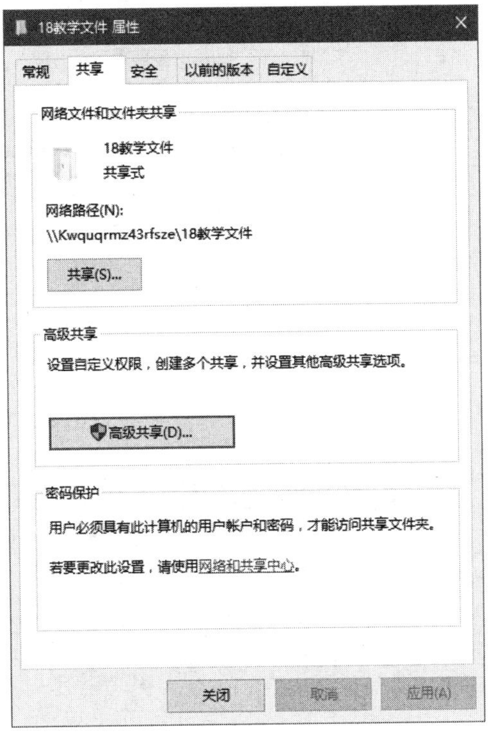

图 2-101　文件夹属性对话框示例

2）选中文件夹，单击“主页”选项卡中的属性命令，也可以进行属性设置。

2.3.4　回收站操作

1. 回收站设置

回收站是 Windows 系统用来存储删除文件的场所。用户可以根据需要设置回收站所占用磁盘空间的大小和属性。

在桌面上右击回收站图标，在弹出的快捷菜单中选择“属性”命令，打开回收站属性对话框，如图 2-102 所示。

在回收站属性对话框中，可以设置回收站空间的大小，也可以设置“不将文件移到回收站中。移除文件后立即将其删除”，这样可以将文件直接删除。另外，可以设置删除文件过程中删除确认对话框是否显示。

2. 还原被删除的文件和文件夹

文件或文件夹进行了删除操作后，并没有真正删除，只是被转移到回收站中，用户可以根据需要在回收站中进行相应操作，图 2-103 是回收站窗口。

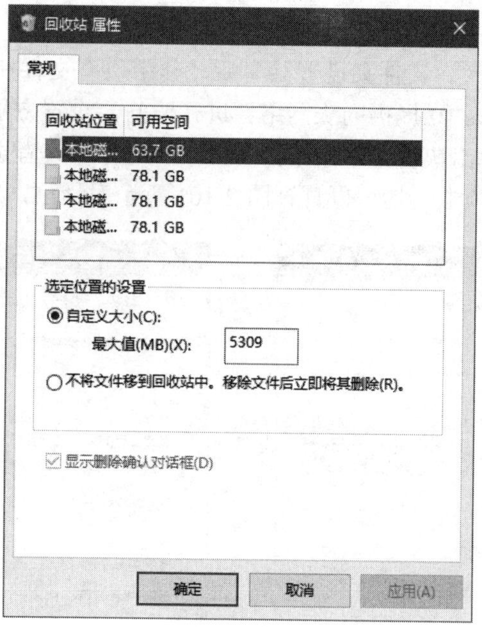

图 2-102　回收站属性

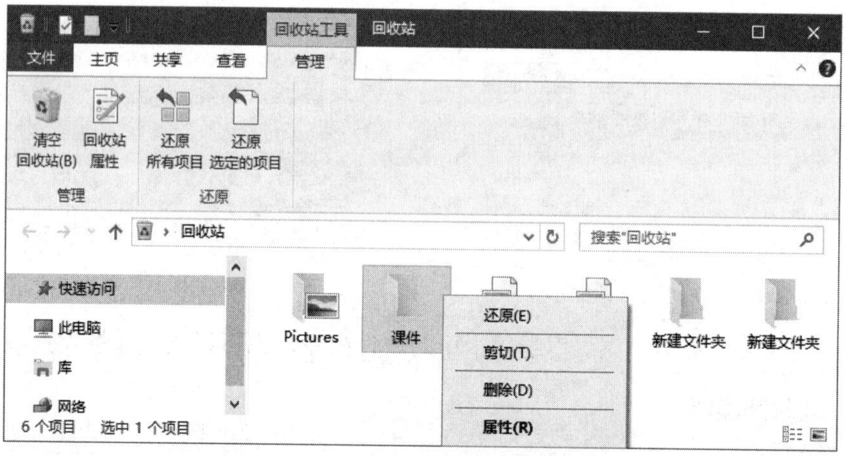

图 2-103　回收站窗口

若要还原所有文件和文件夹，在“回收站”窗口中单击工具栏上的“还原所有项目”按钮。若要还原某一文件或文件夹，先单击选定该文件或文件夹，然后单击“还原选定的项目”，文件和文件夹将被还原到计算机中的原始位置。也可以使用快捷菜单中的“还原”命令将文件还原。

3. 文件和文件夹的彻底删除

执行文件和文件夹的删除操作后，文件和文件夹只是被移到回收站中，并没有真正从硬盘中删除。要彻底删除文件和文件夹，还需要在回收站中删除文件和文件夹。

若要删除回收站中所有文件，则在图 2-103 中单击“清空回收站”；若要删除某个文件或文件夹，右击欲删除的文件或文件夹，在弹出的快捷菜单中选择“删除”命令，文件即被删除。

回收站中的内容一旦被删除，被删除的对象将不能再恢复。

2.3.5　文件和文件夹的搜索

计算机中文件种类繁多，数量巨大，如果用户不知道文件或文件夹保存的位置，可以使用 Windows 的搜索功能查找文件或文件夹。Windows 在“开始”菜单和“此电脑”窗口中都提供了搜索功能。

（1）即时搜索。

Windows 10 提供了即时搜索功能，一旦键入立即开始搜索，例如在搜索框中输入“教学”，立即开始搜索名称含有“教学”的文件及文件夹，如图 2-104 所示。这种搜索方法简单，前提必须知道文件所在位置，只在当前磁盘及文件夹中搜索。图 2-104 是在 F 盘中 R 搜索结果。

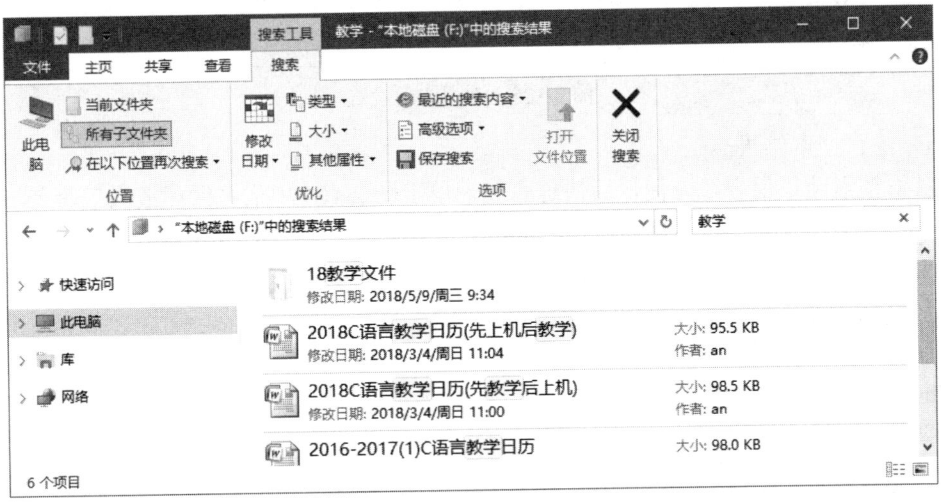

图 2-104　文件搜索

搜索时如果不知道准确文件名，可以使用通配符。通配符包括星号“*”和问号“？”两种。问号“？”代替一个字符，星号“*”代替任意个字符，例如“*.docx”表示所有 Word 文档，“??.docx”表示文件名只有两个字符的 Word 文档。

（2）更改搜索位置。

在默认情况下，搜索位置是当前文件夹及子文件夹。如果需要修改，可以在图 2-104 的“搜索”选项卡位置区域中进行更改。

（3）设置搜索类型。

如果想要加快搜索速度，可以在图 2-104 的“搜索”选项卡优化区域中设置更具体的搜索信息，如修改时间、类型、大小、其他属性等等。

（4）设置索引选项。

Windows 10 中，使用“索引”可以快速找到特定的文件及文件夹。默认情况下，大多数常见类型都会被索引，索引位置包括库中的所有文件夹、电子邮件、脱机文件，程序文件和系统文件默认不索引。

单击图 2-105 中的“高级选项”，在弹出菜单中选择“更改索引位置”命令，对索引位置进行添加修改。添加索引位置完成后，计算机会自动为新添加索引位置编制索引。这样以后搜索时，则会连同新添加位置一起搜索，为以后搜索带来方便。

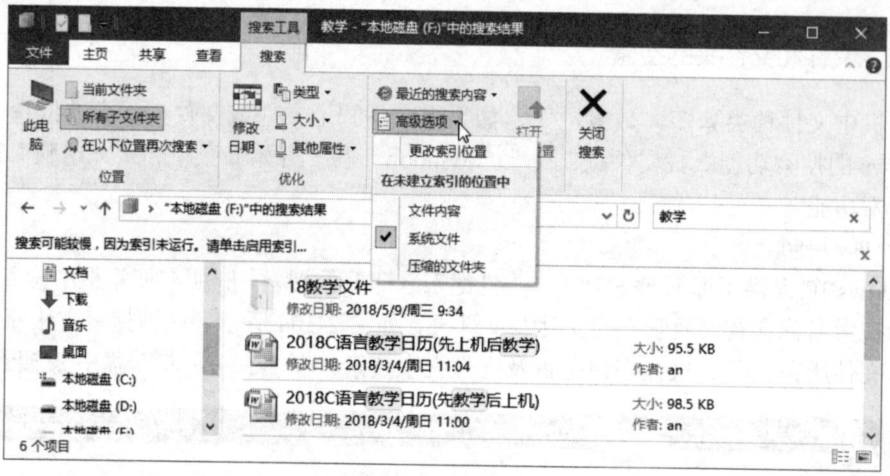

图 2-105　索引选项设置

（5）保存搜索结果。

可以将搜索结果保存，方便日后快速查找。单击图 2-104 中的“保存搜索”命令，选择保存位置，输入保存的文件名，即可以对搜索结果进行保存。日后使用时不需要进行搜索，只需要打开保存的搜索即可。

2.3.6 磁盘管理与维护

Windows 10 具有强大的磁盘管理功能，包括磁盘的格式化、磁盘的清理、磁盘碎片整理等，如图 2-106 所示。

图 2-106　磁盘工具

1. 格式化磁盘

对磁盘格式化操作时，系统会删除磁盘上的所有数据，并检查磁盘上是否有坏的扇区，将坏扇区标出，以便于以后存储数据时绕过这些坏扇区。

在日常工作中，为了删除 U 盘或移动硬盘上的所有文件夹及文件，或者彻底清除其感染的病毒时，可以对其进行格式化操作，操作步骤如下：

（1）把要格式化的 U 盘或移动硬盘插入计算机的 USB 接口。

（2）打开“此电脑”窗口，选定待格式化的磁盘驱动器图标。

（3）右击磁盘驱动器图标，在弹出快捷菜单中选择“格式化”命令或者单击图 2-106 中的“格式化”命令，弹出“格式化”对话框，如图 2-107 所示。

（4）在弹出的“格式化”对话框中，设置相关选项后，单击“开始”按钮，开始格式化。

“快速格式化”方式是在磁盘上创建新的文件分配表，但不完全覆盖或擦除磁盘数据，快速格式化的速度比普通格式化快得多，普通格式化要完全擦除磁盘上现存的所有数据，故速度会慢一些。如果磁盘中可能含有病毒，切记请勿使用快速格式化。

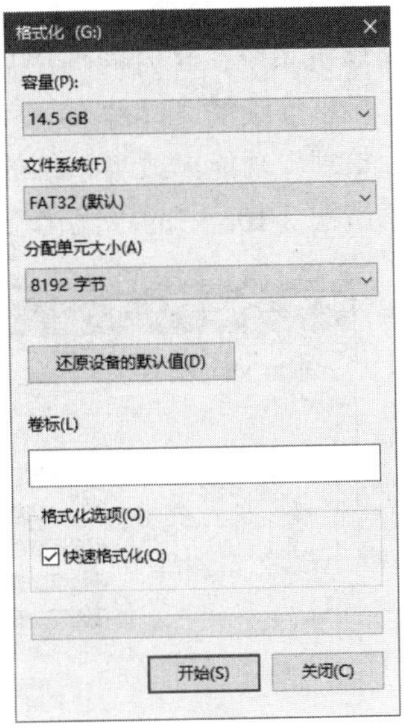

图 2-107 格式化 u 盘

2. 磁盘清理

在使用 Windows 10 的过程中，如果使用时间过长就会产生大量的垃圾文件，如已下载的程序文件、Internet 临时文件、回收站里的文件及其他临时文件等，这些垃圾文件不仅占用磁盘空间，还影响系统的运行速度。

用户可以通过系统提供的“磁盘清理”功能删除它们。单击图 2-106 中的“清理”命令进行磁盘清理，如图 2-108 所示。

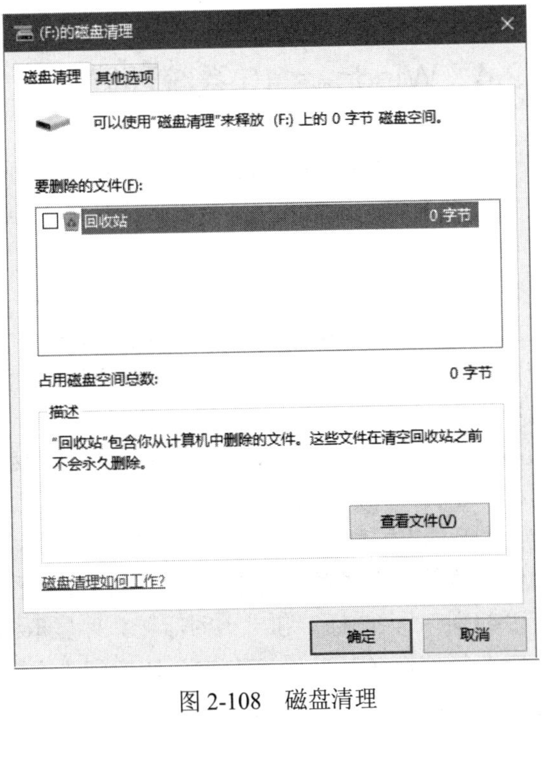

图 2-108 磁盘清理

3. *磁盘碎片整理*

计算机系统在长时间使用后，由于反复删除、安装一些应用程序和文件，在磁盘中就会产生许多不连续的“碎片”，使启动或打开文件变得越来越慢。这时可以利用系统提供的“磁盘碎片整理”功能，改善系统的性能。

单击图 2-106 中的“优化”命令进行磁盘碎片整理，如图 2-109 所示。

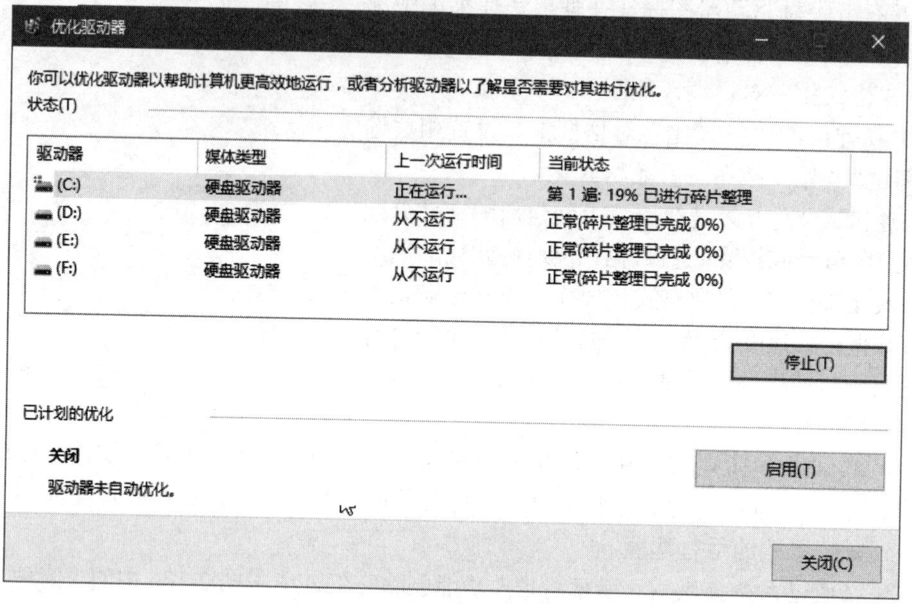

图 2-109　优化磁盘

2.4　Windows 10 系统环境设置

Windows 10 允许用户进行个性化的设置，如改变桌面背景、定制标题栏与任务栏是否显示主题色、改变鼠标和键盘的设置等，从而美化计算机使用环境，方便用户的操作。

2.4.1　控制面板

“设置”和“控制面板”都是 Windows 10 提供的控制计算机的工具，但“设置”在功能方面还不能完全取代“控制面板”，“控制面板”的功能更加详细。通过“控制面板”，用户可以对系统的设置进行查看和调整。

选择“开始”→“所有应用”→“Windows 系统”→“控制面板”命令，即可打开“控制面板”窗口，如图 2-110 和 2-111 所示。

可以将控制面板固定到“开始”屏幕或任务栏，方法是：右键单击如图 2-110 所示的“控制面板”选项，在弹出的快捷菜单中选择对应的命令，如图 2-112 所示。

“控制面板”窗口有“类别”“大图标”和“小图标”3 种显示模式，可以在窗口右上方的“查看方式”下拉列表中选择切换（参见图 2-111）。切换到“大图标”或“小图标”显示模式时，窗口名称将变为“所有控制面板项”，如图 2-113 所示。

图 2-110　所有应用中的控制面板

图 2-111　“控制面板”窗口

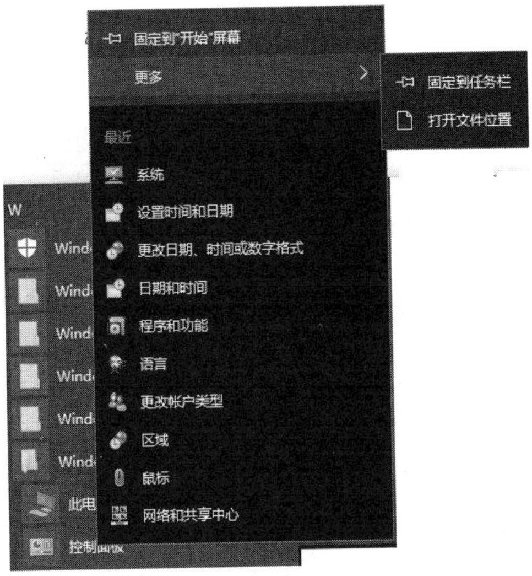

图 2-112　将“控制面板”固定到“开始”屏幕或任务栏

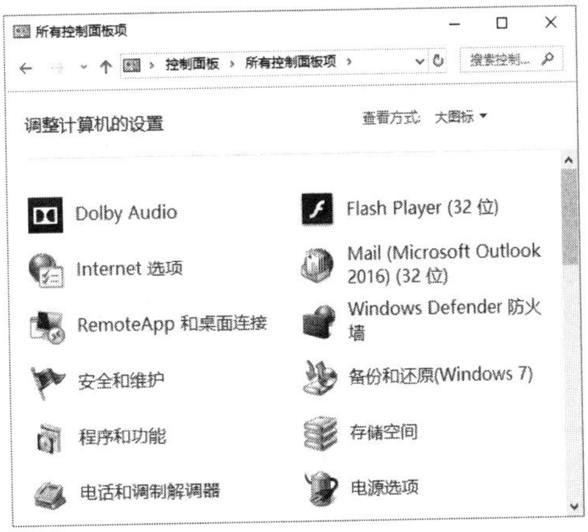

图 2-113　“所有控制面板项”窗口

在“控制面板”窗口中，提供了对计算机系统的所有设置链接，接下来要介绍的桌面外观、“开始”菜单、任务栏、系统日期和时间等设置，都可以从“控制面板”窗口或“所有控制面板项”窗口中找到图标，单击图标即可打开相应的对话框或窗口进行具体的设置。当然，通过其他途径也可以打开相应的设置窗口或对话框。

2.4.2　设置桌面外观

用户可以根据个人的喜好和需求，更改系统的桌面图标、桌面背景、屏幕保护程序等设置，让 Windows 10 更加适合用户的个人习惯。

1．设置桌面背景

桌面背景就是 Windows 10 系统桌面的背景图案，启动 Windows 10 操作系统后，桌面背景采用的是系统安装时默认的设置。用户可以按自己的喜好更换桌面背景，具体操作步骤如下：

（1）右击桌面空白处，弹出桌面快捷菜单，如图 2-114 所示。

（2）选择其中的“个性化”命令，打开“个性化”窗口，如图 2-115 所示。“个性化”窗口左侧窗格中有个性化设置的几个主要功能标签，分别是“背景”“颜色”“锁屏界面”“主题”“开始”“任务栏”。右侧窗格是窗口的主体。在左侧窗格中选择标签后，在右侧选项卡中出现相应的所有选项。在左侧选择“背景”功能标签后，右侧将显示用来设置背景的选项，在其中根据需要进行设置。下面介绍背景的主要选项。

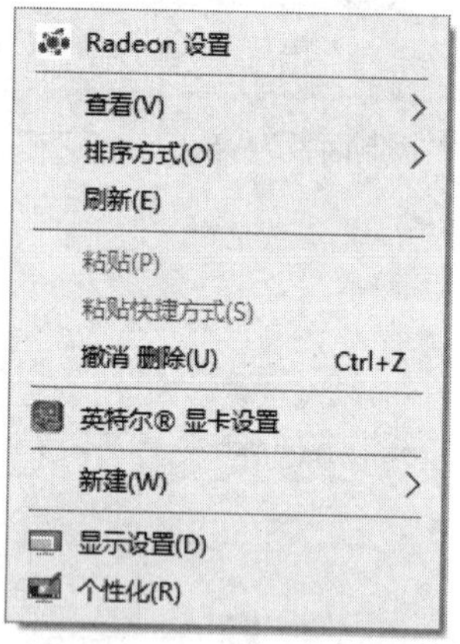

图 2-114　桌面快捷菜单

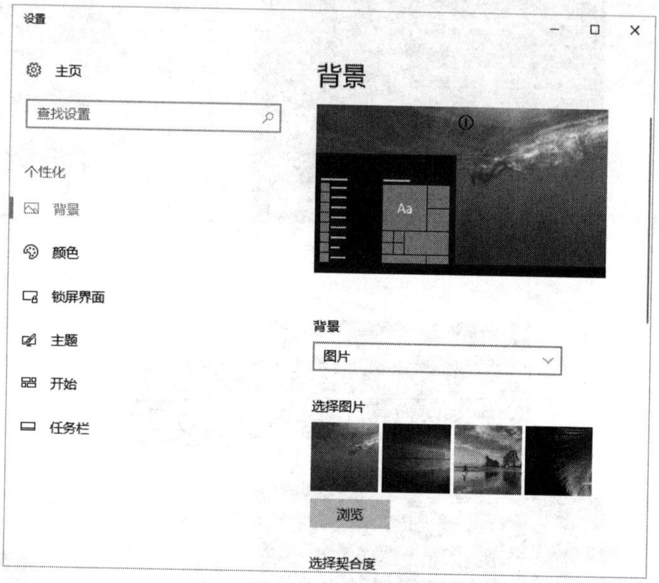

图 2-115　“个性化”窗口

- 预览：如图 2-115 所示①处为预览窗口。可以对改变后的桌面背景、“开始”菜单以及文本的样式进行预览，尝试改变桌面背景的时候，先在这里观察变化。
- 背景：“背景”下拉列表框，在这里选择桌面背景的样式是“图片”“纯色”还是“幻灯片放映”，如图 2-116 所示。

图 2-116　选择背景样式

- 选择图片：“选择图片”选项是在“背景”下拉列表框中选择“图片”选项才会出现的，单击列出的某张图片，就可以将该图片设置为桌面背景。
- 浏览：如果需要将存储在计算机中的某张图片做桌面背景，可以单击“浏览”按钮，在计算机中定位图片。
- 选择契合度：确定在“浏览”中设置为背景的图片在桌面上的显示方式。

若想把硬盘中的某张图片快速设置为桌面背景，可以在该图片所在的窗口中，右击该图片图标，在弹出的快捷菜单中选择“设置为桌面背景”命令即可。

2. 设置屏幕保护程序

屏幕保护程序是用于保护计算机屏幕的程序，当用户暂停计算机的使用时，它能使显示器处于节能状态，并保障系统安全。

设置了屏幕保护程序后，若用户在指定时间内未使用计算机，屏幕保护程序将自动启动，屏幕上出现动态画面；若要重新操作计算机，只需移动一下鼠标或者按键盘上任意键，即可退出屏保。设置屏幕保护程序的操作步骤如下：

（1）右击桌面空白处→“个性化”命令，打开“个性化”窗口。

（2）在“个性化”窗口左侧窗格中选择“锁屏界面”标签，在右侧窗格中选择“屏幕保护程序设置”选项，弹出“屏幕保护程序设置”对话框，如图 2-117 所示。

（3）在“屏幕保护程序”下拉列表中，选择一种喜欢的屏幕保护程序，如“气泡”，在“等待”微调框内设置等待时间，如“5 分钟”，单击“确定”按钮，完成设置。

在用户未操作计算机的 5 分钟之后，屏幕保护程序自动启动，屏幕状态如图 2-118 所示。

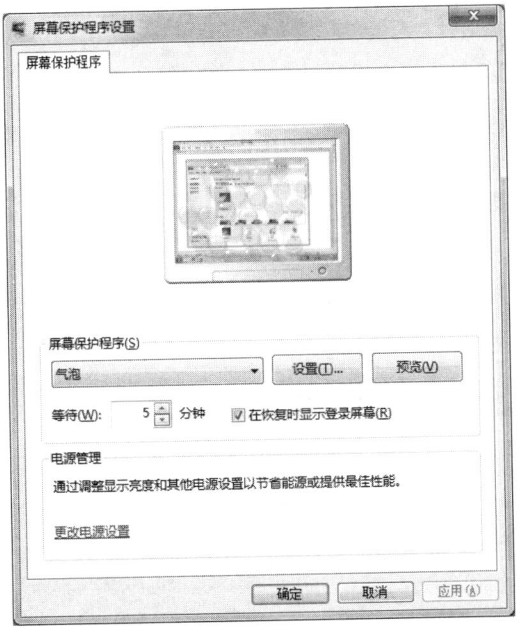

图 2-117　“屏幕保护程序设置”对话框

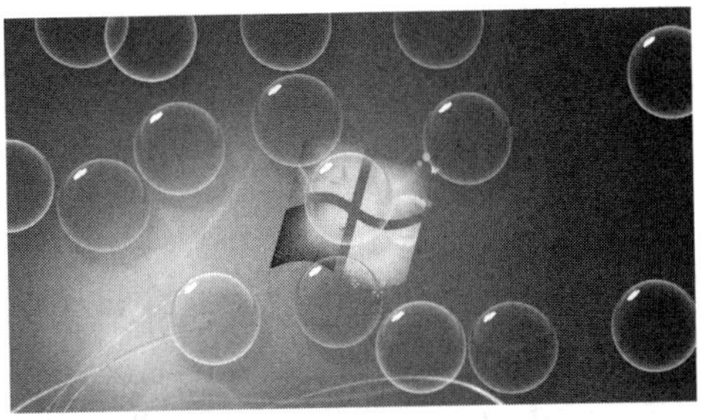

图 2-118　“气泡”屏保效果

3. 更改颜色和外观

Windows 10 默认设置了窗口、任务栏和开始菜单的颜色和外观，用户也可以按照自己的喜好，选择 Windows 10 提供的丰富的颜色类型，自定义各种外观和颜色，甚至可以设置半透明的效果。设置颜色和外观的操作步骤如下：

（1）右击桌面空白处→“个性化”命令，打开“个性化”窗口。

（2）在“个性化”窗口左侧窗格中选择“颜色”标签，在右侧窗格中在“最近使用的颜色”或“Windows 颜色”或“自定义颜色”中选择一种颜色，立即可以看到 Windows 中的主色调改变为了该颜色。将“在以下页面上显示主题色”包含的“‘开始’菜单、任务栏和操作中心”与“标题栏”两个复选项选定，可以看到“开始”菜单、任务栏、操作中心和标题栏都从默认的黑色背景变为与选中色调相同的颜色，如图 2-119 所示。

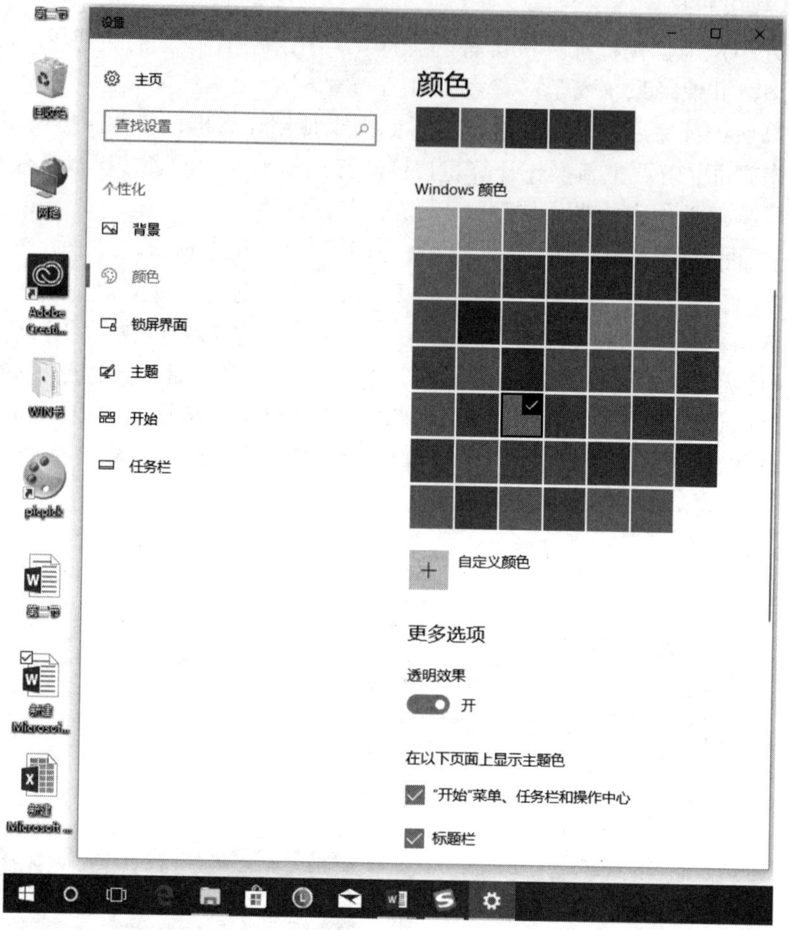

图 2-119 “颜色”窗口

4. 更换 Windows 10 主题

主题是指搭配完整的系统外观和系统声音的一套方案，包括桌面背景、屏幕保护程序、声音方案、窗口颜色等。用户可以选择 Windows 10 系统为用户提供的各种风格的主题，也可以自己设计主题，使系统界面更加美观时尚。更换 Windows 10 主题的操作步骤如下：

（1）右击桌面空白处→“个性化”命令，打开“个性化”窗口。

（2）在“应用主题”选项区中单击某个选项，如“鲜花”，主题即设置完毕。

此时在桌面空白处右击，弹出如图 2-120 所示的桌面快捷菜单，选择其中的“下一个桌面背景”命令，即可更换主题系列中的桌面背景，如图 2-121 所示。

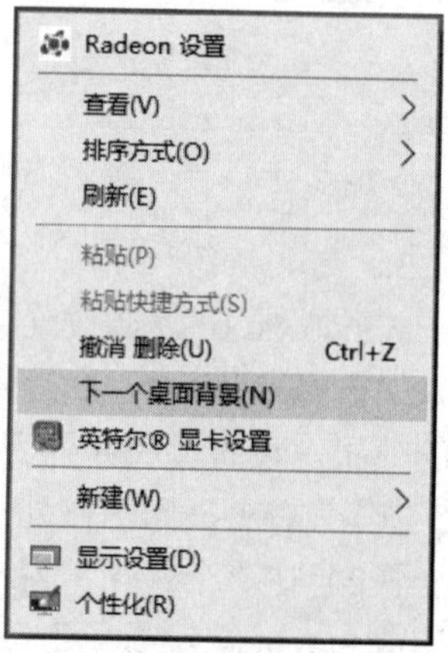

图 2-120 桌面快捷菜单

图 2-121　更换主题的桌面示例

5. *更改屏幕分辨率*

屏幕分辨率是指显示器所能显示的像素点的数量。显示器可显示的像素点越多，画面越清晰，屏幕区域内可显示的信息就越多。设置屏幕分辨率的操作步骤如下：

（1）右击桌面空白处→“显示设置”命令，打开“设置”窗口，此时显示“显示”标签及其所有选项。

（2）单击“分辨率”下拉列表框，弹出“分辨率”下拉列表，如图 2-122 所示，选中需要的分辨率，完成设置。

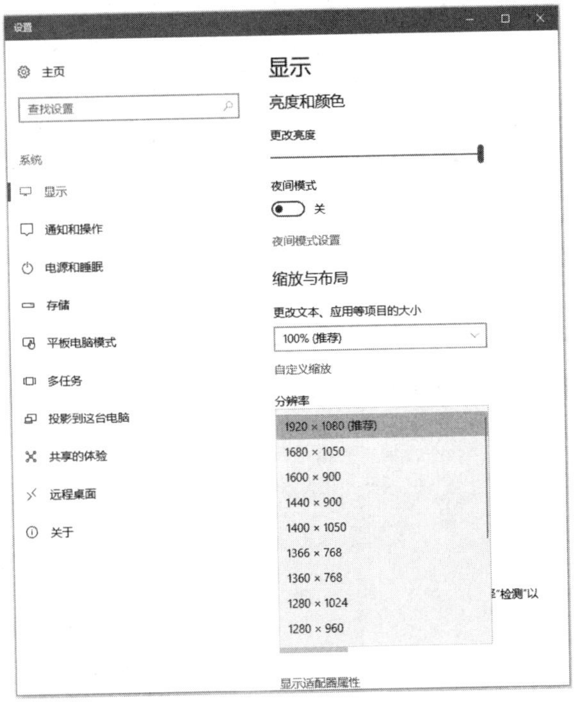

图 2-122　更改屏幕分辨率窗口

2.4.3　设置“开始”菜单

用户可以按照个人的使用习惯，对“开始”菜单进行个性化的设置，如是否在“开始”

菜单中显示应用列表、是否显示最常用的应用等。设置“开始”菜单的操作步骤如下：

（1）右击桌面空白处→“个性化”命令，打开“个性化”窗口。

（2）选择“开始”标签，选择需要的选项完成设置。

“开始”标签主要选项功能如下。

- 显示最常用的应用：该开关处于打开状态时，在“开始”菜单中显示常用的应用图标，方便用户找到常用的应用。
- 显示最近添加的应用：安装了新程序后，程序会在“开始”菜单中建立图标，用户可以通过这些图标来打开应用，如果打开“显示最近添加的应用”开关，那么新安装的应用会出现在“最近添加”列表中，方便应用。
- 使用全屏“开始”屏幕：如果该开关打开，“开始”菜单将会变为全屏磁贴式“开始”菜单，如图 2-123 所示。

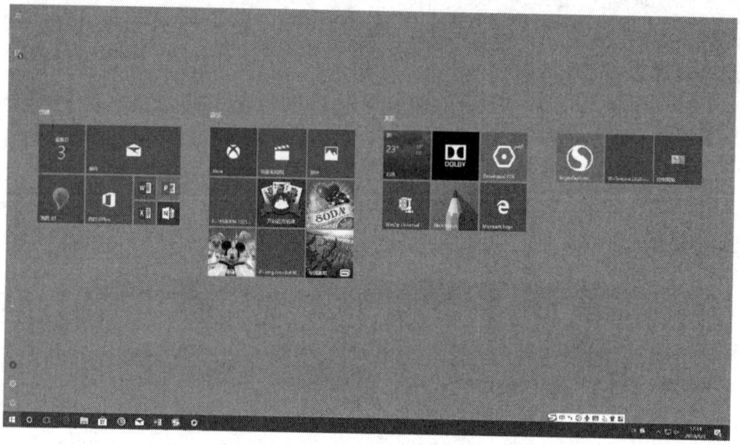

图 2-123 全屏幕“开始”菜单

- 选择哪些文件夹显示在“开始”菜单上：单击之，打开“选择哪些文件夹显示在‘开始’菜单上”设置窗口，如图 2-124 所示。由图中可以看出已打开“设置”，现在再打开“文档”和“音乐”，图 2-125 为此设置前后“开始”菜单对比图。

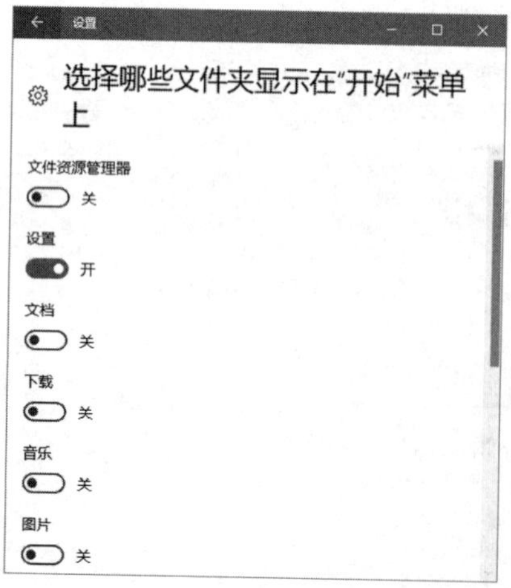

图 2-124 选择显示在“开始”菜单上的文件夹

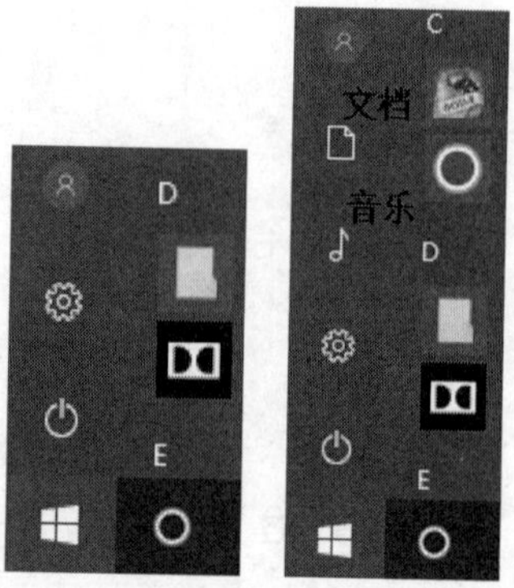

图 2-125 对比文件夹显示在开始菜单

2.4.4　设置任务栏

用户可以修改 Windows 10 任务栏的默认外观和使用方式，以符合用户的个人习惯。

1. 调整任务栏的位置和大小

（1）解除锁定。

在系统默认状态下，任务栏位于桌面的底部，并处于锁定状态。右击桌面空白处→“个性化”命令→选择“任务栏”标签→关闭“锁定任务栏”开关，即解除锁定。解除锁定之后方可对任务栏的位置和大小进行调整，如图 2-126 所示。

（2）调整任务栏大小。

任务栏处于非锁定状态时，将鼠标指向任务栏空白区的上边缘，此时鼠标指针变为双向箭头⇕状，然后拖动至合适位置后释放，即可调整任务栏的大小。

（3）移动任务栏位置。

任务栏处于非锁定状态时，将鼠标指向任务栏的空白区，然后拖动至桌面周边的合适位置后释放，即可将任务栏移动至桌面的顶部、左侧、右侧或底部。

也可以通过右击桌面空白处→“个性化”命令→选择“任务栏”标签→更改“任务栏在屏幕上的位置”下拉列表框的选项实现。

（4）隐藏任务栏。

如果想给桌面提供更多的视觉空间，可以将任务栏隐藏起来。右击桌面空白处→“个性化”命令→选择“任务栏”标签→打开“在桌面模式下自动隐藏任务栏”开关，任务栏随即隐藏起来，如图 2-126 所示。

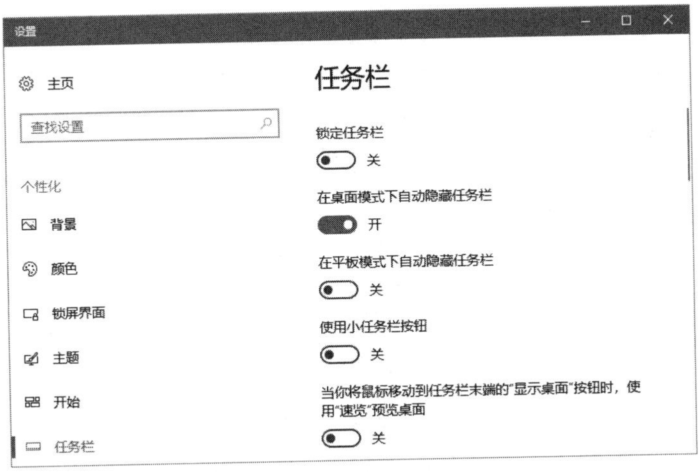

图 2-126　设置“任务栏

2. 锁定程序图标到任务栏

在任务栏的快速启动区存放着常用程序的图标，用户只需单击图标即可快速启动程序。用户可以将某程序图标锁定到快速启动区，或从快速启动区解锁。

（1）向任务栏锁定的方法：

- 选择“开始”→“所有应用按钮”处于展开状态，在所有程序列表中，右击待锁定的程序图标→“更多”选项→“固定到任务栏”命令。

- 选择“开始”→“所有应用按钮”处于展开状态，在所有程序列表中，拖动待锁定的程序图标到任务栏空白区。
- 在程序已打开的情况下，程序按钮出现在任务栏，右击程序按钮→“固定到任务栏”命令。

（2）从任务栏解锁的方法：

在任务栏上，右击快速启动区中的图标→“从任务栏取消固定”命令。

3. 任务栏图标的灵活排序

任务栏上的图标及按钮的排列顺序可以根据用户的意愿任意调整。操作方法很简单：在任务栏上，选定某一图标或程序按钮后，拖动至合适位置释放即可。

4. 更改“程序按钮”显示方式

Windows 10 任务栏的程序按钮默认为合并方式，来自同一程序的多个窗口汇聚到任务栏的同一窗口按钮里。如果这样不符合用户的使用习惯，也可以改为其他显示方式，操作步骤如下：

（1）右击桌面空白处→“个性化”命令，打开“个性化”窗口。

（2）选择“任务栏”标签→更改“合并任务栏按钮”下拉列表框的选项实现，如图 2-127 所示。

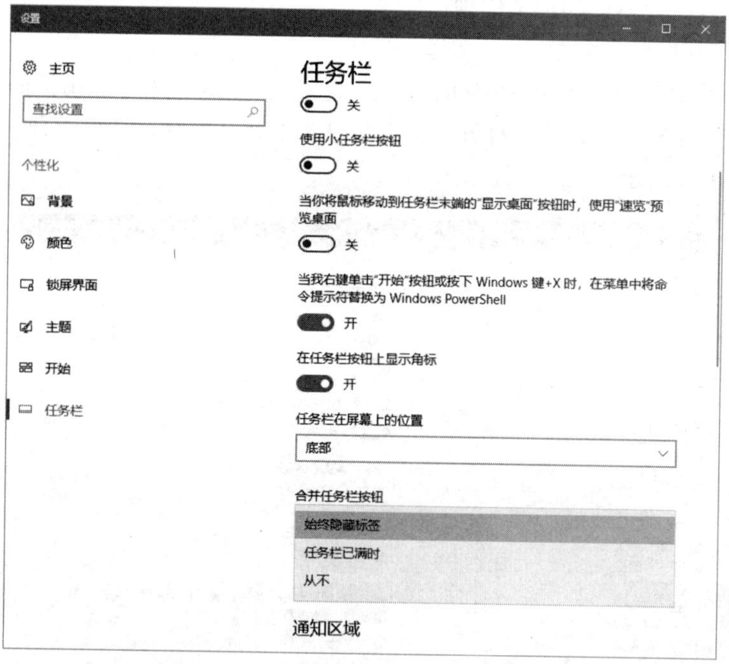

图 2-127　设置“合并任务栏按钮”

2.4.5　设置系统日期和时间

默认情况下，在任务栏的通知区显示着系统时钟，单击系统时钟可以打开日历（参见图 2-39）。右击系统时钟，在弹出的快捷菜单中选择“调整日期和时间”命令，打开“设置”窗口的“日期和时间”标签，在其选项中首先关闭“自动设置时间”“自动设置时区”两个开关按钮，之后单击“更改”按钮对系统日期、时间、时区进行设置，如图 2-128 所示。

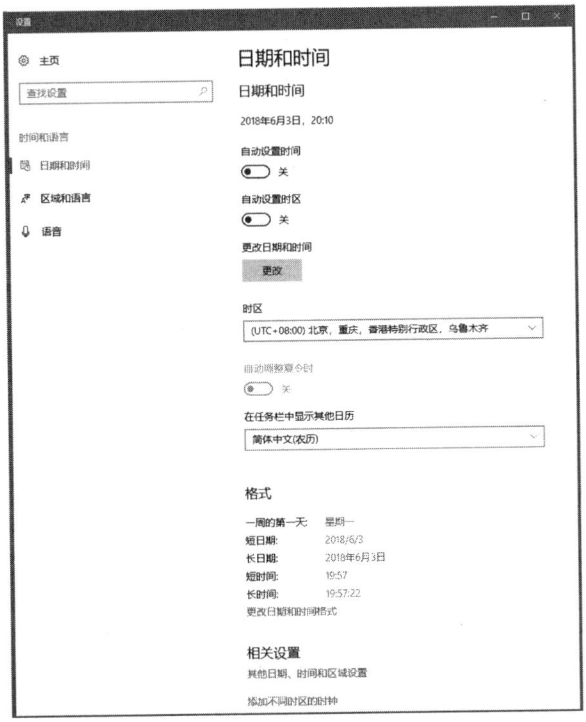

图 2-128　设置“日期和时间”

若需要在系统时钟中同时显示多个时区时钟，可以在图 2-128 中，选择“添加不同时区的时钟”命令，打开“日期和时间”对话框，在其中的“附加时钟”选项卡内，选择“显示此时钟”复选框，并选择时区，设置“输入显示名称”，单击“确定”按钮即可，如图 2-129 所示。当鼠标指向任务栏系统时钟时，系统将显示多个时区的时间，如图 2-130 所示。

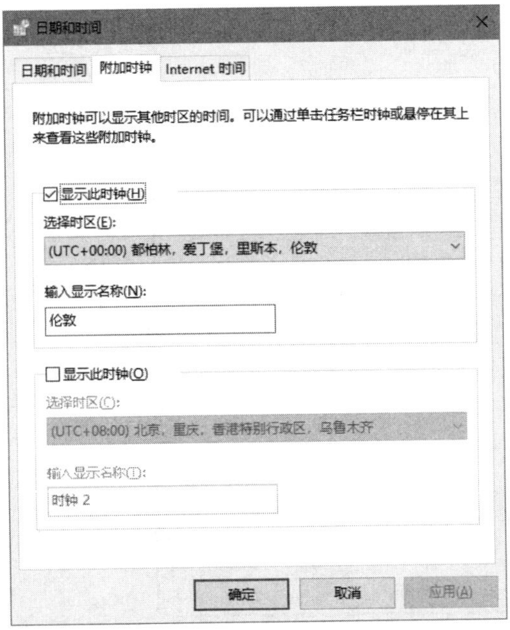

图 2-129　设置多个时区时钟

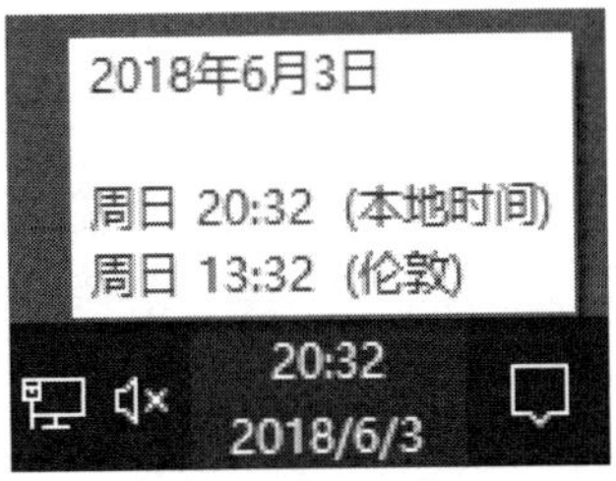

图 2-130　显示多个时区的时间

2.4.6 设置中文输入法

在 Windows 10 操作系统中，输入汉字是必不可少的操作。若要输入汉字，必须先选择一种汉字输入法，并且使键盘处于小写字母状态。

1. 输入法的选择及中/英文切换

系统中一般都安装多种中文输入法，用户可以根据个人习惯选择使用其中的一种。

选择输入法的操作很简单，单击语言栏上的输入法图标，弹出输入法列表，选择所需的输入法即可。也可以利用快捷键 Alt+Shift，在中文和英文输入法之间快速切换，利用快捷键⊞ + 空格在各种输入法之间循环切换。

2. 添加和删除输入法

Windows 10 自带了一种输入法：微软拼音输入法，用户可以自行安装新的输入法。

右击语言栏上的输入法图标→“设置”命令，打开“语言”窗口，如图 2-131 所示。单击“中文”后的“选项”，打开“语言选项”窗口，如图 2-132 所示。通过“添加输入法”命令可以向任务栏的输入法列表中添加已安装到计算机的输入法；选定某输入法对应的“删除”按钮可以实现将该输入法从任务栏的输入法列表中删除，最后单击“保存”按钮完成设置。

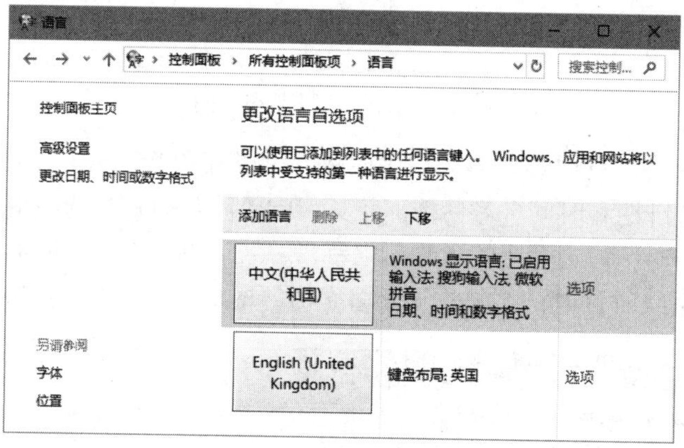

图 2-131 “语言”窗口

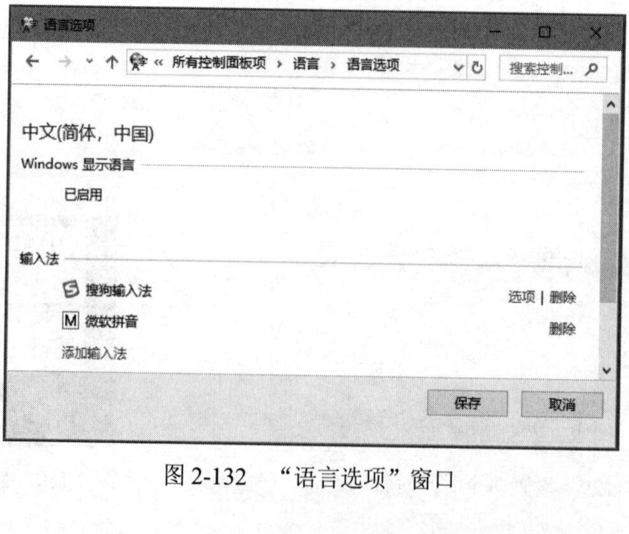

图 2-132 “语言选项”窗口

2.4.7　设置用户账户

Windows 10 是一个真正的多用户操作系统，允许系统管理员设置多个用户账户，并赋予每个用户不同的权限，每个用户可以设置个性化的操作环境以及独立的系统密码。每个用户可以使用独立的账户登录和操作计算机，从而使各用户在使用同一台计算机时可以做到互不干扰。

1. 用户账户类型

账户是 Windows 用户在计算机上所拥有的用户权限的信息集合，用户账户记录用户名、密码以及一个标识该账户的唯一编号。Windows 10 有三种本地用户账户，即管理员账户、标准账户和来宾账户，每种账户类型为用户提供不同的权限级别，本地账户配置信息只保存在本机，本地账户在重装系统、删除账户时会彻底消失。另外还有网络账户，即微软账户，微软账户信息保存在微软服务器，无法破解，安全性非常高。

（1）管理员账户。

管理员账户对计算机拥有最高的控制权限，并且应该仅在必要时才使用此账户。Windows 10 操作系统中至少有一个管理员账户。管理员账户可以更改安全设置、安装软件和硬件，访问计算机上的所有文件。管理员还可以创建和删除其他用户账户，对其他账户的各种信息进行更改。

安装 Windows 10 时创建的用户账户是管理员账户，完成计算机设置后，建议使用标准用户账户进行日常的计算机使用，使用标准用户账户比使用管理员账户更安全。在系统中只有一个管理员账户的情况下，该账户不能将自己改成标准账户。

（2）标准账户。

标准账户由管理员账户创建，是日常使用计算机时使用的账户。标准用户账户可以使用计算机的大多数功能，但是无法安装或卸载软件和硬件，也无法删除计算机运行所必需的文件或者更改计算机上会影响其他用户的设置。如果使用的是标准账户，则有些程序可能不能使用，或者要求提供管理员账户密码后才能执行。

（3）来宾账户。

来宾账户主要供需要临时访问计算机的用户使用，来宾账户通常没有启用，必须首先启用来宾账户然后才可以使用。通常这个账户没有修改系统设置和进行安装程序的权限，也没有创建修改任何文档的权限，只能是读取计算机系统信息和文件。来宾账户允许使用计算机，但没有访问个人文件的权限。

（4）微软账户。

微软账户是网络账户，使用微软账户的登录方式叫联机登录，你需要输入微软账户密码授权，并以微软账户密码作为登录密码，账户配置文件保存在云端（OneDrive）。在重装系统、删除账户时，并不会删除账户的配置文件；若使用微软账户登录第二台电脑，会为两台电脑分别保存两份配置文件，并以电脑品牌型号命名配置，便于记忆。微软账户除了可登录 Windows 操作系统，还可登录 WindowsPhone 手机操作系统，实现电脑与手机的同步。同步内容包括日历、配置、密码、电子邮件、联系人、OneDrive 等。

2. 创建用户账户

Windows 10 操作系统安装完成后，默认只有一个管理员账户，用户可以根据需要创建各种类型账户。管理员账户才有创建新用户账户的权限，因此创建新的用户账户时必须以管理员账户登录。下面以创建一个名称为 Mary 的新账户为例说明创建过程，具体操作步骤如下：

（1）在桌面上右击“此电脑”图标，弹出如图 2-133 所示的快捷菜单。选择“管理”命令，打开如图 2-134 所示计算机管理窗口。

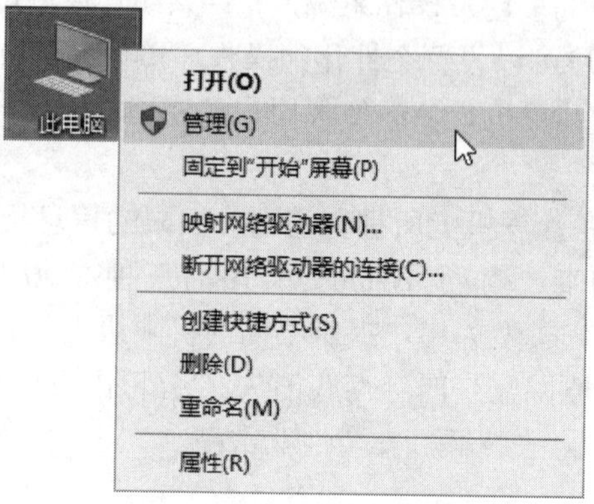

图 2-133　此电脑快捷菜单

（2）在图 2-134 所示的计算机管理窗口左侧导航窗格中，选择“本地用户和组”中的“用户”，这时显示三类用户。选择“DefaultAccount”，单击操作窗格中的“更多操作”，在弹出的菜单中选择“新用户”命令，创建新用户。

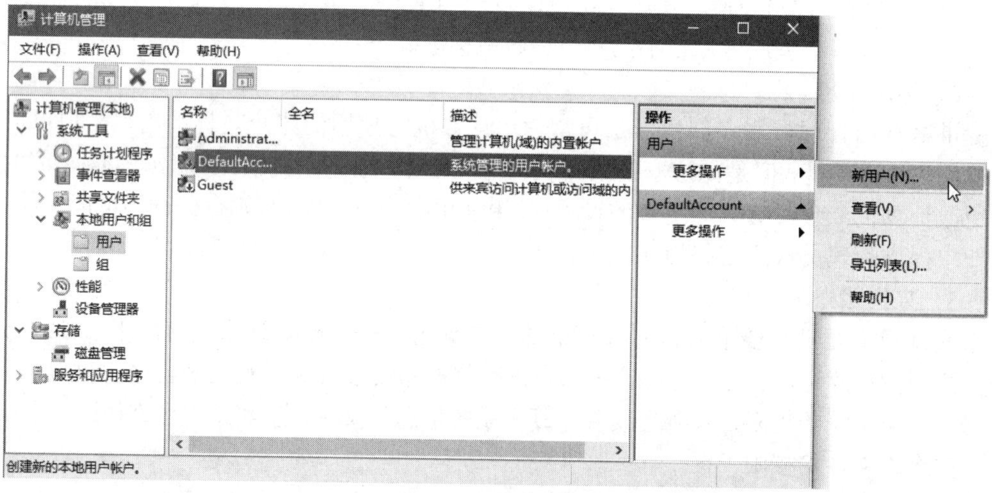

图 2-134　计算机管理窗口

（3）在图 2-135 所示新用户对话框中输入用户各项信息和密码，单击“创建”按钮，完成新用户创建，在计算机管理窗口中可以看到新用户。

（4）打开开始菜单，单击弹出如图 2-136 所示菜单，选择“Mary”，可以进行用户的切换，这时输入密码进行登录，新用户可以使用计算机。

创建账户还可以使用控制面板来实现，方法与此类似。

3. 更改用户账户

创建新的用户账户后，还可以对账户进行设置修改。修改操作步骤如下：

（1）以管理员账户登录系统，在图 2-111 所示控制面板中单击“更改账户类型”，进入如图 2-137 所示的管理账户窗口。

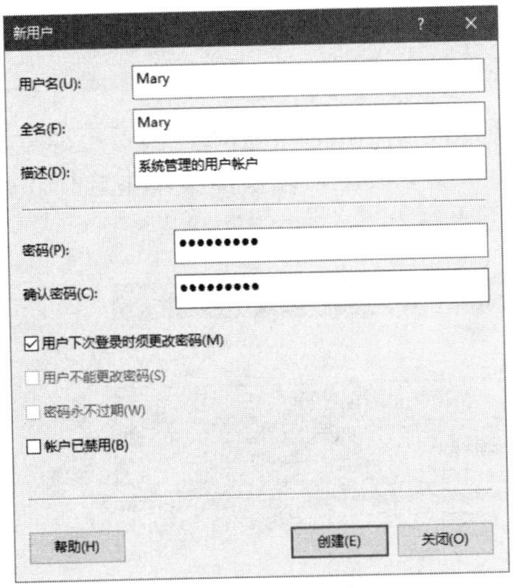

图 2-135 创建新用户

图 2-136 切换用户

图 2-137 管理账户

（2）在图 2-137 中可以单击“在电脑设置中添加新用户”来创建新的用户，也可以选择需要更改的用户进行更改，如图 2-138 所示。此处可以更改账户的名称、账户类型、创建密码、删除账户，还可以选择管理其他账户。

图 2-138 更改账户

更改账户也可以在计算机管理窗口实现。

4. 删除用户账户

删除用户账户也是只有管理员用户才可以进行的操作，删除 Mary 用户的方法如下：

（1）在图 2-139 所示的计算机管理窗口中右击 Mary 账户，在快捷菜单中选择“删除”命令。打开如图 2-140 所示的删除账户确认对话框，选择“是”，完成删除操作。

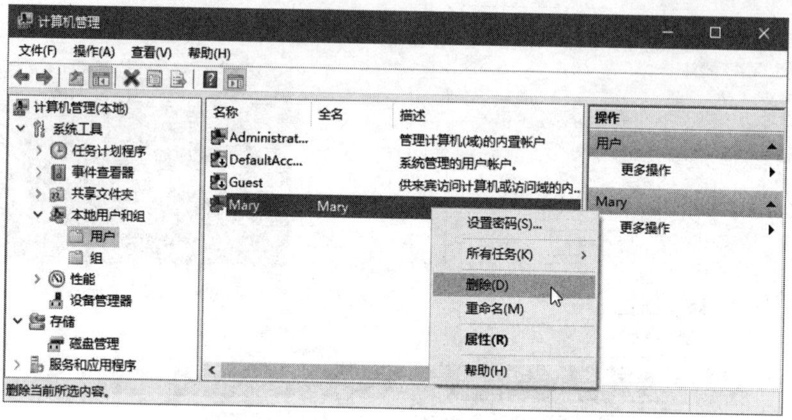

图 2-139 删除账户

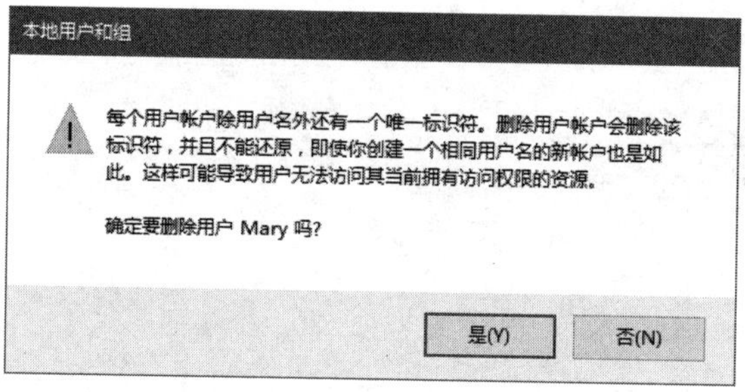

图 2-140 删除确认对话框

（2）在图 2-138 所示更改账户窗口中，单击“删除账户”，完成删除操作。

（3）在图 2-139 所示的计算机管理窗口中选中 Mary 账户，单击操作窗格中的“更多操作”，如图 2-141 所示的菜单中选择“删除”命令，完成账户的删除。

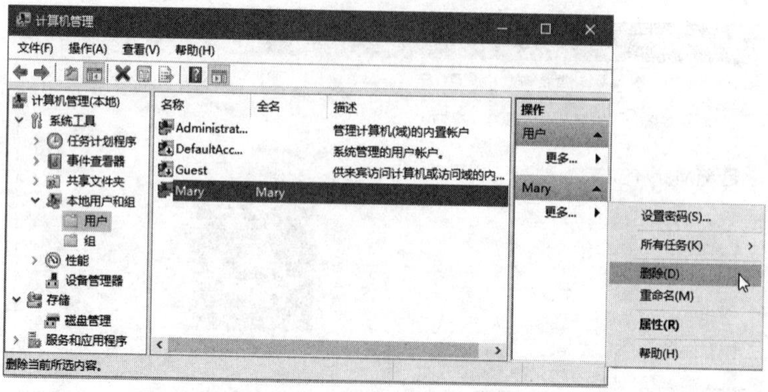

图 2-141 使用操作窗格删除账户

上述创建、更改、删除账户的方法均是针对本地账户，微软账户的操作与此不同。

5. 微软用户账户

微软账户的创建是在微软官方网站上注册，然后登录使用。

（1）微软账户的创建。

如果用户没有 Microsoft 账户，则需要在微软官方网站去创建一个账户。可以使用电子邮件地址或者手机创建一个账户，输入用户最常使用的电子邮件地址或者手机号码就可以，具体方法按着提示逐步操作即可完成账户创建。

（2）登录微软账户。

微软账户登录可以如图 2-142 所示在微软官方网站直接登录，或者单击结构导航区的“OneDrive”选项，打开“设置 OneDrive”窗口，输入微软账户预留邮箱登录。

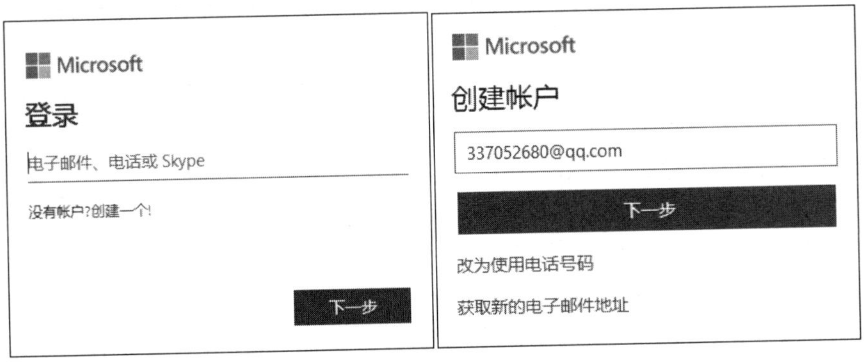

图 2-142　创建微软账户

2.5　Windows 10 实用程序

Windows 10 的“附件”程序组中，附带了一系列实用小程序，如“写字板”“画图”“记事本”“截图工具”等，这些程序占用磁盘空间小，运行方便，又简单实用，令 Windows 10 用户的日常办公更加得心应手。

2.5.1　写字板

“写字板”是包含在 Windows 10 系统中的一个基本文字处理工具，可以创建、编辑、查看和打印文档，还可以嵌入图片，设置段落，更改文本的外观，多用于日常工作中简短文档的编辑。在电脑上没有安装 Office 的情况下，可以替代 Word 进行简单的文档编辑，但功能上无法与 Word 相提并论。

1. 写字板的打开

选择“开始”→“Windows 附件”→“写字板”命令，即可打开写字板程序窗口。

2. 写字板窗口的组成

如图 2-143 所示，写字板程序窗口主要由标题栏、快速访问工具栏、功能区、标尺、文档编辑区组成。

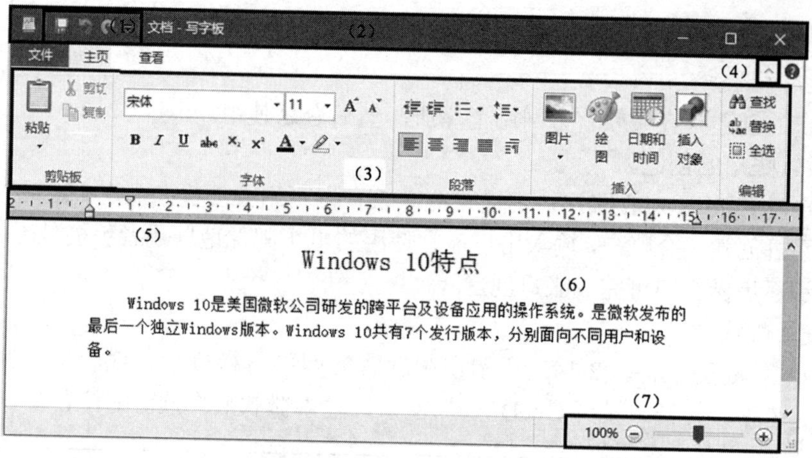

图 2-143　写字板程序窗口

（1）快速访问工具栏：该工具栏默认位于功能区的上方，它将用户常用的操作如保存、撤消、重做等以命令按钮的形式显示于此，从而方便用户快速操作。单击快速访问工具栏右侧下拉箭头，弹出快速访问工具菜单，如图 2-144 所示。

图 2-144　快速访问工具

（2）标题栏：标题栏用于显示写字板程序名及其正在编辑的文档名，在标题栏的左侧有应用程序按钮——“写字板”按钮，右侧有最小化、最大化或还原、关闭按钮。

（3）功能区。功能区主要由“文件”菜单按钮、“主页”和“查看”选项卡组成。

- “文件”菜单按钮：单击该按钮，在弹出的下拉菜单里有新建、打开、保存等基本命令。
- “主页”选项卡：该选项卡是写字板的主要功能区域，提供了字体、段落、插入、编辑和剪贴板组，使用各个按钮，可以实现字体、段落格式的设置、文本的查找、替换、剪切、复制等编辑功能。
- “查看”选项卡：在该选项卡下提供了页面浏览功能。

（4）“功能区最小化”按钮：单击此按钮，可以将功能区隐藏。此时最小化按钮变成“展开功能区”按钮。

（5）标尺：标尺是显示文本宽度的工具，默认单位是厘米。

（6）文档编辑区：该区域是写字板窗口里最大的区域，用于输入和编辑文本。

（7）缩放比例：用于按一定比例放大或缩小文档编辑区的显示内容。

3. 创建和编辑文档

使用写字板创建和编辑文档的一般过程如下：

（1）在文档编辑区定位插入点，准备输入文档内容。在输入的过程中，不要随意按 Enter 键和空格键，只在自然段结束时方需按 Enter 键。

（2）使用“剪贴板”和“编辑”组中的按钮，可以进行查找、替换、剪切、复制、粘贴等操作。

（3）选中输入的文本，使用“字体”组中的按钮，可以设置字体、字体大小、文本颜色等格式。

（4）定位插入点到指定的段落或选定多个段落，使用“段落”组中的按钮，可以设置段落的首行缩进、对齐方式等格式。

（5）定位插入点，使用“插入”组下的按钮，可以向文档中插入图片等对象。

（6）单击“文件”菜单按钮，选择“页面设置”命令，弹出“页面设置”对话框，如图 2-145 所示，从中可以选择纸张的大小、方向和页边距。

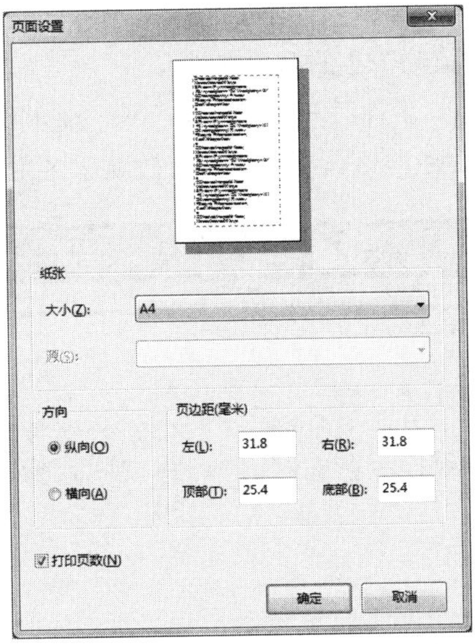

图 2-145　写字板的“页面设置”对话框

4. 保存文档

文档编辑完成后，需要保存到磁盘中。保存文档的方法很简单，可以单击“文件”菜单→“另存为”命令，或者单击快速访问工具栏上的“保存”按钮。写字板文档进行保存时，可以存储图 2-146 所示的多种文件类型，可以根据需要进行选择。

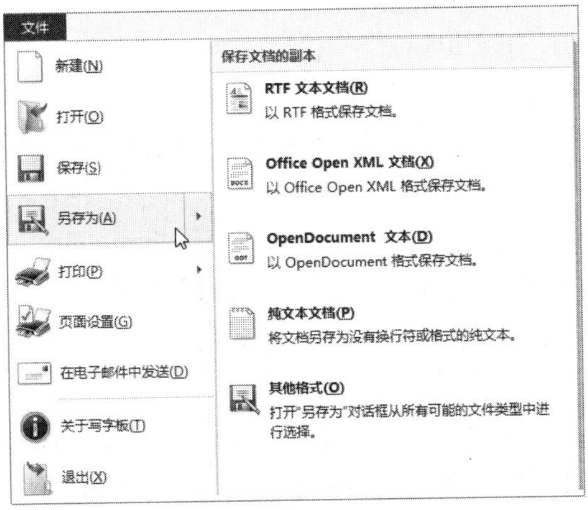

图 2-146　写字板的“文件”菜单

如果文档是首次保存，则会打开“保存”对话框，通过地址栏、导航窗格或文件列表选择保存的位置，在“保存类型”下拉列表中选择文档的保存类型，在“文件名”文本框中输入文档的保存名称，单击“保存”按钮。

若想把已经保存过的文档保存到其他位置，或更改文档的名称，可以单击“文件”菜单→“另存为”命令，在弹出的“保存为”对话框中进行设置。

2.5.2 记事本

“记事本”是 Windows 10 附件中的一个文本编辑小程序，其功能没有“写字板”强，仅支持文本格式，适于编辑一些篇幅短小的简单文档。

选择“开始”→“Windows 附件”→“记事本”命令，即可打开记事本程序窗口，如图 2-147 所示，记事本程序窗口由标题栏、菜单栏、文档编辑区组成。

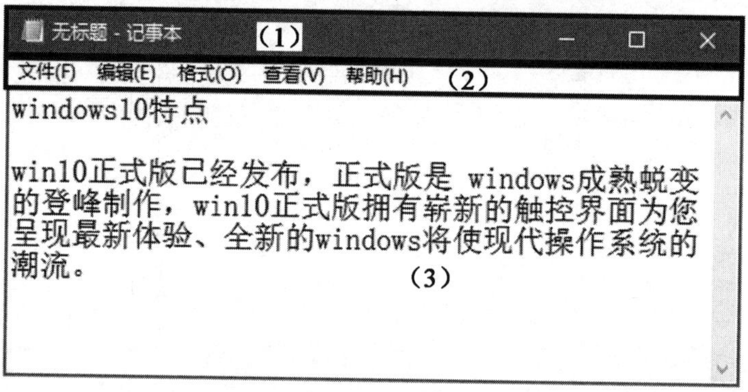

图 2-147 记事本程序窗口

（1）标题栏：标题栏用于显示笔记本程序名及其正在编辑的文档名，在标题栏的左侧有应用程序按钮——“记事本”按钮，右侧有最小化、最大化或还原、关闭按钮。

（2）菜单栏：记事本提供了文件、编辑、格式、查看及帮助菜单。

菜单栏中的“文件”菜单项提供了新建、保存、打印、页面设置等功能；“编辑”菜单项提供了查找、替换、剪切、复制等功能；“格式”菜单项提供了字体格式和自动换行。

（3）文本编辑区：在记事本中编辑文档时只有字体、字号、字形可以设置，并且整个文档中全部内容均使用相同格式设置。

用记事本编辑的文档保存为文本类型，默认以.txt 为扩展名。

2.5.3 画图程序

Windows 10 附件中的画图程序是一个色彩丰富的图像处理程序。画图程序具有一套完整的绘图工具和颜料盒，可以绘制五颜六色的线条、椭圆、矩形等图画，也可以对其他图片进行查看和编辑。

选择“开始”→“Windows 附件”→“画图”命令，打开画图程序窗口，如图 2-148 所示，画图程序窗口主要由①快速访问工具栏、②标题栏、③功能区最小化按钮、④功能区、⑤绘图区、⑥状态栏组成。

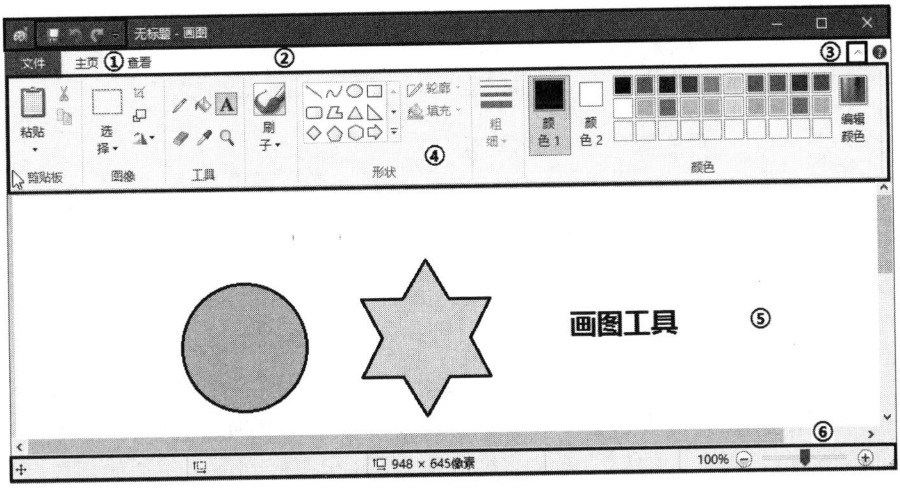

图 2-148　画图程序窗口

“主页”选项卡是画图的主要功能区域，在该选项卡下的图像、工具、形状、颜色和剪贴板组中，使用按钮可以实现多种操作，如颜色的选择、线条粗细的选择、画图形状的选择、图像的裁剪、图像大小及角度的调整等。

绘图区是窗口中的白色区域，又称画布，用鼠标拖动画布的边角可以调整画布的大小。窗口中有“颜色 1”（前景色）和“颜色 2”（背景色）两个颜料盒，利用鼠标的左键和右键分别着色，通过单击、拖动等操作，可以在画布上任意涂鸦，进行有创意的设计。

下面通过绘制图 2-148 所示的图形，介绍画图软件的操作方法：

（1）启动“画图”软件，自动打开一个新文档。

（2）单击“文件”→”属性”，打开“映像属性”对话框，设置绘图区域的尺寸和颜色。

（3）单击形状区的“椭圆”，在绘图区域按住同时拖动鼠标，直到图形大小适中为止。在绘制圆或者正方形时，一定要按住“Shift”键，否则绘制的就是椭圆和长方形。

（4）单击形状区的“多边形”，在绘图区域拖动鼠标，直到图形大小适中为止。

（5）用鼠标在颜色中单击相应颜色，在工具中单击“用颜色填充”工具，单击绘图区域中圆和多边形区域，图形被前景色填充，完成图形绘制。

（6）单击工具中的“文本”工具 **A**，然后单击绘图区域中想要输入文字的位置，出现文本编辑框和文本工具栏。在文本编辑框中输入文字“画图工具”，在文本工具栏中设置字体和字号，单击绘图区域，完成文字输入。

单击“快速访问工具栏”的“保存”按钮，打开“保存”对话框，选择文件保存位置，在“文件名”文本框中输入文件名“画图练习”，单击“保存类型”下拉列表框选择文件的保存类型，然后单击“保存”按钮将文件存盘。

2.5.4　截图工具

截图工具是 Windows 10 提供的一个工具，通过该工具可以捕获屏幕上显示的全部或部分内容。并保存为图片文件，以供在其他软件中使用。

选择“开始”→“Windows 附件”→“截图工具”命令，打开截图工具窗口，如图 2-149 所示。

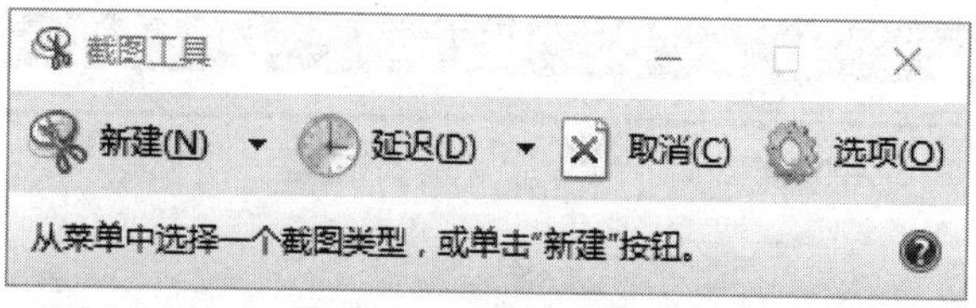

图 2-149　截图工具

1. 图形截取

单击“新建”按钮旁的下拉箭头，弹出下拉菜单，菜单中有四种截图模式可以选择。

（1）矩形截图。

在图 2-150 的“新建”菜单中选择“矩形截图”命令后，整个屏幕变成透明的灰白色，鼠标变成“╋”状态。用户可以在屏幕上任意位置按住鼠标左键并拖动鼠标，随后将看到一个红色的矩形框，在红色矩形框内的部分就是将被截取的图片内容。完成区域选取后松开鼠标，“截图工具”进入如图 2-151 所示的界面，在该界面中可以看到新截取的图形。

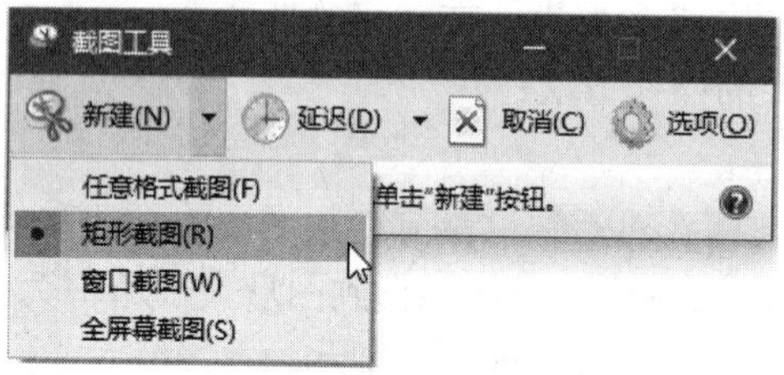

图 2-150　截图模式

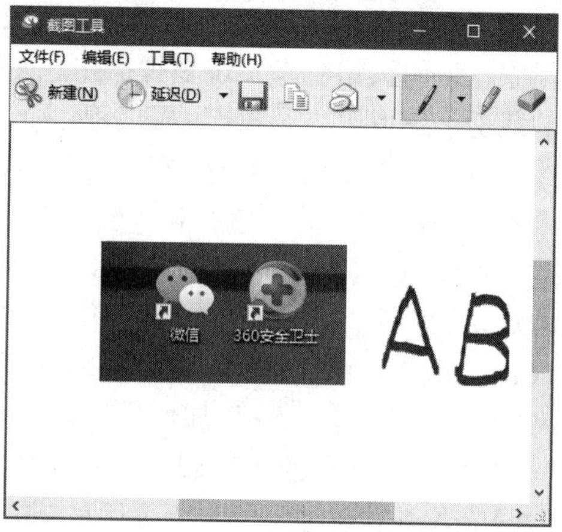

图 2-151　截图查看界面

如果用户感觉满意，可以通过单击窗口上方的“文件”→”另存为”命令进行保存；如果不满意可以单击“文件”→“新建截图”命令或直接单击工具栏上“新建”按钮，退出该界面后重新截取。如果必要，用户可以使用工具栏中的“笔”工具，给图片添加注释。

（2）窗口截图。

在图 2-150 的“新建”菜单中选择“窗口截图”命令后，移动鼠标到需要截取的窗口上，随后窗口周围出现红色边框，单击该窗口，在截图查看界面中可以看到被截取的窗口图像。

（3）全屏幕截图。

在图 2-150 的“新建”菜单中选择“全屏幕截图”命令后，整个屏幕被立刻截取并在截图查看界面中显示出来。

（4）任意格式截图。

在截图时，往往需要截取一些不规则的图片，这同样可以通过截图工具来进行。

在图 2-150 的“新建”菜单中选择“任意格式截图”命令后鼠标会变成一把剪刀，此时用户按住鼠标左健，画出需要截取的图像范围后再松开鼠标进行截取。在完成截取操作后，在截图查看界面中可看到新截取下来的图形。

2. 延迟创建截图

延迟创建截图是在创建截图命令执行后，不立即截图，而是提供一个最多 5 秒的延迟时间。这样可以执行一些操作后再进行截图，比较适合动态截图。

3. 隐藏截图边线

默认设置下，“截图工具”窗口查看界面中显示的图片周围会有红色的边线，用户可以通过设置来隐藏该边线。

在“截图工具”窗口中单击“选项”按钮，弹出“截图工具选项”对话框，如图 2-152 所示。取消对“捕获截图后显示选择笔墨”项的选择或在“笔墨颜色”右侧的下拉列表中选择“白色”，然后单击“确定”按钮完成设置。以后再进行截图时，在截图查看界面中将看不到图片边线。

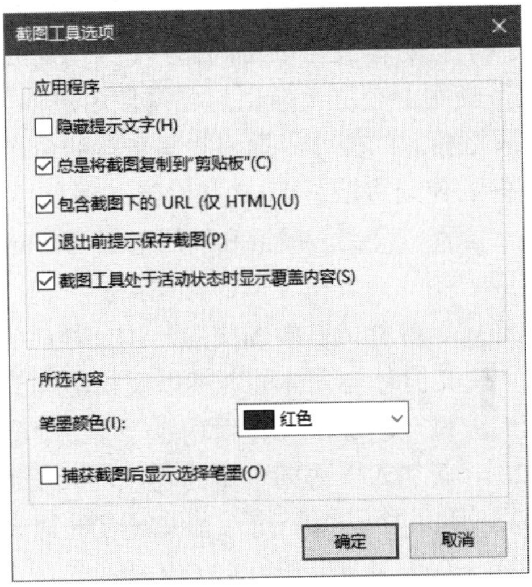

图 2-152　截图工具选项

4. 截图的编辑

当用户完成截图后，可以通过“截图工具”窗口截图查看界面顶部的编辑工具对图片进行简单的编辑。

（1）笔的使用。

该工具可以在截图旁边添加注释，也可以根据需要画一些简单图形。笔的颜色可以自行选择，单击工具栏右侧的下拉箭头将看到有多种可选颜色，如果在被选颜色中没有需要的颜色，可以单击“自定义”命令，打开“自定义”对话框进行设置。

（2）荧光笔的使用。

工具栏中的第二个工具是荧光笔，其使用方法和笔的用法一样，只是画出的线条要粗许多，并且无法设置颜色。

（3）橡皮擦。

该工具可以擦掉使用笔和荧光笔画出的线条。

第 3 章　文字处理软件 Word 2016

3.1　Office 与 Word 2016 简介

Office 2016 是一款由美国微软公司开发的办公软件，是日常工作中不可或缺的办公工具。主要包含用于文本处理的 Microsoft Word、处理电子表格的 Microsoft Excel、制作演示文稿的 PowerPoint、进行数据库管理的 Access、接收电子邮件与信息管理的 Outlook 等多个软件。各软件既可以分别独立完成不同的任务，又可以协同作业、共享信息，从而高效率地处理信息。新版的 Office 功能更加强大，使用上更加人性化，可以使用户的日常工作更加得心应手。

Office 的各个组件具有风格相似的操作界面，共享一般的命令、对话框和操作步骤，使用户可以非常方便地掌握各组件的使用方法。Word 是 Office 组件中的文字处理软件，适用于制作各种文档，如信函、书刊、传真、公文、报纸和简历等等。Word 具有 Windows 友好的图形用户界面，集文字编辑、排版、图片、表格、Internet 等为一体，功能强大，操作简单，可以为用户轻而易举地构成各种形式、各种风格的图文并茂的文档。它具有强大的文件编辑功能：即点即输、增强的表格工具、中文简体与繁体的转换以及检测与修复文档等。Word 2016 在原有版本的基础上又做了相应的改进，增加了许多新功能，主要体现在以下几个方面。

协同工作功能。Office 2016 新加入了协同工作的功能，只要通过共享功能选项发出邀请，就可以让其他使用者一同编辑文件，而且每个使用者编辑过的地方，也会出现提示，让所有人都可以看到哪些段落被编辑过。对于需要合作编辑的文档，这项功能非常方便。

搜索框功能。打开 Word 2016，在界面右上方，可以看到一个搜索框——“告诉我您想要做什么”，在搜索框中输入想要搜索的内容，搜索框会给出相关命令，这些都是标准的 Office 命令，直接单击即可执行该命令。对于使用 Office 不熟练的用户来说，将会方便很多。

云模块与 Office 融为一体。用户可以指定云作为默认存储路径，也可以继续使用本地硬盘储存。值得注意的是，由于“云”同时也是 Windows 10 的主要功能之一，因此 Office 2016 实际上是为用户打造了一个开放的文档处理平台，通过手机、iPad 或是其他客户端，用户即可随时存取刚刚存放到云端上的文件。

插入选项卡增加了“加载项”标签，里面包含“应用商店”“我的加载项”两个按钮。这里主要是微软和第三方开发者开发的一些应用 APP，类似于浏览器扩展，主要是为 Office 提供一些扩充性功能。比如用户可以下载一款检查器，帮助检查文档的断字或语法问题等。

3.2　Word 基本操作

3.2.1　启动 Word

Windows 环境下，启动应用程序与退出应用程序的方法都不是唯一的，用户可根据不同的工作状态或不同的使用习惯选择不同的方法。因此，Word 的启动也有多种方法，下面是三种常用的方法。

（1）通过“开始”按钮启动。

启动 Windows 后，单击“开始”按钮，打开“开始”菜单。然后按照英文字母顺序找到“Word 2016”并单击，便可启动 Word 应用程序，打开 Word 程序的窗口。

（2）通过快捷方式启动。

如果桌面上已经建立了 Word 的快捷方式，双击快捷方式的图标就可启动 Word 了。

（3）在桌面上或文件夹中右击鼠标，依次选择“新建”的“Microsoft Word 文档”，然后双击此文件也可以打开 Word 程序。

3.2.2　退出 Word

可以选择下面任意一种方法退出 Word。

（1）单击 Word 窗口右上角的“关闭”按钮。

（2）按下组合键 Alt+F4。

执行上述操作后，如果有修改后的文档未保存，Word 会弹出提示对话框，如图 3-1 所示。

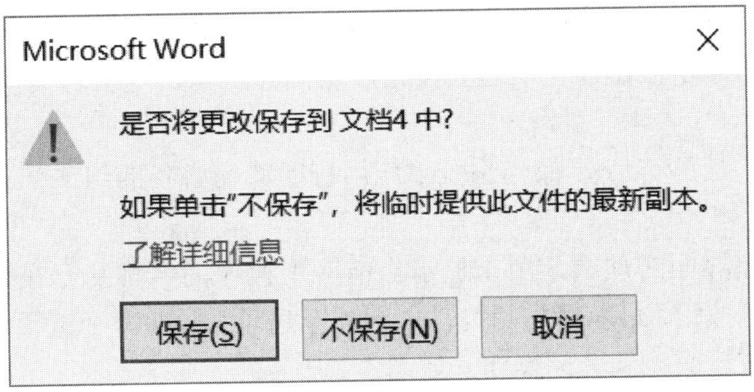

图 3-1　提示对话框

如果要保存所做的修改，要单击按钮“保存”，系统会先保存文档，再执行退出。如果不保存所做的修改，要单击按钮“不保存”，Word 将不保存修改内容直接退出。如果不想退出 Word，则单击按钮“取消”，回到 Word 工作窗口。

如果只想关闭 Word 文档，却不退出 Word 程序，可以选择“文件”选项卡中的“关闭”命令。

3.2.3　Word 窗口组成

Office 2016 的界面和老版本相比，更加人性化，可以更好地协助用户完成日常工作。其界面的显示方式、选项卡、功能区中功能按钮的位置，也可根据需要随意变化。例如可以隐藏功能区，或者增加“快速访问”工作栏中快捷按钮，还可自定义功能区，增加选项卡，将自己最常用的命令集中管理。

打开 Word 程序窗口（如图 3-2 所示），可以看到窗口组成包括快速访问工具栏、标题栏、4 个控制按钮、功能区、文本编辑区和状态栏。

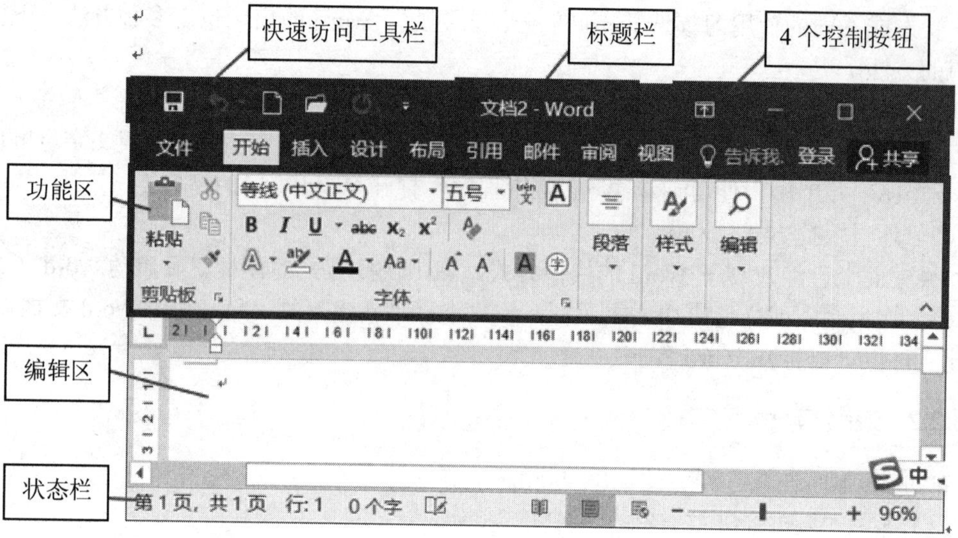

图 3-2 Word 窗口

1. 快速访问工具栏

默认状态下，快速访问工具栏位于程序主界面的左上角，如图 3-2 所示。快速访问工具栏中包含了一组独立的命令按钮，使用这些按钮，操作者能够快速实现某些操作。

2. 标题栏

标题栏和状态栏是 Windows 操作系统下应用程序界面必备的组成部分，在 Office 2016 中仍得以保留。

标题栏位于程序界面的顶端，用于显示当前应用程序的名称和正在编辑的文档名称。标题栏右侧有 4 个控制按钮，最左侧按钮为功能区显示选项，后面 3 个按钮用来实现程序窗口的最小化、最大化（或还原）和关闭操作，如图 3-2 所示。

3. 状态栏

状态栏位于 Word 2016 应用程序窗口的最底部，通常会显示页码以及字数统计等。

如果需要改变状态栏显示的信息，在状态栏空白处单击鼠标右键，从弹出的快捷菜单中选择自己需要显示的状态，比如选择“行号”，前面有对钩的状态就会显示在状态栏中。返回到 Word 2016 中，就可以看到状态栏中显示出了行号。

4. 功能区

功能区位于 Word 窗口顶端的带状区域，它包含了用户使用 Word 程序时需要的几乎所有功能。完成各项功能的命令分别保存在 9 个选项卡标签中，即文件、开始、插入、设计、布局、引用、邮件、审阅和视图选项卡，如图 3-2 所示。

为了使用时能够一目了然，并使文档界面显示更多文档内容，可根据需要将窗口上方的功能区和命令暂时隐藏，方便对文档的查阅。隐藏或显示功能区和命令有三种方法。

方法一：Word 2016 为快速实现功能区的最小化提供了一个“折叠功能区”按钮 ^，单击该按钮，即可将功能区隐藏起来。

想要再次显示功能区，单击第一个控制按钮——“功能区显示选项”按钮，在弹出的菜单中选择“显示选项卡和命令”选项，即可将功能区再次显示出来。

方法二：鼠标置于功能区中，单击右键，在弹出的快捷菜单中选择“折叠功能区”命令，即可将功能区隐藏起来。

若要再次显示功能区，右键单击功能区中的任意一个选项卡标签，在弹出的快捷菜单中选择“折叠功能区”选项，取消其前面的“√”标志，功能区即可重新显示。

方法三：双击选项卡标签，可以直接使功能区在显示和隐藏状态间切换。

（1）“文件”选项卡。

在 Word 2016 中，“文件”选项卡标签位于 Word 2016 文档窗口的左上角。单击“文件”可以打开“文件”窗口，如图 3-3 所示。

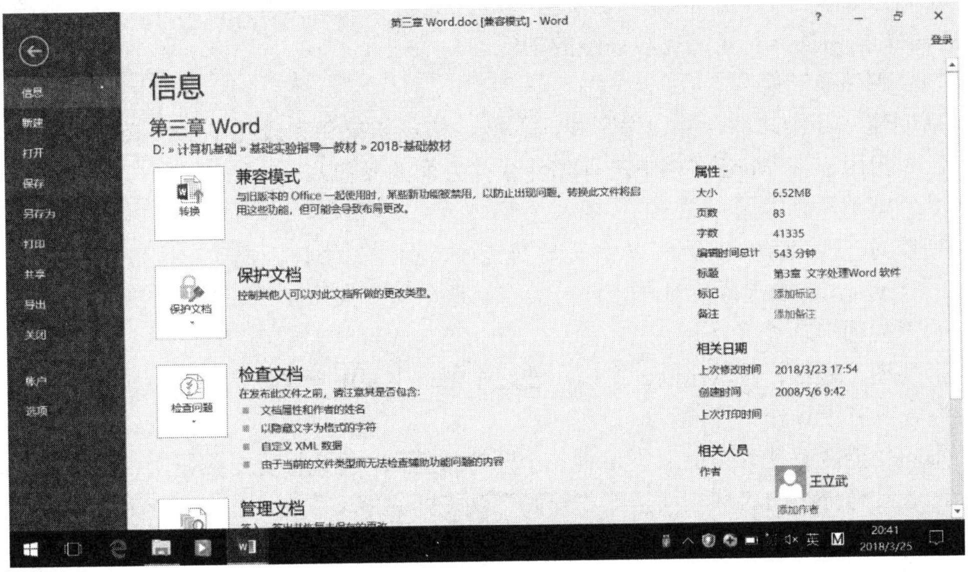

图 3-3 “文件”窗口

“文件”窗口分为 3 个区域。左侧区域为命令选项区，该区域列出了与文档有关的操作命令选项，即“信息”“新建”“打开”“保存”“另存为”“打印”“共享”“导出”“关闭”“账户”和“选项”。

在左侧的命令选项区选择某个选项后，中间区域将显示该类命令选项的可用命令按钮。在中间区域选择某个命令选项后，右侧区域将显示其下级命令按钮或操作选项。

右侧区域也可以显示与文档有关的信息，如文档属性信息、打印预览或预览模板文档内容等。

（2）“开始”功能区。

包括剪贴板、字体、段落、样式和编辑五个组，如图 3-4 所示。主要用于帮助用户对 Word 2016 文档进行文字编辑和格式设置，是用户最常用的功能区。

图 3-4 “开始”功能区

（3）“插入”功能区。

包括页面、表格、插图、加载项、媒体、链接、批注、页眉和页脚、文本、符号几个组，主要用于在 Word 2016 文档中插入各种元素。

（4）“设计”功能区。

包括文档格式和页面背景两个组，主要用于文档的格式以及背景设置。

（5）“布局”功能区。

包括页面设置、稿纸、段落和排列四个组，主要用于帮助用户设置 Word 文档的页面样式。

（6）“引用”功能区

包括目录、脚注、信息检索、引文与书目、题注、索引和引文目录几个组，主要用于实现在 Word 文档中插入目录等比较高级的功能。

（7）“邮件”功能区。

包括创建、开始邮件合并、编写和插入域、预览结果和完成几个组，该功能区的作用比较专一，专门用于在 Word 文档中进行邮件合并方面的操作。

（8）“审阅”功能区。

包括校对、辅助功能、语言、中文简繁转换、批注、修订、更改、比较和保护几个组，主要用于对 Word 文档进行校对和修订等操作，适用于多人协作处理 Word 长文档。

（9）“视图”功能区。

包括视图、显示、显示比例、窗口和宏几个组，主要用于帮助用户设置 Word 操作窗口的视图类型，以方便操作。

在不同功能区有些分组的右下角有一个图标按钮，将光标置于按钮上，可以显示该按钮的名称，通常与分组的名称相同，如“开始”功能区“字体”分组的按钮名称就是“字体”。单击该按钮可以打开相应的对话框，如“字体”对话框。

5. 文档编辑区

文档编辑区是用户输入文字、插入图片的区域。在该区域中有一个不断闪烁的竖线，称为插入点光标（当前光标），输入的文字或插入的对象出现在插入点光标后面。插入点可以通过在新的插入点处单击鼠标重新定位，也可以用键盘上的光标移动键在文档中任意移动。在插入点处定义了字体、字号、字的颜色等，输入的文字就会以定义好的方式出现。

6. 标尺栏

Word 提供了水平标尺和垂直标尺，可以通过设置将它们进行显示或隐藏。在“视图”功能区，选中“显示”组中的“标尺”命令，便会在编辑区的上方出现水平标尺，左侧出现垂直标尺。利用水平标尺可以设置制表位、改变段落缩进、调整版面边界以及调整表格栏宽等。在页面视图中可以利用垂直标尺调整页的上、下边界，表格的行高及页眉和页脚的位置。

3.2.4 Word 文档视图方式

为了满足对各种文档编辑的需要，Word 提供了五种在屏幕上显示文档的视图方式，即阅读视图、页面视图、Web 版式、大纲视图和草稿视图。每一种方式的侧重点不同，并可混合使用几种显示方式，这样做能更有效地进行文档编辑。例如，使用页面视图可对文档的某些细节进行修改，而大纲视图则可对文档作全局安排。

打开 Word 文档，切换至“视图”功能区，可以选择所需的视图方式；也可以用文档窗口右下方的视图显示按钮，进行快速切换。但这里只有三种视图按钮，从左到右分别为阅读视图、页面视图、Web 版式视图。

1. 页面视图

页面视图是一种使用最多的视图方式。在页面视图中，可进行编辑排版、页眉页脚、多栏版面，还可处理文本框、图文框或者检查文档的最后外观，具有“所见即所得”的真实的打印效果。并且可对文本、格式以及版面进行最后的修改，也可拖动鼠标来移动文本框及图文框项目。

在页面视图中有明显的表示分页的空白区域，将鼠标指针移动到页面的底部或顶部，变为时双击，能隐藏页面两端的空白区域。在该区域再次双击鼠标，可以使空白区域重新显示。

2. 阅读视图

阅读视图是一种特殊查看模式，使在屏幕上阅读扫描文档更为方便。在激活后，阅读视图将显示当前文档并隐藏大多数屏幕元素，包括功能区等。

在该视图中，页面左下角将显示当前屏数和文档能显示的总屏数。单击视图左侧的“上一屏”按钮◀和右侧的“下一屏”按钮▶，可进行屏幕显示的切换，如图 3-5 所示。

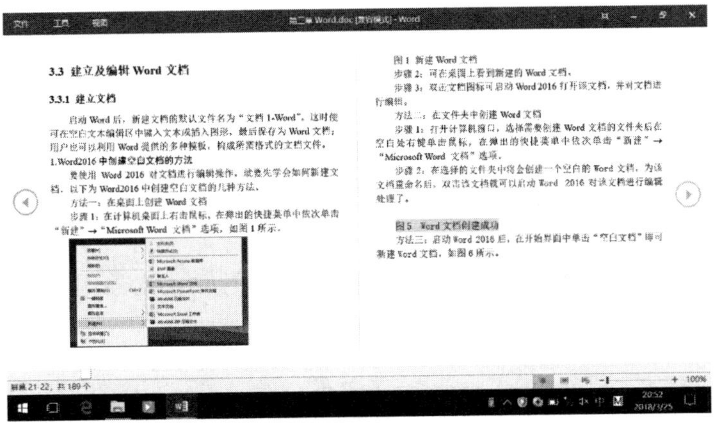

图 3-5　阅读视图

在阅读视图模式下，界面的左上角提供了用于对文档进行操作的工具，使用户能够方便地进行文档的保存、查找和打印等操作。例如，在阅读版式视图中查找关键词“word”，单击左上角的“工具”菜单，选择“查找”按钮，在左侧显示的导航窗格中输入“word”即可。

在界面左上角单击“视图”按钮，在下拉列表中选择相应的选项可以对阅读版式进行设置。选择菜单中的“导航窗格”选项，则文档在阅读版式下可以显示导航条。

在阅读版式视图下按下键盘上的“Esc”键即可退出阅读版式视图，并回到页面视图状态。

3. Web 版式视图

Web 版式视图是显示文档在 Web 浏览器中的外观。例如，文档将显示为一个不带分页符的长页，并且文本和表格将自动换行以适应窗口的大小。在 Web 版式视图中，可以像浏览器一样显示页面，可以看到页面的背景、自选图片或其他在 Web 文档及屏幕上查看文档时常用的效果。当打开一个 Web 文档时，系统会自动切换到该视图方式下。

4. 大纲视图

在建立一个较长的文档时，可以在大纲视图模式下先建立文档的大纲或标题，然后再在每个标题下插入详细内容。大纲视图可以将文档的标题分级显示，使文档结构层次分明，易于编辑。还可以设置文档和显示标题的层级结构，并且折叠和展开各种层级的文档。

利用大纲视图，移动、复制文本，重组长文档都很容易。在大纲视图下，功能区中会出现“大纲”选项卡，该选项卡提供了大纲操作的命令按钮，包括标题的升级或降级，降为正文文字，移动大纲的标题，显示或隐藏标题下层文字，显示各级标题，显示全部标题及文本，显示文本每段的第一行以及显示字符的格式等内容。如图 3-6 所示。在“大纲级别”下拉列表中选择选项可以更改当前标题的大纲级别。

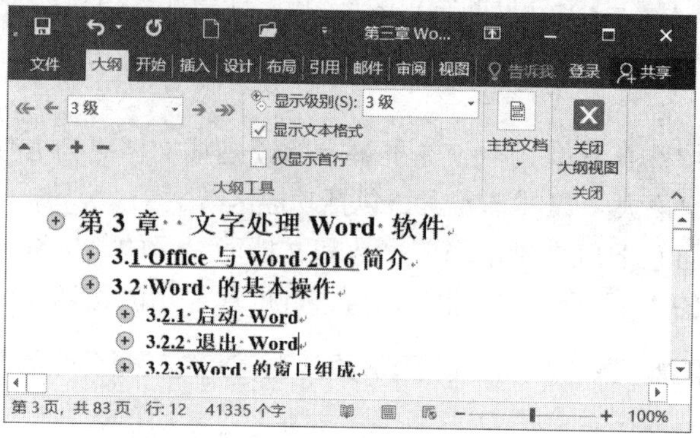

图 3-6 大纲视图

5. 草稿视图

草稿视图取消了页面边距、分栏、页眉页脚和图片等元素，仅显示标题和正文，是最节省计算机系统硬件资源的视图方式。

拖动程序窗口右侧垂直滚动条上的滑块浏览文档的各页。此时可以看到，在页与页之间出现了一条虚线，这条虚线称为分页线。

3.3 创建及编辑 Word 文档

3.3.1 创建新文档

启动 Word 后，新建文档的默认文件名为“文档 1”。这时便可在空白文本编辑区中键入文本或插入图形，最后保存为 Word 文档；用户也可以利用 Word 提供的多种模板，构成所需格式的文档文件。

1. 创建空白文档

要使用 Word 2016 对文档进行编辑操作，就要先学会如何新建文档，以下为 Word 中创建空白文档的几种方法。

（1）启动 Word 2016 后，在开始界面中单击“空白文档”即可新建 Word 文档。

（2）在桌面上或文件夹中创建 Word 文档。

在计算机桌面上（或者打开“文件资源管理器”窗口，选择需要创建 Word 文档的文件夹），右击鼠标，在弹出的快捷菜单中依次单击“新建”的“Microsoft Word 文档”选项，即可看到新建的 Word 文档图标。双击文档图标可启动 Word 2016 打开该文档，并对文档进行编辑。

2. 利用 Word 文档模板建立文档

Word 将具有统一格式的文档制作成模板，这些模板（扩展名为.dotx）中保存了文档的格式，用户只需在其中填写自己所需的内容。新建文件时，可利用图 3-7 中 Word 提供的多种文档模板，快速建立 Word 文档。

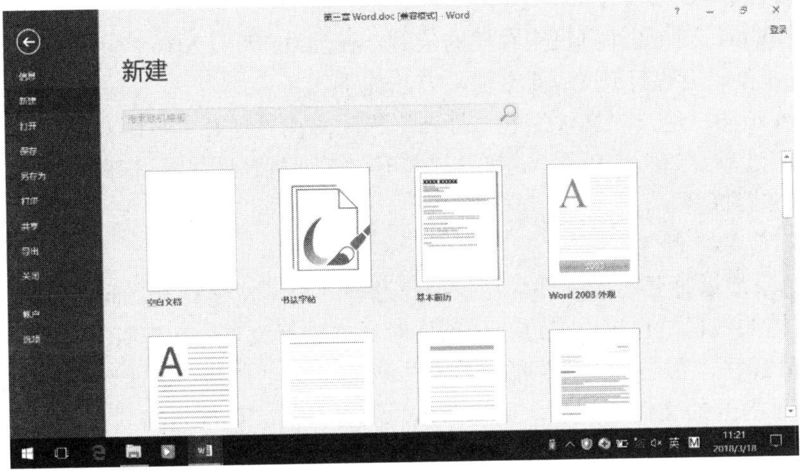

图 3-7　Word 文档模板

从图 3-7 中可以看到，系统除了为用户提供了“空白文档”模板外，还提供了“书法字帖”“基本简历”“Word 2003 外观”“博客文章”“原创信函”“基本信函”“年度报告”等模板。不同的模板具有不同的文档格式，用户使用这些模板可以很快地制作一个指定类型的文档。系统还提供了很多文档的“制作向导”，引导用户一步一步地去完成文档的制作过程。

例如，信函的格式都是以称呼开头，然后是问候、正文、祝词、姓名落款以及写信的日期。用户只需按照这样的固定格式将自己的内容填入即可。用户也可以制作自己的模板保存到模板文件夹中，以备后用。使用 Word 设计模板来创建文档的方法如下。

打开 Word 程序，依次单击“文件”的“新建”选项，选择需要的模板图标。例如单击“基本简历”图标，Word 将创建一个具有“基本简历”格式的新文档，如图 3-8 所示。

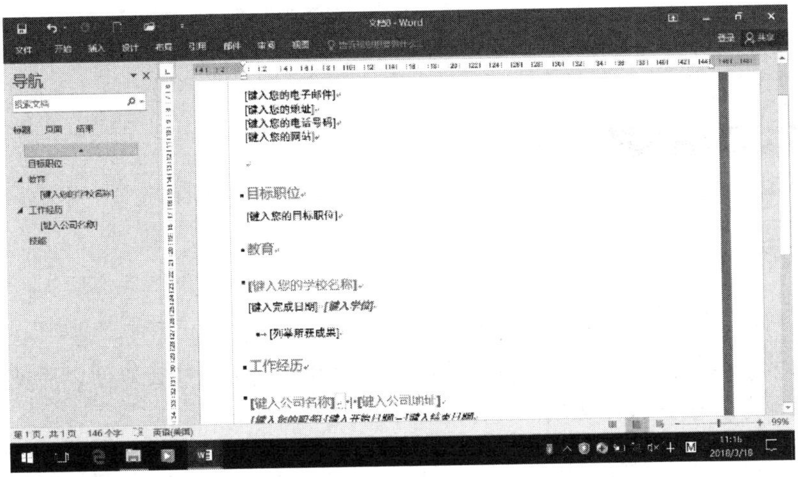

图 3-8　创建一个指定格式的文档

如果用户创建的新文档模板在 Word 中未找到，可以通过联机搜索在互联网上寻找并下载模板即可使用。

3.3.2 打开文档

1. 打开文档基本方法

如果知道 Word 文档在计算机中存储的位置，在启动 Word 2016 应用程序后，可通过“打开”对话框进入存储位置打开 Word 文档，方法如下。

启动 Word 2016，单击“文件”的“打开”选项。在“打开”页面双击“这台电脑”选项或单击“浏览”选项，如图 3-9 所示。弹出“打开”对话框，选择要打开的文档，单击“打开”按钮，即可将文档打开。

2. 快速打开文档

Word 会记录最近打开过的文件，可供用户选择并将其快速打开。同时，对于列表中列出的最近使用文档的数目，也可以通过“选项”对话框进行设置。快速打开文档的方法如下。

启动 Word 2016，单击“文件”的“打开”选项。在“打开”页面选择“最近”选项，右侧将给出“最近打开的文档”列表，鼠标单击想要打开的文档即可将其打开。

3. 设置最近使用文档列表显示的数目

单击“文件”的“选项”命令，打开“Word 选项”对话框。单击“高级”选项，在“显示此数目的‘最近使用的文档’”微调框中输入数字，这里输入的数字将决定 “最近使用的文档”列表可以显示的最近使用文档的数目，如图 3-10 所示。

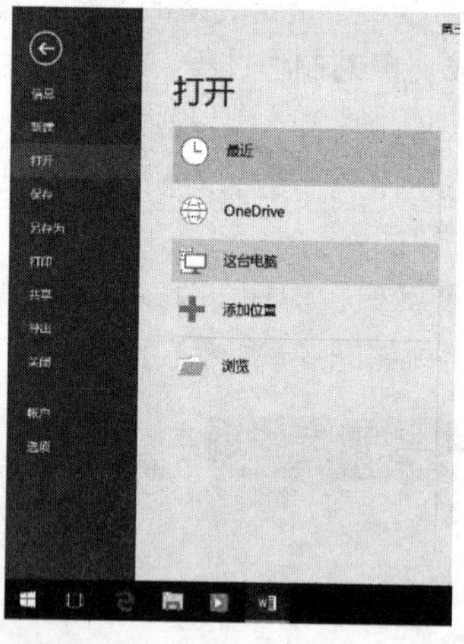

图 3-9 双击“这台电脑”选项

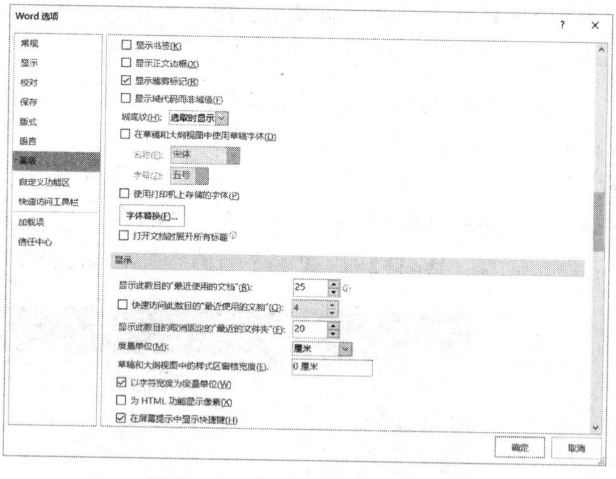

图 3-10 “Word 选项”对话框

3.3.3 保存文档

1. 使用“保存”命令保存文档

文档输入或编辑结束后，需要将输入的内容保存在指定磁盘中，以便以后使用。使用“保存”命令或“保存”按钮保存文档，其方法如下。

单击“文件”的“保存”命令或“快速”工具栏中的“保存”按钮，可以保存输入或编辑修改的文本。

2. 使用“另存为”保存文档

在 Word 中，新建文档后要对文档进行保存操作，通常会使用“另存为”来保存文档，其方法如下。

单击“文件”的“另存为”选项，在“另存为”页面双击“这台电脑”选项或单击“浏览”选项，会打开“另存为”对话框，按照对话框中的要求，选择文档要保存的位置，设置文件名以及保存类型，设置完成后单击“保存”按钮，如图 3-11 所示。使用“另存为”命令将产生一个新文件。

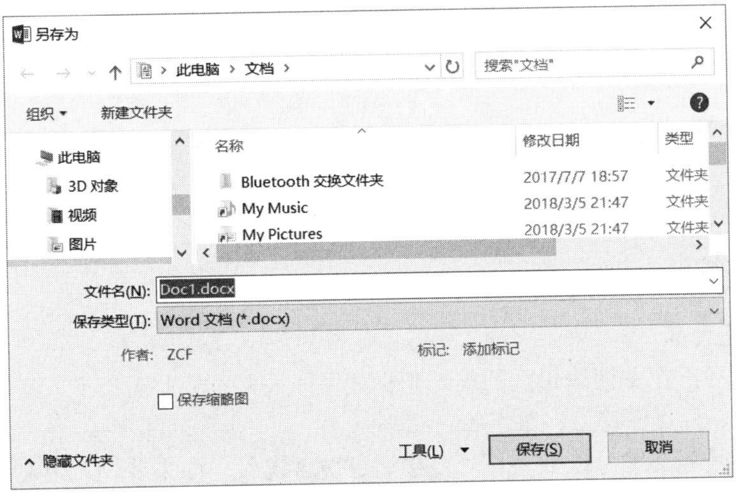

图 3-11　“另存为”对话框

3. 退出 Word 或关闭窗口时保存文档

当单击“文件”的“关闭”命令或单击 Word 应用程序窗口的关闭按钮时，Word 都会询问用户是否保存对当前编辑文件的修改，用户回答“是”便可保存被编辑的文件。

4. 文件的自动保存

Word 允许用户设定文件的自动保存。单击“文件”的“选项”命令，会出现“选项”对话框，单击“保存”选项卡，用户可以设置“保存自动恢复时间间隔”，这样 Word 就会定时自动保存正在编辑的文件。

在编辑文档过程中应随时进行文件的保存，以免因停电或误操作使所输入的文件遭到损失。

5. 将 Word 文档保存为网页

为了将 Word 文档方便地在互联网和局域网上发布，需要将文档保存为 Web 页面文件。Word、Excel、PowerPoint 和 Access 都能够将文档保存为 Web 页面，这种页面文件使用 HTML 文件格式。以下操作方法可以将一个 Word 文档转换为网页文件。

打开 Word 文档，单击“文件”的“另存为”选项，打开“另存为”对话框，如图 3-12 所示。在“保存类型”下拉列表中选择将文档保存为“网页”。此时，对话框会出现“更改标题”命令按钮。

单击“更改标题”按钮，打开“输入文字”对话框，如图 3-12 所示。输入页标题后单击“确定”按钮关闭对话框。

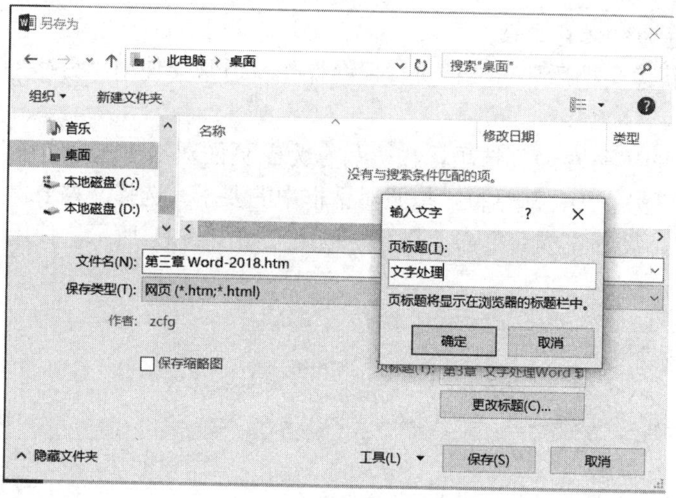

图 3-12 “另存为”对话框

3.3.4 文本输入

1. 输入普通文本

创建新文档后，在文档编辑区的闪烁光标处（即插入点）就可以输入文本。文本形式可以是中文、英文、标点、符号、数字等。

如果输入的是英文字母或数字，可直接通过键盘键入。如果要输入中文，则要先选择一种熟悉的中文输入法，然后进行汉字的输入。

从插入点开始输入文字，输入到所设页面的右边界时，Word 自动将“插入点”移到下一行，而不用按 Enter 键，只有在一个段落的结尾处才需键入 Enter，键入 Enter 后将产生一个段落标记。如果在一个段落中的输入还没有到达行尾就想另起一行，可以用 Shift+Enter 实现。

2. “插入”“改写”方式的切换

在 Word 中，文本的输入有改写和插入两种模式。进行文档编辑时，如果需要在文档的任意位置插入新的内容，可以使用插入模式进行输入，这种方式是 Word 默认的输入方式。如果对文档中某段文字不满意，则需要删除已有的错误内容，然后再在插入点位置重新输入新的文字，此时快捷的操作方法是使用改写模式。其优点在于及时替换无用文字，简化修改操作，节省时间。但其缺点是有时会将有用的字替换掉，给用户带来麻烦。文档中插入和改写文字的使用方法如下。

（1）插入模式。

在文档中单击鼠标，将插入点光标放置到需要插入文字的位置，用键盘输入需要的文字，将文字插入指定的位置。

（2）改写模式。

在文档中单击鼠标，将插入点光标放置到需要改写的文字前面，按下键盘上的 Insert 键将插入模式变为改写模式。在文档中输入文字，输入的文字将逐个替代其后的文字。

再次按下 Insert 键即可恢复为插入模式。

3. 符号的输入

在 Word 2016 文档中输入符号和输入普通文本有些不同，虽然有些输入法也带有一定的特殊符号，但是 Word 的符号样式库却提供了更多的符号供文档编辑使用。直接选择这些符号就能插入到文档中。

打开文档，将光标置于要插入符号的位置，功能区切换到“插入”，单击“符号”组中的“符号”按钮，可以在列表中直接单击某个符号，即可完成插入操作。或者再单击“其他符号”命令，打开“符号”对话框，可以选择样式库中的更多符号。

3.3.5　编辑修改文本

一篇好的文档要经过认真的编辑、修改才能完成。在 Word 中，提供了一系列便捷的工具供用户选择使用，可极大地提高工作效率。

1. 定位光标

Word 中具有“即点即输”的功能，它的操作是在空白文档区的任意位置，双击鼠标，即可出现插入点，接收文本的输入。如果要在已有文本区域定位光标，移动鼠标指针后单击鼠标，就可以完成了。

除了使用鼠标定位光标外，还可以使用常用的键盘命令来操作，如表 3-1 所示。

表 3-1　定位光标的键盘命令

功能	键	功能	键
向上移动一行	↑	向上移动一屏	PgUp
向下移动一行	↓	向下移动一屏	PgDn
向左移动一字	←	移动到文档头	Ctrl+Home
向右移动一字	→	移动到文档末尾	Ctrl+End
移动到行首	Home	移动到本屏首	Ctrl+Alt+PgUp
移动到行末	End	移动到本屏尾	Ctrl+Alt+PgDn

2. 选定文本

在编辑文档过程中，为了加快编辑速度，通常要采用复制、移动等操作，而这些操作的前提是要选定操作的文本对象。在 Word 中，被选定的文本呈“反白”显示。

（1）使用鼠标快速选择文本。

在 Word 文档中，对于简单的文本选取一般都是使用鼠标来完成。用鼠标选定文字或图片，既方便又快捷，如连续单行或多行选取、全部文本选取等。使用鼠标选定文本的方法如表 3-2 所示。

表 3-2　使用鼠标选定文本的方法

选定目标	操作方法
连续单行/多行选取	将光标定位到想要选取文本内容的起始位置，按住鼠标左键拖曳至该行（或多行）的结束位置，松开鼠标左键
选定图片	单击图片
选定一个单词/词语	鼠标双击该单词/词语
选定一句（以句号结束）	按住 Ctrl 键，单击句子中的任意位置

续表

选定目标	操作方法
选定大块文本（尤其是跨页文本）	鼠标指针置于选定文本的开始处，按住 Shift 键，同时单击文本末尾
选定一行文本	在选择条上单击鼠标，箭头所指的行被选中
选定一段文本	在选择条上双击，箭头所指的段落被选中。或者，在段落中任意位置连续三击鼠标
选定整篇	在选择条中连续三击鼠标。或者，按住 Ctrl 键，并单击文档选择条的任意位置

全部文本选取。打开 Word 文档，将光标定位到文档的任意位置，功能区切换至“开始”，单击“编辑”组的“选择”按钮，在其下拉列表中选择“全选”命令，此时即可显示选取文档全部文本内容。

（2）使用键盘快速选择文本。

除了使用鼠标对文本进行选择外，使用键盘来进行选择也是一种有效的方法。Word 2016 为快速选择文档提供了大量的快捷键。

- 选择光标右边一个字符，按 Shift+→键。
- 选择光标左边一个字符，按 Shift+←键。
- 将选定范围扩展到单词结尾，按 Ctrl+Shift+→键。
- 将选定范围扩展到单词开头，按 Ctrl+Shift+←键。
- 将选定范围扩展到行尾，按 Shift+End 键。
- 将选定范围扩展到行首，按 Shift+Home 键。
- 将选定范围扩展到向下一行，按 Shift+↓键。
- 将选定范围扩展到向上一行，按 Shift+↑键。
- 将选定范围扩展到段落结尾，按 Ctrl+Shift+↓键。
- 将选定范围扩展到段落开头，按 Ctrl+Shift+↑键。
- 将选定范围扩展到向下一屏，按 Shift+PgDn 键。
- 将选定范围扩展到向上一屏，按 Shif+PgUp 键。
- 将选定范围扩展到文档结尾，按 Ctrl+Shift+End 键。
- 将选定范围扩展到文档开头，按 Ctrl+Shift+Home 键。
- 将选定范围扩展到包括整个文档，按 Ctrl+A 键。
- 若要选定文档中的列范围，先把插入点置于列的起始位置，按住 Alt 键，再按住鼠标左键拖动直到所需列的结束位置。

3. 移动和复制文本

在 Word 中，移动和复制文本的方法很多，既可以使用工具按钮，也可以使用快捷键命令，还可以使用鼠标直接拖动。其中，前几种方法都是在选定文本的前提下，选择“剪切/Ctrl+X”（移动操作）或“复制/Ctrl+C”（复制操作）命令，然后，在目标位置执行“粘贴/Ctrl+V”命令。这几种方法的共同之处在于执行了“剪切”或“复制”后，首先将被选定对象放入“剪贴板”中。这样，移动或复制的内容可以被多次的粘贴使用，同时也更适合于对长距离跨页文本的操作。

而用鼠标拖动的方法实现移动或复制操作，不需要使用剪贴板，具体操作步骤如下。

（1）选定文本。

（2）鼠标指针指向选定文本，按住鼠标左键并拖动到目标位置，释放鼠标左键，被选定文本就从原来位置移动到了新的位置。

如果要复制文本，应该在拖动鼠标的同时按住 Ctrl 键，到达目标位置后，先松开鼠标左键，再松开 Ctrl 键，选定的文本就复制到了新的位置。

4. 文本粘贴的类型与功能

粘贴就是将剪切或复制的文本粘贴到文档中其他的位置上。选择不同的粘贴文本类型，粘贴的效果将不同。粘贴的类型主要包括了保留源格式、合并格式和只保留文本三种，如表 3-3 所示。

表 3-3　各种粘贴类型的功能介绍

粘贴类型	功能
保留源格式	将粘贴后的文本保留其原来的格式，不受新位置格式的控制
合并格式	不仅可以保留原有格式，还可以应用当前位置中的文本格式
只保留文本	只粘贴文本内容，应用新位置的格式

5. 删除文本或图形

使用 Word 2016 编辑文档时，经常需要删除文本或图形等对象。删除文本的操作非常简单，一般是选择文本后直接删除即可。删除文本有以下三种方式。

（1）删除选定文本。在文档中选择需要删除的文字，按 Delete 键或 BackSpace 键即可将选择的文本删除。或者使用右键快捷菜单中的“剪切”命令，就可以删除已选定的文本内容。

（2）使用 Backspace 键，删除光标前的文字。在文档中单击鼠标，将插入点光标放置到需要删除的文字的后面，按 Backspace 键一次，插入点光标前面的一个字符将被删除。

（3）使用 Delete 键，删除光标后的文字。在文档中单击鼠标，将插入点光标放置到需要删除的文字的前面，按 Delete 键一次，插入点光标后面的一个字符将被删除。

6. 字数统计

若要了解文档中包含的字数，可用 Word 进行统计。Word 也可统计文档中的页数、段落数和行数，以及包含或不包含空格的字符数。操作方法如下。

（1）选定要统计字数的文本，可同时选择文本的多个部分进行统计，且所选部分不需要相邻。如果不选定任何文本，Word 将统计整篇文档的字数。

（2）将功能区切换至“审阅”，在“校对”组中单击“字数统计”，Word 会显示页数、字数、段落数、行数和字符数等。若要在统计信息中添加文本框、脚注和尾注信息，可选中“包括文本框、脚注和尾注”复选框。

7. 查找和替换

如果在编辑篇幅较长的文档时，发现某个词使用不当，且多次使用，想要将其修改为更恰当的词语，只靠用户的人为操作是非常困难的。Word 提供的查找和替换功能可以帮助用户进行词汇的快速查找和修改。

将功能区切换至“开始”，在“编辑”组中单击“查找”命令，打开查找的“导航”窗格，输入查找文本，在正文中会突出显示查找结果。替换文本时，单击“替换”命令，打开“查找和替换”对话框，输入替换文本，即可完成替换操作。

如果对查找的内容有更严格的要求，可以在“查找和替换”对话框中单击“更多”按钮进行查找选项的设置，如区分大小写等。还可以单击“格式”按钮设置必须符合各种格式的查找内容和范围；单击“特殊字符”按钮查找一些如制表符等的特殊字符。

8. 拼写与语法检查

Word 具有对输入的英文文字作拼写检查和中、英文文字作语法检查的功能。对拼写可能有错误的单词用红色波浪线标出，对可能有错误的语法用蓝色浪线标出。

将光标移动到文稿开始处，将功能区切换至“审阅”，在“校对”组中单击“拼写和语法”，将显示“拼写检查”窗格。另外，在文档中按 F7 键也可以启动拼写和语法检查功能。

在功能区的“审阅”选项卡中，单击“语言”组的“翻译”命令按钮，单击“选择翻译语言”命令，打开“翻译语言选项”对话框，可以设置翻译语言，实现翻译功能。

在 Word 中，允许在一篇文章中同时输入中文、英文或其他语言的文字，Word 能够自动检测所使用的语言，并启动不同语言的拼写检查功能。

3.3.6 撤消、恢复和重复

Word 程序在运行时会自动记录最近的一系列操作，因此，在编辑文档的过程中，如果出现错误操作，可以使用撤消或恢复命令来改正错误，使用重复命令来重复有用的操作。例如当移动了一段文本后发现移动是不恰当的，可以单击“快速访问工具栏”中的“撤消”命令，来撤消刚刚完成的移动操作。如果经过斟酌又认为被撤消的操作是正确的，可以单击“快速访问工具栏”菜单中的“恢复”命令，恢复刚才撤消的操作。而且，只有执行了“撤消”命令，“恢复”命令才能成为可执行的命令。

另外，如果执行了很多步操作后发现有错误，可以单击“撤消”按钮旁的下拉箭头，在弹出的下拉列表中拖动鼠标选择要撤消的操作，将撤消最近的多次操作。

而“恢复”操作是单击一次恢复一次，一旦没有能恢复的操作，“恢复”按钮自动转换为“重复”按钮，将重复最后恢复的命令操作。例如，最后恢复的是删除操作，那么单击“重复”按钮，就会执行删除操作。

3.4 设置文档格式

Word 文档的排版是对字符、段落、文档的格式进行处理。包括对文字应用不同的字形或字体、改变字的大小、调整字符间距、对段落的编排、页面设置等项的操作。

3.4.1 设置字符格式

字符格式的设置包括选择字体和字号、粗体、斜体、下划线、字体颜色等。

1. 设置字体和字号

字体是指文字的形体，例如，宋体、楷体、黑体等，它们是系统中已经安装了的字体。字号是指文字的大小。如果要对已输入的文字设置字体、字号，则需首先选定要设置字体的文字，再选定所需的字体、字号；如果在输入文字前设置了字体、字号，则按选定的字体、字号进行输入。

在 Word 2016 中，可以使用“开始”功能区中“字体”组的“字体”和“字号”列表来设置文字的字体与字号，同时也可以进入“字体”对话框中，对文字字体与字号进行设置。文档中文字字体和字号的设置方法如下。

方法一：通过选项组中的“字体”和“字号”列表设置。

（1）打开 Word 文档，选中要设置的文字，在功能区中切换至“开始”选项卡，在“字体”选项组中单击“字体”下拉菜单，展开字体列表，用户可以根据需要来选择设置的字体。

（2）在“字体”选项组中单击“字号”下拉菜单，展开字号列表，用户可以根据需要来选择设置的字号。

在设置文字字号时，如果有些文字设置的字号比较大，如：60 号字。在“字号”列表中没有这么大的字号，此时可以选中设置的文字，将光标定位到“字号”框中，直接输入“60”，按回车键即可。

方法二：使用“增大字体”和“缩小字体”来设置文字大小。

（1）打开 Word 文档，选中要设置的文字，在功能区中切换至“开始”选项卡，在“字体”选项组中单击“增大字体”按钮 A˄，选中的文字会增大一号，用户可以连续单击该按钮，将文字增大到需要设置的大小为止。

（2）如果要缩小字体，单击“缩小字体”按钮 A˅，选中的文字会缩小一号，用户可以连续单击该按钮，将文字缩小到需要设置的大小为止。

方法三：通过“字体”对话框设置文字字体和字号。

（1）打开 Word 文档，选中要设置的文字，在功能区中切换至“开始”选项卡，在“字体”选项组中单击“字体”（ ）按钮，打开“字体”对话框，如图 3-13 所示。

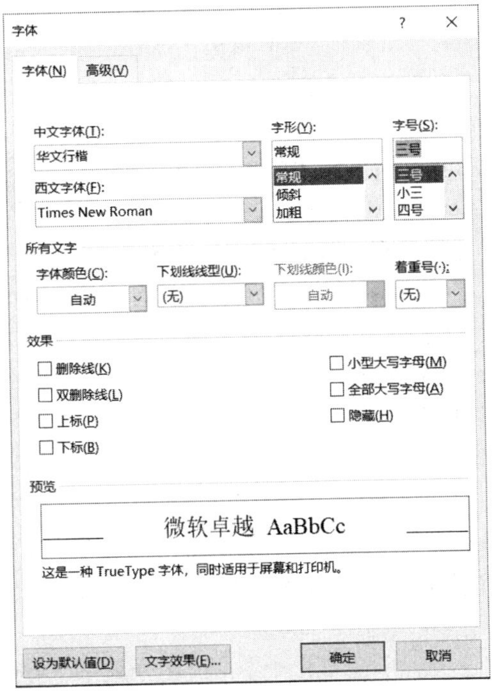

图 3-13　“字体”对话框

（2）在对话框中的“中文字体”框中，可以选择要设置的文字字体，如“华文行楷”，接着可以在“字号”框中，选中要设置的文字字号，如“三号”字。设置完成后，单击“确定”按钮。

在“字体”对话框中，除了可以设置字体、字号以外，还可以在“字形”框中对字形进行设置；在“所有文字”栏中可用“字体颜色”“下划线线型”“下划线颜色”和“着重号”对文字进行修饰；对“效果”栏中的内容可选择性地进行设置。例如，在设置字形时，可以利用“效果”选项来设置字形的效果。当选择了“删除线”后，所选取的字符就会产生删除线的效果；如果选择“上标”选项，Word 会把所有选取的部分设置为在基准线的上方；如果选择了“隐藏”选项，则可将文件中有关的文字或附注隐藏起来；假如想把隐藏的文字或附注再度显示出来，可以单击工具栏上的“显示/隐藏编辑标记”图标，则可重现被隐藏的文字或附注。

字母的大小写转换功能是针对英文而言的，当选取此选项后，被选取的英文小写会转变成大写，但字体和字号不会改变。选取“全部大写字母”后，被选取的文字会全部转换成大写。

2. 设置字形和颜色

在一些特定的情况下，有时需要对 Word 文档中文字的字形和颜色进行设置，这样可以区分该文字与其他文字的不同之处。文档中文字字形和颜色的具体设置方法如下。

方法一：通过选项组中的“字形”按钮和“字体颜色”列表设置。

设置文字字形。打开 Word 文档，选中要设置的文字，在功能区中切换至“开始”选项卡。在“字体”选项组中，如果要让文字加粗显示，单击“加粗”按钮。如果要让文字倾斜显示，单击“倾斜”按钮，即可看到设置后的效果。

设置文字颜色。单击“字体颜色”按钮，展开字体颜色调色板。选择一种字体颜色，如蓝色，即可应用于选中的文字。

如果要还原文字字形，可以再次单击设置的字形按钮即可。如上面设置了“倾斜”字形，只需要再单击“倾斜”按钮，即可还原。除了在字体颜色调色板中的颜色外，用户还可以选中“其他颜色”命令，进入“颜色”对话框中，用户自行选择颜色，如图 3-14 所示。

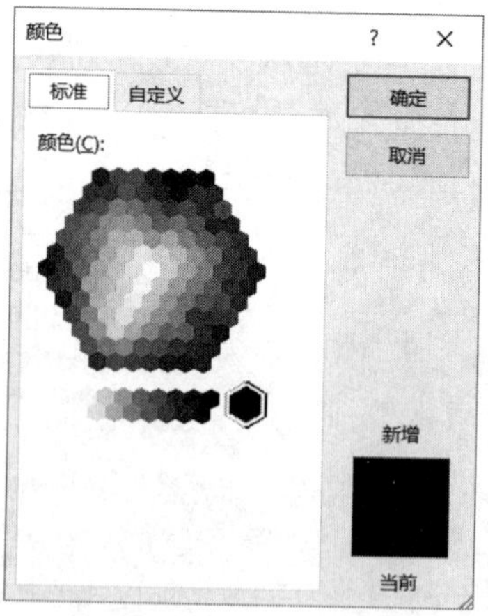

图 3-14 “颜色”对话框

方法二：通过“字体”对话框设置文字字形和颜色。

打开 Word 文档，选中要设置的文字，打开“字体”对话框，如图 3-13 示。在对话框的“字形”框中，可以选择要设置的文字字形，如“加粗、倾斜”。接着可以单击“字体颜色”下拉按钮，展开字体颜色调色板，从中选中要设置的字体颜色，如橙色。设置完成后单击“确定”按钮，即可将设置应用于选中的文字。

3. 设置文字下划线

在 Word 文档中有些特殊的文字，如文档头、目录标题等，为了突出显示它们，可以为这些文字设置下划线效果。文档中文字下划线设置的方法如下。

（1）直接使用提供的下划线样式。

打开 Word 文档，选中要设置的文字，在功能区中切换至“开始”选项卡。在“字体”选项组中单击“下划线”下拉菜单，在展开的下划线列表中，显示了 Word 2016 默认提供的下划线样式。单击其中一种样式即可应用于选中的文字，如图 3-15 所示。

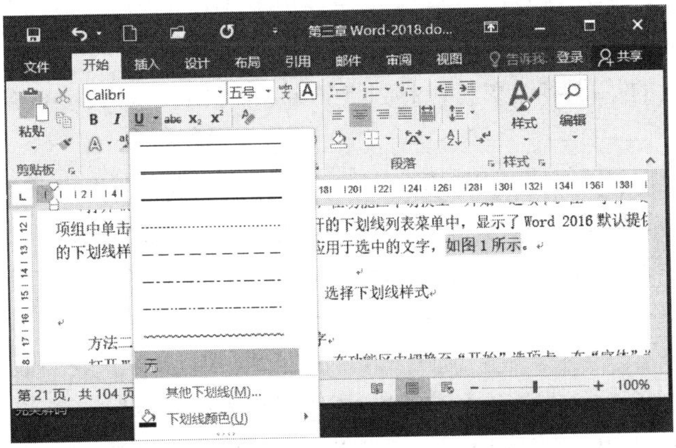

图 3-15　选择下划线样式

（2）自定义下划线效果。

打开 Word 文档，选中要设置的文字，在功能区中切换至“开始”选项卡。在“字体”选项组中单击“下划线”按钮，在展开下划线列表中单击“其他下划线”选项，如图 3-15 所示。

打开“字体”对话框，单击“下划线线型”下拉按钮，展开下划线线型列表，从中选中一种线型。在“下划线颜色”框中，展开下划线颜色设置列表，选中一种下划线颜色。设置完成后，单击“确定”按钮。

4. 文字底纹及突出显示

在 Word 文档中为了突出显示一些重要的文字，可以为这些文字设置突出显示或底纹效果。其设置操作方法如下。

设置文字的突出显示效果。打开 Word 文档，选中要设置的文字，在功能区中切换至“开始”选项卡。在“字体”选项组中单击“以不同颜色突出显示文本”按钮，展开颜色列表，从中选择一种突出显示颜色，如青绿，单击一下即可应用于选中的文字，为文字添加突出显示效果。

设置文字的底纹效果。选中要设置底纹的文字，在“字体”选项组中，单击“字符底纹”按钮，即可设置灰色底纹。不过此按钮只能为文字设置灰色底纹，而无法设置其他颜色。

5. 字符间距的设置

Word 中“字符间距”的设置包括字符间的水平间距、垂直间距和字符本身的扩展或收缩，三种设置都可以在“字体”对话框的“高级”选项卡中来完成，如图 3-16 所示。

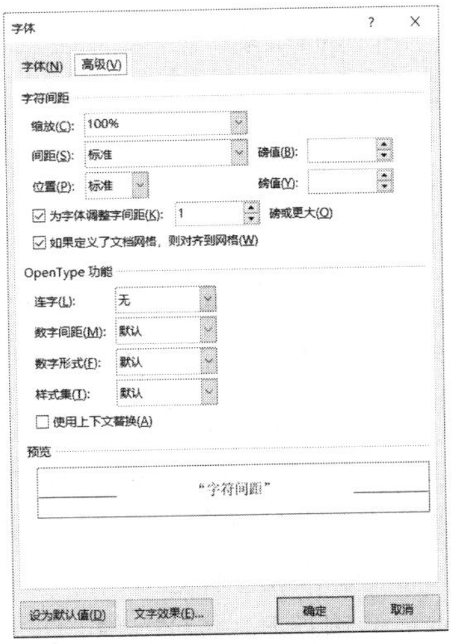

图 3-16　“字体”对话框的“高级”选项卡

其中，“间距”指的就是字符间的水平间距，它有三种类型，分别是“标准”“加宽”和“紧缩”，当选择了“加宽”或“紧缩”后，在右侧的“磅值”增量框中设置具体的磅值，以显示字符间距离加大或缩小的效果。磅值越小，字符间距就越小，即字符越紧缩。反之，间距就越大。

“缩放”设置是对文本自身的扩展或收缩，也就是可以把文字设置为扁体字或长体字，它和功能区中“字符缩放”按钮的功能相同。在缩放的下拉列表中有不同的缩放比例，比例为100%时是 Word 默认的基准字体形状，超过 100%时将扩大字体，变成扁体字，小于 100%则收缩字体，成为长体字。

“位置”是字符相对于垂直方向基准线的位置，有“标准”“提升”“降低”三种类型，其中“标准”就是正常的基准位置，在此基础上，可以提升或降低文字的位置，并且提升或降低的多少可以通过右侧的“磅值”文本框来调整，磅值越大，字符提升或降低的位置距离标准位置就越远。

6. 格式的复制

当输入了一段文字，并对这段文字的格式进行了精心的设置，希望以后输入的文字段落也采用同样的格式时，如果对每一段都去重新设置，那会是很费时的事情，字符格式的复制会给用户的工作带来很大的方便。使用功能区“开始”选项卡中“格式刷”按钮可以非常方便地解决这一问题，实现方法如下。

首先选定一段具有统一格式（如字体、字形等）的文字，然后单击或双击“剪贴板”选项组的“格式刷”按钮，这时鼠标指针变为一个小刷子形状，它代表了一段字符的格式设置。然后用小刷子形状的鼠标指针刷过要采用同样格式段的文字，被刷过文字的格式就变为想要的格式了。

使用格式刷时，如果单击“格式刷”按钮，格式刷使用一次就自动取消，还要使用时需再次单击格式刷。如果双击“格式刷”，则格式刷可以连续使用多次，也就是可以把一段文字的指定格式复制到多处文本去应用。此时，格式刷不会自动取消，只有通过再次单击“格式刷”按钮才能取消。

3.4.2 设置段落格式

段落是文字、图片或图像及其他内容的集合，以回车符作为段落结束的标记。段落标记不仅标识一个段落的结束，还具有对每段应用格式的编排。

对一个段落设置时，只要把光标定位在本段落中即可，不需要选定本段落。

1. 段落的缩进

缩进决定了段落到左右页边距的距离。在 Word 中，可以使用首行缩进、左缩进、右缩进和悬挂缩进来设置段落的缩进方式。如果要在文档中设置段落的左、右缩进，可以使用“左缩进”和“右缩进”功能来实现，设置方法有三种。

（1）使用缩进工具按钮。

首先选择要缩进的段落，然后在“开始”选项卡的“段落”组中选择下列某一操作：

- 如果要把段落缩进到下一个制表位，则单击“增加缩进量”按钮；
- 如果要把段落缩进到上一个制表位，则单击“减少缩进量”按钮。

此外，可使用快捷键的方式进行缩排，要缩进到下一个制表位时，按 Ctrl+M 组合键；若要缩进到上一个制表位，按 Ctrl+Shift+M 组合键。

（2）使用标尺缩进。

如果使用标尺，先选择想要缩进的段落，然后在水平标尺上，把缩进标记拖到所希望的位置，如图 3-17 所示。

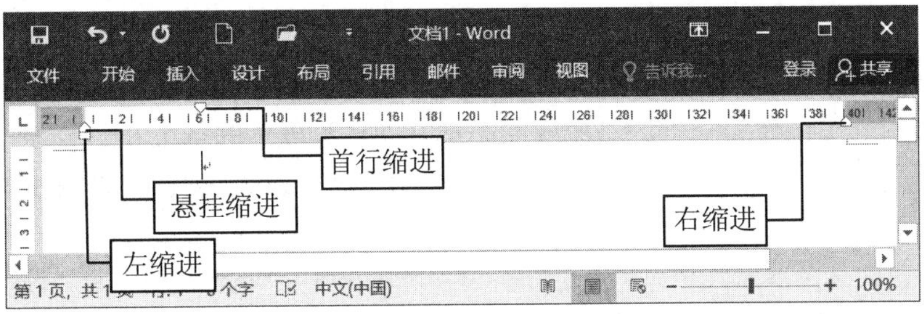

图 3-17　使用标尺缩进示意图

- 首行缩进：单击或选择段落，用鼠标左键按住首行缩进标记，这时从首行缩进标记向下出现一条虚线，向右拖拉到所需的位置时释放左键，首行缩进完成。
- 悬挂式缩进：单击或选择段落，用鼠标左键按住悬挂式缩进标记，拖拉到所需的位置时释放左键，这时本段落中除首行外的所有行向里缩进到游标所定的位置。
- 左缩进：单击或选择段落，用鼠标左键按住左缩进标记向右拖动，拖动时水平标尺左端的游标都跟着移动，拖到所需的位置时释放左键，该段所有行（包括首行）的左边都缩进到新的位置。
- 右缩进：单击或选择段落，用鼠标将右缩进标记拖放到所需位置，这样各行的右边向左缩进到新位置。

（3）在“段落”对话框中设置左、右缩进。

打开 Word 文档，功能区切换至“开始”，在“段落”组中单击右下角的“段落设置”按钮，打开“段落”对话框，如图 3-18 所示。在“缩进”栏“左侧”框中设置左缩进字符，如 2 字符；在“右侧”框中设置右缩进字符，如 2 字符。设置完成后，单击“确定”按钮。光标所在的段落自动进行左、右缩进。

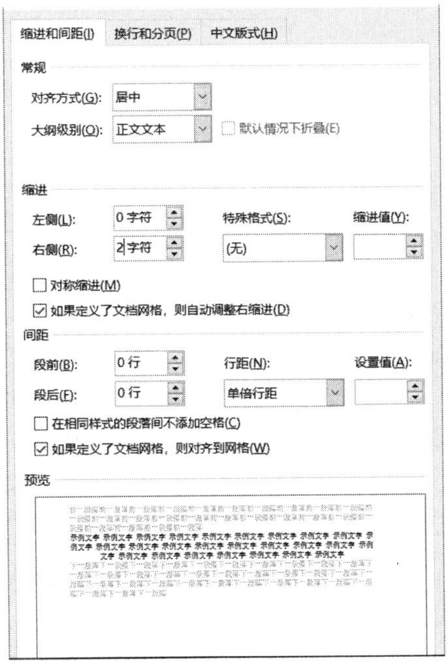

图 3-18　“段落”对话框

因此，Word 文档在排版过程中要遵循下列原则：

- 不要用空格键控制段落首行的缩进。
- 不要用回车键作为一行的结束（回车键只能作为段落的结束）。
- 段落之间距离不要用回车键调整，否则会影响 Word 的自动调整缩进和段落间的距离。

2. 段落的对齐

段落对齐指的是文本内容相对于文档左右边界是否对齐，Word 提供了五种段落对齐的方式。

- 左对齐：文本在文档的左边界对齐。
- 两端对齐：它是最常用的段落对齐方式，尤其适用于正文的设置。该方式的文本除了最后一行外，其余行文本的左右两端分别向文档的左右边界对齐。
- 居中对齐：文本居于文档左、右边界的中间。
- 右对齐：文字向右边界对齐。
- 分散对齐：段落中每行文本在左右边距之间均匀分布。

Word 中默认输入的文档内容都是以左对齐显示的，这往往不符合文档的排版要求。这时就需要对文档的内容进行对齐方式设置。设置对齐的方法如下。

首先选择想要进行设置的段落，然后在功能区中切换至“开始”，在“段落”组中，选择其中一种对齐方式按钮。如果以居中对齐文本，单击“居中”按钮。或者从“段落”组中单击“段落设置”按钮，打开“段落”对话框（如图 3-18 所示），选择“缩进和间距”选项卡，打开“对齐方式”的下拉列表，从中选择适合的对齐方式。

3. 段间距和行间距

在 Word 文档中，文档头与段落之间，段落与段落之间，并非行间距与段落间距都应该保持一样。有时候调整行间距与段间距，反而使文档的阅览效果更好。根据特定的排版需求，学会调整行与行、段与段之间的距离，使文档排版更美观。

（1）设置段间距。

如果要在 Word 文档中设置段落与段落之间的间距，可以通过设置段间距来实现，设置段间距有两种方法。

方法一：快速设置段前、段后间距。

打开 Word 文档，将光标定位到要设置段间距的位置。功能区切换至“开始”，在“段落”组中单击“行和段落间距”按钮，展开列表菜单。如果要设置段前间距，可以选中“增加段前间距”；如果要设置段后间距，可以选中“增加段后间距”。

方法二：自定义段前、段后的间距值。

打开 Word 文档，将光标定位到要设置段间距的位置。功能区切换至“开始”，在“段落”组中单击“段落设置”按钮，打开“段落”对话框（如图 3-18 所示）。

在“间距”栏下的“段前”和“段后”框中，可以自定义段前、段后的间距。例如这里将“段前”和“段后”的间距都设置为“1 行”。设置完成后，单击“确定”按钮。

在设置“段前”和“段后”间距时，有时候会发现间距单位是“磅”，而不是“行”。遇到这样的情况，只是因为设置单位不一样，但设置效果是一样的。这里“一行”等价于“6 磅”，依此类推。

（2）设置行距。

行距是指一行底部到下一行底部之间的距离。Word 的行距是以磅为单位设置的。更改行距将会影响选定段落或包含插入点段落中的所有文本行。改变行距的操作方法如下。

方法一：通过选项组中的命令按钮设置行间距。

打开 Word 文档，将光标定位到要设置行间距的段落中。功能区切换至“开始”，在“段落”组中单击“行和段落间距”按钮。展开下拉菜单，根据需要选择对应的行距，如 1.5 倍行距（默认为 1.0 倍行距）。选中后直接将 1.5 倍行距应用到光标所在的段落中。

方法二：通过“段落”对话框来设置行间距。

打开 Word 文档，将光标定位到要设置行间距的段落中。功能区切换至“开始”，在“段落”组中单击“行和段落间距”按钮。展开下拉菜单，选中“行距选项”。

打开“段落”对话框，在“间距”栏下的“行距”框中选择设置的行距，如 1.5 倍行距。设置完成后，单击“确定”按钮。

行距的变化量取决于每行中文字的字体和磅值。若一行中包含一个比周围文字大的字号（例如图片或公式），Word 会自动增大该行行距。

4．边框和底纹的设置

为了使段落更加醒目和美观，可以为段落或页面设置边框和底纹，其方法如下。

设置边框或页面边框。首先选定段落或文字，然后在功能区中切换至“开始”选项卡。在“段落”选项组中单击“边框和底纹”按钮，出现如图 3-19 所示的“边框和底纹”对话框。在对话框中使用“边框”选项卡可以为选定的段落或文字设置边框。如果使用“页面边框”选项卡，可以为整个页面设置边框。

设置底纹。单击“底纹”选项卡如图 3-20 所示的对话框，可以为选定的段落或文字设置底纹。

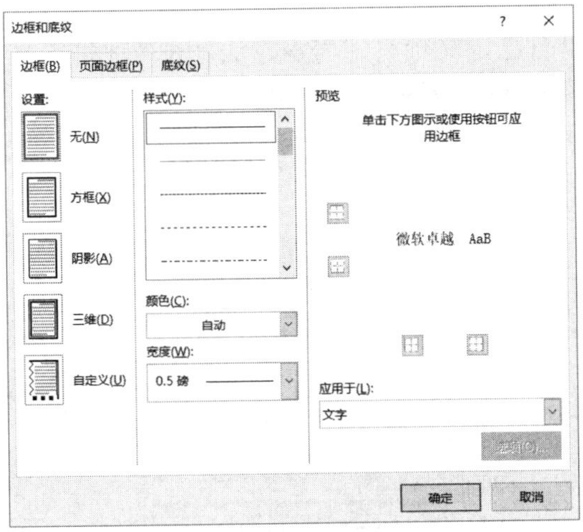

图 3-19　“边框和底纹”对话框

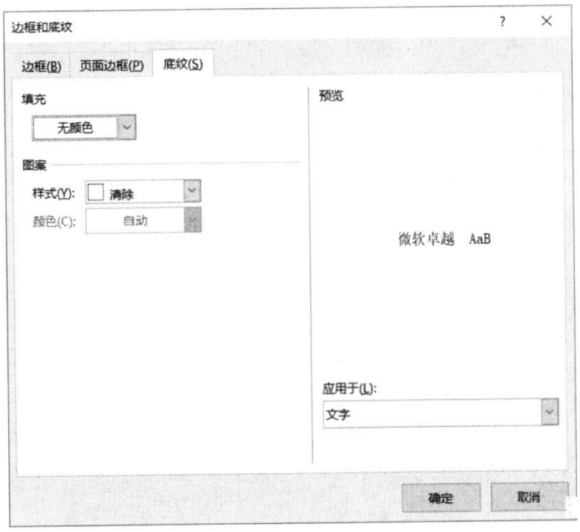

图 3-20　“底纹”选项卡

5．创建和删除首字下沉

为了增强文章的感染力，有时把文章开头的第一个字放大数倍，这就是首字下沉。在 Word 中，可以很轻松地实现首字下沉。习惯上首字下沉是一个段落的第一个字母或汉字，但也可以把首字下沉格式应用于第一个单词或一个单词中的前几个字母。Word 的首字下沉包括下沉和悬挂两种方式。

方法一：通过选项组中“添加首字下沉”列表设置。

打开Word文档，将插入点光标放置到需要设置首字下沉的段落中。功能区切换至“插入”，在“文本”组中单击“首字下沉”按钮，在打开的下拉列表中选择“下沉”选项，段落将获得首字下沉效果。

方法二：通过“首字下沉”对话框来设置。

在“首字下沉”下拉列表中选择“首字下沉选项”命令，打开“首字下沉”对话框。在对话框中首先单击“位置”栏中的选项设置下沉的方式，这里选择“下沉”选项。在“字体”下拉列表中选择段落首字的字体，在“下沉行数”增量框中输入数值设置文字下沉的行数，在“距正文”增量框中输入数值设置文字距正文的距离。完成设置后单击“确定”按钮，如图3-21所示。

要删除下沉的首字，首先单击包含首字下沉的段落，然后在图3-21中的“位置”框中选择“无”，再单击“确定”按钮。

6. 段落的项目符号与编号

（1）设置项目符号。

“项目符号”是为文档中某些并列的段落所加的段落标记，这样可以使文档的层次分明，条理清楚，如在段落的段首加上一个“■”符号作为这些段落的标记（即该段落的项目符号）。

一般来说，加项目符号的段落与排列次序无关，可以使用Word提供的“项目符号”列表来实现，具体实现方法如下。

打开Word文档，将光标定位到要设置项目符号的位置。功能区切换至“开始”，在“段落”组中单击“项目符号”按钮，展开项目符号选择列表菜单。用户可以根据需要选择对应的项目符号，选中后直接将项目符号应用到光标所在的段落前。

如果用户对预设的项目符号都不满意，可以自己定义项目符号。方法是在“项目符号”列表中单击“定义新项目符号”按钮，打开如图3-22所示的“定义新项目符号”对话框，在此对话框中重新选择项目符号。在这里还可以设置项目符号的字体、位置，预览设置后的效果。

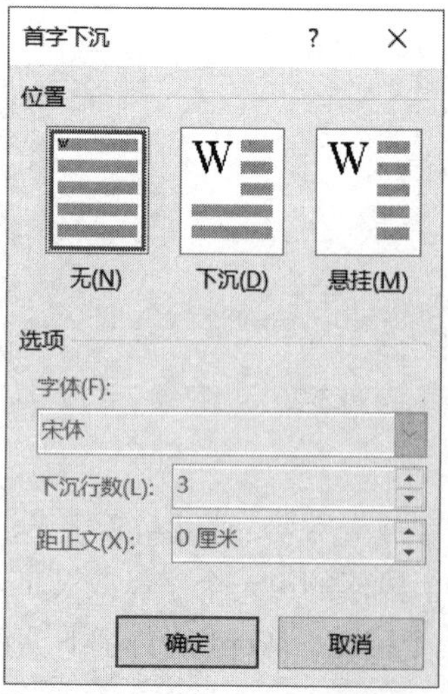

图3-21 “首字下沉”对话框

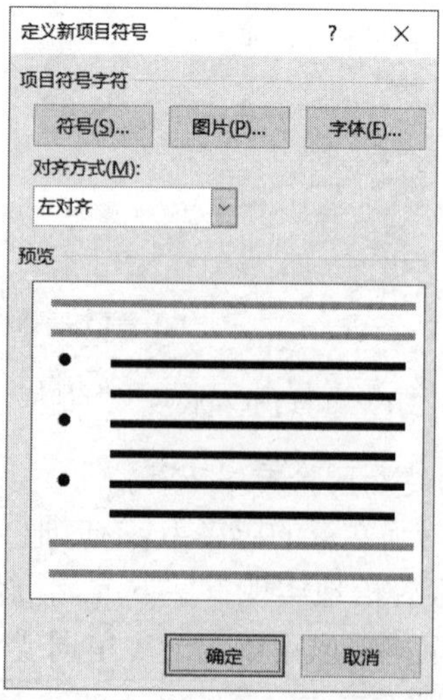

图3-22 “定义新项目符号”对话框

（2）设置编号。

对于与排列次序有关的段落，一般用加编号的方法对选定的段落以数字、字母或有序的汉字等来标记段落。如果要引用编号，可以使用 Word 提供的“编号”列表来实现，其方法如下。

打开 Word 文档，将光标定位到要设置项目符号的位置。功能区切换至“开始”，在“段落”组中单击“编号”按钮，展开编号选择列表菜单，用户可以根据需要选择对应的编号，选中后直接将编号应用到光标所在的段落前。

除了使用“段落”组中的“项目符号”及“编号”来设置项目符号和编号外，还可以单击鼠标右键，在弹出的下拉菜单中选中“项目符号”和“编号”命令来实现。

3.4.3　设置页面格式

文档最终是以页打印输出的。因此，页面的美观显得尤为重要，输出文档之前首先要进行页面的设置和编辑。

1. 页面设置

新建文档页面属性的默认值分别为：A4 纸张，上、下边距为 2.54 厘米，左、右边距为 3.17 厘米，页眉为 1.5 厘米，页脚为 1.75 厘米。但是，用户可以根据自己的需求修改默认的页面设置数据，在创建文档之前或文档输入结束后进行，具体操作方法如下。

功能区切换至“布局”，在“页面设置”组中包括“页边距”“纸张大小”，“纸张方向”命令按钮，可以实现对页面的设置。或者单击“页面设置”按钮，打开“页面设置”对话框，也可以完成页面数据的设置，如图 3-23 所示。

在“页边距”选项卡中，可以设置上、下、左、右的页边距，即页面文字四周距页边的距离、装订线的位置、页眉页脚的位置、是否对称页面、是否拼页打印等，可以选择纸张的横向或纵向使用，在预览框中可以看到调整页边距的结果。

在“纸张”选项卡中，可以选择纸张的大小，或自定义纸张的宽度和高度。

2. 插入分页符及页码

（1）插入分页符。

在 Word 中有两种常用的分隔符：分页符和分节符。前者用来进行文档的强制分页，后者用以把文档分成不同的节。例如，编排一本书稿时，当一章内容编排完了，而本章的最后一页还不满一页，即还不到自动分页的位置，下一章需要另起一页时，必须进行强行分页，即在本章的末尾插入分页符。如果每一章都采用各自的页面设置，例如不同的页眉和页脚，页码格式等，这时就要用到分节符。插入分页符的方法如下。

把插入点定位到文档中强制分页的位置，功能区切换至“插入”，单击“分页”命令，这时，在页面视图上可以看到插入点分到了下一页。

（2）插入页码。

页码是一本书稿中不可缺少的，它既可以出现在页眉上，也可以出现在页脚中。插入页码的方法如下。

功能区切换至“插入”，单击“页码”命令，打开页码列表。进行“位置”“页边距”等设置项目的选择。

如果要设置页码的格式，可以单击页码列表中的“设置页码格式”命令，在出现的“页码格式”对话框（如图 3-24 所示）中进行相应的设置。

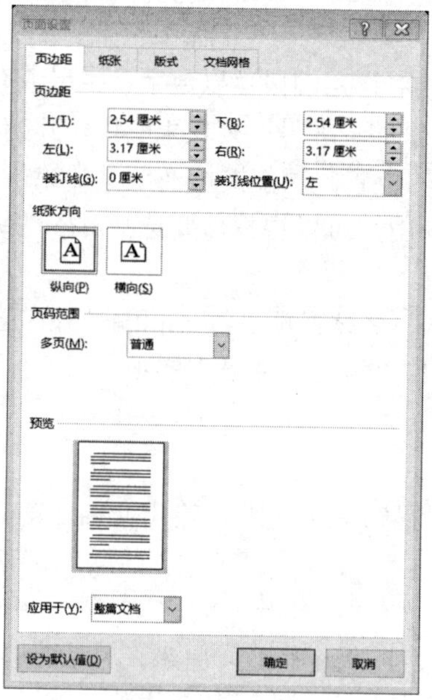

图 3-23 “页面设置”对话框

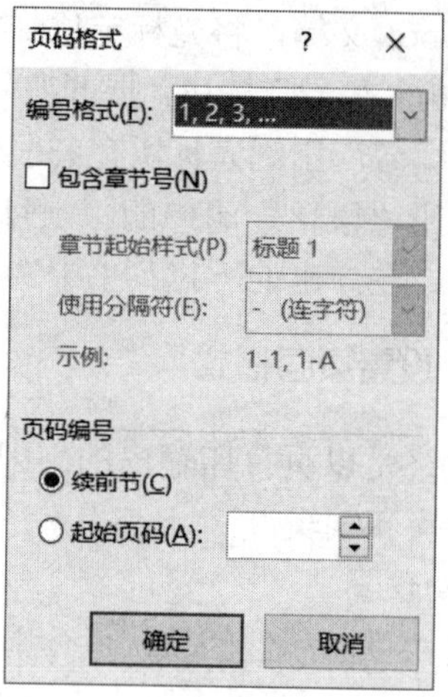

图 3-24 “页码格式”对话框

在“编号格式”框中，列出了阿位伯数字、罗马数字、字母、中文数字等 10 种格式的页码，从中任选一种。

如果要在页码中包含文章节号，则选择“包含章节号”复选框，在“章节起始样式”框中选择用哪一级标题的章节号。

在“使用分隔符”框中选择章节编号和页号之间的连接符（连接符共有 5 种）。

在“页码编号”栏中，如果文档已经分开，选择“续前节”，则本节将是上一节的继续，否则本节从头开始编排页码，在“起始页码”框中可以规定起始页码。

要删除页码时，可以在页码列表中选择“删除页码”命令。

3. 插入页眉和页脚

在很多书籍和文档中经常在每一页的顶部出现相同的信息，如书名或每章的章名，在每一页的底端出现页码或日期时间等信息，这可以用添加页眉和页脚的方法来实现。添加的页眉和页脚可以打印出来，但只有在页面视图下才能看到。

（1）插入页眉。功能区切换至“插入”，单击“页眉”按钮，打开“页眉”样式列表，选择一种页眉样式，然后进入页眉编辑状态，这时可以输入页眉的内容。输入结束，单击“关闭页眉和页脚”按钮。

（2）插入页脚。方法与设置页眉类似，只要在“插入”选项卡中单击“页脚”按钮，即可完成页脚的设置。

（3）删除页眉或页脚。打开“页眉”或“页脚”样式列表，选择“删除页眉”或“删除页脚”命令，就可以将页眉和页脚删除。

如果页面设置中已经定义了“奇偶页不同”，则可以在奇偶页上定义不同的页眉和页脚。页眉和页脚编辑状态的切换可通过单击“页眉和页脚切换”按钮来实现。

4. 插入脚注尾注

脚注和尾注一般用于文档的注释。脚注通常出现在页面的底部，作为当前页中某一项内容的注释，例如对某个名词的解释；尾注出现在文档的最后，通常用于列出参考文献等。

在文档中插入脚注和尾注的方法是：把插入点定位在插入注释标记的位置，然后将功能区切换至“引用”，单击“插入脚注”命令，或“插入尾注”按钮，则在插入点位置以一个上标的形式插入了脚注（或尾注）标记。其中脚注标记为数字，尾注标记为希腊字母。接着可以输入脚注或尾注的内容。

脚注在页面上会占用版心区域，脚注和正文之间用一短线分隔。在输入脚注内容时，如果内容太多，当前页放不下，系统会自动将剩下的内容放到下一页脚注区的开始位置，下一页的脚注分隔将采用长线条，以示区别。

尾注的内容是在文档的末尾进行编辑，脚注和正文之间用一短线分隔。

5. 分栏和分节符

（1）分栏。

在书籍和报纸中常常用到分栏技术，以便使页面更加美观和实用，如图 3-25 所示。分栏可以应用于一页中的全部文字，也可以应用于一页中的某一段文字。

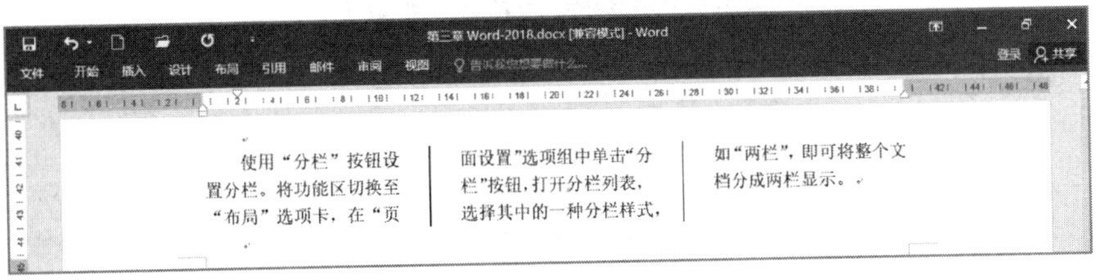

图 3-25　文本的分栏效果

使用“分栏”按钮设置分栏。将功能区切换至“布局”，在“页面设置”组中单击“分栏”按钮，打开分栏列表，选择其中的一种分栏样式，如“两栏”，即可将整个文档分成两栏显示。

使用“分栏”对话框设置分栏。单击分栏列表中的“更多分栏”，屏幕上出现“分栏”对话框，如图 3-26 所示。在对话框中的“预设”框中选择希望的分栏，也可以在“栏数”框中选择栏数；在“宽度和间距”栏中设置每个栏的栏宽、间距；选择“分隔线”复选框可以在栏间显示分隔线；在“预览”框中可以看到页面分栏的情况。

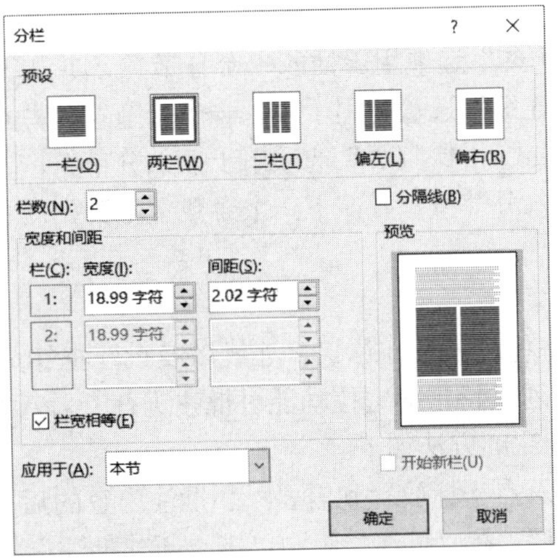

图 3-26　“分栏”对话框

如果在进入对话框前已选定了要分栏的文字段落，则在“应用范围”框中为“所选的文字”；如果在“应用范围”框中选择“插入点之后”，则从插入点开始直到文档末尾全部分栏排版。对于已经分节的文档可以选择“本节”，即只对当前节分栏。

如果选择“开始新栏”复选框，从插入点（或从本节起始处）换页后再分栏，否则从插入点处或从本节起始处分栏。

（2）添加分节符。

Word 中的分节符可以改变文档中一个或多个页面的版式和格式，如将一个单页页面的一部分设置为双页页面。使用分节符可以分隔文档中的各章，使章的页码编号单独从 1 开始。另外，使用分节符还能为文档的章节创建不同的页眉和页脚。文档中添加分节符的方法如下。

打开 Word 文档，将光标定位到要插入分节符的位置。功能区切换至“布局”，在“页面设置”组中单击“分隔符”按钮，在其下拉列表的“分节符”栏中单击“下一页”选项，如图 3-27 所示。插入点光标后的文档将被放置到下一页。

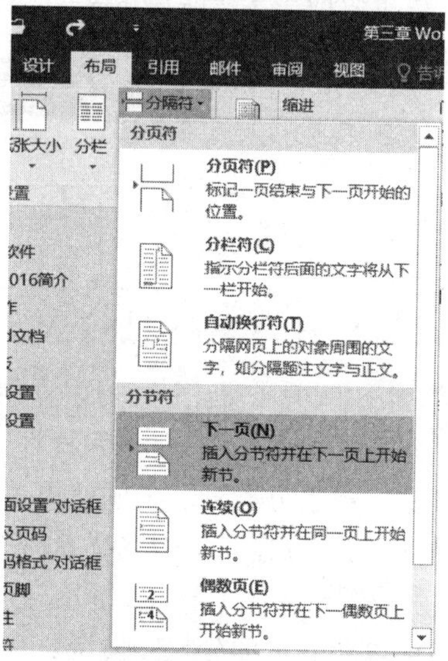

图 3-27　选择“下一页”选项

“分节符”栏中“下一页”选项用于插入一个分节符，并在下一页开始新的节，常用于在文档中开始新的章节。“连续”选项将用于插入一个分节符，并在同一页上开始新节，适用于在同一页中实现同一种格式。“偶数页”选项用于插入分节符，并在下一个偶数页上开始新节。“奇数页”选项用于插入分节符，并在下一个奇数页上开始新页。

6. 插入批注和书签

（1）插入批注。

批注是对文档进行的注释，由批注标记、连线以及批注框构成。当需要对文档进行附加说明时，就可插入批注。并通过特定的定位功能对批注进行查看。当不再需要某条批注时，也可将其删除。文档中添加批注的方法如下。

打开 Word 文档，将插入点光标放置到需要添加批注内容的后面，或选择需要添加批注的对象。功能区切换至“审阅”，在“批注”组中单击“新建批注”按钮，此时在文档中将会出现批注框。在批注框中输入批注内容即可创建批注，如图 3-28 所示。

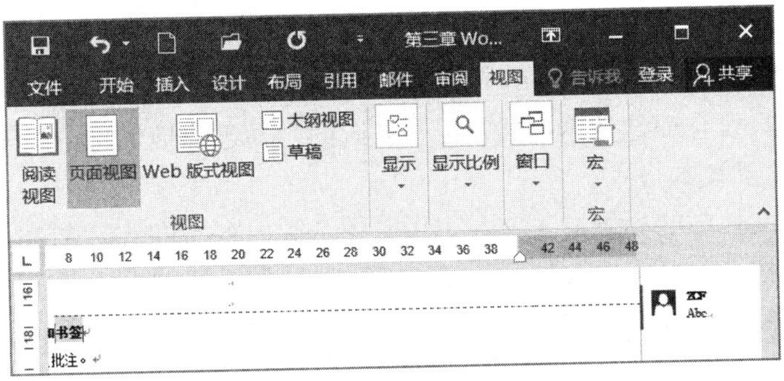

图 3-28　输入批注

将插入点光标放置到批注框中，在“批注”组中单击“删除”按钮，当前批注将会被删除。

（2）插入书签和定位书签。

书签，是文档的特定标签，它可以使用户更快地找到阅读或者修改的位置，特别是比较长的文档。所以在 Word 中编辑或阅读一篇较长的文档时，要想在某一处或几处留下标记，以便以后查找、修改，便可以在该处插入书签（书签仅显示在屏幕上，不会打印出来）。文档中书签的使用方法如下。

打开 Word 文档，插入点光标置于文档中需要添加书签的位置。功能区切换至“插入”。单击“链接”组中的“书签”按钮，打开“书签”对话框。在对话框中的“书签名”文本框中输入书签名称，然后单击“添加”按钮，即可将其添加到书签列表中创建一个新书签，如图 3-29 所示。

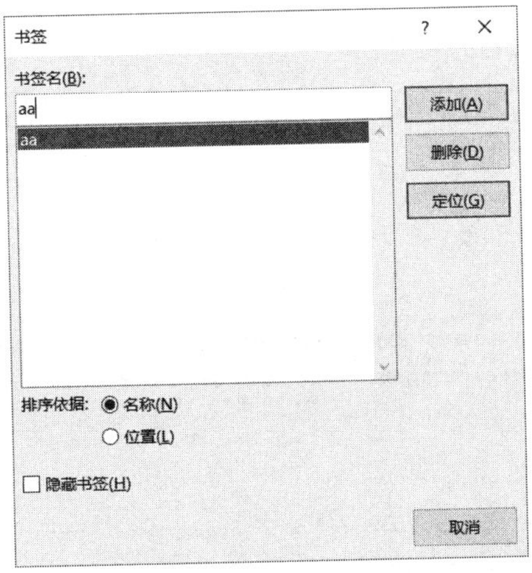

图 3-29　“书签”对话框

书签创建以后，单击“链接”组中的“书签”按钮，在打开对话框的书签列表中选择一个书签，单击“定位”按钮，文档将定位到书签所在的位置。

3.4.4　应用及创建样式

样式是为了编辑方便，将字符的各种设置、段落组合与版面布局等组合在一起，是一组使用惟一名字标识的格式。也就是一组存储模板或文档中有确定名称的段落格式和字符格式。

用户可以使用 Word 自带的段落和字符样式，也可以创建自己的样式。段落样式包含影响段落外观的格式，如缩进、行间距、文本对齐方式等；字符样式包含影响文本字符的格式，如字体和字号、字间距及字符颜色。对所形成的样式，用一个名称保存起来，供以后创建相同格式的文件时使用。只要合理地使用样式，可节省时间，并迅速地创建出想要的文件。

1. 应用样式设置文本格式

为了快速设置文档中的标题、正文、引用、参考等内容的格式，Word 预先内置了相应的样式，用不同的名称来命名，以方便用户使用。具体操作方法如下。

打开 Word 文档，选择文本内容，或者将光标置于段落中（如应用标题样式）。功能区切换至“开始”，在“样式”组中单击样式列表中的某个样式，如“标题 1”选项，即可将文本设置为一级标题的格式。

2. 新建样式

在 Word 文档中，除了系统提供的样式外，用户还可以将一些个性化的相同格式定义为一种样式，在需要时应用这种样式将会方便很多。新建样式的方法如下。

（1）打开 Word 文档，功能区切换至“开始”选项卡，单击“样式”组中的“样式”按钮，打开“样式”窗格，该窗格提供了 Word 内置的样式供用户使用。需要创建自己的样式时，可以单击“样式”窗格的“其他”按钮，在下拉列表中单击“创建样式”命令，打开“根据格式设置创建新样式”对话框，如图 3-30 所示。

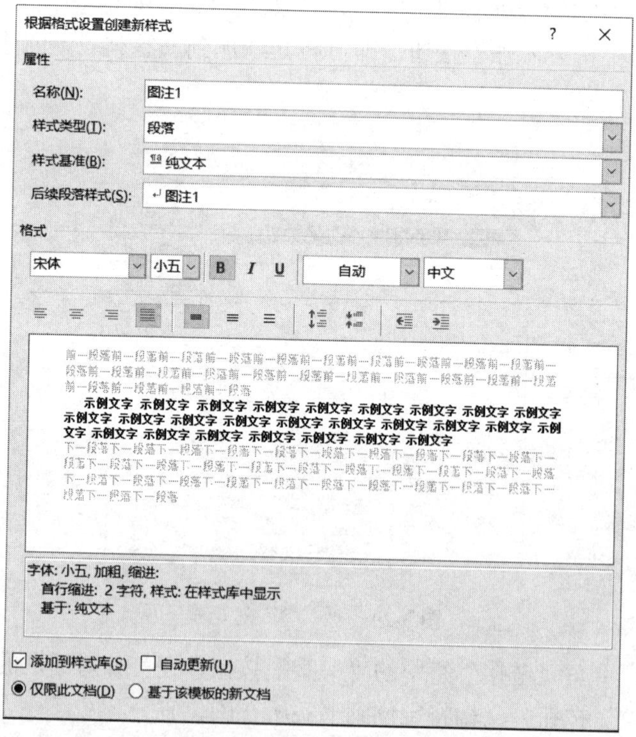

图 3-30 “根据格式设置创建新样式”对话框

（2）在“根据格式设置创建新样式”对话框中对样式进行设置。这里的“样式类型”下拉列表框用于设置样式使用的类型。“样式基准”下拉列表框用于指定一个内置样式作为设置的基准。“后续段落样式”下拉列表框用于设置应用该样式的文字的后续段落的样式。如果需要将该样式应用于其他的文档，可以选择“基于该模板的新文档”单选按钮。如果只需要应用于当前文档，可以选择“仅限此文档”单选按钮。设置完成后单击“确定”按钮。

（3）创建的新样式将添加到“样式”窗格的列表中和功能区“样式”组的样式库列表中。

3. 文档结构图和页面缩略图

对于已经设置好章节标题的文档，用户可以在 Word 的“导航窗格”中查看文档结构图和页面缩略图，从而帮助用户快速定位文档位置。在文档窗口中显示“文档结构图”和“页面缩略图”可以按以下步骤完成。

（1）功能区切换至“视图”，选择“显示”组中的“导航窗格”复选框，在文档窗口左侧将打开“导航”窗格，在窗格中将按照级别高低显示文档中的所有标题文本，如图 3-31 所示。

（2）“导航”窗格中默认显示的是 Word 文档的标题结构图，单击标题左侧的标签可以进行其下级结构的折叠和展开。

（3）在“导航”窗格中选择一个标题，在右侧的文档编辑区中将显示所选择的标题开始的文本内容。此时光标处于该标题处，可以直接对标题进行编辑修改。

（4）在左侧的“导航”窗格中单击“页面”按钮，窗格中的文档结构图会自动关闭，同时在窗格中显示文档各页的缩略图。光标所在页会呈现选择状态，如图 3-32 所示。在窗格中单击相应的缩略图，可以切换到相应的页。

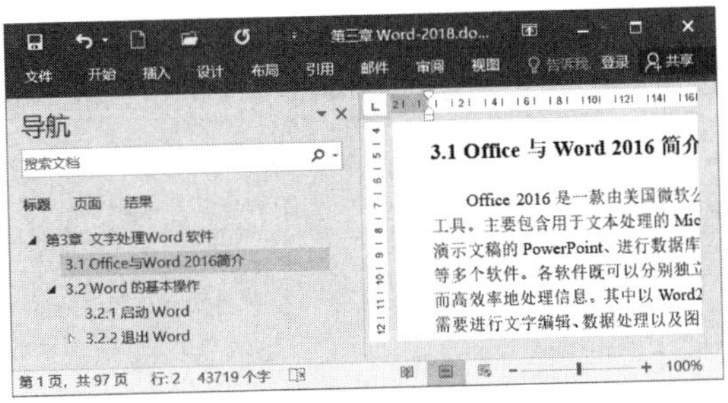

图 3-31　打开“导航”窗格

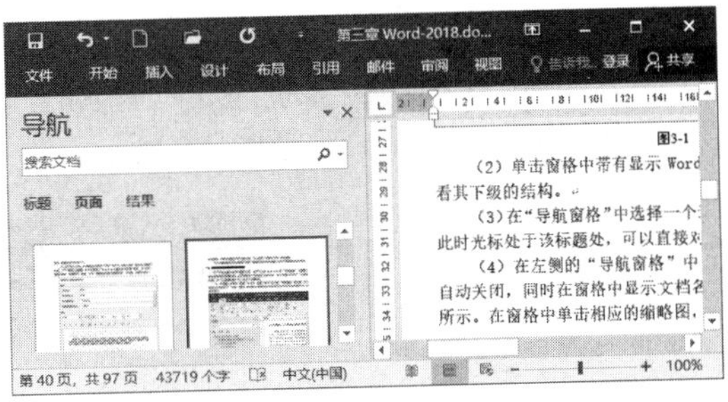

图 3-32　显示页面缩略图

（5）单击“导航”窗格右上角的“关闭”按钮可关闭窗格。

4. 创建目录

目录通常应用于书稿等出版物中，它将文档的各级标题的名称以及标题的对应页码显示出来，便于对文档整体结构、内容的了解。但是，按章节手动输入目录是效率很低的方法，对于已经设置好章节标题的文档，Word 可以按照文档中的各级标题自动生成目录，其方法如下。

方法一：使用“目录”组中的“目录”按钮设置。

在 Word 文档中，单击鼠标将插入点光标放置在需要添加目录的位置。功能区切换至“引用”，单击“目录”组中的“目录”按钮，在下拉列表中选择一款自动目录样式，如图 3-33 所示。在插入点光标处将会获得所选样式的目录。

方法二：使用“目录”对话框进行设置。

（1）功能区切换至“引用”选项卡，单击“目录”组中的“目录”按钮，选择下拉列表中的“自定义目录”选项，如图 3-33 所示。

（2）打开“目录”对话框，如图 3-34 所示。在对话框中可以对目录的样式进行设置，如制表符的样式等。

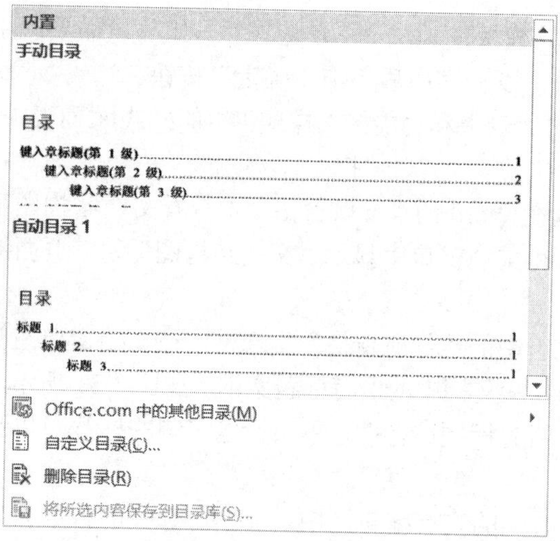

图 3-33　目录样式列表

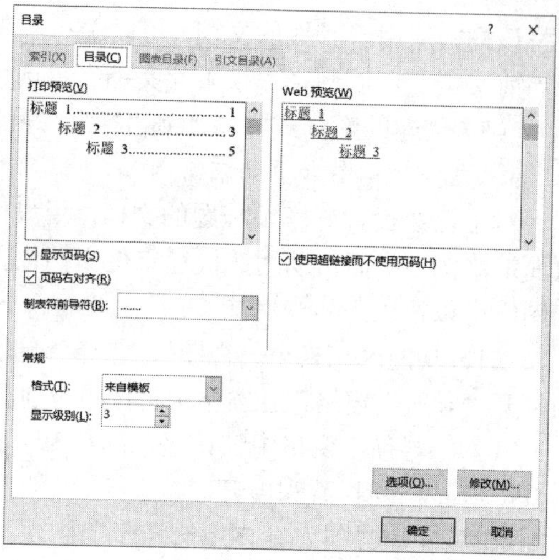

图 3-34　“目录”对话框

5. 创建封面

Word 2016 新增了文档封面生成功能，让用户可以很轻松地自定义文档的外观，各种预定义的样式可以帮助用户创建一个专业级外观的文档。同时，实时预览功能可以让用户尝试各种各样的格式选项，而不需要真正地更改文档。为文档创建封面的方法如下。

打开 Word 文档，在“插入”选项卡的“页面”组中单击“封面”按钮，在下拉列表中选择需要使用的封面样式，如图 3-35 所示。

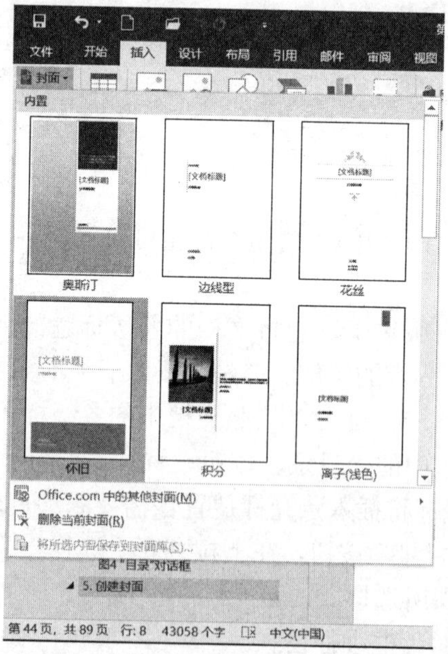

图 3-35　选择需要使用的封面

选择的封面被自动插入文档的首页，分别在封面的不同文本框中输入相应的内容，如在“标题”和“副标题”文本框中单击，输入文档的标题和副标题。

单击封面中的图形，打开“格式”选项卡，使用选项卡中的命令可以更改图形的样式。

3.4.5　文档的打印及导出

1. 预览打印效果

为了保证输出文档达到满意的效果，有必要在打印前进行打印预览来查看文档页面的整体效果。

打印预览是模拟显示将要打印的文档，可以显示出缩小的整个页面，能查看到一页或多页，检查分页符以及对文本格式的修改。Word 中预览文档打印效果的方法如下。

打开 Word 文档，依次单击“文件”的“打印”选项，文档窗口中将显示所有与文档打印有关的命令选项，在最右侧的窗格中将能够预览打印效果。拖动“显示比例”滚动条上的滑块能够调整文档的显示大小，单击“下一页”按钮和“上一页”按钮，将能够进行预览的翻页操作，如图 3-36 所示。

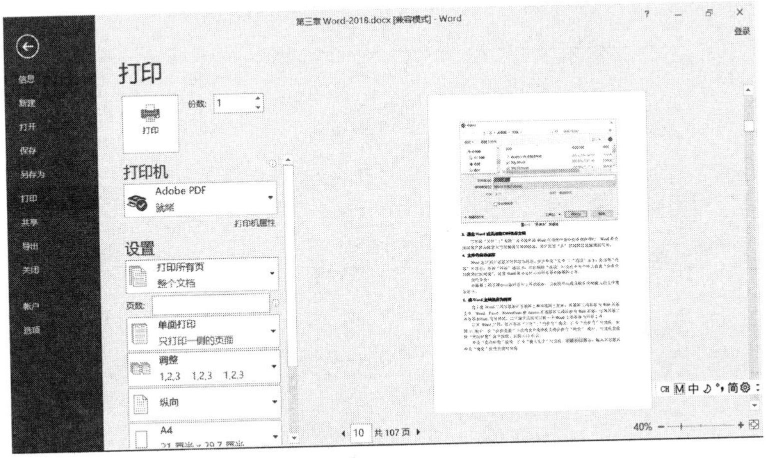

图 3-36　打印及打印预览窗口

2. 文档的打印设置

文档设置完成并且对预览效果满意后，就可以对文档进行打印了。在Word 2016中，为打印进行页面、页数和份数等设置，可以直接在“打印”命令列表中选择操作，具体方法如下。

（1）打开需要打印的 Word 文档，依次单击“文件”的“打印”选项，打开“打印”列表窗格，如图 3-36 所示。在中间窗格的“份数”增量框中设置打印份数，单击“打印”按钮即可开始文档的打印。

（2）Word 默认的是打印文档中的所有页面，单击此时的“打印所有页”按钮，在打开的列表中选择相应的选项，可以对需要打印的页进行设置，如果选择“打印当前页”选项，就会只打印当前页。

（3）在“打印”命令的列表窗格中提供了常用的打印设置按钮，如设置页面的打印顺序、页面的打印方向以及设置页边距等。用户只需要单击相应的选项按钮，在下级列表中选择预设参数即可。如果需要进一步的设置，可以单击“页面设置”命令打开“页面设置”对话框来进行设置，设置完成后单击“确定”按钮即可。

3. 将 Word 文档转换为 PDF 文档

将 Word 文档转换为 PDF 是一项常用的操作。PDF 是固定版式的文档格式，可以保留文档格式并支持文件共享。进行联机查看或打印文档时，文档可以完全保持预期的格式，且文档中的数据不会轻易被更改。此外，PDF 文档格式对于使用专业印刷方法进行复制的文档十分有用。将文档转换为 PDF 文档的操作方法如下。

（1）打开 Word 文档，依次单击“文件”的“导出”选项，选择“创建 PDF/XPS 文档”命令，单击右侧窗格中出现的“创建 PDF/XPS”按钮。

（2）打开“发布为 PDF 或 XPS”对话框，在“保存位置”下拉列表中选择文档保存的位置，在“文件名”文本框中输入文档保存时的名称，此时“保存类型”下拉列表中已默认文档保存类型为 PDF 文档。

（3）在对话框的“优化”栏中，根据需要进行设置。如果需要在保存文档后立即打开该文档，可以勾选“发布后打开文件”复选框。如果文档需要高质量打印，则应单击选中“标准（联机发布和打印）”单选按钮。如果对文档打印质量要求不高，而且需要文件尽量小，可单击选中“最小文件大小（联机发布）”单选按钮，如图 3-37 所示。

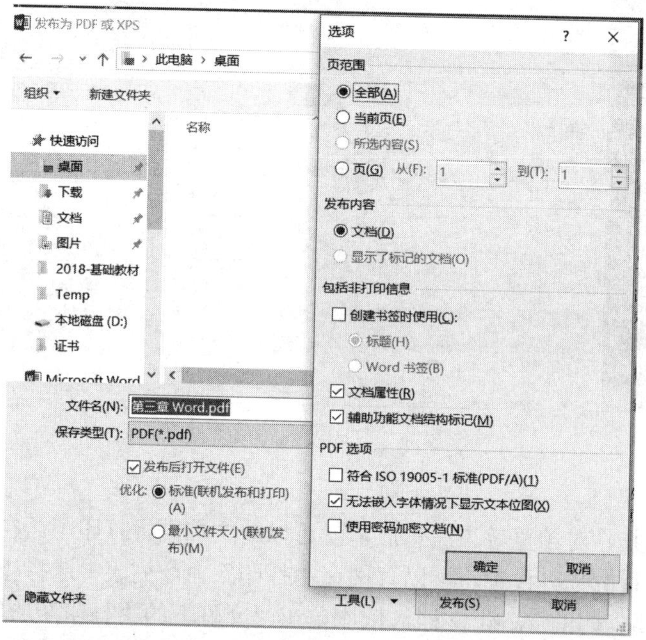

图 3-37　“发布为 PDF 或 XPS”对话框及“选项”对话框

（4）单击“选项”按钮打开“选项”对话框，在对话框中可以对打印的页面范围进行设置，同时可以选择是否应打印标记以及选择输出选项。完成设置后，单击“确定”按钮关闭“选项”对话框，如图 3-37 所示。

（5）单击“发布”按钮即可将文档保存为 PDF 文档。

3.5 表格处理

表格是建立文档时较常用的组织文字形式，它将一些相关数据排放在表格单元格中，使数据看上去一目了然，Word 提供了丰富的表格处理能力，包括表格的创建、表格的编辑、表格的格式化、表格的计算和排序等操作。

3.5.1 创建表格

表格由一个个的单元格构成，在单元格中可以插入数字、文字或图片。在 Word 中可以建立一个空表，然后将文字或数据填入表格单元格中，或将现有的文本转换为表格。

1. 使用“插入表格”对话框创建表格

功能区切换到“插入”，在“表格”组中单击“表格”三角按钮，在下拉列表中单击“插入表格”命令，打开如图 3-38 所示“插入表格”对话框，在对话框中设置要插入表格的列数和行数，单击“确定”按钮，插入所需表格到文档。

2. 使用“插入表格”按钮创建表格

功能区切换到“插入”，在“表格”组中单击“表格”三角按钮，在其下拉列表中拖动光标选择所需表格的行数与列数，如图 3-39 所示，释放鼠标左键就可以插入表格了。

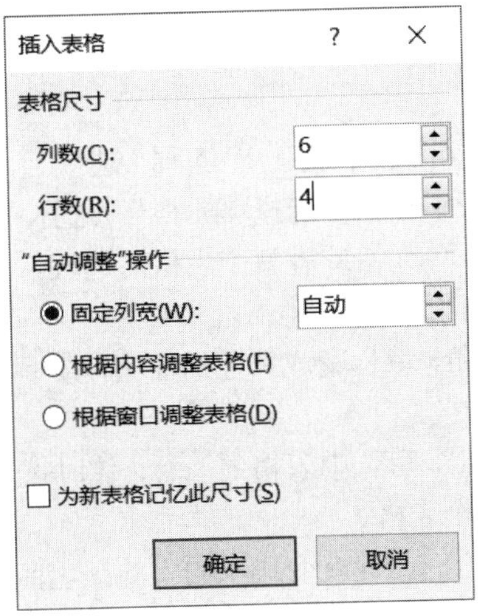

图 3-38 “插入表格”对话框

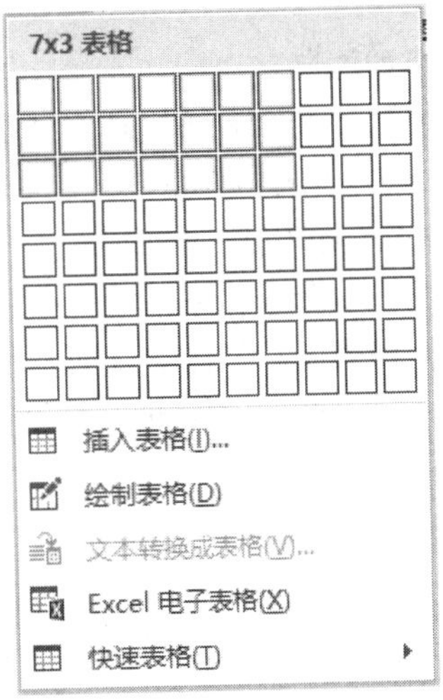

图 3-39 “插入表格”下拉列表

3. 绘制表格

功能区切换到“插入”，在“表格”组中单击“表格”按钮，选择“绘制表格”命令，鼠标指针变成铅笔形状，拖动笔形鼠标指针绘制表格水平线、垂直线、斜线。使用橡皮擦工具可以将多余的行边框线或列边框线擦掉。双击文档编辑区任何位置，或取消“绘制表格”和“擦除”按钮的选定，即可结束手动制表。

4. 将文本转换为表格

Word 可以将已经存在的文本转换为表格。要进行转换的文本应该是格式化的文本，即文本中的每一行用段落标记符分开，每一列用分隔符（如空格、逗号或制表符等）分开。其操作方法如下。

（1）选定添加段落标记和分隔符的文本。

（2）在如图 3-39 所示的“插入表格”下拉列表中，单击“文本转换成表格”按钮，弹出“将文本转换为表格”对话框，单击“确定”按钮，Word 能自动识别出文本的分隔符，并计算表格列数，即可得到所需的表格。

3.5.2 编辑修改表格

表格的编辑修改操作包括单元格、行、列、表格的选定，表格中的行、列、单元格的插入与删除，单元格的合并与拆分，表格的拆分、合并和删除等操作。

表格的各种编辑操作可以利用如图 3-40 所示的“表格工具-布局”选项卡下的各组命令来实现。表格的各种操作也必须遵从“先选定，后操作”的原则。

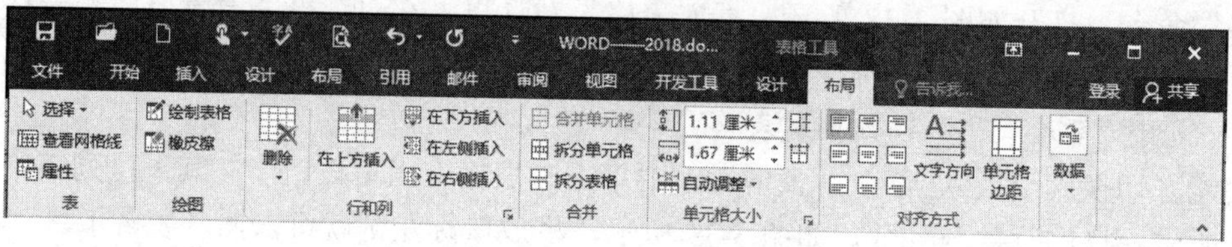

图 3-40　“表格工具-布局”选项卡

1. **表格的选取**

（1）使用“选择表格”按钮选取。

将插入点置于表格任意单元格中，出现如图 3-40 所示“表格工具-布局”选项卡，在“表”分组中单击“选择表格”按钮[选择]，在弹出的列表中包括“选择单元格”“选择列”“选择行”“选择表格”命令，单击相应按钮完成对行、列、单元格或者整个表格的选取。

（2）使用“鼠标”操作选取。

- 选定一个单元格：把光标放到单元格的左下角，鼠标变成黑色的箭头，按下左键可选定一个单元格，拖动可选定多个。
- 选定一行或多行：在左边文档的选定区中单击，可选中表格的一行，这时按下鼠标左键，并上下拖动即可选定表格的多行乃至整个表格。
- 选定一列或多列：当鼠标指针移到表格的上方时指针就变成了向下的黑色箭头，这时按下鼠标左键，并左右拖动即可选定表格的一列、多列乃至整个表格。
- 选定整个表格：将插入点置于表格任意单元格中，待表格的左上方出现了一个带方框的十字架标记时，将鼠标指针移到该标记上，单击鼠标即可选取整个表格。

2. **插入操作**

将插入点置于表格内，选择“表格工具”中的“布局”选项卡，利用如图 3-40 所示的“行和列”组的各个命令按钮，可以实现插入与删除行、列、单元格，以及删除表格等操作。

（1）插入行。

选定表格中的一行或连续的多行，选择“表格工具”中的“布局”选项卡，在“行和列”组中单击“在上方插入”（或“在下方插入”）按钮，则在选定行的上方（或下方）插入了一个或多个空行，插入空行的行数与所选定的行数相同。

（2）插入列。

选定表格内相邻的一列或多列，选择“表格工具”中的“布局”选项卡，在“行和列”组中单击“在左侧插入”（或“在右侧插入”）按钮，则在所选列的左侧（或右侧）插入了同等数量的空列。

（3）插入单元格。

选定多个连续单元格，如图 3-41（1）所示，切换到“表格工具”的“布局”选项卡，在

“行和列”组中单击右侧的“表格插入单元格”图标按钮，弹出“插入单元格”对话框，如图 3-42 所示。若选择“活动单元格右移”，则在所选定的单元格的左侧插入了同等数量的单元格，如图 3-41（2）所示。若选择“活动单元格下移”，则在所选定的单元格的上方插入了同等数量的单元格，如图 3-41（3）所示。

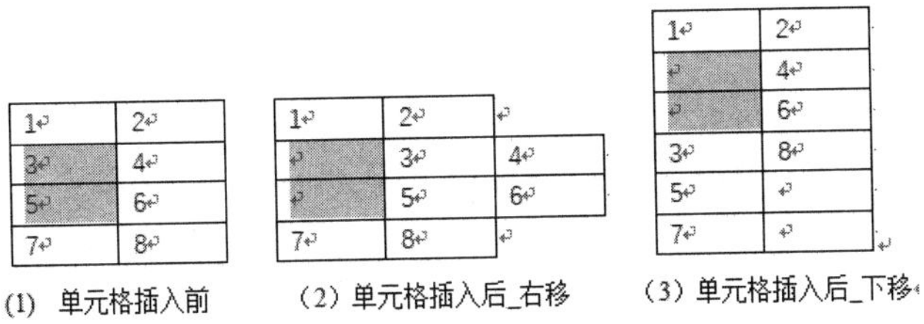

图 3-41　插入单元格示例

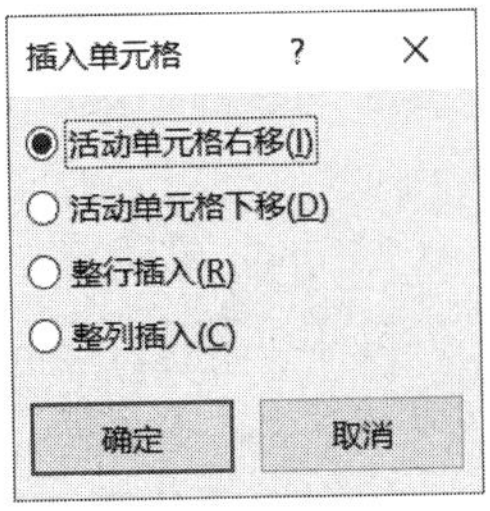

图 3-42　“插入单元格”对话框

3. 删除操作

（1）删除行或列。

选定表格内相邻的多行，切换到“表格工具”的“布局”选项卡，单击“行和列”组的“删除”按钮，弹出“删除”下拉列表，列表中包括了“删除单元格”“删除行”“删除列”“删除表格”选项。此时若选择“删除行”，则选定行被删除。若选择“删除列”，则选定列被删除。

（2）删除单元格。

选定多个连续单元格，如图 3-43（1）所示。如上所述选择“删除”下拉列表中的“删除单元格”命令，弹出“删除单元格”对话框，如图 3-44 所示，选择“右侧单元格左移”，则删除所选的单元格后，其右侧的单元格依次左移，如图 3-43（2）所示。

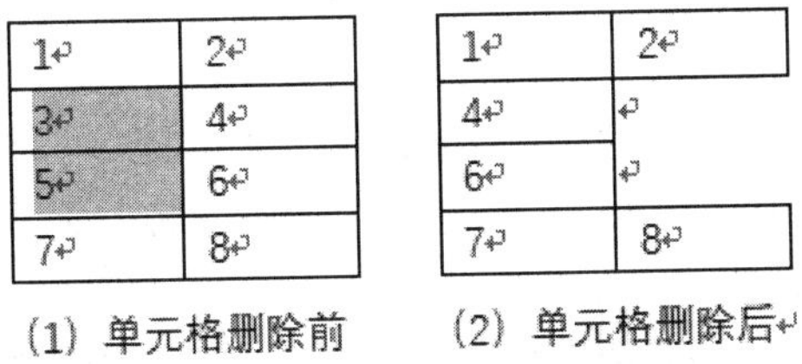

图 3-43　删除单元格示例

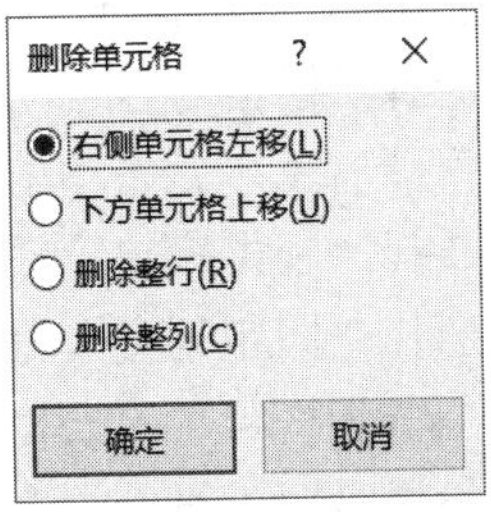

图 3-44　“删除单元格”对话框

（3）删除表格。

删除表格的操作是指将整个表格及表格中的内容全部删除，操作方法有两种。

方法一：将插入点置于表格内，切换到“表格工具”中的“布局”选项卡，在“行和列”组中单击“删除”按钮，打开下拉列表，选择“删除表格”命令，则插入点所在的表格，无论内容还是框线都被删除。或者在右键的快捷菜单中选择“删除表格”命令，也同样可以实现删除表格的操作。

方法二：首先选定表格，然后按下 Ctrl+X 组合键，剪切到剪贴板中，即可实现表格的删除。

（4）删除表格内容。

选定整个表格，按 Delete 键，则表格内的全部内容都被删除，表格成为空表。

4. 合并与拆分单元格

（1）合并单元格。

合并单元格是指选中两个或多个单元格，将它们合成一个单元格，其操作方法有两种。

方法一：选中要合并的单元格，单击鼠标右键，选择“合并单元格”命令，即可将多个单元格合并。

方法二：选中要合并的单元格，在如图 3-40 所示的功能区，单击“合并”组中的“合并”按钮完成。

（2）拆分单元格。

拆分单元格是合并单元格的逆过程，是指将一个单元格分解为多个单元格，其操作方法也有两种。

方法一：选中要进行拆分的一个单元格，单击鼠标右键，选择“拆分单元格”命令，打开“拆分单元格”对话框，如图 3-45 所示。在对话框中设置拆分后的行数或者列数，即可将单元格进行拆分。

方法二：选中要进行拆分的一个单元格，在如图 3-40 所示的“表格工具-布局”选项卡，单击“合并”组中的“拆分单元格”按钮，将打开如图 3-45 所示的“拆分单元格”对话框，进行相应设置完成拆分操作。

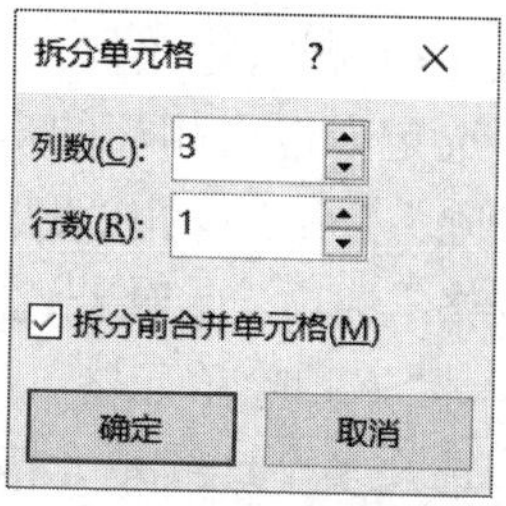

图 3-45 “拆分单元格”对话框

5. 调整表格大小、列宽与行高

（1）使用“自动调整”命令。

在表格中单击右键，选择“自动调整”命令，弹出“自动调整”子菜单，其中包括“根据内容自动调整表格”“根据窗口自动调整表格”和“固定列宽”三个命令，选择不同的命令将使表格按不同的方式调整大小。

- 选择“根据内容自动调整表格”命令，可以看到表格单元格的大小都发生了变化，仅仅能容下单元格中的内容了。
- 选择“根据窗口自动调整表格”，表格将自动充满 Word 的整个窗口。
- 选择“固定列宽”，此时往单元格中填入文字，当文字长度超过表格宽度时，会自动加宽表格行，而表格列不变。
- 如果希望表格中的多列具有相同的宽度或高度，选定这些列或行，右键单击选择“平均分布各列”或“平均分布各行”命令，列或行就自动调整为相同的宽度或高度。

（2）使用鼠标调整表格大小。

- 表格缩放：插入点置于表格中，把鼠标指针放在表格右下角的一个小正方形上，鼠标指针就变成了一个拖动标记，按下左键，拖动鼠标，就可以改变整个表格的大小。
- 调整行宽或列宽：插入点置于表格中，把鼠标指针放到表格的框线上，鼠标指针会变成一个两边有箭头的双线标记，这时按下左键拖动鼠标，就可以改变当前框线的位置，按住 Alt 键，还可以平滑地拖动框线。
- 调整单元格的大小：选中要改变大小的单元格，用鼠标拖动它的列框线，改变的只是选定单元格的列框线的位置，如图 3-46 所示。

（3）使用“表格属性”命令指定单元格大小、行高或列宽的具体值。

选中要改变大小的单元格、行或列，单击右键，选择“表格属性”命令，将弹出如图 3-47 所示的“表格属性”对话框，在这里可以设置指定大小的表格、单元格，或者指定的行高和列宽。

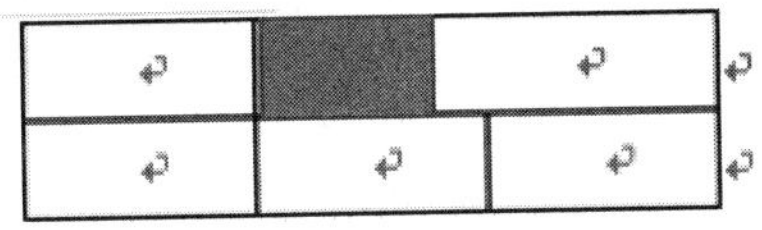

图 3-46　调整单元格列宽示例

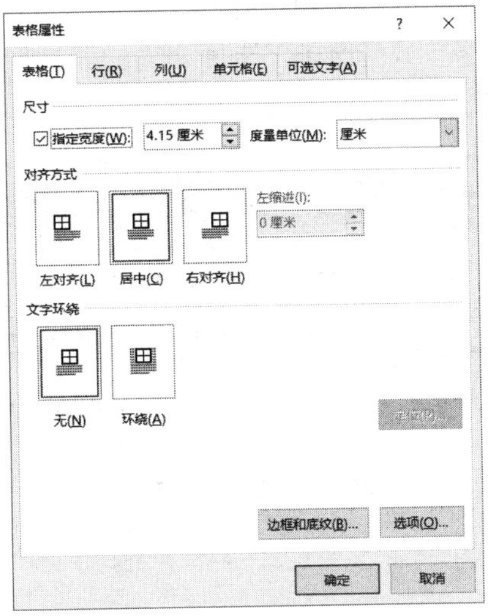

图 3-47　“表格属性”对话框

3.5.3　设置表格的格式

1. 调整表格位置

选中整个表格，功能区切换到“开始”选项卡，通过单击“段落”组中的“居中”“左对齐”“右对齐”等按钮即可调整表格的位置。

2. 设置表格中文字的对齐方式

选择单元格（行、列或整个表格）内容，功能区切换到“开始”，通过单击“段落”组中的“居中”“左对齐”“右对齐”等按钮完成设置。

3. 表格添加边框和底纹

选择单元格（行、列或整个表格），单击右键，选择“边框和底纹”命令，弹出“边框和底纹”对话框（如图 3-48 所示）。若要修饰边框，打开“边框”选项卡，按要求设置表格的每条边线的式样（可以制作斜线表头），再单击“确定”按钮即可。若要添加底纹，打开“底纹”选项卡，按要求设置颜色和“应用范围”，单击“确定”按钮即可。

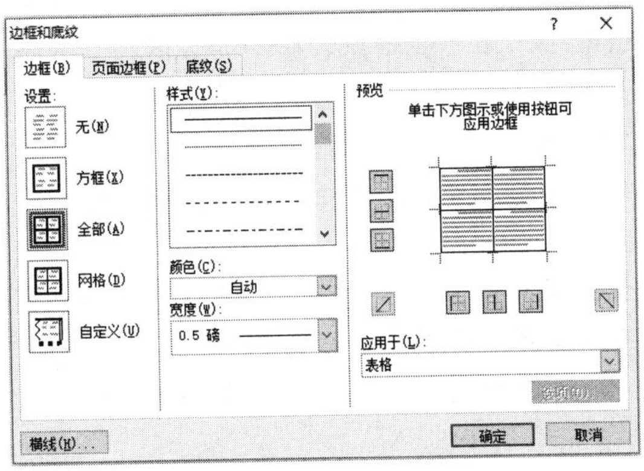

图 3-48　“边框与底纹”对话框

4. 应用表格样式

将插入点定位到表格中的任意单元格，功能区切换到“表格工具-设计”（如图 3-49 所示），在“表格样式”组中，选择合适的表格样式，表格将自动套用所选的表格样式。或者单击“样式”列表的“其他”按钮，打开下拉列表，还可以为表格设置其他样式。

图 3-49 “表格工具-设计”选项卡

3.5.4 表格的计算与排序

1. 表格的计算

Word 可以快速地对表格中的行与列的数值进行各种数学运算，如加、减、乘、除以及求和、求平均值等常见运算，操作步骤如下。

（1）在准备参与数据计算的表格中单击计算结果单元格。

（2）功能区切换至“表格工具-布局”，单击“数据”组中的“公式”按钮 fx 公式，打开“公式”对话框，如图 3-50 所示。

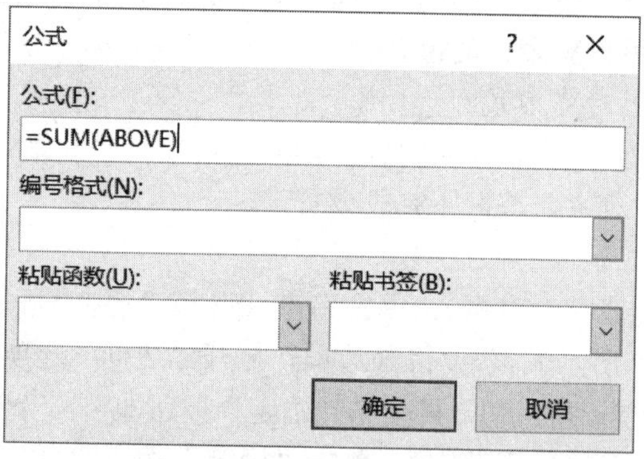

图 3-50 “公式”对话框

（3）在“公式”编辑框中，系统会根据表格中的数据和当前单元格所在位置自动推荐一个公式，例如“=SUM(ABOVE)”，是指计算当前单元格上方所有单元格的数据之和。用户可以单击“粘贴函数”下拉按钮选择合适的函数，例如平均数函数 AVERAGE 等。

（4）完成公式的编辑后，单击“确定”按钮，计算结果显示在单元格中。

2. 表格排序

在使用 Word 制作和编辑表格时，有时需要对表格中的数据进行排序。操作步骤如下。

（1）将插入点置于表格中任意位置。

（2）功能区切换到“表格工具-布局”，单击“数据”组中的“排序”按钮，打开“排序”对话框（如图 3-51 所示）。

（3）在对话框中选择“列表”区的“有标题行”选项，如果选中“无标题行”选项，则标题行也将参与排序。

（4）单击“主要关键字”区域的关键字按钮，选择排序依据的主要关键字，然后选择“升序”或“降序”选项，以确定排序的顺序。

（5）若需次要关键字和第三关键字，则在“次要关键字”和“第三关键字”区分别设置排序关键字（也可以不设置）。单击“确定”按钮完成数据排序。

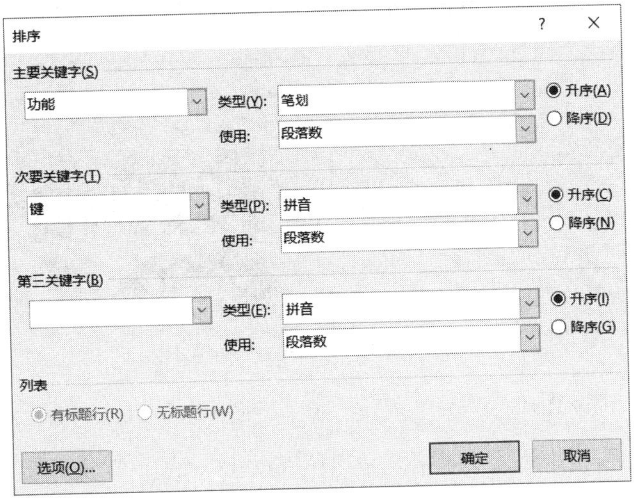

图 3-51　“排序”对话框

3.6　图片处理

Word 不仅可以处理文字、表格，还可以进行图片的处理，使用户方便地编排出图文并茂的文档。

3.6.1　插入图片

在 Word 文档中插入图片不仅能使文档阅读起来不会枯燥，而且可以使 Word 文档内容更加丰富。Word 允许用户在文档的任意位置插入常见格式的图片，如 BMP、CGM、PIC、GIF、PIF、PCX、WMF 等格式的图片。

1. 插入以文件形式保存的图片

很多图片都是以文件形式存的，如果要在文档中插入这些图片，具体操作方法如下。

（1）打开 Word 文档，在需要插入图片的位置单击鼠标，将插入点光标定位到该位置。功能区切换至“插入”选项卡，在“插图”组中单击“图片”按钮。

（2）打开“插入图片”对话框，在“位置”下拉列表中选择图片所在的文件夹，然后选择需要插入文档中的图片，单击“插入”按钮。

2. 插入联机图片

为了使整篇 Word 文档看起来更加引人入胜，用户还可以在文本中插入一些联机图片来充实内容，吸引读者。Word 2016 系统里自带了大量的联机图片，用户可以从中选取需要的。搜索联机图片并插入的方法如下（此操作要在网络连接的状态下完成）。

（1）打开 Word 文档，功能区切换至“插入”选项卡，在“插图”组中单击“联机图片”按钮，打开“联机图片”窗格，如图 3-52 所示。

（2）在窗格的“必应图像搜索”文本框中输入要查找的图片的类别，如“科技”（如图 3-52 所示），单击搜索图标按钮。

（3）打开“bing”窗格，如图 3-53 所示。列表框中显示所有找到的符合条件的图片，单击选中一个或多个所需的图片，单击“插入”按钮，图片被插入文档中。

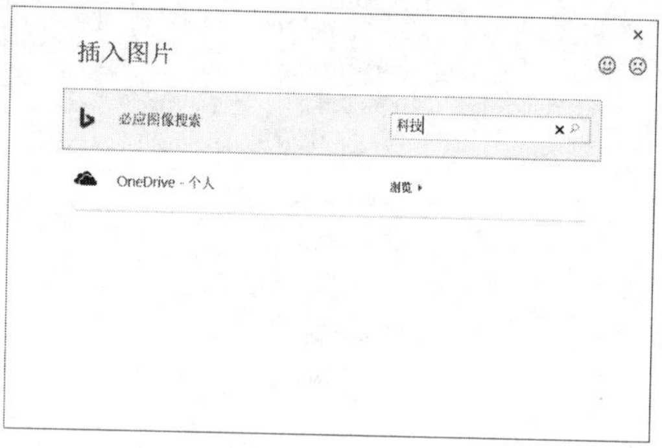

图 3-52 “联机图片”窗格

图 3-53 “bing”窗格及搜索到的图片

（4）在“bing”窗格中还可以根据“类型”“尺寸”“颜色”进一步设置搜索条件，精确查找图片。

3. 插入屏幕截图

利用 Word 2016 提供的屏幕截图功能和屏幕剪辑功能截取屏幕中的图片，更加方便用户插入需要的图片，它可以实现对屏幕中任意部分的随意截取。文档中插入屏幕截图的方法如下。

（1）截取整个窗口。打开 Word 文档，在功能区中切换至“插入”选项卡，在“插图”组中单击“屏幕截图”按钮。在打开的“可用视窗”列表中将列出当前打开的所有程序窗口。选择需要插入的窗口截图，该窗口的截图将被插入到插入点光标处。

（2）截取窗口的部分区域。单击“屏幕截图”按钮，在打开的列表中选择“屏幕剪辑”选项，当前窗口最小化，屏幕将灰色显示，拖动鼠标框选出需要截取的屏幕区域，单击鼠标，框选区域内的屏幕图像将插入文档中。

3.6.2 修饰图片

在文档中插入了图片和剪贴画之后，可以对它进行修饰，即调整它们的色调、亮度、对比度、大小等多种属性，也可以对图片进行缩放和裁剪。对图片在文档中的位置、文字对图片的环绕方式等也可以进行修改，还可以在窗口内进行编辑或给图片加边框。

1. 旋转图片和调整图片大小

在 Word 文档中插入图片后，可以对其大小和放置角度进行调整，以使图片适合文档排版的需要。调整图片的大小和放置角度可以通过拖动图片上的控制柄实现，也可以通过功能区设置项进行精确设置。文档中旋转图片和调整图片大小的操作方法如下。

方法一：直接使用鼠标调整图片大小及放置角度。

（1）调整大小。打开 Word 文档，选中要调整的图片，拖动图片框上的控制柄，可以改变图片的大小。

（2）调整角度。将鼠标指针放置到图片框顶部的圆形控制柄上，拖动鼠标将能够对图像进行旋转操作。

方法二：通过功能区设置项进行精确设置。

（1）选择插入的图片，功能区切换至“格式”，在“大小”组的“形状高度”和“形状宽度”增量框中输入数值，可以精确调整图片在文档中的大小。

（2）在“大小”组中单击“大小”按钮，打开“布局”对话框，如图 3-54 所示。在对话框中可以修改“高度”和“宽度”的数值，调整大小。

技巧点拨：勾选“锁定纵横比”复选框，则无论是手动调整图片的大小还是通过输入图片宽度和高度值调整图片的大小，图片大小都将保持原始的宽度和高度比值。另外，通过“缩放比例”栏中调整“高度”和“宽度”的值，将能够按照与原始高度和宽度值的百分比来调整图片的大小。在“旋转”增量框中输入数值，将能够设置图像旋转的角度。

2. 裁剪图片

有时候刚插入的图片并不符合使用要求，这时就需要对图片进行裁剪，使图片看起来更加美观。较之以前的版本，Word 2016 的图片裁剪功能更为强大，其不仅能够实现常规的图像裁剪，还可以将图像裁剪为不同的形状。以下为 Word 2016 文档中裁剪图片的操作方法。

（1）在 Word 文档中选中要剪裁的图片，功能区切换至“格式”选项卡，单击“裁剪”按钮，图片四周出现裁剪框，用鼠标选定某个裁剪框上的控制柄并拖动，调整裁剪框包围住图像的范围，如图 3-55 所示。

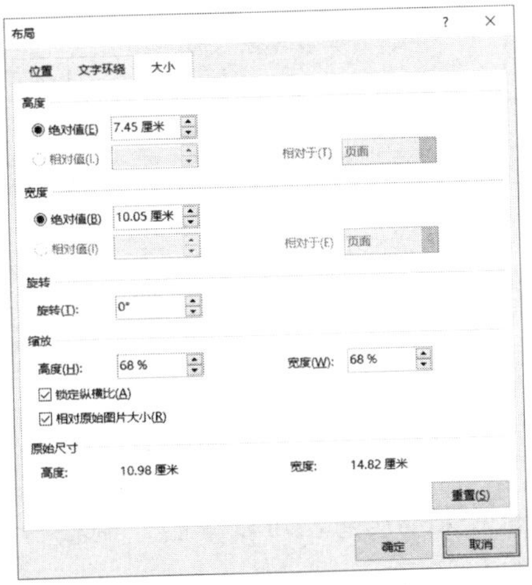

图 3-54　“布局”对话框

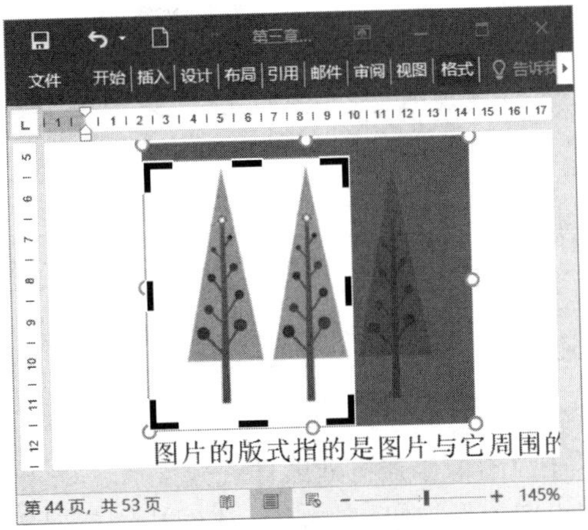

图 3-55　拖动裁剪框上的控制柄

（2）操作完成后，按“Enter”键，或者在图片外区域单击鼠标，裁剪框外的图像将被删除。

1）单击“裁剪”的下三角按钮，在下拉列表中单击“纵横比”选项，在下级列表中选择裁剪图像使用的纵横比，将按照选择的纵横比创建裁剪框。

2）单击“裁剪”的下三角按钮，在下拉列表中选择“裁剪为形状”选项，在弹出的列表中选择形状，图像被裁剪为指定的形状。

3）完成图像裁剪后，单击“裁剪”的下三角按钮，选择菜单中的“调整”选项，图像周围将被裁剪框包围，此时拖动裁剪框上的控制柄可以对裁剪框进行调整。

4）完成裁剪框的调整后，按 Enter 键确认对图像裁剪区域的调整。

3. 为图片应用样式

在 Word 文档中插入的图片，默认状态下都是不具备样式的，而 Word 作为专业排版设计工具，考虑到方便用户美化图片的需要，提供了一套精美的图片样式以供用户选择。这套样式不仅涉及图片外观的方形、椭圆等各式样式，还包括各种各样的图片边框与阴影等效果。以下是为 Word 文档中图片应用样式的操作方法。

（1）打开 Word 文档，选中要调整的图片，功能区切换到“格式”选项卡，单击“图片样式”组中的“快速样式”按钮，在展开的样式库列表中选择某个样式，如“圆形对角，白色”样式，此时为图片添加一个剪裁了对角线的白色相框，如图 3-56 所示。

（2）为了美化相框，可以更改相框的颜色。在“图片样式”组中单击“图片边框”按钮，在展开的颜色库中选择图片的边框颜色。

4. 设置图片效果

选择图片，单击“图片效果”按钮，单击下拉列表中的选项，可以为图片添加特别效果。如这里打开“预设”选项的下级列表，在列表中给图片选择一款预设效果，如图 3-57 所示。

图 3-56 选择“圆形对角，白色”样式

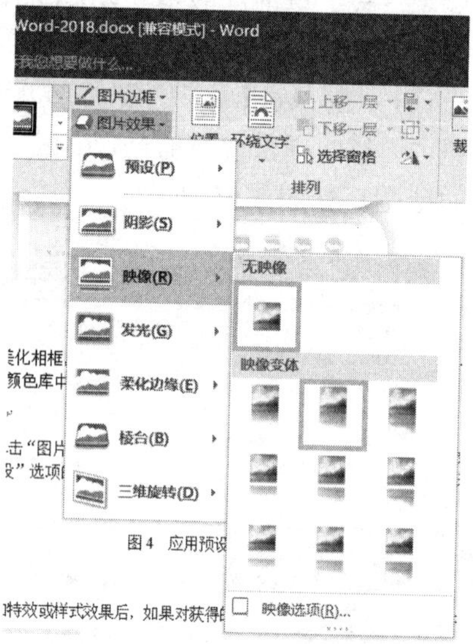

图 3-57 应用预设图像样式

在为图像添加特效或样式效果后，如果对获得的效果不满意，可以单击“调整”组中的“重设图片”按钮 重设图片，将图片恢复到插入时的原始状态。

5. 调整图片版式

图片的版式指的是图片与它周围的文字、图形之间的排列关系。在 Word 2016 中有七种排列方式，分别为“嵌入型”“四周型”“紧密型环绕”“穿越型环绕”“上下型环绕”“衬于文字下方”“浮于文字上方”。选择四周型，图片就会被文字从各个方向包围起来。选择上下型，图片的左右就不会有文字出现，也可把图片浮动于文字层的上面或者置于文字下面成为水印等效果。设置图片版式可以按照以下方法操作。

打开 Word 文档，选中要调整的图片，功能区切换到“图片工具-格式”选项卡。在“排列”组中单击“环绕文字”按钮，在打开的下拉列表中选择一种环绕选项，如选择“紧密型环绕”，图片效果如图 3-58 所示。

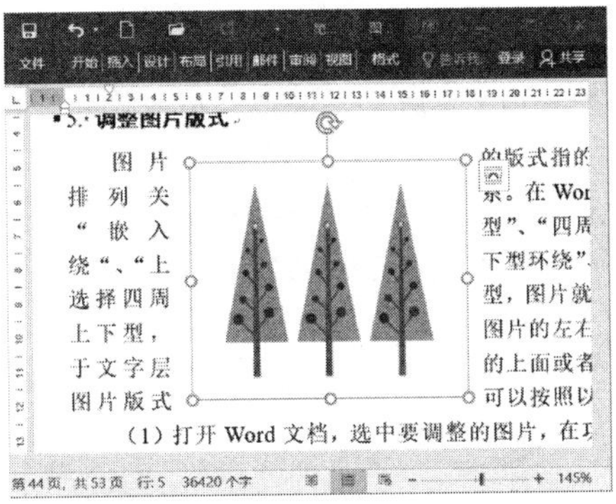

图 3-58　选择“紧密型环绕”选项

或者单击图片，即可在选定框外右上部出现“环绕文字”按钮（如图 3-58 所示），单击打开下拉列表，选择一种环绕方式。

创建环绕效果后，选择“环绕文字”列表中的“编辑环绕顶点”选项，拖动选框上的控制柄调整环绕顶点的位置，可以改变文字环绕的效果。完成环绕顶点的编辑后，在文档中单击鼠标即可取消对环绕顶点的编辑状态。

3.6.3　绘制图形

1. 文档中插入自选图形

Word 2016 为用户提供了丰富的自选图形，可以创建如正方形、长方形、多边形、直线、椭圆和图注这样的图形对象。通过组合各种形状，还可创建流程图、地图或其他线性图。用户在文档中插入自选图形时要考虑图所要表达的效果，从而选择适当的图形形状进行插入，以达到图解文档的作用。图形对象在普通视图、大纲视图中是不可见的；若要绘制或修改图形对象，必须在页面视图中进行操作。插入自选图形的步骤如下。

（1）打开 Word 文档，功能区切换到“插入”选项卡，单击“插图”组中的“形状”按钮，在打开的下拉列表中选择需要绘制的形状，如图 3-59 所示。

（2）鼠标指针变成十字形，单击左键并拖动鼠标即可绘制已选择的图形。

（3）拖动图形边框上的“调节控制柄”更改图形的外观形状。拖动图形边框上的“尺寸控制柄”调整图形的大小。拖动图形边框上的“旋转控制柄”调整图形的放置角度。

（4）将鼠标指针放置在图形上，拖动图形可以改变图形在文档中的位置。

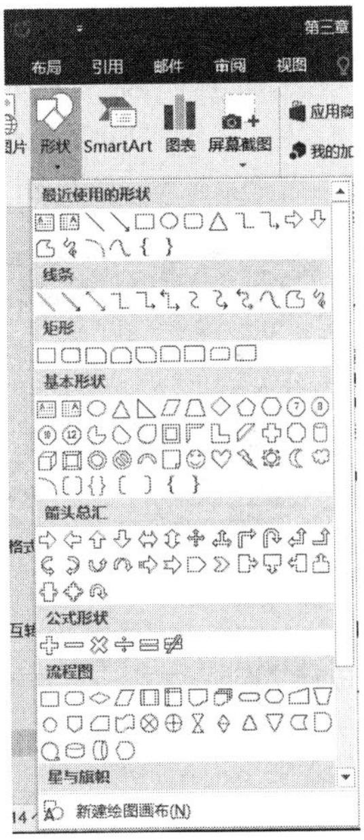

图 3-59　选择需要绘制的图形

2. 插入 SmartArt 图形并添加文本

SmartArt 图形是信息和观点的视觉表示形式。可以通过从多种不同布局中进行选择来创建 SmartArt 图形，从而快速、轻松、有效地传达信息。

在Word 2016 文档中创建 SmartArt 图形时，需要选择一种 SmartArt 图形类型，例如“流程”“层次结构”“循环”或

“关系”。文档中插入 SmartArt 图形并添加文本的方法如下。

（1）打开 Word 文档，将功能区切换到“插入”选项卡，单击“插图”组中的“SmartArt”按钮。

（2）打开“选择 SmartArt 图形”对话框，选择需要的 SmartArt 图形类型，如单击“层次结构”选项，在右侧的“层次结构”选项面板中单击“水平层次结构”图标，然后单击“确定”按钮，如图 3-60 所示。

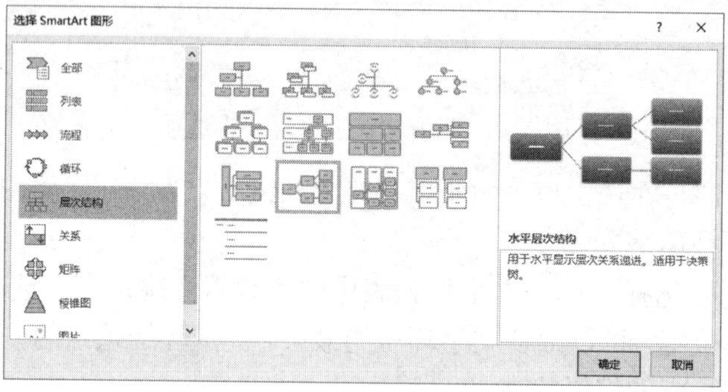

图 3-60　单击“水平层次结构”图标

（3）在文档中插入了 SmartArt 图形，单击标识为“文本”的文本框输入相应的文本内容。或者打开“在此键处入文字”的对话框输入文本内容。

3. 为 SmartArt 图形应用样式和颜色的操作方法

Word 中默认的 SmartArt 图形样式为蓝底白字，若是觉得这样的样式过于单调，可对 SmartArt 图形进行美化，包括为图形设置样式和更改颜色等。SmartArt 图形应用样式和颜色的操作方法如下。

（1）选中要进行美化的 SmartArt 图形，在“SmartArt 工具–设计”选项卡下单击“SmartArt 样式”组中的“其他”按钮，在展开的样式库中选择“优雅”样式，如图 3-61 所示。为图形应用了现有的样式，使图形看起来更具有美感。

（2）单击“SmartArt 样式”组中的“更改颜色”按钮，在展开的样式库中选择一种颜色方案，如选择“彩色”组中的“彩色-个性色”，更改了图形的颜色，如图 3-62 所示。

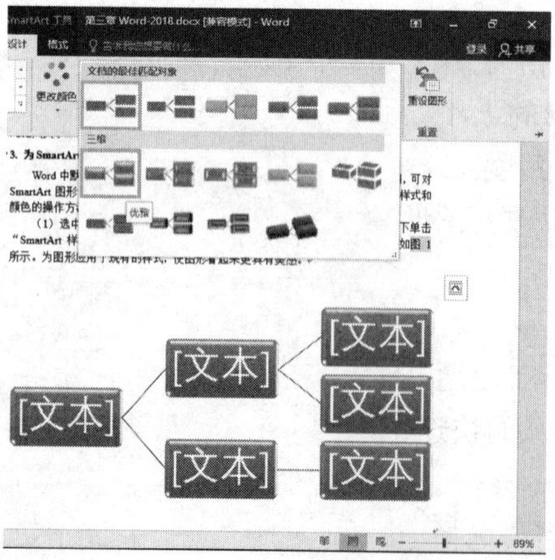

图 3-61　选择“优雅”样式

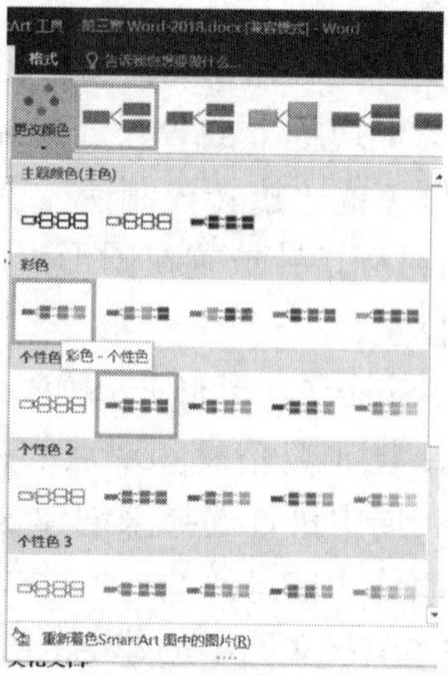

图 3-62　选择“彩色-个性色”颜色

3.6.4　插入艺术字

在文档编辑过程中，为了生动、醒目地突出某些文字，需要对文字进行一些修饰处理，如弯曲、倾斜、旋转、扭曲等，这些效果可以应用 Word 提供的艺术字功能实现。

艺术字不同于普通的文字，它具有很多的特殊效果。因此，为了使 Word 文档的页面更加美观，常常在文档的页面上插入艺术字。Word 文档将艺术字作为图形对象来处理，而不是文字。

1. 插入艺术字

在文档中插入艺术字的操作方法如下。

（1）功能区切换至“插入”选项卡，在“文本”组单击“艺术字”下拉按钮，弹出艺术字样式下拉列表，如图 3-63 所示。

（2）从艺术字样式列表中选择所需的样式，在文档编辑区即出现可输入文字的艺术字框。输入文字内容后，在艺术字框外部单击鼠标结束输入。

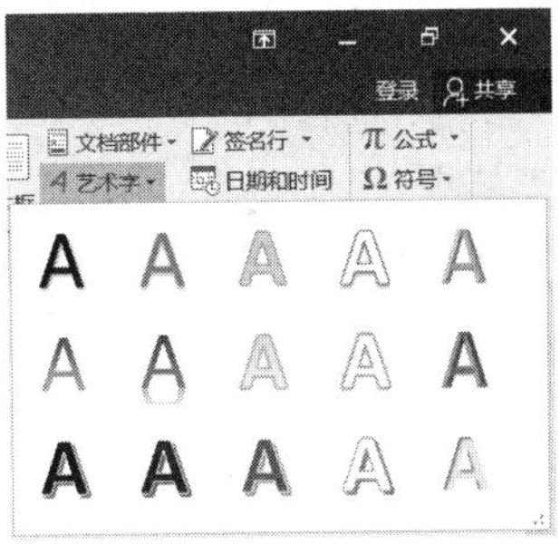

图 3-63　艺术字样式列表

2. 编辑艺术字

插入艺术字以后，还可以对它进行各种修饰。操作方法如下。

单击选中艺术字，功能区切换至“绘图工具-格式”选项卡，如图 3-64 所示。通过选项卡的各个组，可以对艺术字进行各种编辑操作。如在“形状样式”组里，可以修改艺术字框的样式，为形状修改填充颜色、边框样式及形状的效果；在“艺术字样式”组里，可以修改艺术字的样式、填充颜色、形状等等；在“排列”组里，可以对艺术字的位置、环绕方式、文字旋转等进行设置。

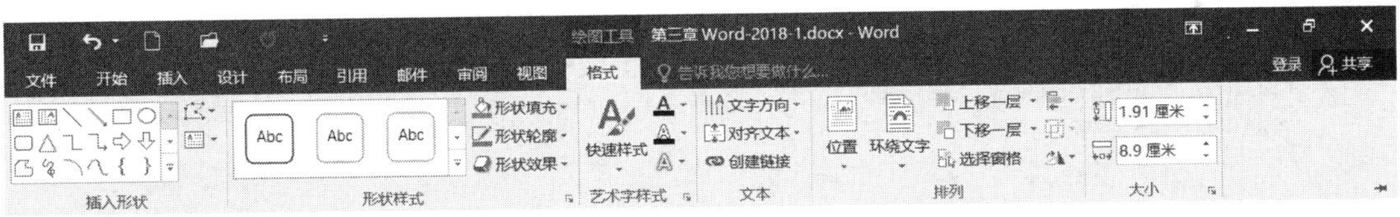

图 3-64　“绘图工具-格式“选项卡

3.6.5　水印和页面颜色

1. 创建及编辑水印

在文档排版中，经常需要在文档中以一层淡淡地图画作为背景来适应文章内容，增加文章的感染力。在 Word 中，可以设置出这样的效果，并称这种效果为“水印”。

（1）创建水印。打开文档，功能区切换至“设计”选项卡，单击“页面背景”组中的“水印”按钮，在下拉列表中包括常用的水印样式、其他水印、自定义水印、删除水印等选项。单击“自定义水印”命令，打开“水印”对话框，如图 3-65 所示。可以根据需要选择“图片水印”或者“文字水印”，如果选择“图片水印”，要进行图片的选择、缩放等操作。如果选择“文字水印”，要输入文字内容，并可以进行基本的格式设置。

（2）编辑修改水印。可以再次打开“水印”对话框，重新进行图片或文字的选择输入操作即可。或者直接在“水印”的下拉列表中单击某一个系统内置的水印样式。

（3）删除水印。单击“水印”下拉列表中的“删除水印”选项。

2. 设置页面背景颜色

在 Word 2016 中有 4 种背景效果设置方法，分别是颜色背景效果、纹理背景效果、图案背景效果和图片背景效果。页面背景颜色的设置方法如下。

打开 Word 文档，功能区切换至“设计”选项卡，在“页面背景”组中单击“页面颜色”按钮，展开页面颜色列表菜单。可以直接选中一种背景颜色，如浅蓝，即可应用于文档页面背景中，此时页面背景的颜色为单色。

如果要设置为双色的不同效果，或者是纹理、图案、图片的效果，可以在“页面颜色”的列表中选择“填充效果”命令，打开“填充效果”对话框，如图 3-66 所示。在对话框中利用“渐变”“纹理”“图案”“图片”四个选项卡，完成页面背景不同效果的设置。设置完成后，单击“确定”按钮，关闭对话框。

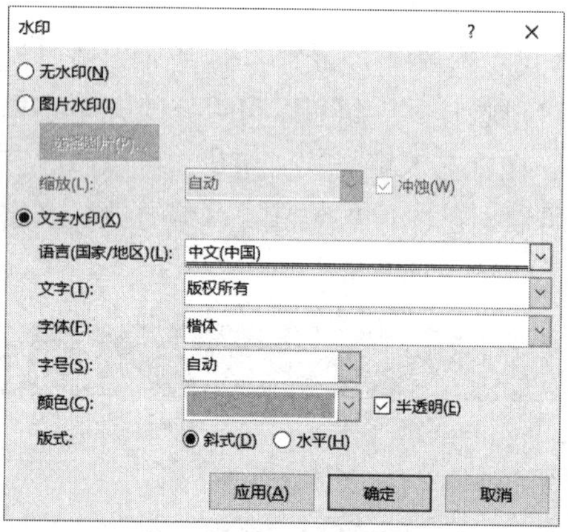

图 3-65 “水印”对话框

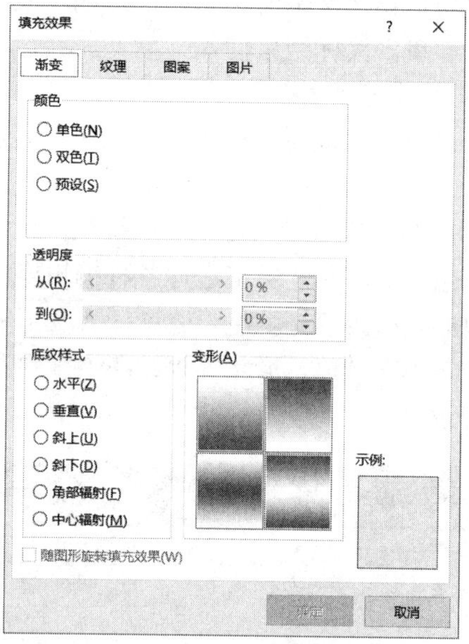

图 3-66 “填充效果”对话框

3.6.6 插入文本框

通过使用文本框，用户可以将文本很方便地放置到 Word 文档页面的指定位置，而不必受到段落格式、页面设置等因素的影响，可以像处理一个新页面一样来处理文字，如设置文字的方向、格式化文字、设置段落格式等。文本框有两种，一种是横排文本框，一种是竖排文本框。Word 内置有多种样式的文本框供用户选择使用。

1. 插入文本框

用户可以先插入一空文本框，再输入文本内容或者插入图片，在“插入”功能区的“文本”组中单击“文本框”按钮，选择合适的文本框类型。然后，返回 Word 文档窗口，在要插入文本框的位置拖动大小适当的文本框后松开鼠标，即可完成空文本框的插入，然后输入文本内容或者插入图片。

2. 设置文本框格式

在文本框中处理文字就像在一般页面中处理文字一样，可以在文本框中设置页边距，同时也可以设置文本框的文字环绕方式、大小等。

要设置文本框格式时，右键单击文本框边框，选择“设置形状格式”命令，打开的“设置形状格式”窗格。在窗格中主要可完成颜色与线条、版式、文本框内部边距等设置。

3.7　在 Word 文档中插入对象

Word 文档中的对象除了可以是前面讲的一张图片、一个艺术字以外，还可以是一个图表、一个公式或者一个 Excel 表格。对象可以直接由某个应用程序新建，也可以由文件创建。由文件创建的对象有两种插入方式，即嵌入方式和链接方式。

嵌入方式是把源文件的内容复制到 Word 文档中，文档会因为嵌入而增大，嵌入后的 Word 文档不再和源文件有联系，因此它不会因为源文件的丢失而出错。链接则不把源文件的内容复制到 Word 文档中，而只是在文档中插入一个与源文件链接的指令，即在文档与源文件之间建立一种链接关系，Word 文档不会因为链接而增大，而且链接的对象会随源文件的更新而自动更新。

在 Word 文档中插入对象时还可以用另一种方式——嵌入和链接，它是嵌入和链接两种方式的结合。这种方式不仅把图像文件复制到 Word 文档中，而且还要和源文件建立链接关系。用这种方式插入的图像对象也会随源文件的更新而自动更新。

3.7.1　利用 Graph 创建图表

使用图表工具 Graph 可以创建面积图、柱状图、条形图、折线图、饼图以及其他类型的图表。可以用已有的 Word 表格或其他应用程序中的数据创建图表，也可以打开 Graph 在数据表中输入数据，然后创建图表。

（1）用 Graph 创建图表。选择“插入”选项卡，单击“文本”组的“对象”按钮，弹出“对象”对话框，选择其中的“新建”选项卡，在“对象类型”列表框中单击“Microsoft Graph 图表”。单击“确定”按钮，出现如图 3-67 所示的图表。在图表以外的位置单击，即在 Word 中插入了图表。

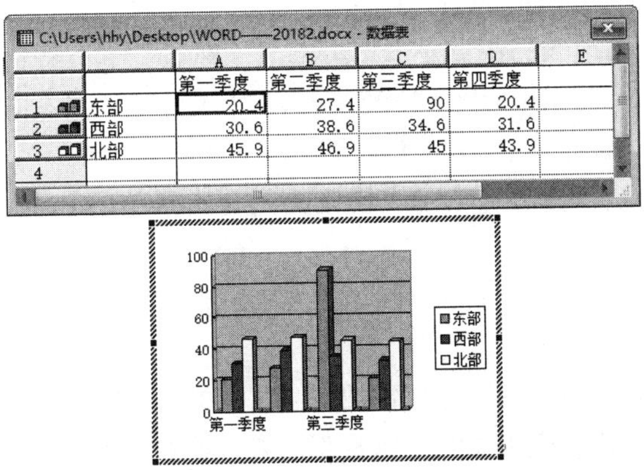

图 3-67　利用 Graph 创建的图表样例

（2）编辑图表。要修改或添加图表中的数据，单击数据表窗口，然后进行相应的修改，像在 Word 表格或 Excel 工作表中那样在数据表中加入数据。在“图表”上右击，在弹出的快捷菜单中单击“图表类型”命令，在弹出的对话框中选择需要的图表类型。

3.7.2 插入数学公式

毕业论文、数学试卷等文档中常常需要创建一些数学公式，如积分公式、求和公式等，在 Word 2016 中，可以直接选择并插入所需公式，使用户快速地完成文档的制作。

Word 的“公式工具-设计”选项卡中集合了许多符号和模板，如图 3-68 所示，可以很方便地编辑公式。

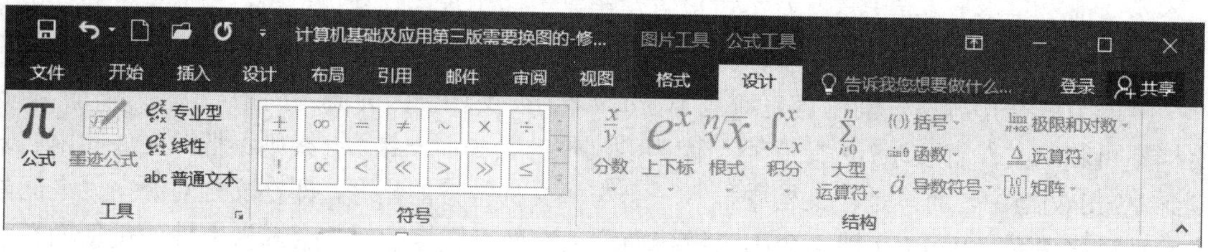

图 3-68 “公式工具-设计”选项卡

方法一，将插入点置于公式插入位置，使用快捷键“Alt+=”，系统自动在当前位置插入一个公式编辑框，同时出现如图 3-68 所示的“公式工具-设计”选项卡，单击相应按钮在编辑框中编写公式。

方法二，功能区切换到“插入”，在“符号”组中单击“公式”按钮π，插入一个公式编辑框，然后在其中编写公式。

方法三，将插入点移到需要插入公式的文档位置，切换至“插入”选项卡，在“符号”组中单击“公式”下三角按钮，在弹出的下拉列表中显示了普遍使用的公式，选择一个常用数学公式直接插入。

3.7.3 插入 Excel 表格

Word 可以很容易地在所编辑的文档中插入 Excel 工作表，并且能把创建的 Excel 文件直接放入文档中。Word 中插入 Excel 工作表的方法如下。

（1）将插入点定位到文档中的适当位置。

（2）选择“插入”选项卡，在“文本”组单击“对象”下拉按钮，弹出“对象”对话框，选择其中的“新建”选项卡，在“对象类型”列表框中单击“Microsoft Excel 工作表”，就会把 Excel 工作表插入到所编辑的 Word 文件中。

（3）编辑工作完成后，只要在电子表格以外的文本区单击就完成了电子表格的创建与编辑工作。

3.7.4 邮件合并

“邮件合并”是在批量处理邮件文档时提出的。具体地说，就是在邮件文档（主文档）的固定内容中，合并与发送信息相关的一组通信资料（数据源如 Excel 表、Access 数据表等），从而批量生成需要的邮件文档，因此大大提高工作的效率。合并邮件功能的实现需要主文档和数据源两部分文件。主文档中应包含成批文档中固定的统一的内容；数据文件中应包含主文档所需要的各种特定的信息，如学生姓名、各科成绩等。

使用邮件合并时，首先要创建一个包含通信资料的数据表，如 Excel 表。然后将功能区切换至“邮件”，在“开始邮件合并”组中单击“开始邮件合并”按钮，在弹出的下拉列表中选择“邮件合并分步向导”（如图 3-69 所示），此时在文档窗口的右侧会出现“邮件合并”窗格，按照提示选项，一步一步的完成邮件合并的操作。

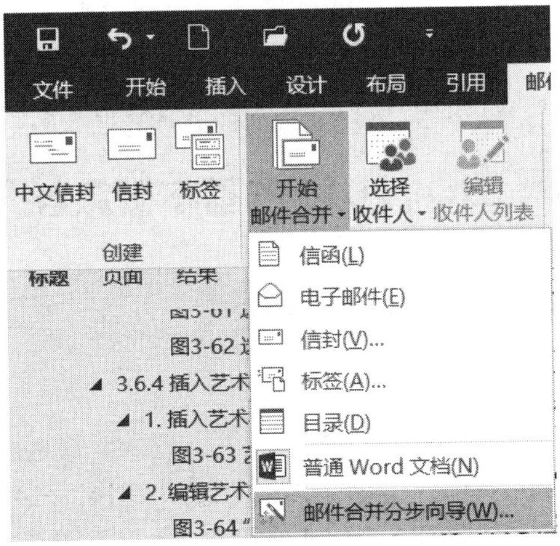

图 3-69　单击“开始邮件合并”按钮

第 4 章　电子表格软件 Excel 2016

Excel 2016 是 Microsoft 公司推出的办公系列软件 Office 2016 中的一个组件，是一款功能强大的电子表格软件。直观的界面、出色的计算功能和图表工具，再加上成功的市场营销，使 Excel 成为最流行的个人计算机数据处理软件之一。利用 Excel 2016 可以完成复杂的数值计算，制作出功能齐全的电子表格、打印出各种报表和漂亮的数据统计图表。

4.1　Excel 2016 的基本概念与操作

4.1.1　Excel 2016 的启动、退出与工作界面

1．Excel 2016 的启动

启动 Excel 2016 的几种常用方法如下：

（1）单击“开始”按钮，单击“所有程序”/Excel 2016 命令。

（2）如果在 Windows 桌面上创建了 Excel 快捷方式，则可以双击 Excel 2016 快捷方式图标。

（3）双击任意一个 Excel 工作簿文件图标。

启动后的 Excel 窗口如图 4-1 所示。

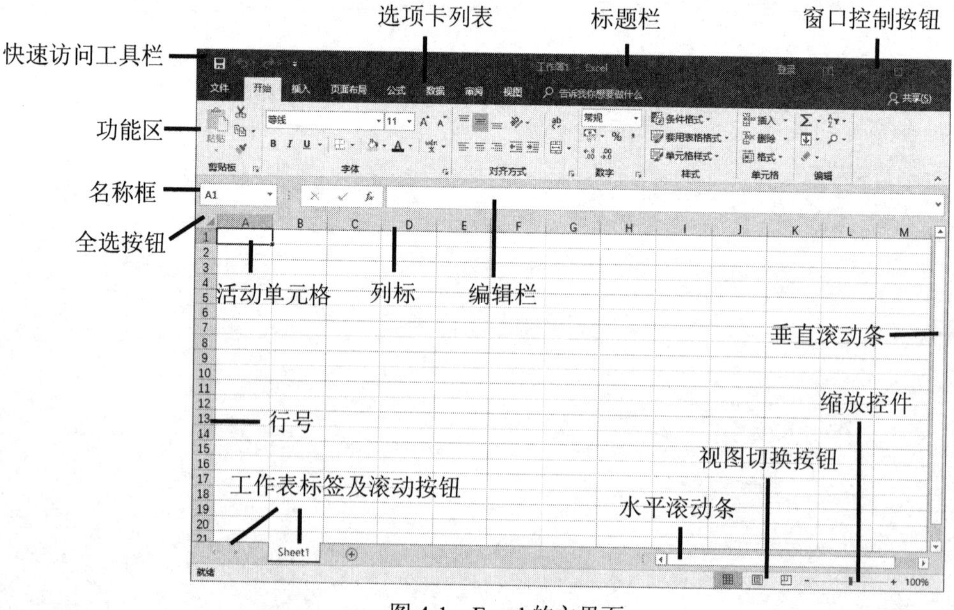

图 4-1　Excel 的主界面

2．Excel 2016 的退出

退出 Excel 2016 的方法有以下几种：

（1）单击 Excel 窗口右上角的“关闭”按钮。

（2）屏幕下方任务栏中，右击“Excel”文档，单击“关闭窗口”按钮。

（3）打开“文件”BackStage 视图，选择“关闭”按钮。

（4）右击标题栏，选择“关闭”按钮。

（5）利用快捷键 Alt+F4。

3. Excel 2016 的工作界面

在 Excel 中，将在工作簿文件中执行各种操作，用户可以根据需要创建多个工作簿，每个工作簿显示在自己的窗口中。默认情况下，Excel 2016 工作簿文件扩展名为.xlsx。

在打开 Excel 2016 工作簿之后便可以看到整个 Excel 2016 的工作界面，它主要由标题栏、快速访问工具栏、功能区，工作表编辑区及状态栏等部分组成。

（1）标题栏：位于窗口的最上方，主要用于显示正在编辑的工作簿文件名及应用程序名称。另外，还包括右侧的“登录”“功能区显示选项”“最小化”“最大化/还原”和“关闭”按钮。

（2）快速访问工具栏：默认情况下，快速访问工具栏位于 Excel 窗口的左上侧，用于显示 Excel 2016 中常用的命令。快速访问工具栏始终可见，可以根据用户需要自定义工具栏用于保存常用的命令。

（3）功能区：是 Excel 的控制中心，功能区主要由选项卡、组、命令 3 部分组成，以及文件（BackStage 视图）按钮、新增的 Tell Me 功能助手和“共享”按钮等。

功能区选项卡主要包括：“开始”“插入”“页面布局”“公式”“数据”“审阅”及“视图”等。此外，Excel 中还包含一些上下文选项卡。每当选择一个编辑对象（如图表、表格或 SmartArt 图等）时，将在功能区中提供作为处理该对象的特殊工具。

“文件”按钮：打开 BackStage 视图，其中包含用于处理文档和设置 Excel 的选项。

Tell Me 功能助手：通过“告诉我你想要做什么”文本框中输入关键字，可以快速检索 Excel 功能及快速执行 Excel 命令。

“共享”按钮：用于快速共享当前工作簿的副本到云端，以便实现协同工作。

（4）编辑栏：用于显示和编辑当前活动单元格中的数据或公式，由名称框、功能按钮和数据编辑框组成。

名称框：主要用于显示当前选中的单元格地址或显示正被选中的对象。

功能按钮：由“取消”按钮、“输入”按钮和“插入函数”按钮组成，主要在编辑单元格内容时使用。

数据编辑框：主要用来显示单元格中输入或编辑的内容，并可直接在其中编缉数据。

（5）工作表编辑区：用于处理数据的主要场所，包括行号、列标、单元格、滚动条及工作表标签按钮等部分。

行号：工作表区域左侧的数字（介于 1～1048576 之间），每个数字对应于工作表中的一行。可以单击行号选择一整行单元格。

列标：工作表区域上方的英文字母为列标（介于 A～XFD 之间），每个列标对应于工作表 16384 列中的一列。可以单击列标选择一整列单元格。

工作表标签按钮：工作表标签用于切换不同的工作表，标签滚动按钮用于浏览工作表标签。

（6）状态栏：位于 Excel 工作界面底部左侧，用于显示当前工作表或单元格区域操作的相关信息。

（7）视图栏：位于状态栏的右侧，包括视图切换按钮及工作表缩放按钮。

4.1.2 Excel 的基本概念

1. 工作簿

一个 Excel 文件就是一个工作簿，默认工作簿名字为工作簿 1、工作簿 2、工作簿 3 ……。在一个工作簿内可以包含若干张工作表。工作簿文件的扩展名为.xlsx。

2. 工作表

工作簿中的每一张表称为工作表。每张工作表都有自己名字，并显示在工作表标签上，默认工作表名称为 Sheet1、Sheet2、……，用户可以为工作表重命名，也可以根据需要添加或删除工作表。

3. 行、列、单元格和活动单元格

每个工作表由行（编号为 1～1048576）和列（标记为 A 到 XFD）组成。列标记的命名规则是 Z 列之后是 AA 列，后跟 AB、AC，依此类推，AZ 列之后是 BA 列，后跟 BB 列等。

行和列交叉处的方格称为单元格，单元格是工作表存储数据的最基本单位。每个单元格具有其列字母和行号组成的唯一地址。例如左上角单元格的地址为 A1，工作表右下角的单元格地址为 XFD1048576。

任何时候，只有一个单元格是活动单元格。活动单元格通过深色边框来确定，活动单元格可以接受键盘输入，并且对其内容进行编辑。

单元格区域是单元格的集合，即是由许多个单元格组合而成的，包括连续区域和不连续区域。在数据运算中，一个连续单元格区域是由左上角单元格的地址与右下角单元格的地址来表示，中间用冒号分隔。例如（A1:E4）表示 A1 单元格到 E4 单元格之间的 4 行 5 列共 20 个单元格。不连续的单元格区域则需要使用逗号分隔，例如（A1:B2,C4,J10）表示该区域包含从 A1 到 B2 的 4 个单元格，C4 单元格及 J10 单元格共 6 个单元格。

4.1.3 管理工作簿

Excel 中的所有操作都是在工作簿中完成的，工作簿的基本操作包括新建工作簿、保存工作簿、打开与关闭工作簿。

1. 新建工作簿

（1）新建空白工作簿。

① 启动 Excel 2016，在 Excel 界面选择“空白工作簿”选项。

② 在“文件”BackStage 视图中，选择“新建”/“空白工作簿”选项。如图 4-2 所示。

③ 按 Ctrl+N 组合键，可快速新建空白工作簿。

默认工作簿名称为“工作簿 1”，若继续新建空白工作簿，系统默认按顺序命名新的工作簿，即“工作簿 2”，“工作簿 3”……。

（2）根据模板新建工作簿。

Excel 2016 中提供了许多工作簿模板，这些工作簿的格式和所要填写的内容都是已经设计好的，它可以保存占位符、宏、快捷键、样式和自动图文集等信息。

在 Excel 2016 的“新建”面板采用了网页的布局形式和功能，其中“搜索”栏下包含了“业务”“日历”“个人”“列表”等常用的工作簿模板链接，如图 4-2 所示。此外，用户还可以在“搜索”文本框中输入需要搜索模板的关键字进行搜索，查找更多类别的工作簿模板。

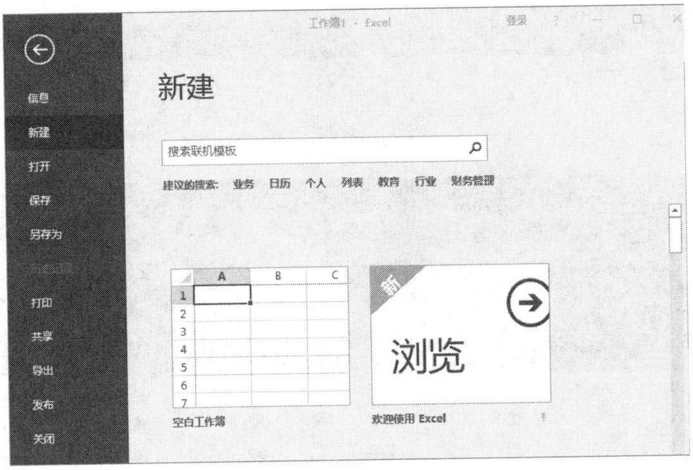

图 4-2　新建工作簿

①在“文件”菜单中选择“新建”命令，在右侧单击需要的链接类型，如“教育”链接。

②在新界面中展示出与“教育”有关的表格模板，选择所需要的模板，这里选择“课程表”，如图 4-3 所示，单击“创建”命令，即可看到根据模板自动创建的“课程表”工作簿，如图 4-4 所示。

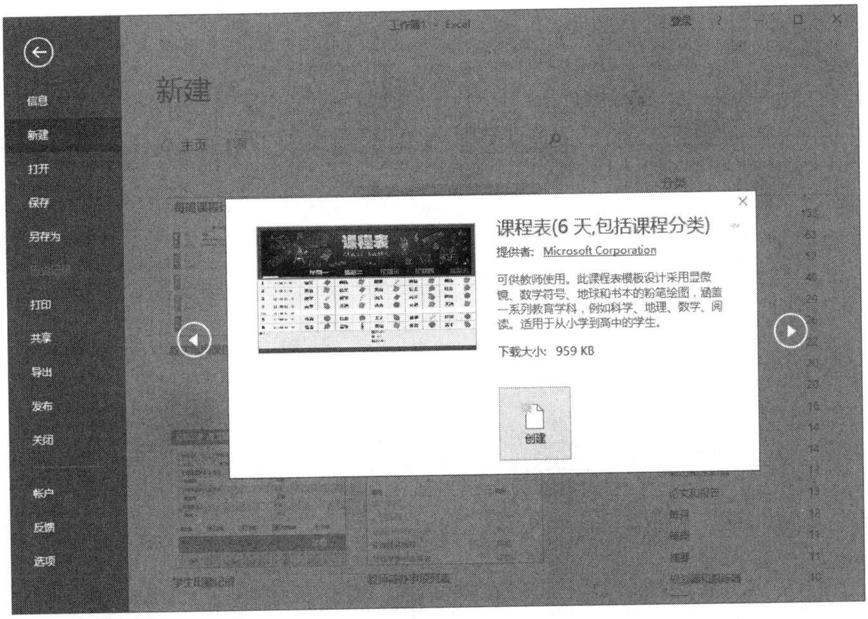

图 4-3　根据模板新建工作簿

2. 保存工作簿

创建工作簿后，一般需要对其进行保存，方便以后对工作簿进行访问和修改。

若工作簿是新建的，那么单击“文件”打开 BackStage 视图，选择“保存”或“另存为”命令的结果是一样的。若工作簿是此次编辑之前已经存在的，那么上述两个命令的执行结果是不同的。如果执行的是“保存”命令，则原有的工作簿被编辑后的工作簿覆盖；如果执行的是“另存为”命令，则以新文件名保存或保存到一个不同的位置上。

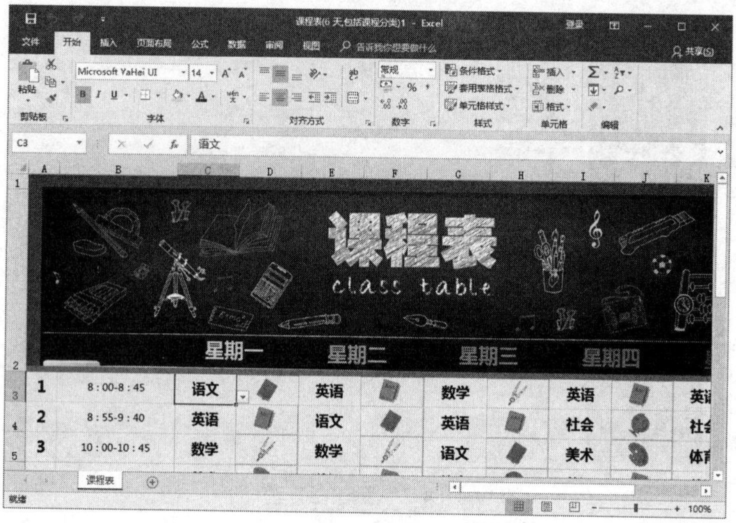

图 4-4　“课程表”工作簿

Excel 提供了以下几种用于保存工作簿的方法：

（1）单击快速访问工具栏上的“保存”命令。

（2）按 Ctrl+S 快捷键。

（3）按 Shift+F12 快捷键。

（4）选择“文件”/“保存”。

“另存为”对话框，如图 4-5 所示，可以在左侧的文件夹列表中选择所需的保存位置，在“文件名”字段中输入新文件名。在文件类型中选择所要保存的文件类型，默认文件类型为.xlsx。

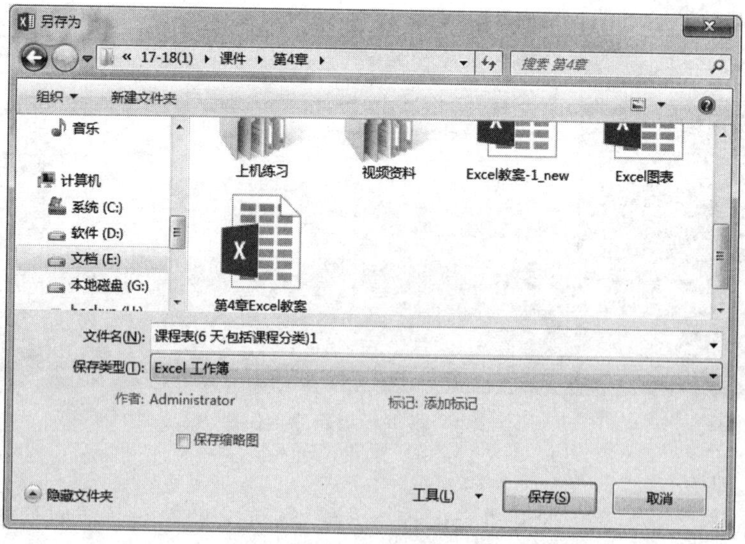

图 4-5　“另存为”对话框

3. 打开工作簿

需要查看或再编辑已保存过的 Excel 工作簿文件，首先需要将其打开。

打开已保存的工作簿的几种方法：

（1）单击快速访问工具栏上的“打开”命令。

（2）按 Ctrl+O 快捷键。

（3）选择“文件”/“打开”。

在“打开”BackStage 视图中有以下两种情况：

- 单击“文件”/“打开”/“最近”，从右边列表中选择所需要的文件。最近访问过的文件，可以在“Excel 选项”对话框中的“高级”部分中指定要显示的文件数（最多为 50 个）。
- 选择“文件”/“打开”/“浏览”，弹出“打开”对话框（与“另存为”对话框相似）。选择要打开的 Excel 文件。

4. 关闭工作簿

完成工作簿操作后，应该关闭工作簿以释放其占用的内存。当关闭最后一个打开的工作簿时，将同时关闭 Excel。

可以使用以下方法关闭工作簿：

（1）选择“文件”/“关闭”命令。

（2）单击窗口标题栏中的“关闭”按钮。

（3）双击工作簿标题栏左侧的 Excel 图标。

（4）按 Ctrl+F4 键。

4.1.4　工作表操作

1. 选定工作表

每个工作簿可以包含一个或多个工作表，其中只有一个当前工作表（活动工作表），只需要单击工作簿窗口底部的工作表标签即可选择当前工作表，当前工作表标签用白底绿字显示。也可以使用以下快捷键来选择的工作表：

- Ctrl+PgUp：选择上一个工作表（如果存在）
- Ctrl+PgDn：选择下一个工作表（如果存在）

如果工作表中有很多工作表，则可能不是所有的工作表标签都可见，使用标签滚动控件，如图 4-6 所示，滚动显示工作表标签。

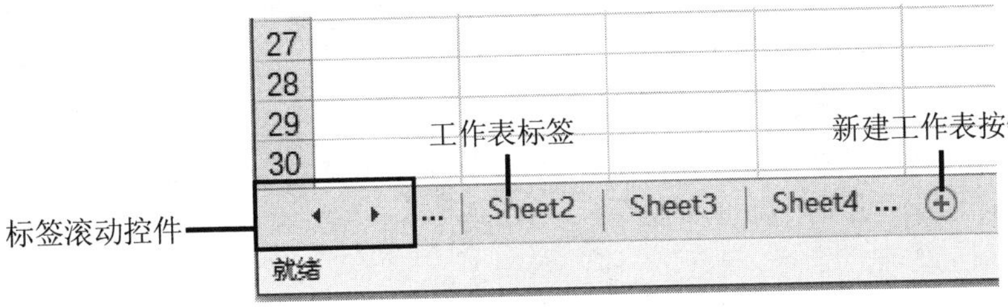

图 4-6　工作表标签及标签滚动控件

同时选择多个连续的工作表：先选择第一个工作表，然后按住 Shift 键，再单击最后一个工作表，即可以选择两张工作表及中间所有的工作表。

同时选择几个不连续的工作表：按住 Ctrl 键，单击要选择的工作表标签。

选择工作簿中所有工作表：在任意一个工作表标签上，单击右键，在弹出的快捷菜单中选择“选定全部工作表”命令。

提示：当右击标签滚动控件时，Excel 会显示工作簿中所有工作表的列表，可从该列表中快速选定工作表。

2. 插入新工作表

可以使用以下方法向工作簿中添加新工作表：

（1）单击“新建工作表”按钮，将在当前（活动）工作表之后插入一个新工作表。

（2）按 Shift+F11 键。将在当前工作表之前插入新工作表。

（3）右击工作表标签，在弹出的快捷菜单中选择“插入…”，并选择“插入”对话框中的“常用”选项卡。选择“工作表”图标，然后单击“确定”。将在当前工作表之前添加新工作表。

（4）使用功能区，选择“开始”/“单元格”/“插入”/“插入工作表”。

后三种方法，当选择多个连续工作表时，可实现插入多个空白工作表操作。

3. 删除工作表

对于工作簿中不再需要的工作表，可以将其删除。首先选择要删除工作表，然后可通过以下方法删除：

（1）右击其工作表标签，然后从快捷菜单中选择“删除”命令。

（2）使用功能区，选择“开始”/“单元格”/“删除”/“删除工作表”。

如果工作表中包含任何数据，那么 Excel 会要求用户确认是否要删除工作表。

提示：工作表被删除后，将永久删除。工作表删除是 Excel 中无法撤消的少数几个操作之一。

4. 移动和复制工作表

在工作簿中可以改变各个工作表的顺序。也可以将工作表从一个工作簿移到另一个工作簿，以及复制工作表（在同一个工作簿或不同工作簿中）。通过以下方法可移动或复制工作表：

（1）使用鼠标，选择要移动或复制的工作表，按住鼠标左键，沿着工作表标签行拖动到指定的位置。拖动时，鼠标指针会变为一个缩小的工作表图标，并会使用一个小箭头▼引导操作。要复制工作表，在按住 Ctrl 键的同时拖动工作表标签到所需位置。另外，要将工作表移动或复制到不同的工作簿，则第二个工作簿必须已打开，并且未最大化。

（2）右击“工作表”标签，然后选择“移动或复制”命令，从而打开“移动或复制工作表”对话框，如图 4-7 所示。在对话框中指定所需操作的工作表位置。

（3）使用功能区，选择“开始”/“单元格”/“格式”/“移动或复制工作表”命令，打开“移动或复制工作表”对话框，完成相应操作。

如果在将工作表移动或复制到某个工作簿时，其中已经包含同名的工作表，那么 Excel 会更改工作表名称，使其唯一。例如，Sheet1 会变为 Sheet1(2)。

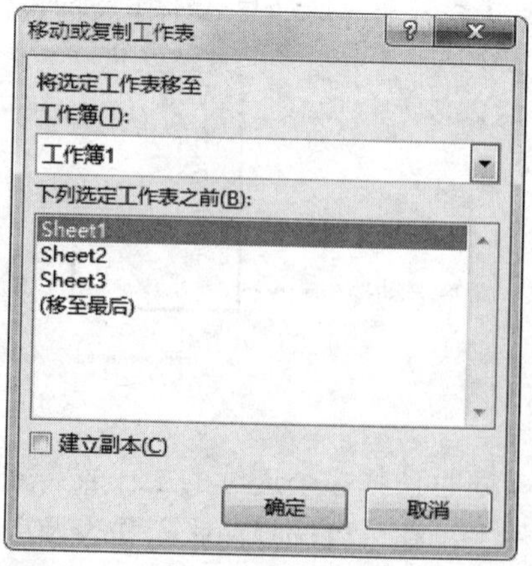

图 4-7 “移动或复制工作表”对话框

5. 重命名工作表

Excel 中所使用的默认工作表名称是 Sheet1、Sheet2 等，这些名字不具有说明性。为了更容易在多个工作表的工作簿中找到数据，可以给工作表起一个更具说明性的名字。重命名工作表可以通过以下方法：

（1）双击工作表标签，Excel 会在标签上突出显示名称，修改名称即可。

（2）右击“工作表”标签，然后选择“重命名”。

（3）使用功能区，选择“开始”/“单元格”/“格式”/“重命名工作表”。

工作表名称最多可包含 31 个字符，但是不能使用：冒号（:）、斜线（/）、反斜线（\）、方括号（[ ]）、问号（?）、星号（*）。

6. 更改工作表标签颜色

Excel 允许更改工作表标签的背景色。更改工作表标签颜色，可以右击工作表标签，在弹出的快捷菜单中选择“工作表标签颜色”，然后从颜色选择器框中选择颜色。也可以使用功能区，选择“开始”/“单元格”/“格式”/“工作表标签颜色”命令完成操作。

7. 隐藏或取消隐藏工作表

某些情况下，可能需要隐藏一个或多个工作表。当工作表被隐藏时，其“工作表”标签将隐藏。不能隐藏工作簿中的所有工作表，必须至少保留一个工作表可见。

要隐藏某个工作表，可以右击其工作表标签，然后选择“隐藏”。此时将会从窗口中隐藏选定的工作表。也可以使用功能区，选择“开始”/“单元格”/“格式”/“隐藏和取消隐藏”/“隐藏工作表”命令完成操作。

要取消已隐藏的工作表，可右击任意工作表标签，然后选择“取消隐藏”，打开“取消隐藏”对话框，其中列出了所有已隐藏的工作表。选择要重新显示的工作表并单击“确定”即可。也可以使用功能区，选择“开始”/“单元格”/“格式”/“隐藏和取消隐藏”/“取消隐藏工作表”命令完成操作。当取消隐藏工作表后，它将出现在工作表标签以前所在的位置。

4.1.5　工作簿窗口控制

在 Excel 窗口编辑工作表时，有时需要多个工作簿或工作表之间交替操作。为了操作方便，可以通过功能区的“视图”选项卡中“窗口”组来快速切换窗口、新建窗口、重排窗口、拆分和冻结窗口。

1. 窗口切换

同时编辑多个工作簿时，如果要查看其他打开的工作簿数据，可以在打开的工作簿之间进行切换。Excel 中提供了快速切换窗口的方法：单击“视图”/“窗口”/“切换窗口”按钮，在弹出的下拉列表中选择需要切换到的工作簿名称。

2. 多窗口查看工作表

对于数据比较多的工作表，可以建立两个或多个窗口，每个窗口显示工作表中不同位置的数据，方便进行数据的查看和其他编辑操作。具体操作步骤如下：

（1）新建窗口操作：单击“视图”/“窗口”/“新建窗口”按钮。建立本工作簿的新窗口，内容和原来打开的工作簿窗口一致，例如原工作簿名称为“工作簿 1”，当该工作簿创建了第二个窗口时，两个窗口的名称分别为“工作簿 1:1”和“工作簿 1:2”。如果要创建多个窗口，则可重复执行“新建窗口”命令。

（2）重排窗口操作：单击“视图”/“窗口”/“重排窗口”按钮，打开“重排窗口”对话框，如图 4-8 所示。

（3）在该对话框中，Excel 提供了 4 种排列方法：平铺、水平并排、垂直并排和层叠，选择一种排列方式，单击“确定”按钮。

此时，所有桌面上的工作簿以“平铺”方式排列的效果，如图 4-9 所示。

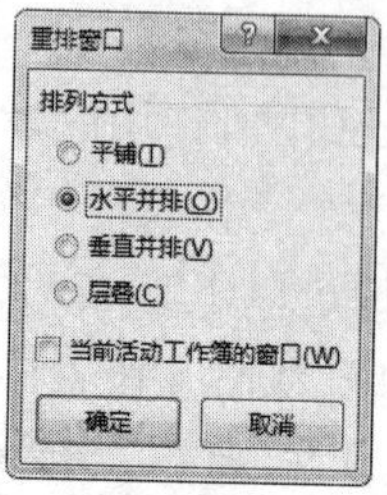

图 4-8 “重排窗口”对话框

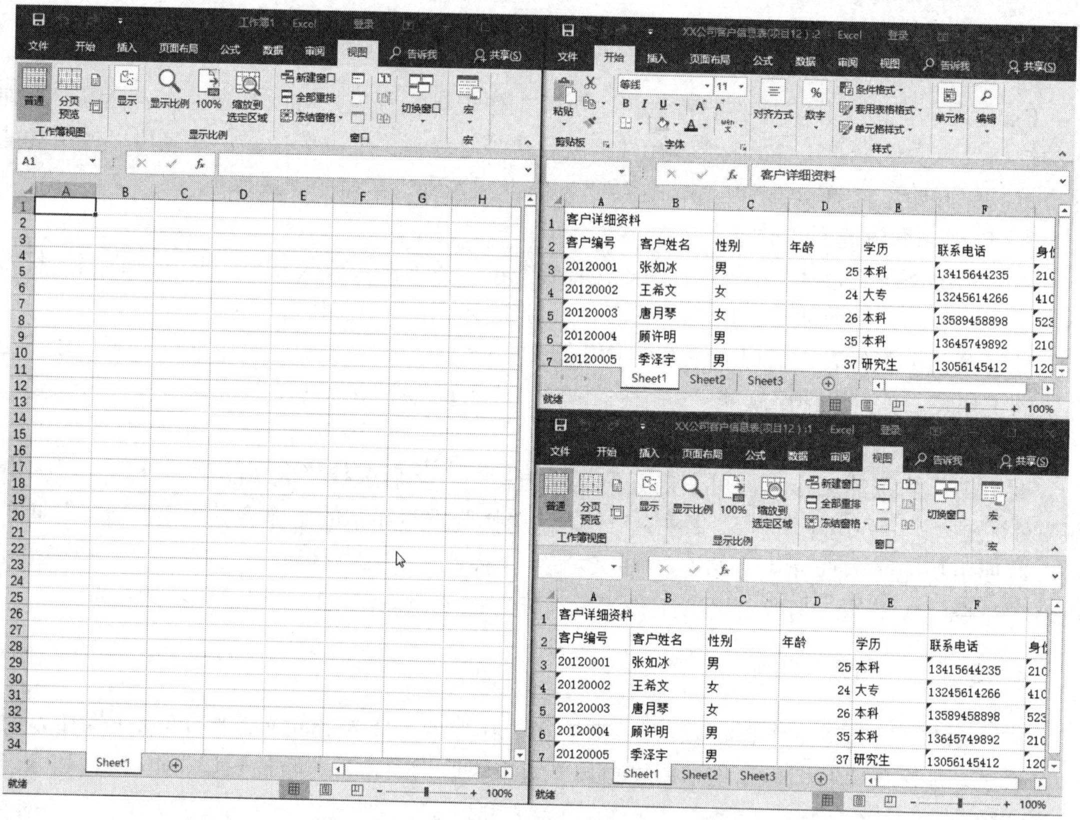

图 4-9 以“平铺”方式排列的多个工作簿

3. 并排比较工作表

Excel 还提供一种查看工作簿中内容的方法，即并排查看。在并排查看状态下，当滚动显示一个工作簿中内容时，并排查看的其他工作簿也将随之滚动，方便用户同步查看数据。

（1）打开需要并排查看数据的两个工作簿。

（2）在任意一个工作簿窗口中单击“视图”/“窗口”/“并排查看”命令。

（3）打开“并排比较”对话框，在其列表中选择要进行并排比较的工作簿，单击“确定”按钮。

（4）即可看到两个工作簿在桌面上的效果，如图 4-10 所示。在任意窗口中滚动鼠标，另一个窗口的数据也会自动进行滚动显示。单击“同步滚动”按钮可切换鼠标同步滚动。

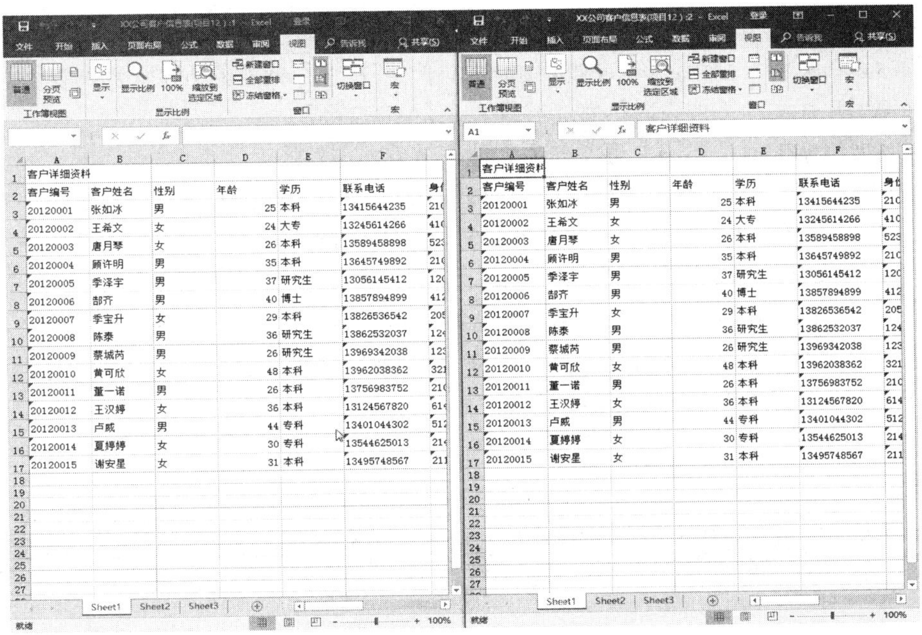

图 4-10　“并排比较”两个工作簿

4. 工作表窗口拆分与冻结

当一个工作表中包含的数据太多时，对比查看其中内容就比较麻烦，此时可以通过拆分工作表的方法将当前工作表拆分为多个窗格，以方便用户在多个不同的窗格中查看同一工作表中的数据。

执行“视图”/“窗口”/“拆分”按钮，将工作表拆分为 4 个窗口，如图 4-11 所示，拖动窗口分隔线，可以随意改变窗口的大小。再次单击“拆分”按钮，可取消工作表窗口拆分。

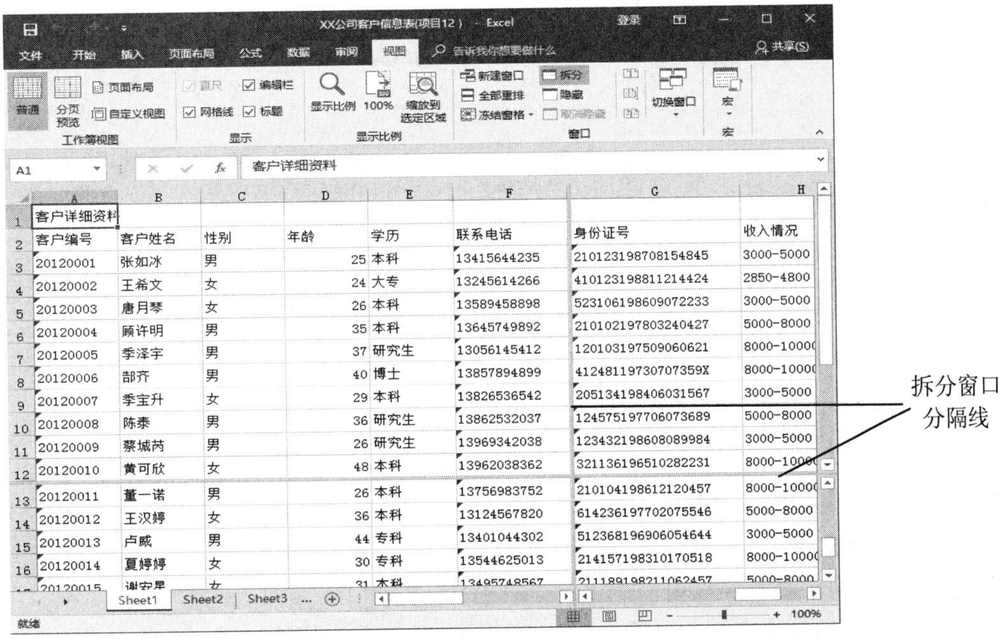

图 4-11　“拆分”工作表

如果为工作表设置了列标题，或在第一列中设置了描述性文本，那么当向下或向右滚动时，这些标识信息将不显示。Excel 提供了一种用于解决这个问题的方法：冻结窗格。冻结窗格功能可使用户在滚动工作表时仍然能够查看到行和列标题。

根据需要冻结的对象不同，可以分为 3 种冻结方式：

（1）冻结拆分窗格：查看工作表中的数据，保持设置的行和列的位置不变。

（2）冻结首行：查看工作表中的数据时，保持工作表的首行位置不变。

（3）冻结首列：查看工作表中的数据时，保持工作表的首列位置不变。

冻结拆分窗格操作方法：首先将单元格指针移动到要在垂直滚动时保持可见的行的下面，并移动到要在水平滚动时保持可见的列的右侧，然后选择“视图”/“窗口”/“冻结窗格”，并从下拉列表中选择“冻结拆分窗格”选项。

冻结拆分窗格后效果，如图 4-12 所示。Excel 将插入深色线以指示冻结的行和列。要取消冻结窗格，单击“取消冻结窗格”命令。

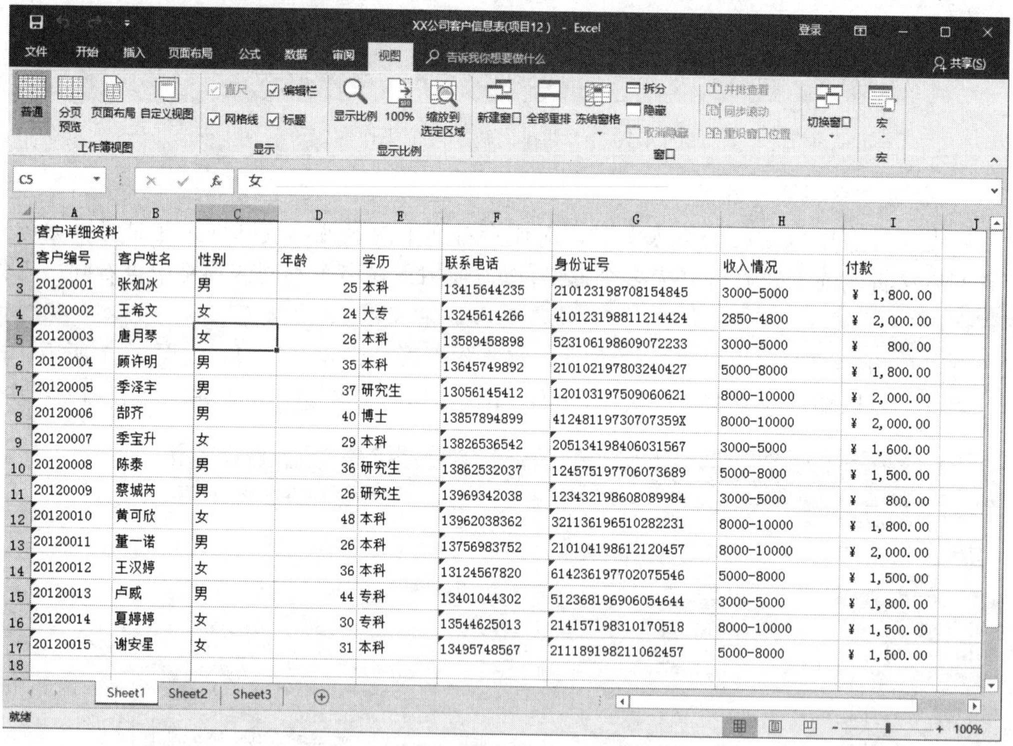

图 4-12 “冻结拆分窗格”后效果

“冻结首行”和“冻结首列”命令，不需要在冻结窗格之前定位单元格指针。

4.1.6 行、列与单元格

在 Excel 工作表的编辑过程中，经常需要对表格的行、列和单元格进行操作，包括选择、插入、移动、复制、删除行、列和单元格等操作。

1. 选定行、列与单元格

对于行、列或单元格进行相应的操作，首先需要选择要操作的行、列或单元格。

（1）选择单行、单列或单元格。

单行：将鼠标移动到某个行号上，当鼠标指针变成向右的黑色箭头时，单击鼠标即可选择该行。

单列：将鼠标移动到某个列标上，当鼠标指针变成向下的黑色箭头时，单击鼠标即可选择该列。

单元格：在该单元格可见情况下，在单元格上单击鼠标，即可选中该单元格。也可通过在名称框中输入要选择的单元格地址，然后按 Enter 键来选中单元格。

（2）选择连续多行、多列或多个单元格。

多行：单击某行的行号后，按住鼠标左键不放并向上或向下拖动，即可选择与此行相邻的连续多行。

多列：单击某列的列标后，按住鼠标左键不放并向左或向右拖动，即可选择与此列相邻的连续多列。

先选择第一个单元格（例如连续多个单元格区域的左上角单元格），然后按住鼠标左键不放并拖动到目标单元格（例如连续多个单元格区域的右下角单元格）。即可选中鼠标选择的矩形区域内的全部单元格。

如果要选择的范围较大时，可以先选择首行（首列或第一单元格），然后按住 Shift 键，同时选择最后一行（列或单元格）。

（3）选择不连续多行、多列或多个单元格。

要选择不相邻的多行可以在选择某行后，按住 Ctrl 键不放的同时依次单击其他需要选择的行号，直到选择完毕后松开 Ctrl 键。选择多列、多个不连续的单元格方法与此相似。

（4）全选。

单击行号与列标交叉处的“全选”按钮 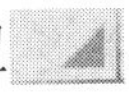，即可选择工作表中的所有单元格。还可使用快捷键 Ctrl+A。

（5）取消选定。

要取消选定的区域，单击任意单元格即可。

2. 插入和删除行、列与单元格

Excel 允许用户在工作表中插入或删除单元格、区域、行或列，表中所有的数据会自动迁移，腾出插入空间或弥补删除空间。

（1）插入行（或列）。

- 选择一行（列）或多行（列），右击行号（列标），在弹出的快捷菜单中，选择“插入”。
- 选择一行（列）或多行（列），选择“开始”/“单元格”/“插入”，在弹出的下拉菜单中选择“插入工作表行（插入工作表列）”命令。Excel 会在选中的行（列）前面插入行（列）。当选中多行（列）则插入多行（列）。

（2）插入单元格、单元格区域。

- 选择单元格或单元格区域，右击选中单击格，在弹出的快捷菜单中，选择“插入…”，打开“插入”对话框，如图 4-13 所示。
- 选择单元格或单元格区域，选择“开始”/“单元格”/“插入”，在弹出的下拉菜单中选择“插入单元格”命令，打开“插入”对话框。

在对话框中选择“活动单元格”移动的方向，也可以移动整行或整列，单击“确定”即可完成单元格插入。

（3）删除行、列、单元格或单元格区域。

行、列、单元格及单元格区域的删除与插入操作相似，可以使用快捷菜单中“删除”命令或功能区“开始”/“单元格”/“删除”，在弹出的下拉菜单中选择相应删除命令按钮完成操作。删除单元格时，会打开“删除”对话框，如图 4-14 所示。

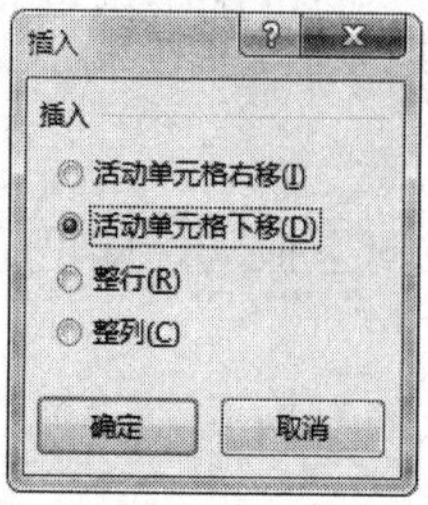

图 4-13 “插入”对话框

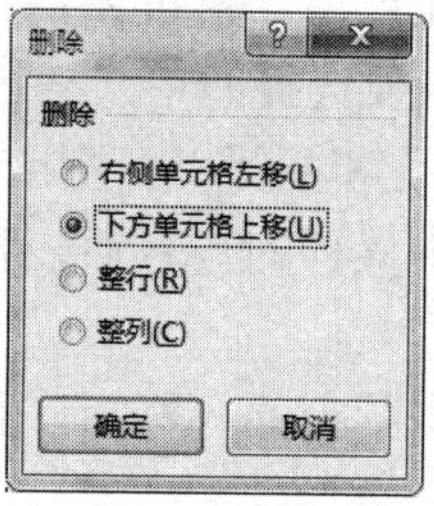

图 4-14 “删除”对话框

3. 移动和复制行、列与单元格

数据的移动和复制可以在不同的工作表或工作簿之间进行，有两种方法：一是用鼠标拖动，二是利用剪贴板。

（1）鼠标拖动实现工作表内的数据移动和复制。

操作步骤：首先选择要移动或复制的行、列、单元格或单元格区域，然后将鼠标指针放置于区域边框上（不要放置于填充柄上），此时鼠标指针变成四个方向的箭头，按住鼠标左键，拖动鼠标到目标位置，松开鼠标，则原来的数据被移动至新位置，原来位置上的数据消失。

如果拖动时按住 Ctrl 键，则可以复制数据，此时鼠标变成带一个小加号的空心箭头，松开鼠标，数据复制到新位置，原来区域数据不变。

（2）使用剪贴板实现移动和复制。

使用剪贴板移动或复制数据由两个步骤组成：

- 选择需要移动（复制）的单元格或区域（源区域），并将其剪切（复制）到“剪贴板”。
- 再选择目标位置，粘贴“剪贴板”中的内容。

由于移动（复制）操作使用十分频繁，Excel 提供了多种方法来实现剪切、复制和粘贴操作。

- 右击快捷菜单中，选择“剪切”“复制”和“粘贴”命令；
- “开始”功能区中，“剪贴板”组中“剪切”“复制”和“粘贴”按钮；
- 使用快捷键：Ctrl+X（剪切）、Ctrl+C（复制）、Ctrl+V（粘贴）。

4. 设置列宽与行高

一般情况下，每个单元格的列宽与行高是固定的，但在实际编辑过程中，有时会在单元格中输入较多内容，导致数据不能完全地显示出来或以“#”填充，则表示列宽不足以容纳该单元格中的信息。可通过适当调整行高和列宽来解决此类问题。

（1）更改列宽。

Excel 列宽以符合单元格宽度的等宽字体字数数量来衡量，默认情况下，每一列的宽度为 8.38 个字符单位，相当于 72 像素。

- 用鼠标拖动列的右边框，鼠标指针变成↔，并在指针左上角显示当前列宽，如图 4-15 所示，当拖拽到所需位置时松开鼠标即可。

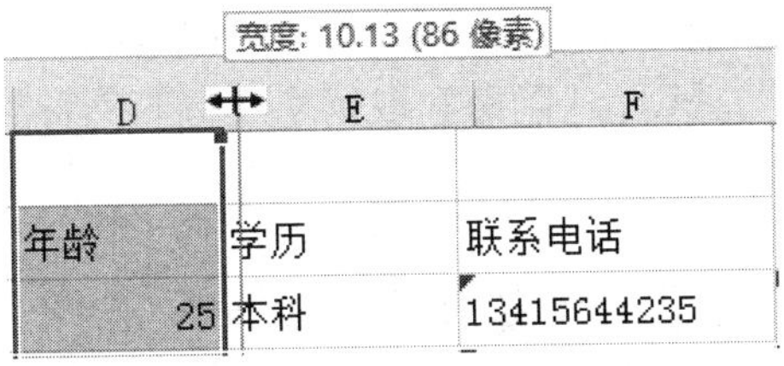

图 4-15　鼠标拖动列标右边框设置列宽

- 双击列标右边框，Excel 将自动调整列宽至合适的宽度（或选择“开始”/“单元格”/“格式”/“自动调整列宽”）。
- 选择要调整的列，使用功能区“开始”/“单元格”/“格式”/“列宽”，并在“列宽”对话框中输入数值（新的列宽），单击确定即可。

在更改列宽时，可以选择多个列，以便使所有选择的列具有相同的宽度。

（2）更改行高。

Excel 行高以点数（pt）衡量，使用默认字体的默认行高为 14.25pt 或 19 像素。Excel 会自动调整行高以容纳该行中的最高字体。

- 用鼠标拖动行的下边框，鼠标指针变成‡，并在指针左上角显示当前行高，当拖拽到所需高度松开鼠标即可。
- 双击行号下边框，Excel 将自动调整行高至合适的高度（或选择 “开始”/“单元格”/“格式”/“自动调整行高”）。
- 选择要调整的行，使用功能区“开始”/“单元格”/“格式”/“行高”，并在“行高”对话框中输入数值（新的行高），单击确定即可。

同列一样，可以选择多行，设置多行等高。

5. 隐藏与显示行或列

某些情况下，可能需要隐藏特定的行或列。如不希望用户看到特定的信息，或者需要打印工作表概要信息而不是详细信息时，则隐藏行或列的功能非常有用。

要隐藏工作表中的行，首先选择要隐藏的行，然后右击鼠标，并从快捷菜单中选择“隐藏”。另外，也可以使用功能区“开始”/“单元格”/“格式”/“隐藏和取消隐藏”下拉列表中选择“隐藏行”命令。

要隐藏工作表的列，操作方法与隐藏行相似。

隐藏的行实际上是行高设置为“0”。同样，隐藏的列是宽度设置为“0”的列。所以，可以通过拖动行号或列标的边框以隐藏行或列。

Excel 会为隐藏后的行（列）显示非常窄的行标题（列标题），可以拖动行标题（列标题），使其重新可见来取消隐藏行或列，如图 4-16 所示。

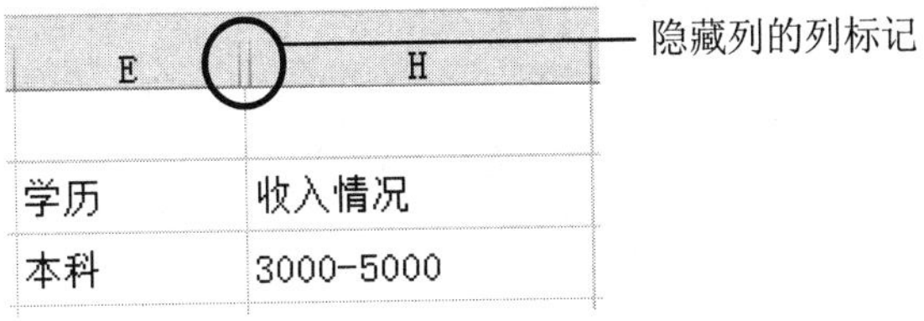

图 4-16　隐藏列的列标

也可以在隐藏的行号（列标）上右击鼠标，并从快捷菜单中选择“取消隐藏”。或使用功能区“开始”/“单元格”/“格式”/“隐藏和取消隐藏”下拉列表中选择“取消隐藏行（列）”命令。

4.2 数据的编辑与格式化

在工作表中输入和编辑数据是用户使用 Excel 时最基础的操作之一。工作表中的数据都保存在单元格内，单元格内输入和保存数据可以是文本串、数值或一个公式。

4.2.1 数据输入、修改

1. 输入数据

单击某个单元格将其设置为活动单元格，此时状态栏中显示“就绪”，等待用户输入数据。此时可直接输入数据。数据会同时出现在单元格和编辑框中，单元格内会出现闪烁的光标，并且状态栏中显示“输入”，编辑框左侧出现 3 个工具按钮 ×、✓、fx。如果数据输入完毕，按 Enter 键，活动单元格下移一格；也可以单击工具按钮 ✓，活动单元格保持不变。

2. 修改数据

对于已存入数据的单元格，可以使用下面方法修改内容：单击单元格，直接输入新内容，同时原来的内容被删除。如果按 Delete 键，则删除单元格内的数据。

双击单元格，单元格中会出现编辑光标，可以使用方向键、退格键或 Delete 键修改单元格中的原有数据，或在编辑框中编辑新的内容。修改数据后，可按 Enter 键或 ✓ 键确定修改。也可通过按 Esc 键或 × 按钮取消修改。

4.2.2 数据类型

Excel 数据可以分为两种类型：常量和公式。常量有数字类型（包括数字、日期、时间、货币）、文本类型、逻辑类型等。

1. 数字数据

数字型数据包括数字字符（0～9）和特殊字符：+、-、(、)、/、$、￥、%、E、e，数字前面的“+”号被忽略，表示负数时可以在数字前冠以“-”号或用圆括号括起来。当数字的长度超过单元格的宽度时，Excel 将自动使用科学记数法来表示数值。

输入分数时，以混分数方式处理，也就是它的左边一定要有数字，例如数值 $\frac{1}{2}$，是写成 0 1/2，否则 Excel 会自动认为是日期型数据：1 月 2 日。

显示数字型数据时，Excel 默认在单元格内靠右对齐。

以下均为正确的数字格式：

1234	整数
10,000,000	千位分隔样式
1234.567	实数
-123、(123)	负数
60%	百分比

\$1,000.00、￥1,000.00	货币形式
3 2/3	分数 $3\frac{2}{3}$
1.23E+5	科学记数法表示的数字 1.23×10^5

2. 日期型、时间型

Excel 将日期和时间型数据视为特殊的数值型。Excel 通过使用一个序号系统来处理日期。其最早日期是 1900 年 1 月 1 日，该日期的序号是 1。1900 年 1 月 2 日的序号是 2，依次类推。而使用小数形式的天来处理时间。例如 2017 年 6 月 1 日的序号为 42887，而 2017 年 6 月 1 日中午 12:00 的序号为 42887.5。

日期型和时间型数据在单元格内默认靠右对齐。日期和时间型数据输入有以下规则：

（1）在输入日期时，需要使用“/”或“-”分隔年、月、日（其中符号均为英文半角）。

（2）输入时间时，需要使用“:”分隔时、分、秒。时间既可按 12 小时制输入，也可按 24 小时制输入。如果按 12 小时制时间，应该在时间数字后面空一个格，并输入字母“A”或者“AM”（表示上午），“P”或者“PM”（表示下午）。

（3）按 Ctrl+;（分号）键，可输入系统当前日期；按 Ctrl+Shift+;（分号）键，可输入系统当前时间。

3. 文本型

任何输入到单元格中的字符集，只要不被系统解释成数字、日期、时间、逻辑值、公式，Excel 一律将其视为文本型数据。

文本型数据，Excel 默认在单元格内靠左对齐。

在单元格中输入硬回车（换行输入数据），可以按 Alt +Enter 键。

对于全部由数字字符（0～9）组成的文本数据，如邮政编码、电话号码、身份证号等，为了区别于数字型数据，在输入字符前添加半角单引号“'”，例如“'02346886666”。

4. 逻辑型数据

逻辑值中有两个：TRUE 表示“真”，FALSE 表示“假”。逻辑型数据，Excel 默认在单元格中居中对齐。

提示：一般情况下，Excel 默认的单元格宽度为 8 个字符。若输入的文本型数据超过单元格宽度时，其显示方式由右边相邻单元格来决定：若右边相邻单元格为空白，则超出宽度的字符将在右侧相邻单元中显示；若右侧相邻单元格不为空，则超出宽度的字符将不显示。若输入数字型数据超出单元格宽度，Excel 会改为科学记数法显示数据。其余类型数据超出宽度时，则会显示为若干个“#”字符串。可以通过调整单元格宽度来显示数据。

4.2.3　快速输入

Excel 工作表的编辑经常需要输入大量数据，掌握一些实用技巧可以简化输入数据的过程，从而使工作更加快捷。

1. 输入数据前选择单元格区域

在输入数据之前，首先选择要录入数据的区域，之后可以使用下列按键，如表 4-1 所示，确定数据录入并移动光标到下一个单元格。

表 4-1 在选定的区域中选定活动单元格的按键

按键	作用	按键	作用
Enter	下移一个单元格	Tab	右移一个单元格
Shift+Enter	上移一个单元格	Shift+Tab	左移一个单元格

当选定了单元格区域后，在按 Enter 键时 Excel 会自动将单元格指针移动到区域内的下一个单元格。如果选择多行区域，输入一列的最后一个单元格数据后按 Enter 键，则 Excel 会将指针移动到下一列的起始单元格中。而要跳过一个单元格，只需要按 Enter 键而不输入任何内容即可。

注意：不能单击单元格，也不能使用方向键，否则区域的选定将被解除。

2. 使用 Ctrl+Enter 键同时在多个单元格中输入相同数据

如果需要在多个单元格中输入相同的数据，可以使用如下方法：

（1）首先选择要输入相同数据的所有单元格。

（2）输入数值、文本、公式等数据。

（3）按 Ctrl+Enter 键，输入的数据将被插入到所有选定的单元格中。

3. 使用记忆式键入功能自动完成数据录入

通过 Excel 的记忆式键入功能，可以很方便地在同列的单元格中输入相同的文本型数据。使用记忆式键入功能，只需要在单元格中键入文本条目的前几个字母，Excel 就会根据已在列中输入的内容自动完成文本输入，如图 4-17 所示。此时如果自动输入的内容正好是要输入的内容，只需按 Enter 键即可完成输入，如果不是需要的内容，则继续输入新内容即可。

还可以通过右击单元格，在弹出的快捷菜单中选择“从下拉列表中选择”（或按组合键 Alt+↓），此时 Excel 会显示一个下拉框，其中列出了当前列中的所有文本条目，如图 4-18 所示，此时只需单击所需的条目即可。

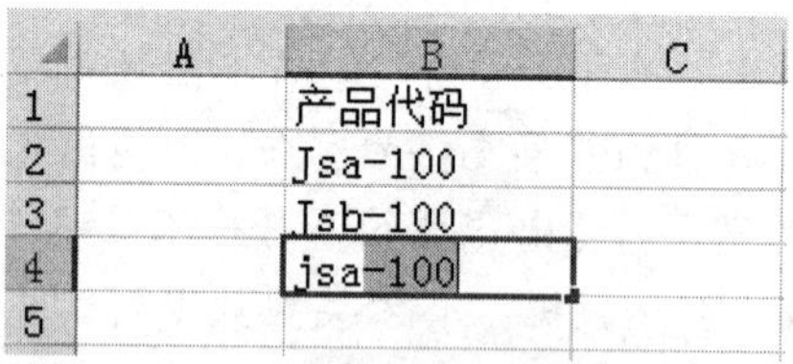

图 4-17 使用自动记忆功能输入

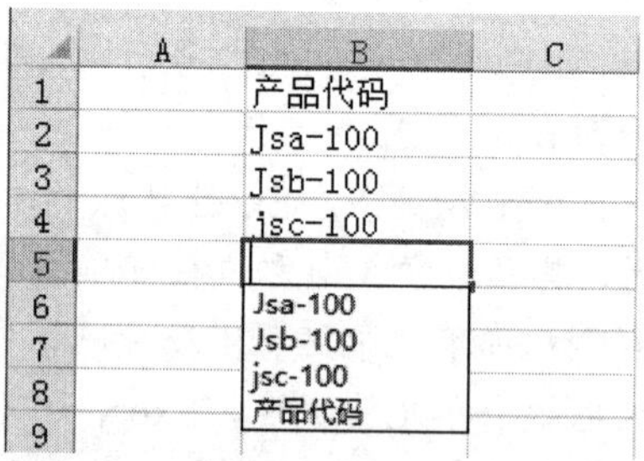

图 4-18 “从下拉列表中选择”输入

注意：记忆式输入功能只在连续的单元格中有效，如果中间有一个空白行，则记忆键入功能只能识别空白行下方的的单元格内容。

如果不需要记忆键入功能，则可以在“Excel 选项”对话框的“高级”选项卡中将其关闭。

4. 使用填充柄输入数据

在活动单元格的粗线框的右下角有一个小方块，称为填充柄，如图 4-19 所示，当鼠标指针移到填充柄上时，鼠标指针会变为“**+**”，此时按住鼠标左键不放，向上、下或向左、右拖动填充柄，即可插入一系列数据或文本。

（1）复制数据。

当单元格中数据为文本型（不包含数字字符）或数值型时，拖动填充柄数据会被复制到相应的单元格中。例如“辽宁”、10，填充后的结果如图 4-20 所示。

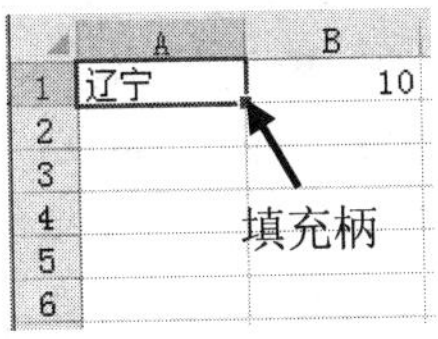

图 4-19　活动单元格的填充柄

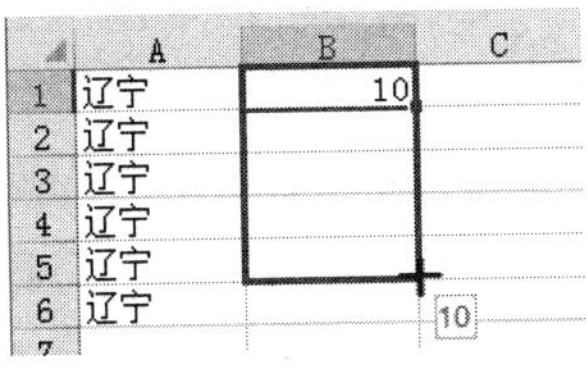

图 4-20　拖拽填充柄复制数据

（2）递增填充。

当单元格中的数据为数字和字符或纯数字组成的字符串，例如“图 1”“001”等。拖动填充柄数据时实现递增填充。如图 4-21 所示。

（3）等差填充。

当两个相邻的单元格中均为数值型数据时，选择两个单元格区域，拖动填充柄可以实现等差序列的填充，如图 4-22 所示。

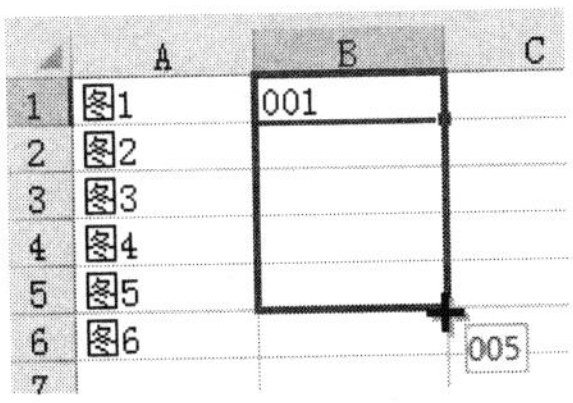

图 4-21　拖拽填充柄递增填充

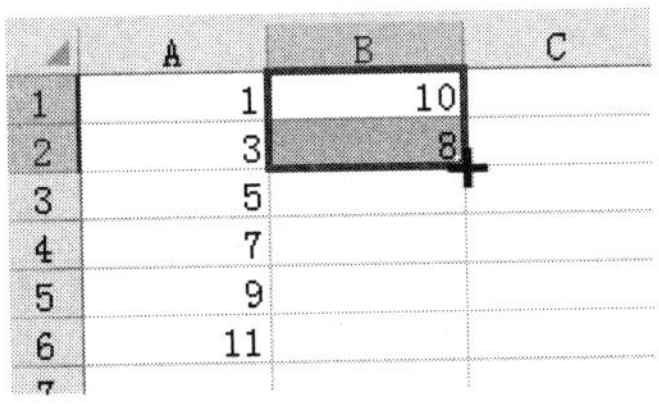

图 4-22　拖拽填充柄按等差序列填充

当拖动填充柄到指定的位置时，在填充数据的右下角会显示一个图标，称为填充选项按钮，单击该按钮会展开填充选项列表，用户可从中选择所需的填充项，如图 4-23 所示。

5. *使用填充命令输入数据*

数据的填充还可以使用功能区中的“填充”命令。具体的操作步骤是：

首先，在单元格中输入起始数据，选择要填充的连续单元格区域，然后单击“开始”/“编辑”/“填充”，在其列表中选择“向上”“向下”“向左”或“向右”来实现向指定方向的复制填充。当选择“序列”命令时，可打开“序列”对话框，如图 4-24 所示，可以数据的类型选择特定的填充方式实现数据的快速填充。

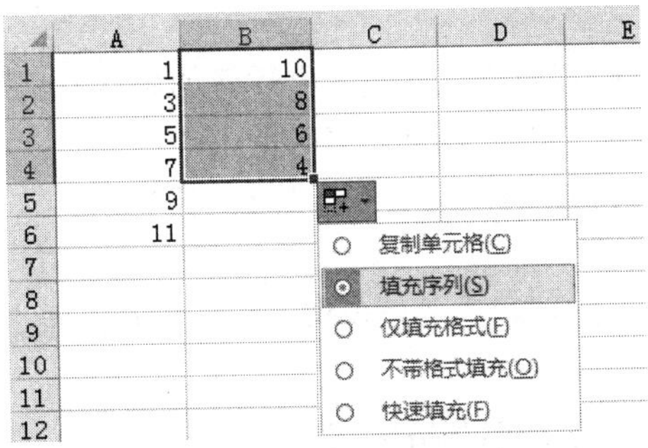

图 4-23　填充选项按钮

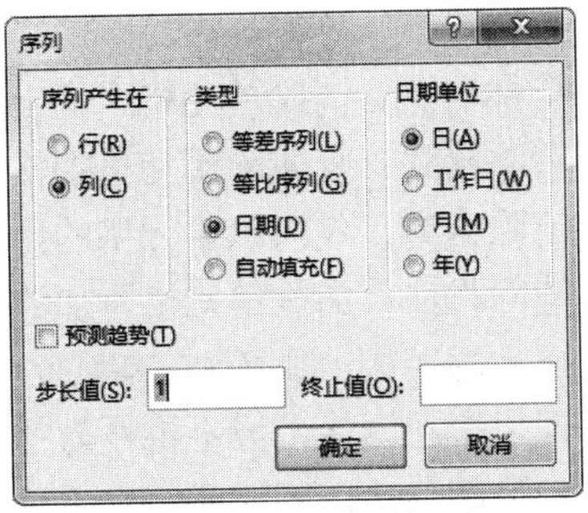

图 4-24　“序列”对话框

6. 自定义序列输入数据

在 Excel 中内置了一些特殊序列，用户可以通过选择“文件”/“选项”命令打开“Excel 选项”对话框，选择“高级”选项，在右侧的“常规”栏中单击“编辑自定义列表”按钮，打开“自定义序列”对话框，如图 4-25 所示。在对话框左侧栏中显示的序列为已定义的序列，当用户输入序列中的数据时，可以利用填充柄按序列自动按序列填充数据。

如果用户经常需要输入某些固定的序列内容时，也可通过对话框中的“添加”和“导入”命令来向自定义序列中添加新序列。方法是，在右侧“输入序列”编辑框中依次输入数据，数据条目之间用“Enter”键分隔，输入结束后，单击“添加”按钮，即可将数据序列添加至左侧列表中，如图 4-26 所示。

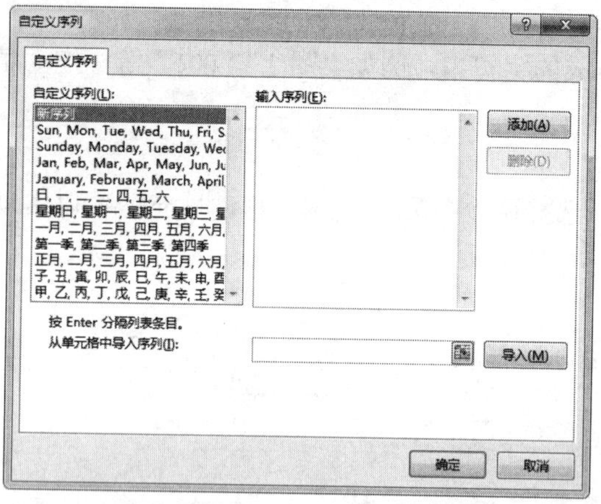

图 4-25 “自定义序列”对话框

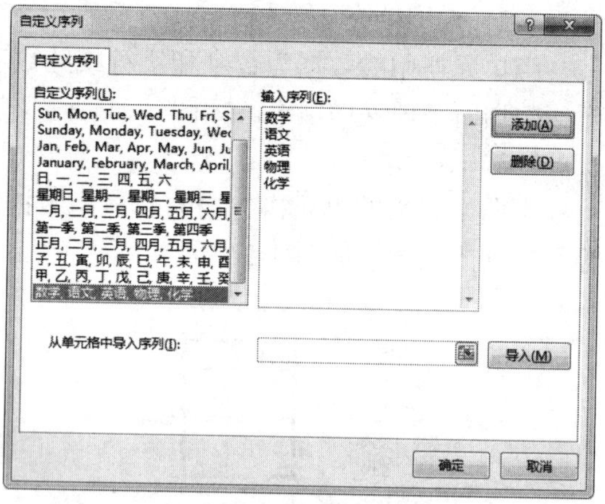

图 4-26 向“自定义序列”对话框添加新序列

对于已输入至工作表中的数据要添加到“自定义序列”中时，可以选取或输入存放数据的单元格区域地址，再单击其右侧的“导入”按钮来实现数据序列的添加。

4.2.4 编辑数据

1. 清除单元格数据

单元格中输入的数据不再需要时，可以将其清除，删除单元格中的内容，只需选定单元格，然后单击“Delete”键即可。或在选定单元格上单击鼠标右键，在弹出菜单中选择“清除内容”命令来实现。这种方法只删除单元格中的内容，不会删除应用于该单元格的任何格式。

为了更好地控制所删除的内容，可以选择“开始”/“编辑”/“清除”。该命令的下拉列表中有六个选项：

- 全部清除：清除单元格中的一切内容，包括其内容、格式及批注（如果有）；
- 清除格式：仅清除单元格的格式，保留数值、文本或公式等数据内容；
- 清除内容：仅清除单元格的内容，保留格式（与按 Delete 键效果一致）；
- 清除批注：清除单元格附加的批注；
- 清除超链接：删除选定单元格中的超链接。内容和格式仍保留，所以单元格看上去仍像一个超链接，但不再作为超链接工作。
- 删除超链接：删除选定单元格中的超链接，包括单元格格式。

2. 查找和替换

数据表的特点是数据非常多，“查找”和“替换”是编辑工作表时经常使用的操作，使用查找操作时，可以使查找到的单元格自动成为活动单元格。在 Excel 中除了可以查找和替换文字、数值数据之外，还可以查找公式、批注、格式等。查找和替换操作可以在一个选定区域或整个工作表中进行。

查找和替换的具体操作如下：

（1）功能区“开始”/“编辑”/“查找和选择”命令，在下拉列表中选择“查找”或按快捷键 Ctrl+F，弹出“查找和替换”对话框，如图 4-27 所示，在查找内容框中输入查找内容。

（2）单击“查找下一个”按钮，Excel 将自动将下一个找到的内容设置为活动单元格。依此类推，可逐个查找数据。也可单击“查找全部”按钮，对话框下方将列出所有查找到的内容及位置，如图 4-28 所示，在列表中直接单击查找到的条目，在工作表中该条目所在的单元格被指定为活动单元格。

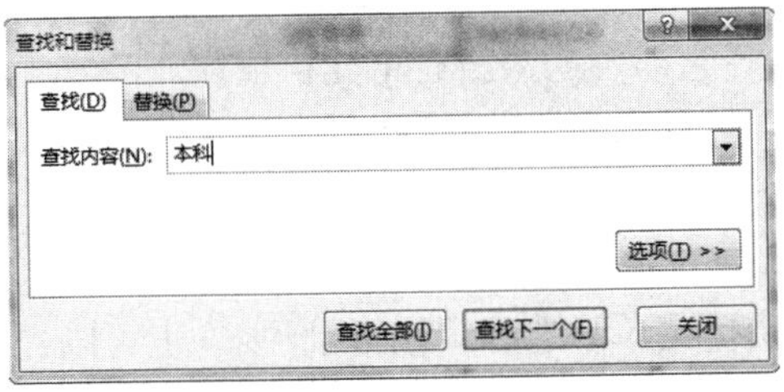

图 4-27　“查找和替换”对话框

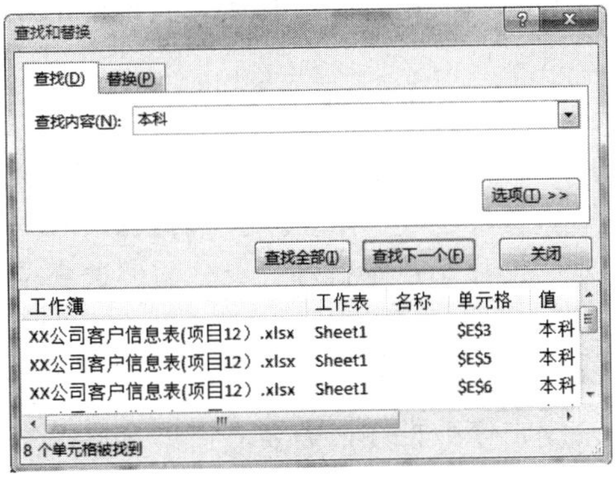

图 4-28　查找全部的显示结果

（3）在对话框中单击“选项”按钮，可以为查找和替换设置格式和查找条件，如图 4-29 所示。

对于查找到的内容，如果需要替换成其他内容和格式，可以选择“替换”选项卡，在“替换为”框中输入新的内容，单击“替换”或“全部替换”按钮来替换找到的一个或全部内容，如图 4-30 所示。

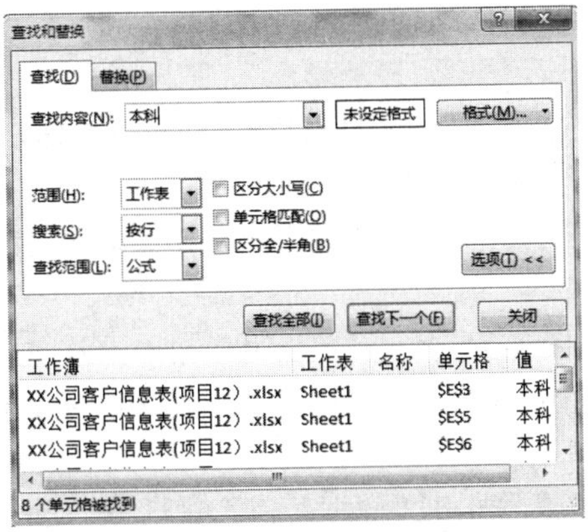

图 4-29　设置查找选项

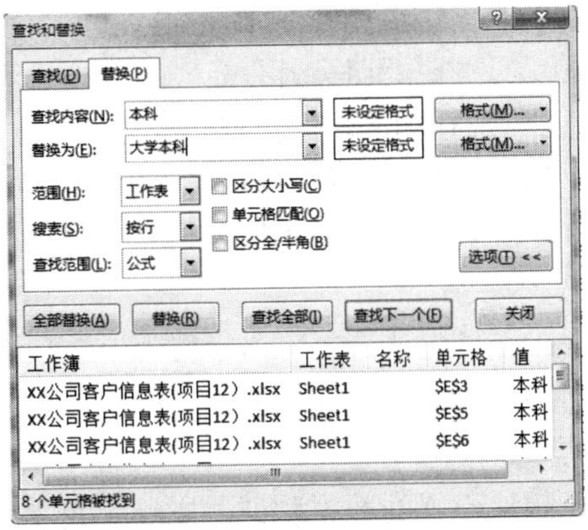

图 4-30　“替换”选项卡

3. 给单元格加批注

如果用一些文档资料来解释工作表中的元素，将会对用户很有帮助。向单元格添加批注可以实现这一功能。当需要对特定的数据进行描述或对公式的运算进行解释时，此功能非常有用。

（1）添加批注。

要向单元格添加批注，首先选择单元格，然后执行以下任意一种操作：

- 选择“审阅”/“批注”/“新建批注”。
- 右击单元格，并从快捷菜单中选择“插入批注”。
- 按 Shift+F2 键。

Excel 将向活动单元格插入一个批注文本框，在该文本框中输入批注内容，录入完毕后，单击批注框外部区域即可，如图 4-31 所示。

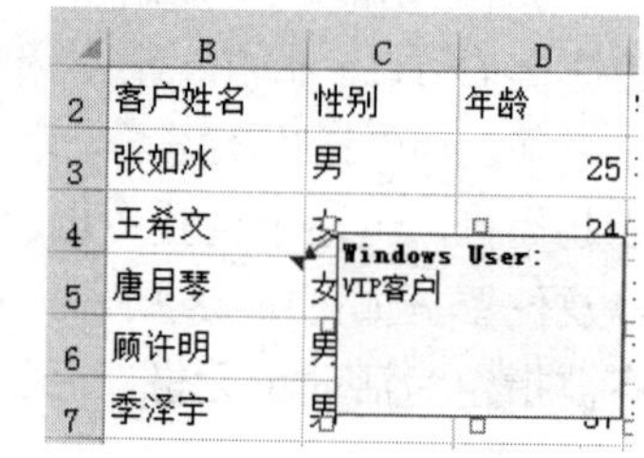

B
C
D
客户姓名
性别
年龄
张如冰
男
25
王希文
唐月琴
顾许明
季泽宇
Windows User:
VIP客户

图 4-31　插入单元格批注

此时有批注的单元格的右上角会出现一个红色小三角的批注记号。将鼠标指针移到含有批注的单元格上时，就会显示批注。

（2）显示和隐藏批注。

如果要显示所有单元格的批注（而无论单元格指针的位置），可选择“审阅”/“批注”/“显示所有批注”。该命令是可切换命令；再次选择它即可隐藏所有单元格批注。

要切换显示单个批注，首先需要选择单元格，然后选择“审阅”/“批注”/“显示/隐藏批注”。

（3）编辑批注。

要编辑修改批注，需要右击单元格，然后从快捷菜单中选择“编辑批注”。也可以先选中单元格，然后按 Shift+F2 键。

（4）删除批注。

要删除单元格批注，首先需要选中含有批注的单元格，然后选择“审阅”/“批注”/“删除”。或者可以右击鼠标，然后从快捷菜单中选择“删除批注”。

4. 设置数据验证

Excel 的数据验证功能允许用户设置一些规则，用于规定可以在单元格中输入的内容。如果用户输入无效的数据，系统会拒绝该数据，并给出出错警告。例如，在工作表的某区域中规定输入的数据限制为介于 18～65 之间的整数。其设置步骤如下：

（1）选择单元格或区域。

（2）选择功能区“数据”/“数据工具”/“数据验证”，打开“数据验证”对话框。

（3）选择“设置”选项卡，按照图 4-32 所示设置数据限定条件。

（4）（可选）选择“输入信息”选项卡，按照图 4-33 所示设定用户选择该单元格时显示的信息。

（5）（可选）选择“出错警告”选项卡，按照图 4-34 所示设定当用户输入无效数据时所显示的出错信息。单击“确定”按钮完成设置。设置完成后，用户输入错误数据时的效果如图 4-35 所示。

要删除设置的数据验证，则选定该单元格或区域，打开“数据验证”对话框，单击“全部清除”按钮。

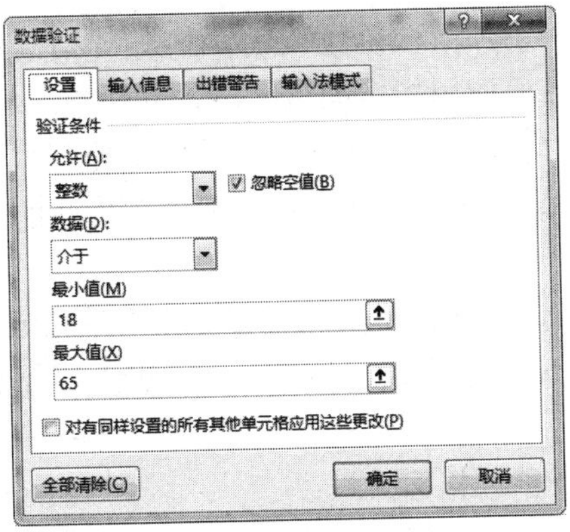

图 4-32　设置数据验证条件

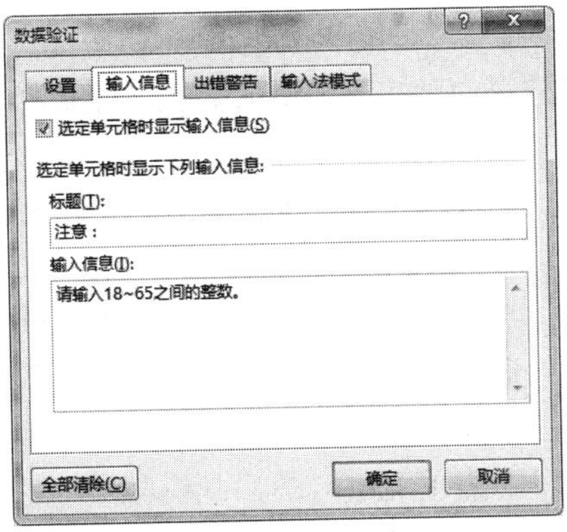

图 4-33　设置用户输入数据时提示信息

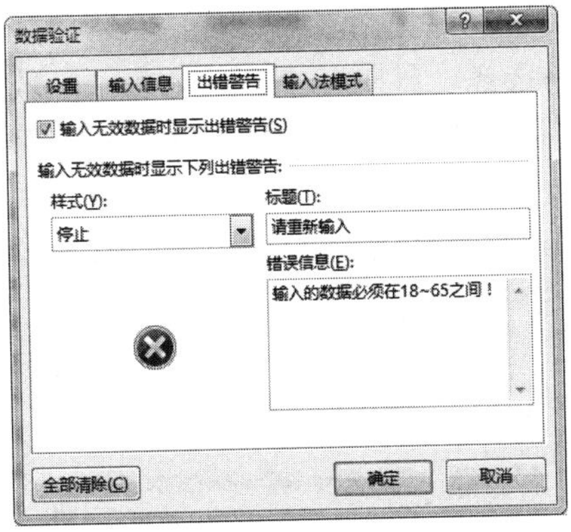

图 4-34　设置用户输入无效数据时显示的信息

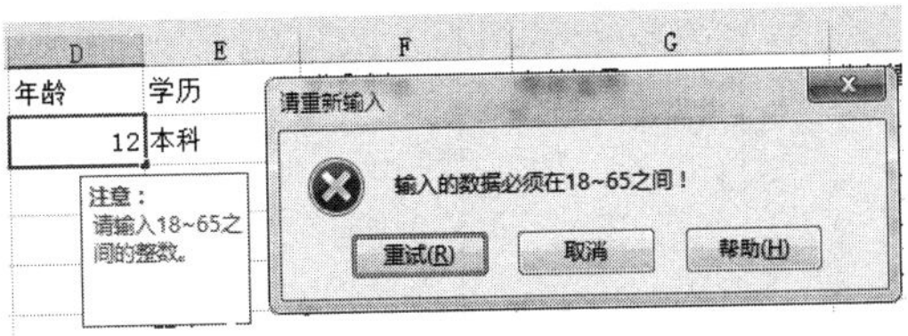

图 4-35　用户输入数据时效果

4.2.5　格式化工作表

格式化工作表可以完成单元格的数字格式设置、对齐、字体、表格的填充和边框设置等多种对工作表的修饰操作，可以使工作表更规范、更有条理、更美观和更有吸引力，从而达到锦上添花的效果。

Excel 单元格格式可在以下三个位置获得：

- 功能区中的“开始”选项卡。
- 右击区域或单元格时出现的浮动工具栏。
- “设置单元格格式”对话框。

1. 设置数字格式

设置数字格式是指更改单元格中值的外观的过程。Excel 提供了丰富的数字格式选项，所应用的格式将对选定的单元格有效。因此，需要在应用格式之前选择单元格（或单元格区域）。此外，更改数字格式不会影响基础值，设置数字格式只会影响外观。

（1）通过功能区设置数字格式，功能区的“开始”/“数字”分组中包含一些控件可用于快速应用常用的数字格式，如图 4-36 所示。“数字格式”下拉列表中包含 11 种常用的数字格式，如图 4-37 所示。其他选项包括一个“会计数字格式”下拉列表用于选择货币

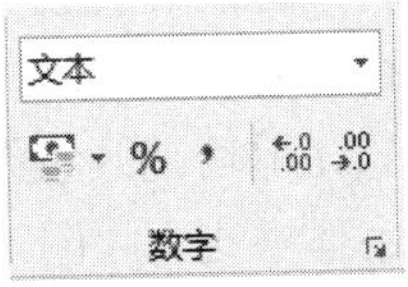

图 4-36　“数字”组

格式，“百分比样式”按钮、“千位分隔样式”按钮、增加小数位数和减少小数位数按钮。

当选择“数字”格式控件时，活动单元格或区域将应用指定的数字格式。

（2）使用“设置单元格格式”对话框设置数字格式，可以访问更多的用于控制数字格式的命令。可以通过以下方式打开“设置单元格格式”对话框。首先，选择要设置格式的单元格（或区域），然后执行下列操作之一：

- 选择“开始”/“数字”，然后单击对话框启动器小图标（在数字分组右下角）。
- 选择“开始”/“数字”，单击“数字格式”下拉列表，然后从下拉列表选择“其他数字格式”。
- 右击单元格，然后从快捷菜单中选择“设置单元格格式”。
- 按 Ctrl+1 键。

“设置单元格格式”对话框的“数字”选项卡显示了 12 类数字格式。当从列表框中选择一个类别时，选项卡的右侧就会发生变化以显示适用于该类别的选项，如图 4-38 所示。例如，要设置日期型数据的格式，首行在左侧“分类”框中选择“日期”，然后在右侧“区域设置”中选择“地区或国家”，此时在“类型”框中显示当前国家或地区日期型数据的所有可供选择格式，选择所需要的格式，单击“确定”即可完成设置。

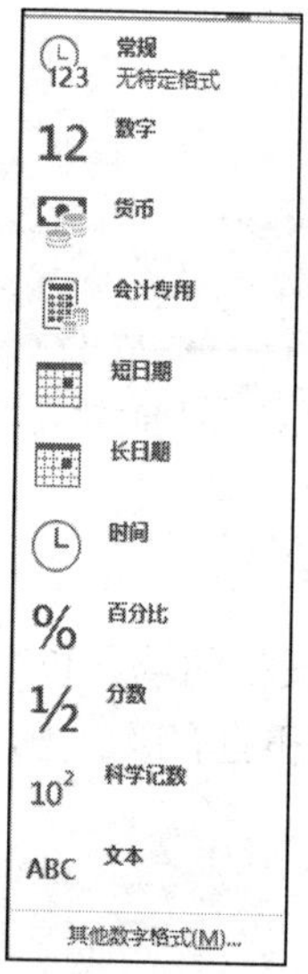

图 4-37　11 种常用数字格式

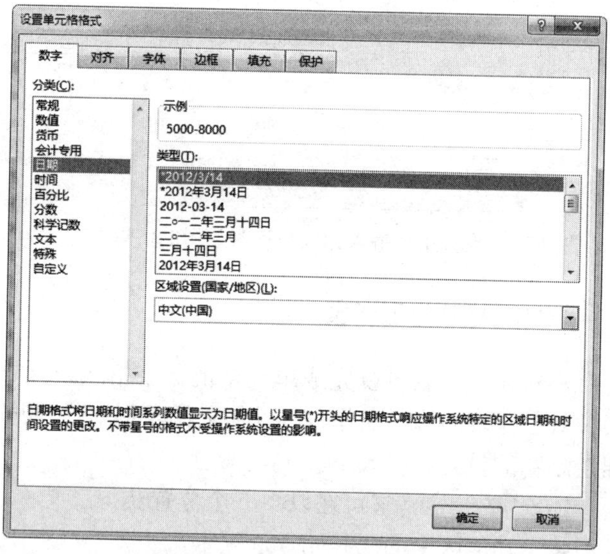

图 4-38　“数字”格式设置

（3）使用浮动工具栏，右击单元格或选中区域时，会显示快捷菜单。此时，会在快捷菜单的上方或下方出现一个浮动工具栏。如图 4-39 所示，用于设置单元格格式的浮动工具栏中包含了功能区“开始”选项中最常用的控件，直接单击相关设置按钮即可完成设置。

2. 设置字体格式

字体的外观设置包括字体、字形、字号、颜色及特殊效果等。同“数字格式”设置一样，也可以通过功能区，“设置单元格格式”对话框和浮动工具栏等方法进行设置。

使用功能区设置，功能区的“开始”/“字体”分组中包含一些控件可用于快速应用常用的字体格式。如图 4-40 所示，其中包含了字体、字号、字形（加粗、倾斜、下划线）、字的颜色、边框、填充、显示和隐藏拼音等命令。

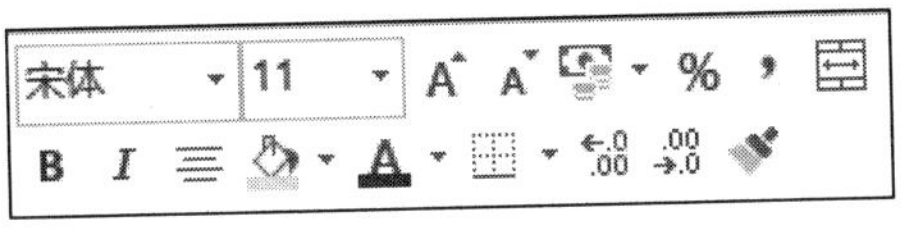

图 4-39　浮动工具栏

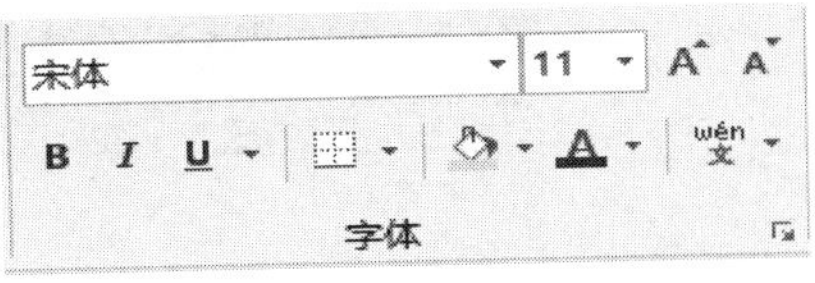

图 4-40　“开始”功能区“字体”组命令

也可使用“设置单元格格式”对话框中的“字体”选项卡（如图 4-41 所示）来进行更为全面的字体外观效果设置。

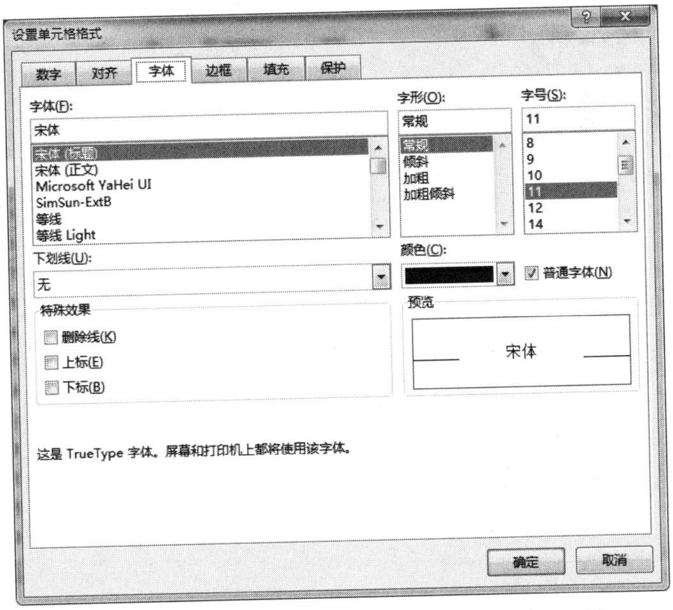

图 4-41　“设置单元格格式”对话框“字体”选项卡

此外，利用浮动工具栏（如图 4-39 所示）中关于字体外观效果设置的命令，可以快速设置字体效果。

3. 设置对齐方式

（1）单元格的对齐。

单元格中的内容可以在水平和垂直方向对齐。默认情况下，Excel 会将数字向右对齐，而将文本向左对齐。所有单元格默认使用底端对齐。

最常用的对齐命令位于功能区的“开始”选项卡的“对齐方式”分组中。“设置单元格格式”对话框中的“对齐”选项卡提供了更多的选项，如图 4-42 所示。

水平对齐方式：用于控制单元格内容在水平宽度上的分布。

- 常规：默认对齐方式。数字向右对齐，文本向左对齐，逻辑及错误值居中分布。
- 靠左：将单元格内容向单元格左侧对齐。
- 居中：将单元格内容向单元格中心对齐。
- 靠右：将单元格内容向单元格右侧对齐。
- 填充：重复单元格内容直到单元格被填满。
- 两端对齐：将文本向单元格的左侧和右侧两端对齐。只有在将单元格格式设置为自动换行并使用多行时，该选项才适用。

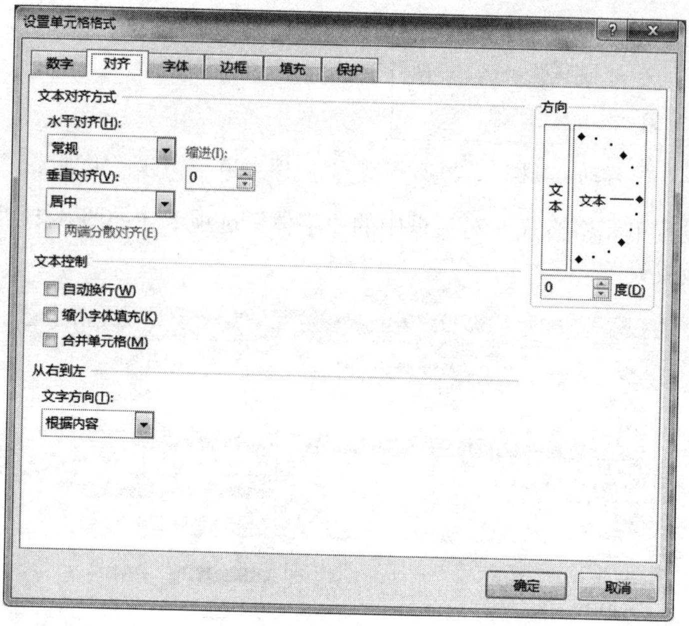

图 4-42　“设置单元格格式”对话框“对齐”选项卡

- 跨列居中：将文本跨选中列居中对齐。该选项适用于将标题跨越多列精确居中。
- 分散对齐：均匀地将文本在选中的列中分散对齐。

如果选择“靠左”“靠右”或“分散对齐”，则可以调整“缩进”设置。

垂直对齐方式：用于控制单元格内容在垂直方向上的分布。垂直对齐方式只有当行高远高于普通行高时，该设置才有用。

- 靠上：将单元格内容向单元格顶端对齐。
- 居中：将单元格内容在垂直方向上居中。
- 靠下：将单元格内容向单元格底端对齐。
- 两端对齐：在单元格中将文本在垂直方向上两端对齐。只有在将单元格格式设置为自动换行并使用多行时，该选项才适用。此设置可用于增加行距。
- 分散对齐：在单元格中将文本在垂直方向上均匀分散对齐。

（2）自动换行或缩小字体以填充单元格。

如果文本长度太宽，超出了列宽，但又不想让它们溢入相邻的单元格，那么就可以使用“自动换行”或“缩小字体填充”选项来容纳文本。

（3）合并单元格。

Excel 允许将两个或多个相邻单元格合并为一个单元格。可以合并任意数量的单元格。除左上角的单元格之外，要合并的其他单元格区域必须为空。如果要合并的其他任一单元格不为空，则 Excel 将显示警告。如果继续合并，将删除所有数据（左上角的单元格除外）。

功能区（或浮动工具栏）上的“合并后居中”控件使用起来更简单。要合并单元格，单击这个按钮，选中的单元格将会被合并，并且左上角单元格的内容将会被水平居中对齐。“合并后居中”按钮可以实现切换功能。要取消单元格合并，可以选中已合并的单元格，然后再次单击“合并后居中”按钮。

合并单元格之后，可以将对齐方式更改为除“居中”外的其他选项。

“开始”“对齐方式”“合并后居中”控件中包含一个下拉列表，如图 4-43 所示，其中包含以下选项。

- 跨越合并：当选中一个含有多行的区域时，该命令将创建多个合并的单元格——每行一个单元格。
- 合并单元格：在不应用“居中”属性的情况下合并选定的单元格。
- 取消单元格合并：取消对选定单元格的合并操作。

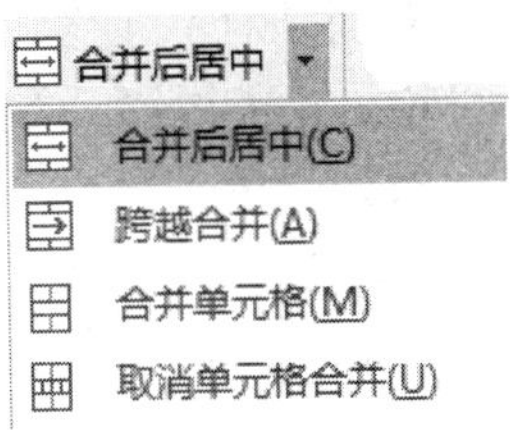

图 4-43　“合并后居中”控件

（4）文本方向和文字方向。

某些情况下，用户可能需要在单元格中以特定的角度显示文本，以便实现更好的视觉效果。既可以在水平、垂直方向显示文本，也可以+90 度和-90 度之间的任一角度上显示文本。通过“开始”/“对齐方式”/“方向”命令的下拉列表，可以应用最常用的文本角度。如果要进行更详细的控制，可使用“设置单元格格式”对话框的“对齐”选项卡。在该对话框中，可使用“度”微控按钮，或拖动仪表中的指针设置文本显示方向。

“文字方向”选项是对所使用的语言选择适当的阅读顺序。

4. 设置边框、填充效果及工作表背景

边框通常用于分组含有类似单元格的区域，或确定行或列的边界。Excel 提供了 13 种预置的边框样式，可以在“开始”/“字体”/“边框”下拉列表中看到这些边框样式，如图 4-44 所示。该控件对选中的单元格或区域起作用，并且允许用户指定要对所选区域的每一条边框所使用的边框样式。

用户还可以使用该下拉列表中的“绘制边框”或“绘制边框网格”命令自行绘制边框，选择其中一个命令后，可以通过拖动鼠标的方式来创建边框。可以使用“线条颜色”和“线型”命令更改边框线的颜色和样式。当完成绘制边框后，可按 Esc 键取消边框绘制模式。

另一种应用边框的方式是使用“设置单元格格式”对话框中的“边框”选项卡，如图 4-45 所示。在打开对话框之前，选择要为其添加边框的单元格或区域。在打开的对话框中，首先选择一种“线条样式”和“颜色”，然后单击其中一个“边框”图标（这些图标可切换），为“线条样式”选择边框位置。

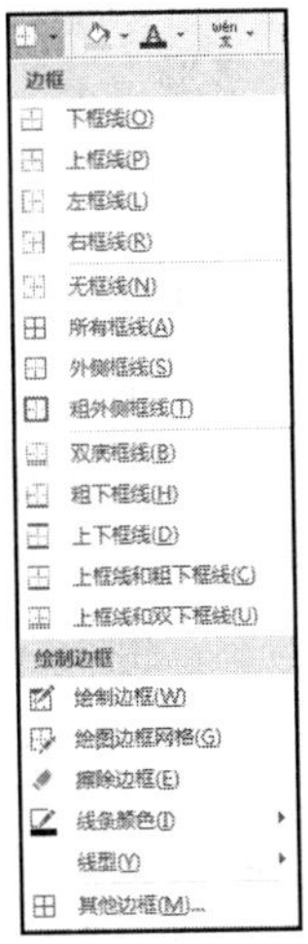

图 4-44　13 种预置边框样式

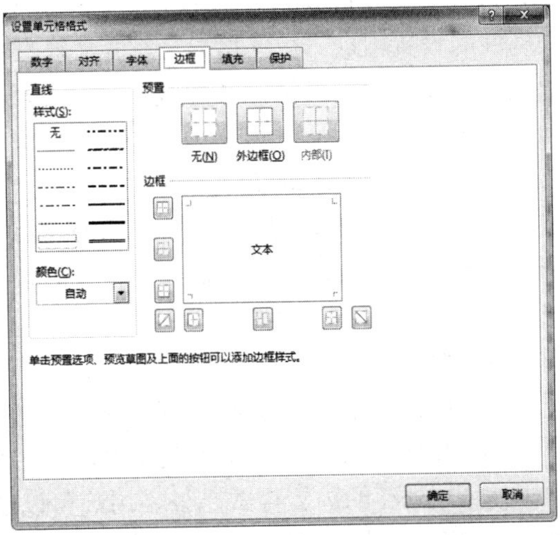

图 4-45　“设置单元格格式”对话框“边框”选项卡

填充则是对单元格（或区域）的背景颜色和填充效果进行定义。在选定单元格（或区域）后，可通过功能区“开始”/“字体”（或浮动工具栏上）中的“填充颜色”命令设置单元格或区域的背景颜色。

也可通过“设置单元格格式”对话框的“填充”选择卡，如图 4-46 所示，单击其中的“填充效果”按钮，可以打开“填充效果”对话框设置“渐变”填充。可以选择“图案颜色”和“图案样式”来设置单元格或区域的背景图案。

某些情况下，用户可能需要使用图片文件作为工作表的背景，其效果与在 Windows 桌面上显示的墙纸相似，如图 4-47 所示。向工作表添加背景，选择“页面布局”/“页面设置”/“背景”。Excel 将打开一个选择图片文件的对话框，其中可以支持所有常用的图形文件格式。选择好某个图片文件后，单击“插入”按钮，Excel 就会将图片平铺到整个工作表中。此时“背景”命令切换为“删除背景”命令，可单击该命令取消工作表背景设置。

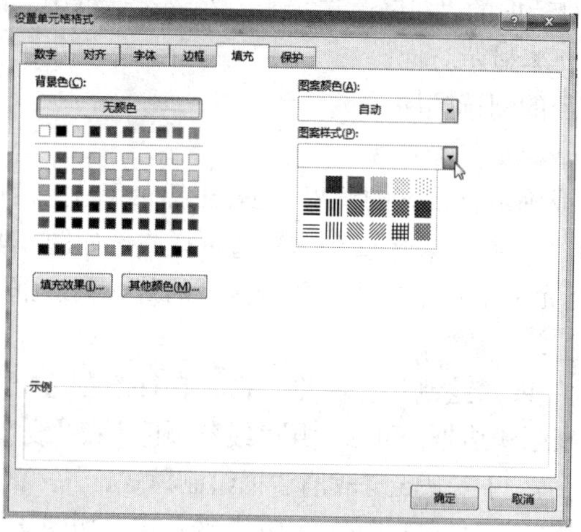

图 4-46 “填充”选项卡

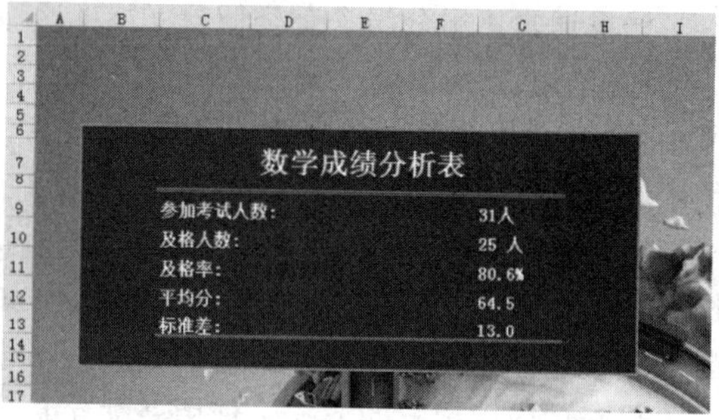

图 4-47 添加工作表背景图片

注意：工作表中的图片背景只会在屏幕上显示，打印工作表时不会打印图片背景。

5. 单元格样式

单元格样式可以很容易地对单元格或区域应用一组预定义的格式选项。一种样式最多由 6 种不同属性的设置组成：数字格式、对齐（垂直及水平方向）、字体（字形、字号及颜色）、边框、填充和单元格保护（锁定及隐藏）。当更改样式的组成部分时，所有使用该样式的单元格会自动发生更改。

Excel 提供了一组预定义样式以供用户选择，在选择“开始”/“样式”/“单元格样式”时会展开显示，如图 4-48 所示。此时 Excel 会以“实时预览”的方式在选中的单元格区域中观察到相应的样式效果。当发现需要的样式时，单击鼠标即可对选中区域应用相应样式。

修改现有样式，选择“开始”/“样式”/“单元格样式”。右击要修改的样式，并从快捷菜单中选择“修改”命令。Excel 将显示“样式”对话框，如图 4-49 所示，单击“格式”按钮，将打开“设置单元格格式”对话框，在对话框中修改格式后，单击“确定”按钮可返回“样式”对话框。再次单击“确定”按钮可关闭“样式”对话框完成样式的修改。

除了使用 Excel 的内置样式之外，用户可以创建自己的样式。创建新样式的步骤如下：

（1）选择一个单元格，并设置要包含在新样式中的所有格式。可以使用“设置单元格格式”对话框设置。

（2）选择“开始”/“样式”/“单元格样式”，然后选择“新建单元格样式”。Excel 将显示“样式”对话框，如图 4-49 所示，其中带有建议的通用样式命名。

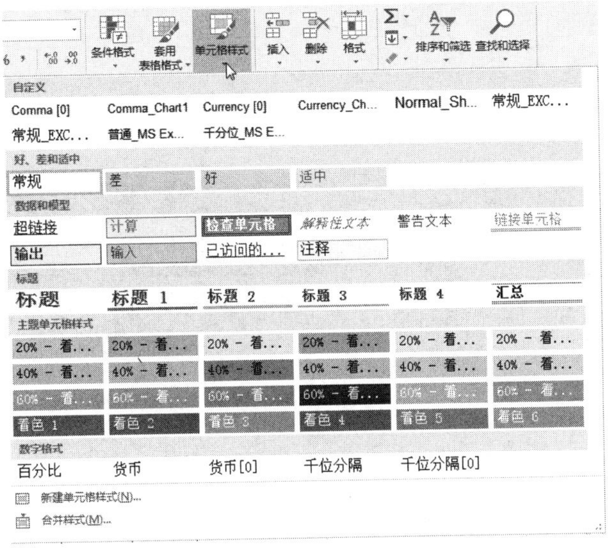

图 4-48　Excel 预定义的单元格样式示例

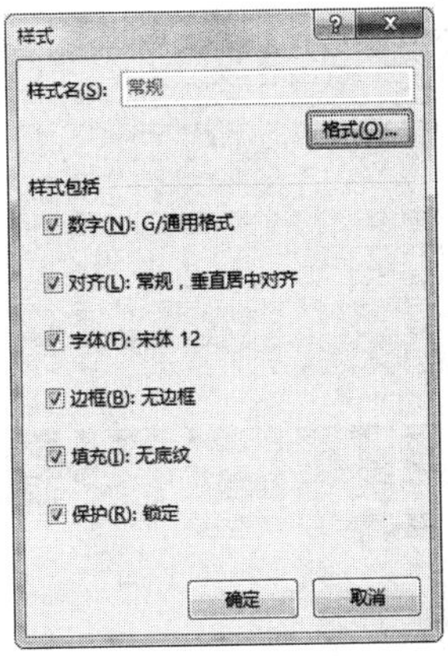

图 4-49　“样式”对话框

（3）在“样式名”文本框中输入新样式名。复选框中将显示单元格的当前格式。如果不需要哪一个或多个格式，可以取消相应复选框。

（4）单击“确定”按钮完成样式的创建。

6. 套用表格格式

为了更快速制作表格，Excel 提供了预置的套用表格格式，用户可以直接在自己的表格中应用这些样式。选择功能区中“开始”/“样式”/“套用表格格式”，将展开显示样式列表，如图 4-50 所示，这些表格样式分为三类：浅色、中等深浅色和深色。当在这些表格格式之间移动鼠标时，会显示实时的预览。当发现所需要的表格格式后，只需单击就可以应用该样式。应用套用表格格式后，功能区会出现“表格工具”选项卡，用户可通过此选项卡修改表格格式。

如果要新建表格样式，单击“新建表格样式”按钮，此时将弹出如图 4-51 所示的“新建表样式”对话框。可以自定义 12 种表格元素中的任一或所有元素。从列表中选择一种元素，单击“格式”按钮，然后为选中元素指定格式。完成上述操作后，为表格样式命名，并单击“确定”按钮。自定义表格样式将出现在“自定义”分类中的“表格样式”库中。

7. 条件格式设置

条件格式可以根据单元格内容对单元格应用条件格式，从而使单元格的外观与众不同。如图 4-52 所示，是设置了条件格式的学生成绩表。

条件格式功能允许以单元格的内容为基础，选择性地或自动地应用单元格格式。图 4-52 学生成绩表中后五列数据区域分别应用了不同的条件格式规则。其中 D4:D13 区域为“数据条”的“渐变填充”；E4:E13 区域为“数据条”的“实心填充”；F4:F13 为“色阶”；G4:G13 区域应用了“色阶”和“图标集”两种规则；I4:I13 区域应用“突出显示单元格规则”中的“大于”命令。

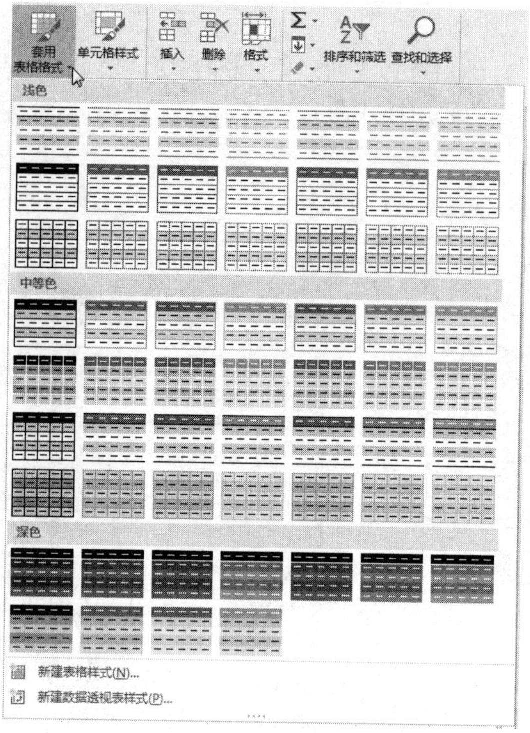

图 4-50　Excel 预定义的套用表格格式

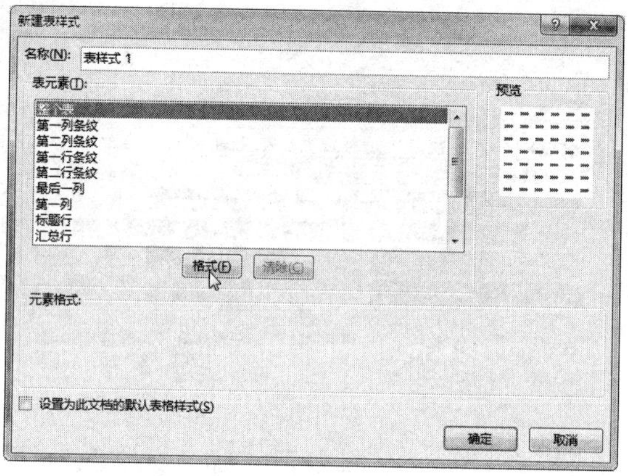

图 4-51　“新建表样式”对话框

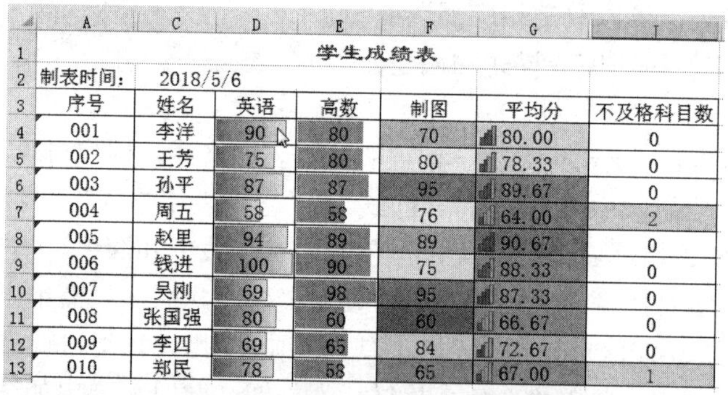

学生成绩表

制表时间：2018/5/6

序号	姓名	英语	高数	制图	平均分	不及格科目数
001	李洋	90	80	70	80.00	0
002	王芳	75	80	80	78.33	0
003	孙平	87	87	95	89.67	0
004	周五	58	58	76	64.00	2
005	赵里	94	89	89	90.67	0
006	钱进	100	90	75	88.33	0
007	吴刚	69	98	95	87.33	0
008	张国强	80	60	60	66.67	0
009	李四	69	65	84	72.67	0
010	郑民	78	58	65	67.00	1

图 4-52　使用条件格式规则的学生成绩表

条件格式的设置，首先选择要应用或定义条件格式的单元格（或区域），选择“开始”/“样式”/“条件格式”控件，在其下拉列表中选择要应用的规则。可以选择的规则如下：

- 突出显示单元格规则：例如突出显示大于某值、介于两个值之间以及包含特定文本字符串、包含日期的单元格或重复的单元格。
- 项目选取规则：例如突出显示前 10 项、后 20%的项，以及高于平均值的项等。
- 数据条：按照单元格值的比例直接在单元格中应用图形条。
- 色阶：按照单元格值的比例应用背景色。
- 图标集：在单元格中直接显示图标。具体所显示的图标取决于单元格的值。
- 新建规则：允许用户指定其他条件格式规则。
- 清除规则：对选定的单元格删除所有条件格式规则。

- 管理规则：显示“条件格式规则管理器”对话框。用户可以使用该对话框新建条件格式规则、编辑规则和删除规则。

下面以图 4-52 中条件格式设置为例，介绍条件格式的设置步骤：

（1）选定工作表中 G4:G13 单元格区域，单击“开始”/“样式”/“条件格式”，在其下拉列表中选择“色阶”/“绿-黄-红色阶”，为该区域添加色阶条件格式。

（2）在选定该区域的情况下，单击“开始”/“样式”/“条件格式”，在其下拉列表中选择“图标集”/“等级”/“五等级”，为该区域添加图标集条件格式。

（3）选择“条件格式”下拉列表中“管理规则”命令，打开“条件格式规则管理器”，如图 4-53 所示。

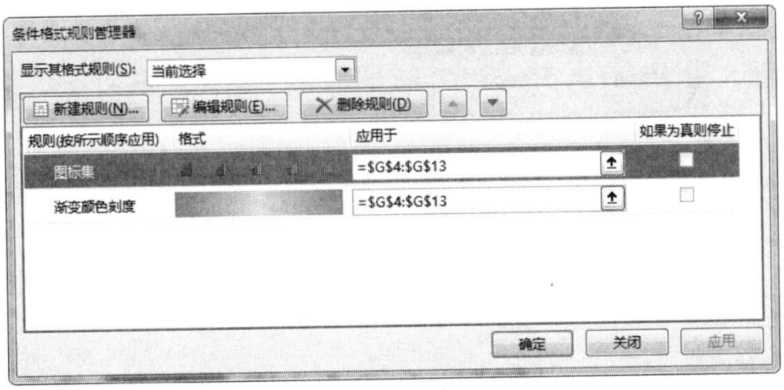

图 4-53　条件格式规则管理器

（4）选择其中的“图标集”，单击“编辑规则”按钮，打开“编辑格式规则”对话框，如图 4-54 所示，修改对话框中的规则区间，将类型全部由“百分比”改为“数字”，值从上到下依次改为“90”“80”“70”和“60”，单击“确定”按钮完成修改。

图 4-54　“编辑格式规则”对话框

（5）如果要删除多条规则中的某个或多个规则，可以在“条件格式规则管理器”中选中要删除的规则，单击“删除规则”命令。

（6）用户还可以通过“新建规则”命令打开“新建格式规则”对话框，设置自定义的条件和格式，如图 4-55 所示，单击“格式…”按钮打开“设置单元格格式”对话框。可以在以下 4 个选项卡中指定格式：“数字”“字体”“边框”和“填充”。

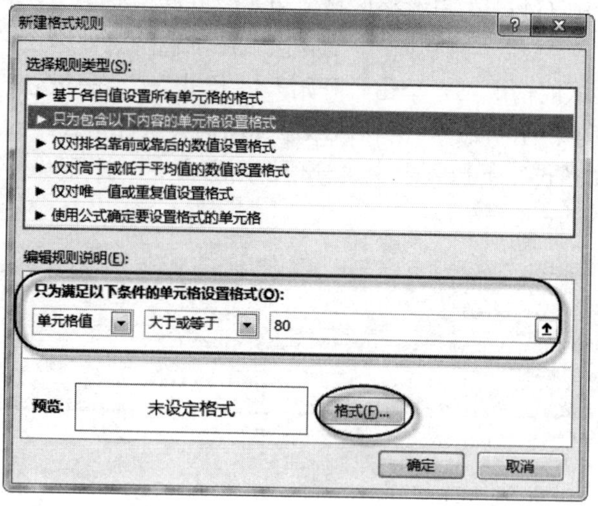

图 4-55 “新建格式规则”对话框

4.3 公式和函数的应用

4.3.1 公式与函数基础知识

在 Excel 中，应用公式与函数有助于分析工作表中的数据。例如：对产品销售表中数据进行加、减、乘、除等运算，对成绩表中数据进行求平均值、最高分、排名等运算。

1. 公式的组成

公式是用户根据数据统计、处理和分析的实际需要，利用函数、单元格引用、常用参数，通过运算符号连接起来，完成计算功能的一种表达式。函数是 Excel 软件内置的一段程序，完成预定的计算功能，或者说是一种内置的公式。

Excel 中公式必须以等号“=”开头，后面由数据和运算符组成。数据可以是常量、单元格引用、函数等。函数的结构以函数名开始，括号里面是函数的参数。公式的示例及组成如图 4-56 所示。

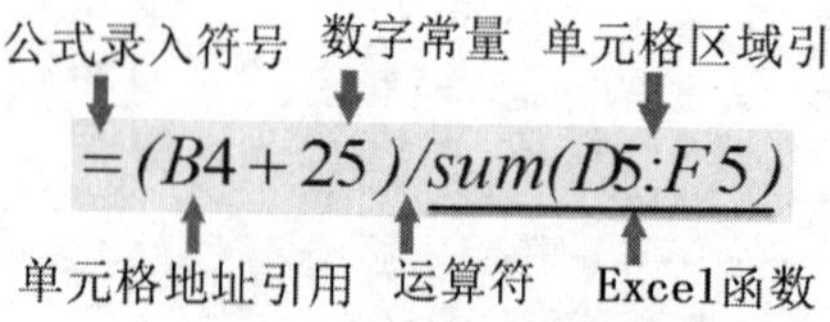

图 4-56 公式的组成

2. 运算符

在 Excel 中运算符分为四种类型，按运算的优先级别从高到低排列依次是引用运算符、算术运算符、文本运算符和比较运算符。可以通过添加括号改变公式中运算符的优先级别，而且括号可以多层嵌套，但左括号和右括号要配对出现。优先级相同的情况下，按从左到右的顺序运算。有关运算符的详细说明见表 4-2。

表 4-2　各种运算符及其功能说明

运算符类型	运算符名称	功能	示例
引用运算符	:（英文冒号） 区域运算符	对包括在两个引用之间的所有单元格的引用	A1:C5
	,（英文逗号） 联合运算符	将多个引用合并为一个引用	SUM(B1,F1,D1:D5)
	（空格） 交叉运算符	产生同时属于两个引用的单元格区域的引用	=COUNT(A1:B2 B1:C5)只有 B1 和 B2 同时属于两个引用 A1:B2 和 B1:C5
算术运算符	^	乘方运算	2^3　结果为：8
	*、/	乘、除运算	B1*2、10/2
	+、−	加、减运算	2+3-5
文本运算符	&（连字符）	将两个文本连接起来产生连续的文本	“辽宁省”&”沈阳市” 结果为：”辽宁省沈阳市”
比较运算符	=、<>	等于、不等于比较	2<>3　结果为 true
	>、>=	大于、大于或等于比较	3>3　结果为：false 3>=3　结果为：true
	<、<=	小于、小于或等于比较	“A”<”a”　结果为：true “男”<=”女”　结果为：true

3. 单元格引用

单元格的引用就是单元格地址的引用，作用是指明公式中所用的数据在工作表中的位置。单元格引用通常分为相对引用、绝对引用和混合引用。默认情况下使用的是相对引用。

（1）相对引用。

相对引用是指单元格的引用会随公式所在单元格位置的变更而改变。在如图 4-57 所示的数据表中当把 J3 中的公式复制到 J4 单元格时，公式所在行发生了变化，相对引用地址 H3、I3 变更为 H4、I4。即向下复制公式时，相对地址中行号发生了变化。

	A	B	G	H	I	J	K
1	考号	姓名	上机成绩	作业成绩	平时表现	平时成绩	总分
2		分值	70%	20分	10分	30分	100分
3	A1752101	马勇	76	17	9	=H3+I3	=G3*$G$2+J3
4	A1752102	赵荣	94	16	7	=H4+I4	=G4*$G$2+J4
5	A1752103	韩若兰	91	16	7	=H5+I5	=G5*$G$2+J5

图 4-57　相对引用与绝对引用举例

（2）绝对引用。

绝对引用是指复制公式时，无论如何改变公式的位置，其引用的单元格地址始终不变。

绝对地址的行列标号前加“$”符号，如“$G$2”。在图 4-57 所示的数据表中当把 K3 中的公式复制到 K4、K5 单元格时，公式所在行发生了变化，公式中的单元格地址$G$2 不变。

（3）混合引用。

混合引用是指相对引用与绝对引用同时存在于一个单元格的地址引用中。其地址形式如 H$1、$G2，列标或行号前有“$”符号则为绝对引用，没有“$”符号的为相对引用。如果公式所在单元格的行或列变更时，相对引用部分会改变，而绝对引用部分不变。

下面说明图 4-57 中引用单元格在公式中的含义。图中数据表为某课程的评分表，其中 J 列数据为“平时成绩”、K 列数据为“总分”，所用公式的含义如下。

J 列公式的含义为：平时成绩=作业成绩+平时表现。如：J3 单元格中公式为“=H3+I3”。

K 列公式的含义为：总分=上机成绩×70%+平时成绩。如 K3 单元格中公式为“=G3*$G$2+J3”。

在上面两个公式中“$G$2”为绝对引用，即 K3 到 K5 单元格中都引用 G2 单元格中数据“70%”，而公式中其他单元格为相对引用，总是引用当前行的数据，因此公式所在行不同地址也不同。

4. 三维引用

Excel 不仅可以在同一工作表中引用单元格或单元格区域中的数据，还可以引用同一工作簿中非当前工作表中数据，甚至跨工作簿引用数据。这种跨工作簿或工作表的引用方式称为“三维引用”。三维引用的地址形式要在单元格地址前要写明被引用单元格所在的工作簿和工作表名称。具体语法格式如下。

（1）引用同一工作簿中其他工作表中的单元格。

语法格式：工作表名!单元格地址

例如：根据交通专业各班级的平均分计算交通专业的平均分，如图 4-58 所示。数据所在的“交通 1 班”“交通 2 班”工作表和存放结果的“各专业平均分”工作表在同一工作簿中。使用的公式如下。

=('交通 1 班'!$K$34+'交通 2 班'!$K$35)/2

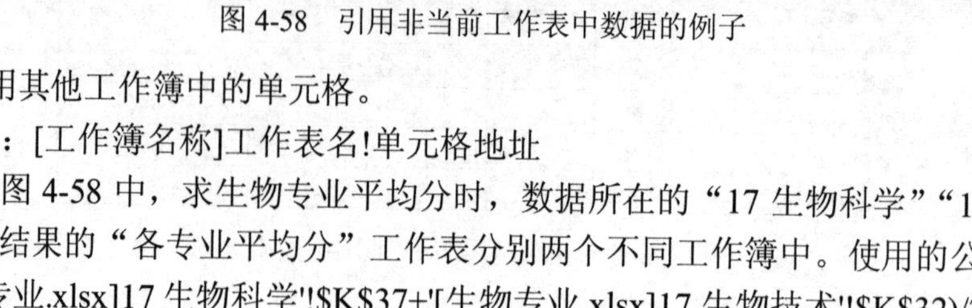

11 成绩分析
公式
结果
12 交通专业平均分
=(交通1班!$K$34+交通2班!$K$35)/2
78.25
13 生物专业平均分
=('[生物专业.xlsx]17生物科学'!$K$37+'[生物专业.xlsx]17生物技术'!$K$32)/2
76.92
交通1班
交通2班
各专业平均分
Sheet8
就绪
工作簿1...
生物专...
17级学...
第4章 E...
Excel ...

图 4-58 引用非当前工作表中数据的例子

（2）引用其他工作簿中的单元格。

语法格式：[工作簿名称]工作表名!单元格地址

例如：在图 4-58 中，求生物专业平均分时，数据所在的“17 生物科学”“17 生物技术”工作表和存放结果的“各专业平均分”工作表分别两个不同工作簿中。使用的公式如下：

=('[生物专业.xlsx]17 生物科学'!$K$37+'[生物专业.xlsx]17 生物技术'!$K$32)/2

5. 单元格区域命名

在 Excel 工作簿中，可以为单元格区域定义一个名称。在公式中可以使用该名称代替单元格区域的引用。单元格区域名称在使用范围内必须保持唯一。命名时第一个字符必须是字母、汉字、下划线或反斜杠，后面可以有数字。

（1）在名称框中命名。

如图 4-59 所示，首先选中要命名的区域，然后在名称框中输入自定义的区域名称，最后按回车键完成区域命名。

（2）在“新建名称”对话框命名。

在“公式”选项卡的“定义的名称”分组中，单击“名称管理器”命令，打开“名称管理器”对话框，在该对话框中单击“新建”按钮。打开“新建名称”对话框后，设置“引用位置”并输入名称，如图 4-60 所示，将“计算机成绩”表中 J3:J22 区域以“平时成绩”命名。

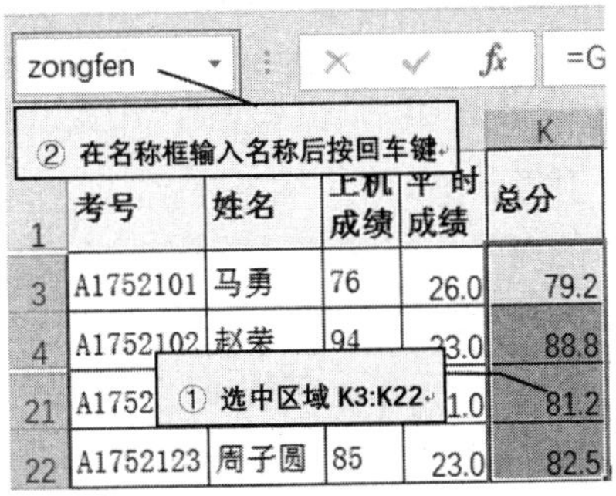

图 4-59　在“名称框”中为区域命名

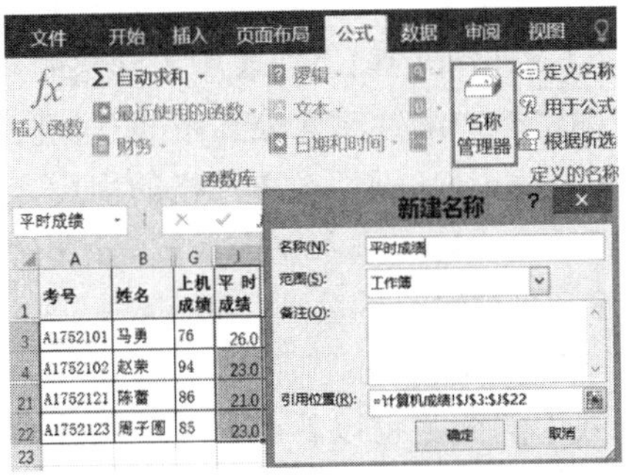

图 4-60　在“新建名称”对话框中给区域命名

（3）管理名称。

在“公式”选项卡的“定义的名称”分组中，单击“名称管理器”命令，打开“名称管理器”对话框，如图 4-61 所示。在该对话框除了可以新建名称，还可以编辑修改或删除已经定义的名称。操作方法为选中“名称管理器”名称列表中要修改或删除的名称，单击对应的“编辑”或“删除”按钮。

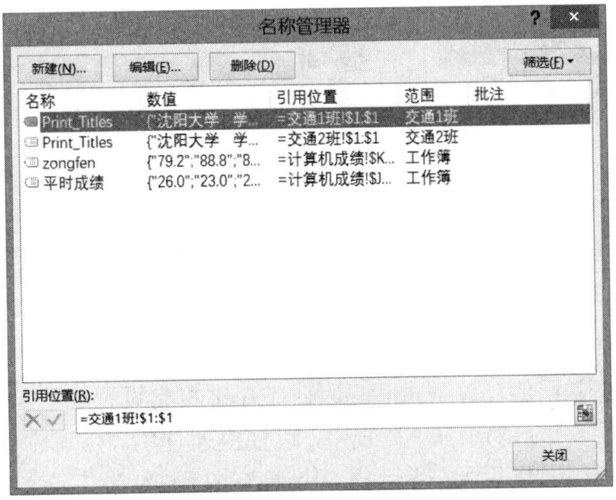

图 4-61　“名称管理器”对话框

4.3.2 公式和函数的使用

1. 输入公式

输入公式时可以手动输入运算符等符号与单击输入地址引用相结合。首先选中一个要存放公式结果的单元格，输入公式时必须先输入等号（=），才能进入公式编辑状态。之后在公式编辑状态手动和鼠标单击相结合输入公式的所有内容，输入完成后按回车键确认，完成公式的输入并在该单元格中显示公式的结果。输入公式时要注意的问题如下。

（1）选中存放公式结果的单元格后，可以在插入点处输入公式，也可以在“编辑栏”输入或编辑公式。

（2）在英文符号及半角状态下输入公式中的字母和符号。

（3）首先输入等号，才能进入公式编辑状态。

（4）在公式编辑状态用鼠标单击选择操作数所在单元格，完成公式中单元格地址的引用。

（5）引用非当前工作表中单元格时，用鼠标单击要引用的单元格，之后可以在当前工作表的“编辑栏“继续输入公式中的其他内容。

（6）使用 F4 键切换单元格的引用方式，即相对引用、绝对引用和混合引用之间切换。

（7）确认公式输入完成，按 Enter 键或编辑栏前的对号按钮✓。

（8）取消输入的公式，按 Esc 键或编辑栏前的叉号按钮×。

2. 使用函数

公式中的函数可以看成公式的特殊形式，因此可以通过手工方式输入函数，操作方法与上面介绍的输入公式方法相同。更常用的方法是通过“插入函数”命令打开“插入函数”对话框使用函数，或者使用“Σ 自动求和”列表中的常用函数。

“插入函数”命令的执行方法有两个，一是单击在“编辑栏”上的 fx 按钮，二是在“公式”选项卡“函数库”组中，单击插入函数按钮 fx，操作界面如图 4-62 所示。

“Σ 自动求和”下拉按钮在“公式”选项卡的“函数库”组中的形式为Σ 自动求和 ▾，在“开始”选项卡的“编辑”组中的形式为Σ ▾。单击此下拉按钮，弹出的常用函数列表如图 4-63 所示，而且单击列表中的“其他函数”命令也会打开“插入函数”对话框查找其他函数。

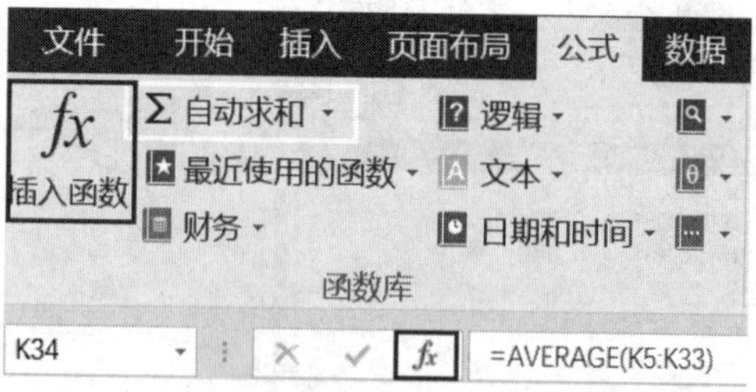

图 4-62 “公式”选项卡下的“插入函数”按钮

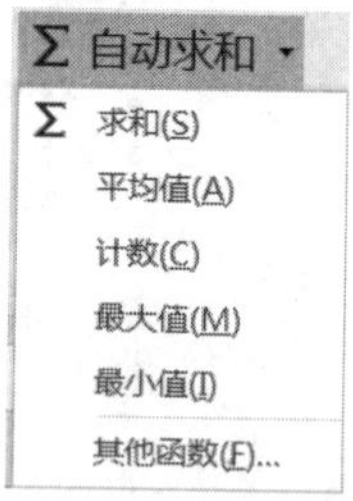

图 4-63 五个常用函数列表

（1）使用自动求和等五个常用函数。

在日常工作中，最常用的计算是求和。因此 Excel 将它设置成了工具按钮Σ ▾，此外还有几个常用函数设置在了“Σ 自动求和”列表中，以便快速使用。与其他函数相比，使用图 4-63 中的函数时可以自动引用操作数所在单元格，快速产生函数结果。下面以自动求和为例，介绍快速使用五个常用函数的具体操作方法。

方法 1：选择操作数区域，执行“自动求和”命令。如图 4-64 所示，先选择 C2:C6，再单击“开始”或“公式”选项卡中的“自动求和”按钮，函数结果将自动出现在 C7 单元格中。

方法 2：选择要存放函数结果的单元格，执行“自动求和”命令。如图 4-65 所示，先选择 E1:E7 区域，再单击“开始”或“公式”选项卡中的“自动求和”按钮。

	A	B	C
1	序号	消费项目	金额
2	1	生活日用	¥ 460.13
3	2	文教娱乐	¥ 116.70
4	3	饮食	¥ 151.05
5	4	服饰美容	¥ 300.00
6	5	其他	¥ 400.54
7		合计：	

图 4-64　先选择数据区域再自动求和

	A	B	C	D	E
1	学号	姓名	数学	语文	总分
2	1	李欣	99	99	
3	2	韩希	97	95	
4	3	张旭	97	96	
5	4	王佳文	98	95	
6	5	徐诺	99	96	
7	6	王源	100	98	

图 4-65　先选择结果区域再自动求和

（2）使用“插入函数”对话框中的其他函数。

五个常用自动函数之外的其他函数，要通过“公式”选项卡或编辑栏上的“插入函数”按钮 *fx*，打开如图 4-66 所示的“插入函数”对话框。在“插入函数”对话框可以搜索或按类别选择要使用的函数名称，按“确定”按钮后将弹出该函数对应的“函数参数”对话框。图 4-67 所示为 IF 函数的参数对话框，通过手工输入或鼠标选择确定函数参数后，按“确定”按钮关闭对话框，并在当前单元格中显示函数结果。

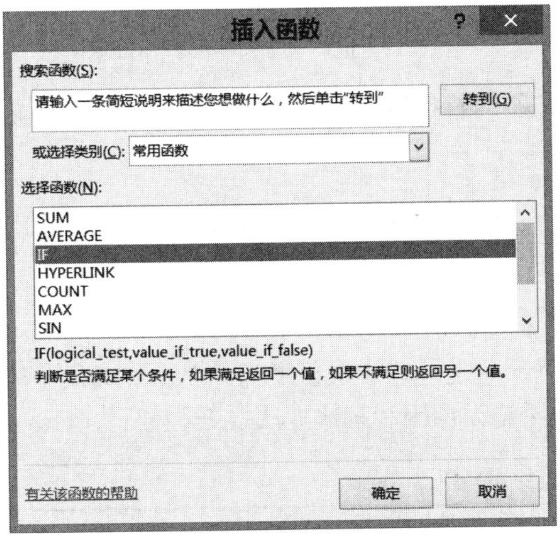

图 4-66　“插入函数”对话框

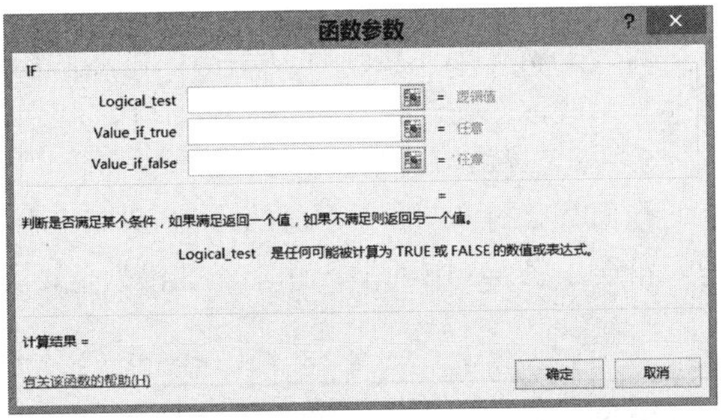

图 4-67　“函数参数”对话框

说明：在“函数参数”对话框有对当前参数的详细说明，因此对于不熟悉的函数在此对话框中操作更能保证使用函数的正确性。

3. 修改公式与函数

输入公式以后，如果发现输入有误，想变更计算方式、修改函数参数等可以通过以下三种方法进入单元格编辑状态修改公式。

（1）双击包含公式的单元格。

（2）单击包含公式的单元格，然后按 F2 键。

（3）单击包含公式的单元格，然后单击公式编辑栏。

在公式编辑状态修改公式时，将光标定位在编辑栏中的错误处，利用 Delete 键或 Backspace 键删除错误内容，然后输入正确内容即可。如果引用的单元格地址有误，也可以直接在数据表中用鼠标选择正确单元格区域，替换原来的地址。如果函数的参数有误，选定函数所在的单元格，单击编辑栏中的“插入函数”按钮，再次打开“函数参数”对话框，重新输入正确的函数参数即可。

4．复制公式与函数

在 Excel 中使用的公式具有可复制性，即在完成一个公式输入后，如果其他位置需要使用相同的公式，可以通过公式的复制来快速得到批量的结果。因此公式复制是数据运算中的一项重要内容。复制公式与函数时可以使用填充操作或复制粘贴操作，具体方法如下。

（1）双击填充柄快速向下复制。

选中公式所在单元格，将鼠标放在单元格右下角，当鼠标指针变成实心十字时，双击填充柄实现快速填充，此时公式所在单元格就会自动向下填充至相邻区域中非空行的上一行。

（2）拖动填充柄实现复制。

选中公式所在单元格，将鼠标放在单元格右下角，当鼠标指针变成实心十字时，按住鼠标左键向需要复制的方向拖动，即可复制公式与函数。

（3）使用填充快捷键向下或向右复制。

选中包含公式在内的需要填充的目标区域后，按 Ctrl+D 可执行向下填充命令，按 Ctrl+R 可执行向右填充命令，完成公式与函数的复制。

（4）使用复制、粘贴操作完成复制。

对公式所在单元格执行复制操作，然后选中粘贴的目标区域，单击鼠标右键，在右键菜单的“粘贴选项”处选择“公式”图标即可。

（5）使用复制、粘贴操作只复制公式结果。

对公式所在单元格执行复制操作，然后选中粘贴的目标区域，单击鼠标右键，在右键菜单“粘贴选项”处选择“值”图标即可。

5．公式返回错误值的分析与解决

使用公式时有时产生的结果并不是期待中的值，而是一些错误值字符，提示公式存在问题或错误。表 4-3 中列举一些常见的错误值，并分析错误原因和解决方法。

表 4-3　公式中常见错误分析

错误值	错误原因分析	常见解决方法
#####	列宽不够	增加列宽
#NAME?	无法识别公式中的文本	检查函数名或公式中区域名称的拼写
#DIV/0!	公式中包含除数为“0”或除数引用了空白单元格	修正除数所在单元格中的值
#N/A	公式使用的数据源不正确，或者不能使用	检查引用的操作数或函数参数是否合理
#REF!	单元格引用无效	检查是否是删除、粘贴等操作后，改变了其他公式引用的单元格中的内容
#VALUE!	公式中所包含的单元格有不同的数据类型	检查数据类型

4.3.3　函数功能介绍

Excel 2016 提供了大量的内置函数。在“插入函数”对话框中按函数功能可以分为文本函数、日期（时间）型函数、数学及三角函数、统计函数等十三种函数。按函数结果的数据类型或主要参数的数据类型也可以分为数字型函数、日期时间函数、文本函数和逻辑函数。下面介绍几种常用函数的功能。

1. 常用的数字型函数

（1）求和函数 SUM。

格式：SUM(number1,number2,…)

功能：返回参数包含的单元格区域中所有数值的和。

参数说明：number1，number2，…为 1 到 255 个待求和的数值，number 参数可以是数值或包含数值的名称或引用，可以是一个操作数，也可以就一组操作数。参数单元格中的逻辑值和文本将被忽略。但作为参数输入时，逻辑值和文本有效。

（2）求平均值函数 AVERAGE。

格式：AVERAGE(number1,number2,…)

功能：返回参数的算术平均值。

参数的使用方法与 SUM 函数相同。

（3）计数函数 COUNT。

格式：COUNT(value1,value 2,…)

功能：返回参数区域中存放的数字型数据的个数。

参数说明：value1，value 2，…为 1 到 255 个参数，可以包含或引用各种不同类型的数据，但只对数字型的数据进行统计。

（4）最大值函数 MAX。

格式：MAX(number1,number2,…)

功能：返回参数中所有数字型数据的最大值。

参数说明：number1，number2，…为 1 至 255 个需要从中取最大值的参数，参数可以是数值、空单元格、逻辑值或文本数值。

（5）最小值函数 MIN。

格式：MIN(number1,number2,…)

功能：返回参数中所有数字型数据的最小值。

参数的使用与 MAX 相同。

例：在图 4-68 中，分别使用以上五个函数对 B1:B5 区域中的数据进行计算，运算后的函数结果见 B6:B10 区域，C1:C10 单元格为备注信息。其中 B3 单元格中的日期型数据在常规格式中显示为数字 1，因此进行数字型函数计算时，自动将其当数字 1 处理。

	A	B	C
1	参数区域 B1:B5	5	数字型
2		15	数字型
3		1900/1/1	日期型可以转换成数字型 *1900年1月1日可转换成数字1*
4		TRUE	逻辑型
5		学生	文本型
6	SUM函数值	21	=SUM(B1:B5)
7	COUNT函数值	3	=COUNT(B1:B5)
8	AVERAGE函数值	7	=AVERAGE(B1:B5)
9	MAX函数值	15	=MAX(B1:B5)
10	MIN函数值	1	=MIN(B1:B5)

图 4-68　常用的数字型函数应用举例

（6）四舍五入函数 ROUND。

格式：ROUND(number, num_digits)

功能：将数字四舍五入到指定的位数。

参数说明：第一个参数 number 为要四舍五入的数字。第二个参数 num_digits 是要进行四舍五入运算的位数，分以下三种情况：如果 num_digits 大于 0，则将数字四舍五入到指定的小数位数；如果 num_digits 等于 0，则将数字四舍五入到最接近的整数；如果 num_digits 小于 0，则将数字四舍五入到小数点左边的相应位数。

例如，如果单元格 A1 中的数据为 125.7912，使用以下公式产生的结果如下。

公式 =ROUND(A1, 2) 的结果为 125.79

公式 =ROUND(A1, 0) 的结果为 126

公式 =ROUND(A1, -1) 的结果为 130

2. 常用的日期型函数

（1）日期函数 DATE。

格式：DATE(year,month,day)

功能：返回表示特定日期的连续序列号。

参数说明：该函数的参数 year、month、day 分别为表示年、月、日的数字。

例如，公式 =DATE(2018,6,1) 返回 43252，该序列号表示 2018 年 6 月 1 日。

注意：如果在输入该函数之前单元格格式为“常规”，则结果将使用日期格式如 2018/6/1，而不是数字格式。若要显示序列号或要更改日期格式，请在“开始”选项卡的“数字”组中选择数字格式。

（2）当前日期函数 TODAY。

格式：TODAY()

功能：返回系统的当前日期。

参数说明：该函数没有参数。

例如，假设系统当前的日期为 2020 年 10 月 1 日，执行下列公式产生的结果如下。

公式 =TODAY() 的结果为 2020/10/1

公式 = TODAY()+10 的结果为 2020/10/11

（3）当前日期和时间函数 NOW。

格式：NOW()

功能：返回系统的当前日期和时间。

参数说明：该函数没有参数。

（4）年份函数 YEAR。

格式：YEAR(serial_number)

功能：返回对应于某个日期的年份，Year 作为 1900 - 9999 之间的整数返回。

参数说明：serial_number 为要查找的年份的日期。应使用 DATE 函数输入日期，或者将日期作为其他公式或函数的结果输入。例如，使用函数 DATE(2018,5,1) 输入 2018 年 5 月 1 日。如果日期以文本形式输入，则会出现问题。

例如，在 A1 单元格的数据为某人的生日 2002 年 10 月 1 日，当前的日期为 2020 年 1 月 1 日，使用以下公式可以计算此人的年龄。

公式 =YEAR(TODAY())-YEAR(A1) 公式的计算过程为=2020-2002，结果为 18

3. 常用的文本型函数

（1）文本长度函数 LEN。

格式：LEN(text)

功能：返回文本字符串中的字符个数。

参数说明：参数 text 为要查找其长度的文本，text 文本中的空格将作为字符进行计数。如果 text 引用的为空白单元格，返回值为 0。

（2）取左子串的函数 LEFT。

格式：LEFT(text, [num_chars])

功能：从文本字符串的第一个字符开始返回指定个数的字符。

参数说明：参数 text 指包含要提取字符的文本字符串。参数 num_chars 为可选项，指定要由 LEFT 提取的字符的数量。num_chars 的值必须大于或等于零，若省略则假定其值为 1，即返回 text 字符串的首字符。

（3）取右子串函数 RIGHT。

格式：RIGHT(text, [num_chars])

功能：根据所指定的字符数返回文本字符串中最后一个或多个字符。

参数说明：参数 text 指包含要提取字符的文本字符串。参数 num_chars 为可选项，指定要由 RIGHT 提取的字符的数量。num_chars 的值必须大于或等于零，若省略则假定其值为 1，即返回 text 字符串的最后一个字符。

（4）取子串函数 MID。

格式：MID(text, start_num, num_chars)

功能：返回文本字符串中从指定位置开始的特定数目的字符，该数目由用户指定。

参数说明：参数 text 为包含要提取字符的文本字符串。参数 start_num 指文本中要提取的第一个字符的位置。文本中第一个字符的 start_num 为 1，以此类推。参数 num_chars 指定希望 MID 从文本中返回字符的个数。

以上四个文本型函数的应用举例，见图 4-69 所示，其中 A2 单元格中的数据为学号，A10 单元格中的数据为身份证号。B10 中公式的功能为取身份证号中的生日数据。

	A	B	C	D
1	数据	函数	结果	说明
2	A1742101	=LEN(A2)	8	A2中文本长度为8个字符
3		=LEN(A3)	0	A3为空白单元格返回值为0
4	Word教学	=LEN(A4)	6	A4中文本长度为6个字符
5	A1742101	=LEFT(A2)	A	返回A5中文本的首字符
6	Word教学	=LEFT(A6,4)	Word	返回A6中文本左边起4个字符
7	A1742101	=RIGHT(A7,2)	01	返回A7中文本右边起2个字符
8	Word教学	=RIGHT(A8,2)	教学	返回A8中文本右边起2个字符
9	abc@sohu.com	=MID(A9,4,5)	@sohu	返回A9中文本左起第4个字符开始的5个字符
10	123456200105014321	=MID(A10,7,8)	20010501	返回A10中文本左边起第7个字符开始的8个字符

图 4-69　文本型函数应用举例

4. 逻辑判断函数 IF

格式：IF(logical_test,value_if_true,value_if_false)

功能：根据指定的条件进行判断，如果参数 logical_test（逻辑表达式）的值为 true，则返回参数 value_if_true 的值，否则返回参数 value_if_false 的值。

说明：IF 函数可以嵌套 7 层关系式，可以构造复杂的判断条件。

例 1：应用 IF 函数，根据每个人的总分判断上机考试成绩是否及格。

如图 4-70 所示，在 H4 单元格中使用的公式为：=IF(G4>=60,"及格","不及格")

函数解析：当李雪的总分（G4 单元格中的数值）大于等于 60 时，返回文本型数据“及格”，否则返回“不及格”。

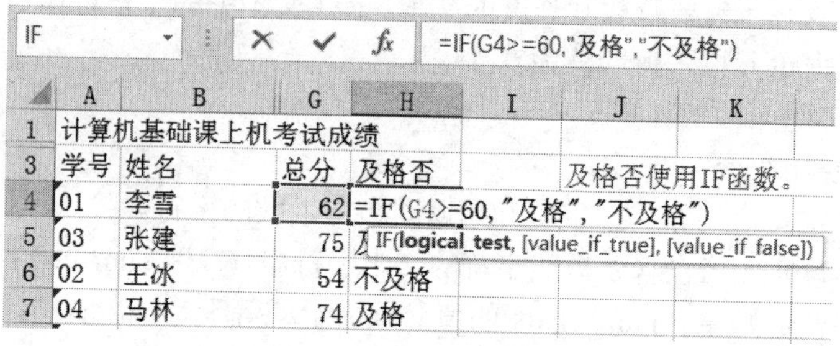

IF
=IF(G4>=60,"及格","不及格")
A B G H I J K
1 计算机基础课上机考试成绩
3 学号 姓名 总分 及格否 及格否使用IF函数。
4 01 李雪 62 =IF(G4>=60,"及格","不及格")
5 03 张建 75 IF(logical_test, [value_if_true], [value_if_false])
6 02 王冰 54 不及格
7 04 马林 74 及格

图 4-70 IF 函数的应用

例 2：应用 IF 函数嵌套，根据总分评定“优良”“合格”和“不合格”三个等级。

如图 4-71 所示，在 I4 单元格中使用的函数为：

=IF(G4>=80,"优良",IF(G4>=60,"合格","不合格"))

函数解析：首先判断条件“G4>=80”，条件为真，返回值为“优良”；否则为 G4 的值小于 80 时，继续判断条件“G4>=60”，为真返回“合格”，为假返回“不合格”。

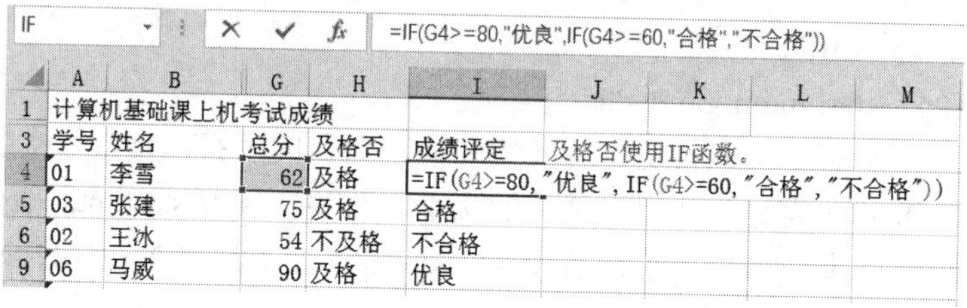

图 4-71 IF 函数的嵌套应用

5. 排位函数 RANK

格式：RANK/RANK.EQ/RANK.AVG (number,ref,[order])

功能：三个函数 RANK、RANK.EQ、RANK.AVG 的功能都是返回某数字在一列数字中相对于其他数值的大小排位。RANK 函数是为了保持与 Excel 2007 等早期版本兼容而保留的，其功能与 RANK.EQ 相同。如果多个数字排名相同，RANK.EQ 返回该数值的最佳排位，即排名最靠前的值。如果多个数字具有相同的排位，RANK.AVG 则返回平均排位。

参数说明：

- number 必需。要求其排位的数字。
- ref 必需。数字列表的数组，对数字列表的引用。Ref 中的非数字值会被忽略。
- order 可选。一个指定数字排位方式的数字。如果为 0 或忽略为降序，非零值为升序。

例：分别使用 RANK、RANK.EQ、RANK.AVG 计算每个同学的名次。

如图 4-72 所示，以韩希的名次为例，名次为韩希的总分（H3 单元格中数据）在全班同学总分范围内（$H$2:$H$10）的降序排位。

	B	H	I	J	K
1	姓名	总分	RANK 名次	RANK. EQ 名次	RANK. AVG 名次
2	李欣	198	1	1	1
3	韩希	192	=RANK. EQ(H3, $H$2: $H$10)		
4	张旭	193	6	6	6
5	**王佳文**	**194**	**3**	**3**	**4**
6	**徐诺**	**194**	**3**	**3**	**4**
7	杨竟文	180	9	9	9
8	刘宣铮	183	8	8	8
9	**王源**	**194**	**3**	**3**	**4**
10	李润泽	197	2	2	2

图 4-72　排位函数的应用举例

I3 单元格中的公式为：=RANK(H3,$H$2:$H$10)

J3 单元格中的公式为：=RANK.EQ(H3,$H$2:$H$10)

K3 单元格中的公式为：=RANK.AVG(H3,$H$2:$H$10)

结果分析：在 I 列和 J 列中分别使用了 RANK 函数和 RANK.EQ 函数，两函数产生的结果完全相同，当王佳文、徐诺和王源的总分相同时，取其最佳排位即 3、4、5 中的第 3 名。K 列使用 RANK.AVG 函数，总分相同时名次取位序 3、4、5 的平均值，因此结果为 4。

6. 条件计数函数 countif

格式：countif(range,criteria)

功能：用于统计满足某个条件的单元格的数目。

说明：range 参数是要统计的单元格区域。criteria 参数为统计条件，可以为数字、表达式、单元格引用或文本，例如表示为 "苹果" 、">=60"、B5 等。

例 1：求以“zf”命名的总分区域（G4:G23）内，不及格的人数。

公式为：=COUNTIF(zf,"<60")　或 =COUNTIF(G4:G23,"<60")

例 2：如图 4-73 所示，在数据区域内统计技术部的人数。

公式为：=COUNTIF(C2:C7,C3)　或　=COUNTIF(C2:C7,"技术部")

	B	C	D	E
1	**姓名**	**部门**	**职务**	
2	陈明	总经办	助理	**求技术部的人数:**
3	陈少飞	技术部	部长	**=COUNTIF(C2:C7, C3)**
4	房姗姗	技术部	设计师	*结果为：3*
5	高云	财务部	审计	**另一种写法如下:**
6	黄桃	销售部	副部长	**=COUNTIF(C2:C7,"技术部")**
7	尹柯	技术部	设计师	

图 4-73　COUNTIF 函数应用举例

7. 条件求和函数 sumif

格式：sumif(range,criteria,[sum_range])

功能：对满足条件的单元格求和。

参数说明：

- range：进行条件判断的单元格区域。
- criteria 是求和的条件，可以为数字、表达式、单元格引用、文本或函数形式。例如表示为 32、">32"、B5、"32"、"苹果" 或 TODAY()。

- sum_range 用于求和的实际单元格区域，如果省略将使用 range 指定的单元格区域。

例 1：求各地区的销售额总和，数据区域及函数使用如图 4-74 所示，以 G3 单元格中的函数为例。

函数为：=SUMIF($C$3:$C$18,"北京",$D$3:$D$18)

功能解析：在地区所在范围$C$3:$C$18 区域，判断值为“北京”的单元格，将符合条件单元格对应的$D$3:$D$18 范围内的数值求和。即结果为

180000+150000+100000+220000+100000=750000。

例 2：求 10 万元以下的销售额总和，如图 4-74 所示。

函数为：=SUMIF(D3:D18,"<100000")

功能解析：省略 sum_range 参数表示条件判断区域和求和区域同为 D3:D18，将在 D3:D18 区域将销售额在 100000 以下的数值求和，即结果为 80000+70000=150000。

图 4-74 SUMIF 函数应用举例

8. 查找函数 LOOKUP

格式：LOOKUP(lookup_value, lookup_vector, [result_vector])

功能：从单行区域、单列区域或数组中查找一个值，然后返回指定区域中同位置的值。

参数说明：

- lookup_value：要搜索的值。Lookup_value 可以是数字、文本、逻辑值、名称或对值的引用。
- lookup_vector：即搜索范围，只包含一行或一列的区域，其中数据可以是文本、数字或逻辑值。需要注意的是 lookup_vector 中的值必须按升序排列，否则 LOOKUP 可能无法返回正确的结果。文本不区分大小写。
- result_vector：指定函数的值所在的区域，只包含一行或一列的区域。区域大小必须与 lookup_vector 参数相同。

例：使用 LOOKUP 函数在成绩表中按姓名查找学生的总分和名次，如图 4-75 所示。

M3 单元格中的公式为：=LOOKUP(M2,$B$2:$B$10,$H$2:$H$10)，结果为：194

M4 单元格中的公式为：=LOOKUP(M2,$B$2:$B$10,$I$2:$I$10)，结果为：3

注意：此例中 lookup_vector 参数所对应的 $B$2:$B$10 中的姓名数据要升序排列，否则结果会出错。

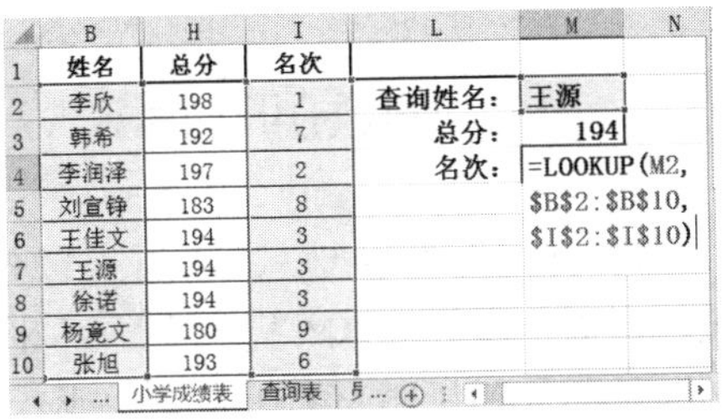

	B	H	I	L	M
1	姓名	总分	名次		
2	李欣	198	1	查询姓名：	王源
3	韩希	192	7	总分：	194
4	李润泽	197	2	名次：	=LOOKUP(M2,$B$2:$B$10,$I$2:$I$10)
5	刘宣铮	183	8		
6	王佳文	194	3		
7	王源	194	3		
8	徐诺	194	3		
9	杨竟文	180	9		
10	张旭	193	6		

小学成绩表　查询表

图 4-75　LOOKUP 函数应用举例

9. 引用函数 VLOOKUP

格式：VLOOKUP (lookup_value, table_array, col_index_num, [range_lookup])

功能：用于在数据表的第 1 列中查找指定的值，然后返回当前行中的其他列的值。

参数说明：

- lookup_value：要查找的值。要查找的值必须位于 table-array 中指定的单元格区域的第一列中。
- table_array：VLOOKUP 在其中搜索 lookup_value 和返回值的单元格区域。该单元格区域中的第一列必须包含 lookup_value，且该区域要以第一列数据为关键字排序。
- col_index_num：其中包含返回值的单元格的编号（table-array 最左侧单元格为 1 开始编号）。
- range_lookup：一个逻辑值，指定希望 VLOOKUP 查找精确匹配值还是近似匹配值。TRUE 假定表中的第一列按数字或字母排序，然后搜索最接近的值。这是未指定值时的默认方法。FALSE 在第一列中搜索精确值。

例如，如图 4-76 所示在“教师管理”工作簿中有“课时费统计表”“课时费标准”等工作表，现要按职称在“课时费标准”表中查出每位教师的课时标准，填写到“课时费统计表”C 列即课时标准的数据区域中。

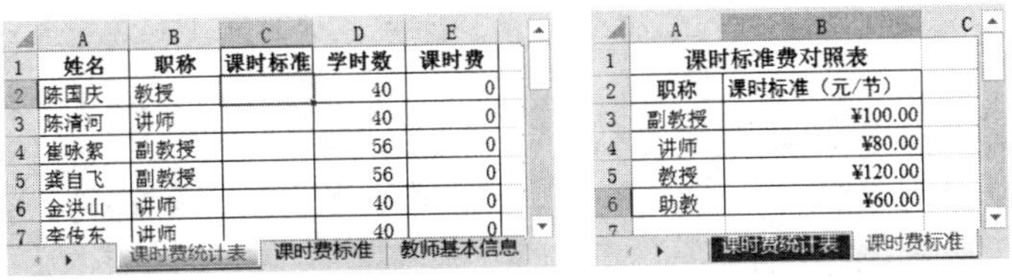

	A	B	C	D	E
1	姓名	职称	课时标准	学时数	课时费
2	陈国庆	教授		40	0
3	陈清河	讲师		40	0
4	崔咏絮	副教授		56	0
5	龚自飞	副教授		56	0
6	金洪山	讲师		40	0
7	李传东	讲师		40	0

课时费统计表　课时费标准　教师基本信息

	A	B
1	课时标准费对照表	
2	职称	课时标准（元/节）
3	副教授	¥100.00
4	讲师	¥80.00
5	教授	¥120.00
6	助教	¥60.00

课时费统计表　课时费标准

图 4-76　VLOOKUP 函数示例中的两个数据表

在 C2 单元格应用公式 =VLOOKUP(B2,课时费标准!$A$3:$B$6,2) 公式的结果为 120，向下复制公式完成 C 列数据的填充，结果如图 4-77 所示。即根据每个人的职称信息填写课时标准数据。

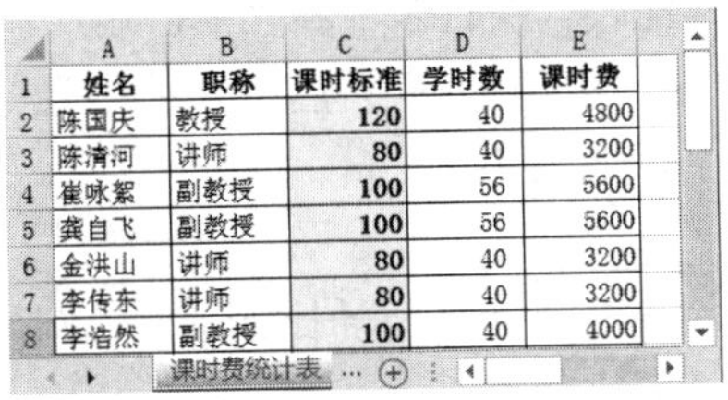

	A	B	C	D	E
1	姓名	职称	课时标准	学时数	课时费
2	陈国庆	教授	120	40	4800
3	陈清河	讲师	80	40	3200
4	崔咏絮	副教授	100	56	5600
5	龚自飞	副教授	100	56	5600
6	金洪山	讲师	80	40	3200
7	李传东	讲师	80	40	3200
8	李浩然	副教授	100	40	4000

课时费统计表

图 4-77　应用 VLOOKUP 函数的结果

4.4 图表的应用

图表可以将 Excel 表格中的数据直观、形象地呈现出来，以最易懂的方式反映数据之间关系和变化，方便用户分析和比较数据。Excel 2016 提供有 14 种图表类型，每一种图表类型又有多种子类。用户可以根据实际需要，选择原有的图表类型或者自定义图表。

4.4.1 图表的应用举例

1. 簇状柱形图的应用

柱形图是最常用的一种图表，能够直观地表达数据表中各行或列数据之间的对比。例如使用簇状柱形图，比较某品牌手机四个季度各店铺的销售情况，数据表见图 4-78。如果要重点比较每个季度不同店铺的销售情况，使用图 4-79 所示的图表，此图表系列产生在行。若要重点比较每个店铺四个季度的销售情况，可以转换图表行/列，使系列产生在列，如图 4-80 所示。

	A	B	C	D	E	F
2	店铺	1季度	2季度	3季度	4季度	总计
3	铁百店	2525221	2192882	2905962	3294205	10918269
4	北市店	2656714	2280724	3212166	3701441	11851045
5	太原街店	2909651	2642781	3263341	3766026	12581798
6	中街店	2938084	2916594	3736145	4098619	13689441
7	总计	11029669	10032981	13117615	14860290	49040554

图 4-78 数据表中产生图表的数据区域

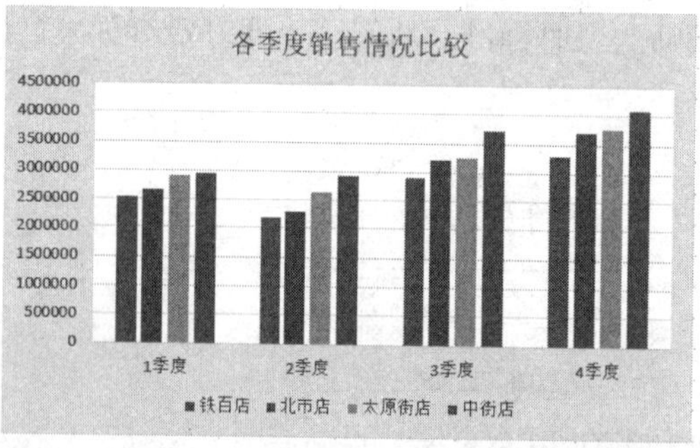

图 4-79 各季度销售情况比较

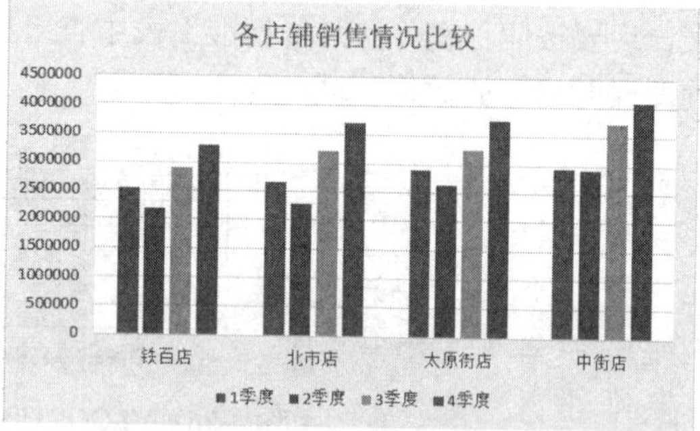

图 4-80 各店铺销售情况比较

2. 三维堆积条形图应用

条形图与柱形图类似，只是各系列对应的图形方向不同，可根据实际情况选择需要的图表。例如，使用三维堆积条形图比较“铁百店”和“中街店”总销售额突破千万的情况，如图 4-81 所示。从图中可分析出“中街店”和“铁百店”的销售额分别在 2 季度和 3 季度突破了 5 百万，两店都在 4 季度突破了 1 千万销售额。

3. 三维饼图的应用

饼图比较适合直观地表达部分与整体之间的比例关系。例如图 4-82 所示，使用三维饼图，描述各店铺的销售额占总销售额的比例关系。

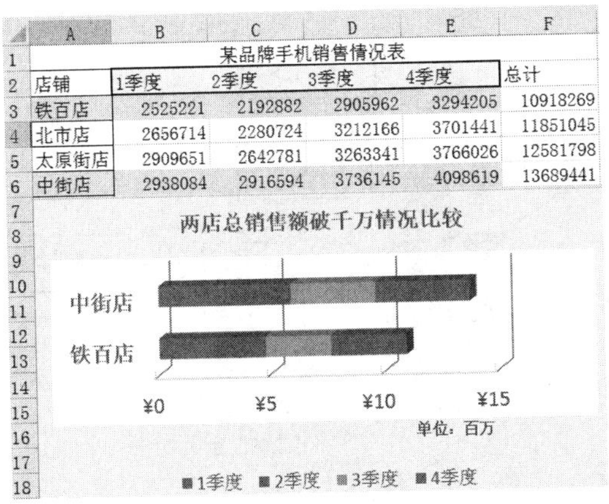

图 4-81　三维堆积条形图的应用举例

图 4-82　三维饼图的应用举例

4. 折线图的应用

折线图适合描述行或列一组数据的连续变化情况，便于分析数据的走势。例如，使用折线图描述一季度猪肉出厂价格，并分析下一周的价格走势。从图 4-83 可以分析出，一季度末猪肉价格处在快速下降趋势中，预计下一周的价格会低于每公斤 13 元。

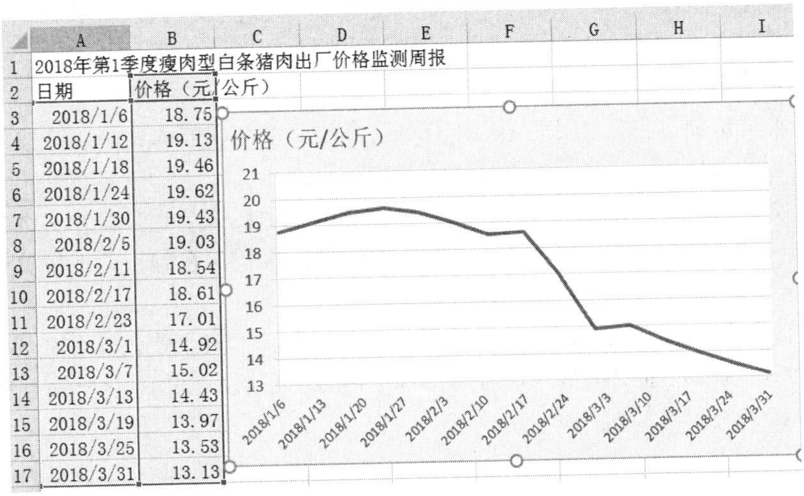

图 4-83　使用折线图分析猪肉价格走势

4.4.2　图表的组成

图表主要由图表区、绘图区、图表标题、坐标轴、图例、数据表、数据标签和背景等组成。下面以簇状柱形图为例，如图 4-84 所示，介绍图表的构成。

当鼠标指针停留在图表元素上方时 Excel 会显示元素名称，现对图表元素进行说明。

- 数据系列：是指颜色相同柱形，系列对应数据表中的一行或一列数据。
- 图例：标识图表中数据系列所指定的颜色或图案。
- 数据表：反映图表中源数据的表格，默认情况下图表不显示数据表。
- 数据标签：标识数据系列源数据的值。

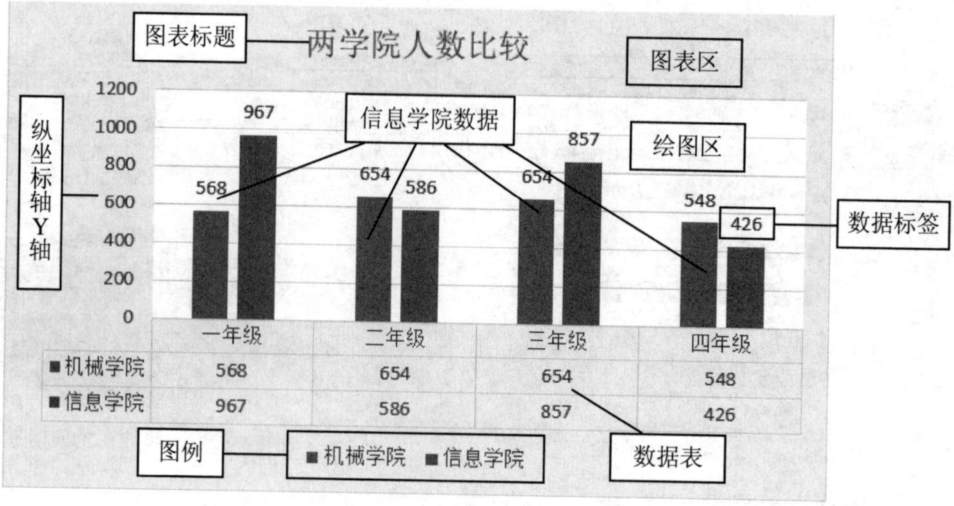

图 4-84 图表的组成

4.4.3 创建图表

准备好数据表格后就可以创建图表了。创建图表时首先在数据表中选择图表所用的数据区域，图表数据区域为规整的二维表，即各行各列的区域大小相同，且通常包含行、列标题，创建图表的方法有以下三种。

方法 1：使用快捷键创建图表：按 Alt+F1 组合键可以创建嵌入式图表，按 F11 键可以创建工作表图表。Excel 中默认的图表类型为簇状柱形图。

方法 2：使用功能区创建图表：在“插入”选项卡的“图表”选项组中，选择要插入的图表类型。如图 4-85 所示，单击“柱形图”图标处的下拉按钮，在弹出的下拉菜单中选择柱形图的子类型。

方法 3：使用图表向导创建图表：在“插入”选项卡，单击“图表”组右下角的“查看所有图表”按钮，弹出“插入图表”对话框，如图 4-86 的示。在其中选择需要的图表类型和样式，然后单击“确定”按钮即可。

图 4-85 “插入”选项卡下的“图表”组

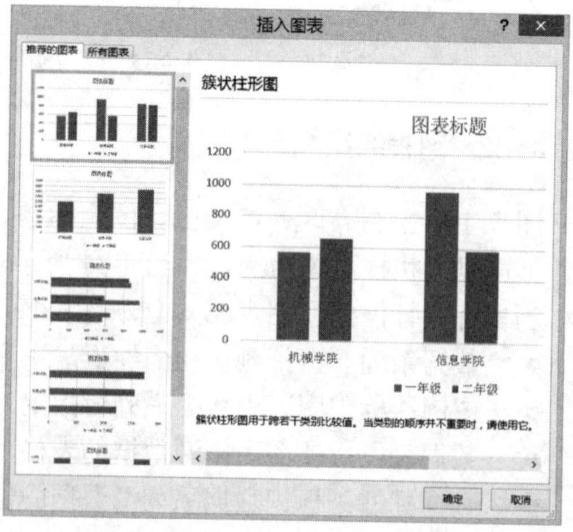

图 4-86 “插入图表”对话框

4.4.4　编辑图表

创建完图表，如果要对图表的显示内容、布局、图表样式、图表源数据区域，甚至是图表类型等进行修改，可以选中要修改的图表，在出现的“图表工具”处选择“设计”选项卡（如图 4-87），选择相应命令编辑图表。此外，还可以选中图表后在右键快捷菜单中查找编辑图表的相关命令。

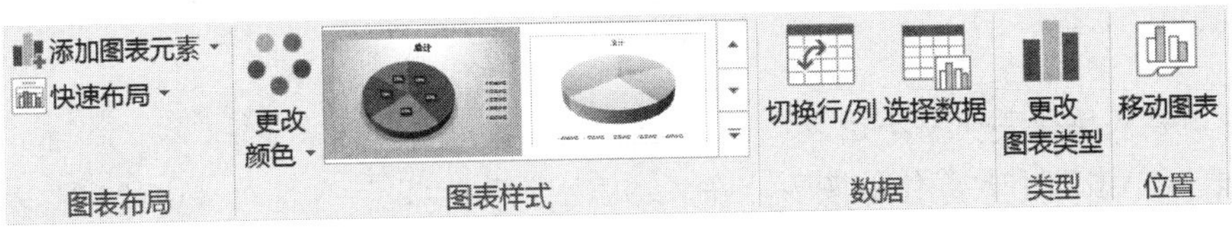

图 4-87　“图表工具”/“设计”选项卡

下面对图 4-87 中各功能区中的选项进行如下说明。

（1）图表布局：图表布局指图表包含哪些元素及各元素的位置。此功能区包括两个选项：

1）添加图表元素：不同的图表使用的图表元素不完全相同，图表元素包括坐标轴、标题、数据标签、图例、数据表、网格线、误差线、趋势线、涨/跌柱线等。

2）快速布局：每一种图表都可使用“快速布局”选择 Excel 2016 自带的几种经典布局方式，实现快速切换图表的布局。

（2）图表样式：Excel 2016 提供了丰富的图表样式可以快速设置图表使用的颜色组合和格式设置。其中通过“更改颜色”选择图表使用的色彩组合，通过样式列表快速设置所选颜色组合对应的图表格式设置。

（3）数据：指源数据表中生成图表的数据区域。在“数据”选项卡中可以通过“切换行/列”改变系列对应的数据。通过“选择数据”重新设置生成图表的数据区域。

（4）类型：选择“更改图表类型”命令可打开“更改图表类型”对话框，其内容与图 4-86 类似，可重新选择图表类型。

（5）位置：选择其中的“移动图表”命令可以打开“移动图表”对话框（如图 4-88 所示），选择放置图表的位置。“新工作表”选项指将图表放置在新创建的工作表中，即转换为工作表图表。“对象位于”选项指将图表嵌入到选定的工作表中，即该图表为嵌入式图表。

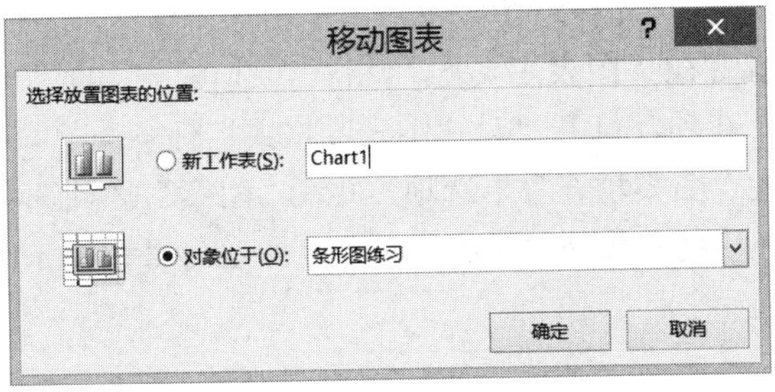

图 4-88　“移动图表”对话框

4.4.5　美化图表

为了使图表美观，可以设置图表的格式。Excel 2016 提供了丰富的格式设置功能，直接套用样式可以快速地美化整个图表。如果要调整图表某部分的格式，在选中图表后出现的“图表工具”/“格式”选项卡中有相关选项，如图 4-89 所示；也可以选中图表后在右键快捷菜单中查找相关格式设置命令。下面举例说明美化图表的几种常用操作。

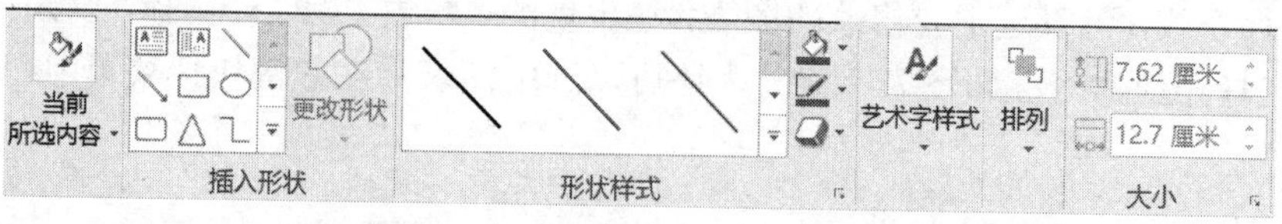

图 4-89 “图表工具”/“格式”选项卡

1. 使用样式快速美化整个图表

在图表区单击选中要美化的图表，在“图表工具”/“设计”选项卡中的“图表样式”组中，单击“其他”按钮，在弹出的图表样式列表中单击选择一个样式即可套用，如图 4-90 所示。在“图表样式”组中，单击“更改颜色”按钮，还可以为图表应用不同的颜色。

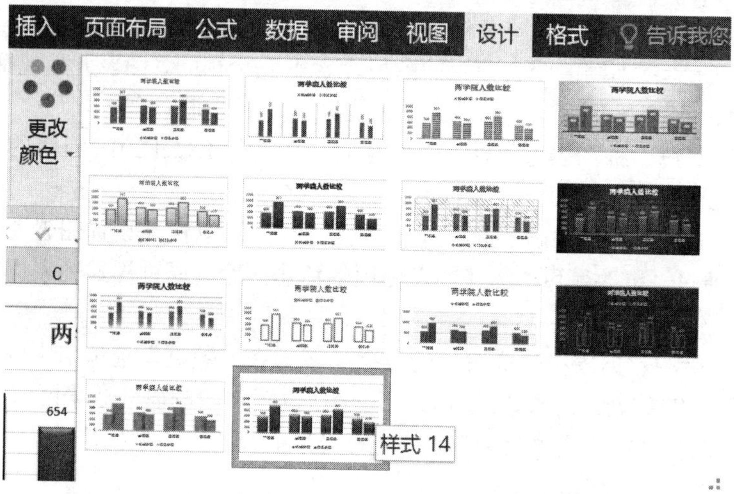

图 4-90 “图表工具”/“设计”选项卡下的图表样式

2. 设置填充效果

使用填充效果可以为“图表区”“绘图区”或所选区域设置背景。下面以“绘图区”填充背景图案为例说明操作步骤。首先在绘图区空白处单击选中该区域，在右键快捷菜单中选择“设置图表区格式”命令，或者在“图表工具”/“格式”选项卡中的“当前所选内容”下拉列表中选择“设置所选内容”选项，打开“设置图表区格式”任务窗格，如图 4-91 所示。在任务窗格中选择填充列表中的“图案填充”单选项，并在“图案”区域选择一种图案，即可将图案作为所选区域的背景。在该任务窗格“填充”选项下面还有“边框”选项，用于设置所选区域的边框。

3. 使用艺术字

例如在图表的标题处使用艺术字，首先在图表标题处单击选中，之后在“图表工具”/“格式”选项卡中的“艺术字样式”组中选择要使用的艺术字样式即可。

图 4-92 为应用了图表样式、图表区填充了来自于文件的图片背景、绘图区填充了图案背景、设置了图表区边框和标题艺术字的图表。

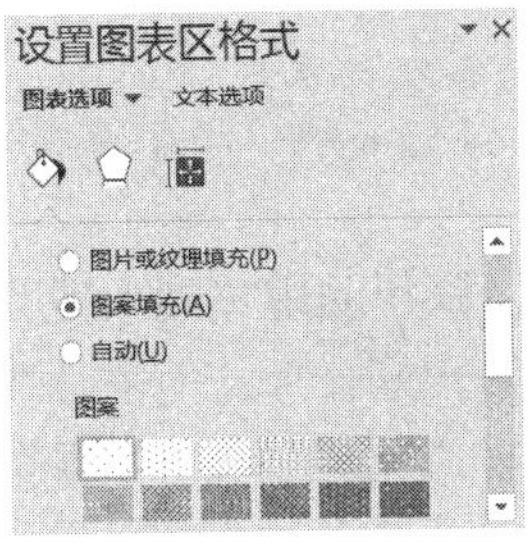

图 4-91　“设置图表区格式”任务窗格

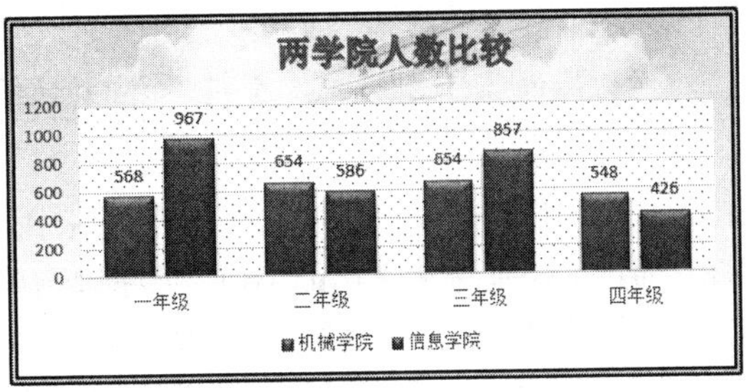

图 4-92　格式化后的图表

4.4.6　迷你图的应用

迷你图是创建在工作表单元格中的微型图表，可以直观地以折线图、柱形图和盈亏图的形式显示数据表中一行、一列或多行、多列数据值的变化。

例如，使用迷你图分析销量变化。以图 4-93 中数据为例，图中 B8:E8 区域中显示的是柱形迷你图，对应的数据区域为列，即各区域四个季度的销售量。现在为每一季度四个区域的销售量，即各行数据创建折线迷你图。

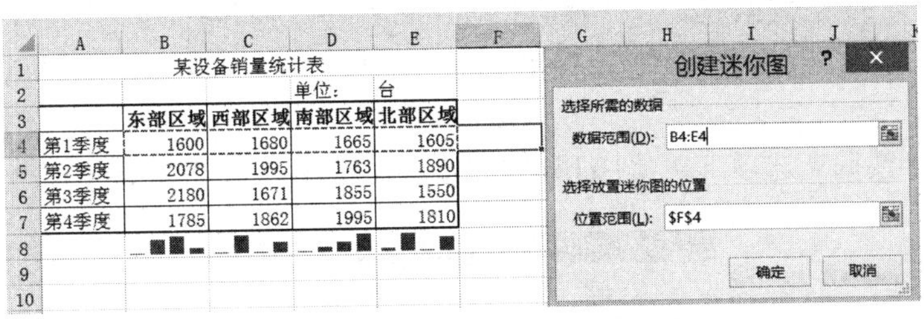

图 4-93　创建迷你图示例

创建迷你图的操作过程如下。

（1）选择存放迷你图的单元格，如 F4 单元格。

（2）插入迷你图，在“插入”选项卡中选择“迷你图”组中的折线图，打开“创建迷你图”对话框。选择迷你图对应的数据范围，确认迷你图的所在的位置范围。如 F4 单元格的迷你图源数据区域为 B4:E4，即第 1 季度各区域的销售量。

（3）复制迷你图，在 F4 单元格中按住填充柄向下填充，复制迷你图，即为第 2 至第 4 季度各区的销售量创建迷你图。

编辑迷你图，选中迷你图后，在“迷你图工具”/“设计”选项卡中选择相应的操作选项。例如删除迷你图，在“设计”选项卡，选择“分组”组中“清除”下拉列表中的“清除所选迷你图”选项，如图 4-94 所示。

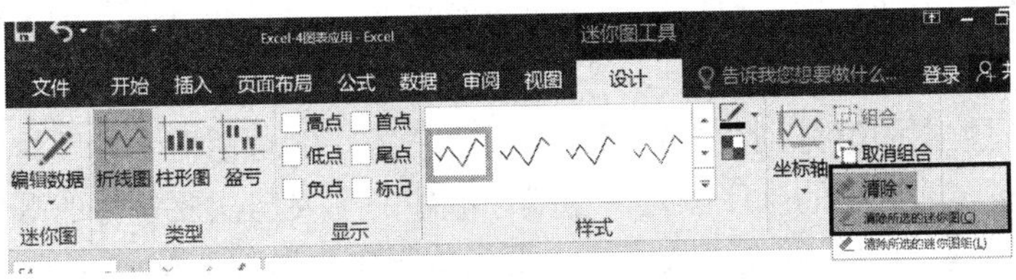

图 4-94　“迷你图工具”/“设计”选项卡

4.5 数据管理和分析

Excel 数据表是存放数据的二维表，对其中的数据进行管理可以帮助用户高效地分析和使用数据。通过 Excel 的排序功能可以将数据表中的内容按照特定的规则排序；使用筛选功能可以将满足用户条件的数据单独显示；设置数据的有效性可以防止输入错误数据；使用合并计算和分类汇总功能可以对数据按区域或类别进行汇总。

4.5.1 排序

使用数据表时如果需要按一定的顺序重新排列数据，可以使用排序操作。Excel 2016 提供了多种排序方法，用户可以根据需要进行单条件排序或多条件排序，还可以根据需要自定义排序方式。

1. 使用排序按钮实现单条件快速排序

当需要按数据表中某一列数据值的升序或降序重新排列各行时，可以使用“数据”选项卡“排序和筛选”组中的升序和降序按扭实现快速排序。

例如针对图 4-95 中数据表，以“接收日期”列升序排列各行的操作步骤如下。

（1）选中数据表中“接收日期”所在列的任一单元格，即指定活动单元格在排序条件所在列。

（2）单击“数据”选项卡“排序和筛选”组中的升序按钮，完成排序操作。

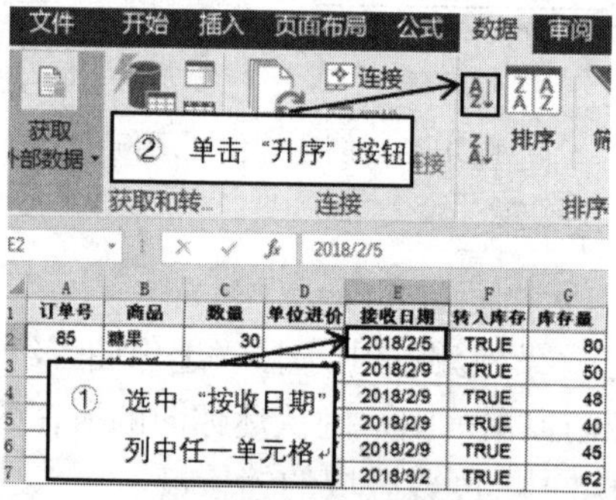

图 4-95　使用排序按钮实现单条件快速排序

说明：

- 以上操作默认的操作区域为整个数据表，如果只对数据表中选定的区域进行排序，可以先选中要排序的区域，用 Enter 或 Tab 键改变活动单元格，定位排序条件所在列，然后单击“升序”或“降序”按钮。
- 排序条件列中的数据可以是任意类型，如数值、文本、日期、逻辑等类型。

2. 在“排序”对话框实现多条件排序

当需要按多列数据的值排列数据表时，需要在“排序”对话框中设置排序所用的关键字，以及关键字的次序。关键字的次序就是决定排序顺序的主要与次要条件的顺序。

如图 4-96 所示为某中学的期末成绩表，要求将学生数据按考试成绩降序排列。其中主要的排序条件是“总成绩”，如果总成绩相同则考虑次要条件“主科总分”，如果“主科总分”也相同则考虑另一次要条件“主科 1”的成绩。

使用“排序”对话框实现多条件排序的操作步骤如下。

（1）选中排序区域。例如要选中整个数据表 A1:H31，方法一是选中数据表标题区域 A1:H1 范围内的任一单元格，方法二是从 A1 拖动鼠标到 H31 区域。

（2）单击“数据”选项卡下“排序与筛选”组中的“排序”按钮，打开“排序”对话框。

（3）设置排序条件，即主要关键字和次要关键字。例如，单击“主要关键字”后面的下拉按钮选择排序首选条件为“总成绩”，在“次序”下拉列表中选择“降序”。之后单击“添加条件”按钮，设置其他的次要关键字，如图 4-96 所示。之后单击对话框中的“确定”按钮完成排序。

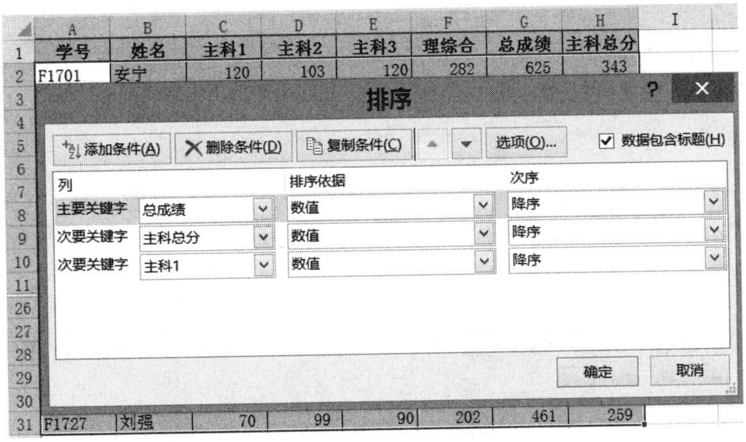

图 4-96　在“排序”对话框中设置多个排序条件

说明：只有当排在前面的关键字中数值相同时，后面的关键字才起作用。在图 4-97 所示的多条件排序结果中，刘振、尤方圆和张楠三位同学的总成绩同为 580 分，此时三人的数据将再按“主科总分”排序，尤方圆和张楠的主科总分也相同时，再按主科 1 的成绩降序排。

	A	B	C	D	E	F	G	H
1	学号	姓名	主科1	主科2	主科3	理综合	总成绩	主科总分
2	F1701	安宁	120	103	120	282	625	343
3	F1702	蒲有华	116	115	116	276	623	347
4	F1703	赵丽	103	112	101	276	592	316
5	F1708	**刘振**	**120**	113	119	228	**580**	**352**
6	F1707	**尤方圆**	**120**	110	112	238	**580**	**342**
7	F1705	**张楠**	**115**	118	109	238	**580**	**342**
8	F1712	周诗诗	112	117	116	225	570	345
9	F1711	赵强	119	114	98	239	570	331

图 4-97　排序结果

3. 在“排序”对话框中设置更多的排序方式

（1）非数值顺序排序。

排序操作的默认排序方式是按关键字的数值排序，但展开“排序”对话框中的“排序依据”下拉列表，如图 4-98 所示，还可以选择“单元格颜色”“字体颜色”和“单元格图标”为排序依据。

（2）设置排序选项。

单击“排序”对话框中的“选项”按钮，可以打开“排序选项”对话框，如图 4-99 所示。在这里可以设置针对英文的是否区分大小写、排序方向按行还是按列、排序方法按笔划排还是按字母顺序排。

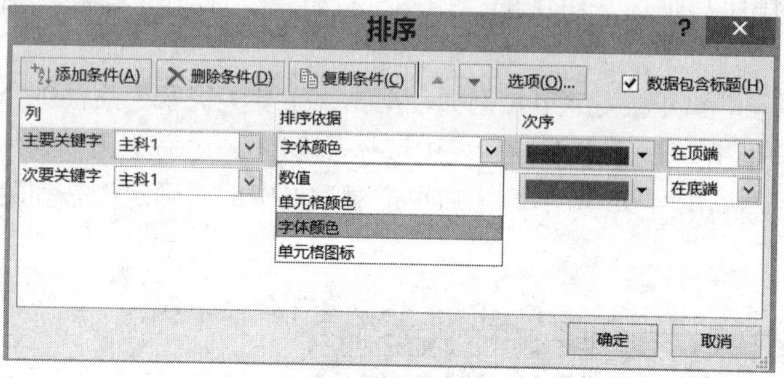

图 4-98　设置排序依据为字体颜色

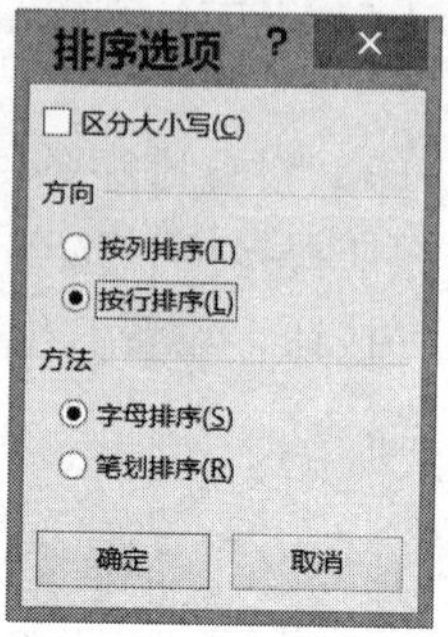

图 4-99　“排序选项”对话框

（3）自定义排序次序。

在“排序”对话框中，排序的次序除了升序和降序，还可以选择“自定义序列”，打开“自定义序列”对话框，选择以系统已有的序列或自己定义的新序列为排序的次序。如图 4-100 设置以星期日到星期六的序列为排序次序。

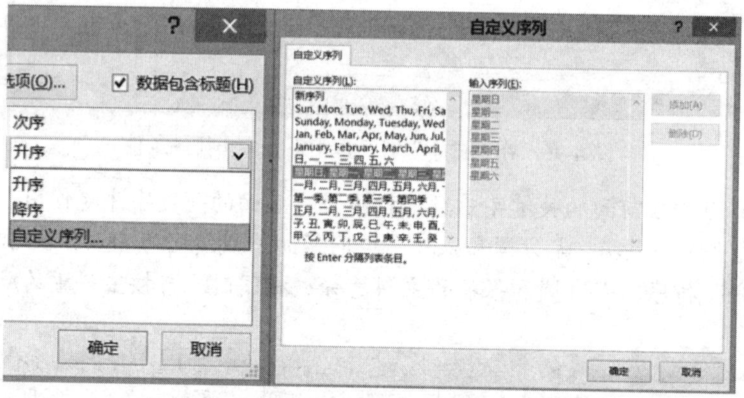

图 4-100　设置以自定义序列为排序次序

4.5.2　自动筛选

当数据表中数据量较大时，通过筛选功能可以快捷、准确地找出符合要求的数据，而且还可以让筛选结果升序或降序显示。筛选的方式通常分为自动筛选和高级筛选，当自动筛选无法满足需求时，可以使用高级筛选设置多个复杂的筛选条件。下面主要介绍应用广泛的自动筛选。

1. 进入与取消自动筛选状态

（1）进入自动筛选状态。

首先将活动单元格定位在数据表区域中，即选中数据表中任意单元格。通过下面任意一种方法都可进入到自动筛选状态。

方法 1：在“数据”选项卡“排序和筛选”组中，单击“筛选”按钮，如图 4-101 所示。

方法 2：在“开始”选项卡“编辑”组中，单击“排序和筛选”下拉箭头，选中“筛选”。

方法 3：使用快捷键 Ctrl+Shift+L。

进入自动筛选状态后，数据表的列标题处会出现一个下拉箭头按钮，单击箭头按钮，在展开的下拉框中设置筛选条件，设置好筛选条件后，将在数据表区域显示出符合条件的各行数据，不符合条件的数据行被隐藏。

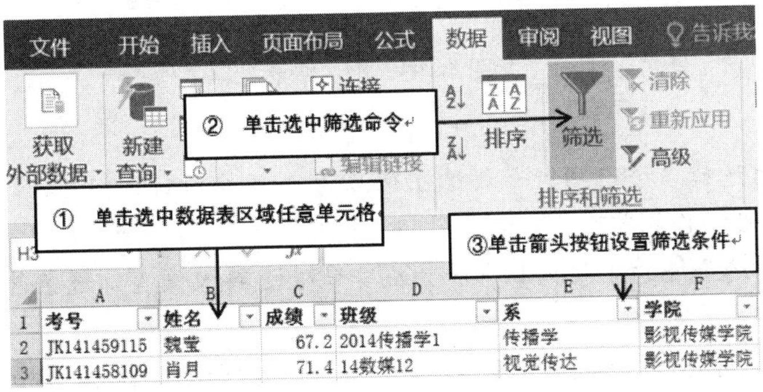

图 4-101　进入自动筛选状态

（2）取消自动筛选状态。

在“数据”或“开始”选项卡，找到“筛选”按钮或选项 筛选(F)，单击取消选中状态，即可取消自动筛选状态。 或者在自动筛选状态下按 Ctrl+Shift+L 组合键，则为取消筛选状态。无论按什么条件进行筛选，当取消自动筛选状态后，列标题上的下拉箭头按钮消失，恢复数据表的初始状态，显示全部数据。

2. 根据条件列的内容选择筛选条件

进入筛选状态后，单击条件列标题后的下拉箭头按钮，打开下拉列表，如图 4-102 所示，在列表底部会显示选择列中内容的分类，直接在前面的复选框中勾选筛选条件，即可按所选内容显示数据。

例如，在某高校的考生信息表 2000 多行的数据表中筛选出班级为“14 财管 4 班”的数据。

操作过程为：在自动筛选状态下，单击“班级”列右侧的下拉箭头按钮，在弹出的下拉列表中单击“全选”复选框，取消全选状态，单击选择“14 财管 4 班”，单击“确定”按钮，如图 4-102 所示。

图 4-102　以“班级”列“14 财管 4 班”为单条件筛选

筛选结果的部分数据如图 4-103 所示。

	A	B	C	D	E
1	考号	姓名	成绩	班级	系
145	JK141923401	邢玲	76.8	14财管4班	财管
146	JK141923402	刘欣	63.4	14财管4班	财管
149	JK141923403	何玉	81	14财管4班	财管
154	JK141923404	张兰	82.3	14财管4班	财管
155	JK141923406	董湘	53.2	14财管4班	财管
162	JK141923407	李强	79.2	14财管4班	财管

图 4-103　筛选结果

说明：

（1）可以同时选择多个选项，如筛选出班级为“14 会计 1”“14 会计 2”的数据，则在列表中勾选相应的班级名称即可。

（2）设置过筛选条件的下拉按钮形状为漏斗状。再次设置筛选条件时将在当前显示的数据范围内筛选。

（3）取消当前列的筛选结果，在列标题对应的下拉列表中选择清除筛选结果选项，如 从“班级”中清除筛选(C)。

（4）取消所有筛选结果，则单击“数据”选项卡“排序和筛选”组中的“清除”按钮 清除。

3. 设置筛选结果的显示顺序

在自动筛选状态，可以设置数据按某列数据升序或降序显示，但并不改变数据所在行的行号，即物理顺序不变，取消自动筛选状态后，数据仍恢复原物理顺序显示。因此筛选中的升序或降序选项只是改变显示顺序，与排序操作不同。

例如在图 4-103 中设置按考号升序显示数据，操作方法为在“考号”列单击下拉箭头按钮，在弹出的下拉列表中选择“升序”选项 升序(S)。

4. 设置数字筛选条件

对于“成绩”列这样的数字类型数据可以进行“数字筛选”。即在列标题后单击下拉按钮，在弹出的下拉列表中选择“数字筛选”选项。

例如在“14 财管 4 班”的筛选结果中，再次筛选出成绩在 90 分以上（包括 90 分）以及不及格（小于 60 分）的数据。在完成班级筛选后，进行数字筛选的操作过程如下。

（1）在自动筛选状态，单击“成绩”列后面下拉按钮，在弹出的下拉列表中单击“数字筛选”，在子菜单中选择“自定义筛选”命令，如图 4-104 所示。

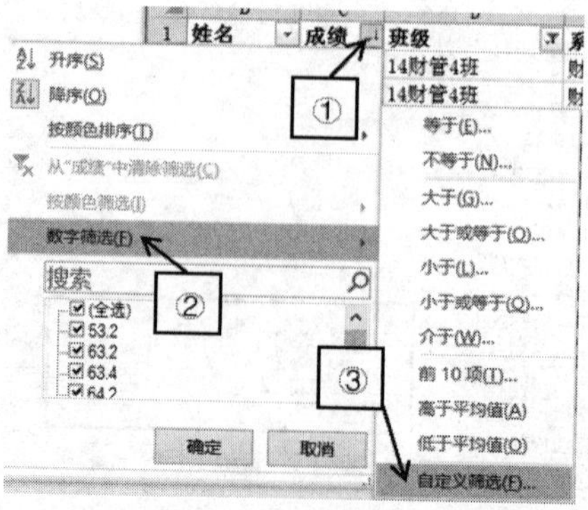

图 4-104　下拉列表中的“数字筛选”选项及其子菜单

（2）在如图 4-105 所示的“自定义自动筛选方式”对话框中设置筛选条件。在第一行设置条件 1 为“大于或等于 90”，单击中间的单选项“或”，在第二行设置条件 2“小于 60”。

图 4-105　“自定义自动筛选方式”对话框

（3）单击“确定”按钮进行筛选，筛选结果如图 4-106 所示。

	A	B	C	D	E
1	考号	姓名	成绩	班级	系
112	JK141923419	刘可	91.2	14财管4班	财管
164	JK141923433	周子	90	14财管4班	财管
2090	JK141923406	董湘	53.2	14财管4班	财管

图 4-106　筛选结果

5. 设置其他筛选条件

前面介绍了按条件列的内容筛选和数字筛选。按内容筛选如在“性别”列筛选“男”或“女”。“数字筛选”属于按条件列的数据类型设置筛选条件，因此除了“数字筛选”还有“文本筛选”“日期筛选”等，操作方法相拟，不再赘述。在自动筛选状态除了以上筛选方式，还可以按条件列的单元格背景或文本颜色进行筛选。操作方法为在条件列对应的如图 4-107 所示下拉列表中，单击“按颜色筛选”，在弹出的子菜单中选择筛选条件。

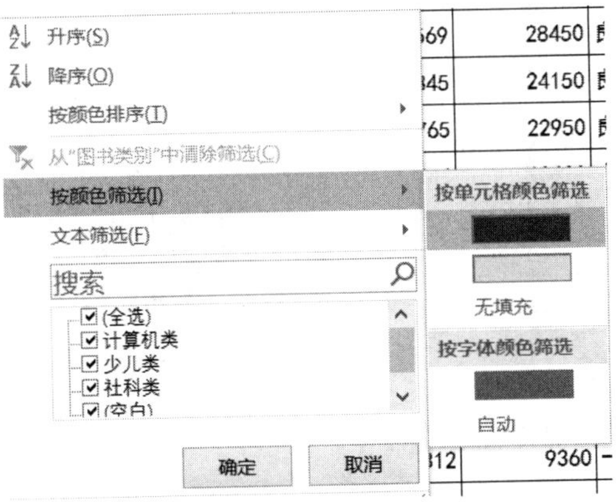

图 4-107　按颜色筛选

4.5.3　分类汇总

使用分类汇总功能，可以将大量的数据分类后进行汇总计算，并显示各级别的汇总信息。使用分类汇总的数据表必需要有列标题，Excel 使用列标题来决定如何创建数据分组及如何计算。

1. 创建简单分类汇总

创建分类汇总时，要设定分类字段和汇总项。为了保证分类结果的正确，需要先对分类字段对应的列进行排序。如果要对汇总项进行求和、求平均值等数值运算，则要求汇总项选择的列必须是数字型数据。

例如，在图 4-108 所示的“图书销售情况表”中使用分类汇总，求各销售分部的销售额。即在数据表中按“经销部门”列分类，对“销售额”列的数据求和。创建分类汇总的步骤如下。

（1）按分类项排序。单击分类项 A 列数据区域中任一单元格，单击“数据”选项卡中“升序”或“降序”按钮进行排序。

	A	B	C	D	E
1	图书销售情况表				
2	经销部门	图书类别	季度	数量（册）	销售额（元）
3	第1分部	科技类	一	345	¥ 24,150
4	第1分部	文学类	一	569	¥ 28,450
5	第1分部	教辅类	二	654	¥ 19,620
6	第1分部	教辅类	一	765	¥ 22,950
7	第2分部	文学类	一	167	¥ 8,350
8	第2分部	文学类	一	178	¥ 8,900

图 4-108 按“经销部门”排序的图书销售情况表

（2）设置分类汇总。在“数据”选项卡，单击“分级显示”选项组中“分类汇总”按钮。弹出“分类汇总”对话框，设置“分类字段”为“经销部门”，“汇总方式”为求和，并选定汇总项为“销售额（元）”，如图 4-109 所示。单击“确定”按钮，进行分类汇总后的效果如图 4-110 所示。

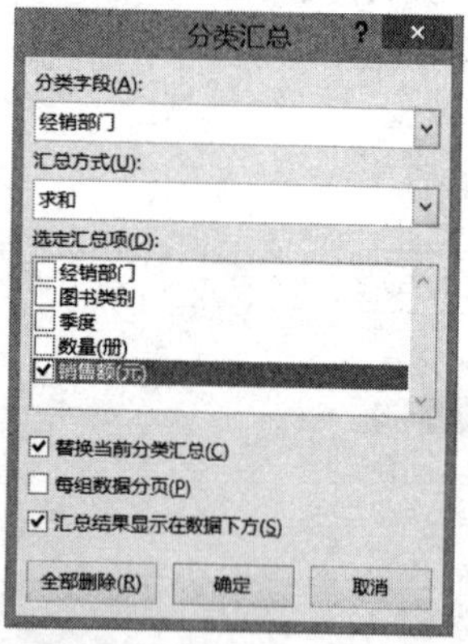

图 4-109 “分类汇总”对话框

	A	B	C	D	E
1	图书销售情况表				
2	经销部门	图书类别	季度	数量（册）	销售额（元）
3	第1分部	科技类	一	345	¥ 24,150
4	第1分部	文学类	一	569	¥ 28,450
5	第1分部	教辅类	二	654	¥ 19,620
6	第1分部	教辅类	一	765	¥ 22,950
7	第1分部 汇总				¥ 95,170
8	第2分部	文学类	一	167	¥ 8,350

图 4-110 分类汇总结果

2. 分级显示数据

建立了分类汇总的工作表，数据是分级显示的，并在左侧显示级别。如图 4-110 分类汇总后的工作表在左侧列表中显示了 3 级分类。分级显示时可使用左侧的展开按钮或折叠按钮，显示或隐藏数据。

（1）单击1按钮，显示一级数据，即汇总项的总和，如总销售额。

（2）单击2按钮，显示一级和二级数据，二级数据为经销部门分类项汇总，如第 1 分部销售额合计、第 2 分部销售销售额合计等。

（3）单击 3 按钮，显示一、二、三级数据。

3. 清除分类汇总

如果要清除分类汇总，可再次执行“数据”/“分类汇总”命令打开“分类汇总”对话框，单击“全部删除”按钮，即可清除分类汇总，显示初始的数据表。

4. 创建嵌套的分类汇总

如果要根据多个分类字段对数据表进行分类汇总，则要按分类字段的级别进行多关键字排序，之后再多次执行分类汇总操作，而且在后面执行分类汇总时，需取消选择“替换当前分类汇总”复选框。

例如，在考试成绩表中使用分类汇总求各学院以及各班级的平均成绩。此时的分类字段有两个：“学院”和“班级”，汇总项为“成绩”列。创建此分类汇总的操作步骤如下。

（1）按分类字段排序。对数据表以“学院”为主要关键字，“班级”为次要关键字进行排序。

（2）创建以主要关键字“学院”为分类字段的分类汇总，有关分类汇总的设置见图 4-111 所示。

（3）创建以次要关键字“班级”为分类字段的分类汇总，如图 4-112 所示。需要注意的是如果当前要创建的分类汇总与之前已经建立的分类汇总同时显示，则要取消选择“替换当前分类汇总”复选框。

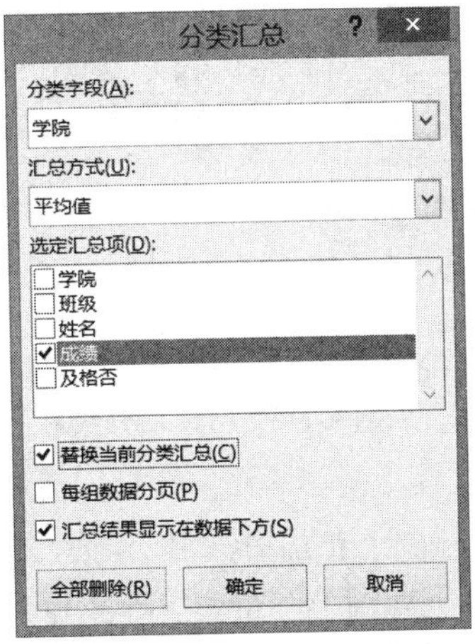

图 4-111　按“学院”分类创建分类汇总

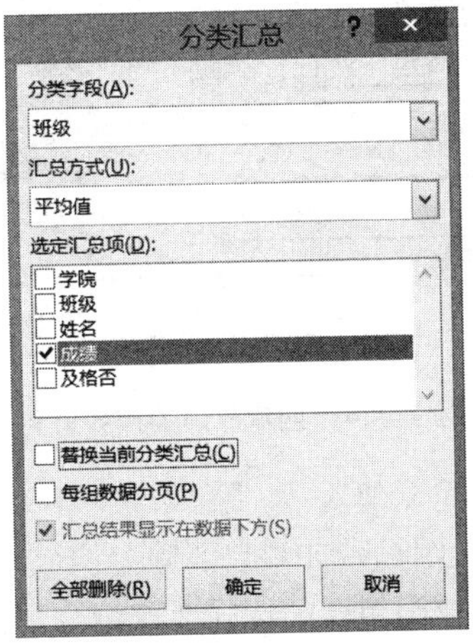

图 4-112　按“班级”分类创建分类汇总

（4）分级显示分类汇总结果。单击左侧分级按钮 3 ，显示一、二、三级分类汇总结果，如图 4-113 所示。

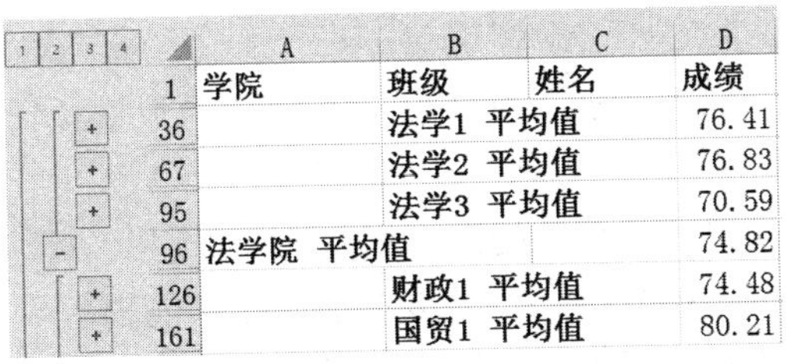

	A	B	C	D
1	学院	班级	姓名	成绩
36		法学1 平均值		76.41
67		法学2 平均值		76.83
95		法学3 平均值		70.59
96	法学院 平均值			74.82
126		财政1 平均值		74.48
161		国贸1 平均值		80.21

图 4-113　嵌套分类汇总结果

4.5.4 自定义分组实现分级显示

分类汇总的结果是分级显示的，对于没有明确分类字段或不是规则二维表的数据表，可以使用自定义分组实现分级显示。在 Excel 中最多可以设置八个级别，按分类从大到小分别对应左侧窗口区中八个数字按钮。

例如，对图 4-114 中“某项目管理流程”工作表，按项目各阶段的节点进行分组，实现分级显示。

1. 创建分组

（1）在数据表中选择分组数据，如选中 B3:B5 区域。

（2）执行“创建组”命令，在“数据”选项卡，单击“分级显示”选项组中“创建组”列表中的“创建组”命令；或者使用快捷键 Shift+Alt+→。

（3）在“创建组”对话框单击“行”前的单选铵钮，单击“确定”按钮完成一次分组。

（4）按上述步骤，对数据表中 B7:B10、B12:B15 等区域设置分组。完成分组后，可以使用工作表左侧的分级按钮及展开和折叠按钮，分级查看分组后的数据。效果如图 4-115 所示。

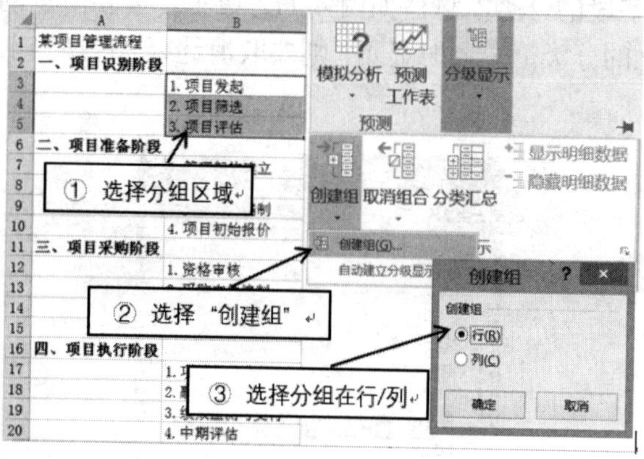

图 4-114 创建分组的操作过程

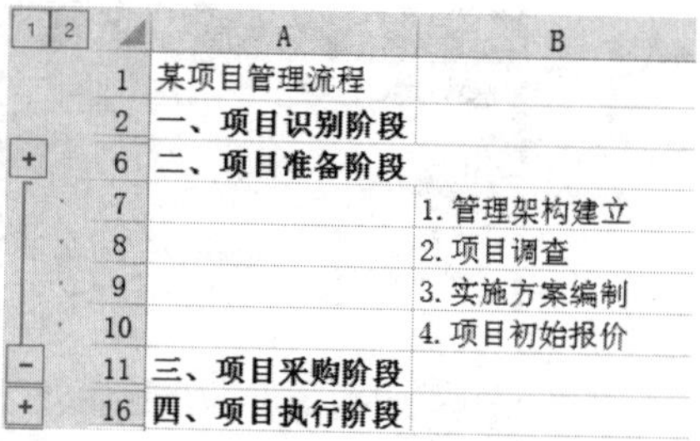

图 4-115 分组后分级显示数据

2. 清除分组

创建分组后，如果要清除分级显示，或取消分组，有以下几种方法。

（1）取消组合：选择要取消分组的区域，在“数据”选项卡，单击“分级显示”/“取消组合”/“取消组”或“取消分组显示”命令。取消当前选择区域中的分组。

（2）取消分级显示：选中包含数据表中所有分组的区域，在“数据”选项卡，单击“分级显示”/“取消组合”/“取消分组显示”命令。取消所有分组不再分级显示。

4.5.5 合并计算

使用合并计算功能，可以将多张工作表或工作簿中的数据统一到一张工作表中，并计算相同类别的数据。

例如，某图书销售公司的四个分店的图书销售情况分别存放于同一工作簿“东分店”“西分店”等四个工作表中，如图 4-116 所示。现要将所有分店的销售数据合并存放于名为“总表”的工作表中，同类书籍的册数和销售额相加。合并计算的具体操作步骤如下。

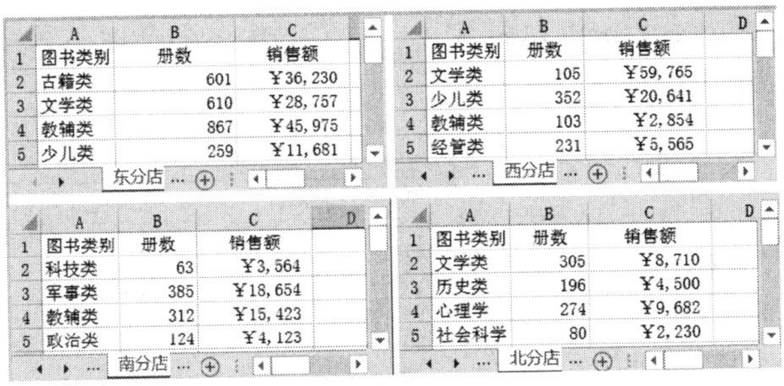

	A	B	C
1	图书类别	册数	销售额
2	古籍类	601	￥36, 230
3	文学类	610	￥28, 757
4	教辅类	867	￥45, 975
5	少儿类	259	￥11, 681

东分店

	A	B	C
1	图书类别	册数	销售额
2	文学类	105	￥59, 765
3	少儿类	352	￥20, 641
4	教辅类	103	￥2, 854
5	经管类	231	￥5, 565

西分店

	A	B	C
1	图书类别	册数	销售额
2	科技类	63	￥3, 564
3	军事类	385	￥18, 654
4	教辅类	312	￥15, 423
5	政治类	124	￥4, 123

南分店

	A	B	C
1	图书类别	册数	销售额
2	文学类	305	￥8, 710
3	历史类	196	￥4, 500
4	心理学	274	￥9, 682
5	社会科学	80	￥2, 230

北分店

图 4-116　某图书销售公司四个分店的销售数据

（1）选择“总表”中的 A1 单元格。

（2）在“数据”选项卡 “数据工具”组中，单击“合并计算”按钮。打开“合并计算”对话框，如图 4-117 所示。

（3）在“合并计算”对话框中，将插入点定位在“引用位置”文本框中，然后选择“东分店”工作表中 A1:C5 区域，单击“添加”按钮，将引用的位置添加到“所有引用位置”的列表框。

（4）重复步骤 3，依次添加“西分店”“北分店”和“南分店”的数据区域，并单击选择标签位置“首行”和“最左列”复选框。

（5）单击“确定”按钮，合并计算后的结果见图 4-118 所示。

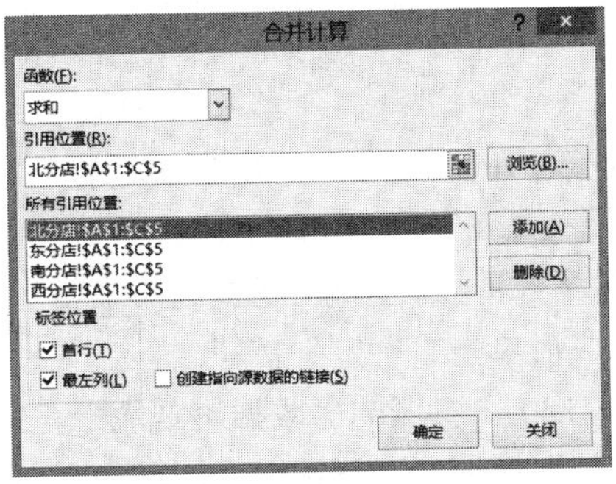

图 4-117　“合并计算”对话框

	A	B	C
1		册数	销售额
2	古籍类	601	￥36, 230
3	文学类	1020	￥97, 232
4	历史类	196	￥4, 500
5	心理学	274	￥9, 682
6	社会科学	80	￥2, 230
7	科技类	63	￥3, 564
8	军事类	385	￥18, 654
9	教辅类	1282	￥64, 252
10	少儿类	611	￥32, 322
11	政治类	124	￥4, 123
12	经管类	231	￥5, 565

总表

图 4-118　合并计算结果

4.5.6　数据透视表

数据透视表是一种对大量数据快速汇总和建立交叉列表的交互式动态表格，能够帮助用户分析、组织既有数据，是 Excel 中的数据分析利器。数据透视表可以对记录数量较多，有多级分类的复杂工作表进行筛选、排序、分组和有条件地设置格式，显示数据中的规律。

例如，图为 4-119“考试成绩”工作表中的数据区域为 A1:F306，该区域将作为数据透视表的数据源。该数据源可以按“学院”“专业”和“班级”这三列数据分类。现创建一个数据透视表分析各学院、专业和班级的平均成绩，如图 4-120 所示。

1. 数据透视表的功能说明

以图 4-120 为例，其中 B5:F5 区域为值区域，显示平均成绩，如 B5 单元格中 74.5 的数值为经济学院财政学专业财政 1 班的平均成绩。该数据透视表以“学院”为筛选器，行标签为“专业”分类项，列标签为“班级”分类项。在数据透视表 B1、A4 和 B3 单元格的下拉列表处，可以实现按学院、专业和班级的类别进行筛选，数据透视表的值区会根据筛选条件动态显示对应学院、专业和班级的平均成绩值。

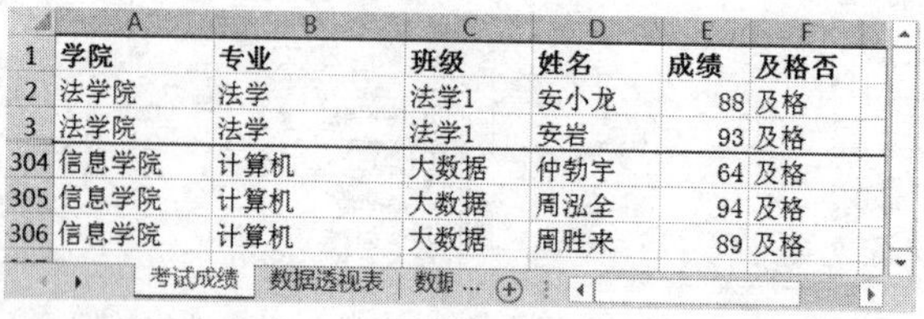

	A	B	C	D	E	F
1	学院	专业	班级	姓名	成绩	及格否
2	法学院	法学	法学1	安小龙	88	及格
3	法学院	法学	法学1	安岩	93	及格
304	信息学院	计算机	大数据	仲勃宇	64	及格
305	信息学院	计算机	大数据	周泓全	94	及格
306	信息学院	计算机	大数据	周胜来	89	及格

图 4-119 “考试成绩”工作表中内容

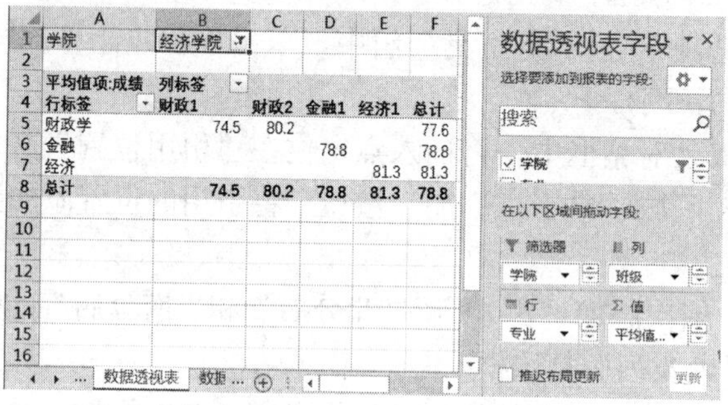

	A	B	C	D	E	F
1	学院	经济学院				
2						
3	平均值项:成绩	列标签				
4	行标签	财政1	财政2	金融1	经济1	总计
5	财政学	74.5	80.2			77.6
6	金融			78.8		78.8
7	经济				81.3	81.3
8	总计	74.5	80.2	78.8	81.3	78.8

图 4-120 “考试成绩”对应的数据透视表

2. 创建数据透视表

针对图 4-119 创建数据透视表的操作步骤如下。

（1）在“考试成绩”工作表中，在“插入”选项卡的“表格”组中单击选择“数据透视表”按钮。

（2）在弹出的“创建数据透视表”对话框中设置要分析的数据为“考试成绩!$A$1:$F$306”，并选择要放置数据透视表的区域，如新工作表。完成后单击“确定”按钮。

（3）在弹出的数据透视表的编辑界面，如图 4-120 中右侧的“数据透视表”任务窗格。在该任务窗格，选择要添加到报表的字段如将“学院”拖拽到“筛选器”区域中，将“专业”拖拽到“行”区域中，将“班级”拖拽到“列”区域。

（4）将“成绩”拖拽到“值”区域，并单击“求和项：成绩”后面的下拉按钮，在列表中选择“值字段设置”选项，在弹出的“值字段设置”对话框中设置值字段汇总方式的计算类型为“平均值”。还可以进一步设置数字格式，如只显示 1 位小数。完成设置后按“确定”按钮显示数据透视表。

4.6 电子表格的保护与打印

4.6.1 保护工作表

在工作中，有时为了防止工作表中的数据因为误操作而被更改，或者不想让工作表中的数据被他人编辑或使用时，可以对工作表设置保护措施。保护工作表主要通过锁定单元格后，设置工作表保护来实现。

1. 保护当前工作表中所有单元格

Excel 单元格的默认状态都是“锁定”状态，所以保护当前工作表所有单元格时不需要设置单元格的“锁定”状态，执行“工作表保护”命令即可。具体操作步骤如下。

（1）将要保护的工作表设置为当前工作表，在如图 4-121 所示的“审阅”选项卡的“更改”组中选择“保护工作表”按钮，打开如图 4-122 所示的“保护工作表”对话框。或者选择“文件”选项卡“信息”组中“保护工作簿”列表中的“保护当前工作表”命令。

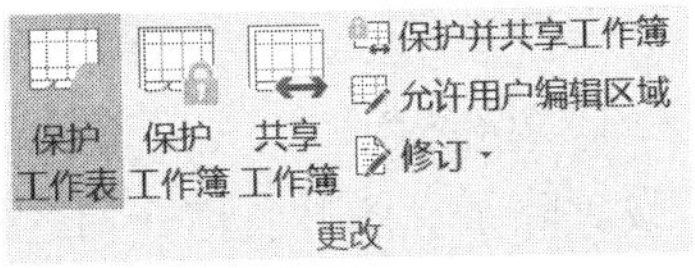

图 4-121　“审阅”选项卡下的“更改”组

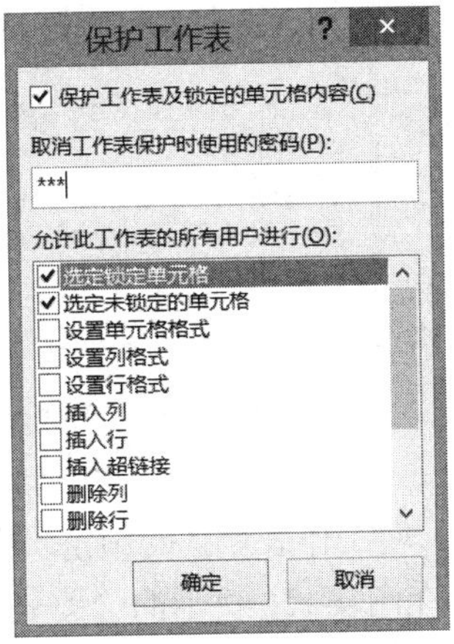

图 4-122　“保护工作表”对话框

（2）在“保护工作表”对话框中，设置“取消工作表保护时使用的密码”，如“abc”，在“允许此工作表的所有用户进行”列表中选择保护后允许用户进行的操作项目。完成设置后按“确定”按钮。

（3）在弹出的“确认密码”对话框，如图 4-123 所示，再次输入相同的密码，按“确定”按钮，完成当前工作表的保护。

2. 保护工作表中的部分区域

如果只想限制用户编辑工作表中的部分数据区域，则要重新设置单元格的“锁定”状态区域，然后再执行“保护工作表”命令。例如，在图 4-124 所示的“期末成绩”工作表中，数据区域 A2:F31 是要保护的数据区域，其他部分的单元格允许修改。保护工作表中部分区域的具体操作方法如下。

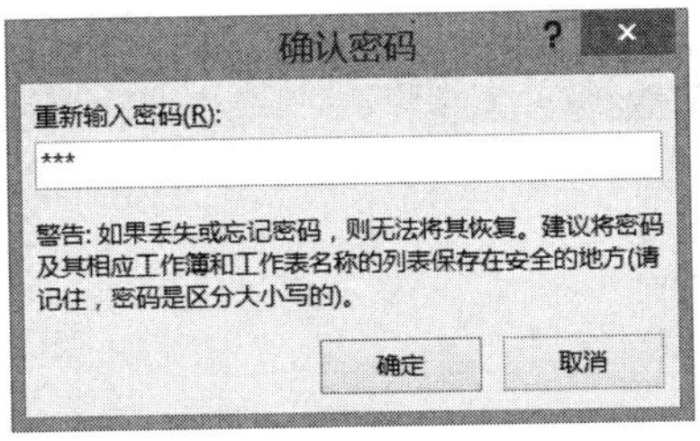

图 4-123　“确认密码”对话框

学号 姓名 主科1 主科2 主科3 理综合 总成绩 主科总分 总分名次 不及格科目数
F1701 安宁 120 103 120 282
F1702 蒲有华 116 115 116 276
F1703 赵丽 103 112 101 276
F1728 田若冰 107 115 86 181
F1729 卢美宏 73 104 107 190
单科最高分：
期末成绩 其他

图 4-124　“期末成绩”工作表

（1）锁定被保护区域。

Excel 中所有单元格的默认状态都为“锁定”，因此根据实际情况选择如何设置“锁定”区域。

方法 1：先取消工作表中所有单元格的锁定状态再重新设置锁定区域。

例如，在“期末成绩”工作表中，可以先取消所有单元格的“锁定”状态，然后再选择 A2:F31 区域重新设置为“锁定”状态。取消或设置“锁定”状态的操作方法为，选定要设置的单元格区域，单击右键在快捷菜单中选择“设置单元格格式”命令，在弹出的“设置单元格格式”对话框的“保护”选项卡下，单击“锁定”复选框，取消或设置锁定状态，如图 4-125 所示。

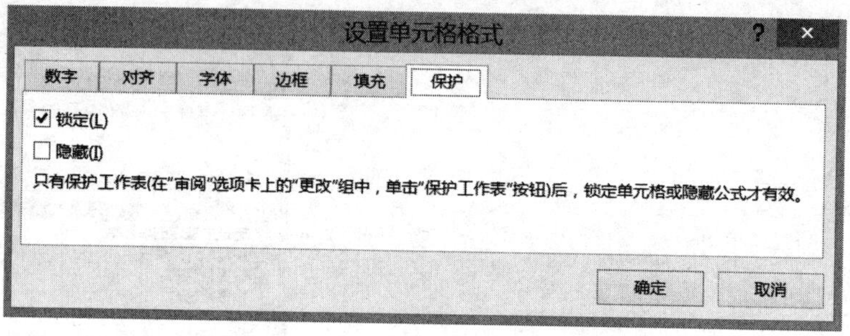

图 4-125 “设置单元格格式”对话框

方法 2：在工作表默认的锁定状态，设置“允许用户编辑区域”。

例如，在图 4-126 所示的“图书定价”工作表中，设置除了“图书名称”列之外，“图书编号”和“定价”列的数据区域都允许修改。

	A	B	C
1		图书定价	
2	图书编号	图书名称	定价
3	BK-83021	《计算机基础及MS Office应用》	¥ 36.00
4	BK-83022	《计算机基础及Photoshop应用》	¥ 34.00
5	BK-83023	《C语言程序设计》	¥ 42.00
17	BK-83035	《计算机组成与接口》	¥ 40.00
18	BK-83036	《数据库原理》	¥ 37.00
19	BK-83037	《软件工程》	¥ 43.00

图 4-126 “图书定价”工作表

设置“允许用户编辑区域”的操作方法为，在“审阅”选项卡的“更改”组中，单击“允许用户编辑区域”按钮。在弹出如图 4-127 所示的“允许用户编辑区域”对话框中，单击“新建”按钮，弹出如图 4-128 所示的“新区域”对话框，设置引用的单元格区域、标题和区域密码。设置了密码则需凭密码拥有编辑权限，如不设置密码则用户都有编辑权限。

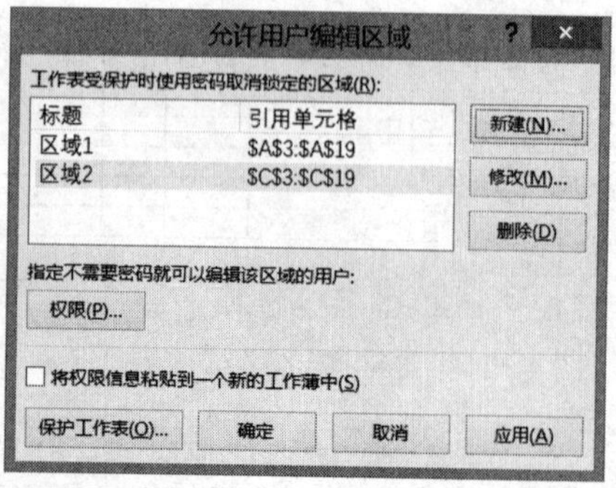

图 4-127 “允许用户编辑区域”对话框

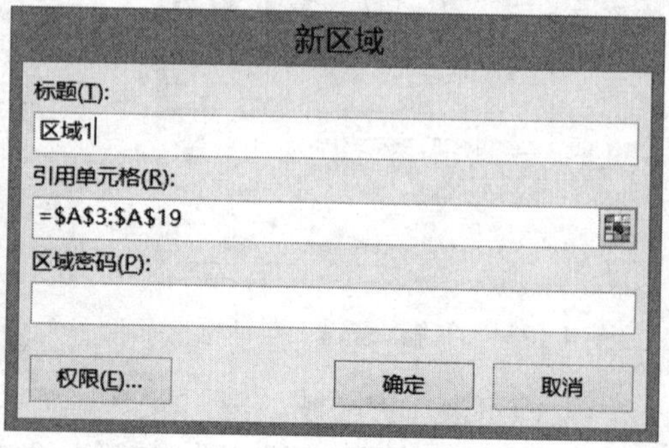

图 4-128 “新区域”对话框

（2）执行“保护工作表”命令。

执行“保护工作表”命令的操作方法除了在“审阅”选项卡“更新”组中选择“保护工作表”按钮之外，也可以在设置允许用户编辑区域时，在“允许用户编辑区域”对话框，单击“保护工作表”按钮。具体操作方法与保护当前工作表类似，不再赘述。

3. 撤消工作表保护

通常被保护的工作表修改、删除等编辑权限受限，如果要撤消对工作表的保护，需要在“审阅”选项卡的“更改”组中，单击选择“撤消工作表保护”按钮 撤消工作表保护。如果设置了保护密码，则在弹出的“撤消工作表保护”对话框输入密码，按“确定”按钮，完成操作。

4.6.2 保护当前工作簿

如果整个工作簿中的数据都需要保护，不允许其他用户打开和修改，可以为工作簿设置打开文档的权限密码。

1. 设置打开工作簿的密码

首先打开要加密的工作簿，在“文件”选项卡的“信息”组中选择“保护工作簿”列表中的“用密码进行加密”选项，如图 4-129 所示；弹出如图 4-130 所示的“加密文档”对话框，设置打开文档时的密码，单击“确定”按钮后，弹出“确认密码”对话框，再次输入一遍密码后，单击“确定”按钮完成操作。

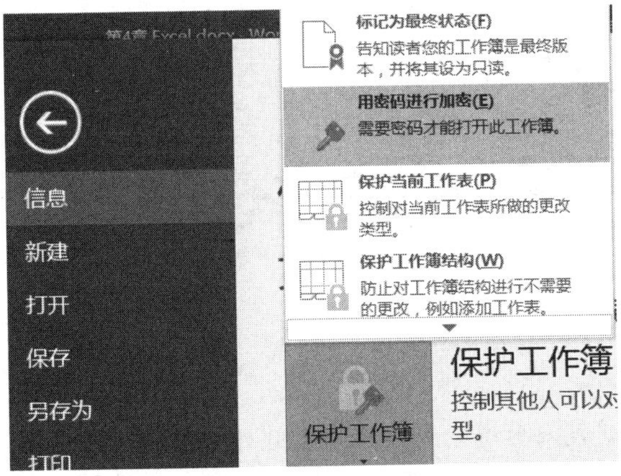

图 4-129　选择“用密码进行加密”

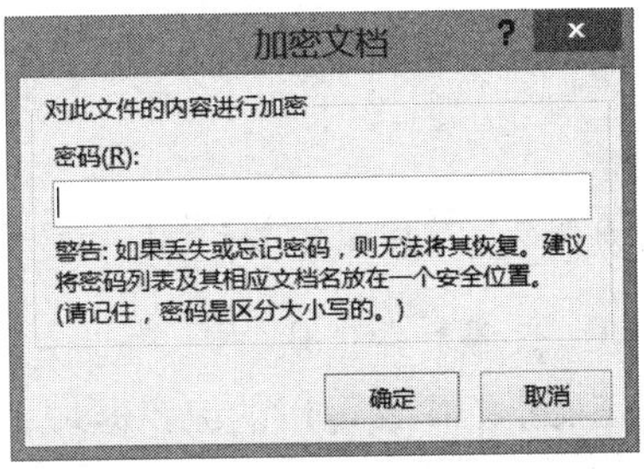

图 4-130　“加密文档”对话框

工作簿加密后，再次打开时，会出现如图 4-131 所示的“密码”对话框，只有输入了正确的密码，工作簿才能被打开。打开工作簿后，如果要取消设置的工作簿密码，可以再次单击“用密码进行加密”命令，在弹出的“加密文档”对话框中删除设置的密码，然后单击“确定”按钮即可。

2. 设置修改密码

将工作簿标记为最终状态后，其他用户很容易就可以取消设置的“只读”方式，因此可以在设置打开密码的基础上，再设置修改密码，这样能更好地保护工作簿中的数据。

具体的操作步骤如下：

（1）在“文件”选项卡选择“另存为”组中的“浏览”按钮，弹出如图 4-132 所示的“另存为”对话框。

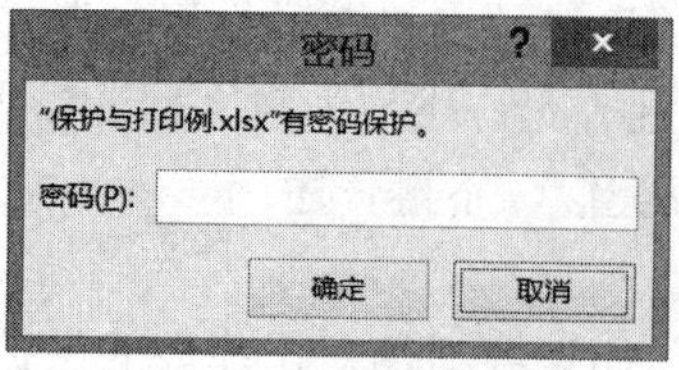

图 4-131 “密码”对话框

图 4-132 “文件”/“另存为”/“浏览”

（2）在“另存为”对话框，单击“工具”下拉按钮，在打开的下拉列表中选择“常规选项”。

（3）弹出如图 4-133 所示的“常规选项”对话框，在“修改权限密码”文本框中输入密码，如“abcd”，单击“确定”按钮。在“确认密码”对话框，再次输入一遍密码后，单击“确定”返回“另存为”对话框，单击“保存”按钮完成操作。

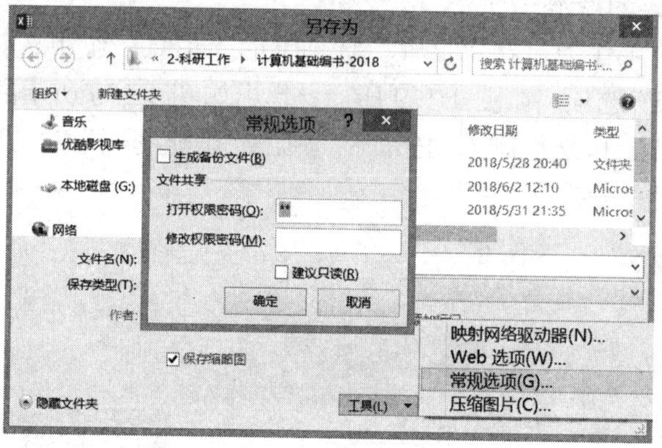

图 4-133 “常规选项”对话框

4.6.3 页面设置与打印

1. 设置打印区域

Excel 工作表可用的编辑区域很大，数据表内容可以有很多，因此如果不想打印当前工作表中的全部数据，可以根据需要通过设置打印区域来确定要打印的内容。

例如，在图 4-134 所示的“图书销售情况表”中，现在只需要打印“博达书店”的图书销售信息，即只需要打印 C2:H10 区域中的数据，则需要先设置打印区域。设置方法如下。

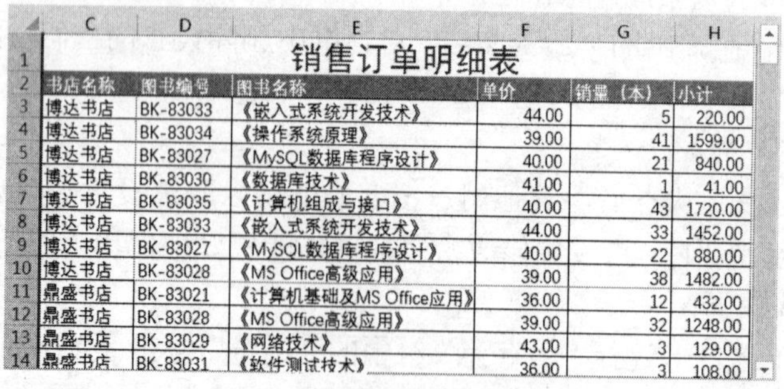

	C	D	E	F	G	H
1	销售订单明细表					
2	书店名称	图书编号	图书名称	单价	销量（本）	小计
3	博达书店	BK-83033	《嵌入式系统开发技术》	44.00	5	220.00
4	博达书店	BK-83034	《操作系统原理》	39.00	41	1599.00
5	博达书店	BK-83027	《MySQL数据库程序设计》	40.00	21	840.00
6	博达书店	BK-83030	《数据库技术》	41.00	1	41.00
7	博达书店	BK-83035	《计算机组成与接口》	40.00	43	1720.00
8	博达书店	BK-83033	《嵌入式系统开发技术》	44.00	33	1452.00
9	博达书店	BK-83027	《MySQL数据库程序设计》	40.00	22	880.00
10	博达书店	BK-83028	《MS Office高级应用》	39.00	38	1482.00
11	鼎盛书店	BK-83021	《计算机基础及MS Office应用》	36.00	12	432.00
12	鼎盛书店	BK-83028	《MS Office高级应用》	39.00	32	1248.00
13	鼎盛书店	BK-83029	《网络技术》	43.00	3	129.00
14	鼎盛书店	BK-83031	《软件测试技术》	36.00	3	108.00

图 4-134 图书销售情况表

首先选中数据表中 C2:H10 区域，然后在“页面布局”选项卡中，单击“页面设置”组中的“打印区域”下拉按钮，如图 4-135 所示，在下拉列表中选择“设置打印区域”，即会将在数据表中的选择区域设置为打印区域。

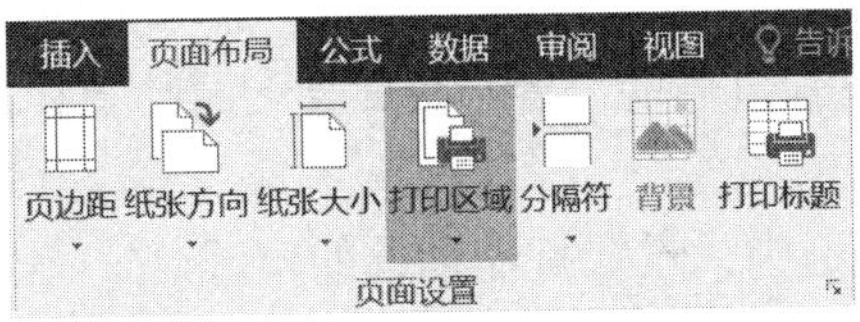

图 4-135　“页面布局”/“页面设置”组

2. 页面设置

在“页面布局”选项卡中，单击“页面设置”组右下角的打开对话框按钮。打开如图 4-136 所示的“页面设置”对话框。下面针对图 4-134 所示的“图书销售情况表”，在“页面设置”对话框进行如下设置。

（1）“页面”选项卡。

“页面设置”对话框的“页面”选项卡，如图 4-136 所示，可以在其中设置打印纸张的大小、方向，打印内容的缩放及打印质量和起始页码。

例如，在“页面”选项卡的“方向”组，单击选中“横向”单选按钮 ◉ 横向，设置纸张的方向为横向。

（2）“页边距”选项卡。

“页面设置”对话框的“页边距”选项卡，如图 4-137 所示。可以在其中设置打印区域距打印纸张上、下、左、右边缘的数值，页眉和页脚上、下边距的数值，以及打印内容在页面中水平和垂直方向是否居中。

图 4-136　“页面设置”对话框

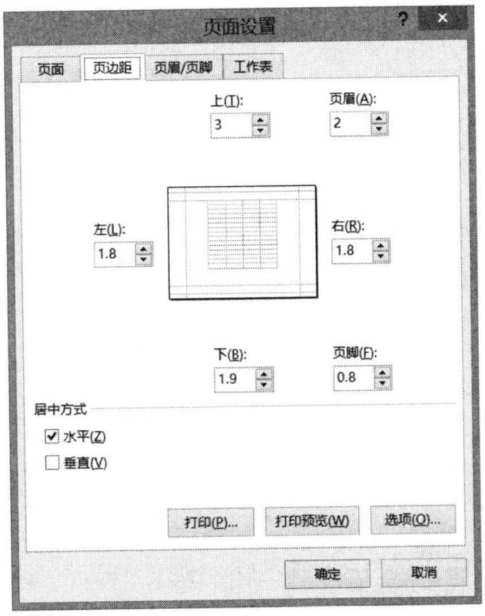

图 4-137　“页边距”选项卡

例如，单击“上”下面的微调按钮或直接输入上边距的数值，在“页眉”下面单击微调按钮或输入页眉上边距的数值。单击“居中方式”下面的“水平”复选框，设置水平居中。

（3）“页眉/页脚”选项卡。

“页面设置”对话框的“页眉/页脚”选项卡，如图 4-138 所示。可以使用样式或自定义页眉页脚处显示的内容，以及页眉页脚的显示方式。

例如，单击其中的“自定义页眉”按钮，在弹出的“页眉”对话框中，分别在左、中、右三个区域，选择或输入要设置页眉的内容。在页脚下面的下拉列表中选择页脚的样式为“第1页，共？页”。

（4）在“工作表”选项卡中，设置打印标题的位置。

“页面设置”对话框的“工作表”选项卡，如图 4-139 所示。可以在其中设置有关工作表中要打印的数据及打印方式。如设置“打印区域”“打印标题”，及是否打印网格线、行号列标，打印顺序是“先行后列”还是“先列后行”。

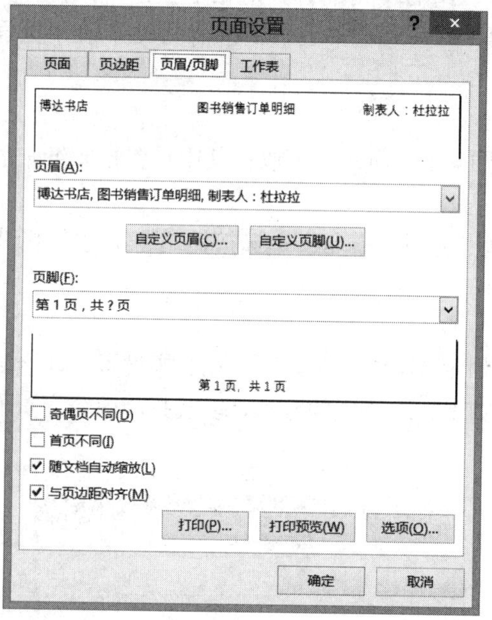

图 4-138 “页眉/页脚”选项卡

图 4-139 “工作表”选项卡

例如，在图 4-134 所示的“图书销售情况表”中，设置打印区域时并没有包含表格 A1 单元格中的标题“销售订单明细表”。如果需要在打印时加入该标题，可以在“页面设置”对话框的“工作表”选项卡中设置“顶端标题行”为“销售订单明细表”所在区域$1:$1。

3. 打印预览及打印

通过 Excel 的打印预览功能，用户可以在打印工作表之前先浏览工作表的打印效果。如果发现不符合打印要求的地方，还可以及时修改。因此通常在正式打印之前多次进行打印预览。

打印预览与打印在同一操作界面，通过以下方法可以打开如图 4-140 所示的预览及打印操作界面。

方法 1：使用 Ctrl+P 快捷键。

方法 2：在“文件”选项卡，单击“打印”命令。

方法 3：在页面设置的过程中，在“页面设置”对话框中单击“打印预览”按钮。

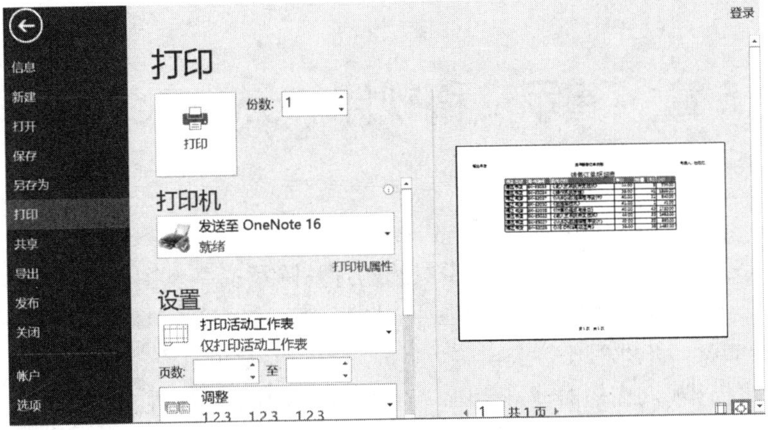

图 4-140　打印及预览界面

4. 打印多张工作表

Excel 在默认情况下，打印方法为打印活动工作表，如果设置了打印区域则按设置的区域打印。如果要打印多张工作表或整个工作簿，有以下几种操作方法。

（1）打印多张工作表：同时选中需要打印的多张工作表，然后执行打印操作。

（2）打印整个工作簿：在如图 4-140 所示的打印界面，单击打开“设置”下拉按钮，在打开的下拉列表选择“打印整个工作簿”选项。

第 5 章 演示文稿软件 PowerPoint 2016

PowerPoint 是微软公司 Office 办公系列软件中的一个组件，是专门用于编辑、制作并管理演示文稿（俗称幻灯片）的软件。它所生成的幻灯片除了文字、图片外，还可以包含表格、SmatArt 图形、动画、声音及视频剪辑等多种对象。PowerPoint 幻灯片广泛应用于各类会议、产品展示、学校教学、毕业答辩、公司培训、成果发布、专题讨论、网页制作、商业规划、项目管理等场合，能让观众在短时间内清晰、直观、准确地了解演讲者的思想观点。

本章基于 PowerPoint 2016，系统介绍 PowerPoint 的基本概念、基本功能与操作方法。

5.1 PowerPoint 概述

5.1.1 PowerPoint 窗口组成

单击“开始”按钮，打开“开始菜单”，依次选择“所有程序”→“Microsoft Office”→“Microsoft PowerPoint 2016”命令，即可启动 PowerPoint 应用程序，并出现主题选择窗口，如图 5-1 所示。

图 5-1 PowerPoint 主题选择窗口

在单击选择一种主题，进入普通视图窗口。PowerPoint 2016 的用户界面主要由快速访问工具栏、标题栏、功能区、幻灯片编辑区、幻灯片导航区、备注编辑区和状态栏等几个部分组成，如图 5-2 所示。

PowerPoint 的主要界面元素：

（1）快速访问工具栏：程序窗口左上角为“快速访问工具栏”，用于显示常用的工具。默认情况下，快速访问工具栏中包含了“保存”“撤消”“恢复”和“从头开始”4 个快捷按钮，用户还可以根据需要进行添加。单击某个按钮即可实现相应的功能。

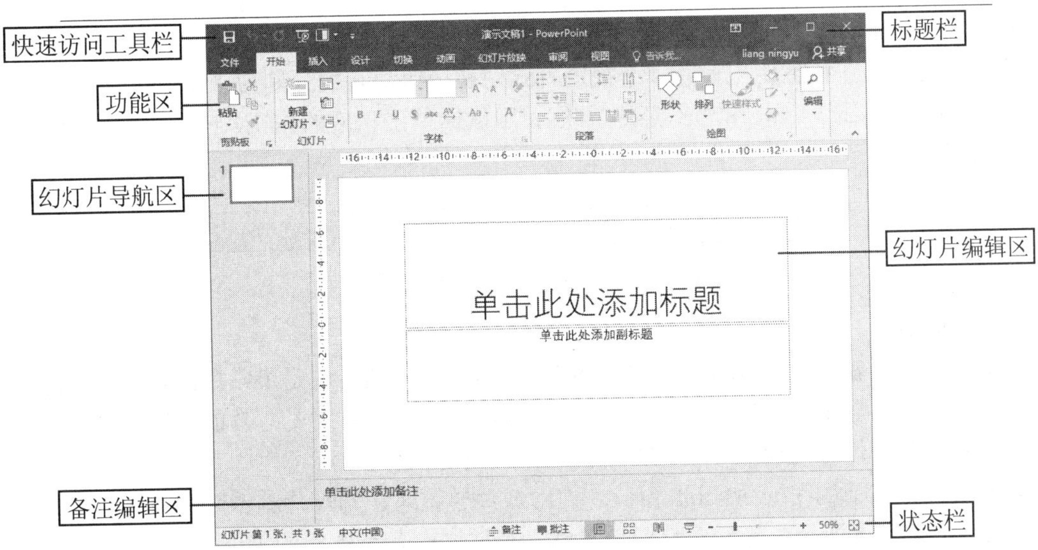

图 5-2　PowerPoint 用户界面

（2）标题栏：主要由标题和窗口控制按钮组成。标题用于显示当前编辑的演示文稿名称，控制按钮由“最小化”“最大化/还原”和“关闭”按钮组成。

（3）功能区：PowerPoint 2016 的功能区由多个选项卡组成，每个选项卡中包含了不同的工具按钮。选项卡位于标题栏下方，单击各个选项卡名，即可切换到相应的选项卡。

（4）幻灯片编辑区：PowerPoint 窗口中间的空白区域为幻灯片编辑区，主要用于显示和编辑当前幻灯片。

（5）幻灯片导航区：位于幻灯片编辑区的左侧，以缩略图或者大纲的形式显示当前演示文稿中的所有幻灯片。

（6）备注编辑区：位于幻灯片编辑区的下方，通常用于为幻灯片添加注释说明，如幻灯片的内容摘要等。

（7）状态栏：位于窗口底端，用于显示当前幻灯片的页面信息。状态栏右端为视图按钮和缩放比例按钮。

5.1.2　PowerPoint 的视图

PowerPoint 根据建立、编辑、浏览、放映幻灯片的需要，提供了 5 种视图方式，它们分别为“普通”视图、“大纲”视图、“幻灯片浏览”视图、“备注页”视图和“阅读”视图。在每种视图中，都包含有该视图特定的工作区、工具栏及相关按钮和其他工具。熟悉 PowerPoint 的视图方式，就可以高效地创建和修改演示文稿。视图方式的切换，可以打开“视图”选项卡，在“演示文稿视图”组中单击相应的命令按钮来完成，如图 5-3 所示。

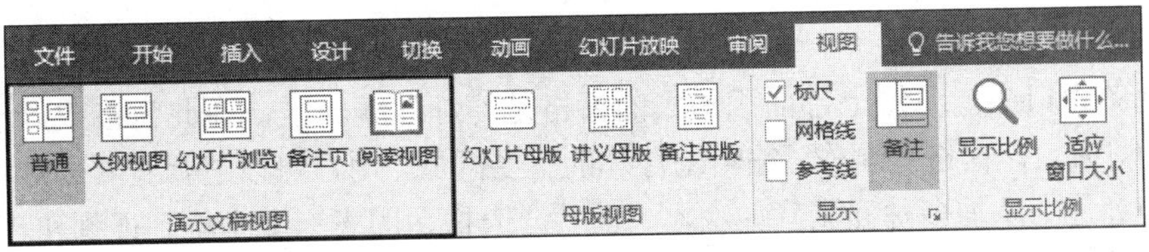

图 5-3　“视图”选项卡的视图切换按钮

此外，还可以在“普通”视图、“大纲”视图等视图下，通过状态栏上的切换按钮，进行视图的快速切换。在状态栏上，有 4 个视图方式切换按钮，它们分别为“普通”视图、“幻灯片浏览”视图、“阅读”视图和“幻灯片放映”，用鼠标单击相应的按钮，就会进入相应的视图窗口，如图 5-4 所示。

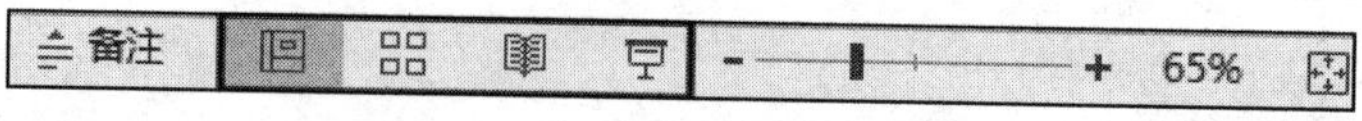

图 5-4　状态栏上的视图切换按钮

1. 普通视图

幻灯片的普通视图，是系统启动 PowerPoint 的默认视图，也是最常用的视图方式。在该方式下，可以进行添加幻灯片、为幻灯片添加文本和其他对象、对幻灯片的内容进行编排与格式化、查看整张幻灯片内容、改变幻灯片的显示比例等操作。

普通视图方式下的 PowerPoint 窗口，由幻灯片导航区、幻灯片编辑区和备注编辑区三个区域组成，如图 5-5 所示。拖动窗格的分界线，可以调整各个窗格的大小。

图 5-5　“普通视图”窗口

（1）幻灯片导航区。

在普通视图下，幻灯片导航区使用缩略图的形式按顺序显示每张幻灯片，方便用户快速查看、查找和定位幻灯片，观看设计效果，以及添加、删除或重新排列幻灯片。通过该窗格右侧的上下滚动箭头，可滚动显示幻灯片缩略图的全部内容。但在该区域中不能对幻灯片的具体内容进行编辑和修改。

（2）幻灯片编辑区。

普通视图窗口中，右侧上部面积最大的窗格是幻灯片编辑区，在此窗格中显示演示文稿中的当前幻灯片。该窗格是制作、编辑幻灯片的主要区域，用户可以进行查看幻灯片的内容和外观、向幻灯片中添加多种元素（如文本、图片、表格、图表、文本框、视频和声音）、创建超级链接以及添加动画等操作。当演示文稿包含多张幻灯片时，窗格右侧的滚动条可以在不同幻灯片之间进行切换。

（3）备注编辑区。

普通视图窗口中，右侧下部较小的窗格是备注编辑区。在该窗格中，用户可以输入相应幻灯片的注解、说明、提示和注意事项等内容，以便用户对幻灯片做进一步了解，其内容在幻灯片放映时并不显示，但可以打印输出。编辑备注，还可以切换到备注页视图方式，在更大的窗口中进行。如果需要在备注中插入图形、图片等元素，必须在备注页视图中进行。

2. 大纲视图

大纲视图与普通视图的窗口类似，也是由幻灯片导航区、幻灯片编辑区和备注编辑区三个区域组成。

与普通视图不同的是大纲视图的导航区。在大纲视图的导航区中以大纲形式按顺序显示每张幻灯片的标题、文本内容和文本的层次结构。可以使我们看到整个版面中各张幻灯片的主要内容，并可以重新组织和修改文本内容。但是幻灯片的其他对象如图形、表格、图表等则不在该区显示，如图 5-6 所示。

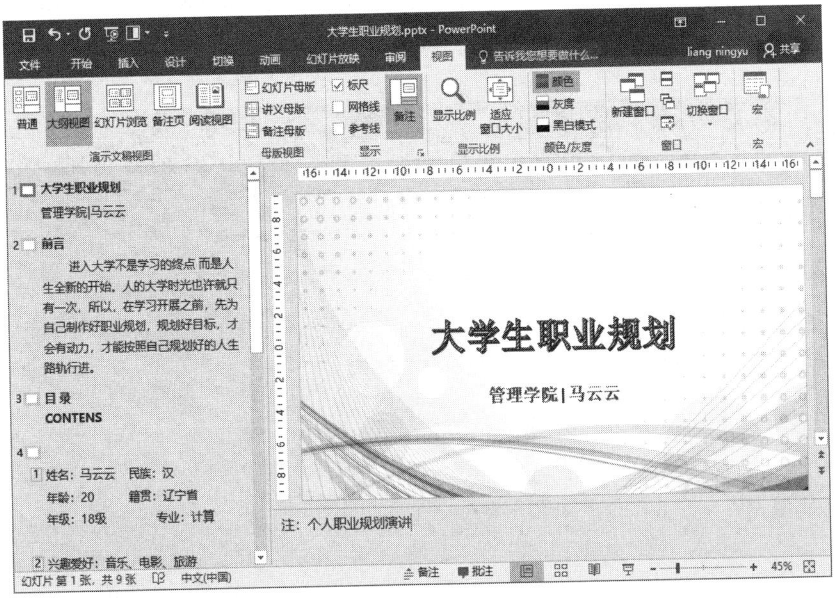

图 5-6　“大纲视图”窗口

3. 幻灯片浏览视图

在“幻灯片浏览”视图中，将演示文稿中的多张幻灯片以缩略图的形式显示在屏幕上，因此在该视图中，能比较快速地查看到整个演示文稿，便于调整幻灯片的播放顺序，添加、删除、复制和移动幻灯片。还可以查看幻灯片是否设置了动画效果、切换效果和排练计时时间等内容，如图 5-7 所示。

4. 备注页视图

备注页视图与普通视图相比，没有了幻灯片导航窗格。窗口的上半部分显示该幻灯片的缩略图，不能对其进行编辑，可以选中缩略图改变大小或者删除，但并不是删除了该幻灯片，而是将它从备注页中移除，以便留出更多的空间编辑备注页信息。窗口的下半部分是备注页编辑区，在该区中除了可以输入编辑文字，也可以插入图形、图片、表格等对象，如图 5-8 所示。

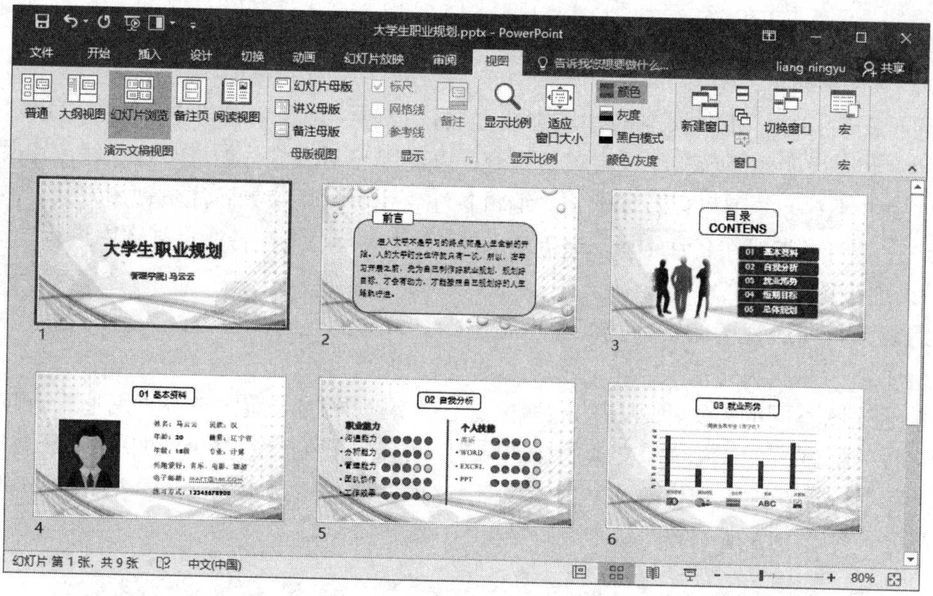

图 5-7　“幻灯片浏览”视图窗口

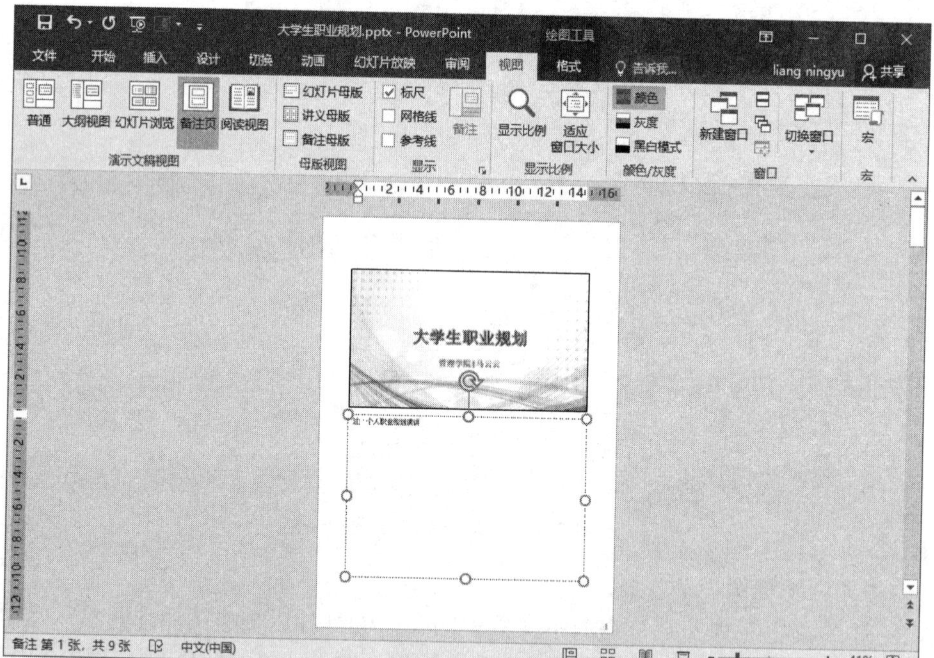

图 5-8　“备注页”视图窗口

备注页视图方式在状态栏上没有切换按钮，需要打开“视图”选项卡，在“演示文稿视图”组中单击“备注页”命令按钮。状态栏上的备注按钮，用于“显示”或“隐藏”备注中的内容。

5. 阅读视图

在阅读视图中，仅显示标题栏、阅读区和状态栏，幻灯片将按窗口大小进行放映，如图 5-9 所示。阅读视图用于简单快速地审阅幻灯片。

图 5-9　“阅读视图”窗口

阅读视图是播放式的，播放时可以用鼠标单击窗口，跳到下一页的幻灯片，如果想退出直接按 Esc 键。

5.2　PowerPoint 基本操作

5.2.1　创建演示文稿

演示文稿是由若干张幻灯片按一定的排列顺序组成的文件。除了可以新建空白文档之外，还可以通过模板、主题等方式创建演示文稿。

1．创建空白演示文稿

创建空白演示文稿是最常用的文稿创建方法，操作方法如下。

启动 PowerPoint，在主题选择中，单击“空白演示文稿”，系统会自动创建一个名为“演示文稿 1”的空白演示文稿，并添加第一张幻灯片，幻灯片版式为“标题幻灯片”，如图 5-10 所示。

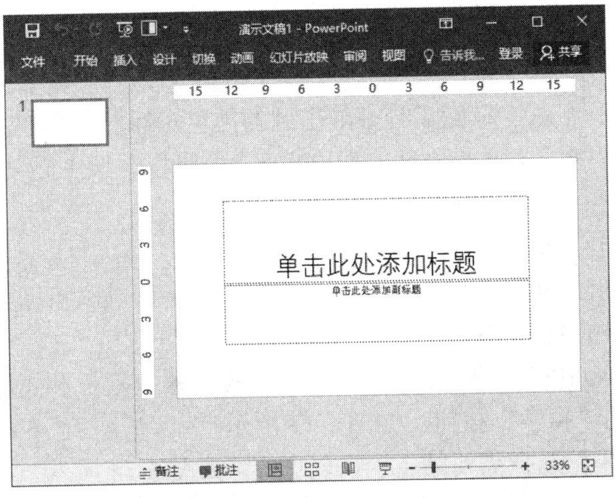

图 5-10　空白演示文稿窗口

除了上述方法，还可以用以下几种方法创建空白演示文稿：

（1）在 PowerPoint 环境下，按 Ctrl+N 组合键。

（2）在 PowerPoint 中切换到“文件”选项卡，在左侧窗格选择“新建”命令，在右侧窗格中选择“空白演示文稿”选项。

（3）在桌面或文件夹窗口中的空白处单击鼠标右键，在弹出的快捷菜单中选择“新建”命令，在弹出的下级菜单中选择“Microsoft PowerPoint 演示文稿”，即可创建一个 PowerPoint 空白演示文稿。

如果用户对演示文稿的内容和结构比较熟悉，可以从空白的演示文稿出发进行设计，这样能自由地使用颜色、版式和一些样式特性，充分发挥自己的想象和创造力。

2. 根据现有主题创建演示文稿

幻灯片的背景设计和配色是幻灯片设计的基本操作，如果想要合理、快速地配色，可以使用内置的多种不同的主题风格，制作出比较专业的演示文稿。根据主题创建演示文稿的操作方法如下：

（1）启动 PowerPoint 2016，打开主题选择窗口，如图 5-11 所示。

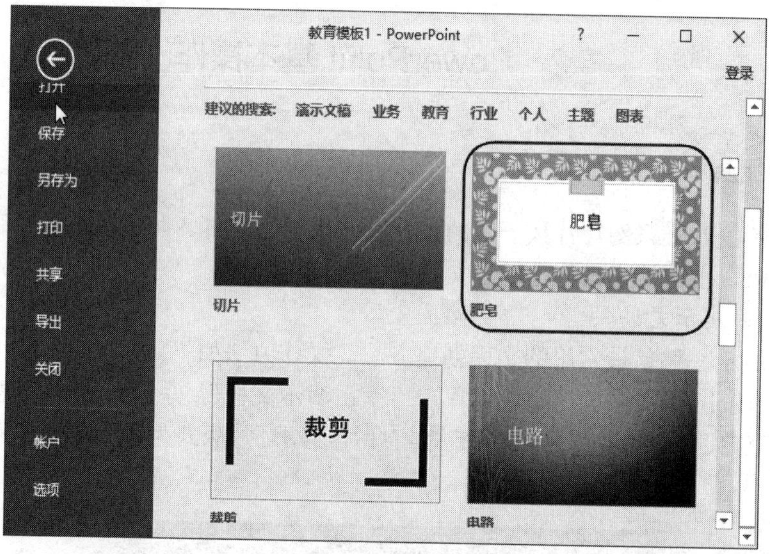

图 5-11 选择主题窗口

（2）单击选择一种主题，在随后打开的主题的预览对话框中查看主题效果。

（3）确定使用该主题后，单击“创建”按钮，系统将根据该主题创建一个新的演示文稿，如图 5-12 所示。

3. 搜索联机模板和主题创建演示文稿

除了利用 PowerPoint 2016 提供的本机中主题，用户还可以联机搜索更多的设计模板和主题，从而创建多种风格的演示文稿。操作方法如下：

（1）打开新建 PowerPoint 演示文稿窗口，在“搜索联机模板和主题”搜索栏中，输入关键字，然后单击右侧的“搜索”按钮，如图 5-13 所示。

（2）在搜索结果中，选择需要的主题模板样式，如图 5-14 所示。在打开的对话框中，将显示模板的介绍与预览效果，如图 5-15 所示。

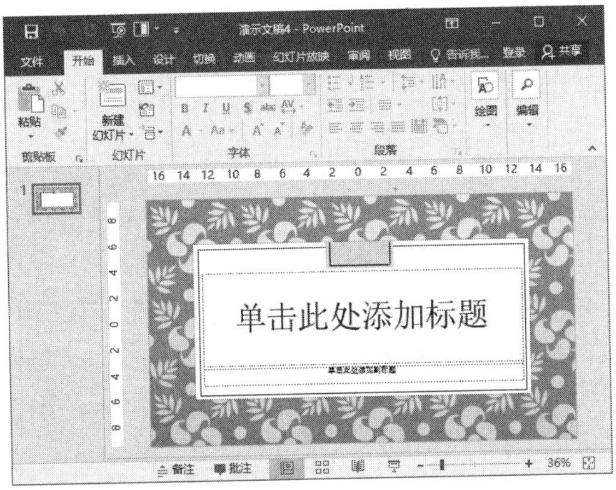

图 5-12　根据现有主题创建的演示文稿

图 5-13　搜索联机模板和主题

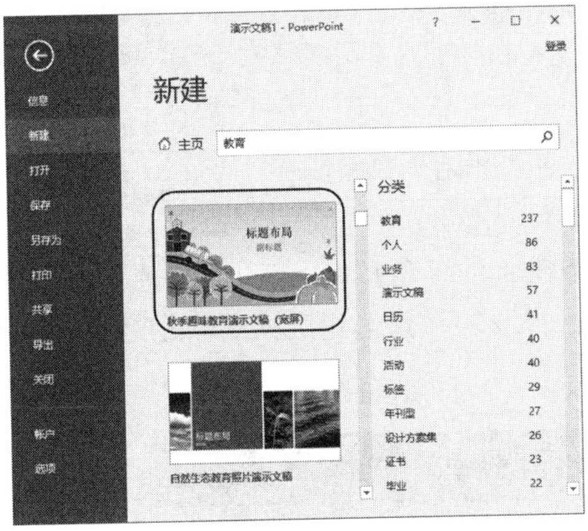

图 5-14　联机模板和主题搜索结果

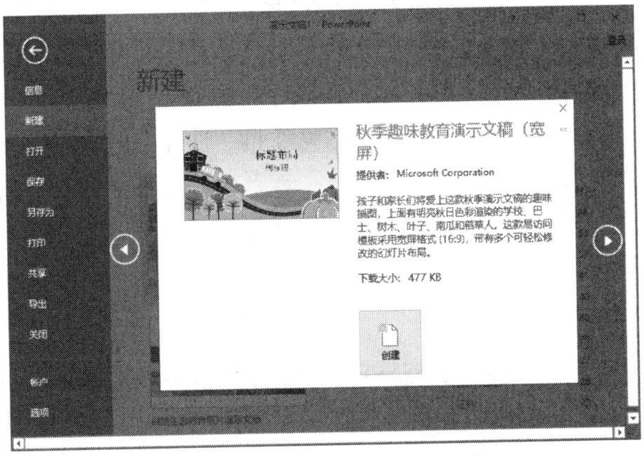

图 5-15　模板介绍与预览

（3）单击“创建”按钮，系统开始下载该主题模板（下载时需保持电脑联网），下载完成后，则根据该模板创建新的演示文稿，完成效果如图 5-16 所示。

图 5-16　根据搜索模板创建演示文稿

5.2.2 管理幻灯片

1. 更改幻灯片的显示比例

在 PowerPoint 窗口的右下角的状态栏上，显示文档当前的显示比例，单击“+”或“-”按钮，或拖动缩放比例滑块，可调整显示比例。单击最右侧按钮，可以使幻灯片显示比例自动适应当前窗口的大小。

此外，还可以使用以下方法更改幻灯片的显示比例：

（1）将鼠标光标放在幻灯片编辑区中，按住 Ctrl 键的同时上、下滑动鼠标滚轮，可以增大、减少显示比例。

（2）单击右下角的比例显示数值，在打开的“缩放”对话框中选择显示比例，如图 5-17 所示。

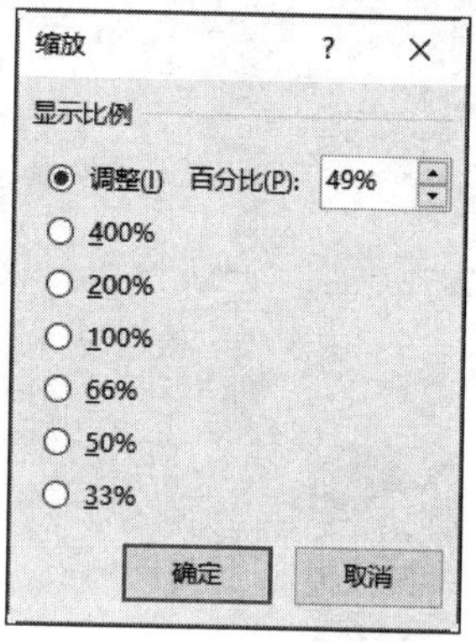

图 5-17 “缩放”对话框

2. 插入幻灯片

新建空白演示文稿时，演示文稿中只有一张幻灯片，通常作为演示文稿的标题页，要添加其他内容，就需要在演示文稿中添加新的幻灯片。插入新幻灯片的操作方法如下：

在普通视图的幻灯片导航区，选定某张幻灯片后，在“开始”选项卡的“幻灯片”组中，单击“新建幻灯片”按钮，则在该幻灯片后面插入一张幻灯片；或者单击“新建幻灯片”按钮下的三角按钮，在展开的版式选择列表中，单击一种幻灯片的版式，即可在所选幻灯片的后面添加一张选定版式的新幻灯片，如图 5-18 所示。

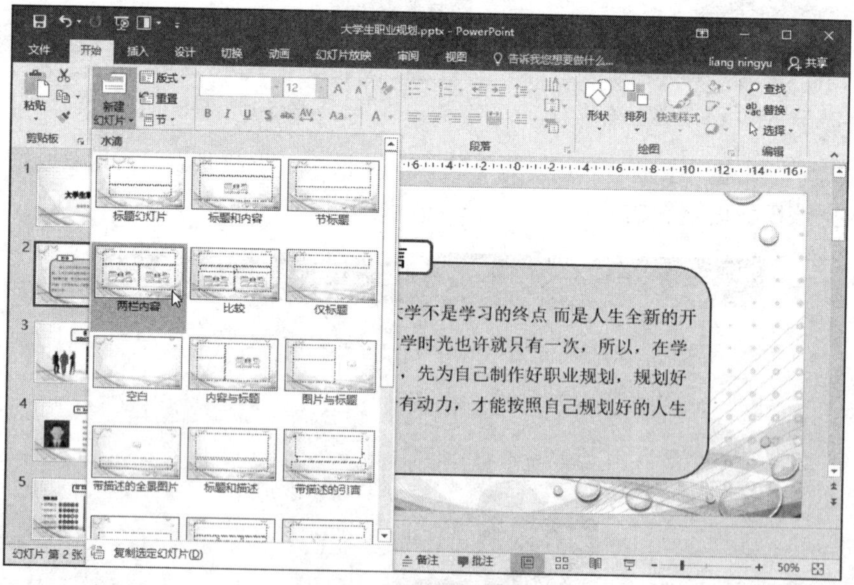

图 5-18 版式选择列表

新插入的幻灯片的位置，也可以由光标决定。在普通视图方式下的幻灯片导航区，或者在“幻灯片浏览”视图中，单击两张幻灯片缩略图中间的空白处，会出现一条光标，如图 5-19 所示。单击“新幻灯片”按钮，即在光标处插入了一张幻灯片。

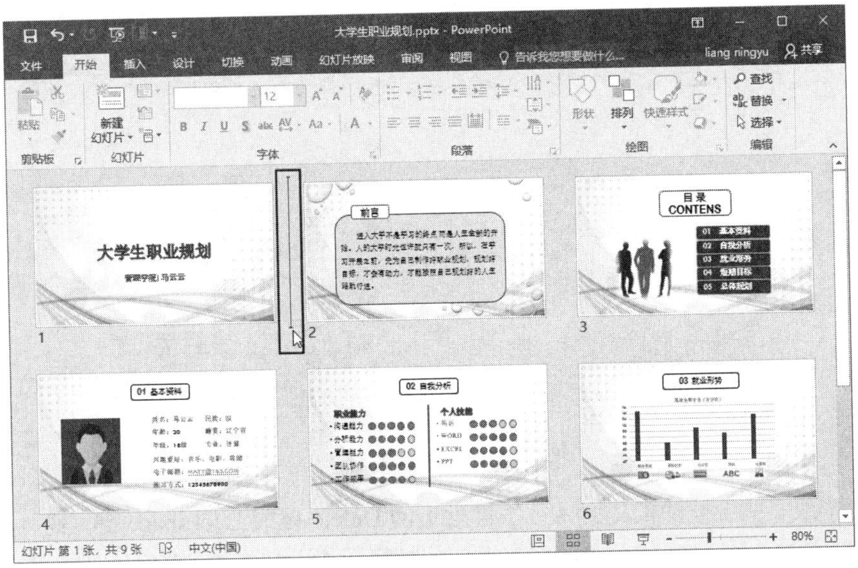

图 5-19 选择插入新幻灯片的位置

除了上述方法，还可通过以下几种方法添加新幻灯片：

方法一：在“普通”视图下，单击左侧“幻灯片导航区”标签下的某张幻灯片，再按 Enter 键，则在该幻灯片下方插入了一张幻灯片。

方法二：使用快捷键 Ctrl+M，在当前幻灯片后插入一张新幻灯片。

方法三：在“普通”视图的“幻灯片导航区”，或者在“幻灯片浏览”视图模式下，右击某张幻灯片，在弹出的快捷菜单中选择“新建幻灯片”命令，也可以在当前幻灯片的后面添加一张幻灯片。

3. 选择幻灯片

对幻灯片进行管理操作前，需要先选定幻灯片，选择幻灯片的操作在“普通”视图、“大纲”视图和“幻灯片浏览”视图中都可以进行。

（1）选择单张幻灯片。

在“幻灯片浏览”视图或在“普通”视图的幻灯片导航区中，单击某张幻灯片的缩略图，即可选中该幻灯片。

（2）选择多张幻灯片。

选择多张连续的幻灯片：先选中第一张幻灯片，之后按住 Shift 键不放，再单击最后一张幻灯片，即可选中第一张和最后一张幻灯片之间的所有幻灯片。

选择多张不连续的幻灯片：选中第一张幻灯片，然后按住 Ctrl 键不放，依次单击选择其他幻灯片，如图 5-20 所示。

（3）选择全部幻灯片。

在“幻灯片浏览”视图或在“普通”视图的中，按 Ctrl+A 组合键，即可选中当前演示文稿中的全部幻灯片。

选定幻灯片后，鼠标单击任意空白处，就可以取消之前对幻灯片的选定。

4. 删除幻灯片

在编辑演示文稿的过程中，对于多余的幻灯片，可将其删除。操作方法如下：

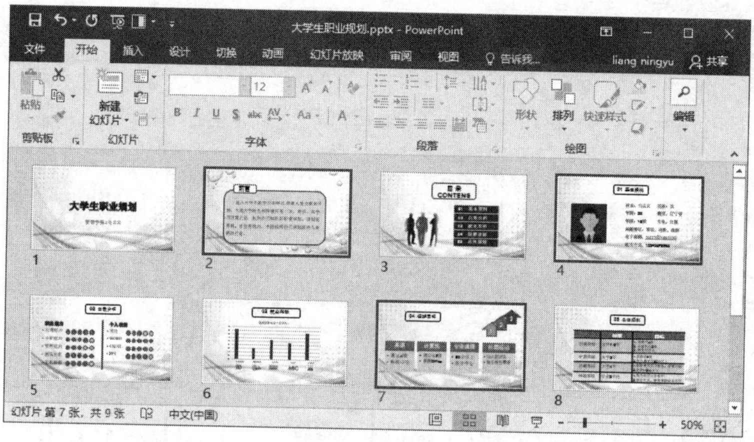

图 5-20　选择多张幻灯片

选定一张或多张要删除的幻灯片，按键盘上的 Delete 键或 Backspace 键，就可以将幻灯片删除。或者在选择幻灯片后，右击，在弹出的快捷菜单中，选择“删除幻灯片”命令也可以实现删除操作。

5. 移动与复制幻灯片

在编辑演示文稿时，可将某张幻灯片复制或移动到同一演示文稿的其他位置或其他演示文稿中，从而加快制作幻灯片的速度。

（1）移动幻灯片。

在整理幻灯片时，如果需要调整幻灯片的顺序，可通过下面几种方法对演示文稿中的幻灯片进行移动操作：

1）在幻灯片导航区或幻灯片浏览视图中，选择需要移动的幻灯片，按住鼠标左键不放并拖动鼠标，拖动到需要的位置后释放鼠标。

2）选中要移动的幻灯片，单击剪贴板中的“剪切”按钮，在目标位置定位后，再单击“粘贴”。或者通过组合键 Ctrl+X（剪切），Ctrl+V（粘贴）；或者用快捷菜单中的剪切、粘贴命令，进行幻灯片的移动。

（2）复制幻灯片。

编辑幻灯片时，如果下一张幻灯片的设计和当前编辑的幻灯片有很多相似的地方，就可以复制一份幻灯片，然后再进行修改。

复制幻灯片有两种方法：

1）选择需要复制的幻灯片，按住 Ctrl 键，拖动幻灯片的缩略图，将幻灯片复制到目标位置。

2）选定要复制的幻灯片后，单击“复制”按钮，再在目标位置，单击“粘贴”按钮。

5.2.3　幻灯片的版式

幻灯片的版式，是指幻灯片中的内容在幻灯片上的排列方式，版式由若干个占位符组成。新建幻灯片时，可以先选择幻灯片的版式。已经建立的幻灯片，如果需要修改当前采用的版式，可以在“开始”选项卡的“幻灯片”组中，单击“版式”，从打开的版式列表中选择修改，如图 5-21 所示。

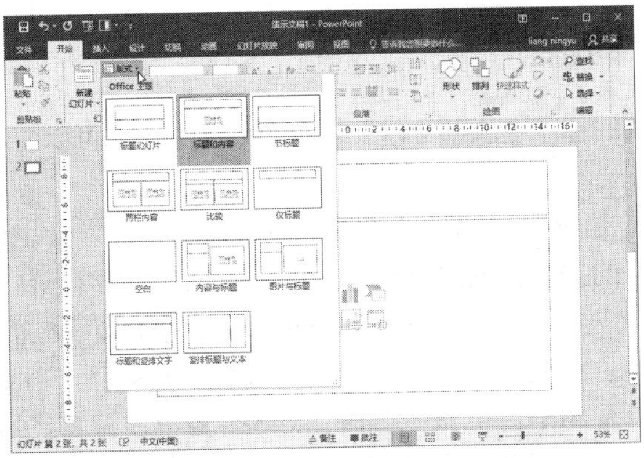

图 5-21　“幻灯片版式”选择列表

占位符是幻灯片中带有虚线或影线标记的方框，它分为标题占位符和内容占位符两类。在内容占位符中单击文字提示，能直接输入文本，也可以单击方框中的图形符号，插入相应内容，图形符号包括插入表格、图表、SmartArt 图形、图片、联机图片和视频文件，如图 5-22 所示。

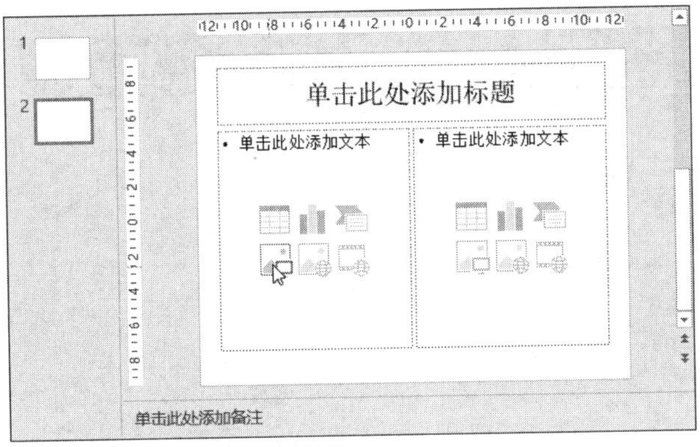

图 5-22　占位符中的图形符号

幻灯片上的占位符，可以像其他对象一样编辑。单击占位符边框会出现 8 个位置控制点和一个旋转控制点，鼠标拖动边框可以移动位置，拖动控制点也可以改变大小或旋转方向，如图 5-23 所示。

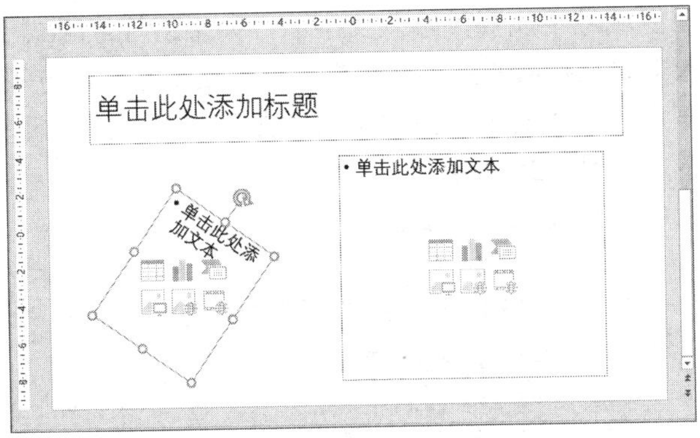

图 5-23　幻灯片占位符的修改

5.2.4 幻灯片中文本的操作

文本对象是演示文稿的基本组成部分，合理地组织文本对象可以使幻灯片更好地传达信息。

1. 在占位符中输入文本

在“幻灯片版式”中选择含有标题或内容的版式，幻灯片内会出现“单击此处添加标题”或“单击此处添加文本”的提示，框内已经预设了文字的属性和样式，在虚线框中单击就可以输入文字。PowerPoint 将按显示的字体格式处理输入的文字，虚线框的范围为输入文字显示的范围，当输入的文字超出占位符宽度时，超出部分会自动转到下一行，按 Enter 键将开始输入新的文本行。输入文本行数超出占位符范围时，文本会溢出占位符，此时需要手动调节范围的大小或重新设置字号的大小。单击占位符外的空白区域结束输入。

在文字输入过程中，如需要移动、复制、删除文本，其操作方法与 Word 文字编辑方法相同。

2. 在“大纲”视图中输入文本

在编辑演示文稿的过程中，运用“大纲”视图则可以很方便地观察演示文稿中前后文本内容的连贯性，在“大纲”视图的幻灯片导航区中，可以快速输入文本，如图 5-24 所示。

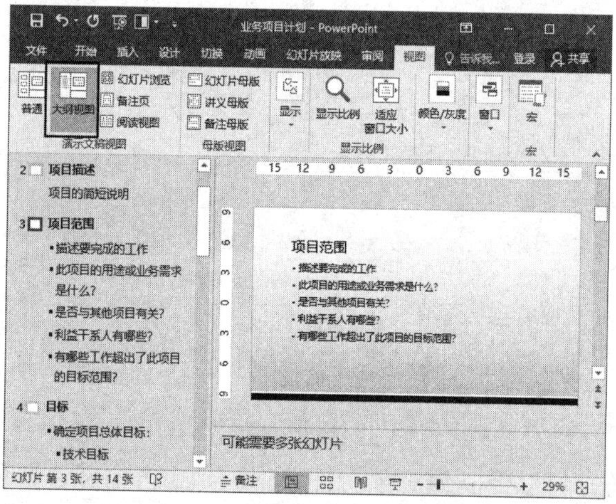

图 5-24 幻灯片的大纲视图

3. 在文本框中输入文本

幻灯片屏幕的空白区域是不能直接输入文字的，如果幻灯片版式不能满足要求，需要在幻灯片上其他位置插入文本，则需要添加文本框。插入文本框操作方法如下：

选择“插入”选项卡，在“文本”组中单击“文本框”下拉按钮，在随后出现的下拉菜单中，选择文本框类型，如图 5-25 所示。

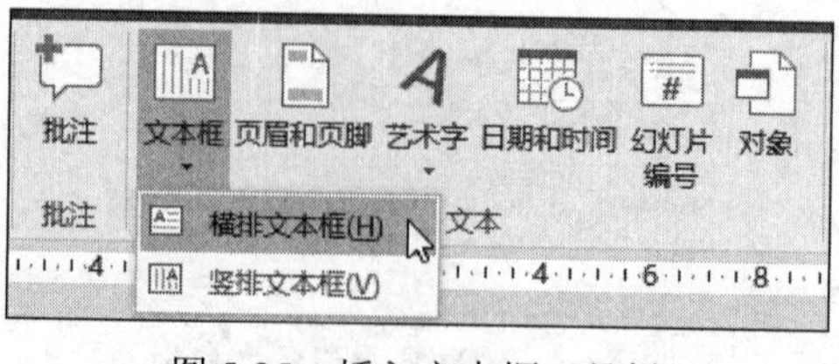

图 5-25 插入文本框工具栏

将鼠标移动到要插入文本框的位置，单击鼠标，或用鼠标拖动出一个矩形框，文本框就插入到幻灯片中，可以在其中直接输入文本，如图 5-26 所示。

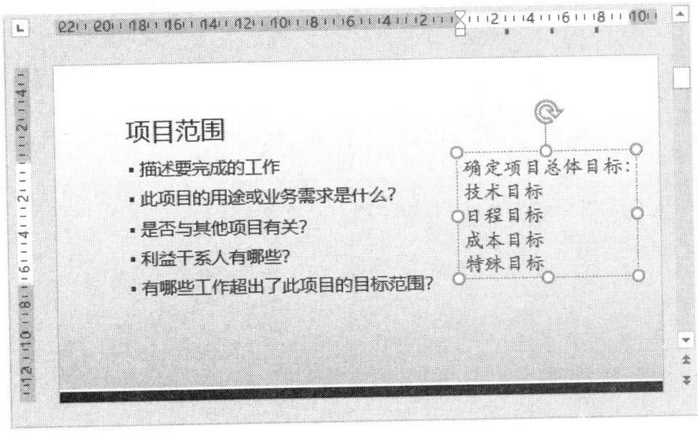

图 5-26　幻灯片中插入“文本框”

选择文本框，单击随之出现的“绘图工具”/“格式”选项卡，可对文本框进行修改，包括修改文本框的“形状样式”“艺术字样式”“排列”“大小”等内容，如图 5-27 所示。

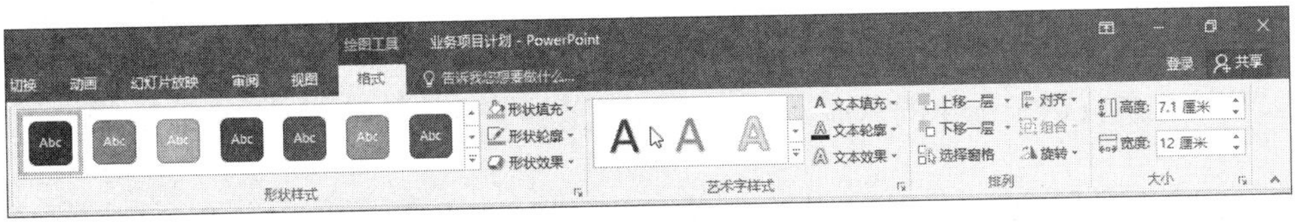

图 5-27　“画图工具”/“格式”选项卡

5.2.5　应用主题

在 PowerPoint 2016 中提供了大量的主题样式，一个主题拥有一组统一的设计元素，包括颜色、字体样式和对象样式，用户可以根据不同的需求选择相应的主题应用于演示文稿中。

1. 应用内置主题

在创建演示文稿时，可以先选择一种主题应用于幻灯片，也可以在演示文稿创建后，再选择主题或更改主题。在已创建的演示文稿中使用内置主题的操作方法如下：

（1）切换到“设计”选项卡，单击“主题”组右侧的下拉按钮，如图 5-28 所示。

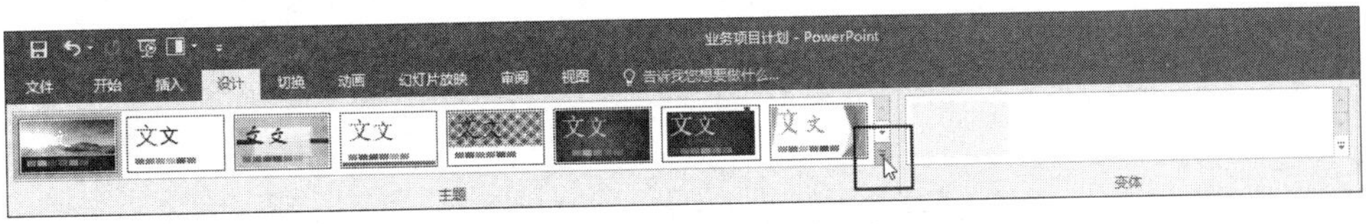

图 5-28　“设计”选项卡

（2）所有主题会以缩略图的方式显示在“主题样式”列表中，如图 5-29 所示。单击选择某一种主题，如“平面”，即可将该主题应用于当前的演示文稿，如图 5-30 所示。

（3）在“设计”选项卡的“变体”组中，单击一种变体效果，可以更改主题的部分颜色与背景；单击“变体”右侧的下拉按钮，在弹出的下拉列表中，可以进一步修改颜色、字体、效果、背景颜色，如图 5-31 所示。

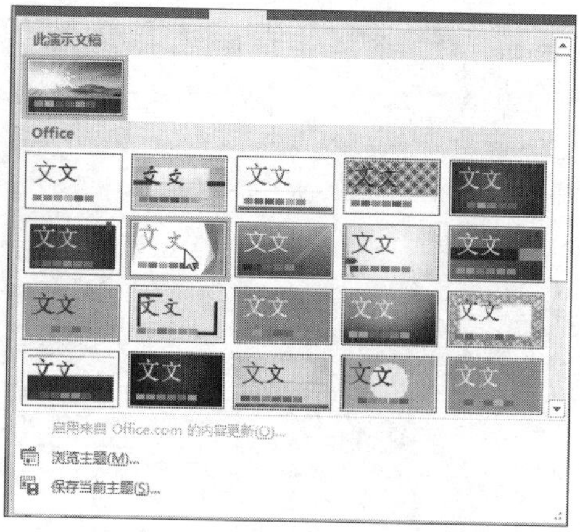

图 5-29 “主题样式”列表

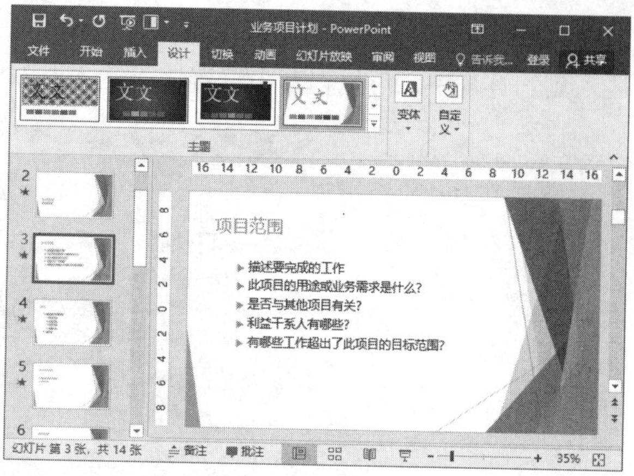

图 5-30 应用主题效果

2. 演示文稿应用不同主题

为了使整个演示文稿的风格统一，通常一个演示文稿只应用一种主题。但如果有需要也可以为一个演示文稿的不同幻灯片设置不同的主题。操作方法如下：

（1）选择一张幻灯片，在“设计”选项卡的“主题”组中，打开“主题样式”下拉列表。

（2）右击“主题样式”列表中的某一主题，在弹出的快捷菜单中，选择“应用于选定幻灯片”，则该主题仅用于选定的当前幻灯片，如图 5-32 所示。

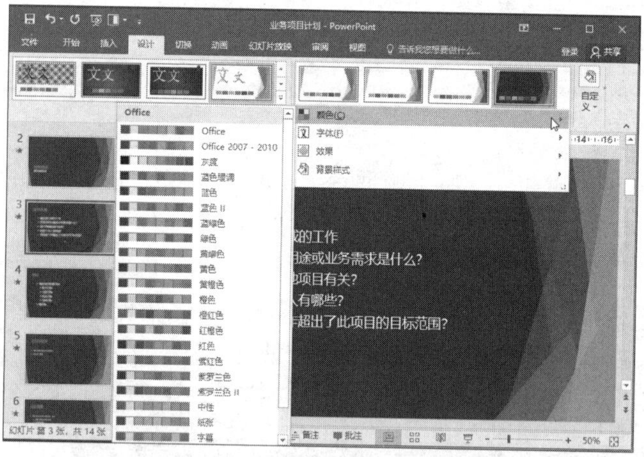

图 5-31 “变体”颜色选择列表

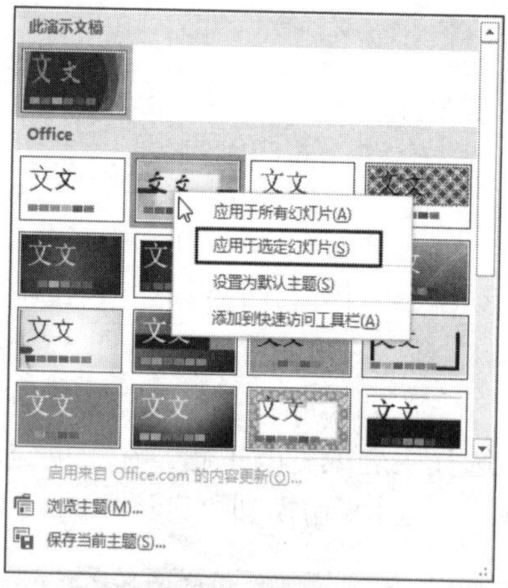

图 5-32 设定主题应用范围

3. 设置幻灯片的背景

空白幻灯片的背景默认为白色，应用了主题的幻灯片的背景默认为主题颜色，如果要更改幻灯片的背景，可用如下方法：

（1）单击“设计”选项卡“自定义”组中的“设置背景格式”按钮，打开“设置背景格式”窗格，如图 5-33 所示。

（2）在设置背景格式的“填充”选项下，分别有：“纯色填充”“渐变填充”“图片或纹理填充”和“图案填充”选项。每一种填充方式，都有相应的设置选项。

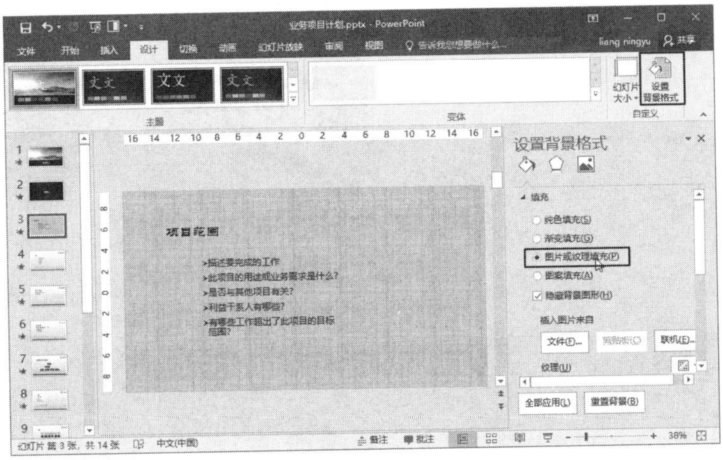

图 5-33　“设置背景格式”窗格

（3）如选择“图片或纹理填充”，然后单击“插入图片来自”下的“文件(F)...”按钮，打开“插入图片”对话框，如图 5-34 所示。选择作为背景的图片，单击“插入”按钮，则该图片作为“背景”插入到当前幻灯片中。为了画面美观，可在“设置背景格式”窗格勾选“隐藏背景图形”选项。完成效果如图 5-35 所示。

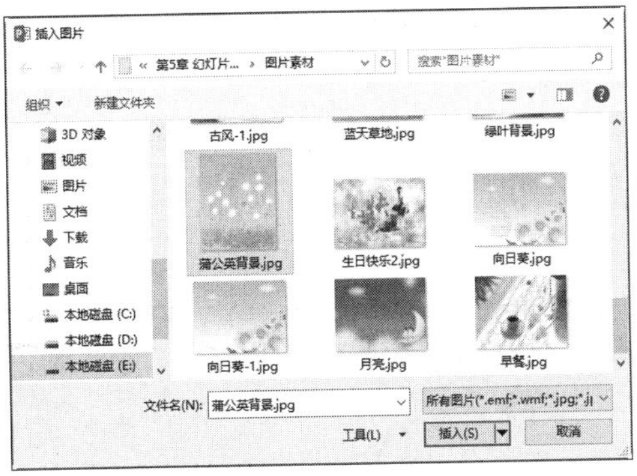

图 5-34　“插入图片”对话框

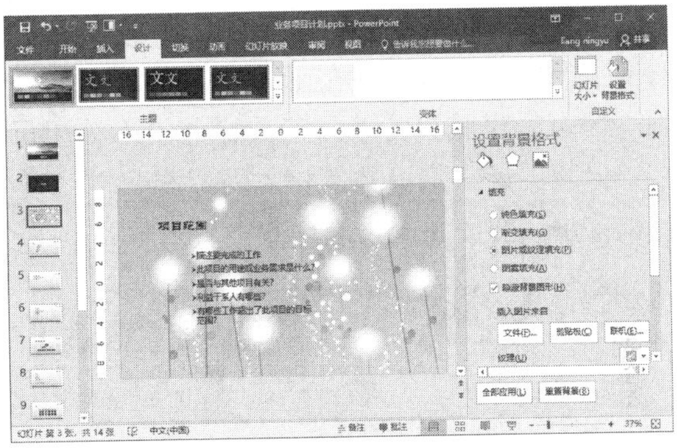

图 5-35　设置图片背景效果

5.2.6　幻灯片母版的使用

1. 母版

母版用来为所有幻灯片设置默认的版式和格式信息，这些信息包括字体格式与文本位置、占位符大小和位置、背景设计和配色方案、通用的图形表格等对象的设置。使用母版可以对所有幻灯片的相关内容统一进行修改，减少重复性工作，提高工作效率。演示文稿中所有幻灯片的最初格式都是由母版决定的。

PowerPoint 提供了 3 种母版：幻灯片母版、讲义母版和备注母版。

2. 幻灯片母版的编辑

（1）打开母版编辑窗口。

在演示文稿中，切换到“视图”选项卡，在“母版视图”组中，显示可编辑的母版类型，如图 5-36 所示。

单击“幻灯片母版”按钮，PowerPoint 窗口转换到母版编辑窗口，如图 5-37 所示。

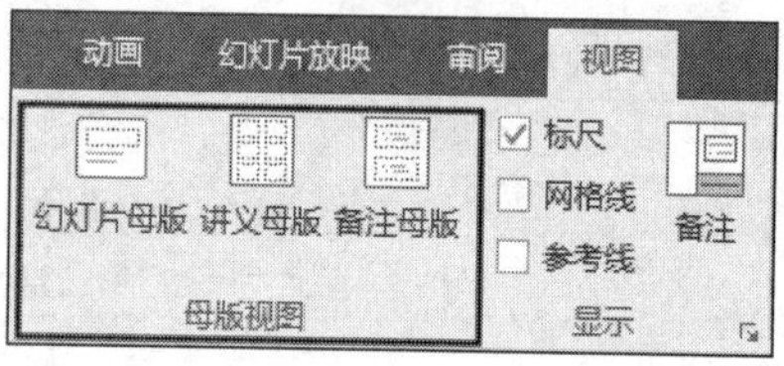

图 5-36 “母版视图”工具栏

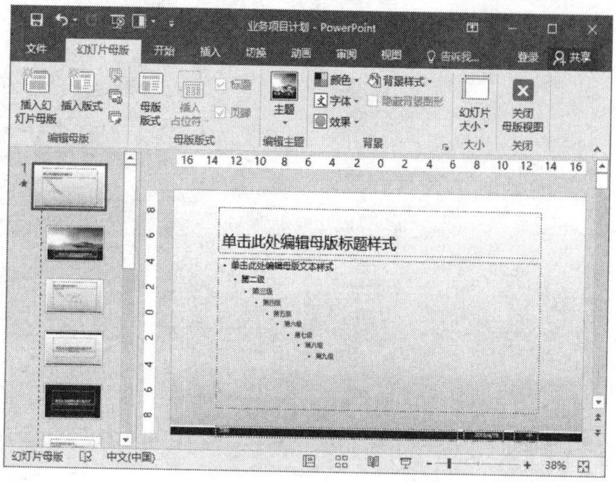

图 5-37 “幻灯片母版”编辑窗口

（2）编辑母版内容。

母版编辑区包括：母版标题样式区、母版文本样式区、日期区、页脚区和数字区。用鼠标单击不同的区域，可以重新设置文本样式，如字体、字号、文字的颜色等，还可以通过“插入”选项卡，在母版中插入图形、图像等元素。例如，在如图 5-38 所示的母版中，修改了标题文字的字体字号，并在母版的右上角插入一个标志图片。

编辑好母版后，单击工具栏上的“关闭母版视图”按钮，返回幻灯片普通视图，则应用了该母版的所有幻灯片的相关内容都会自动发生变化，如图 5-39 所示。当插入新幻灯片时，PowerPoint 会按新的母版样式设置幻灯片。

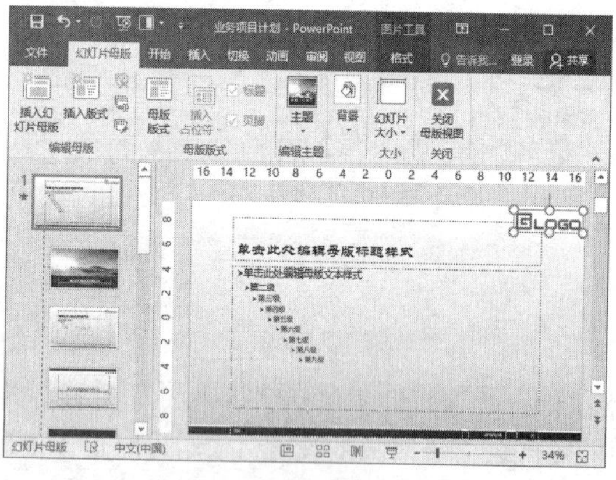

图 5-38 编辑幻灯片母版

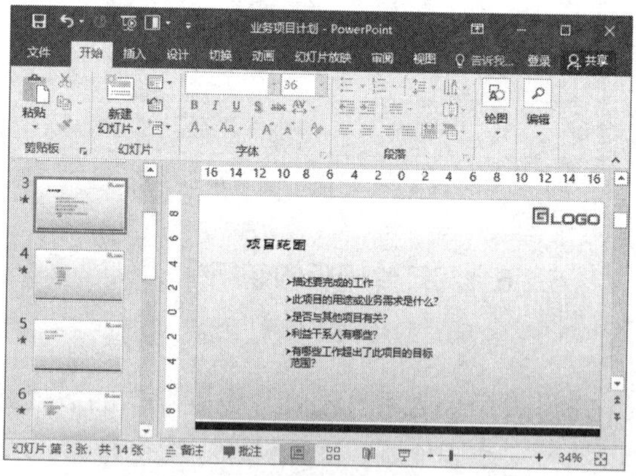

图 5-39 修改母版后的幻灯片效果

3. 讲义母版

讲义母版设置了按讲义的格式打印演示文稿的方式，在“每页幻灯片数量”中可以选择打印时每个页面包含幻灯片的数目，可以为一、二、三、四、六或九张幻灯片。讲义母版视图如图 5-40 所示。

4. 备注母版

备注母版用来控制备注窗格中文本的格式和位置。备注母版视图如图 5-41 所示。

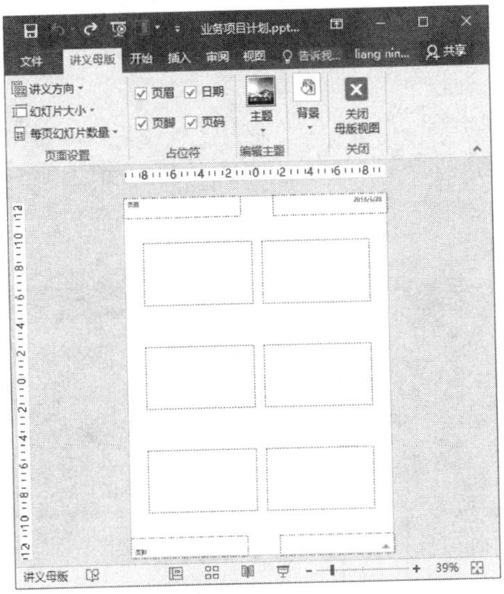

图 5-40　讲义母版视图

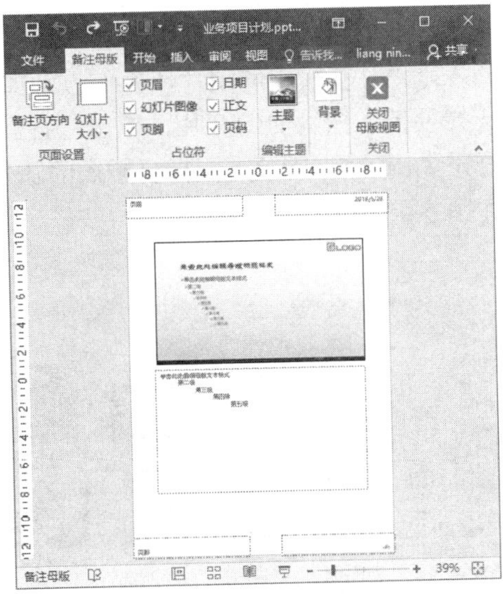

图 5-41　备注母版视图

5.3　插入对象

在制作的幻灯片中，图形、图片、表格、图表等对象是制作幻灯片必不可少的元素。图文并茂的幻灯片，更能表达演讲者的思想，也可以更准确、更直观地表达事物之间的关系，使整个演示文稿更富有感染力。

5.3.1　插入图片和形状

PowerPoint 提供了丰富的图片处理功能，可以插入计算机中的图片文件，也可以插入联机图片，并可以根据需要对图片进行大小和位置的调整、颜色效果设置、样式设置、剪裁、设置叠放层次等编辑操作。

1. 插入图片

要插入图片，可以在包含“内容”占位符的幻灯片中，单击“图片”命令按钮进行操作，如图 5-42 所示。也可以不用占位符，使用“插入”选项卡“图像”组中的命令按钮直接插入，如图 5-43 所示。

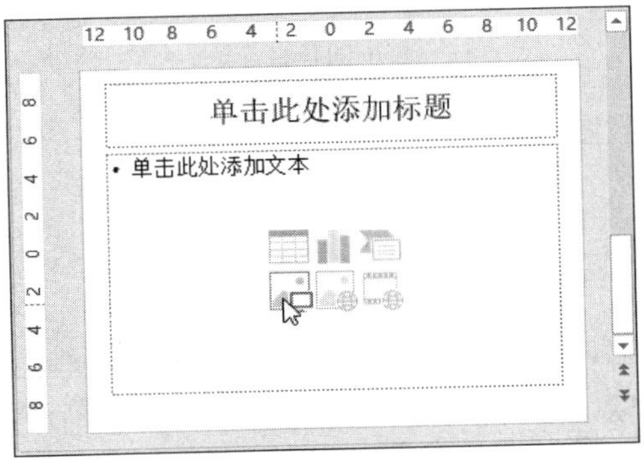

图 5-42　插入“图片”按钮

图 5-43　“插入” / “图像”选项卡

（1）插入计算机中的图片。

插入本地计算机中的图片，操作方法如下：

选择要插入图片的幻灯片，单击“插入”选项卡中的“图片”按钮，打开“插入图片”对话框，如图 5-44 所示。选择要插入的图片，单击“插入”按钮，则图片插入到当前幻灯片中，如图 5-45 所示。

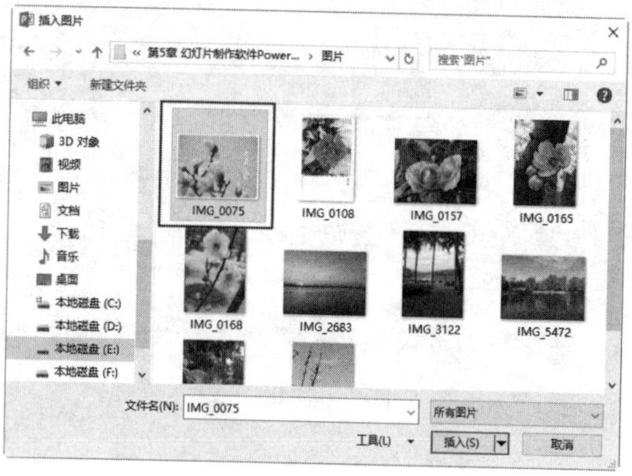

图 5-44 “插入图片”对话框

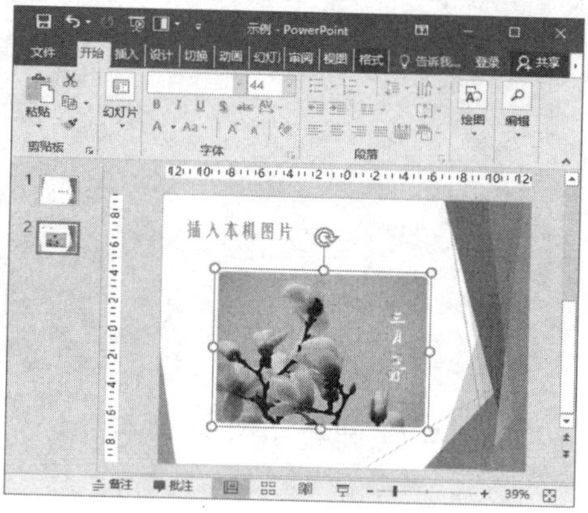

图 5-45 插入本机图片

（2）插入联机图片。

打开幻灯片，在保持网络连接前提下，单击“插入”选项卡中的“联机图片”按钮，打开“插入图片”对话框，如图 5-46 所示。在“输入搜索词”文本框中输入图片的类型文字，如“汽车”，单击“搜索”按钮，则搜索显示该类型的图片，如图 5-47 所示。

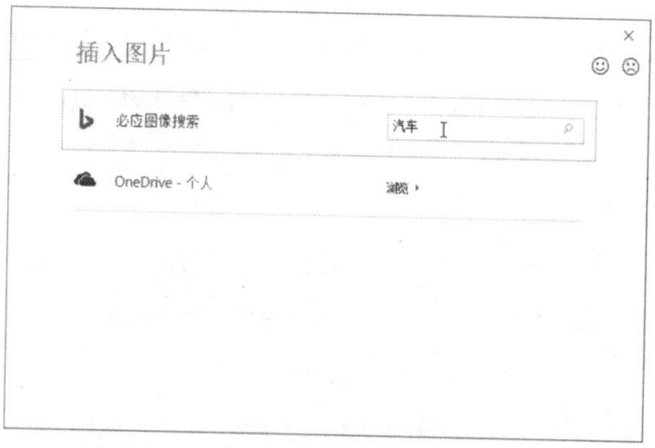

图 5-46 联机“插入图片”对话框

图 5-47 联机图片搜索结果

选择要插入图片，单击”插入“按钮，则自动下载图片并插入到幻灯片中，如图 5-48 所示。

（3）图片的编辑。

选中图片，单击打开“图片工具”/“格式”选项卡，图片的编辑工具如图 5-49 所示。

1）调整图片大小与位置。

插入图片后，图片以默认的大小显示在幻灯片上。用鼠标左键单击并拖动图片，可移动图片的位置；选中图片，用鼠标按住并拖动 8 个控制点，可改变图片的大小。如果要精确设置图片的大小，可以在“格式”选项卡的“大小”组中，输入图片大小的具体数值。

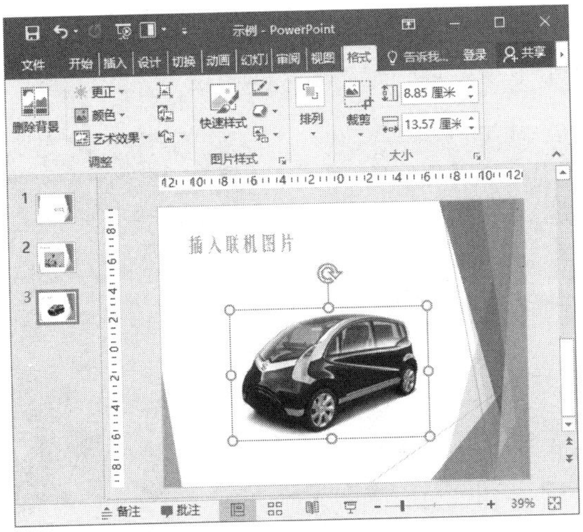

图 5-48　插入联机图片

图 5-49　“图片工具”/“格式”选项卡

2）图片裁剪。

选中图片，单击“格式”选项卡“大小”组中的“裁剪”按钮，此时图片四周的控制点变成线条，四个角的控制点变成直角形状，如图 5-50 所示。用鼠标拖动控制点，就可以裁剪图片。

除了自定义裁剪外，还可以将图片裁剪成一定的形状，操作方法是：单击“裁剪”按钮下的三角按钮打开形状列表，从“裁剪为形状”中选择一种形状，则图片被裁剪为指定的形状，如图 5-51 所示。

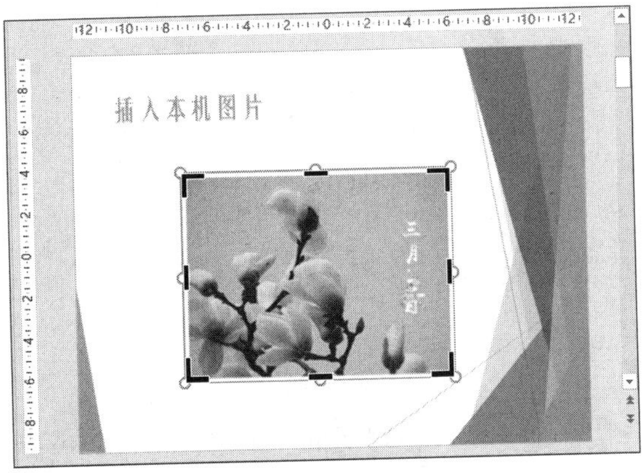

图 5-50　裁剪图片操作

图 5-51　图片裁剪为心状效果

3）图片的叠放层次。

若幻灯片中有多张图片重叠放置，下层图片会被上层图片遮住。要调整图片的叠放层次，可以使用“格式”选项卡“排列”组中的按钮。例如，在图 5-52 所示，选中图片，单击“下移一层”按钮，所选图片被下移一层，如图 5-53 所示。

图 5-52　执行“下移一层”命令

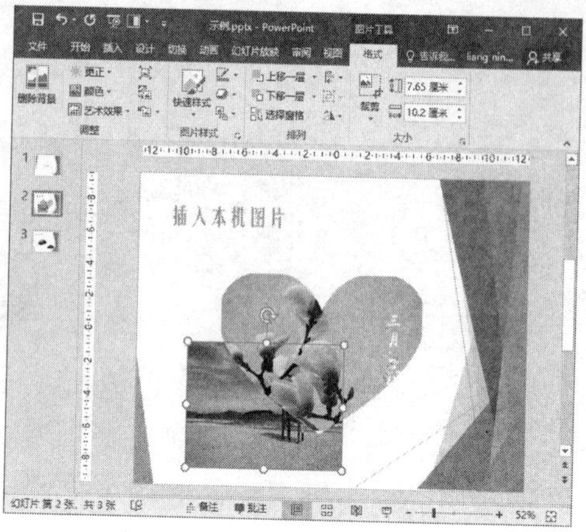

图 5-53　改变图片叠放层次

（4）图片的美化。

1）调整颜色饱和度和色调。

选中图片，在“图片工具”/“格式”选项卡的“调整”组中，打开“颜色”下拉列表，可以调整图片的“颜色饱和度”“色调”或对图片进行“重新着色”，如图 5-54 所示。

2）设置图片的特殊效果。

选中图片，在“图片工具”/“格式”选项卡的“图片样式”组中，单击打开“图片效果”下拉列表，图片的特殊效果有：阴影、映像、发光、柔化边缘、三维旋转等效果，如图 5-55 所示。

图 5-54　调整图片颜色

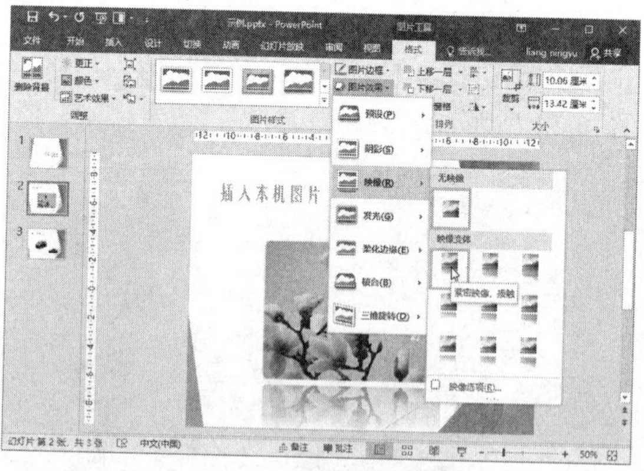

图 5-55　设置图片效果

3）应用图片样式。

PowerPoint 内置了多种图片样式，可以简单快捷地为图片设置边框、阴影、三维等效果。操作方法如下：

选择图片，在“图片工具”/“格式”选项卡下，打开图片“预设样式”下拉列表，如图 5-56 所示。单击选择一种预设样式，则将预设样式的效果应用于当前图片上，如图 5-67 所示。

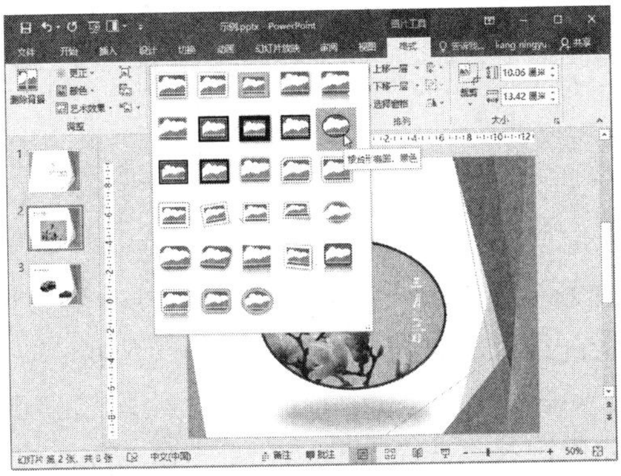

图 5-56　图片预设样式列表

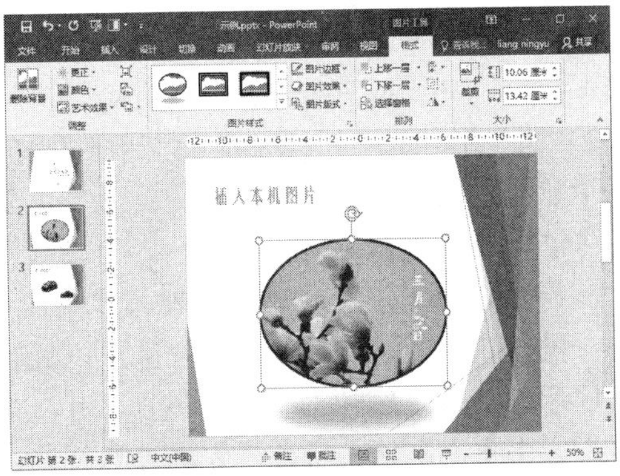

图 5-57　应用预设样式效果

2. 插入形状

插入形状工具位于“插入”选项卡的“插图”组中，如图 5-58 所示。

（1）插入形状。

PowerPoint 提供了多种形状供用户直接调用，包括线条、基本形状、箭头汇总、公式形状、流程图、星与旗帜、标注及动作按钮等。

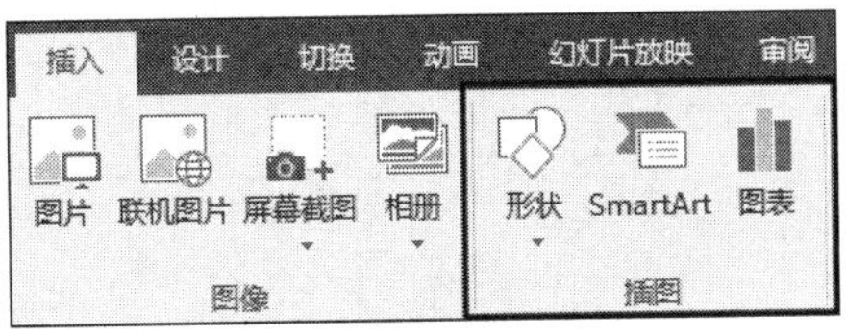

图 5-58　“插入”选项卡的插图工具栏

1）插入新图形。

打开幻灯片，切换到“插入”选项卡，在“插图”组中单击“形状”下的三角按钮打开形状下拉列表，如图 5-59 所示。

单击选择需要的图形，鼠标指针变成十字形状，在幻灯片上按住鼠标左键拖动，即可绘制出形状，如图 5-60 所示。

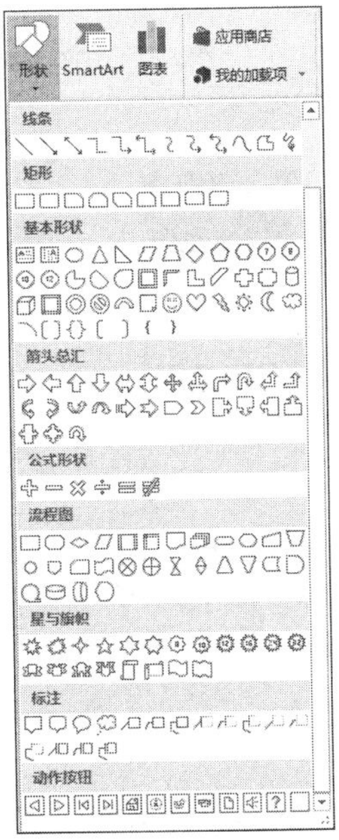

图 5-59　形状列表

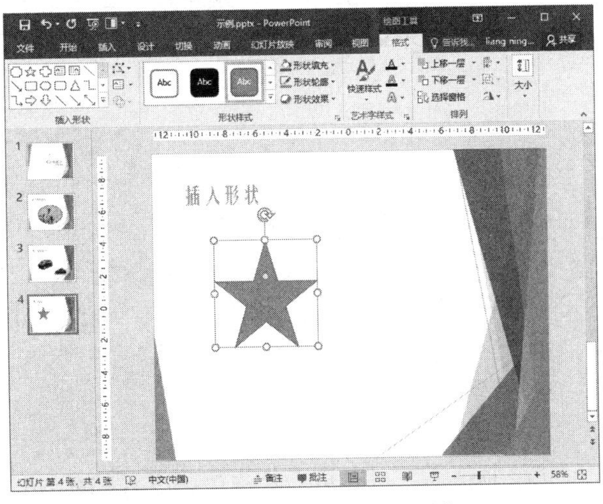

图 5-60　在幻灯片上插入形状

提示：在拖动鼠标绘制形状时，按住 Ctrl 键从中心点开始绘制，按住 Shift 键，可以绘制规则形状。

2）调整形状。

形状绘制后，可以采用下列方法调整形状：

方法一：利用鼠标调整。

在形状上单击，形状周围出现调整控制点。鼠标左键拖动大小控制点，可以改变形状的大小；鼠标左键拖动旋转控制点，就可以旋转形状；用鼠标直接拖动就可以移动形状。

提示：如果想同时调整多个形状，可以先单击第一个形状，然后按住 Ctrl 键或 Shift 键，再单击选中多个形状，用上述方法进行调整，就能同时改变多个形状，如图 5-61 所示。

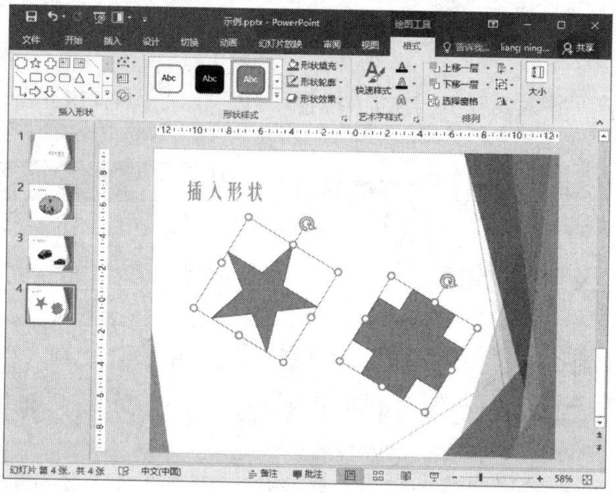

图 5-61　调整多个形状

方法二：利用功能区调整。

先选中形状，选择“画图工具”下的“格式”选项卡，在“大小”组中，用微调按钮调整或直接输入形状的高度和宽度值，如图 5-62 所示。

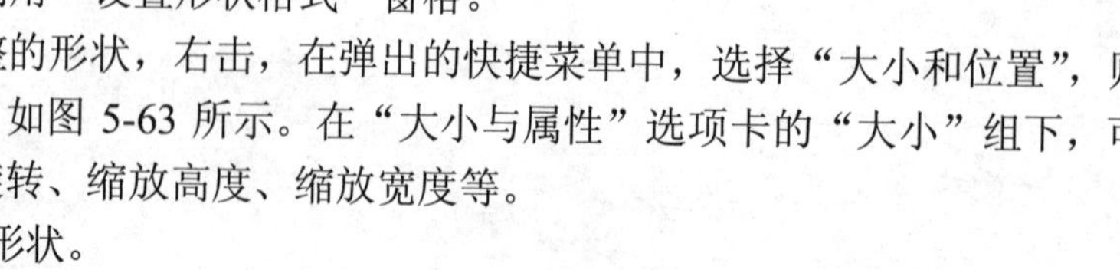

图 5-62　“画图工具”/“格式”选项卡

方法三：利用“设置形状格式”窗格。

选择要调整的形状，右击，在弹出的快捷菜单中，选择“大小和位置”，则打开“设置形状格式”窗格，如图 5-63 所示。在“大小与属性”选项卡的“大小”组下，可以调整形状的高度、宽度、旋转、缩放高度、缩放宽度等。

（2）编辑形状。

1）设置形状效果。

形状绘制好后，可以进一步为形状设置填充颜色和特殊效果，如阴影、发光、映射、棱台等，如图 5-64 所示。

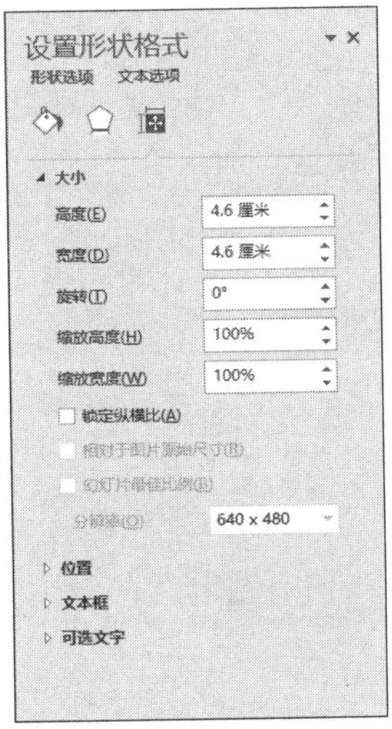

图 5-63　“设置形状格式”窗格

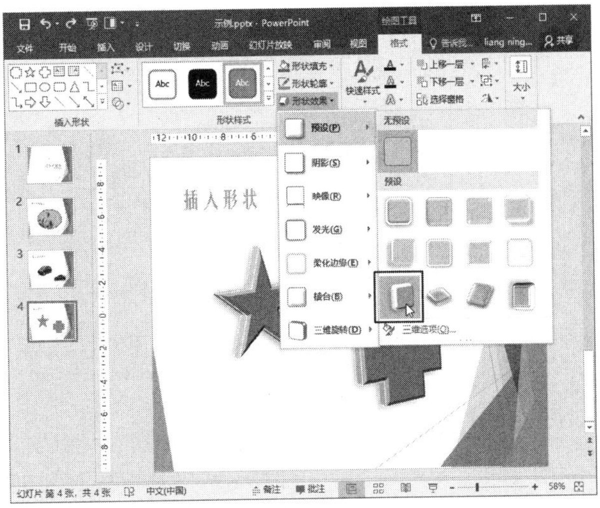

图 5-64　设置形状效果

2）在形状上添加文字。

在绘制的形状上，可以添加文字，操作方法是：在形状上右击，在弹出的快捷菜单上，选择“编辑文字”，如图 5-65 所示。形状中会出现闪烁的光标，直接就可以输入文字。插入的文字，可以通过“字体”工具调整字体格式，如图 5-66 所示。

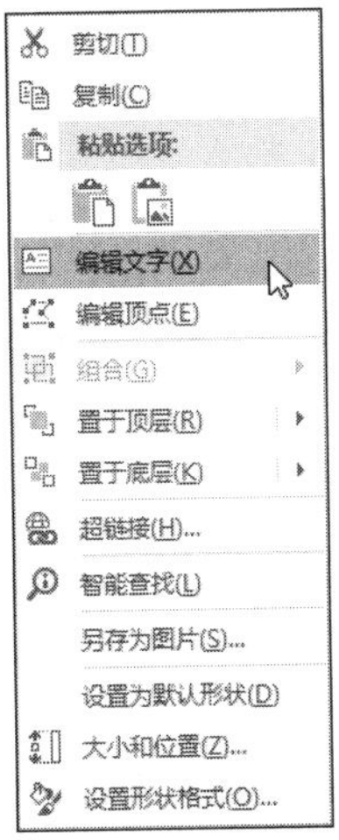

图 5-65　“编辑文字”操作

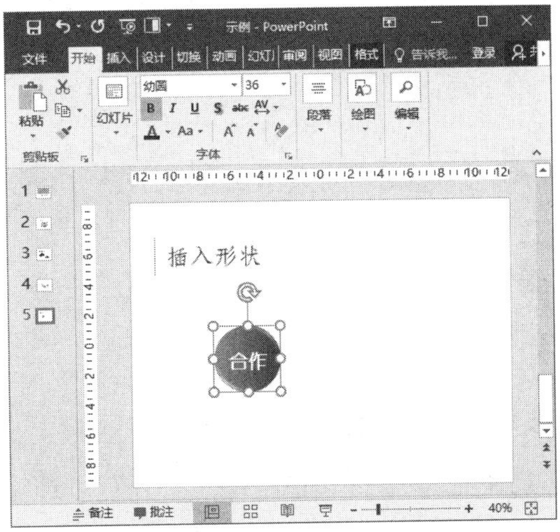

图 5-66　添加文字效果

5.3.2　SmartArt 图形应用

利用 SmartArt 图形，可以通过不同形式和布局的图形，清楚地表达各部分的关系。SmartArt 图形库提供了列表、流程、循环、层次结构、关系、矩阵、棱锥图、图片等多种类型。

1. 插入 SmartArt 图形

插入 SmartArt 图形，可以通过“插入”选项卡的“SmartArt”按钮，如果幻灯片中有“SmartArt”占位符，也可以单击占位符创建。单击“SmartArt”按钮后，弹出“选择 SmartArt 图形”对话框，如图 5-67 所示。

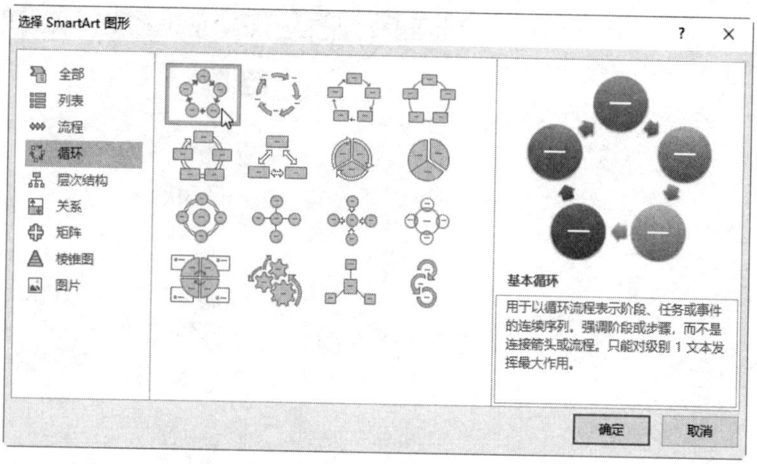

图 5-67 “选择 SmartArt 图形”对话框

在左侧列表中选择一种分类，如“循环”，在中间的列表中选择一种图形样式，如“基本循环”，单击“确定”按钮，在幻灯片上将生成一个循环结构图，如图 5-68 所示。单击某个形状，可以在光标插入点内输入文字，也可以单击“创建图形”组的“文本窗格”，在信息文本框中输入文字。完成效果如图 5-69 所示。

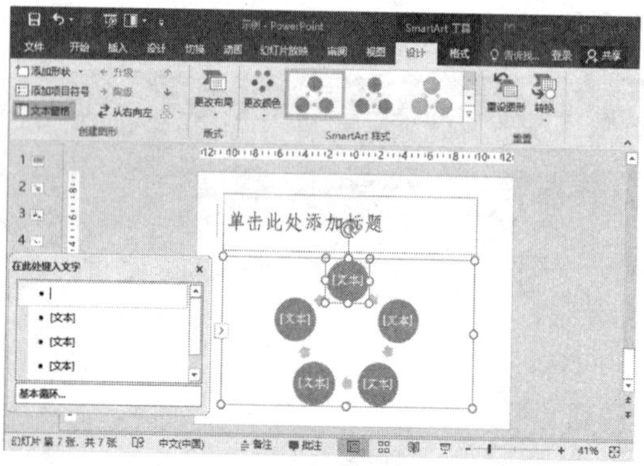

图 5-68 插入 SmartArt 图形

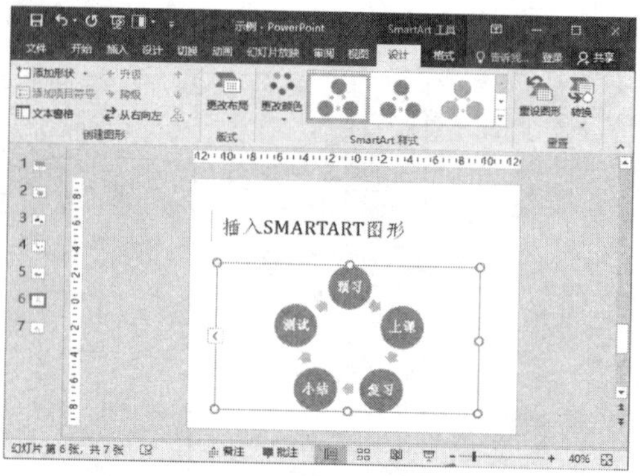

图 5-69 在 SmartArt 图形中输入文字

2. 编辑 SmartArt 图形

已经插入的 SmartArt 图形，还可以进行添加形状、删除形状、修改图形的版式、设置 SmartArt 图形的样式等编辑操作。

编辑 SmartArt 图形，可以在幻灯片中选中图形之后，单击“SmartArt 工具”/“设计”选项卡，在对应的工具栏中进行操作，如图 5-70 所示。

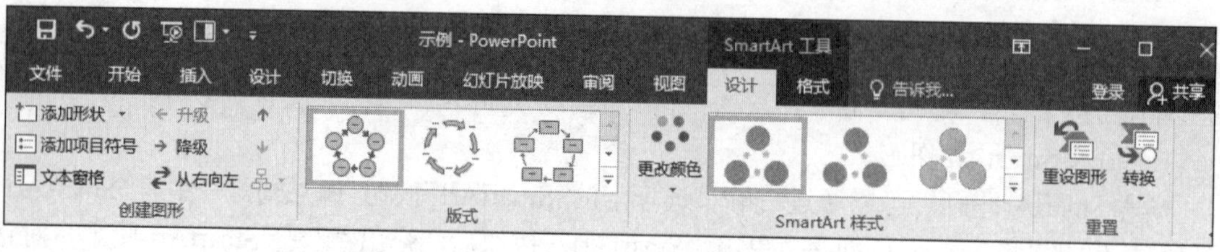

图 5-70 SmartArt 工具”/“设计”选项卡

（1）添加、删除、移动形状。

在插入 SmartArt 图形后，可以对包含的形状增加或删除。操作方法如下：

添加形状：选中形状，如文字为“测试”的形状，在“设计”选项卡的“创建图形”组中，单击“添加形状”按钮，则在当前形状后面添加一个新形状，如图 5-71 所示。

删除形状：选中要删除的形状，按键盘上的 Delete 键，形状即被删除。

移动形状位置：选中要移动的形状，如新添加的无文字形状，单击工具栏中“创建图形”组中的“上移”按钮，形状将“上移”一个位置，如图 5-72 所示。

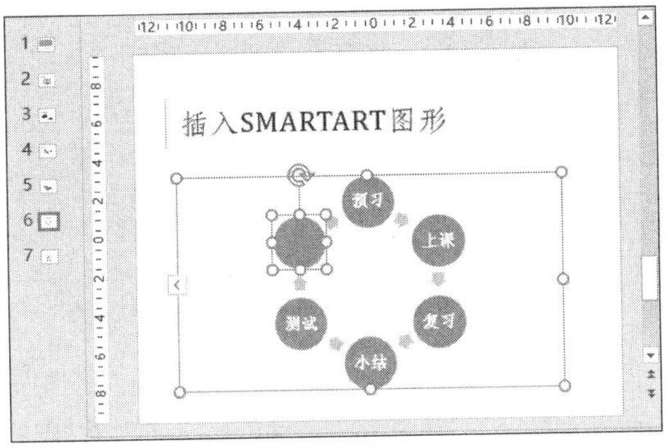

图 5-71　添加形状

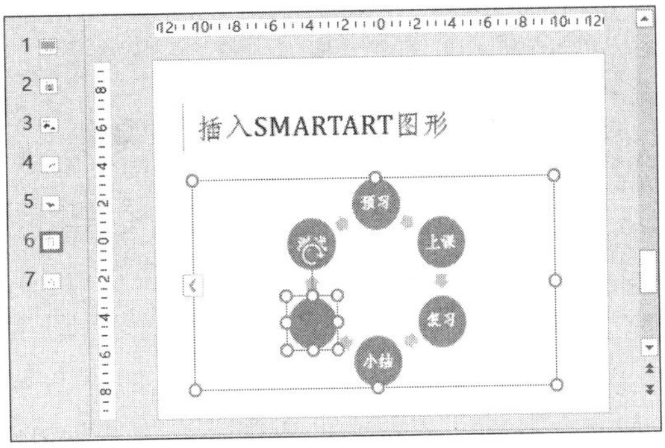

图 5-72　移动形状

（2）更改版式。

选择 SmartArt 图形，单击打开“版式”组的版式布局列表。选择一种新版式，如“基本饼图”，完成效果如图 5-73 所示。

3. 文本转换为 SmartArt 图形

创建 SmartArt 图形时，可以先整理好文字，再将其转换为 SmartArt 图形。操作方法如下：

（1）打开要操作的幻灯片，在内容占位符中输入要转换的文字，如图 5–74 所示。

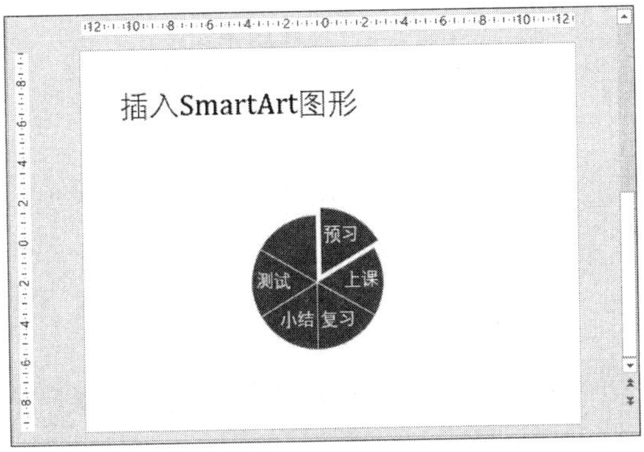

图 5-73　更改版式效果

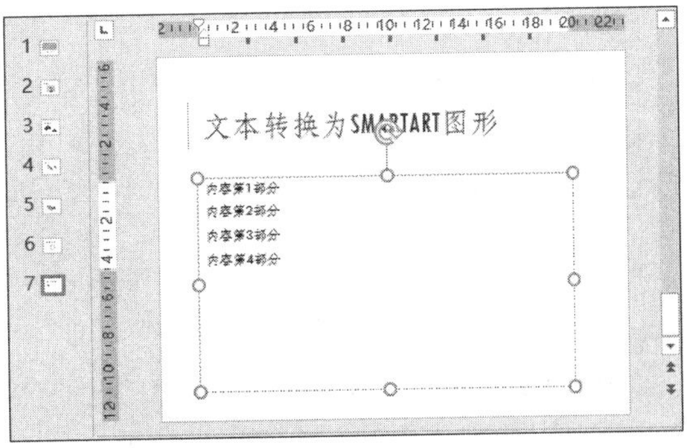

图 5-74 占位符中输入文字

（2）选中要转换文字，在“开始”选项卡的“段落”组中，单击“转换为 SmartArt”命令，打开“选择 SmartArt 图形”列表，如选择“垂直曲形列表”，如图 5-75 所示。单击“确定”按钮，幻灯片中的文本转换为 SmartArt 图形，完成效果如图 5-76 所示。这种方式通常应用到目录页上。

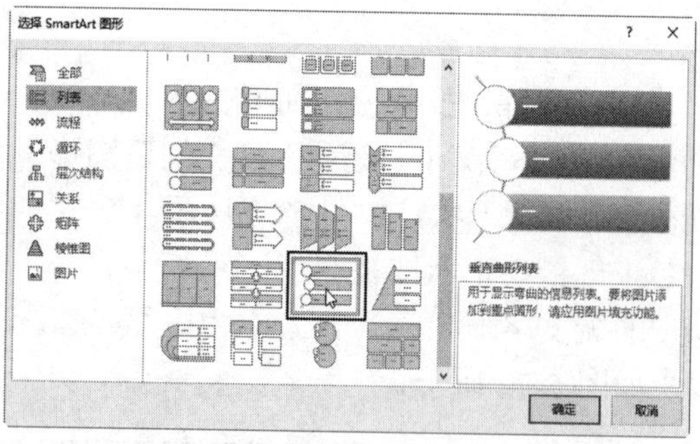

图 5-75 “选择 SmartArt 图形”对话框

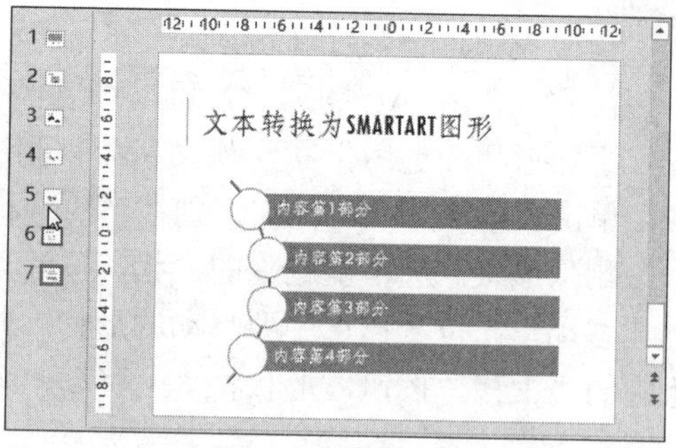

图 5-76 文本转换为 SmartArt 图形

5.3.3 幻灯片中表格的创建与编辑

在幻灯片中，当信息和数据比较繁多时，采用表格的形式，将数据分门别类地放入表格中，可以使数据内容清晰明了。

1. 插入表格

在幻灯片中输入和编辑表格，主要有两种方法：第一种方法是创建带有内容版式幻灯片，在包含表格的占位符中插入表格；第二种方法是使用“插入”工具栏上“插入表格”按钮。其操作方法如下：

（1）在占位符中插入表格。

1）创建幻灯片，选择带有“内容”的版式。

2）在幻灯片中，单击占位符中的“插入表格”图标，如图 5-77 所示。

3）在弹出的“插入表格”对话框中，输入表格的“行数”和“列数”，如图 5-78 所示。

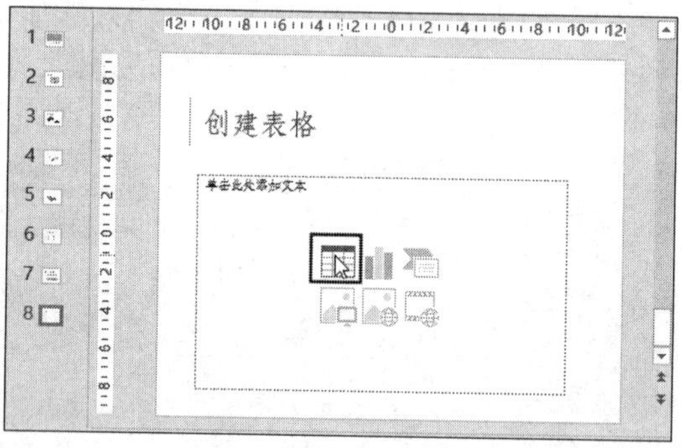

图 5-77 用内容版式创建表格

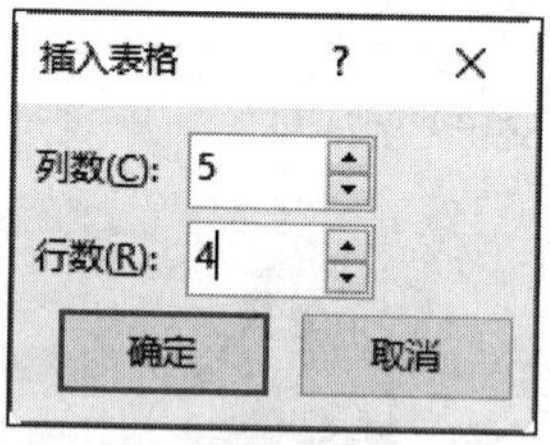

图 5-78 “插入表格”对话框

4）单击“确定”按钮，返回幻灯片，可以看到插入了指定行列数的表格，如图 5-79 所示。

（2）使用“插入”工具栏创建表格。

使用插入表格工具，可以直接在幻灯片中插入表格，方法如下：

1）选择要插入表格的幻灯片，选择“插入”选项卡，单击“表格”按钮，在弹出的下拉列表中，用鼠标拖动选择表格的行、列数，如图 5-80 所示。

2）确定行列后单击鼠标左键，则可将表格插入幻灯片。

创建表格后，将光标定位到单元格中，就可以在表格中直接输入文字，添加文字效果如图 5-81 所示。

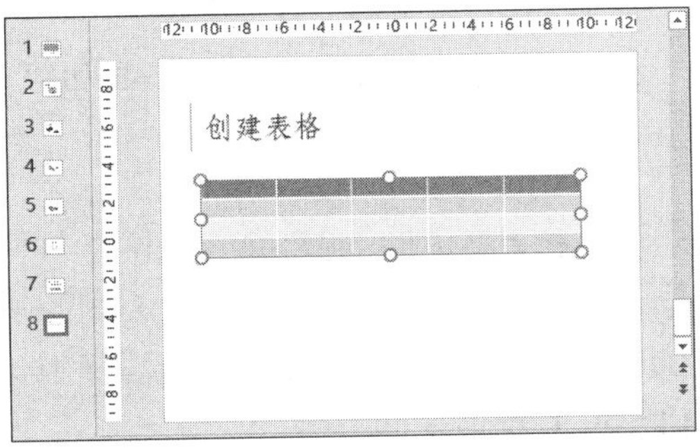

图 5-79　在幻灯片中插入表格

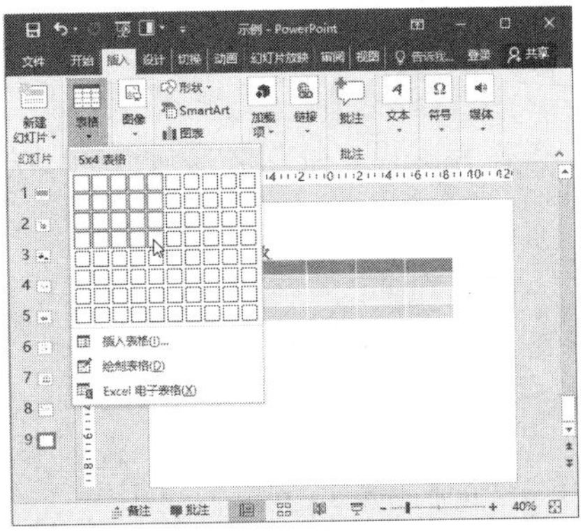

图 5-80　“插入”选项卡创建表格

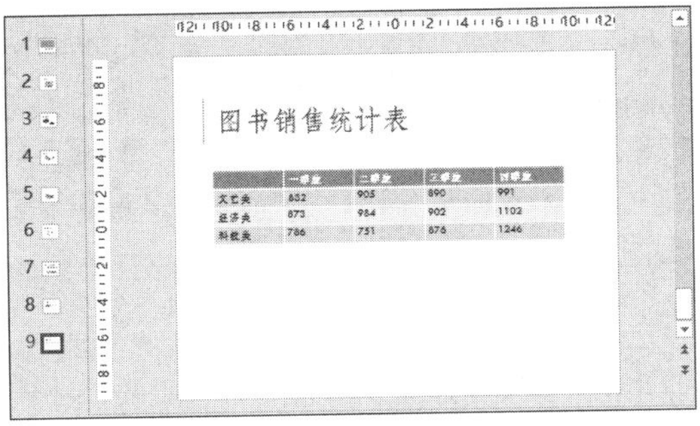

图 5-81　表格中输入文字

2. 编辑表格

对表格的编辑操作，可以通过“表格工具”/“布局”选项卡完成，选项卡工具内容如图 5-82 所示。

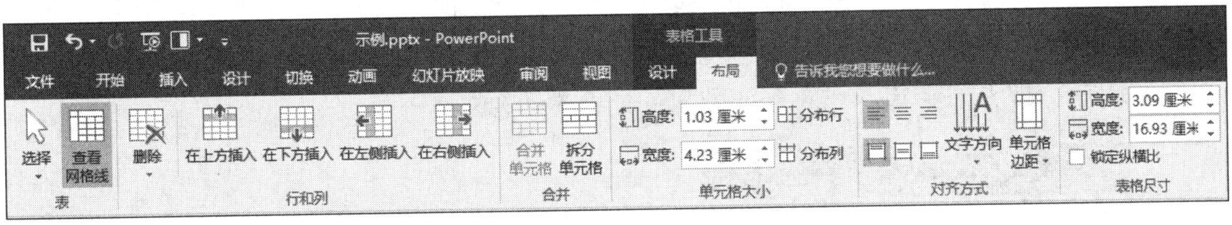

图 5-82　“表格工具”/“布局”选项卡

（1）选择行或列。

对表格进行编辑前，需要先选定表格对象。选择行和列的方法如下：

方法一：用“表格工具”选择。将光标定位在任意单元格内，单击“表格工具”/“布局”选项卡，在“表”分组中，单击“选择”按钮打开下拉列表，可以选择“行”“列”及“表格”。

方法二：用鼠标选择。将光标移动到表格边框的左侧，当光标变成➡形状时，单击鼠标可选择该行。将光标移动到表格边框的上边线，当光标变成⬇形状时，单击鼠标可选择该列。

此外，用鼠标在表格中拖动，可以选择任意单元格。

（2）添加、删除行与列。

在表格中的插入行与列的操作方法如下：

1）将光标定位在要插入行或列的单元格内。

2）单击“表格工具”/“布局”选项卡，在“行和列”组中，执行相应操作，如“在下方插入”。

3）操作完成后，在表格当前行的下方，添加一新行，也可以插入多行。完成效果如图 5-83 所示。

（3）文字对齐。

表格中的文字，默认在单元格中左对齐，要改为其他对齐方法，操作方法如下：

1）选择要设置对齐方式的单元格。

2）在“表格工具”/“布局”选项卡“对齐方式”组中，执行相应操作。如设置整个表格中的文字为“居中”和“垂直居中”，完成效果如图 5-84 所示。

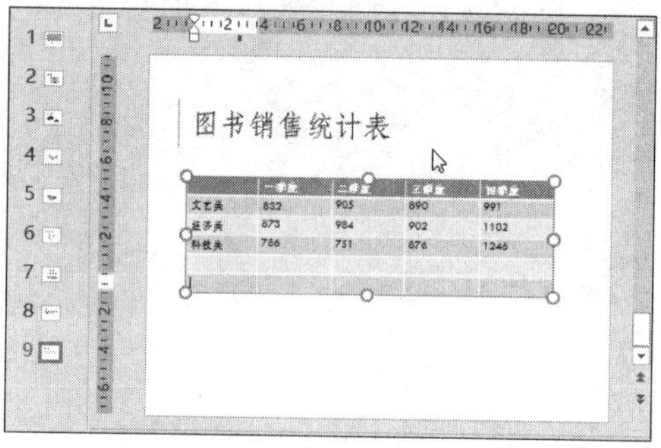

图 5-83　在表格中插入行

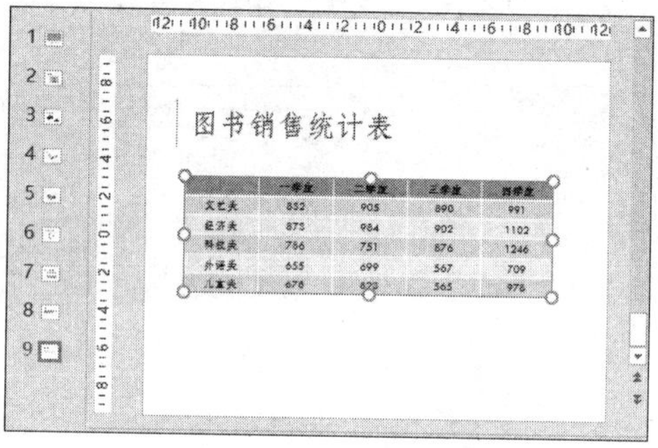

图 5-84　表格对齐效果

3. 美化表格

（1）应用表格设定样式。

在默认情况下，在插入表格时，表格已经应用了系统自带的表格样式。创建表格后，也可以更改表格样式，操作方法如下：

1）选择要修改样式的表格，打开“表格工具”/“设计”选项卡，在“表格样式”中，单击“其他”按钮，打开“表格样式”下拉列表中，如图 5-85 所示。

2）选择一种表格样式，设置完成效果如图 5-86 所示。

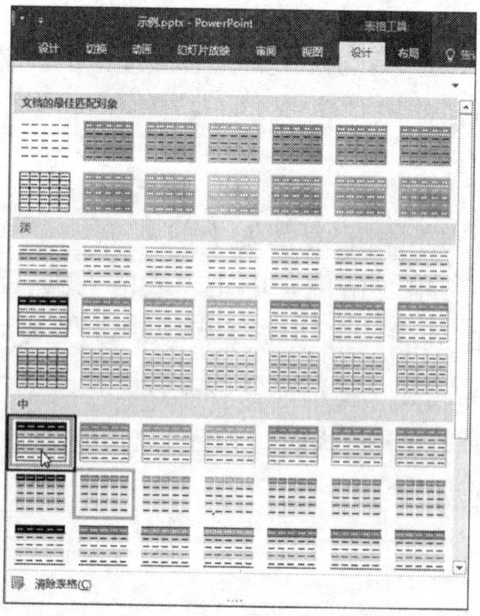

图 5-85　“表格样式”列表

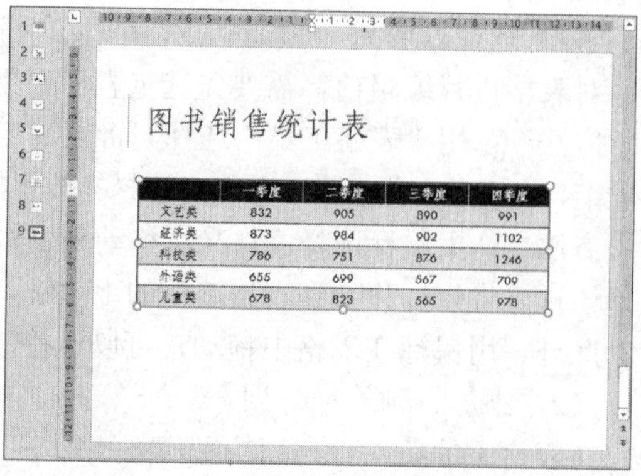

图 5-86　应用“表格样式”效果

（2）设置表格边框。

表格的边框可以根据需要，设置成不同的线条大小、不同颜色以及不同样式。修改表格边框操作如下：

1）选中表格，打开“表格工具”/“设计”选项卡，在“绘制边框”组中分别设置“笔样式”“笔划粗细”和“笔颜色”，如图 5-87 所示。

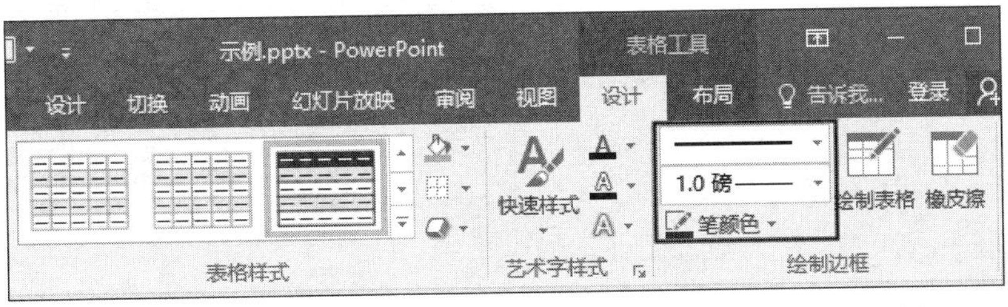

图 5-87　“绘制边框”工具栏

2）边框笔选择完成后，在“表格样式”组的“边框”下拉列表中，选择要应用的边框范围，如图 5-88 所示。如将“2.25 磅”的直线用于表格的上下框线，完成效果如图 5-89 所示。

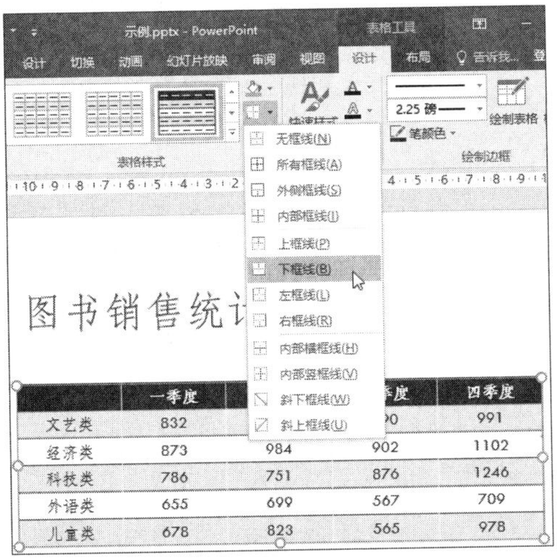

图 5-88　选择框线应用范围

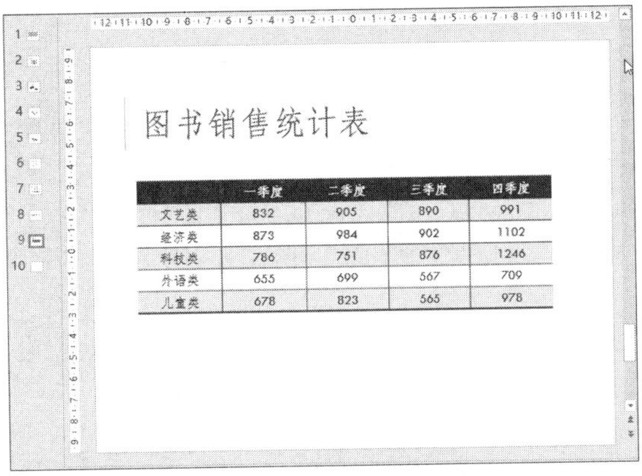

图 5-89　设置表格框线效果

5.3.4　幻灯片中插入图表

图表是以图形的方式显示表格中的数据，同其他图形对象一样，图表能比文字更直观地描述数据。

在幻灯片中插入图表的操作方法如下：

（1）选择要插入图表的幻灯片，单击“插入”选项卡“插图”组中的“图表”命令按钮，弹出“插入图表”对话框，如图 5-90 所示。

（2）在对话框左侧选择图表类型，如“柱形图”，在右侧选择图表样式，如“簇状柱形图”，单击“确定”按钮，系统自动启动 Excel，并在幻灯片上显示图表，如图 5-91 所示。

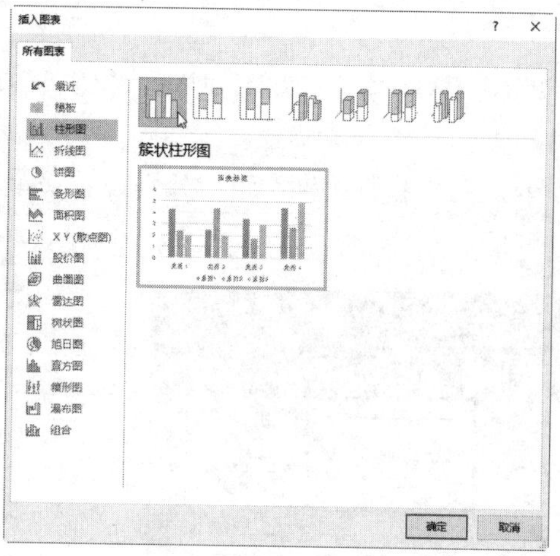

图 5-90 “插入图表”对话框

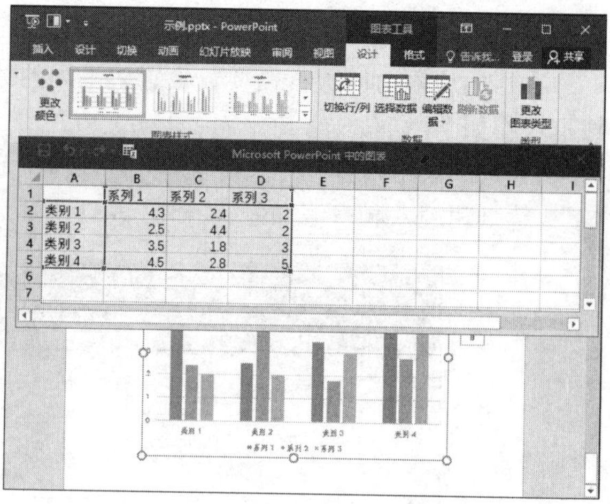

图 5-91 在幻灯片上插入图表

（3）修改示例数据表中的数据和文字，图表的形状和内容也随之变化，如图 5-92 所示。

（4）单击“关闭”按钮，退出 Excel，可以看到在幻灯片中插入了图表，如图 5-93 所示。

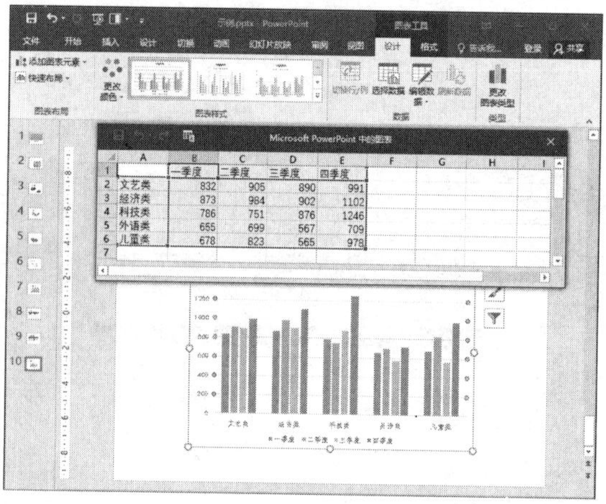

图 5-92 修改数据表中的数据

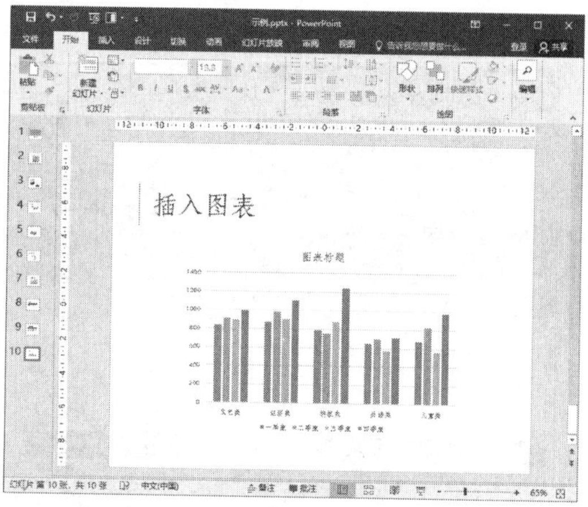

图 5-93 插入图表效果

5.3.5 插入声音文件

为了让幻灯片更加生动，可以在幻灯片中插入音频文件，还可以对音频文件进行编辑，如为音频添加书签、剪辑音频和设置音频播放选项等。

在 PowerPoint 中添加的音频文件，可以是来自计算机中的声音文件，也可以在“联机音频”中查找所需的音频文件，还可以是自己录制的录音文件。

1. 插入计算机中的声音文件

PowerPoint 2016 支持多种声音格式，如 MP3、WAV、WMA、AIF、MDI 等，插入声音文件的操作方法如下：

（1）打开要插入音频文件的幻灯片，切换到“插入”选项卡，单击“媒体”组中的“音频”选项，打开下拉列表，如图 5-94 所示。

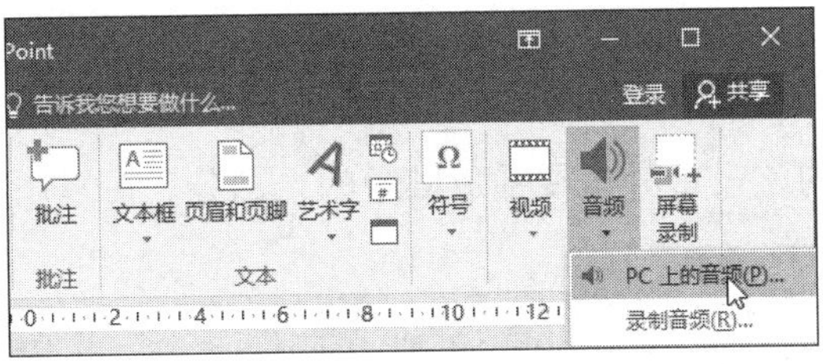

图 5-94　插入“音频”

（2）选择“PC 上的音频”，打开“插入音频”对话框，选中要插入的音频文件，如图 5-95 所示。单击“插入”按钮，则该音频文件插入到幻灯片中，如图 5-96 所示。

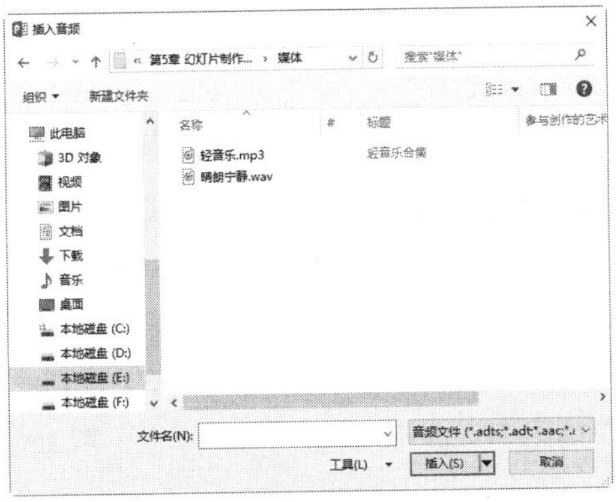

图 5-95　“插入音频”对话框

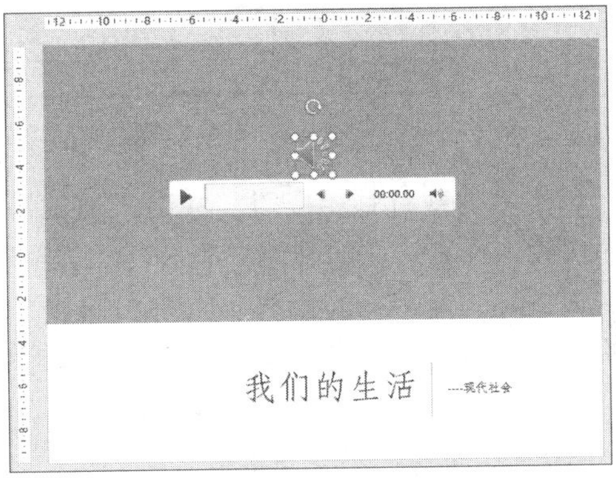

图 5-96　在幻灯片中插入音频

（3）插入音频后，在幻灯片上将显示一个表示音频文件的小喇叭图标，指向或单击该图标，将出现的音频控制栏。单击“播放”按钮，可播放声音，并在控制栏中看到声音播放进度。

2. 为幻灯片添加录制音频

PowerPoint 2016 可以进行录音，并将录音文件插入到幻灯片中，以便在放映时进行播放，操作方法如下：

（1）打开幻灯片，在“插入”选项卡下，单击“媒体”组中的“音频”选项，从下拉列表中选择“录制音频”。

（2）弹出“录制声音”对话框。在“名称”文本框中输入该录音的名称，单击“录音”按钮，就可以通过麦克风进行录音。音频录制完成后，按“停止”按钮结束录制，单击“播放”可收听录制的声音，如图 5-97 所示。确认无误后，单击“确定”按钮，录制的音频将插入到幻灯片中。

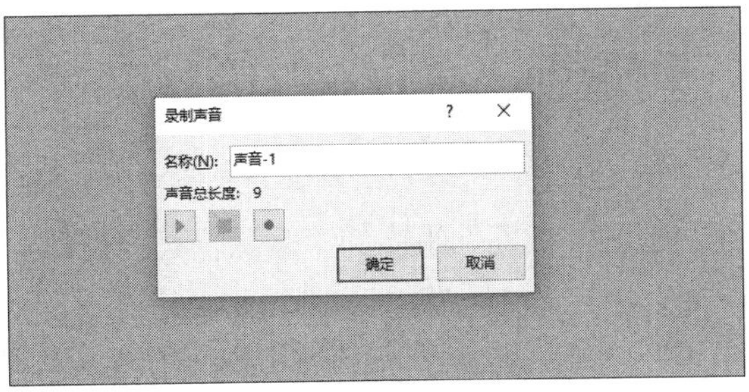

图 5-97　“录制声音”对话框

3. 编辑声音

（1）剪裁音频。

如果添加到幻灯片的整段音频只要播放其中的一部分，可以用剪裁音频功能，将不需要的部分剪裁掉，方法如下：

选择要编辑的音频，切换到“音频工具”下的“播放”选项卡，如图 5-98 所示。

图 5-98 “音频工具”/“播放”选项卡

单击“剪裁音频”按钮，弹出“剪裁音频”对话框，分别拖动进度条两端的绿色滑块和红色滑块，设置音频的开始时间和结束时间，按“播放”按钮收听效果，设置好后，单击“确定”按钮，完成声音的裁剪，如图 5-99 所示。

提示：有时剪裁后的声音文件听起来会比较突兀，可以在“编辑”组中为音频设置一定的“淡入”和“淡出”时间，这样能使声音播放比较自然。

（2）在声音中添加书签。

在音频文件上添加书签后，可以快速地跳转到音频文件的某个关键位置或转折点。操作方法如下：

播放音频文件，将声音暂停在要添加书签的位置，在“音频工具”选项卡下，单击“书签”列表中的“添加书签”按钮，则在音频控制栏看见一个书签标志，如图 5-100 所示。也可根据需要添加多个书签。单击书签，就可实现声音的快速跳转。

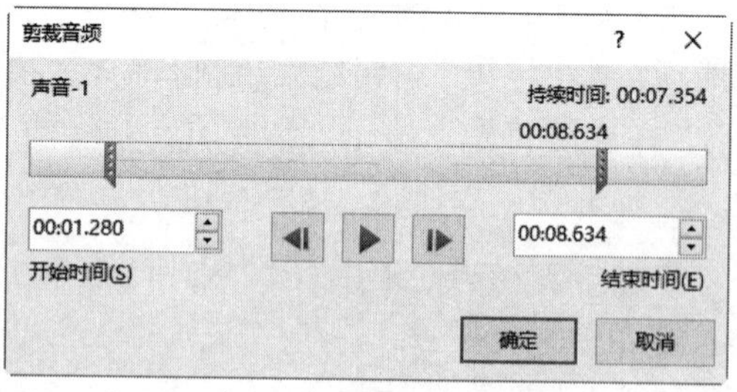

图 5-99 “剪裁音频”对话框

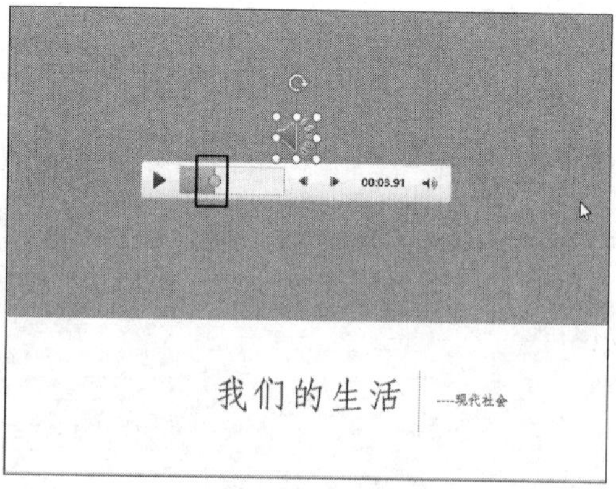

图 5-100 在声音中添加书签

对不需要的书签，可以通过“书签”组中的“删除书签”按钮，进行删除。

4. 设置播放选项

在幻灯片上选择音频文件，单击“音频工具”选项卡的“音频选项”按钮，打开播放选项列表，如图 5-101 所示。

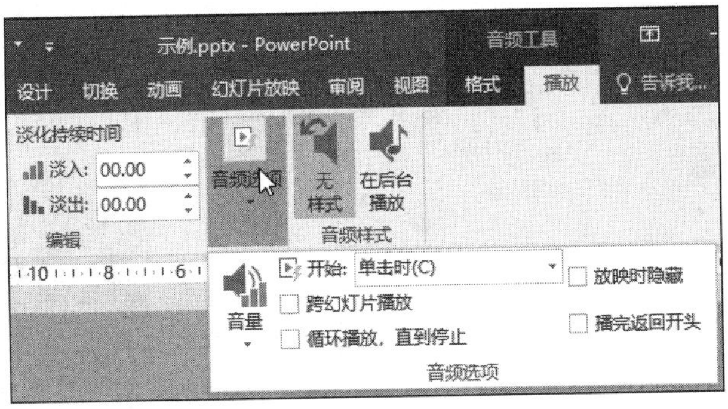

图 5-101　设置“音频选项”

常用的播放设置如下：

（1）开始方式。

从“开始”列表中，可选择声音“单击时”播放或进入幻灯片时“自动”开始播放。

（2）跨多张幻灯片播放声音。

如果希望幻灯片放映时一直有音乐背景衬托，需要勾选“跨幻灯片播放”使得声音延续，并选择“循环播放，直到停止”。

（3）隐藏声音图标。

放映幻灯片时，音频图标“小喇叭”也许会影响页面效果，勾选“放映时隐藏”选项，则放映时就不显示音频的“小喇叭”标志。

5.3.6　插入视频文件

在幻灯片中可以插入视频文件，视频文件的来源，可以是计算机中已有的视频文件，也可以是在联机视频中查找到的文件。

1．插入计算机中的视频

PowerPoint 2016 支持多种视频文件格式，如 AVI、MPEG、ASF、WMV 和 MP4 等。插入视频操作方法如下：

（1）选择要插入视频的幻灯片，在“插入”选项卡下，单击“媒体”组中的“视频”按钮，如图 5-102 所示。

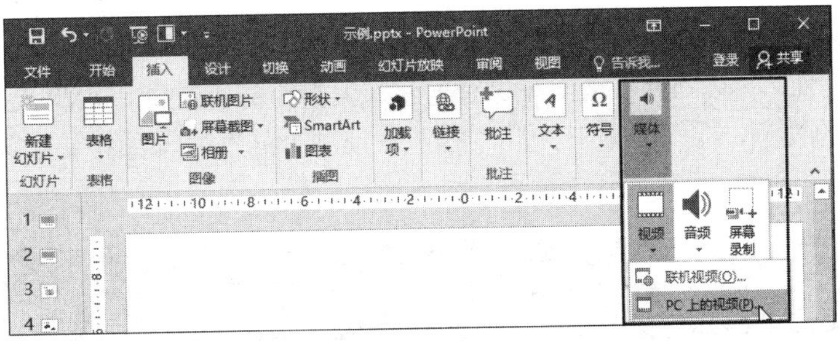

图 5-102　插入媒体操作

（2）从下拉列表中选择“PC 上的视频”，打开“插入视频文件”对话框，如图 5-103 所示。

（3）选择要插入的视频文件，单击“插入”按钮，该视频被插入到当前幻灯片中，如图 5-104 所示。单击视频控制栏上的“播放”按钮，就可播放该视频。

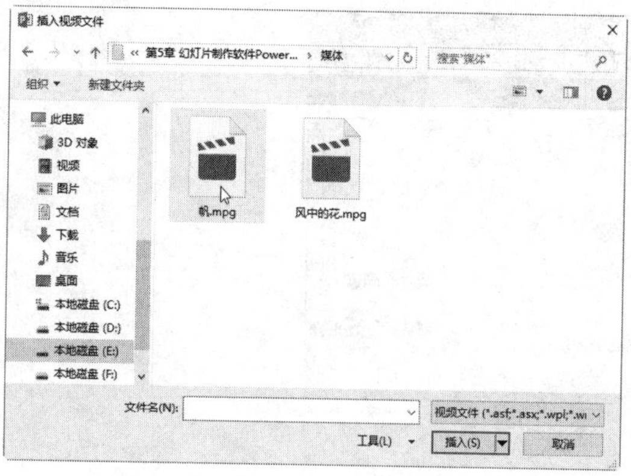

图 5-103 “插入视频文件”对话框

图 5-104 插入视频效果

2. 编辑视频

视频文件插入幻灯片后，以默认设置显示。用户可以根据需要，对视频进行编辑和设置，主要内容如下：

（1）移动视频位置与设置视频大小。

方法一：用鼠标拖动操作。

将鼠标移到视频上，鼠标指针变成十字箭头状，拖动鼠标移动视频的位置；单击选中视频文件，将鼠标移到视频控制点上拖动，可以改变视频的大小。

方法二：用选项卡命令操作。

选中视频文件，切换到“视频工具”/“格式”选项卡，在“大小”组中，用微调按钮或输入视频文件的大小数值调整大小。如图 5-105 所示。

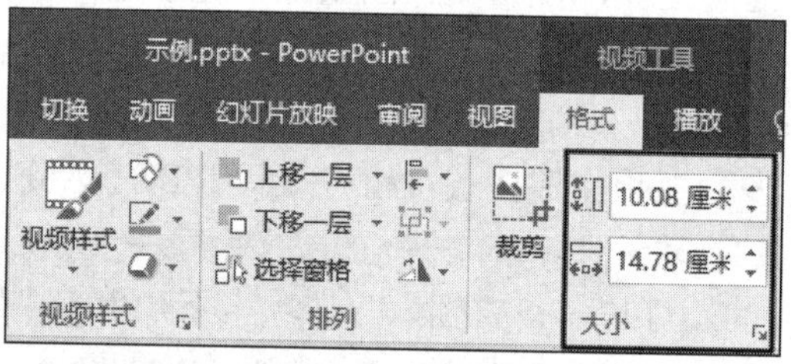

图 5-105 “视频工具”/“格式”选项卡

（2）剪裁视频。

插入的视频文件，可以对开头或结尾进行剪裁，但不能剪裁视频中间部分。操作方法如下：

选择要操作的视频，在“视频工具”/“播放”选项卡的“编辑”组中，单击“剪裁视频”，如图 5-106 所示。

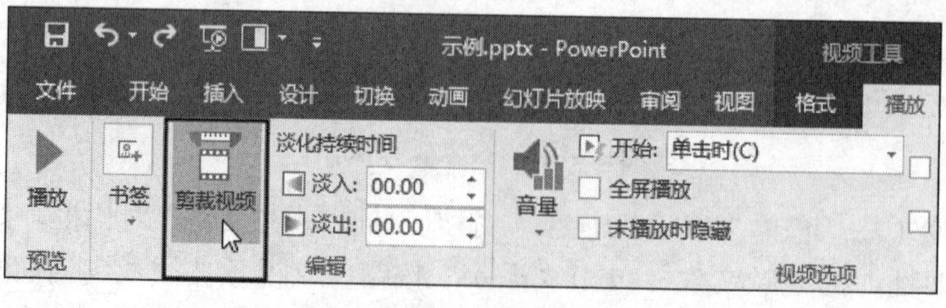

图 5-106 剪裁视频”工具

在随后弹出的“剪裁视频”对话框中，拖动控制条上的滑块，设置视频的开始时间、结束时间，如图 5-107 所示。单击“确定”按钮，完成操作。

图 5-107　“剪裁视频”对话框

（3）设置视频边框。

视频插入到幻灯片中，默认是无边框的，用户可以根据需要设置美观的边框。方法如下：

选中视频文件，在“视频工具”/“格式”选项卡的“视频样式”组中，单击“视频样式”，打开下拉列表，如图 5-108 所示。

单击选择一种边框样式，视频添加边框的效果如图 5-109 所示。

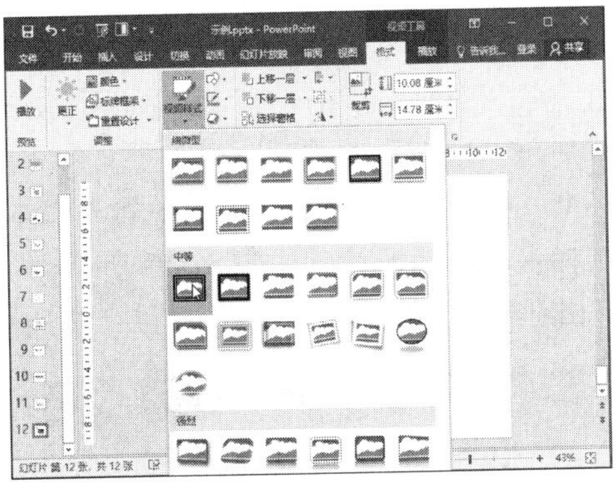

图 5-108　“视频样式”列表

图 5-109　视频添加边框效果

5.3.7　使用相册功能

使用 PowerPoint 2016 的相册功能，可以自动建立多张幻灯片，并可以指定每张幻灯片中插入图片的数目。操作方法如下：

（1）启动 PowerPoint，创建空白演示文稿，切换到“插入”选项卡，单击“图像”组的“相册”按钮，打开相册下拉列表，如图 5-110 所示。

（2）单击“新建相册”选项，弹出的“相册”对话框，如图 5-111 所示。

图 5-110　新建相册操作

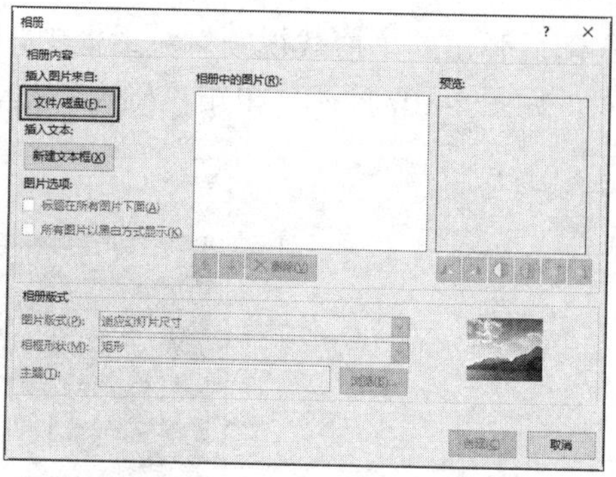

图 5-111　“相册”对话框

（3）在“相册”对话框的“相册内容”选项中，单击“文件/磁盘”按钮，选择从本地磁盘中插入图片，在随后弹出的“插入新图片”对话框中，选择要插入到相册的图片，可以选择一张或多张图片，如图 5-112 所示。

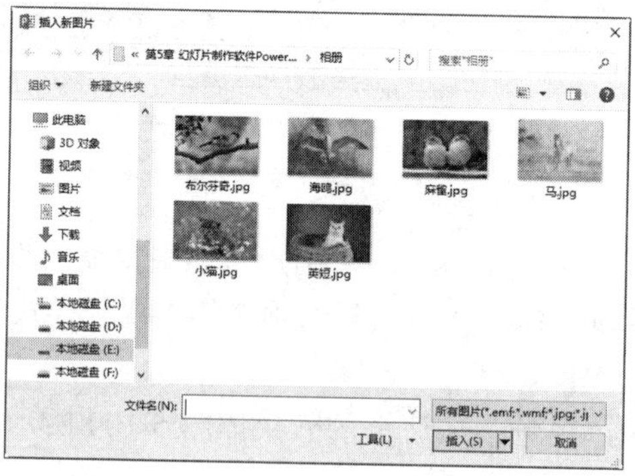

图 5-112　“插入新图片”选择列表

（4）单击“插入”按钮，返回“相册”对话框，在“相册中的图片”列表中，显示添加到相册的所有图片，使用列表下方的上、下方向箭头，可调整图片的排列顺序。

（5）在“相册版式”栏中，设置“图片版式”和“相册形状”。再单击“主题”文本框右侧的“浏览”按钮，打开“选择主题”对话框，选择主题。相册设置如图 5-113 所示。

（6）单击“创建”按钮，则生成相册演示文稿。相册演示文稿的浏览视图如图 5-114 所示。

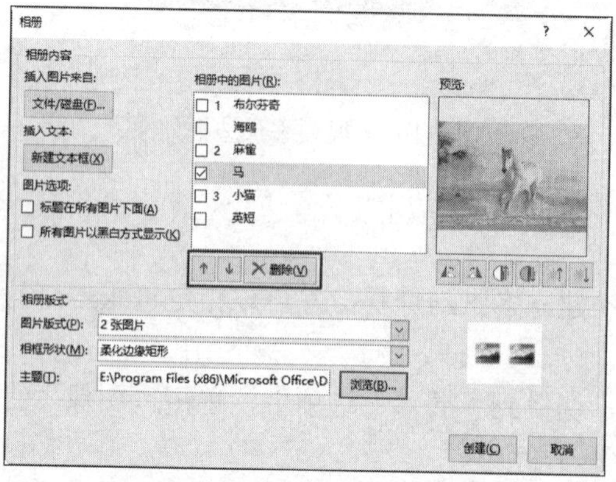

图 5-113　设置“相册”对话框

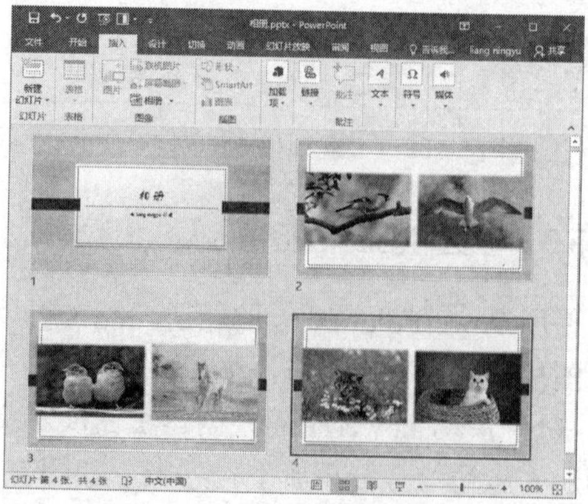

图 5-114　“相册”演示文稿

5.3.8 插入页眉和页脚

（1）打开演示文稿，在“插入”选项卡中，单击“文本”组的“页眉和页脚”，如图 5-115 所示。

图 5-115 插入“页面和页脚”

（2）在弹出的“页眉和页脚”对话框中，可以分别对“幻灯片”和“备注和讲义”设置页眉和页脚。

选择“幻灯片”选项卡，在“幻灯片包含内容”下，勾选“日期和时间”，则在幻灯片上显示日期和时间，日期和时间可以设置为固定的值，也可以设置为“自动更新”；选中“幻灯片编号”，则在每页幻灯片上显示页码数字；选中“页脚”选项，可以设置每页显示的页脚文字，如图 5-116 所示。

（3）单击“应用”，设置内容用于当前幻灯片；单击“全部应用”，设置用于所有幻灯片。返回幻灯片，如果要调整文字格式，可以在幻灯片母版中设置。添加“页眉和页脚”的幻灯片效果如图 5-117 所示。

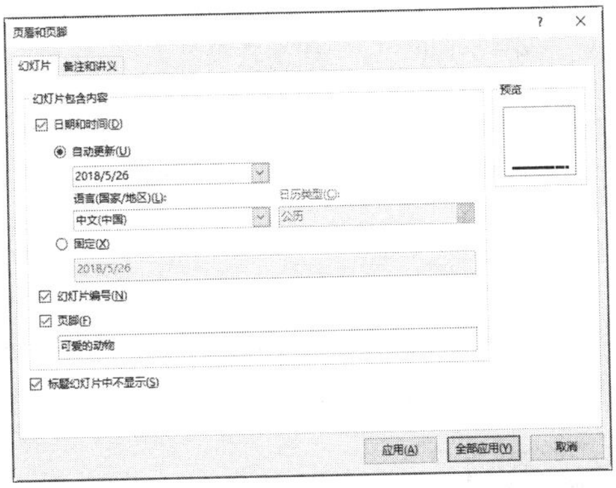

图 5-116 “页面和页脚”对话框

图 5-117 幻灯片添加页眉和页脚

5.4 设置幻灯片的动态效果

5.4.1 应用幻灯片的切换效果

幻灯片切换是指在放映幻灯片时，从一张幻灯片转到另一张幻灯片的过渡效果。PowerPoint 应用程序中提供了多种切换效果，用户可以根据需要方便地进行选择。

1. 添加切换效果

（1）选择要设置切换效果的幻灯片，转换到“切换”选项卡，如图 5-118 所示。

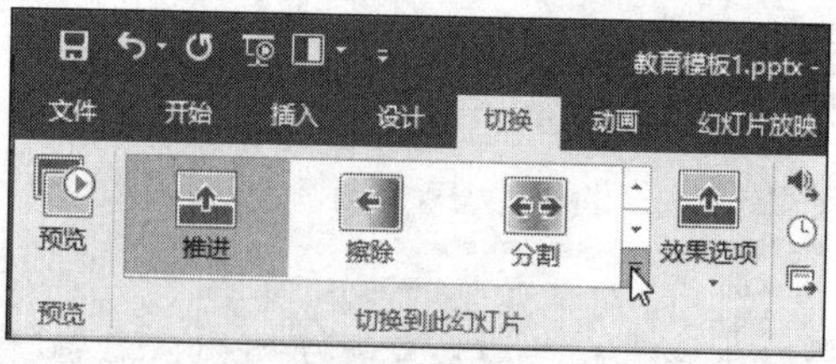

图 5-118　“切换”选项卡

（2）在“切换到此幻灯片”组的列表框中单击，就可以选择一种切换效果。也可以单击列表框的“其他”按钮，打开更多的切换效果列表，如图 5-119 所示。

（3）单击选择一种效果，如“棋盘”，则该效果应用到当前幻灯片上。过渡效果如图 5-120 所示。

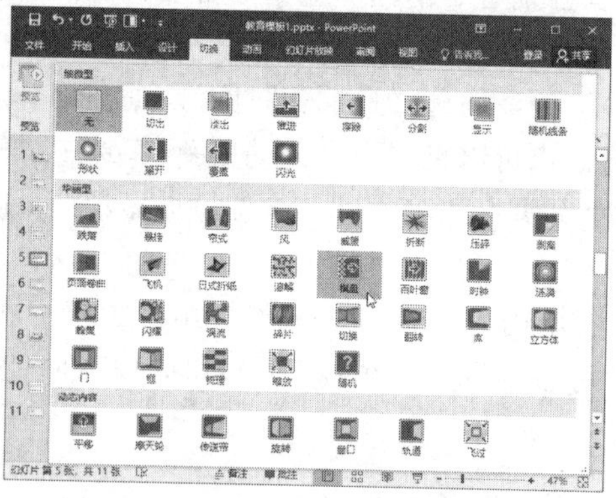

图 5-119　切换效果列表

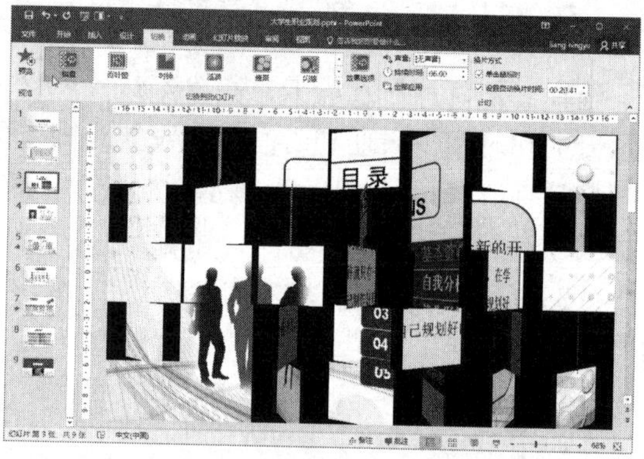

图 5-120　应用切换效果

2. 设置切换效果

添加到幻灯片上的切换效果，以默认的设置显示，用户可以对切换效果进行更改，如设置显示方向、持续时间以及声音效果等。

（1）选择效果方向。

选择设置了切换效果的幻灯片，单击“切换到此幻灯片”组中的“效果选项”，在打开的选项列表中进行选择，如由“自左侧”修改为“自顶部”。如图 5-121 所示。

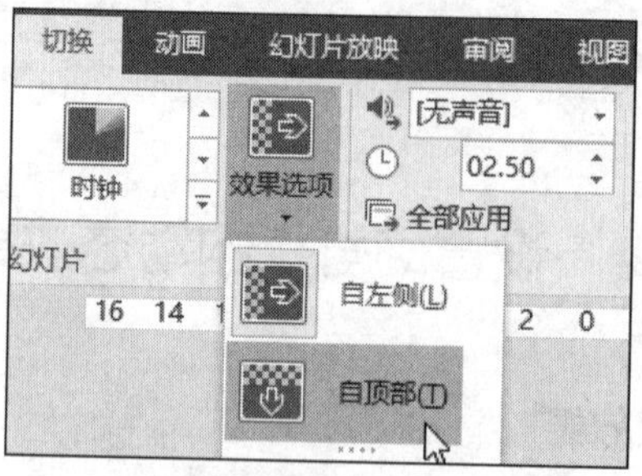

图 5-121　切换效果选项

（2）设置持续时间。

在“切换”选项卡的“计时”组中，可修改持续时间，如由 02.50 秒修改为 04.00 秒，如图 5-122 所示。

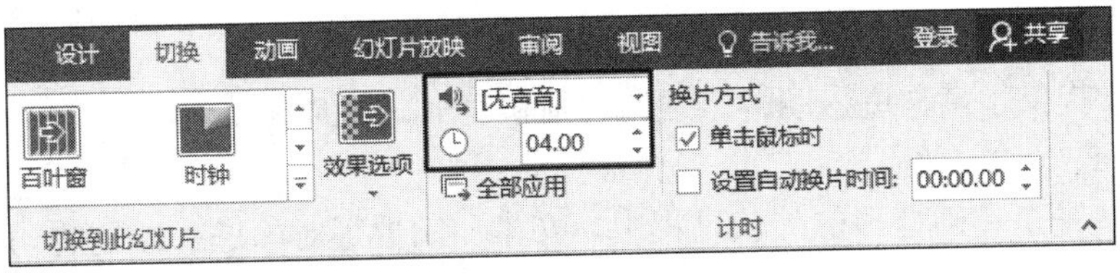

图 5-122　设置持续时间

返回幻灯片，单击预览按钮，可以看到切换时间的变化。

（3）向所有幻灯片添加同一切换效果。

单击“计时”组中的“全部应用”按钮，就可以将当前选择的切换效果应用到演示文稿的所有幻灯片。

如果要删除所有幻灯片的切换效果，可以在幻灯片的切换效果列表中选择“无”，然后在“计时”组中单击“全部应用”。

（4）设置切换声音。

幻灯片切换时默认为“无声音”，如需要添加声音效果，方法如下：

选择幻灯片，在“计时”组中单击“声音”，从下拉列表中选择一种声音效果，如图 5-123 所示。

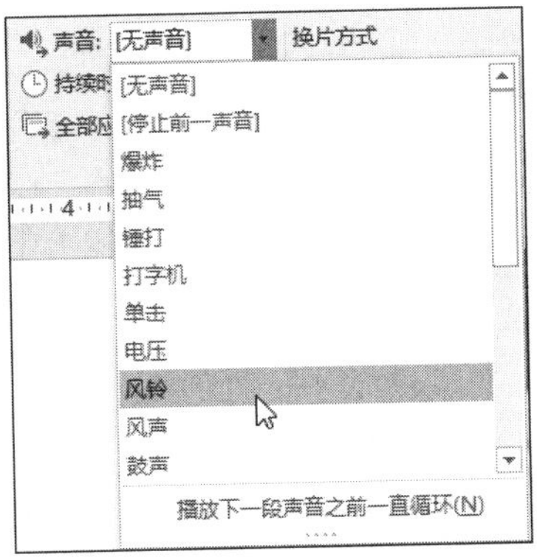

图 5-123　设置切换声音

（5）设置换片方式。

幻灯片的换片方式有两种：“鼠标单击时”和“设置自动换片时间”。其中“鼠标单击时”为默认方式；也可以选中“设置自动换片时间”复选框，在右侧的数值框中输入具体数值，以决定每隔多少时间自动换片。

提示：如果在换片方式中，同时选择了“鼠标单击时”和“设置自动换片时间”复选框，则表示满足其中一个条件，就切换到下一张幻灯片。

5.4.2　应用幻灯片的动画效果

幻灯片的动画效果，是指在演示文稿的放映过程中，每张幻灯片上的文本、图形、图表等对象进入屏幕时的动画显示效果。默认情况下，幻灯片上的所有对象都是同时出现、同时退出的，为了增加演示文稿的吸引力，可以使用动画效果来强调、突出重点或控制信息显示，还可以为动画设置伴随的声音。

1. 添加对象的进入、强调及退出的动画效果

PowerPoint 提供了多种进入动画、强调动画和退出动画的效果。

（1）对象进入动画效果。

进入动画，是指在幻灯片的放映过程中，文本和图形等对象进入屏幕的动画显示方式，设置方法如下：

1）打开幻灯片，选择要添加效果的对象，切换到“动画”选项卡，如图 5-124 所示。

图 5-124 “动画”选项卡

2）在“动画”组的动画效果列表框中单击，就可以选择一种动画效果。选择效果后，幻灯片会自动播放该效果，也可以单击左侧的“预览”按钮，查看设置的效果。

单击动画效果列表框的“其他”按钮，会打开动画效果下拉列表，如图 5-125 所示。如果想在更多的效果中选择，可以单击动画效果列表下方的“更多进入效果”，打开“更改进入效果”对话框，如图 5-126 所示。在对话框中，对象的进入效果分为四组，分别是：基本型、细微型、温和型和华丽型，可以根据幻灯片的需要进行选择。

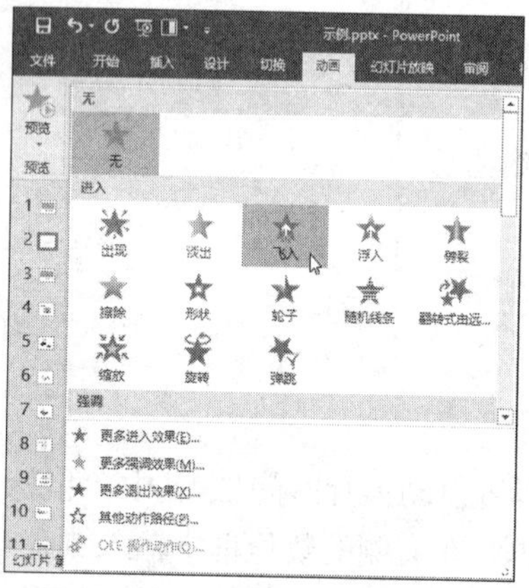

图 5-125 进入动画效果列表

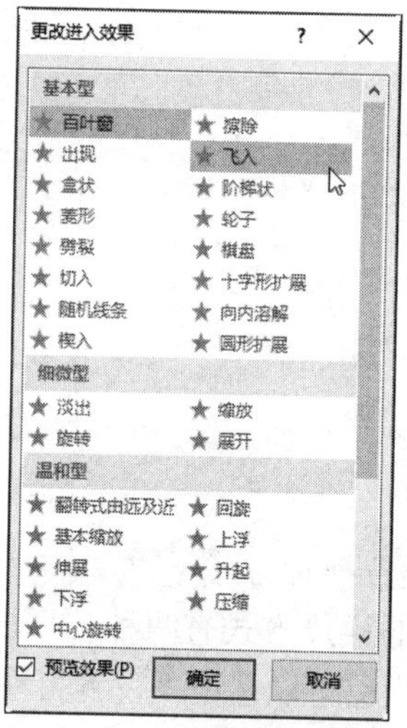

图 5-126 “更改进入效果”对话框

当“预览效果”复选框被选中时，用鼠标单击一种效果，幻灯片就会立即显示该效果，用户可以预览每个动画方案并能在各种选项间进行选择。

（2）强调动画效果。

强调动画是指在放映中，为已经显示的对象设置额外的强调或突出显示的动画效果。强调动画设置方法如下：

选择对象，在“动画”选项卡的“动画”组中，单击效果列表框的“其他”按钮，从弹出的“强调”动画效果中选择，如图 5-127 所示。或者单击下方的“更多强调效果”，打开“更改强调效果”对话框，在详细列表中进行选择，如图 5-128 所示。

图 5-127　强调动画效果列表

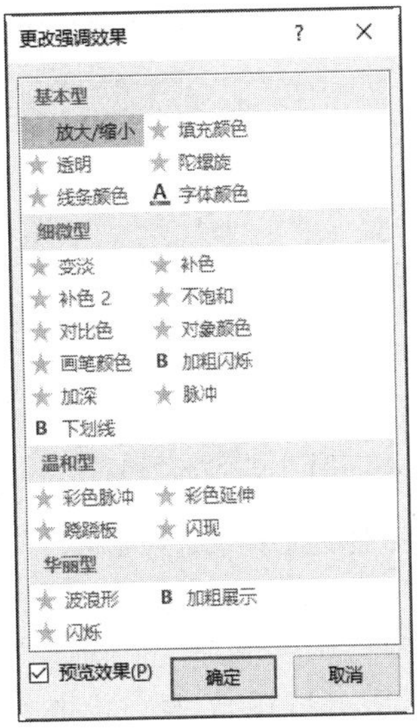

图 5-128　“更改强调动画”对话框

（3）对象退出动画效果。

退出动画，是在幻灯片放映中已经显示的对象离开屏幕所设置的动画效果。操作方法与前两种类似，可以在动画效果列表框中选择设置，如图 5-129 所示。也可以打开“更改退出效果”对话框，进行更多效果的选择，如图 5-130 所示。

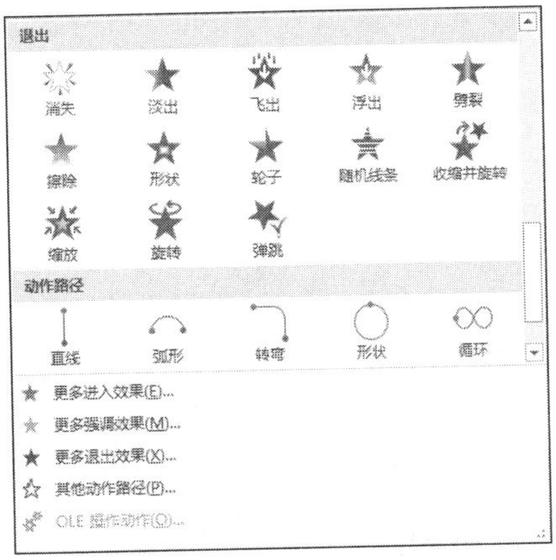

图 5-129　退出动画效果列表

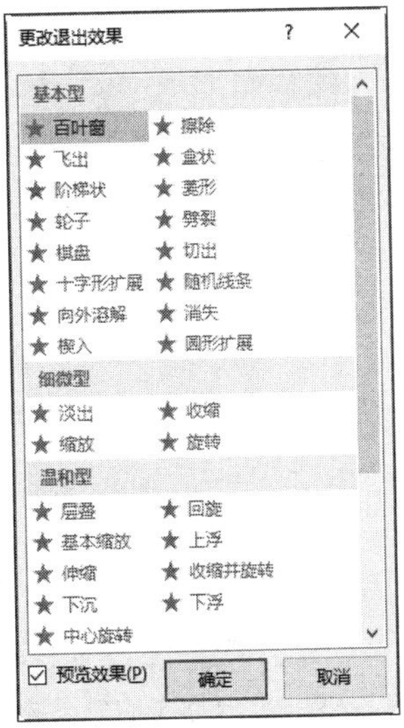

图 5-130　“更改退出效果”对话框

（4）为对象设置动作路径。

PowerPoint 内置了多种动作路径，用户可以更加需要选择或绘制对象的运动路径。操作方法如下：

选择设置对象，打开动画效果列表框，在动画样式库中，选择一种动作路径，如“形状”，如图 5-131 所示。进入幻灯片预览状态，可以看到对象在指定的路径上运动，单击显示为虚线的路径，可以对路径进行编辑，如图 5-132 所示。

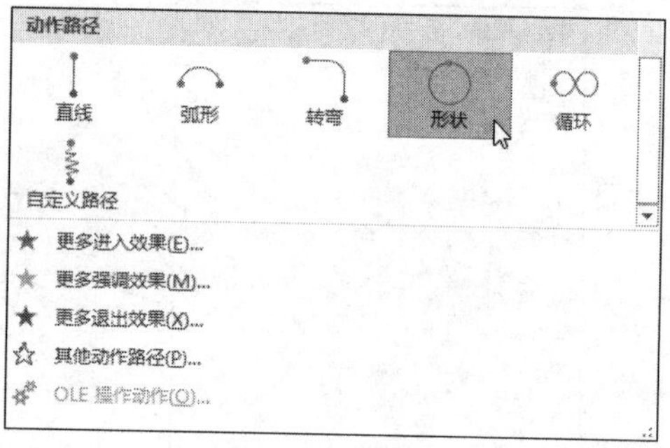

图 5-131　动作路径列表

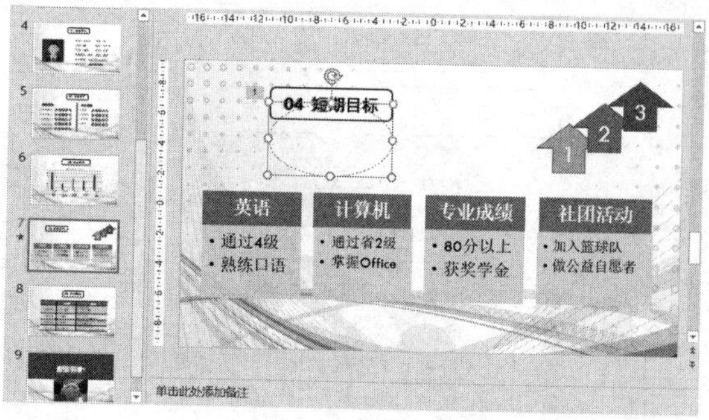

图 5-132　应用动作路径

（5）设置动画效果选项。

设置了动画效果的对象，以系统默认的效果形式显示动画，如果要选用该动画的其他效果，可以使用“效果选项”进行设置，操作方法如下：

选择设置了动画的对象，单击“动画”组的“效果选项”，在弹出的下拉列表中，选择该动画的其他效果。

注意：为对象设置不同的动画效果，“效果选项”的下拉列表也会不同。如：动画效果选择为“飞入”，其效果选项如图 5-133 所示；动画效果为动作路径“形状”，其效果选项如图 5-134 所示。

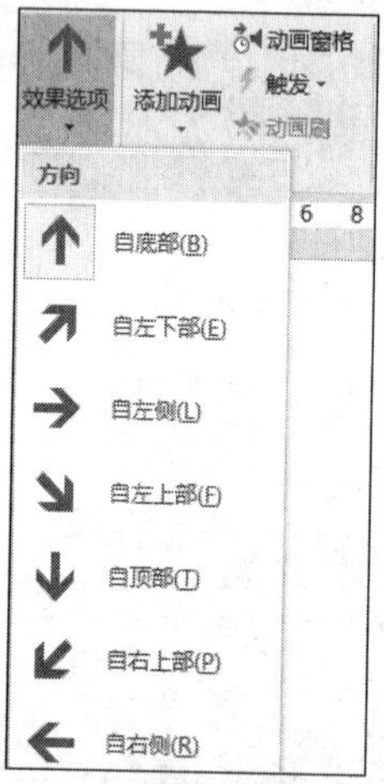

图 5-133　“飞入”的效果选项

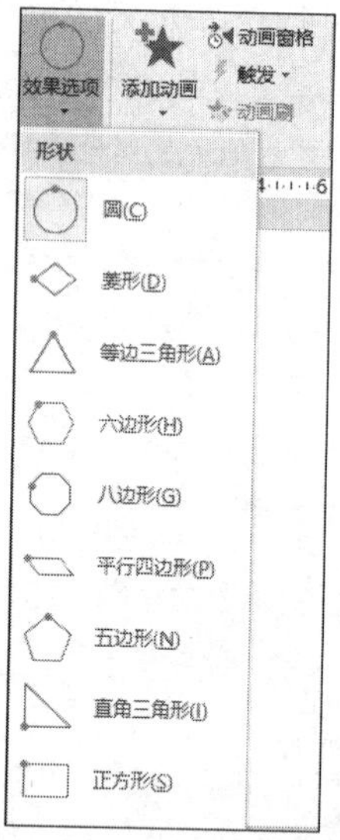

图 5-134　“形状”的效果选项

2. 动画效果的高级设置

（1）为同一对象添加多个动画。

为一个对象设置动画后，如果再将“动画”组的动画效果添加到这个对象上，新的动画效果就会覆盖已有的动画。让一个对象同时具有多个动画效果，如既有进入效果动画，也有退出效果动画，就要使用“高级动画”组中的设置来完成。操作方法如下：

1）在幻灯片中选择已添加的动画效果的对象，如图 5-135 所示幻灯片中右上角的图形对象，该对象已经添加了进入动画效果“飞入”。

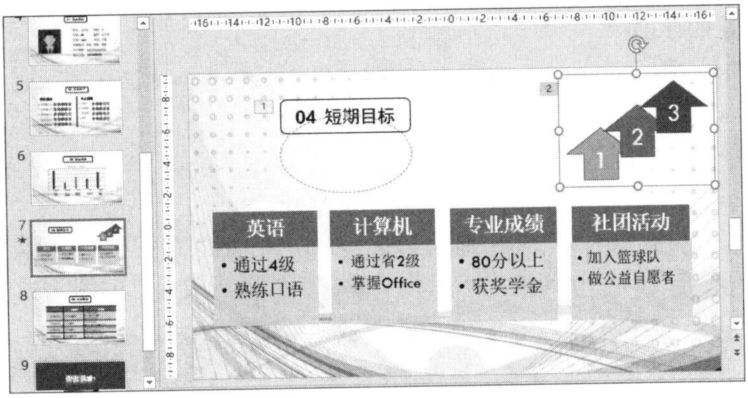

图 5-135　选择“添加动画”的对象

2）在“动画”选项卡的“高级动画”组中，单击“添加动画”按钮。

3）在展开的动画样式列表中，选择一种动画效果，如“退出”选项组中的“擦除”，如图 5-136 所示。

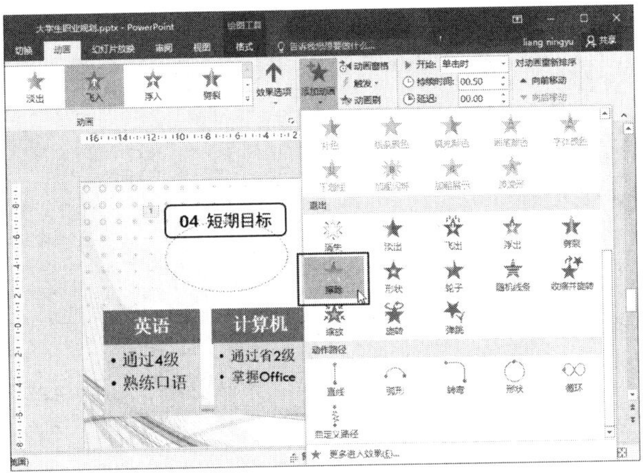

图 5-136　选择退出动画

此时，为图形对象设置了一个新的动画效果，动画编号为“3”，与原来的编号为“2”的动画同时应用到图形对象上，如图 5-137 所示。单击预览按钮，可以预览图形的两种动画效果。

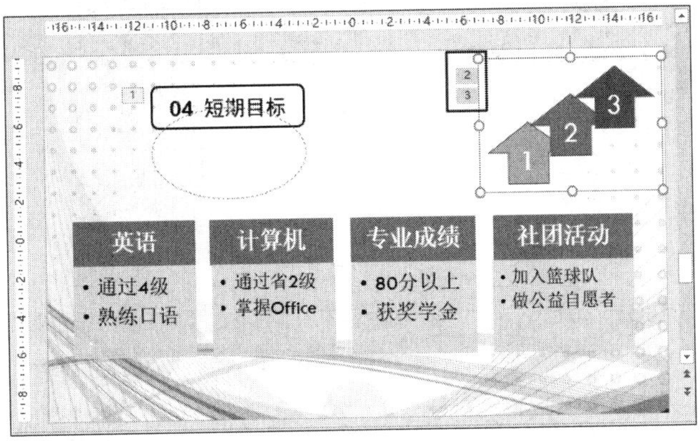

图 5-137　添加动画效果

（2）动画刷的使用。

动画刷用来复制动画，使用动画刷可以将一个对象中已经设置好的动画效果，复制到另一个对象上。操作如下：

1）选中已经设置动画效果的对象，如标题对象，在“动画”选项卡的“高级动画”组中，单击“动画刷”按钮，此时鼠标指针呈现出刷子型。

2）单击需要应用此效果的对象，如下方的 SmartArt 图形对象。释放鼠标，可以看到动画效果已经复制，此时的 SmartArt 图形对象也设置了路径动画效果，如图 5-138 所示。

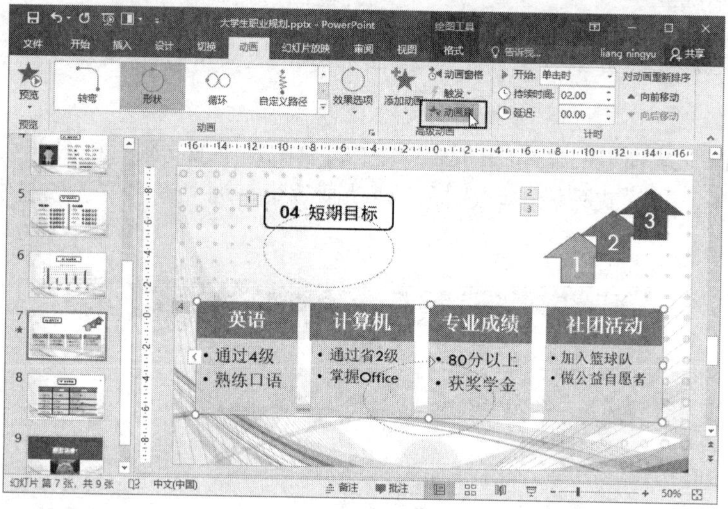

图 5-138　动画刷复制动画

（3）重新排序动画。

为幻灯片中的多个对象设置了动画后，在预览幻灯片时，可能会发现某些动画的播放顺序不合理，这就需要修改播放顺序，以达到较好的效果。操作方法如下：

方法一：在幻灯片中选择要调整动画次序的对象，在“动画”选项卡的“计时”组中，单击“向前移动”或“向后移动”，如图 5-139 所示，就可以改变动画的播放次序。调整后，幻灯片上对象的动画编号随之变化。

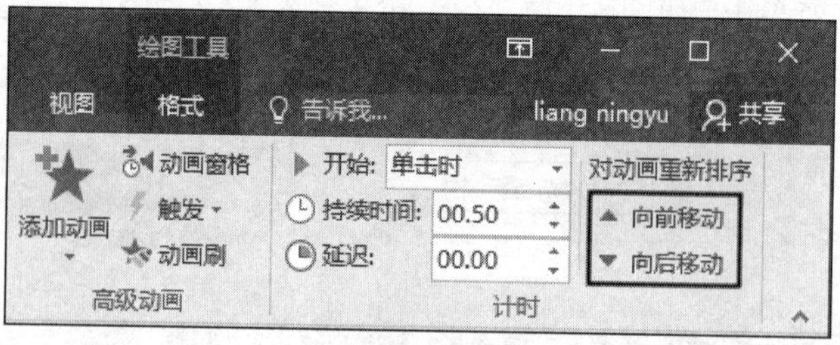

图 5-139　“对动画重新排序”工具

方法二：单击“高级动画”组的“动画窗格”按钮，打开“动画窗格”。

在“动画窗格”中，选择要修改播放次序的动画，按上下移动按钮，或用鼠标拖动，改变播放次序，如将 SmartArt 图形对象的播放次序向上调整为“2”。调整后的播放次序如图 5-140 所示。

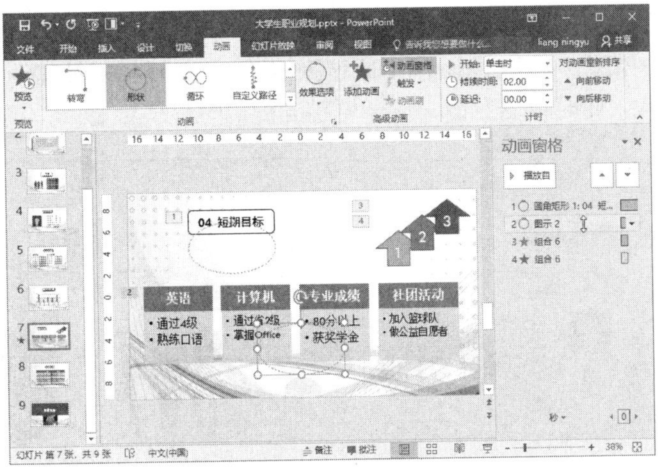

图 5-140 动画窗格

（4）设置动画计时与开始。

系统预设的每种动画效果，都有默认的持续时间，要修改时间，可以在“动画”选项卡的“计时”组中，调整“持续时间”的大小，如图 5-141 所示。

每个动画效果出现的开始时间，系统默认为鼠标“单击时”。可以根据需要，单击“开始”下拉列表，修改为“与上一动画同时”或“上一动画之后”，如图 5-142 所示。

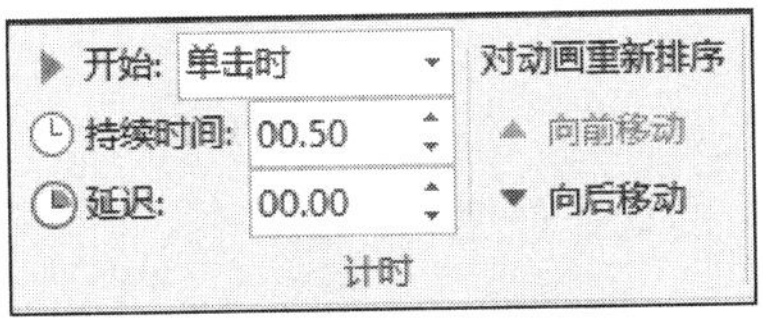

图 5-141 调整“持续时间”

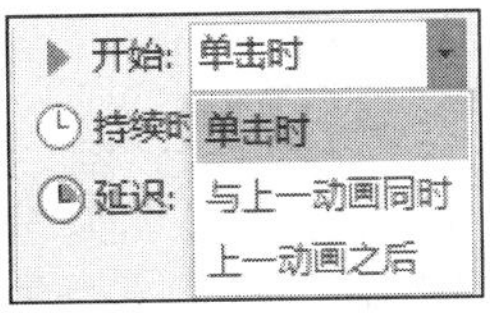

图 5-142 设置动画开始时间

5.4.3 添加超链接和动作按钮

在 PowerPoint 中利用超链接，可以很方便地实现在同一个演示文稿的不同的幻灯片之间跳转，也可以从一张幻灯片跳转到不同文稿中的另一张幻灯片，或者转跳到网页或文件。文本或对象（图片、图形）都可以创建超链接。

1. 创建同一个演示文稿中幻灯片的超链接

（1）打开要创建链接的幻灯片，选中链接对象，如文本。切换到“插入”选项卡，在“链接”组中，单击“超链接”按钮，如图 5-143 所示。

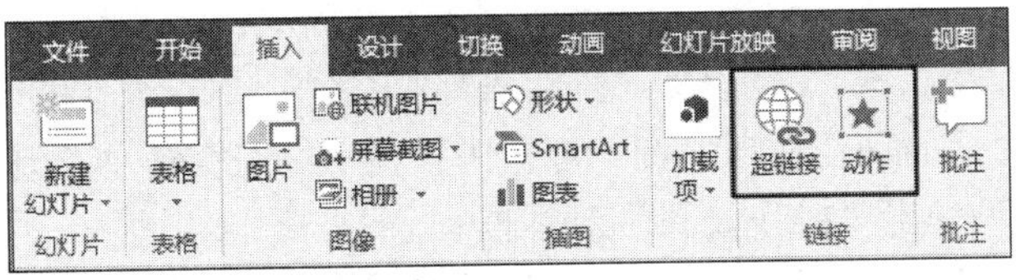

图 5-143 插入“超链接”工具栏

（2）在打开的“插入超链接”对话框中，从左侧的“链接到”区域中选择“本文档中的位置”，在“请选择文档中的位置”列表中，选择要链接到的幻灯片，如图 5-144 所示。

（3）单击“确定”按钮，回到幻灯片中，可以看到设置了超链接的文字颜色发生了变化，并且添加的下划线，如图 5-145 所示。当播放这张幻灯片时，鼠标指针移动到超链接的文字上，指针会变成的形状，此时单击左键，就会转跳到链接的幻灯片上。

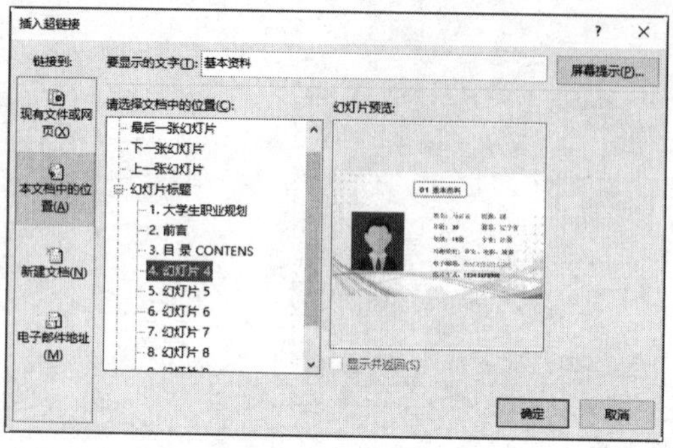

图 5-144 “插入超链接”对话框

图 5-145 设置了超链接的文字

2. 创建到其他文件的链接

利用超链接也可以关联到其他文件。其操作方法与创建同一个演示文稿中幻灯片的超链接相类似，只是在“链接到”区域中，单击“现有文件或网页”，在“当前文件夹”列表中，查找并选择要链接的目标文件。

返回并播放幻灯片，鼠标单击链接文字，就会打开链接的文档。

3. 添加动作按钮

动作按钮是一组预先定义好、用特定形状表示、包含各种动作意义的按钮集，将动作按钮插入到幻灯片中，可以方便形象地定义超链接。常用的动作按钮有：第一张、上一张、下一张等。添加动作按钮的操作方法如下：

（1）选择要设置动作按钮的幻灯片，在“插入”选项卡的“插图”组中，单击“形状”按钮，在弹出的下拉列表中找到“动作按钮”，如图 5-146 所示。

图 5-146 插入动作按钮

（2）单击选择合适的动作按钮，在幻灯片中按住鼠标左键拖动绘制出该按钮的大小与形状，松开鼠标后，自动弹出“操作设置”对话框。

（3）在“操作设置”对话框中，打开“超链接到”的下拉列表，选择要链接的幻灯片，如图 5-147 所示。如果要链接到演示文稿的其他幻灯片，可单击“幻灯片”项，在随后弹出的“超链接到幻灯片”列表中进行选择。

（4）单击“确定”按钮，则在幻灯片上添加了动作按钮，如图 5-148 所示。单击插入的动作按钮，四周有 8 个尺寸控制点，可以用鼠标拖动来调整动作按钮的大小和位置。播放幻灯片时，单击动作按钮，就可以跳转到链接的幻灯片上。

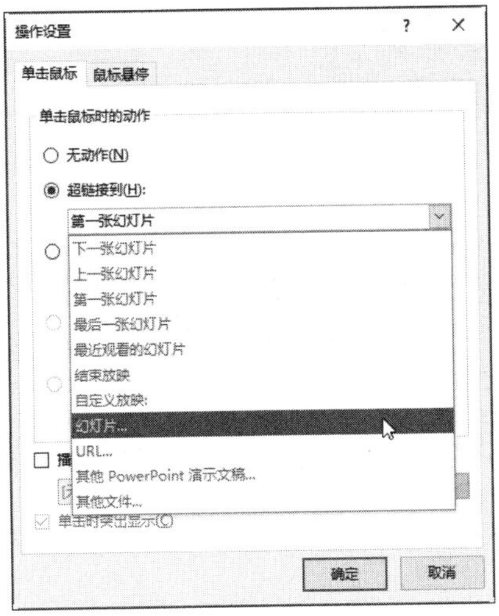

图 5-147　“操作设置”对话框

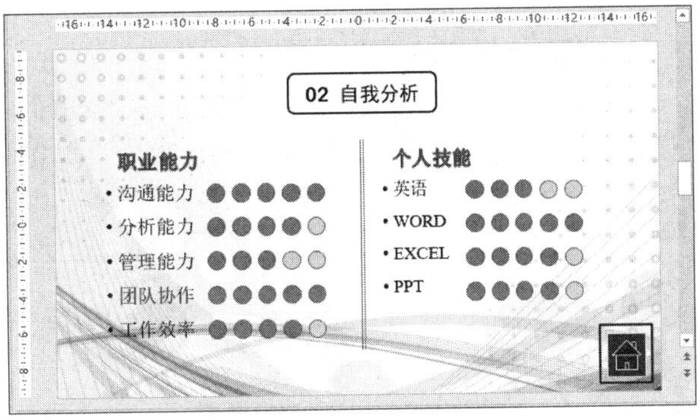

图 5-148　插入动作按钮

5.5　幻灯片的放映与发布

幻灯片的放映和发布，是检验幻灯片成果的方式。PowerPoint 提供了多种放映幻灯片和控制幻灯片的方法，例如正常放映、计时放映、跳转放映等，用户可以选择适当的放映速度与放映方式，使幻灯片的放映结构清晰、节奏明快、过程流畅。

5.5.1　幻灯片放映前的准备

通常来说，幻灯片是用来向众人展示的，应该避免出现错误，因此，在幻灯片放映之前，应该对各幻灯片的内容、形式、放映顺序等进行全面检查。

准备工作主要有以下几点：

（1）调整幻灯片播放顺序。切换到“幻灯片浏览”视图，在浏览视图中，拖动要改变顺序的幻灯片至合适位置，即可改变幻灯片播放顺序。

（2）添加备注。使用“备注”，可对幻灯片重点内容作一些提示说明。切换到“普通视图”窗口，在“幻灯片备注”窗口中输入提示信息。

（3）隐藏幻灯片。在放映幻灯片时，有的幻灯片不想在此次放映时显示，可以在放映前，将这些幻灯片隐藏起来。隐藏幻灯片的方法是：

在“幻灯片浏览”视图下，选定要隐藏的一张或多张幻灯片，在“幻灯片放映”选项卡的“设置”组中，单击“隐藏幻灯片”按钮，如图 5-149 所示。则可以看到幻灯片的序号上添加了一条斜线，表示该幻灯片已经隐藏，播放演示文稿时，该幻灯片将不会出现。

如果要取消“隐藏幻灯片”，可选择已隐藏的幻灯片，再次单击“隐藏幻灯片”按钮，该幻灯片的序号上的斜线被取消，即解除了隐藏命令。

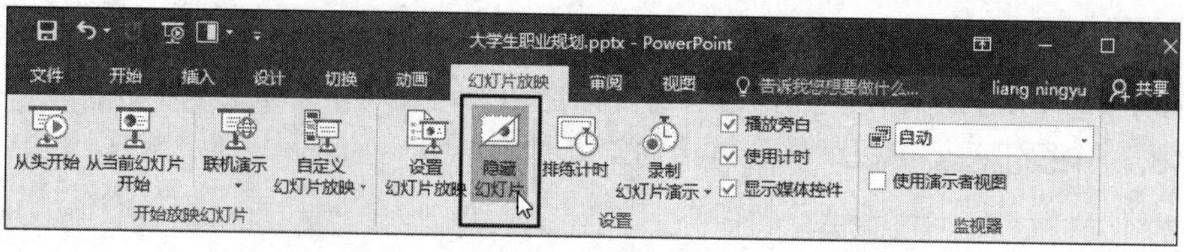

图 5-149 隐藏幻灯片

5.5.2 设置幻灯片的放映

1. 设置幻灯片的方式

切换到“幻灯片放映”选项卡下，在“设置”组中，单击“设置放映方式”按钮，弹出“设置放映方式”对话框，如图 5-150 所示。在其中可进行“放映类型”“放映选项”“放映幻灯片”和“换片方式”等项的设置。

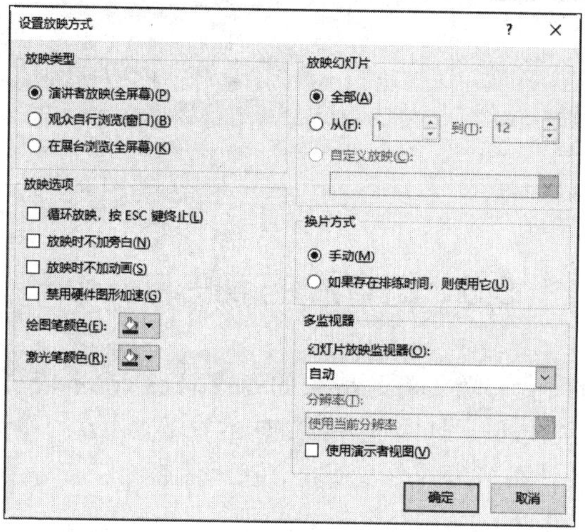

图 5-150 “设置放映方式”对话框

（1）“放映类型”的设置。

PowerPoint 提供了 3 种放映类型：“演讲者放映”“观众自行浏览”“在展台浏览”。

1）演讲者放映：是指演讲者自己放映幻灯片。在放映时，幻灯片设置成全屏幕状态，界面上有控制按钮，演讲者可以根据自己的需要控制幻灯片的放映，如控制幻灯片的切换、使用记号笔标注等。

2）观众自行浏览：幻灯片放映处于窗口状态，观众可以调节幻灯片窗口的大小，并能在放映幻灯片时进行其他操作。

3）在展台浏览：幻灯片以全屏幕自动放映的方式在现场做演示使用，放映过程中，观看者不可以控制幻灯片的放映过程，只能按 Esc 键结束放映。

提示：由于“在展台浏览”方式，不允许现场控制放映进程，必须按事先预定或通过“排练计时”命令设置时间和次序放映，否则可能会长时间停留在某张幻灯片上。

（2）“放映选项”设置。

循环放映：将制作好的演示文稿设置为循环放映，可以用于展览会场等场合，让文稿自动运行并连续播放。

还可以选择“放映时不加旁白”和“放映时不加动画”复选框，即放映时不播放旁白也不出现动画效果。

（3）“放映幻灯片”设置。

放映幻灯片有三个选项：默认条件下是顺序放映“全部”幻灯片；也可以选择放映演示文稿中连续的几张幻灯片，分别在“从”和“到”后面的数值框中输入幻灯片的起始和终止编号；如放映的幻灯片不连续，需要用“自定义放映”进行设置。

（4）“换片方式”设置。

如果设置了“排练计时”，默认使用排练计时来换片，如果放映时不想用排练计时，可以选择“手动”换片。

2. 设置排练计时

排练计时，能够设置演示文稿放映过程中每一张幻灯片所需要的时间和总时间，PowerPoint 可以将这个手动换片的时间保存下来。如果应用这个时间，以后就无需人为进行控制，演示文稿能按照这个时间自动播放。设置方法如下：

（1）在“幻灯片放映”选项卡的“设置”组中，单击“排练计时”按钮。

（2）进入“排练计时”后，幻灯片处于全屏放映状态，同时窗口上出现“录制”工具栏，并在“幻灯片放映时间”框中开始计时。单击鼠标或按“回车”键可切换幻灯片，如图 5-151 所示。

“录制”工具栏的按钮的含义依次为：下一项、暂停、当前幻灯片播放时间、重新记录当前幻灯片的时间、演示文稿播放的总时间。

（3）到达幻灯片末尾，排练计时完成，会出现如图 5-152 所示的提示信息对话框。单击“是”，保留排练时间，下次播放时按记录的时间自动播放。

图 5-151　“排练计时”操作

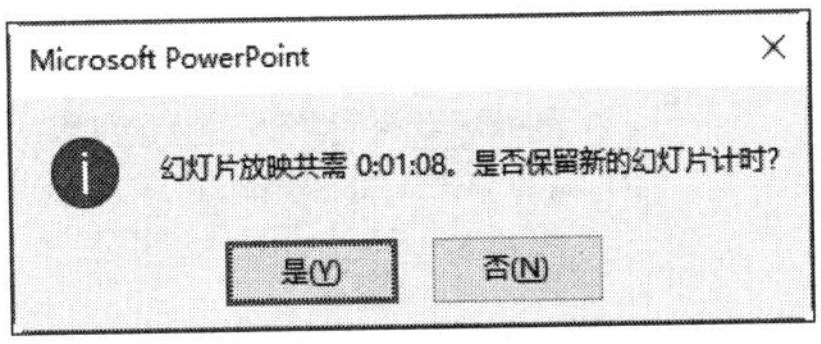

图 5-152　排练计时完成对话框

（4）保存排练计时后，在“幻灯片浏览”视图中，会在每张幻灯片的缩略图下，显示排练计时的时间，如图 5-153 所示。

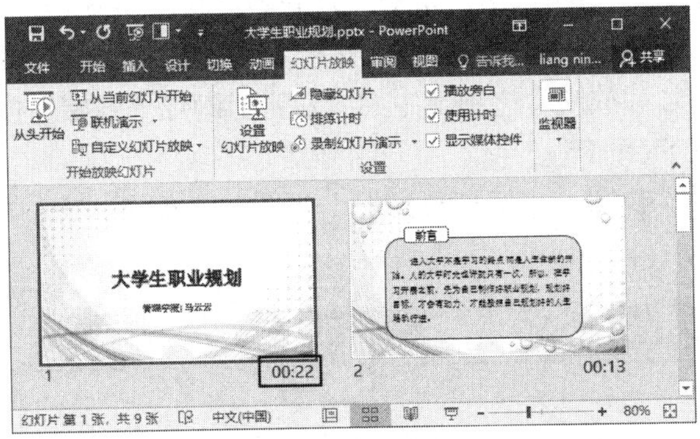

图 5-153　显示排练计时时间

（5）如果要删除已经保存的排练计时，可以在“幻灯片放映”选项卡的“设置”组中，单击“录制幻灯片演示”打开下拉列表，从“清除”选项中，选择清除幻灯片中的计时，如图5-154所示。

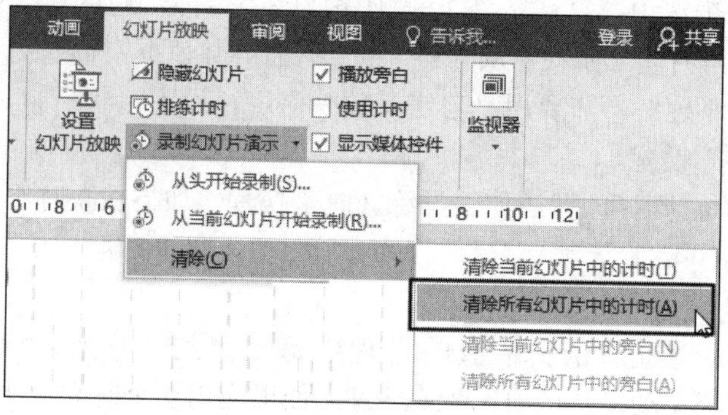

图5-154　清除幻灯片的计时

5.5.3　控制放映

1. *启动放映*

幻灯片的放映方式主要有4种，分别是：从头开始、从当前幻灯片开始、联机演示和自定义幻灯片放映。

（1）从头开始。

如果想从第一张幻灯片开始依次放映演示文稿，可以用以下方法实现：

方法一：切换到“幻灯片放映”选项卡，单击“开始放映幻灯片”组的“从头开始”按钮，如图5-155所示。

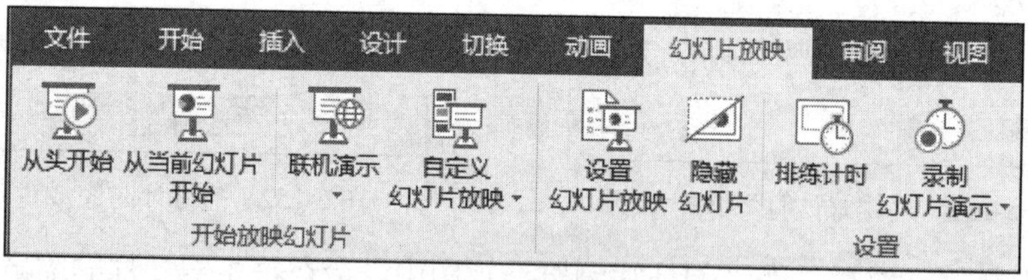

图5-155　“幻灯片放映”选项卡

方法二：按快捷键F5，系统从第一张幻灯片开始放映。

（2）从当前幻灯片开始。

方法一：单击“幻灯片放映”选项卡中的“从当前幻灯片开始”按钮。

方法二：按组合键Shift+F5。

方法三：在“普通”视图或“幻灯片浏览”视图时，单击状态栏的上的“幻灯片放映”按钮，如图5-156所示。

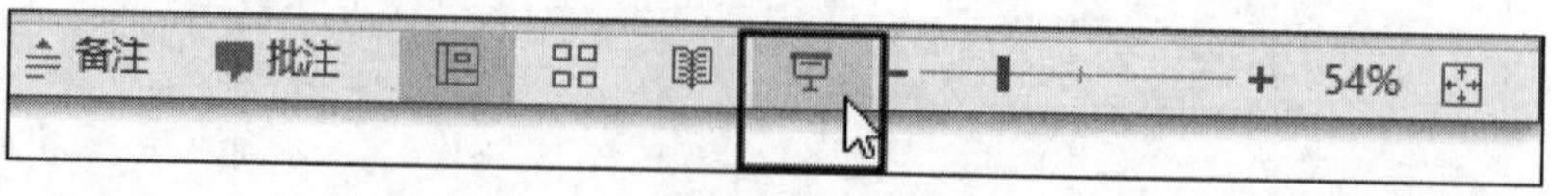

图5-156　状态栏的“幻灯片放映”按钮

（3）联机演示。

PowerPoint 2016 提供了联机演示幻灯片的功能，通过该功能，演示者可以通过 Web 浏览器与其他人共享幻灯片放映。

在“幻灯片放映”选项卡中单击“联机演示”按钮，弹出“联机演示”对话框，如图 5-157 所示。

若计算机已经联网，并且已经注册并登录 Office 账户，程序将自动连接 Office 演示文稿服务，连接完成后，对话框中将显示链接地址，如图 5-158 所示。将地址复制下来，告诉观看者，然后单击“启动演示文稿”，就可以实现联机演示。

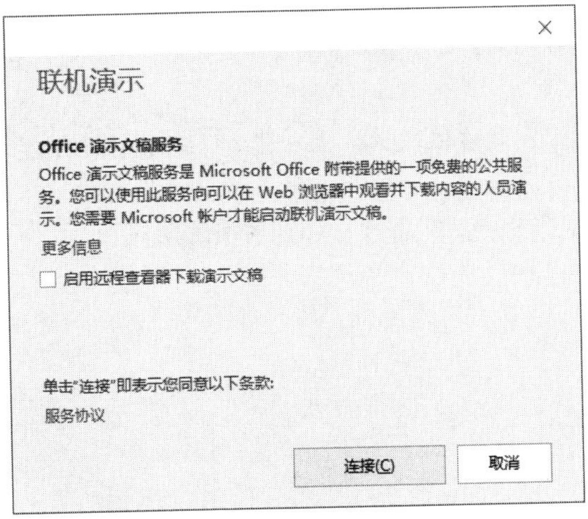

图 5-157　“联机演示”对话框

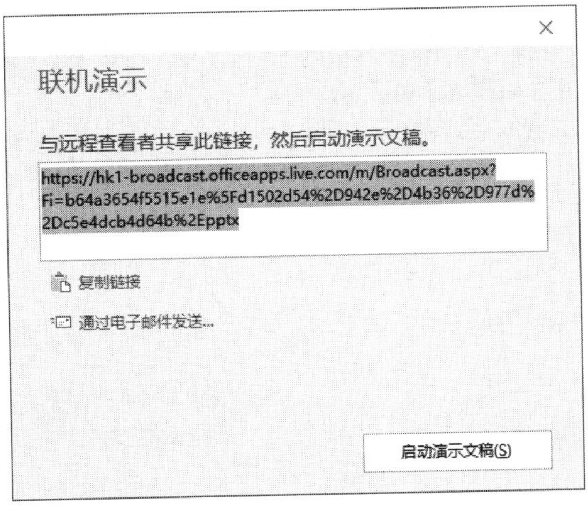

图 5-158　生成链接地址

（4）自定义放映。

自定义放映是指用户自己选择演示文稿中要放映的幻灯片，而创建的一个放映方案。操作方法如下：

1）在“幻灯片放映”选项卡“开始放映幻灯片”组中，单击“自定义幻灯片放映”按钮。

2）在弹出的“自定义放映”对话框中，单击“新建”按钮，打开“定义自定义放映”对话框，如图 5-159 所示。在“幻灯片放映名称”中输入放映名称，从左侧“在演示文稿中的幻灯片”中勾选要添加的幻灯片，单击“添加”按钮，将其添加到右侧“在自定义放映中的幻灯片”中。完成后，按“确定”按钮。

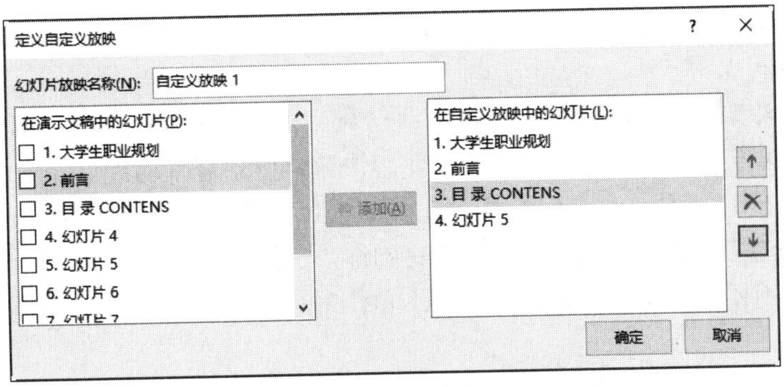

图 5-159　“定义自定义放映”对话框

3）要应用自定义放映，可以在“设置放映方式”对话框中，“放映幻灯片”的“自定义放映”下拉列表中，选择设置的放映方案。

2. 切换幻灯片

切换幻灯片，是指从当前幻灯片转换到下一张或上一张幻灯片。

（1）切换到下一张幻灯片有六种方法。

1）单击鼠标左键。

2）按空格键。

3）按 Enter 键。

4）按键盘上的“向下”键。

5）将鼠标移动屏幕左下角，在出现的“控制放映过程”工具栏中，单击 “下一张”按钮，如图 5-160 所示。

提示：“控制放映过程”工具栏按钮的功能，从左到右依次为：上一张、下一张、绘图笔、查看所有幻灯片、放大和控制菜单。

6）右击幻灯片，在弹出的快捷菜单中，单击“下一张”命令，如图 5-161 所示。

图 5-160 “控制放映过程”工具栏

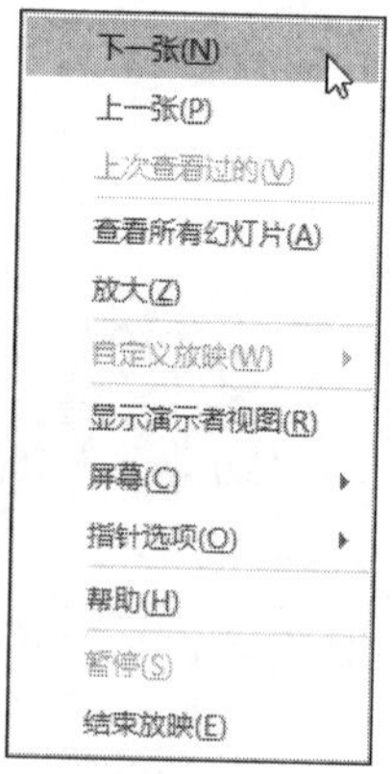

图 5-161 控制幻灯片放映的快捷菜单

（2）切换到上一张幻灯片有四种方法。

1）按 BackSpace 键。

2）按键盘上的“向上”键。

3）单击“控制放映过程”工具栏上的“上一张”按钮。

4）右击幻灯片，在弹出的快捷菜单中单击“上一张”命令。

3. 快速定位幻灯片

在幻灯片的放映过程中，有时需要快速跳转到某张幻灯片上，当演示文稿中幻灯片较多时，用单张切换的方式比较麻烦，此时可以使用快速定位幻灯片功能。操作方法如下：

（1）在放映幻灯片时，右击幻灯片，在快捷菜单中选择“查看所有幻灯片”命令；或者单击“控制放映过程”工具栏上的“查看所有幻灯片”按钮。

（2）此时所有幻灯片都将以缩略图显示，单击对应幻灯片即可进入指定页面，如图 5-162 所示。

提示：在放映过程中，按下键盘上的 Home 键，可快速回到第一张幻灯片。

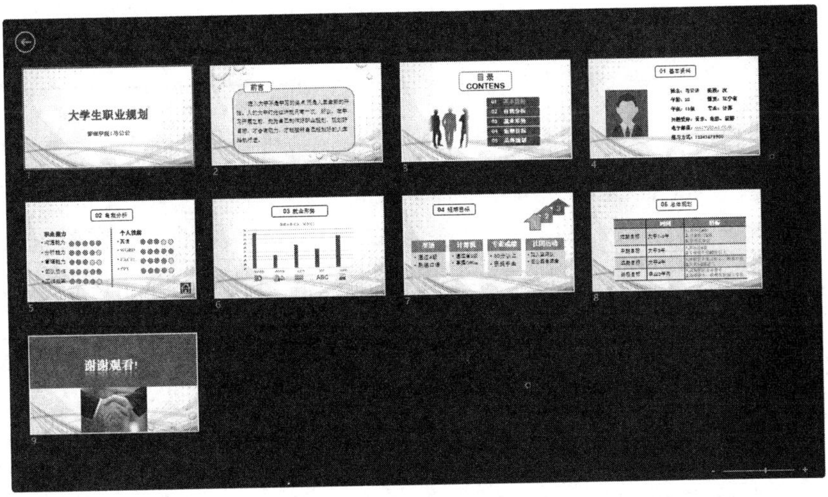

图 5-162　“查看所有幻灯片”窗口

4. 结束放映

最后一张幻灯片放映完后，屏幕顶部会出现“放映结束，单击鼠标退出”字样。这时单击鼠标就可以结束放映。

如果想在放映过程中结束放映，则可以用以下两种方法：

（1）在快捷菜单中单击“结束放映”命令。

（2）按 Esc 键。

5. 标注放映

在放映过程中，为配合演讲，吸引观众注意，可以将鼠标当作绘图笔对幻灯片进行标注，就好像用一支笔在黑板上画重点线一样，常用于强调或添加注释。

（1）选择绘图笔。

在屏幕上右击，在弹出快捷菜单中，移动到“指针选项”，在下级菜单中显示出绘图笔选项，如图 5-163 所示。选择“激光指针”，鼠标变成明显的光标吸引观看者注意，不在屏幕上留下痕迹；选择“笔”或“荧光笔”，鼠标指针变成一个点或笔，可以在幻灯片上直接书写。

（2）改变绘图笔颜色。

右击幻灯片，在快捷菜单中选择“指针选项”下的“墨迹颜色”，从颜色盒中选择一种颜色作为绘图笔的颜色。

（3）擦除墨迹。

右击幻灯片，从快捷菜单的“指针选项”下选择“橡皮擦”，能手动擦除墨迹；或选择“擦除幻灯片上的所有墨迹”。当有墨迹时，擦除功能变成可选项。

（4）取消绘图笔。

右击幻灯片，在快捷菜单“指针选项”下的“箭头选项”中，选择“自动”命令，鼠标指针恢复为普通箭头形状。

（5）选择是否保留墨迹。

幻灯片放映结束时，如果演示文稿上有标注的内容，系统会弹出“是否保留墨迹”对话框，如图 5-164 所示。选择“放弃”则不保留，如果选择“保留”，则把标注作为演示文稿的一部分保存起来，下次打开幻灯片依然可以看到。

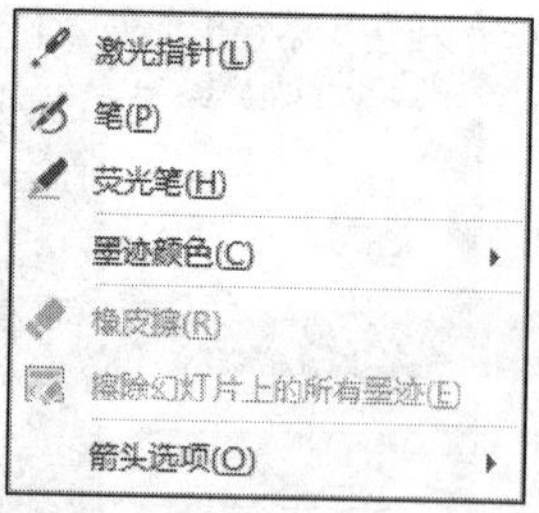

图 5-163　指针选项

图 5-164　“是否保留墨迹”对话框

5.5.4　保存与输出幻灯片

1．保存幻灯片

保存制作的演示文稿，可以单击“文件”选项卡，执行“保存”或“另存为”命令，打开“另存为”对话框，如图 5-165 所示。

如果要保存为其他类型的文件，单击打开“保存类型”下拉列表，如图 5-166 所示。

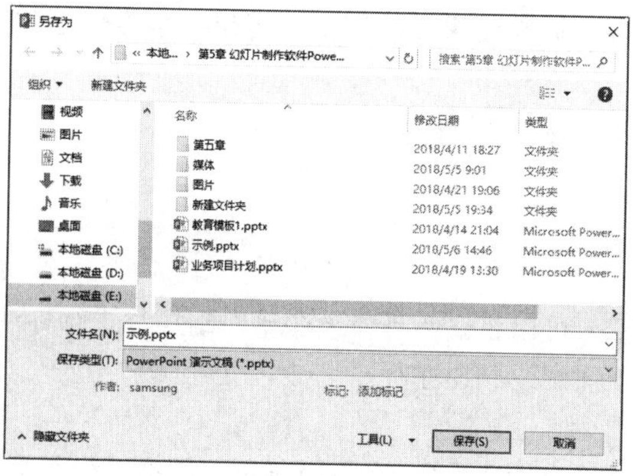

图 5-165　“另存为”对话框

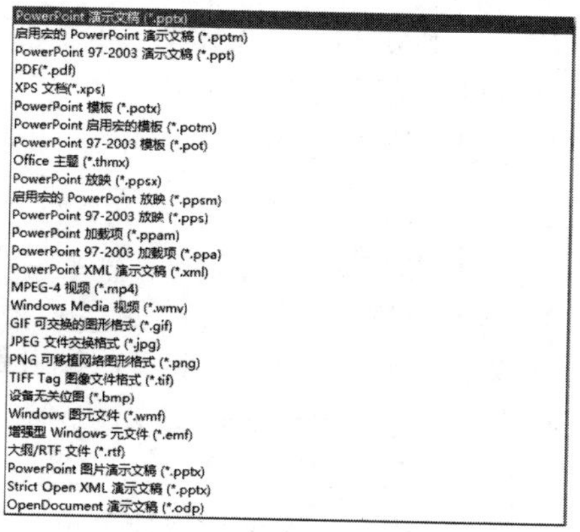

图 5-166　“保存类型”下拉列表

（1）将演示文稿保存为.pptx 文件。

初次保存演示文稿，在“另存为”对话框中，选定保存位置，输入演示文稿的文件名，按“保存”按钮，就保存为默认类型的“演示文稿”文件，即.pptx 文件。

在演示文稿的编辑过程中，通过按 Ctrl+S 组合键，或单击“快速访问工具栏”上的“保存”按钮，可随时保存编辑内容。

在“另存为”对话框中，单击右下方的“工具”按钮，在弹出的下拉列表中选择“常规选项”，打开“常规选项”对话框，如图 5-167 所示，在“打开权限密码”或“修改权限密码”中输入密码，单击“确定”返回“另存为”对话框，然后保存文档，即可对演示文稿进行加密。

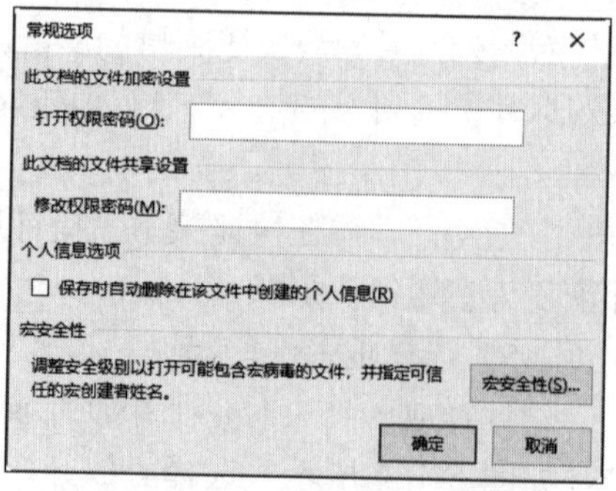

图 5-167　“常规选项”对话框

（2）将演示文稿保存为.ppsx 文件。

在“另存为”对话框中，将保存类型设置为“PowerPoint 放映”，即可将演示文稿保存为

“PowerPoint 放映（.ppsx）”文件。

这种格式的文件是 PowerPoint 的放映格式。如果双击带有扩展名.ppsx 的文件，将不会进入到 PowerPoint 的编辑状态，而是直接进行全屏放映状态。这种格式的优点是不用进入 PowerPoint 工作界面，不需要 PowerPoint 的支持就可以直接放映。但如果要修改这种格式的文件，需要先启动 PowerPoint，然后单击“打开”命令，才能以编辑方式打开修改文件的内容。

（3）将演示文稿保存为 JPG/PNG/BMP/WMF 等图片文件。

在“另存为”对话框中，通过保存类型的设置，可以将演示文稿保存为 JPG/ PNG/BMP/WMF 等图片格式。例如选择保存为“JPEG 文件交换格式”，单击“保存”按钮，系统会弹出导出幻灯片对话框，如图 5-168 所示，可以选择导出“所有幻灯片”或“仅当前幻灯片”。

图 5-168　导出所有幻灯片对话框

（4）将演示文稿输出为 PDF 文档。

PDF 是一种比较常用的电子文档格式，将演示文稿输出为 PDF 文档后，不再用 PowerPoint 软件打开和查看，而是使用专用的 PDF 阅读软件，从而便于文档的阅读与传播。将文件保存为 PDF 文档格式的方法如下：

1）打开演示文稿，在“文件”选项卡下，选择导出命令，在“导出”选项中，选择“创建 PDF/XPS 文档”选项，如图 5-169 所示。

2）单击“创建 PDF/XPS 文档”按钮，弹出“发布为 PDF 或 XPS”对话框，文件类型选择为默认的“PDF”，选择保存路径，为文件命名，如图 5-170 所示。

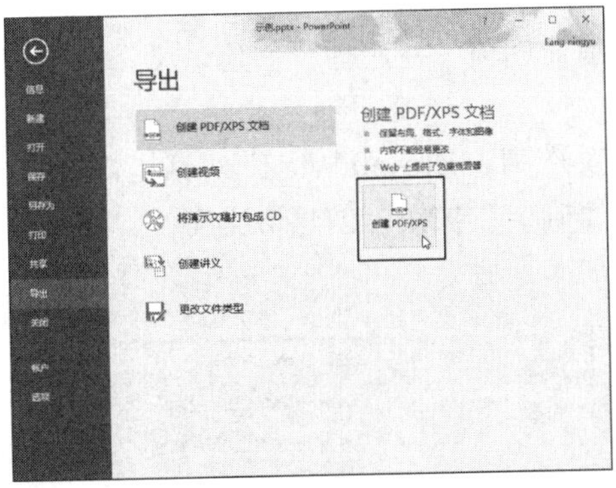

图 5-169　幻灯片导出为 PDF 文件

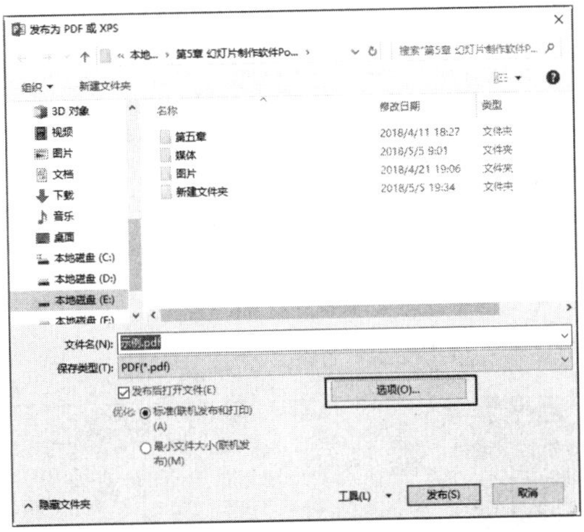

图 5-170　“发布为 PDF 或 XPS”对话框

3）单击下方的“选项”按钮，弹出“选项”对话框，如图 5-171 所示。在“选项”对话框中对要保存的 PDF 文件进行细节的设置，包括选择发布范围、发布内容等。设置完成，单击“确定”返回“发布为 PDF 或 XPS”对话框，单击“发布”按钮，即可将演示文稿转换为 PDF 文档。转换完成后，该文档将用 PDF 阅读器自动打开。

（5）将演示文稿输出为视频文件。

将演示文稿输出为视频文件，可以使用常用的视频播放软件播放，同时能够保持演示文稿中的多媒体信息及切换和动画效果。操作方法如下：

打开演示文稿，在“文件”选项卡的“导出”选项中，选择“创建视频”选项，如图 5-172 所示。在随之出现的“创建视频”设置中，可以设置视频的质量大小、是否使用计时和旁白以及每张幻灯片的播放时间等。

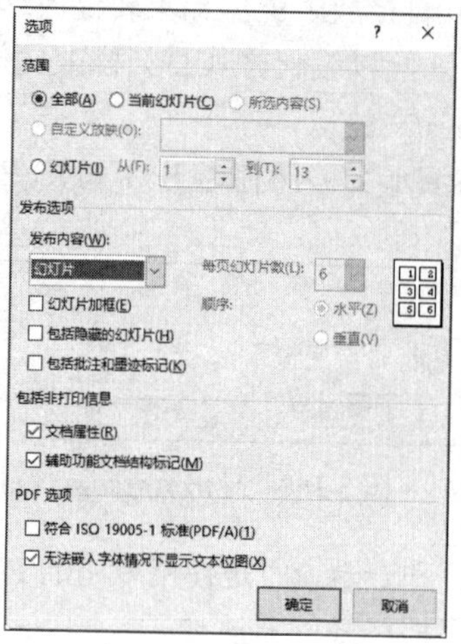

图 5-171　导出文件“选项”对话框

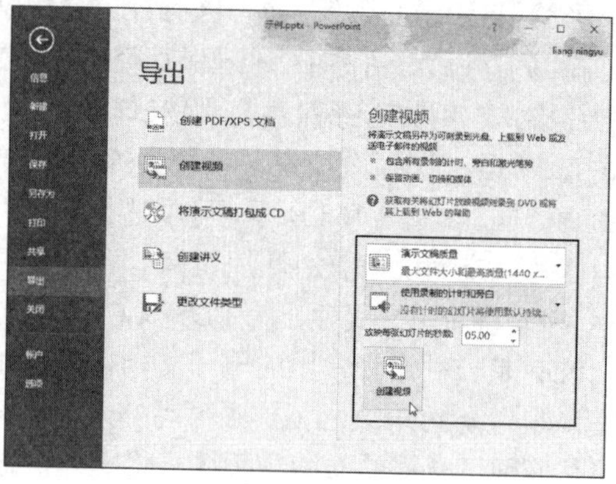

图 5-172　幻灯片导出为视频文件

设置完成后，单击“创建视频”按钮，弹出“另存为”对话框。输入文件名和保存路径，文件保存类型默认为“MPEG-4”，单击“保存”按钮，程序开始制作视频文件，可以看到创建视频的进度，创建成功后，可以使用常用的视频播放软件进行播放。

（6）将演示文稿输出为讲义。

将演示文稿输出为讲义，实质上是将幻灯片转换为 Word 文档，此文档可以用 Word 软件打开，像对 Word 文档一样进行编辑、保存等操作。操作方法如下：

1）打开演示文稿，在“文件”选项卡的“导出”选项中，选择“创建讲义”选项，如图 5-173 所示。

2）单击右侧的“创建讲义”命令按钮，弹出“发送到 Microsoft Word”对话框，如图 5-174 所示。选择演示文稿在 Word 中选用的版式，单击“确定”按钮，创建讲义文件，演示文稿将在 Word 中打开。

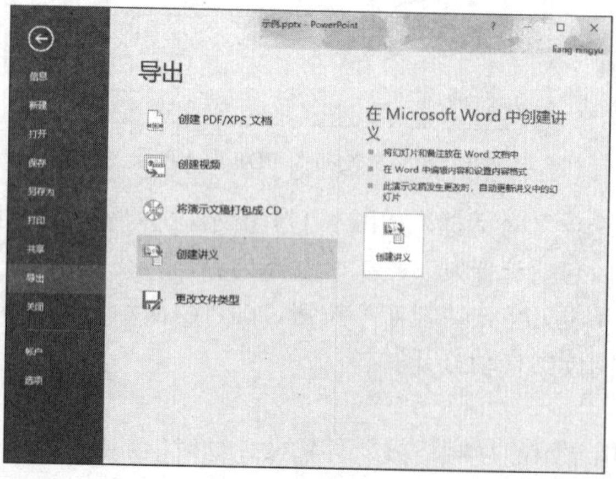

图 5-173　幻灯片导出为讲义

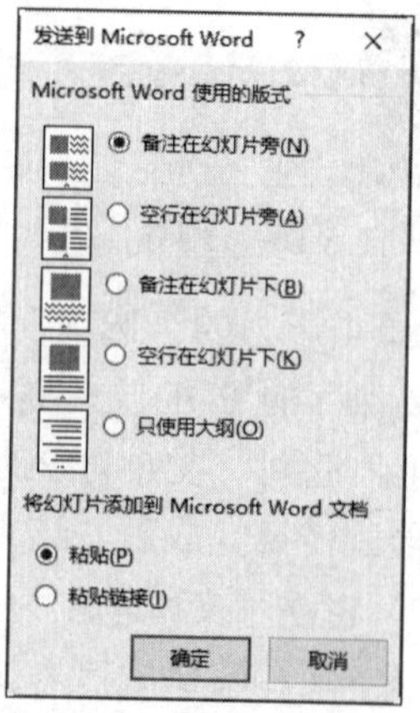

图 5-174　“发送到 Microsoft Word”对话框

5.6　演示文稿制作实例

演示文稿的制作一般要经历以下几个步骤：

（1）准备素材：主要是准备演示文稿中所需的文字、图片、声音、动画等文件。

（2）确定方案：对演示文稿内容的整个构架作一个预先设计。

（3）初步制作：将文本、图片等对象输入或插入到相应的幻灯片中。

（4）装饰处理：设置幻灯片相关对象的格式（包括图文、颜色、动画等要素）。

（5）预演播放：设置播放过程的相关命令，播放查看效果，修改满意后正式播放。

1. 制作标题幻灯片

（1）启动 PowerPoint，在模板中选择“空白演示文稿”，系统会自动建立带有一张版式为“标题幻灯片”的演示文稿。

（2）在空白演示文稿中，单击“单击此处添加标题”占位符，输入标题文字：学习 PowerPoint。

再单击“单击此处添加副标题”，输入副标题文字：制作第一份演示文稿，如图 5-175 所示。

2. 应用幻灯片的设计主题

切换到“设计”选项卡，在“主题”组的“主题”列表中，选择主题为“视差”，单击该主题，则演示文稿中的幻灯片应用了该主题，如图 5-176 所示。

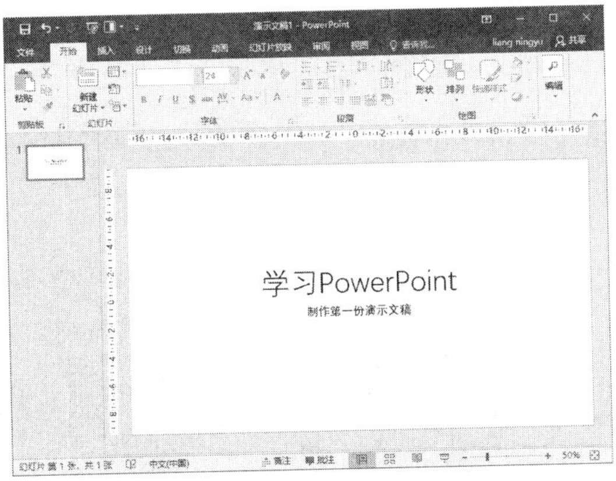

图 5-175　制作标题幻灯片

图 5-176　应用幻灯片主题

3. 制作标题和内容的幻灯片

（1）在“开始”选项卡的“幻灯片”组中，单击“新建幻灯片”下拉列表，在幻灯片版式中选择“标题和内容”，则新建一张标题和内容的幻灯片。

（2）在新幻灯片的标题和文本占位符区，分别输入相应文字内容，并适当调整文字大小，完成效果如图 5-177 所示。

4. 制作图文混排的幻灯片

（1）插入一张新幻灯片，版式选择为“两栏内容”。

（2）在标题和左侧的占位符中，输入相关文字内容；在右侧占位符的图形符号中，单击“图片”按钮，打开“插入图片”对话框。

（3）选择要插入的图片，单击“插入”按钮，将图片插入到幻灯片中，如图 5-178 所示。

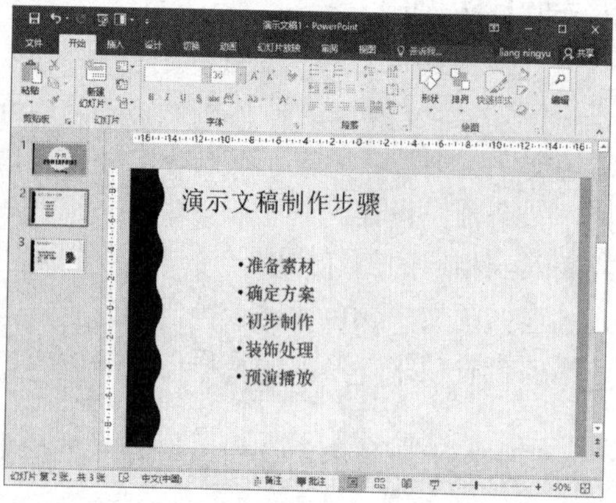

图 5-177 “标题和内容”幻灯片

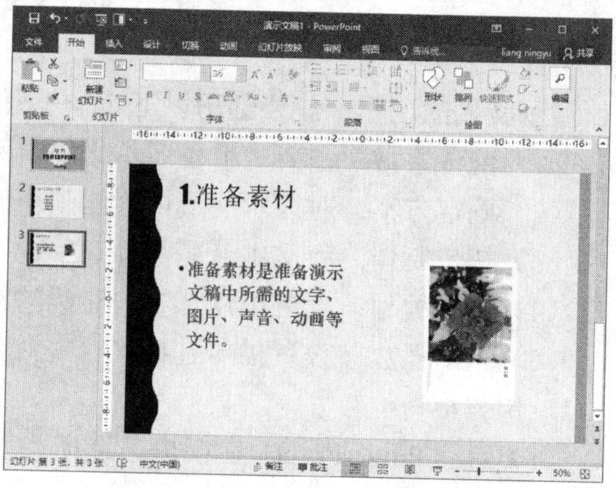

图 5-178 图文混排幻灯片

5. 编辑幻灯片母版

本例中在母版插入艺术字“学习 PowerPoint”。

（1）切换到“视图”选项卡，单击“母版视图”组中的“幻灯片母版”按钮，进入母版视图，如图 5-179 所示。

（2）选择第 1 张母版，切换到“插入”选项卡，在“文本”组的“艺术字”中，选择艺术字样式，如图 5-180 所示。

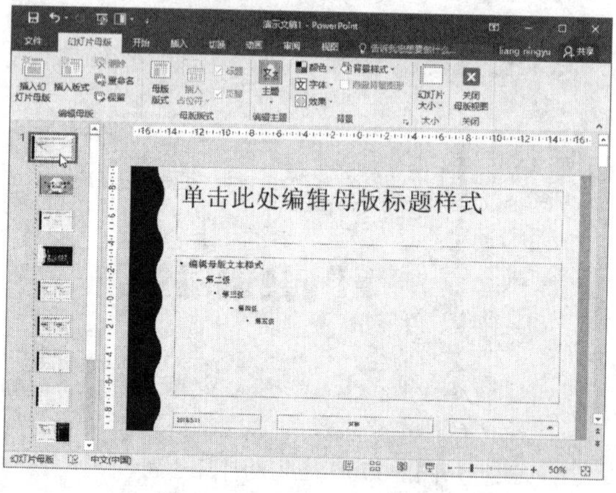

图 5-179 幻灯片母版视图

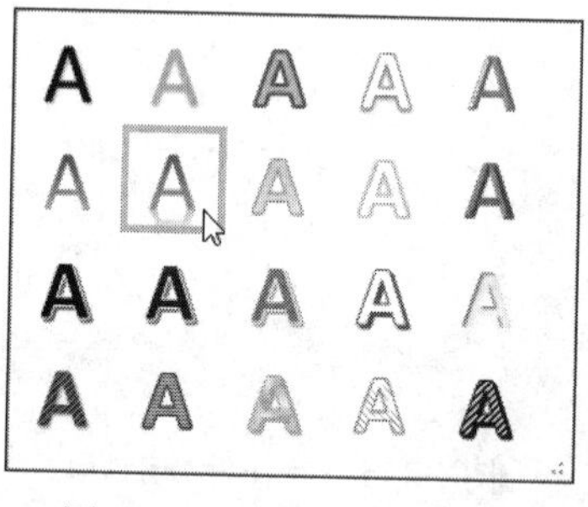

图 5-180 选择艺术字样式

在幻灯片的艺术字文本框中输入文字：学习 PowerPoint，调整文字的大小和位置，如图 5-181 所示。

（3）单击“幻灯片母版”选项卡，在“幻灯片母版”视图中，单击“关闭母版视图”按钮，返回到“幻灯片浏览”视图，可以看到母版设置后的效果，如图 5-182 所示。

6. 应用图片背景

（1）选择第 2 张幻灯片，在“设计”选项卡的“自定义”组中，单击“设置背景格式”，打开“设置背景格式”窗格，如图 5-183 所示。

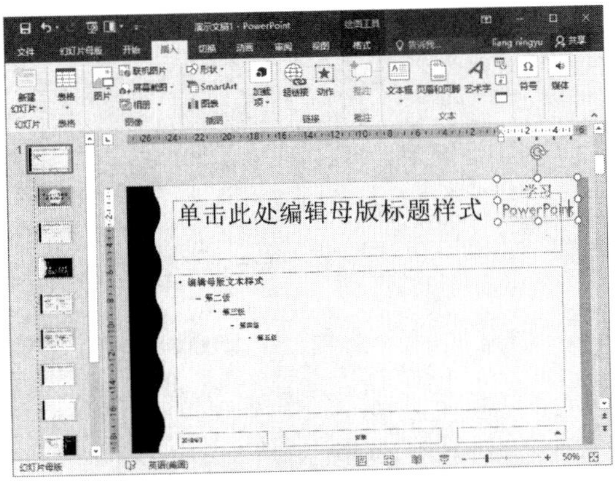

图 5-181　在母版插入艺术字

图 5-182　编辑母版效果

（2）在“填充”选项下选择“图片或纹理填充”，然后在“插入图片来自”下单击“文件”按钮，选择本机上的图片，按“插入”按钮，选中的图片作为了当前幻灯片的背景。幻灯片完成效果如图 5-184 所示。

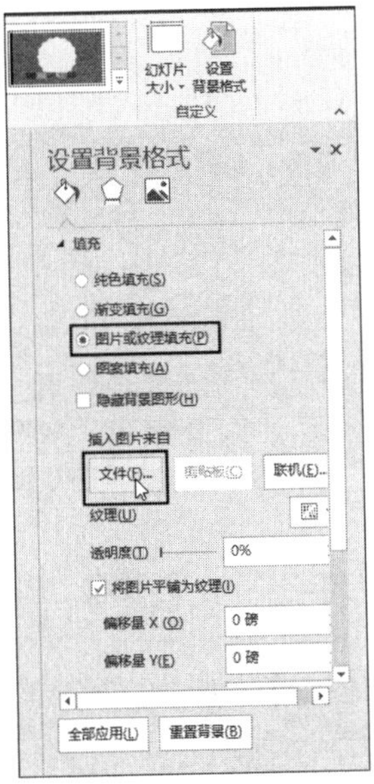

图 5-183　“设置背景格式”窗格

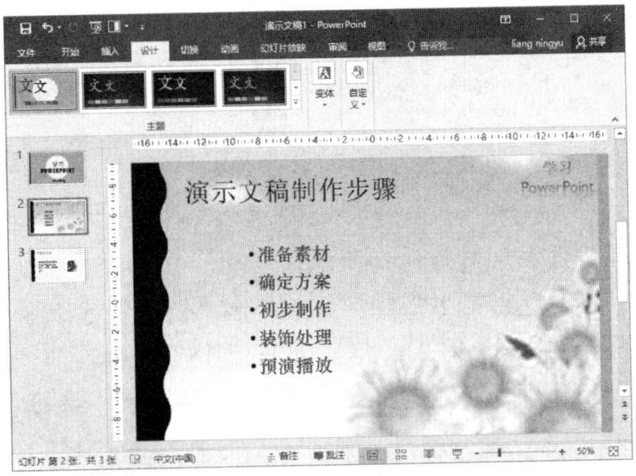

图 5-184　插入图片作为幻灯片背景

7. 插入 SmartArt 图形

（1）插入一张新幻灯片（第 4 张幻灯片），幻灯片版式选择为“标题和内容”。

（2）输入标题内容，再单击内容版式中的“插入 SmartArt 图形”图标。

（3）打开“选择 SmartArt 图形”对话框，在“列表”选项卡中，选择“垂直图片重点列表”，如图 5-185 所示。

（4）插入后，在文本框中输入文字内容，再单击文字前面的“图形”图标，打开“插入图片”对话框，如图 5-186 所示。

单击“从文件”右侧的“浏览”按钮，从弹出的“插入图片”对话框中选择要插入的图片。依次插入其他图片，完成效果如图 5-187 所示。

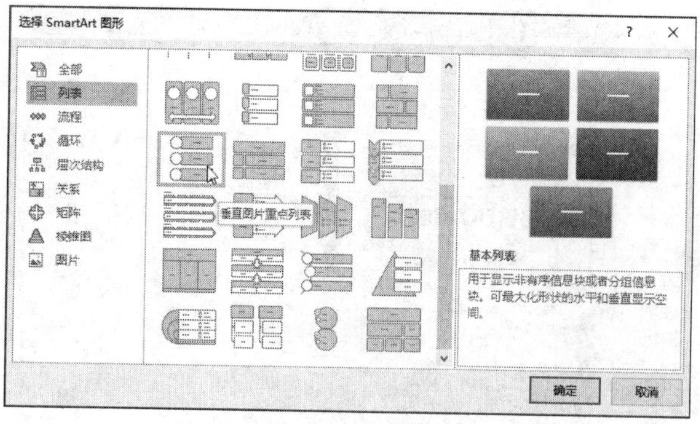

图 5-185 “选择 SmartArt 图形”对话框

图 5-186 “插入图片”选项

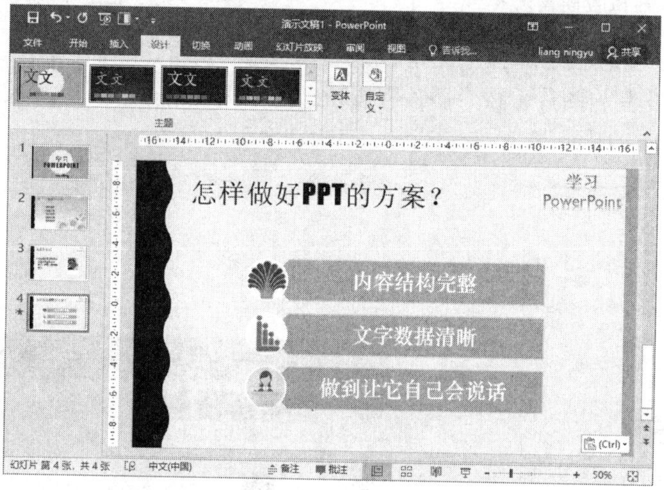

图 5-187 插入 SmartArt 图形完成效果

8. 设置幻灯片的切换效果

（1）选择第 1 张幻灯片，单击“切换”选项卡，在“切换到此幻灯片”组的“切换效果”下拉列表中，选择“形状”，如图 5-188 所示。

（2）打开右侧的“效果选项”，从列表中选择“加号”，如图 5-189 所示。

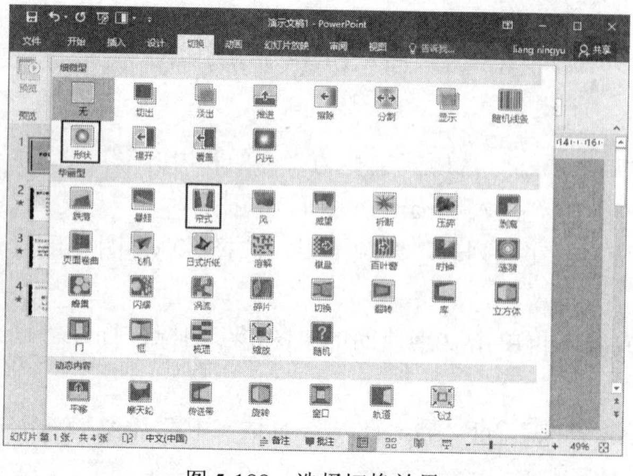

图 5-188 选择切换效果

图 5-189 选择效果选项

（3）再打开第 3 张幻灯片，从“切换效果”下拉列表中，选择“帘式”。设置完成后，单击“切换”选项卡下的“预览”按钮，观看结果。

9. 设置幻灯片的动画效果

（1）选择第 2 张幻灯片，选中幻灯片的标题文本框，单击“动画”选项卡，在“动画”组的“动画样式”下拉列表中，选择动画效果为“随机线条”，如图 5-190 所示。

（2）选择第 2 张幻灯片的内容文本框，从“动画样式”下拉列表中，选择“擦除”动画效果；再单击打开“动画”组的“效果选项”，如图 5-191 所示。从下拉列表中选择“擦除”效果的方向，如“自顶部”。

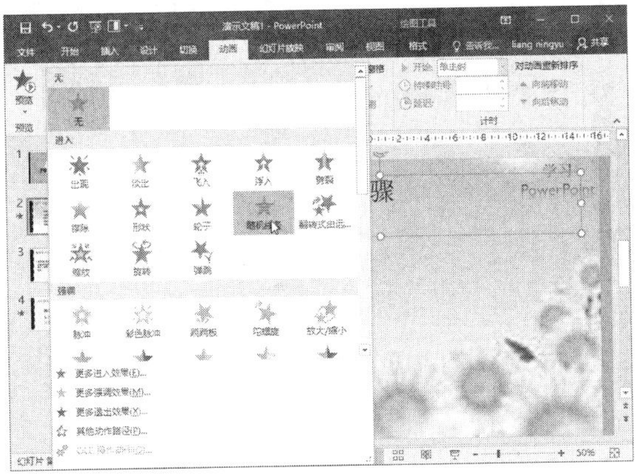

图 5-190　设置动画效果

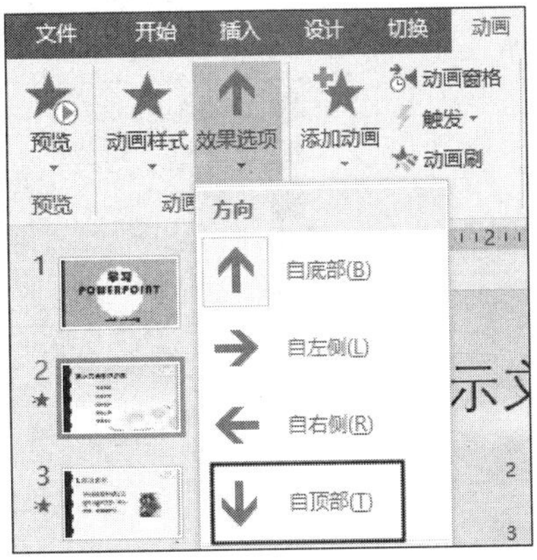

图 5-191　选择动画方向

（3）幻灯片的动画设置完成后，在被设置对象前显示动画的播放序号，如图 5-192 所示。如果要调整对象的播放顺序，可以单击“高级动画”组的“动画窗格”按钮，打开“动画窗格”，用鼠标拖动或使用上下按钮，调整各对象的播放次序，如图 5-193 所示。

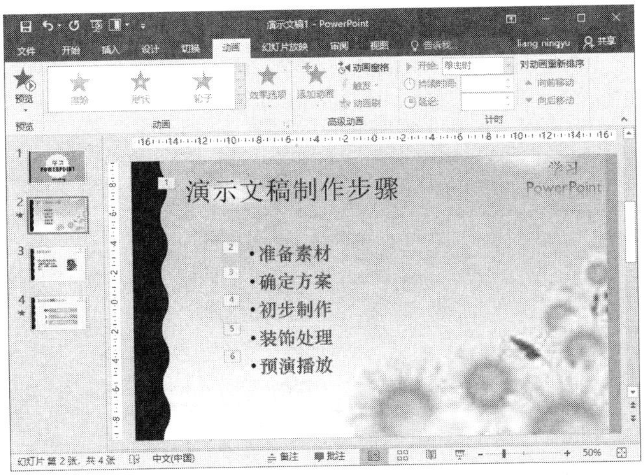

图 5-192　动画播放序号

图 5-193　动画窗格

10. 保存放映幻灯片

PowerPoint 演示文稿制作编辑好后，单击快捷工具栏上的“保存”按钮，打开“另存为”对话框，输入文件名：学习 PowerPoint，保存演示文稿。

单击状态栏上的“幻灯片放映”按钮，观看幻灯片的放映效果。

演示文稿的完成效果如图 5-194 所示。

图 5-194　学习 PowerPoint 演示文稿完成效果

第 6 章　关系数据库管理软件 Access 2016

Microsoft Access 是美国 Microsoft 公司推出的关系型数据库管理系统（RDBMS），它是 Microsoft Office 的组成部分之一，具有与 Word、Excel 和 PowerPoint 等相同的操作界面和使用环境，是目前较普及的关系数据库管理软件之一，它提供了一个能在办公环境下使用、操作简单、易学易用的数据库集成开发环境。

6.1　Access 2016 基础

Access 2016 是一个面向对象的、采用事件驱动的关系数据库，它提供了强大的数据处理功能，可以帮助用户组织和共享数据库信息，根据数据库信息做出有效的决策。它具有界面友好、易学易用、开发简单、接口灵活等特点，许多中小型网站都在使用 Access 作为后台数据库系统。

6.1.1　Access 2016 的数据库对象

Access 2016 为数据库及数据库对象的创建提供了多种可视化的操作工具。如数据库向导、表向导、查询向导、窗体向导、报表向导等，使用户能够方便地构建一个功能完善的数据库系统。

数据库对象是 Access 2016 最基本的容器对象，它是一些关于某个特定主题或目的的信息集合，具有管理本数据库中所有信息的功能。Access 2016 中包含表、查询、窗体、报表、宏、数据访问页和模块 7 种对象。不同的对象在数据库中起着不同的作用，每一个数据库对象可以完成不同的数据库功能。在 Access 中，只有建立了数据库，才能创建数据库中的对象，数据库对象都存放在后缀为（.accdb）的数据库文件中。

1. 表（table）

表是数据库中最重要的基本对象，是数据库的核心与基础，表中存放数据库中的全部数据，是整个数据库系统的数据源，一个数据库中可以建立多个表。

2. 查询（query）

查询也是一个“表”，是以表为基础数据源的“虚表”。

在进行数据库操作时，有时可能需要对一个表中的部分数据进行处理，也可能需要对多个表中的数据进行处理，此时可用查询的方法来检索和查看数据。

3. 窗体（form）

窗体是用户自己定义的用来输入/显示数据的窗口，是用户与数据库应用系统进行人机交互的界面。通过窗体用户可以轻松直观地查看、输入或更改表中的数据。

4. 报表（report）

报表最终是为了数据的打印输出。报表可以将数据以设定的格式进行显示和打印，同时还可以对数据库中的数据分析、处理，实现汇总、求平均、求和等操作。

5. 宏（macro）

宏是数据库中一个特殊的数据库对象，它是一个或多个操作命令的集合，其中每个命令实现一个特定的操作。

利用宏可以使大量的重复性操作自动完成，以方便对数据库的管理和维护。

6. 数据访问页

数据访问页（web）又称页，是数据库中另一个特殊的数据库对象，它可以实现互联网与用户数据库中的数据相互访问。

7. 模块

Access 中的模块（module）是用 Access 支持的 VBA（Visual Basic for Application）语言编写的程序段的集合。若想使用模块这一数据库对象，就要对 VBA 有一定的了解，但模块只是提供了一种便捷的操作数据库的方法和途径，在 Access 中，不使用模块仍可完成 Access 数据库系统的开发设计。

6.1.2 Access 2016 的工作界面

Access 2016 工作界面的设计风格和 Word、Excel、PowerPoint 的界面风格一致。

1. 启动 Access 2016

选择“开始”→“所有程序”→Access 2016 命令即可启动 Access 2016，启动 Access 2016 后，屏幕上就会出现 Access 2016 的起始页，如图 6-1 所示。

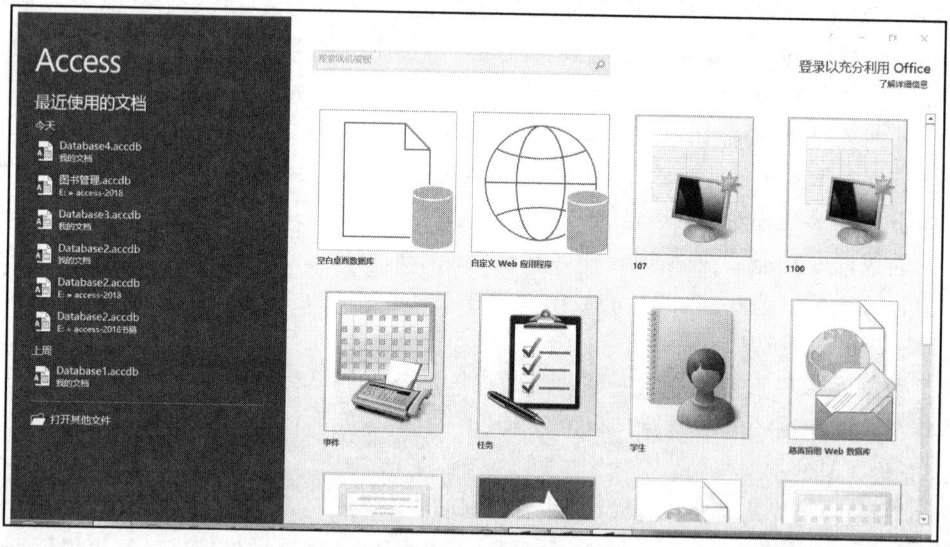

图 6-1 Access 2016 的起始页

2. 关闭 Access 2016

执行下列任意一种操作都可以退出 Access 2016。

（1）单击标题栏右端的 Access 窗口的“关闭”按钮。

（2）按 Alt+F4 组合键。

（3）单击标题栏左端的 Access 窗口的“控制菜单”图标，在打开的下拉菜单中单击“关闭”命令。

（4）双击标题栏左端的 Access 窗口的“控制菜单”图标。

（5）右击标题栏，从弹出的快捷菜单中选择“关闭”命令。

无论何时退出 Access 2016，Access 2016 都将自动保存对数据对象所做的更改。如果上一次保存之后又更改了数据库对象的设计，Access 2016 将在关闭之前询问是否保存这些更改。

3. Access 2016 的工作界面

Access 2016 的工作界面由起始页、标题栏、功能区、导航窗格、状态栏几部分组成。

（1）起始页。

Access 2016 的起始页分为左右两个区域，如图 6-1 所示，左侧列出了最近使用的文档列表和“打开其他文件”按钮；右侧显示的是新建数据库可以使用的“模板”。

Access 2016 提供的每个模板都是一个完整的应用程序，包含预先建立好的表、窗体、报表、查询、宏和表关系等。如果模板设计满足用户的需求，则通过模板建立数据库以后，可以利用数据库工具开始工作；如果模板设计不完全满足用户的需求，则可以使用模板作为基础，对所创建的数据库进行修改，从而得到符合用户特定需求的数据库。

用户也可以通过模板中的“空白桌面数据库”选项来创建一个空数据库，根据需求创建需要的数据库对象。

（2）标题栏。

“标题栏”位于 Access 2016 工作界面的最上端，如图 6-2 所示，用于显示当前打开的数据库文件名。在标题栏的右侧有 3 个小图标，从左到右依次用于“最小化”“最大化（还原）”和“关闭”应用程序窗口，这是标准的 Windows 应用程序的组成部分。

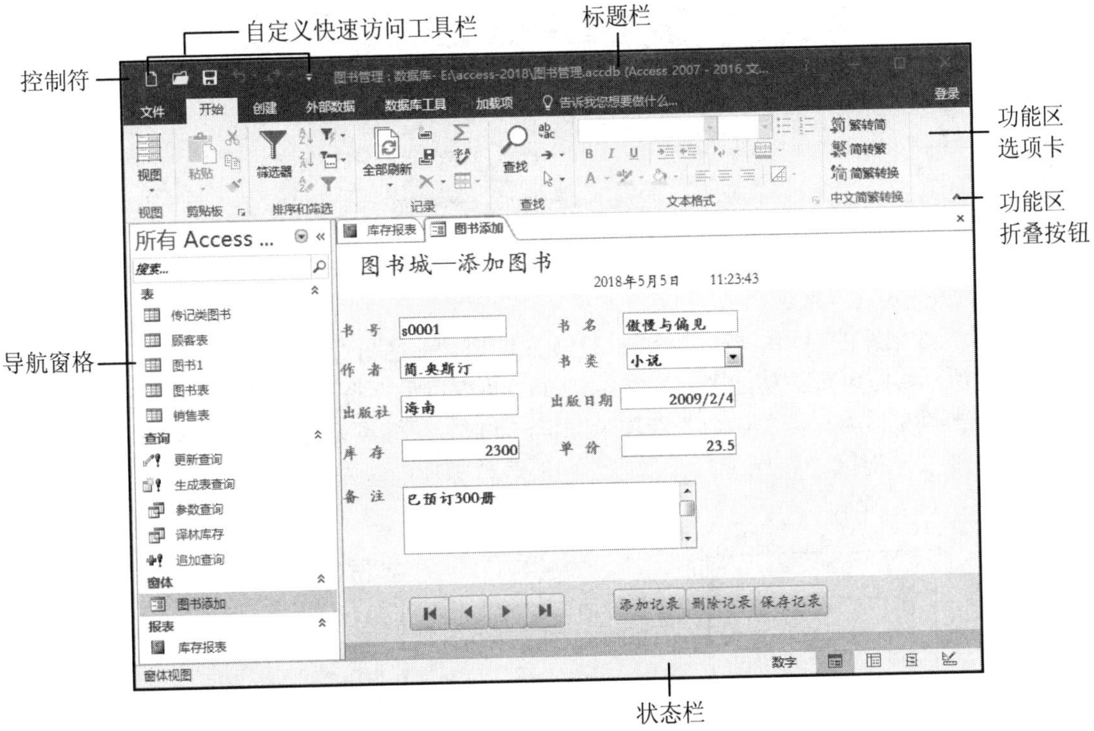

图 6-2　Access 2016 的工作界面

标题栏的最左端是 Access 控制符（由于控制符颜色与标题栏一样，有些看不清图标），单击控制符会出现控制菜单。通过该菜单可以控制 Access 2016 窗口的还原、移动、大小、最小化、最大化和关闭等。双击控制符，也可以直接关闭 Access 2016 窗口。

控制符的右边是“自定义快速访问工具栏”。

（3）功能区。

功能区是一个带状区域，位于程序窗口的顶部，标题栏的下方，它以选项卡的形式将各种相关的功能，组合在一起，提供了 Access 2016 中主要的命令界面，在使用数据库的过程中，功能区是用户使用最频繁的区域。

Access 2016 的功能区分为多个部分，有如下特点：

- 常规命令选项卡

在 Access 2016 的“功能区”中有 5 个常规命令选项卡，如图 6-2 所示，分别是“文件”“开始”“创建”“外部数据”和“数据库工具”。每个选项卡下有不同的操作按钮，用户可以通过这些操作按钮，对数据库中的数据库对象进行相应的操作。

“文件”选项卡是一个特殊的选项卡，它与其他选项卡的结构、布局和功能完全不同。单击“文件”选项卡，打开文件窗口，这是一个由“新建”“打开”等一组命令组成的菜单。

- 上下文命令选项卡

上下文命令选项卡，是根据用户正在使用的对象或正在执行的任务而显示的命令选项卡，例如创建表时，就会出现“表”选项卡，如图 6-3 所示，当关闭表时，“表”选项卡也会随之关闭。

图 6-3 “表”选项卡

- 折叠/固定功能区

为了扩大数据库的显示区域，Access 2016 允许把功能区折叠起来。单击功能区左端的按钮如图 6-2 所示，即可折叠功能区，如图 6-4（a）。折叠以后，将只显示功能区的选项卡名称，若要再次打开功能区，只需单击命令选项卡即可，此时，鼠标离开功能区区域后，功能区将自动隐藏，如果要功能区一直保持打开状态，则需要单击功能区左端的“固定功能区”按钮即可，如图 6-4（b）所示。

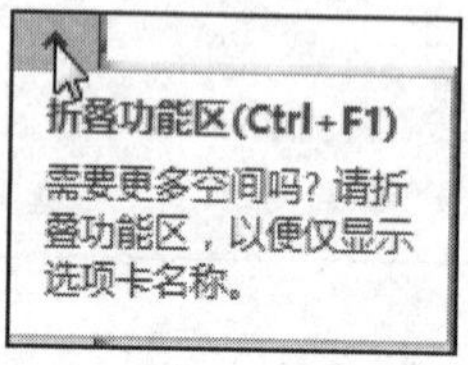

（a）折叠功能区

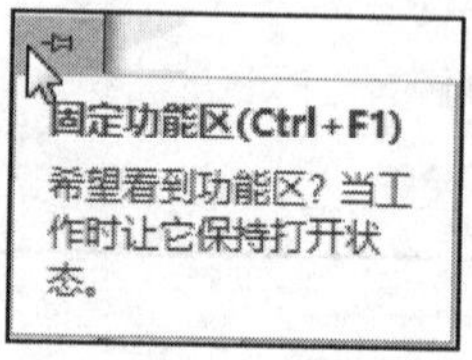

（b）固定功能区

图 6-4 折叠/固定功能区

- 自定义功能区

Access 2016 允许用户对界面的一部分功能区进行个性化设置，单击“文件”选项卡，如图 6-2 所示，选择“选项”菜单，打开“Acess 选项”对话框，如图 6-5 所示，选择“自定义功能区”选项，即可定义功能区。

图 6-5　“Acess 选项”对话框

（4）导航窗格。

导航窗格位于窗口的左侧，如图 6-2 所示，用于显示当前数据库中的各种数据库对象，它取代了 Access 早期版本中的数据库窗口。导航窗格有两种状态，折叠状态和展开状态。

导航窗格实现对当前数据库的所有对象的管理和对相关对象的组织。导航窗格显示数据库中的所有对象，并按类别将它们分组。

（5）状态栏。

状态栏位于程序窗口底部，如图 6-2 所示，用于显示状态信息。状态栏中的右下角显示用于切换视图的按钮。

6.2 Access 数据库

在 Access 中的不同对象在数据库中起着不同的作用，每一个数据库对象可以完成不同的数据库功能，只有建立了数据库，才能创建数据库中的对象。本节主要介绍创建数据库的方法以及对数据库和数据库对象的基本操作。

1. Access 数据库的创建

一个 Access 数据库就是一个扩展名为.accdb 的 Access 文件。Access 2016 提供了两种建立数据库的方法：一种是使用模板创建数据库，一种是创建空白数据库。另外，从 Access 2013 开始，Access 提供了两类数据库的创建，即 Web 数据库和传统数据库，这里提到的数据库都是指传统的数据库。

（1）创建空白数据库。

创建一个空数据库，然后逐步向数据库中添加表、查询、窗体和报表等数据库对象，这种方法灵活通用，但操作较复杂，用户必须自主建立数据库应用系统所需的每一个对象。

操作步骤如下：

启动 Access 2016，在 Access 2016 起始页选择“空白桌面数据库”，如图 6-1 所示，或单击“文件”选项卡，选择“新建”菜单，选择“空白桌面数据库”，如图 6-6 所示，在弹出的“空白桌面数据库”对话框中，如图 6-7 所示，输入命名数据库的文件名（如图书管理），选择保存路径（如 E:\access-2018），单击“创建”按钮，创建数据库，如图 6-8 所示，此时创建的数据库是空数据库，数据库中不含有任何数据库对象。空白数据库创建成功后，可以根据实际需要，添加所需要的表、窗体、查询、报表、宏和模块等对象。

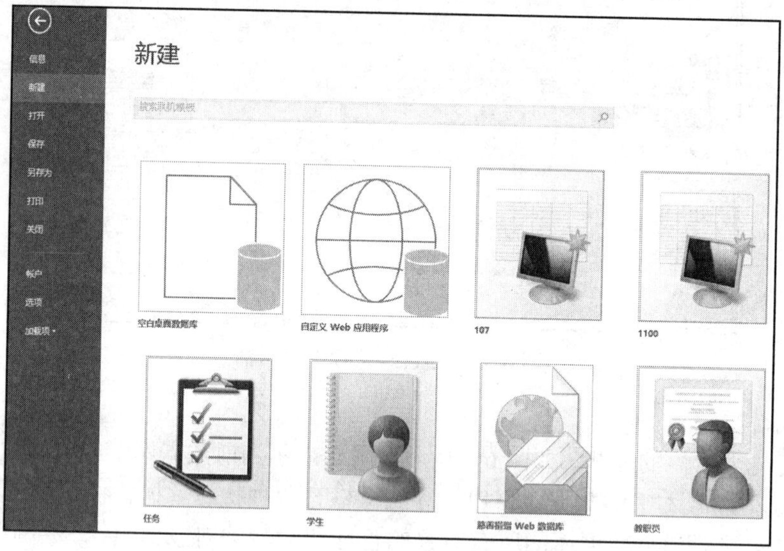

图 6-6　由“文件”选项卡创建数据库

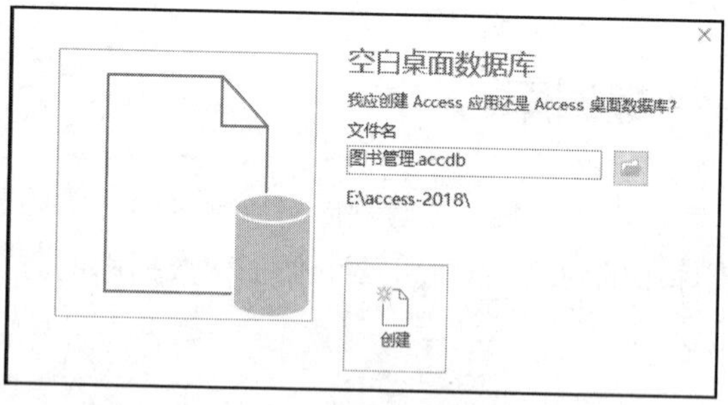

图 6-7　“空白桌面数据库”对话框

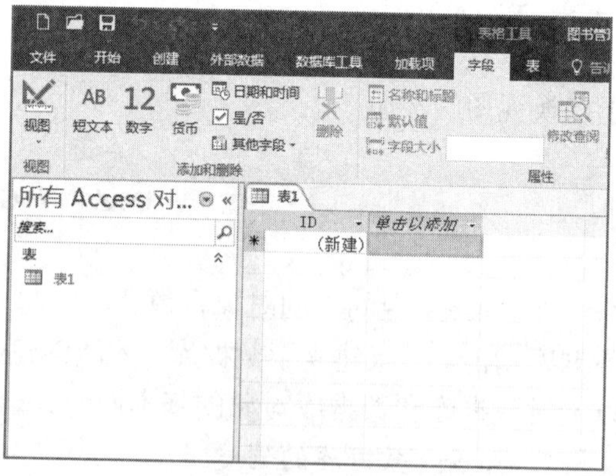

图 6-8　空数据库

（2）使用模板创建数据库。

使用模板只需要进行一些简单的操作，就可以创建一个包含了若干表、查询等数据库对象的数据库系统。如果能找到并使用与要求最接近的模板，用这种方法创建数据库最便捷。

在 Access 起始页，如图 6-1 所示，或选择“文件”→“新建”，在打开的“文件”选项卡中，如图 6-6 所示，选择和需要相符的模板创建数据库。

除了可以使用 Access 提供的本地模板创建数据库之外，还可以在线搜索所需的模板，然后把模板下载到本地计算机中，从而快速创建出所需要的数据库。

2. 操作数据库

创建了数据库之后，在使用数据库时就需要打开创建好的数据库。在数据库中可以进行创建数据库对象、修改已有对象等操作。当数据库不用时要关闭数据库，这些都是数据库的基本操作。

（1）打开数据库。

在对已创建的数据库操作时，需要先打开数据库，可以用以下几种方法打开数据库。

方法一：启动 Access 2016，在起始页中“最近使用的文档”列表中，如果存在要打开的数据库，则直接单击数据库名称即可打开该数据库。

方法二：如果要打开的数据库文件不在“最近使用的文档”列表中，则可以单击“打开其他文件”链接，进入“打开”页面。在该页面中可以选择“这台电脑”选项，然后根据文件存放路径，单击右侧的文件夹或磁盘驱动器选项，像使用 Windows 资源管理器一样，逐级打开，直到找到要打开的数据库文件。

方法三：选择“文件”选项卡，单击“打开”菜单，进入“打开”页面，选择需打开的数据库文件。

（2）数据库对象的组织。

Access 提供了导航窗格对数据库对象进行组织和管理。利用导航窗格可以对 Access 中的表、查询、窗体、报表、宏和模块等数据库对象进行管理。

在导航窗格中，可以采用多种方式对数据库对象进行组织，以便高效地管理数据库对象。这些组织方式包括对象类型、表和相关视图、创建日期、修改日期、所有 Access 对象以及自定义等。

（3）操作数据库对象。

打开数据库之后，就可以操作数据库中的对象了，操作数据库对象包括创建、打开、复制、删除、修改和关闭等相关操作。

如果需要打开一个数据库对象，可以在导航窗格中选择一种组织方式，找到要打开的对象，然后双击即可直接打开该对象。

在 Access 数据库中，使用复制方法可以创建对象的副本。通常，在修改某个对象的设计之前，需要创建对象的副本，这样可以避免因修改操作错误造成数据丢失，一旦发生错误还可以用副本还原出原始对象。

如果要删除某个数据库对象，需要先关闭该数据库对象，在多用户的环境中，还要确保所有的用户都已经关闭了该数据库对象。

（4）保存数据库。

数据库修改后，需要及时保存，才能保存所做的修改操作。

保存数据库有如下两种方法：

方法一：单击“文件”选项卡，选择“保存”命令，即可保存对当前数据库的修改。

方法二：选择“另存为”命令，可更改数据库的保存位置和文件名，使用该命令时，Access 2016 会弹出提示框，提示用户在保存数据库前必须关闭所有打开的对象，单击“是”按钮即可。

（5）关闭数据库。

数据库操作完成时，需关闭数据库。

关闭数据库有如下两种方法：

方法一：单击窗口右上角的“关闭”按钮 ，即可关闭数据库。

方法二：单击“文件”选项卡，选择“关闭”命令，也可关闭数据库。

（6）转换数据库。

Access 具有不同的版本，可以将使用 Access 2016 之前版本的数据库，转换成 Access 2016 的数据库文件格式.accdb，此文件格式支持新的功能，如多值字段和附件等。

Access 2016 文件格式（.accdb）的数据库，不能用早期版本的 Access 打开，也不能与其链接，而且不再支持复制功能或用户级安全性。如果需要在早期版本的 Access 中，使用新型文件格式的数据库，或者需要使用复制功能或用户级安全性，则必须将其转换为早期版本的文件格式（.mdb）。

除了可以与早期版本的数据库进行相互转换之外，Access 2016 还可以将某个数据库另存为数据库模板，可以使用该模板创建更多的数据库，从而方便数据库的创建。

6.3 表和查询

Access 是一种关系型数据库管理系统，在关系型数据库管理系统中用表来存储和管理数据，表是数据库的对象之一，它是整个数据库的基础，也是数据库其他对象操作的依据。

表是数据库的对象，查询也是数据库的对象。利用查询可以实现对数据库中的数据进行浏览、筛选、排序、检索、统计计算等操作，也可以为其他数据库对象提供数据来源。

6.3.1 表的相关概念

在 Access 中，大量的数据存储在表中，表的使用效果如何，决定于表结构的设计。在创建表之前，要根据实际问题的需求进行调查分析，根据具体的数据管理需要规划和设计一个适合需要的，而且能满足关系型数据库特征的表，同时在设计表时还应该考虑表中数据的冗余度、共享性及完整性。

1. *表的构成*

在 Access 中，表必须是一个满足关系模型的二维表。

所谓的二维表，就是由纵横两个坐标表示和反映某一事物（实体）状况或信息的数据集合。例如，表 6-1 所示的“图书表”即为一张反映图书信息的二维表。

表 6-1 图书表

书号	书名	出版社	书类	作者	出版日期	库存	单价	备注
s0001	傲慢与偏见	海南	小说	简·奥斯汀	2009-02-04	2300	23.5	已预定 300 册
s0002	安妮的日记	译林	传记	安妮	2008-05-08	1500	18.5	
s0003	悲惨世界	人民文学	小说	雨果	2007-08-09	1200	30.00	
s0004	都市消息	三联书店	百科	红丽	2007-10-12	1000	20.00	
s0005	黄金时代	花城	百科	崔晶	2009-05-25	800	15.00	
s0006	我的前半生	人民文学	传记	溥仪	1995-08-09	850	9.00	
s0007	茶花女	译林	小说	小仲马	1998-10-21	1300	35.00	

在二维表中的行称为记录（表的内容），列称为字段或属性（表的栏目），字段或属性的名字称为字段名（表栏目名）。

表都是以二维表的形式构成的，对应的表结构由表名、字段、字段类型、字段宽度等属性构成。

（1）表名。

表名是该表存储到磁盘的唯一标识，即表存储到磁盘的文件名，它是用户访问数据的唯一标识。

（2）表的字段属性。

表的字段属性即表的组织形式，它包括表中的字段个数，每个字段的名称、类型、宽度及是否建立索引等。

（3）表中的记录。

表的记录是表中的数据，记录的内容是表所提供给用户的全部信息。

表的名字及表中每个字段的名字、类型、宽度构成表的结构，表结构一旦确定，表即设计完成。通常把不包含记录的表称为空表。

2. 字段类型

计算机在存储处理数据时，需要将数据分成各种数据类型，数据类型决定了数据的存储和使用方式。字段是用来存储各种数据的，在 Access 系统中，字段分成以下几种数据类型。

（1）短文本。

短文本的数据由汉字和 ASCII 字符集中可打印字符（英文字符、数字字符、空格及其他专用字符）组成，用来存储文字、字符以及不具有计算能力的数字字符组成的数据。文本字段数据的最大长度为 255 个字符，用户可以利用“字段大小”属性来控制输入数据的最大字符个数。

（2）长文本。

该类型用于存放较长的文本数据，是短文本数据类型的特殊形式，存储的内容最多为 65535 个字符，长文本类型不能进行排序或索引。

（3）数字型。

数字型数据由数字（0～9）、小数点和正负号组成，可进行数学运算。根据数字型数据存储的数据精度和范围不同，数字型数据又分为整型、长整型、单精度型、双精度型等类型，分别为 1、2、4、8 个字节。Access 2016 默认的数字型类型为长整形。

（4）日期/时间型。

日期/时间字段数据类型用来存储表示日期/时间的数据，其长度为 8 个字节。

（5）货币型。

货币数据类型用来存储货币值。在货币型字段输入数据时，Access 系统会自动添加货币符号和千位分隔符，当数据的小数位超过两位时，系统自动完成四舍五入。

（6）自动编号。

自动编号用来存储递增数据和随机数据，其长度为 4 个字节。在记录数据输入时，每增加一个新记录，自动编号字段数据类型的数据自动加 1 或随机编号，用户不能给自动编号字段数据类型的字段输入数据，也不能编辑数据。

（7）是/否。

是/否字段数据类型用来存储只包含两个值的数据，其长度为 1 个字节。是/否字段数据类型用来存储逻辑型数据，不能用于索引。

（8）OLE 对象。

OLE 对象数据类型用于链接或嵌入其他应用程序所创建的对象，其最大长度可为 1GB。其他应用程序所创建的对象可以是电子表格、文档、图片等。

（9）超链接。

超链接字段类型用于存储超链接地址。

（10）查阅和关系。

该数据类型用于存放从其他表中查阅的数据。

（11）附件。

该类型用来存储所有种类的文档和二进制文件，可将其他程序中的数据添加到该类型的字段中。对于压缩的附件，该类型字段的最大容量为 2GB，对于非压缩的附件，该类型最大容量大约 700KB。

（12）计算。

该类型用于显示计算结果，计算时必须引用同一表中的其他字段，可以使用表达式生成器来创建计算。计算字段的长度是 8 个字节。

6.3.2 表的操作

大量的数据要存储在表中，用户完成了数据的收集及二维表的设计，便可在 Access 中创建表。

表 6-2 所示为“图书表”的表结构定义，表 6-1 为“图书表”的记录数据。以下创建表的操作均以“图书表”为例。

表 6-2 “图书表”的结构

字段	字段名	类型	宽度	小数位	索引
1	书号	短文本	5		主索引
2	书名	短文本	20		
3	出版社	短文本	16		
4	书类	短文本	6		
5	作者	短文本	14		
6	出版日期	日期/时间型	8		
7	库存	数字	整型		
8	单价	数字	单精度型	2	
9	备注	长文本	最多 65536		

1. 创建表

表的创建是数据库进行操作或录入数据的基础，创建表就是在 Access 中构造表中的字段、定义字段的数据类型、设置字段的属性。

在 Access 2016 中，可以通过数据表视图、设计视图、使用模板、导入表、链接表几种方法创建表。这里主要介绍利用“设计视图”创建表。

利用“设计视图”创建表，可以根据用户的需要，自行设计字段并对字段的属性进行定义。

操作步骤如下：

（1）建立或打开已有的数据库。

（2）单击“创建”选项卡下“表格”组中的“表设计器”按钮，这时将创建名为“表 1”的新表，并以“设计视图”的方式打开，如图 6-9 所示。

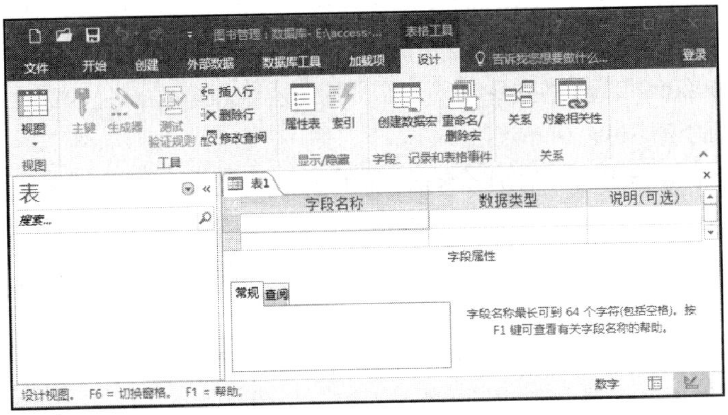

图 6-9　表“设计视图”

（3）在表“设计视图”中，逐一定义“图书表”的各个字段，按表 6-2 输入“图书表”各字段的字段名、类型、长度、索引等，定义完成后以“图书表”为文件名保存表，“图书表”的结构即创建完成，如图 6-10 所示。

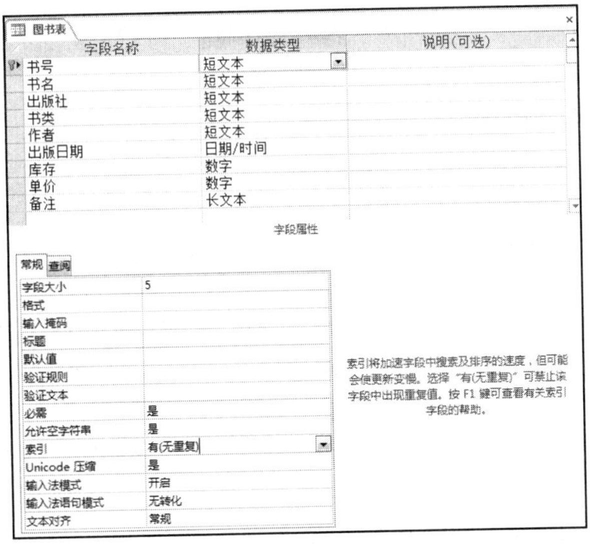

图 6-10　“图书表”的结构

（4）定义主键。

表的结构创建完成，还需要为表定义主键。主键可以唯一标识表中每条记录的字段或字段组。只有定义了主键，才能建立表间的关联，实施实体完整性控制，加快查询速度、排序等。

（5）设置字段属性。

在表“设计视图”中选中需要设置属性的字段，在“字段属性”的“常规”选项卡中进行该字段属性的设置，字段属性各项的含义如下：

字段大小：字段大小属性用于限制输入到该字段的最大长度，只适用于“文本”“数字”类型的字段。

格式：格式属性只影响数据的显示格式，并不影响其在表中存储的内容，而且显示格式只有在输入的数据被保存之后才能应用，不同数据类型的字段，其格式选择有所不同。

输入掩码：如果需要控制数据的输入格式并按输入时的格式显示，则应设置“输入掩码”属性，例如，电话号码书写为“（022）2351879”，此时，可以在表设计视图“输入掩码”框中输入“"（022）"0000000”，将格式中不变的符号（022）固定成格式的一部分，这样输入数据时只需要输入变化的值即可。

默认值：在一个数据表中，往往会有一些字段的数据内容相同或者包含相同的部分，为减少数据输入量，可以将出现较多的值作为该字段的默认值。

有效性规则：有效性规则是指，向表中输入数据时应遵循的约束条件，通常在表“设计视图”的字段属性区中“验证规则”框中设置。

有效性文本：如果只设置了“有效性规则”属性，但没有设置相应的“有效性文本”属性，当输入数据违反了有效性规则时，Access 显示标准的错误信息，如果设置了相应的“有效性文本”属性，所输入的文本内容将作为提示错误的消息显示。

2．表中数据的输入

表数据的输入可以利用“数据表视图”输入数据，使用查询列表输入数据，用获取外部数据的几种方法输入数据，这里主要介绍利用“数据表视图”输入数据，具体操作如下：

（1）确定数据库、表是打开的。

（2）单击“设计”选项卡，单击“视图”组中的“数据表视图”按钮，如图 6-11 所示。

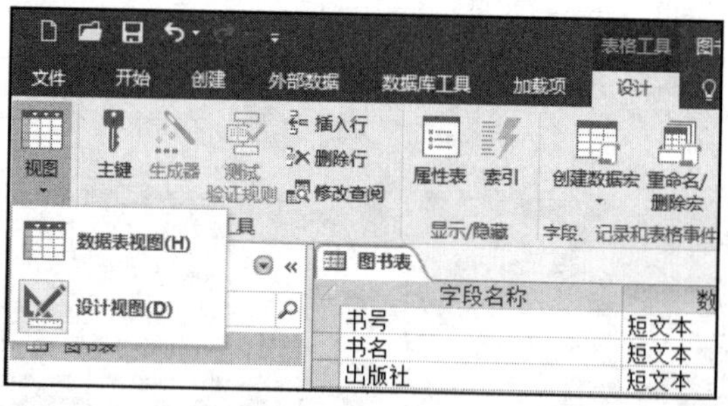

图 6-11　设计“选项卡”

（3）在弹出的界面中，按表 6-1 输入“图书表”的记录数据，结果如图 6-12 所示。

3．表的维护

表的维护包括表结构的修改和记录的修改。

（1）修改表的结构。

表结构的修改包括修改字段名、增加字段、删除字段、修改字段的属性等。

打开表“设计视图”窗口可以修改表的结构。

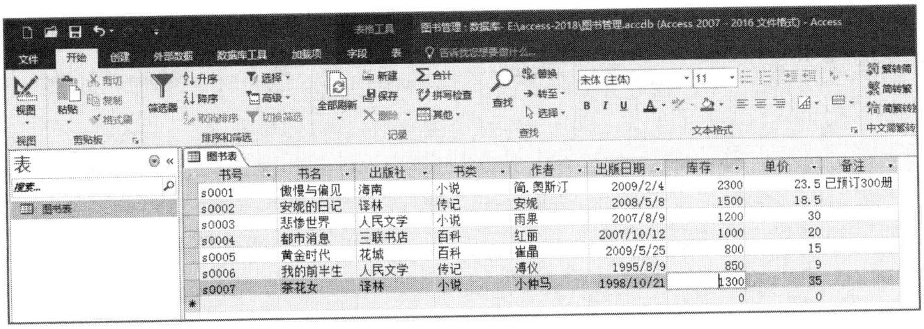

图 6-12　记录输入完成的“图书表”的“数据表视图”

操作步骤如下：

打开数据库，在“导航窗格”中选定要修改的表，单击“开始”选项卡中的“视图”按钮，如图 6-13 所示，打开表“设计视图”窗口，如图 6-10 所示，在表“设计视图”中可以进行修改字段名、增加字段、删除字段、修改字段的属性等操作。

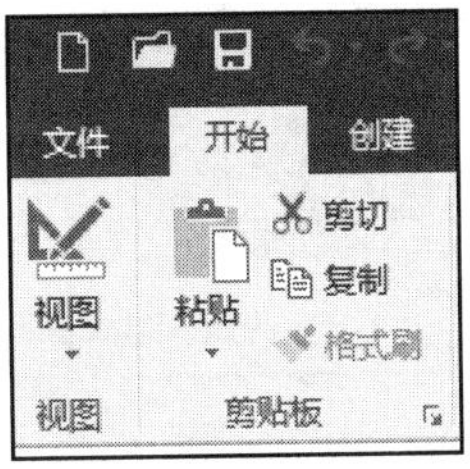

图 6-13　“视图”按钮

（2）修改和编辑表的记录。

表中的记录数据可以手工修改，也可以用命令成批修改。

① 记录数据的修改。

要修改表中的记录数据，可以打开表，在“数据表视图”窗口中，如图 6-12 所示，选择要修改的数据直接手工修改。

用手工修改数据的操作，数据的安全性较差。为了保证数据的安全，在进行数据修改时，通常采用数据替换的方式或设计一个用于修改数据的窗体，在窗体中修改。对有规律的成批修改数据，也可以用命令的方式修改。

② 记录数据的复制。

数据的复制内容可以是一条记录、多条记录、一列数据、多列数据、一个数据项、多个数据项或一个数据项的部分数据。利用数据复制操作可以减少重复数据或相近数据的输入。

操作步骤如下：

打开表，在“数据表视图”窗口中，如图 6-12 所示，选定要复制的内容，右击，在弹出的快捷菜单中选择“复制”命令。

选定复制内容的去向，右击，在弹出的快捷菜单中选择“粘贴”命令。

③ 记录数据的删除。

表中错误的或无用的数据可以删除，删除操作只能删除记录，即删除一个记录或多个记录。

打开表，在“数据表视图”窗口中，如图 6-12 所示，可以用以下几种方法删除表中的记录数据。

- 选定要删除的记录，按键盘上的 Delete 键。
- 选定要删除的记录，单击“开始”选项卡中的“删除”按钮。
- 选定要删除的记录，右击，在弹出的快捷菜单中选择“删除记录”命令。
- 选定要删除的记录，按键盘上的 Ctrl+—组合键。

在执行删除操作时，系统将询问用户是否要删除选定的记录，若要删除则选择“是”按钮，选定的记录将被删除。

④ 数据的查找/替换。

利用查找/替换操作可以在数据表中快速查看数据信息，或方便、准确地修改成批数据。

操作步骤如下：

打开表，选择“开始”选项卡，单击“查找”组中的“查找”或“替换”按钮，打开“查找和替换”对话框，选择“查找”选项卡，在“查找内容”文本框中输入要查找的内容，选择“查找范围”“匹配”条件及“搜索”方向，单击“查找下一个”按钮，光标定位到第一个与查找内容相“匹配”的数据项的位置，如图 6-14 所示。

若进行“替换”操作，选择“查找和替换”对话框中的“替换”选项卡，如图 6-15 所示。在“查找内容”文本框中输入要查找的内容，在“替换为”文本框中输入要替换的数据，确定“查找范围”“匹配”条件及“搜索”范围。单击“查找下一个”按钮，光标将定位到第一个与查找内容相“匹配”的数据项位置，单击“替换”按钮，该值将被替换。

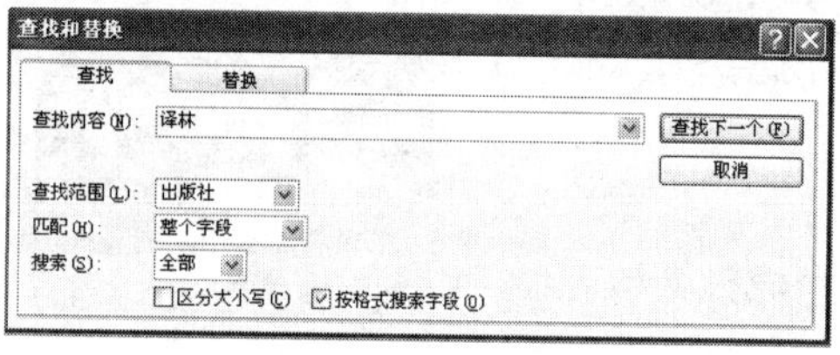

图 6-14　查找操作

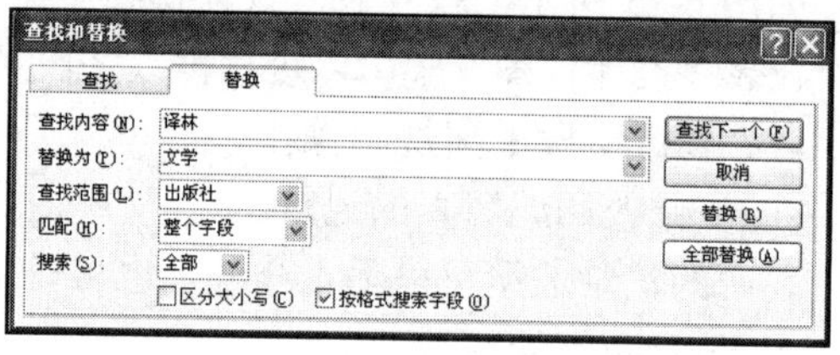

图 6-15　替换操作

6.3.3 多表操作

在用数据库解决具体问题时，需要建立若干个相关联的表，通常将这些表存放在同一个数据库中，通过建立表间的关联关系，使表之间保持相关性。

1. *表间关联关系及关联类型*

（1）关联的概念。

每个打开的表都形象地有一个记录指针，用以指示正在操作的记录，即当前记录。所谓关联，就是令不同工作区的记录指针建立一种联动关系，使一个表的记录指针移动时，另一个表的记录指针能随之移动。

（2）关联条件。

关联条件通常要求比较不同表的两个字段表达式值是否相等。

建立关联的两个表，总有一个是父表，一个是子表。在执行涉及这两个表数据的命令时，父表的记录指针移动，子表的记录指针自动移到满足关联条件的记录上。

（3）关联类型。

关联的数据库表之间的关系有一对一、一对多和多对一 3 种关联关系。

① 一对一关系。一对一关系，即在两个表中选一个相同属性的字段（字段名不一定相同）作为关联条件，依据关联字段的值，使得前一个表（父表）中的一条记录，与后一个表（子表）的至多一条记录关联；反之，子表的一条记录也只能与父表的一条记录相关联，则称这两个表之间的关系为一对一关系。

② 一对多关系。一对多关系，即在两个表中选一个相同属性的字段（字段名不一定相同）作为关联条件，依据关联字段的值，使得前一个表（父表：该表中作为关联条件的字

段值是唯一的）中的一条记录，可以与后一个表（子表）中的多条记录关联；反过来，后一个表中的一条记录，最多与前一个表的一条记录关联，这两个表之间的关系为一对多关系。

③ 多对一关系。按照相同的关联规则，如果子表的唯一记录对应父表的多条记录，这种关联为多对一关系。

2. 建立索引

（1）索引及索引类型。

索引是将表中的记录，按照某个字段或字段表达式的值进行逻辑排序。

在 Access 中，表中记录的存储顺序通常是创建表时记录的录入顺序。在查询、显示、打印等数据处理过程中，为了加快数据的处理速度，需要将记录数据按一定的标准排序，索引技术是实现这一要求的最为可行的办法。另外，同一个数据库中的多个表，若想建立表间的关联关系，必须按照关联字段建立索引。

表中记录索引后将产生相应的索引文件，索引文件中用来存放表中记录按照某个字段或字段表达式索引后的逻辑顺序，一个表可以建多个索引，但不能对 OLE 对象型、长文本型、逻辑型及附件型字段建立索引。

在 Access 中，索引按功能分，有以下 3 种类型。

① 唯一索引：索引字段的值不能相同，即不允许有重复值。若给创建唯一索引的字段输入重复值，系统会提示操作错误，若该字段已经有重复值，则不能创建唯一索引。

② 普通索引：允许索引的字段值有重复值。

③ 主索引：在同一个表中可以创建多个唯一索引，可以将其中一个索引设为主索引，一个表只能有一个主索引。

（2）建立索引。

操作步骤如下：

① 打开数据库。

② 在“导航窗格”中，选择要创建索引的表，单击“开始”选项卡中的“设计视图”按钮，打开“设计视图”窗口。

③ 在“设计视图”窗口中，选择要建立索引的字段，在“常规”选项卡中，打开“索引”下拉列表，选择其中的索引选项，如图 6-16 所示。

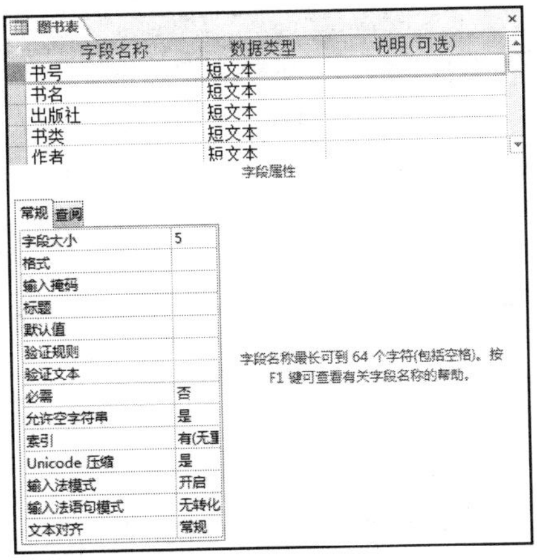

图 6-16　创建索引

索引选项的说明如下。

- 无：表示没有按该字段建立索引。
- 有（有重复）：表示按该字段创建索引，索引的类型为普通索引。
- 有（无重复）：表示按该字段创建索引，索引的类型为唯一索引。

在“设计视图”窗口中创建的索引，只能是唯一索引或普通索引，不能创建主索引，其索引名称、索引字段、排序方向都是系统根据字段设定的，是升序排列。若要创建主索引、更改索引名称或进行降序排序，在“设计视图”窗口中创建索引后，还需单击“设计”选项卡中的“索引”按钮，打开“索引”对话框，如图 6-17 所示。

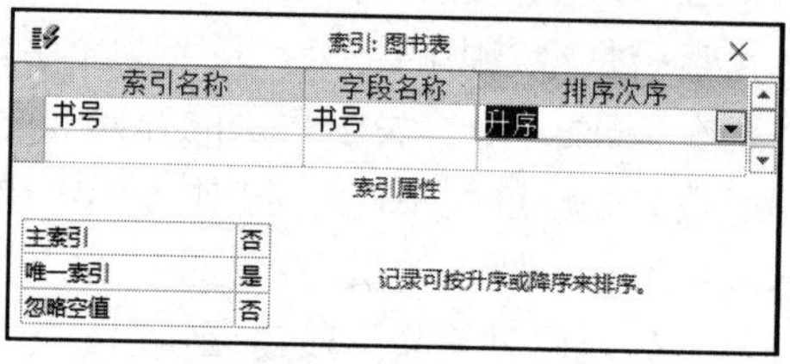

图 6-17 “索引”对话框

“索引”对话框的说明如下。

- 主索引：设置该字段是否是主索引。
- 唯一索引：设置该字段是否是唯一索引，若将该字段设为主索引，必须设为唯一索引。
- 忽略空值：确定以该字段建立索引时，是否排除带有 Null 的记录。
- 当主索引、唯一索引选项都选择“否”时，该索引是普通索引。

④ 保存表，结束表索引的创建。

3．设置主关键字

主关键字（主键）是一种特殊的索引，它是能够唯一确定每个记录的一个字段或一个字段集，一个表，只能有一个主键，主键一旦确立，便不允许输入与已有主键相同的数据。主索引或唯一索引也可以确定记录的唯一性，但若表有主键，表中的记录存取顺序就依赖于主键，通过主键可以创建表间的关联关系。

操作步骤如下：

① 打开表。

② 在“导航窗格”中选定要定义主键的表，单击“开始”选项卡中的“设计视图”按钮，打开“设计视图”窗口。

③ 在“设计视图”窗口中选定可作为主键的字段，单击“设计”选项卡中的“主键”按钮，选定字段就被定义为主键，如图 6-18 所示。定义为主键的字段前有一个标识。

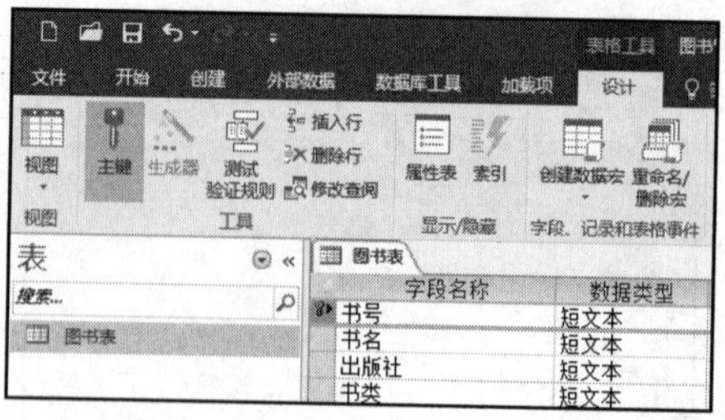

图 6-18 定义主键

④ 保存表。

4．建立表间关联

数据库中可以有多个相关的表，根据需要可以建立表间的关联关系。

建立数据库中表间的关联关系，首要条件是两个表必须有属性相同的字段（可以同名，也可以不同名）作为关联字段，其次要根据关联的类型，分别在父表和子表中建立不同类型的索引。若两个表之间要建立“一对一”的关系，父表和子表中的关联字段均应定义为主键或唯一索引（字段不允许有重复值）；若两个表之间要建立“一对多”关系，父表中关联字段定义为主键或唯一索引（字段不允许有重复值），子表中关联字段定义为普通索引（字段允许有重复值）；若两个表之间要建立“多对一”关系，父表中关联字段定义为普通索引（字段允许有重复值），子表中关联字段要定义为主键或唯一索引（字段不允许有重复值）。

例 6-1　在“图书管理”数据库中，有“图书表”和“顾客表”，如图 6-19 和图 6-20 所示，建立两个表的关联关系。

图书表

书号	书名	出版社	书类	作者	出版日期	库存	单价	备注
s0001	傲慢与偏见	海南	小说	简.奥斯汀	2009/2/4	2300	23.5	已预订300册
s0002	安妮的日记	译林	传记	安妮	2008/5/8	1500	18.5	
s0003	悲惨世界	人民文学	小说	雨果	2007/8/9	1200	30	
s0004	都市消息	三联书店	百科	红丽	2007/10/12	1000	20	
s0005	黄金时代	花城	百科	崔晶	2009/5/25	800	15	
s0006	我的前半生	人民文学	传记	溥仪	1995/8/9	850	9	
s0007	茶花女	译林	小说	小仲马	1998/10/21	1300	35	

图 6-19　图书表

顾客表

书号	顾客号	订购日期	册数
s0001	g0005	2008/12/5	800
s0002	g0002	2009/8/9	300
s0002	g0001	2008/12/10	800
s0003	g0003	2007/12/10	400
s0003	g0004	2007/9/10	400
s0004	g0001	2008/12/1	500
s0004	g0005	2009/8/9	300
s0006	g0006	2010/1/20	500
s0006	g0006	2010/2/20	200
s0007	g0004	1999/1/5	550
s0007	g0003	1999/5/20	300

图 6-20　顾客表

分析：将两个表中属性相同的“书号”字段作为关联字段，建立“一对多”的关联关系，“图书表”为父表，其“书号”字段设为主键，“顾客表”为子表，其“书号”字段设为普通索引。

操作步骤如下：

① 打开“图书管理”数据库。

② 将“图书表”的“书号”字段设为主键，“顾客表”的“书号”字段设为普通索引。

③ 建立两个表的关联关系。单击“数据库工具”选项卡中的“关系”按钮，打开“显示表”对话框，如图 6-21 所示，同时打开“关系”窗口。

④ 在“显示表”对话框中选中“图书表”，单击“添加”按钮，将“图书表”添加到“关系”窗口，同样的操作，将“顾客表”添加到“关系”窗口，如图 6-22 所示。

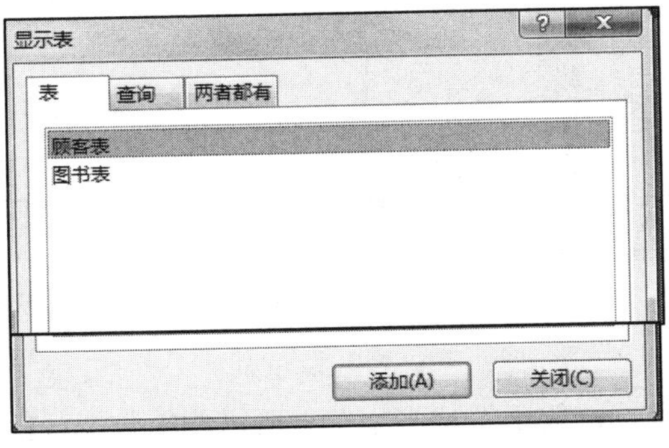

图 6-21　“显示表”对话框

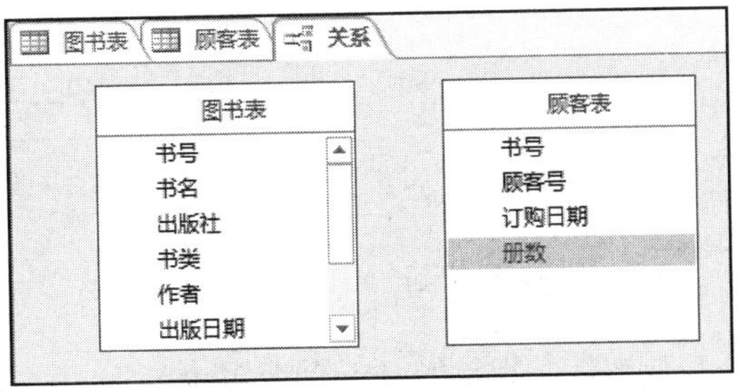

图 6-22　“关系”窗口

在“关系”窗口中，将“图书表”的关联字段“书号”，拖到“顾客表”的关联字段“书号”位置上，打开“编辑关系”对话框，如图 6-23 所示。

在“编辑关系”对话框中，选中“实施参照完整性”复选框，再单击“创建”按钮，创建两个表间的关联，如图 6-24 所示。

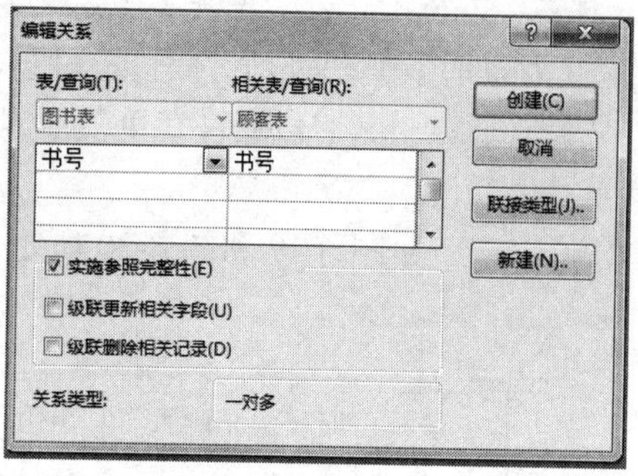

图 6-23 “编辑关系”对话框

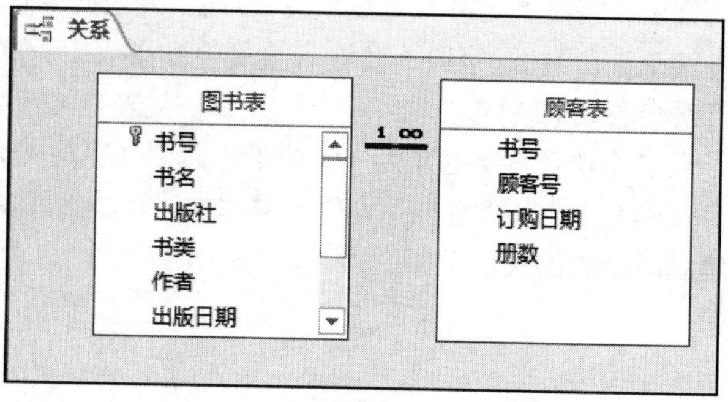

图 6-24 数据库表间的关联关系

⑤ 关闭“关系”窗口，保存数据库，结束数据库表间关联关系的建立。

两个表建立了关联关系后，子表“顾客表”的记录指针会随着父表“图书表”的记录指针移动，在浏览父表的记录时，可以同时浏览子表的记录。

例 6-2 同时浏览例 6-1 中的父表“图书表”和子表“顾客表”。

操作步骤如下：

① 打开“图书管理”数据库。

② 在“导航窗格”中选择“图书表”，双击“图书表”打开“图书表”的“数据表视图”窗口。

在“数据表视图”窗口中，单击“+”或“-”按钮，可以打开或关闭“子”表，如图 6-25 所示。

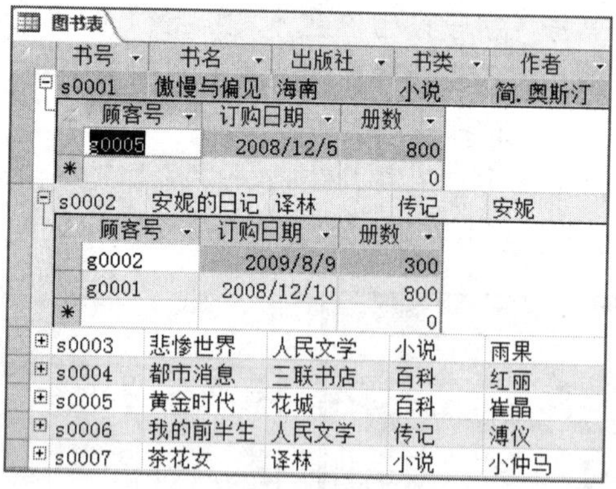

图 6-25 同时浏览父表和子表

6.3.4 创建查询

查询是在指定的（一个或多个）表中，根据给定的条件从表中筛选所需要的数据，供使用者查看、更改和分析。查询最主要的目的是根据指定的条件对表或者其他查询进行检索，筛选出符合条件的记录，构成一个新的数据集合，从而方便对数据表进行查看和分析。可以使用查询解答简单问题、执行计算、合并不同表中的数据，甚至添加、更改或删除表中的数据。

Access 2016 提供了“查询向导”和“查询设计”两种创建查询的方法。

1．创建选择查询

选择查询是根据给定的条件，从一个或多个数据源中获取数据并显示结果，也可以利用查询条件对记录进行分组，并进行求和、计数、求平均值等运算。

使用“查询设计”创建选择查询的操作步骤如下：

（1）打开数据库，选择“创建”选项卡，单击查询组中的“查询设计”按钮，打开“显示表”对话框，如图 6-21 所示，选择“图书表”单击“添加”按钮，关闭“显示表”窗口，进入“查询”设计窗口，如图 6-26 所示。

（2）设置查询：在如图 6-26 所示的“查询”设计窗口中，多次打开“字段”下拉列表，选择所需要的字段，或者将数据源中的字段字节拖到字段列表框内；打开“排序”下拉列表，指定由某一字段值决定查询结果的顺序；选中“显示”复选框，可以指定被选择的字段是否在查询结果中显示，若不选择某字段对应的“显示”复选框，当打开查询时，在查询结果中不显示该字段；在“条件”文本框中输入查询条件，或按 Ctrl+F2 组合键打开表达式生成器，在表达式生成器中输入查询条件，设计完成效果如图 6-27 所示。

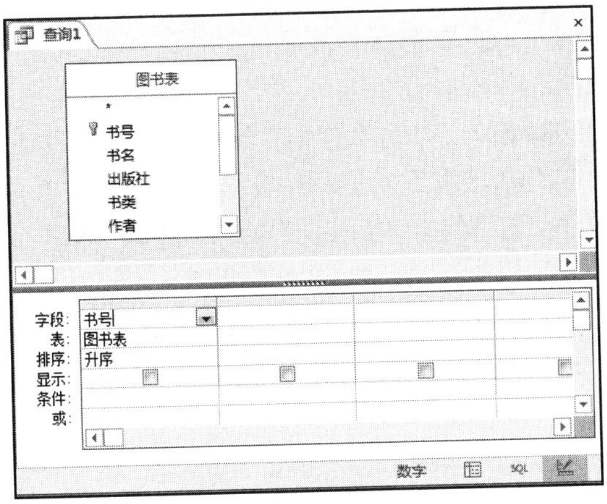

图 6-26　“查询”设计窗口

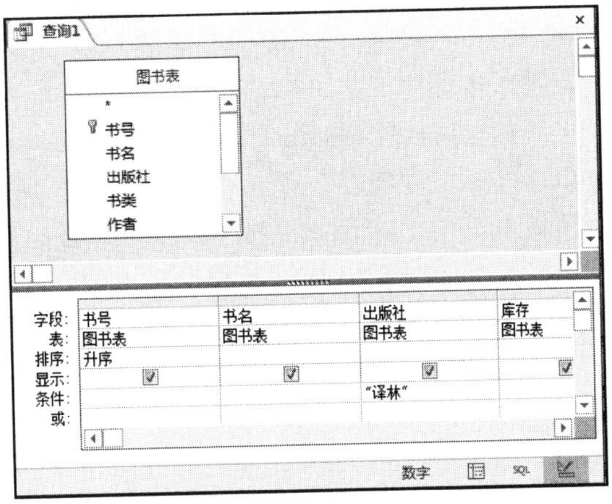

图 6-27　选择所需字段及排序

（3）运行查询：在“查询”设计窗口中，单击“设计”选项卡中的“运行”按钮运行查询，查询结果中只显示满足查询条件的记录数据，运行结果如图 6-28 所示。

（4）关闭“选择查询”窗口，保存查询，在如图 6-29 所示的“另存为”对话框中，输入查询名称，单击“确定”按钮结束查询的创建。

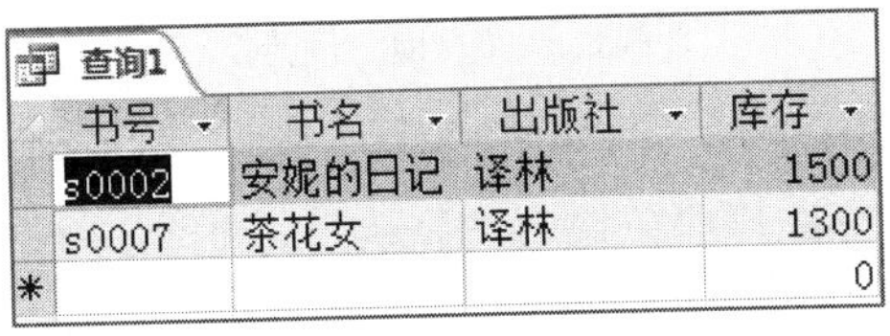

图 6-28　查询结果

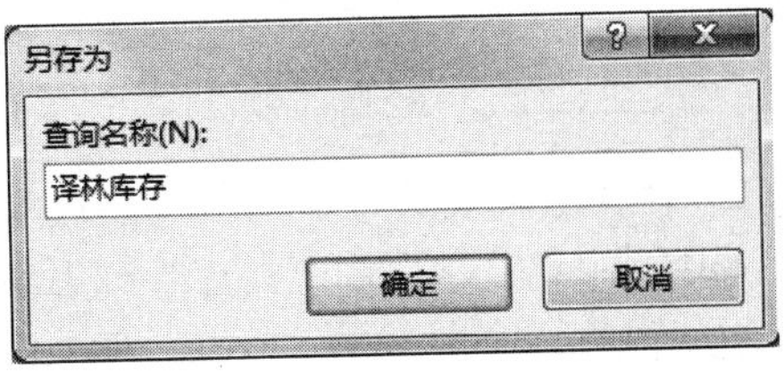

图 6-29　“另存为”对话框

（5）打开表，如图 6-30 所示，比较图中的数据和图 6-28 所示查询结果数据，可以发现在查询中，只显示了满足查询条件的记录数据。

书号	书名	出版社	书类	作者	出版日期	库存
s0001	傲慢与偏见	海南	小说	简.奥斯汀	2009/2/4	2300
s0002	安妮的日记	译林	传记	安妮	2008/5/8	1500
s0003	悲惨世界	人民文学	小说	雨果	2007/8/9	1200
s0004	都市消息	三联书店	百科	红丽	2007/10/12	1000
s0005	黄金时代	花城	百科	崔晶	2009/5/25	800
s0006	我的前半生	人民文学	传记	溥仪	1995/8/9	850
s0007	茶花女	译林	小说	小仲马	1998/10/21	1300

图 6-30　图书表

2. 创建参数查询

参数查询就是将选择查询中的字段条件，用一个带有参数的条件替换，其参数值在创建查询时不需要定义，当运行查询时再定义，系统根据运行查询时给定的参数值进行查询。

参数查询是一个特殊的选择查询，利用参数查询，通过输入不同的参数值，可以在同一个查询中获得不同的查询结果。参数的随机性使参数查询具有较大的灵活性，因此，参数查询常常作为窗体、报表、数据访问页的数据源。

例 6-3　在“图书管理”数据库中创建查询，从“图书表”和“销售表”中查询出某种图书的订购情况，要求在查询运行后输入要查询的图书名称，在查询结果中显示该图书对应的“书号”“书名”“顾客号”“册数”字段，以“参数查询”为查询名保存查询。

操作步骤如下：

（1）打开“图书管理”数据库，选择“创建”选项卡，单击“查询”组中的“查询设计”按钮，打开“显示表”对话框，如图 6-31 所示，在“显示表”对话框中，选择“图书表”和“销售表”，单击“添加”按钮添加到“查询设计”窗口，关闭“显示表”窗口，进入“查询”设计窗口，如图 6-32 所示。

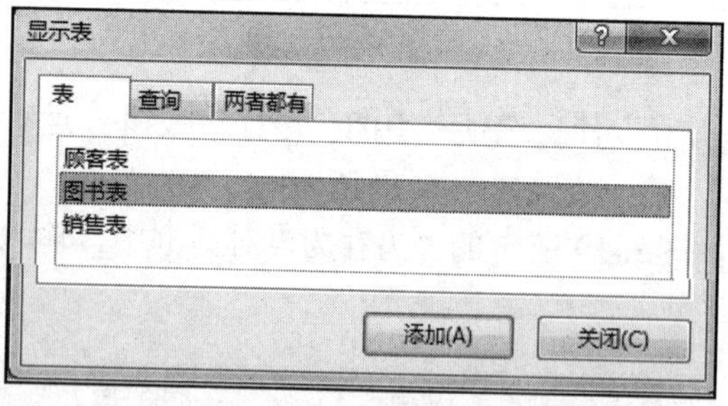

图 6-31　“显示表”对话框

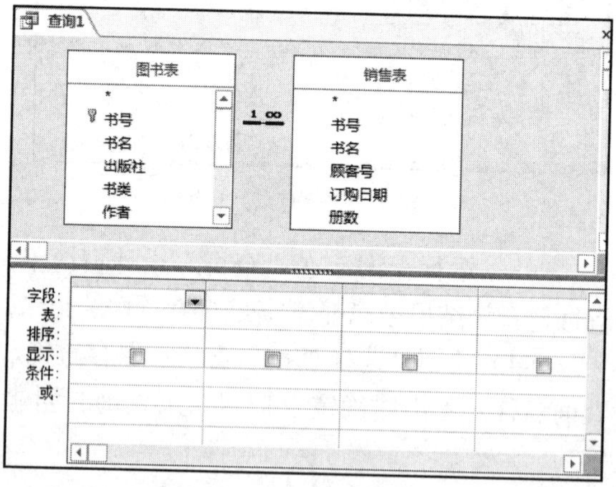

图 6-32　“查询”设计窗口

（2）在“查询设计”窗口的“字段”列表框中选择“书号”“书名”“顾客号”“册数”字段，选中“书名”字段的“排序”列表框，选择降序排序，选中“显示”复选框，操作结果如图 6-33 所示。

（3）选择“设计”选项卡，单击“显示/隐藏”组的“参数”按钮，打开“查询参数”对话框。在“查询参数”对话框中输入参数名称，确定参数类型，如图 6-34 所示。单击“确定”按钮关闭对话框，返回“查询设计”窗口。

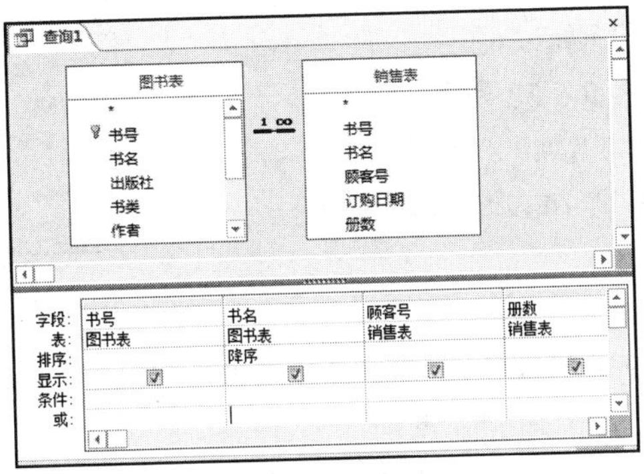

图 6-33 查询的设置

图 6-34 “查询参数”对话框

（4）打开“表达式生成器”对话框，确定字段条件，参数可视为条件中的一个变量，如图 6-35 所示（注意：参数“图书名称”必须加[ ]括号），单击“确定”按钮，关闭该对话框。

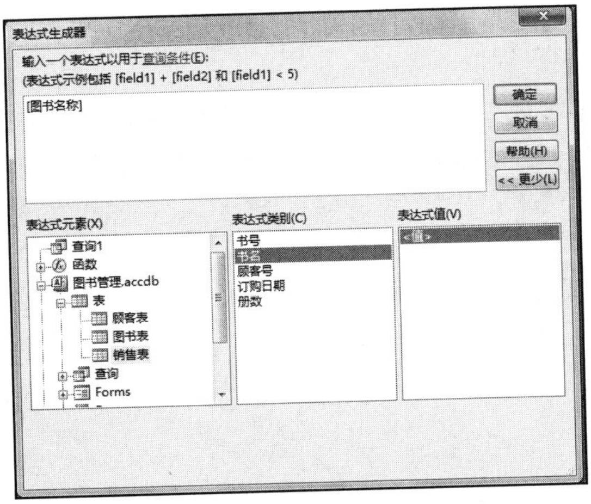

图 6-35 “表达式生成器”对话框

（5）在“查询设计”窗口中，单击“设计”选项卡中的“运行”按钮运行查询，在“输入参数值”对话框中输入要查询的书名，单击“确定”按钮，如图 6-36 所示，在“查询设计”窗口中显示出查询结果，如图 6-37 所示。

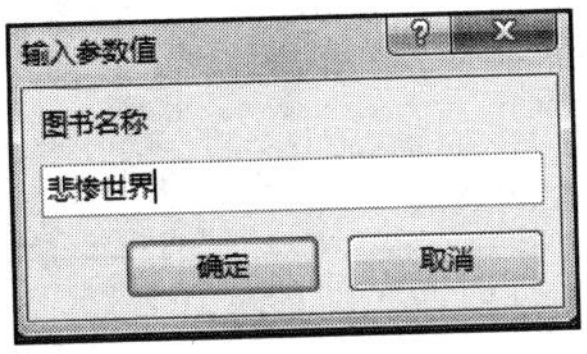

图 6-36 输入参数参数

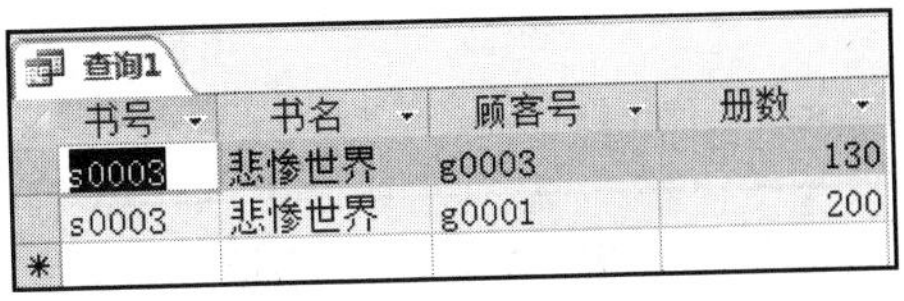

图 6-37 查询结果

（6）关闭“查询设计”窗口，在弹出的“另存为”对话框中输入查询的名称，如6-38所示。

若要查询其他图书的订购情况，可再次打开查询，重新输入查询参数。由此可见，参数查询的查询结果具有灵活性。

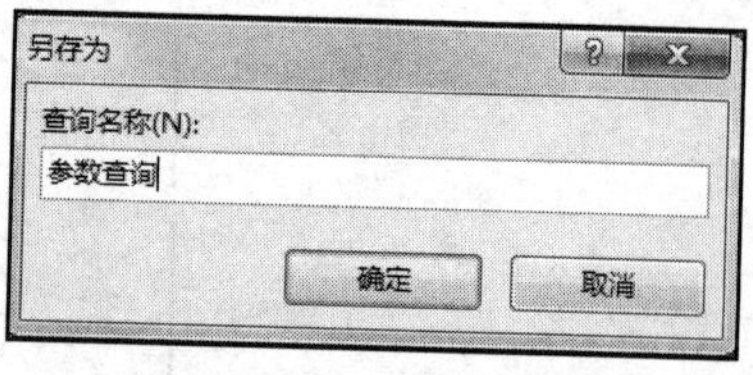

图6-38　保存查询

3. 创建动作查询

在对表中的记录及字段进行修改时，可以使用动作查询。动作查询包括生成表查询、更新查询、追加查询、新字段查询和删除查询。

使用生成表查询，可以利用数据库中现有的表、查询创建新表，实现数据的重新组合。生成查询的运行结果以表的形式存储，按照查询条件生成一个新表。

当数据表中的数据需要大量修改时，若用手工的方法修改，效率低且准确性差。利用更新查询可以快速准确地完成对大批量数据的修改。

在数据库操作中，若两个表的结构相同，即两个表有相同的字段和属性，可以用追加查询，将一个数据表的记录添加到另一个数据表中。

利用创建新字段查询，可以给查询增加新字段，可以用已知字段计算出来的数据，就不用在建立表时创建它们。可使用创建新字段查询达到数据输入的目的，大大减少了数据输入的工作量。

在数据库操作中，为了保证表中数据的有效性和有用性，需要清除一些“无用”的数据。利用删除查询，可以删除满足某一特定条件的记录或记录集，减少操作误差，提高数据的删除效率。

例 6-4　根据“图书管理”数据库中的“图书表”，利用生成表查询，创建一个新表，在新表中只包含“书号”“书名”“书类”“库存”字段及“书类”为“传记”的记录，新表名称为“传记类图书”。

操作步骤如下：

（1）打开“图书管理”数据库，创建一个查询，如图6-39所示。

（2）在“设计”选项卡中，单击“查询类型”组中的“生成表”按钮，打开“生成表”对话框。在“生成表”对话框中定义新表名“传记类图书”，选择保存新表的数据库，如图6-40所示。

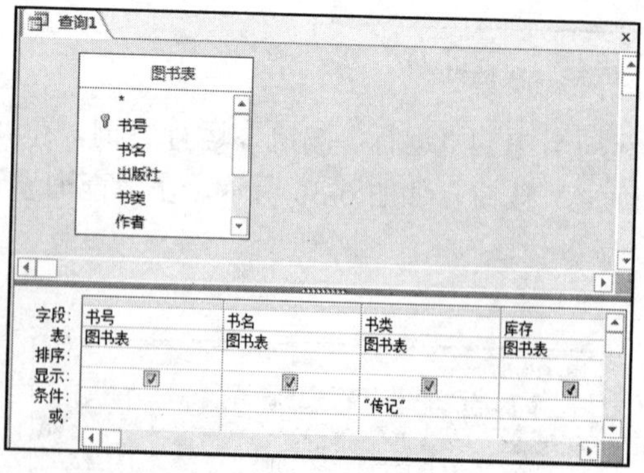

图6-39　“查询设计”窗口

图6-40　“生成表”对话框

单击“生成表”对话框中的“确定”按钮，返回“查询设计”窗口。

（3）在“查询设计”窗口中，单击“设计”选项卡中的“运行”按钮运行查询，新表创建完成。打开新创建的表“传记类图书”，如图 6-41 所示。

书号	书名	书类	库存
s0002	安妮的日记	传记	1500
s0006	我的前半生	传记	850

图 6-41　传记类图书

（4）打开源表“图书表”，比较新表“传记类图书”和源表“图书表”的记录内容，在生成的“传记类图书”表中，只包含源表“图书表”中的传记类图书的记录。

例 6-5　利用更新查询，修改“图书管理”数据库中的“图书表”，将表中所有“出版社”为“译林”的记录改为“外文”。

操作步骤如下：

（1）打开“图书管理”数据库，创建一个查询，在字段中必须含有要更新的字段（“出版社”字段），如图 6-42 所示。

（2）在“设计”选项卡中，单击“查询类型”组中的“更新”按钮，在“查询设计”窗口，增加了一个“更新到”列表行。

在对应字段的“更新到”行中输入更新数据“外文”，在“条件”行中输入更新限制条件“译林”，如图 6-43 所示。

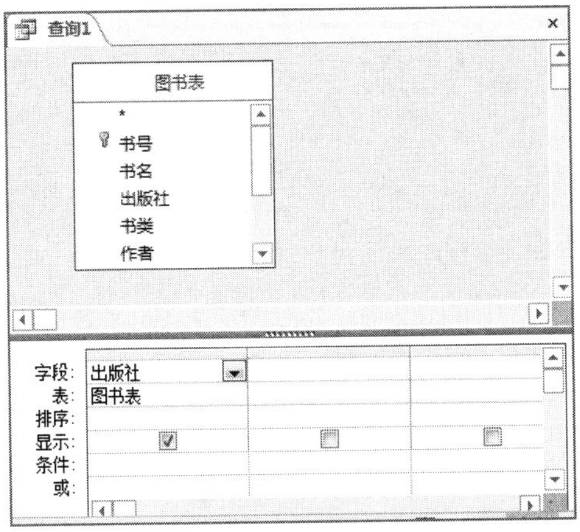

图 6-42　“查询设计”窗口

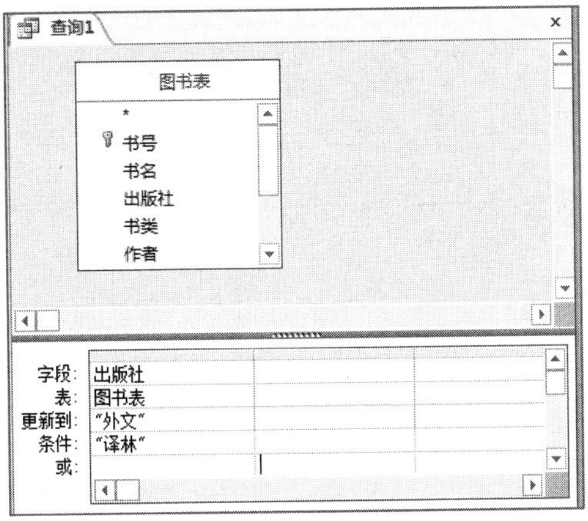

图 6-43　更新“查询设计”窗口

（3）运行查询，“图书表”中的数据则被更新。打开“图书表”浏览，其“出版社”为“译林”的记录均被修改为“外文”，如图 6-44 所示。

书号	书名	出版社	书类	作者	出版日期	库存	单价	备注
s0001	傲慢与偏见	海南	小说	简.奥斯汀	2009/2/4	2300	23.5	已预订300册
s0002	安妮的日记	外文	传记	安妮	2008/5/8	1500	18.5	
s0003	悲惨世界	人民文学	小说	雨果	2007/8/9	1200	30	
s0004	都市消息	三联书店	百科	红丽	2007/10/12	1000	20	
s0005	黄金时代	花城	百科	崔晶	2009/5/25	800	15	
s0006	我的前半生	人民文学	传记	溥仪	1995/8/9	850	9	
s0007	茶花女	外文	小说	小仲马	1998/10/21	1300	35	
						0	0	

图 6-44　修改后“图书表”的记录

例 6-6 在“图书管理”数据库中，表“图书 1”和表“图书表”具有相同的字段和属性，即结构相同，如图 6-45 所示，利用追加查询，将表“图书 1”的记录添加到“图书表”中。

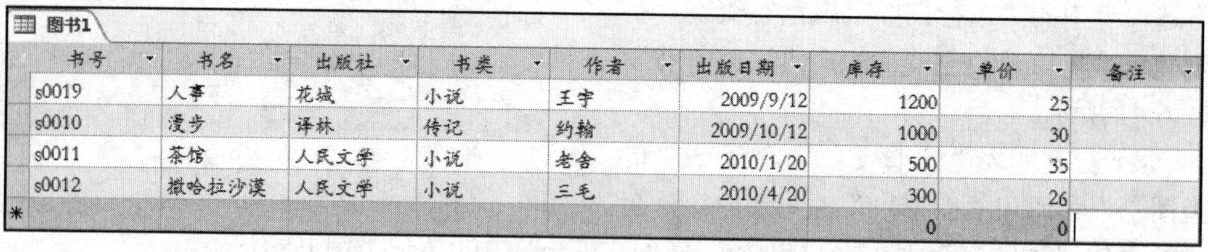

书号	书名	出版社	书类	作者	出版日期	库存	单价	备注
s0019	人事	花城	小说	王宇	2009/9/12	1200	25	
s0010	漫步	译林	传记	约翰	2009/10/12	1000	30	
s0011	茶馆	人民文学	小说	老舍	2010/1/20	500	35	
s0012	撒哈拉沙漠	人民文学	小说	三毛	2010/4/20	300	26	
*						0	0	

图 6-45 表“图书 1”

操作步骤如下：

（1）打开“图书管理”数据库，根据表“图书 1”创建一个查询，如图 6-46 所示。

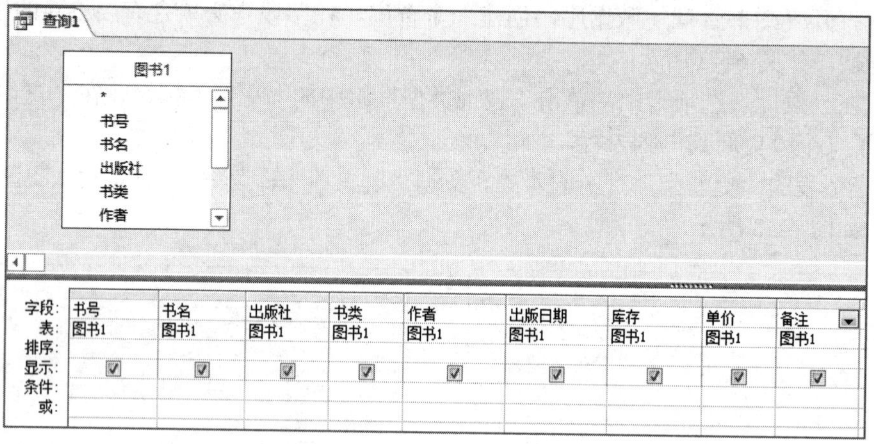

图 6-46 “查询设计”窗口

（2）在“设计”选项卡中，单击“查询类型”组中的“追加”按钮，打开“追加”对话框，在“追加”对话框表名称下拉列表中，选择“图书表”，如图 6-47 所示，单击“确定”按钮，关闭“追加”对话框。

图 6-47 “追加”对话框

（3）在“查询设计”窗口中，增加了一个“追加到”列表行，该行显示与字段行对应的字段名，如图 6-48 所示。

（4）运行查询，“图书表”中增加了 4 条记录，如图 6-49 所示。

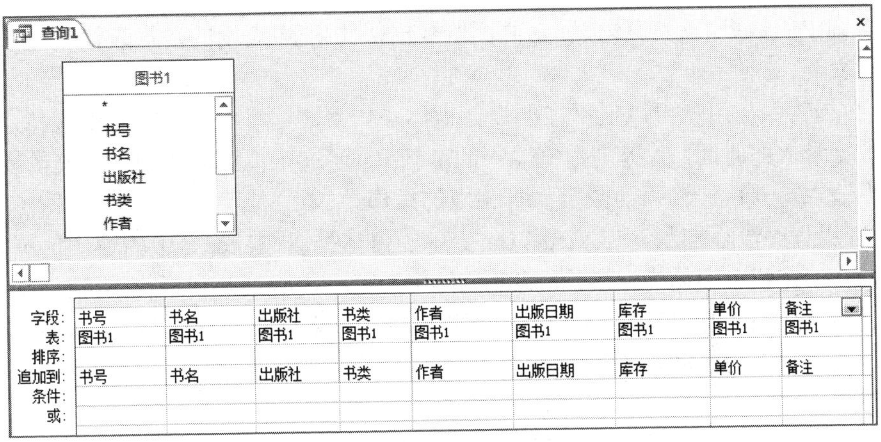

图 6-48　“追加查询”设计窗口

图书表

书号	书名	出版社	书类	作者	出版日期	库存	单价	备注
s0001	傲慢与偏见	海南	小说	简.奥斯汀	2009/2/4	2300	23.5	已预订300册
s0002	安妮的日记	外文	传记	安妮	2008/5/8	1500	18.5	
s0003	悲惨世界	人民文学	小说	雨果	2007/8/9	1200	30	
s0004	都市消息	三联书店	百科	红丽	2007/10/12	1000	20	
s0005	黄金时代	花城	百科	崔晶	2009/5/25	800	15	
s0006	我的前半生	人民文学	传记	溥仪	1995/8/9	850	9	
s0007	茶花女	外文	小说	小仲马	1998/10/21	1300	35	
s0010	漫步	译林	传记	约翰	2009/10/12	1000	30	
s0011	茶馆	人民文学	小说	老舍	2010/1/20	500	35	
s0012	撒哈拉沙漠	人民文学	小说	三毛	2010/4/20	300	26	
s0019	人事	花城	小说	王宇	2009/9/12	1200	25	
*						0	0	

图 6-49　追加记录后的“图书表”

6.4　窗体和报表

窗体是 Access 数据库的重要组成部分，是用户与应用程序之间的主要操作接口。数据的使用与维护大多都是通过窗体来完成的，通过窗体用户可以对数据库中的相关数据进行显示、添加、删除、修改，以及设置数据的属性等各种操作。

报表是 Access 数据库的对象之一，报表可以按用户的要求组织数据，以不同的输出形式将数据库中的数据和文档通过屏幕或打印机输出。

在创建报表的过程中，可以控制数据输出的内容、输出对象的显示或打印格式，还可以在报表制作的过程中，对数据进行统计计算。

6.4.1　窗体的相关概念

1. 窗体的功能

Access 2016 利用窗体，将数据库组织起来，构成一个完整的应用系统。

窗体具有以下几种功能。

（1）数据的显示与编辑：窗体的最基本功能就是显示与编辑数据，可以显示来自多个数据表或者查询中的数据。用窗体来显示并浏览数据，比用表/查询的数据表格式显示数据更加赏心悦目和直观。

（2）数据输入：用户可以根据需要设计窗体，作为数据库中数据输入的接口，这种方式可以节省数据录入的时间，并提高数据输入的准确度。通过窗体可以创建自定义的窗口来接受用户的数据输入，并根据输入的数据执行相应的操作。

（3）应用程序流程控制：与 Visual Basic 中的窗体类似，Access 中的窗体也可以与函数、子程序相结合。在每个窗体中，用户可以使用 VBA 编写代码，并利用代码执行相应的功能。

（4）信息显示和数据打印：在窗体中可以显示一些警告或解释的信息。此外，窗体也可以用来打印数据库中的数据。

2. 窗体的类型

大多数窗体是由表和查询作为基础数据源而创建的。窗体有多种分类方法，按功能窗体可分成数据操作窗体、控制窗体、信息显示窗体以及信息交互窗体。

（1）数据操作窗体：主要用来对表或查询进行显示、浏览、输入以及修改等操作。数据操作窗体根据数据组织和表现形式的不同，又分为单窗体、数据表窗体、分割窗体、多项目窗体、数据透视表窗体和数据透视图窗体。

（2）控制窗体：主要用来操作、控制程序的运行，它是通过选项卡、按钮、选项按钮等控件对象，响应用户的请求。

（3）信息显示窗体：主要用来显示信息，以数值或者图表的形式显示信息。根据数据记录的显示方式，窗体还可以再详细地分为多种类型，常见的有纵栏窗体、表格式窗体、数据表窗体、主/子窗体、图表窗体、数据透视表窗体和数据透视图窗体。

（4）信息交互窗体：可以是用户定义的，也可以是系统自动产生的。由用户定义的各种交互窗体可以接收用户输入、显示系统运行结果等；由系统自动产生的信息交互窗体通常用于显示各种警告、提示信息等。

6.4.2 创建窗体

Access 2016 中提供了多种创建窗体和显示窗体的方法。

1. 创建窗体的方法

Access 2016 中提供了多种创建窗体的方法，在功能区“创建”选项卡的“窗体”组中，提供了多种创建窗体的功能按钮，其中包括“窗体”“窗体设计”和“空白窗体”3 个主要按钮，以及“窗体向导”“导航”和“其他窗体”3 个辅助按钮，如图 6-50 所示。

图 6-50 “窗体”组的按钮

“窗体”组中各按钮的功能如下：

（1）窗体：单击该按钮，可以利用当前打开或选定的数据源，自动创建窗体。

（2）窗体设计：单击该按钮进入窗体的“设计视图”，可以用添加“控件”的方法创建窗体。

（3）空白窗体：单击该按钮快捷地创建一个空白窗体，在这个窗体上能够直接从字段列表中，添加绑定型控件。

（4）窗体向导：利用窗体向导，可以创建基于一个或多个数据源的不同布局的窗体。

（5）导航：用于创建具有导航按钮的窗体，也称为导航窗体。

（6）其他窗体：可以创建特定窗体，包含“多个项目”窗体、“数据表”窗体、“分割”窗体、“模式对话框”窗体。

用户既可以用“窗体”“窗体向导”等快速创建窗体的工具创建窗体，也可以用“设计视图”创建窗体。使用“自动窗体”或“窗体向导”创建窗体，只能满足一般的显示和简单的功能要求，而应用程序的功能要求是复杂的、多样的，若要满足应用程序的不同需求，需使用“设计视图”创建窗体。使用“设计视图”可以直接创建窗体，也可以对已有的窗体进行修改，从而设计出个性化的、美观的窗体。

使用“窗体”或“窗体向导”创建窗体，其窗体控件是自动添加到窗体上的，而使用“设计视图”创建窗体，用户需根据窗体的需要自己添加窗体控件。

2. 使用“设计视图”创建窗体

使用“设计视图”创建窗体，可以按照下列步骤操作：

（1）打开窗体“设计视图”。

打开数据库，单击“创建”选项卡中的“窗体设计”按钮，打开窗体设计视图，如图 6-51 所示，窗体是空白的，没有任何控件。

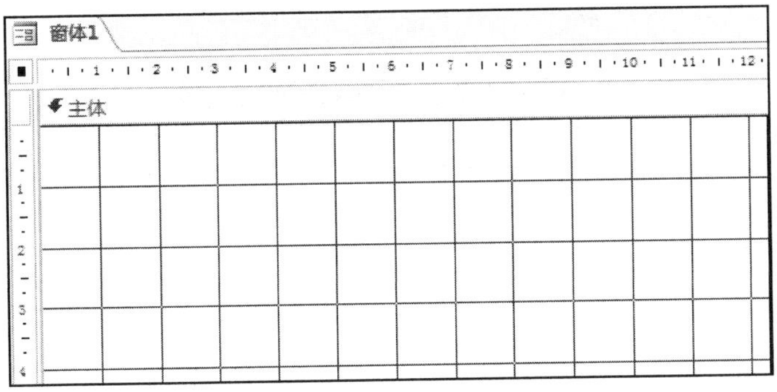

图 6-51　窗体“设计视图”（空白窗体）

（2）为窗体设定记录源。

如果创建的窗体用作切换面板或自定义对话框，不必设定记录源。如果创建的窗体用来显示或输入数据表的数据，必须为窗体设定记录源。窗体的数据源主要是表和查询。

可以用属性窗口为窗体设定记录源。若窗体“设计视图”已经打开，单击“设计”选项卡中的“属性表”按钮，打开“窗体”属性对话框，在对话框中，选择“数据”选项卡，选择“记录源”，单击“记录源”右侧的下拉按钮，在下拉列表中，选择窗体的数据源，如图 6-52 所示。

（3）在窗体上添加字段。

当窗体设定了记录源，便可以在窗体上显示表或查询中的字段值。若需要在窗体上显示表或查询中某些字段的字段值，需要将该字段添加到窗体上。添加字段有两种方法，可以从“字段列表”栏中选中字段拖拽到窗体，也可以用添加窗体控件，修改控件的属性的方法添加。

从“字段列表”栏中添加字段到窗体的操作步骤：

① 单击“设计”选项卡中的“添加现有字段”按钮，在窗口右侧弹出“字段列表”栏，如图 6-53 所示。

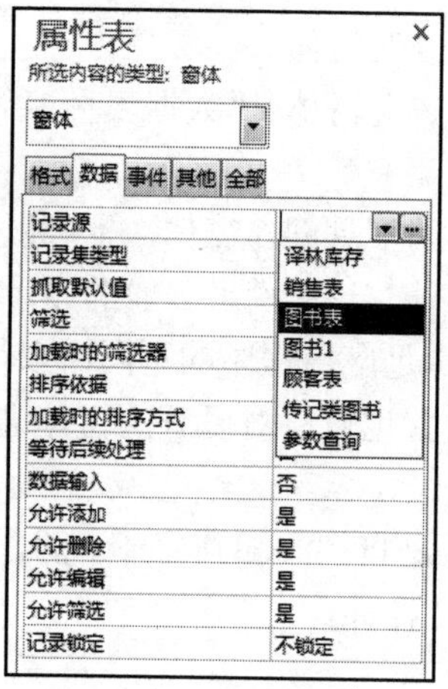

图 6-52　设置记录源

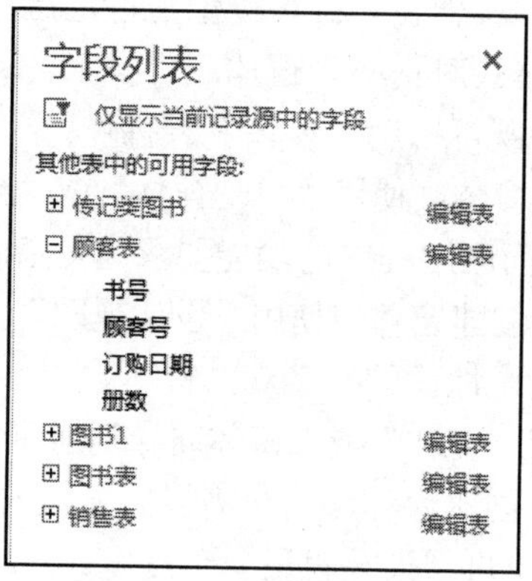

图 6-53　字段列表栏

② 在“字段列表”栏中选中所需要的字段，拖放到窗体上，系统会根据字段的数据类型自动创建相应类型的控件。

结果如图 6-54 所示。从图中可看出，每个字段都对应着相应的控件，且控件的属性已设置。

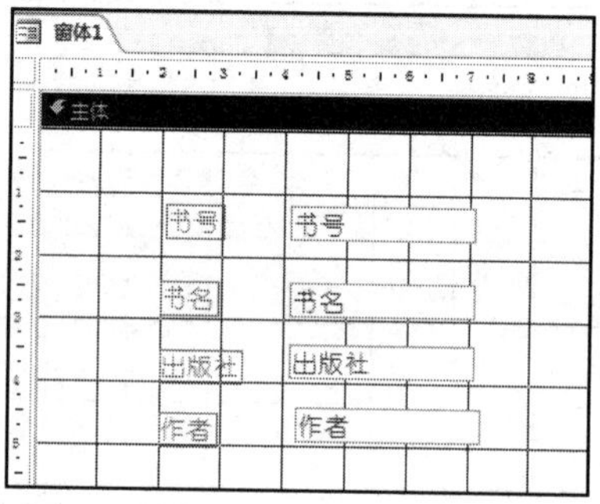

图 6-54　添加了字段的窗体

用添加窗体控件修改控件属性的方法来显示字段值，其操作步骤如下：

① 添加控件：在“设计”选项卡的“控件”组中，选择需要添加的控件，将控件添加到窗体上。

② 绑定字段：通过“属性表”窗口，如图 6-52 所示，将需显示的字段绑定在该控件上。具体操作方法，与为窗体设置数据源的过程相同。

（4）添加控件。

控件是放置在窗体中的图形对象，主要用于输入数据、显示数据、执行操作及修饰窗体。常用的窗体控件有 24 种，常用控件的名称和主要功能如表 6-3 所示。

表 6-3　常用控件的名称和主要功能

控件按钮	名称	主要功能
	选择	选择节、窗体、控件、移动控件及改变尺寸
ab|	标签	显示说明性文本的控件，如窗体上的标题或指示文字
Aa	文本框	输入、显示、编辑数据源数据，显示结果或接受用户输入

续表

控件按钮	名称	主要功能
	按钮	执行某些操作
	选项卡	创建一个多页选项卡窗体或多页选项卡对话框
	超链接	创建指向网页、图片、电子邮件地址或程序的链接
	导航控件	用于创建导航窗体
	选项组	与复选框、选项按钮或切换按钮配合使用，可以显示一组选项
	插入分页	在窗体上开始新的一页
	组合框	可以看成是列表框和文本框的组合，既可以在文本框中输入，也可以在列表框中选择输入项
	图表	用于创建图表窗体
	直线	画直线，装饰窗体，或划分窗体的显示区域
	切换按钮	绑定“是/否”字段，或与选项组配合使用
	列表框	显示可以滚动的数据列表，供用户选择需输入的数据
	矩形	画矩形，装饰窗体，或划分窗体的显示区域
	复选框	绑定“是/否”字段，或与选项组配合使用
	未绑定对象框	用来显示表中存储的图片、图表或任何 OLE 对象
	附件	用于绑定附件数据类型的字段
	选项按钮	绑定“是/否”字段，或与选项组配合使用
	子窗体/子报表	用于在窗体或报表中显示来自多个标的数据
	绑定对象框	可显示没有存储于表中的图片、图表或任一 OLE 对象
	图像	在窗体或报表中显示静态图片

① 添加控件到窗体。

在打开窗体“设计视图”的同时会在“设计”选项卡中出现“控件”组，如图 6-55 所示。选中“设计”选项卡中所需的控件，将鼠标移到窗体上，拖放鼠标即可。

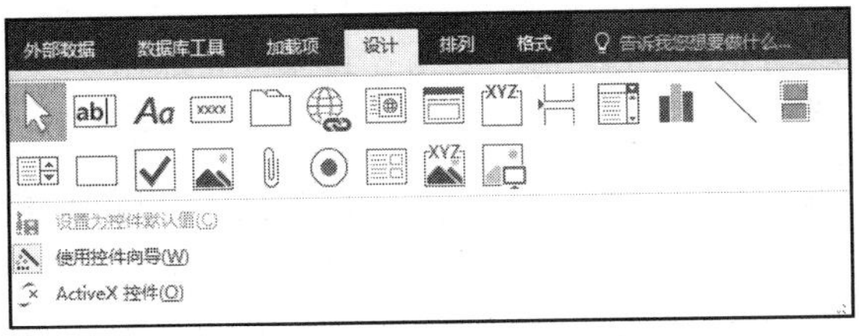

图 6-55　“控件”组

② 调整控件位置。

调整控件到窗体的合适位置，包括选定控件、移动控件、调整控件大小、对齐控件、修改控件间隔等，使窗体控件的摆放美观，且符合操作习惯。

（5）设置窗体和控件的属性。

在图 6-52 所示的“属性表”对话框中，可以对窗体、节和控件的属性进行设置，以更改特定项目的外观和行为。

窗体的控件“属性表”分为“格式”“数据”“事件”“其他”4 个类别，分别对应“属性表”对话框中的 4 个同名选项卡，其中“全部”类别选项卡，集中了“格式”“数据”“事件”“其他”4 个类别的所有属性。

格式属性：格式属性用来设置对象的外观，如控件的高度、宽度、字体、字号、位置等。

数据属性：用来指定窗体的数据源，指定筛选、排序的字段等。

事件属性：为控件对象事件，指定宏命令和编写事件过程代码等。

其他属性：设置弹出方式、循环方式等。

（6）切换视图。

在窗体设计视图下，选择“设计”选项卡，单击“视图”组的下拉按钮，单击相应的视图按钮，切换窗体视图，或单击“状态栏”右下角的视图切换按钮，切换视图。

Access 2016 为窗体提供了 4 种视图，用户可以根据需要在 4 种视图之间进行切换。

- 设计视图：用于设计窗体的结构、布局和属性，如图 6-56 所示。窗体的“设计视图”由节组成，“窗体页眉”节用来显示窗体的标题，徽章、系统日期、系统时间等，“窗体页脚”节显示用来显示完成控制功能的按钮控件，“主体”节用来显示表的记录。
- 窗体视图：用于测试窗体的设计效果，使用导航按钮可以在记录之间快速切换，如图 6-57 所示。

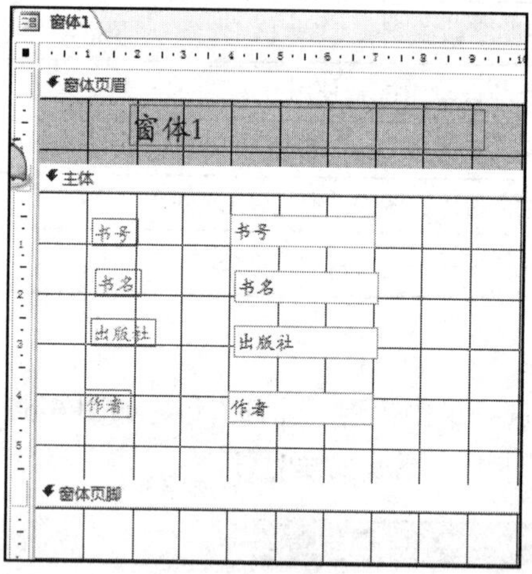

图 6-56　设计视图

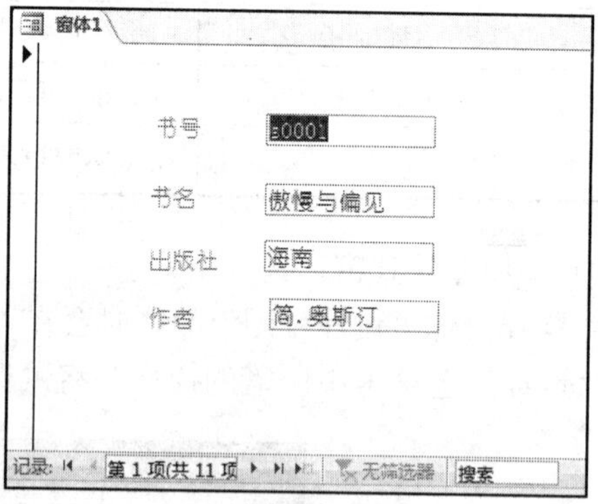

图 6-57　窗体视图

- 数据表视图：可以查看以行与列格式显示的记录，如图 6-58 所示。
- 布局视图：布局视图是修改窗体最直观的视图，在布局视图中可以修改窗体的设计，也可以根据实际数据调整对象的尺寸和位置，还可以向窗体添加新对象，设置对象的属性，如图 6-59 所示。

（7）保存窗体。

在“窗体视图”或“设计视图”下，单击窗体右上角的“关闭”按钮，可以为窗体命名，保存窗体。

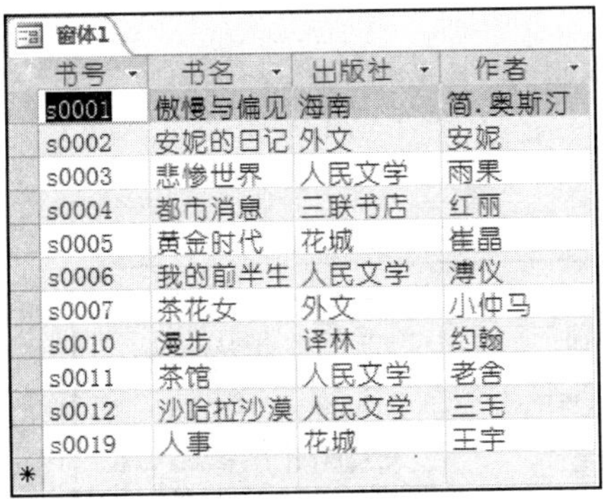

图 6-58　数据表视图

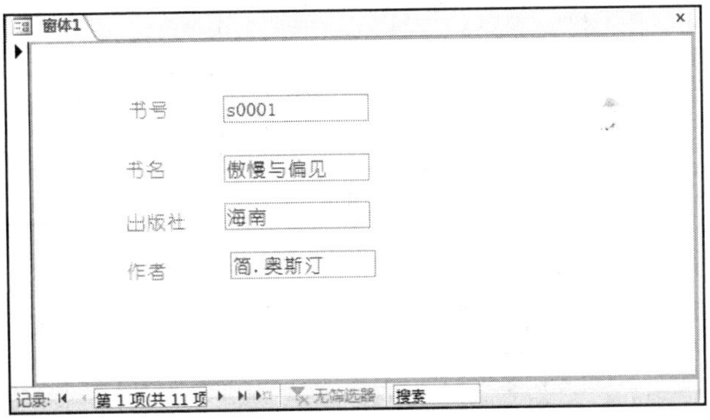

图 6-59　布局视图

3. 窗体设计实例

例 6-7　利用已知的“图书表”设计一个窗体，实现为“图书表”添加新数据的功能，窗体运行效果如图 6-60 所示。

操作步骤如下：

（1）打开窗体“设计视图”。

打开“图书管理”数据库，在“创建”选项卡中，单击 “窗体设计”按钮，打开窗体“设计视图”，如图 6-61 所示。

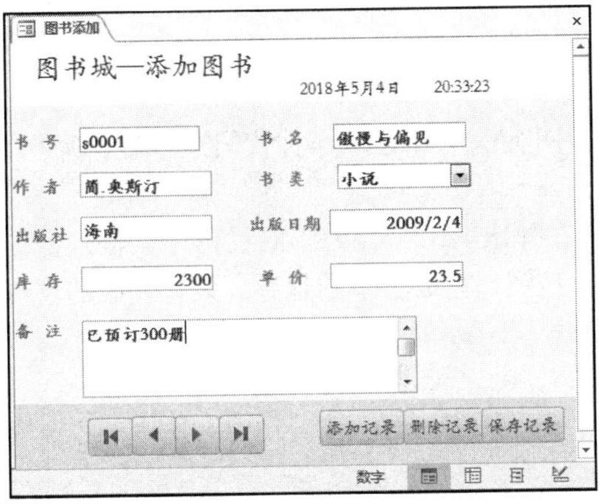

图 6-60　“添加图书”窗体

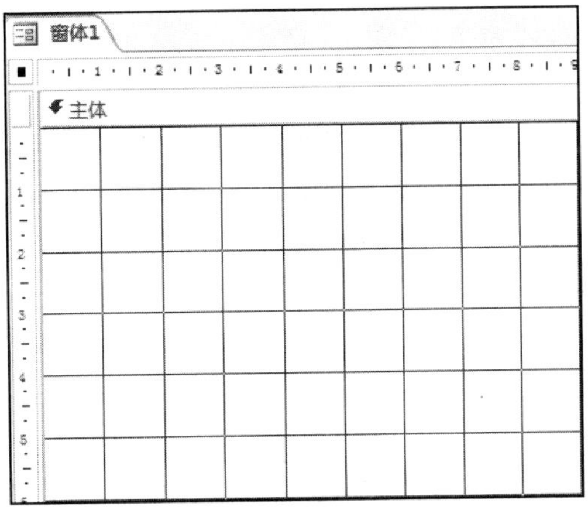

图 6-61　“窗体设计”视图

（2）设置数据源。

在“设计”选项卡中，单击“属性表”，打开“属性表”窗口，选择“属性表”窗口中的“数据”选项卡，单击“记录源”下拉按钮，选择“图书表”设为该窗体的数据源，如图 6-62 所示。

（3）添加窗体中需要显示的字段。

在“设计”选项卡中，单击“添加现有字段”按钮，打开“字段列表”对话框，在“字段列表”中选择所需的字段，逐一拖到窗体的主体中。若需修改窗体主体及控件的属性，可打开图 6-62 所示的“属性表”窗口，选择控件，修改其相应的属性。调整各控件的位置，切换到“窗体视图”，效果如图 6-63 所示。

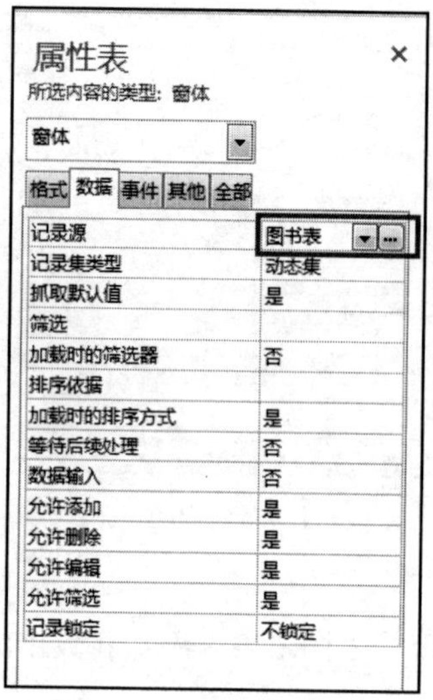

图 6-62　“属性表”窗口

图 6-63　添加字段

（4）添加页眉页脚。

在“设计”选项卡中，单击“页眉页脚”组中的“标题”按钮，在“设计视图”窗口中，添加“窗体页眉”和“窗体页脚”节，同时在“窗体页眉”节，自动添加了一个标签，可在标签中输入文字“图书城—添加图书”，并在“属性表”窗口中修改其字体名称、字号等属性。在“设计”选项卡中，单击“页眉页脚”组中的“日期和时间”按钮，在“窗体页眉”节中，添加系统日期和时间，如图 6-64 所示。

在“窗体页脚”节处添加一组命令按钮控件，并定义其属性和事件代码，如图 6-64 所示。

（5）保存窗体。

单击窗体设计窗口的关闭按钮，关闭窗体，在弹出的“另存为”对话框中，输入窗体名称为“图书添加”，如图 6-65 所示，单击“确定”按钮，完成窗体的保存，设计完成的窗体效果如图 6-60 所示。

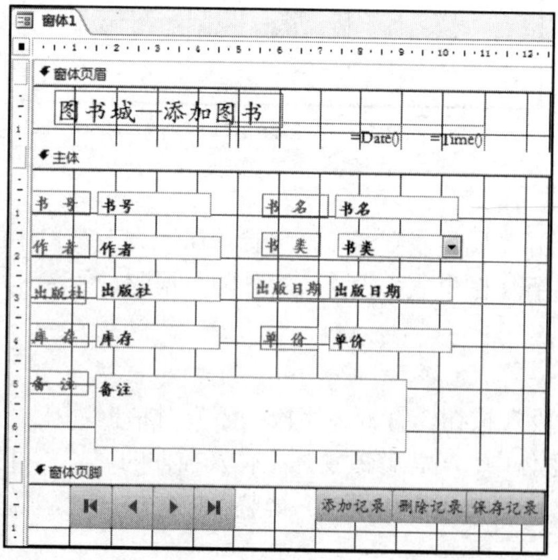

图 6-64　添加窗体页眉/页脚

图 6-65　“另存为”对话框

6.4.3 报表的相关概念

报表是 Access 数据库的对象之一，报表可以按用户需求组织数据，以标签、发票、订单和信封等不同的输出形式输出数据，将数据库中的数据和文档通过屏幕或打印机输出。

在创建报表的过程中，可以控制数据输出的内容、输出对象的显示或打印格式，还可以在报表制作的过程中，对数据进行统计计算。

1. 报表的数据源

报表的数据源与窗体相同，可以是已有的数据表、查询或者新建的 SQL 语句。报表只能查看数据源中的数据，不能编辑数据源数据。

2. 报表视图

Access 2016 报表操作提供了 4 种视图：报表视图、打印预览视图、布局视图和设计视图。

（1）报表视图：用于显示报表，可以对报表中数据进行筛选、查找等操作。

（2）打印预览视图：可以查看报表的输出效果，可以对页面进行设置，设置预览的显示比例，显示报表上的每页数据，查看报表的版面设置。

（3）布局视图：可以在显示数据的情况下，调整报表版式、控件位置。可以根据实际报表数据调整列宽，将列重新排列，添加分组级别和汇总等。报表的布局视图与窗体布局视图的功能和操作方法十分相似。

（4）设计视图：用于设计和修改报表的结构，添加控件和表达式，设置控件的各种属性，美化报表。

报表的 4 种视图可以通过“设计”选项卡“视图”组中的“视图”按钮进行视图切换，如图 6-66 所示。

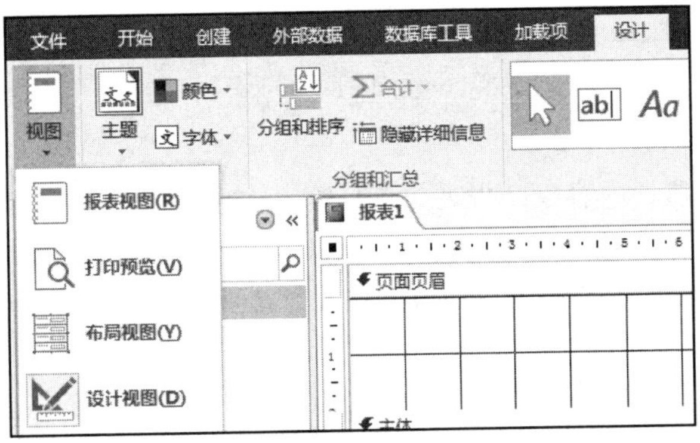

图 6-66 视图切换按钮

3. 报表的类型

报表主要分为 4 种类型：纵栏式报表、表格式报表、图表报表和标签报表。

（1）纵栏式报表：将数据表的记录以垂直方式排列，然后在排列好的字段内显示数据。其主要特点是：一次只显示一个记录的多个字段，字段标题不是在页面页眉节中，而是在主体节中。

（2）表格式报表：以行、列的形式显示记录数据，通常一行显示一条记录、一页显示多条记录，记录数据的字段标题放在页面页眉中。

（3）图表报表：指包含图表显示的报表类型。在报表中使用图表，可以更直观地表示出数据之间的关系。

（4）标签报表：是一种特殊类型的报表。在实际应用中经常会用到标签，如物品标签、客户标签等，利用标签报表可以创建标签。

4. 报表的组成

报表的结构和窗体类似，也是由节组成的。报表由报表页眉/页脚、页面页眉/页脚、组页眉/页脚和主体 7 部分组成，每一个节都有其特定的用途并按照一定的顺序出现在报表中，如图 6-67 所示。新建的报表设计视图窗口只包括页面页眉、页面页脚和主体节，在“设计”选项卡中的“页眉/页脚”组中，单击“标题”按钮，可添加“报表页眉”和”报表页脚”节。在“设计”选项卡中的“分组和汇总”组中，单击“分组和排序”按钮，可添加“组页眉”和”组页脚”节。

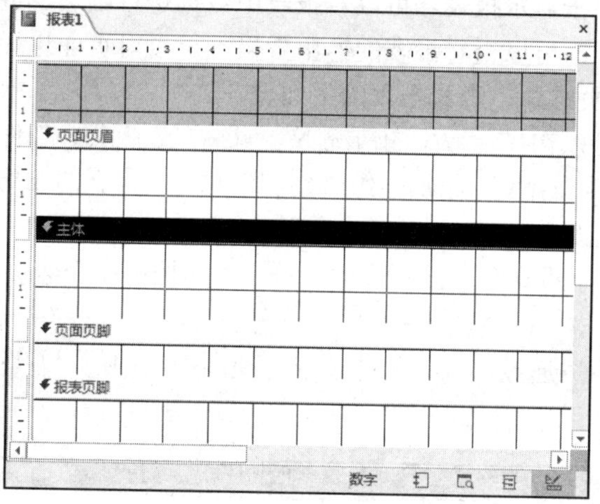

图 6-67 “报表”窗口

报表各节的功能如下：

（1）报表页眉/页脚：内容仅在报表的首页输出。“报表页眉”主要用于打印报表的封面、制作时间、制作单位等只需输出一次的内容，可以包含图形和图片，通常把报表的页眉设置为单独的一页；“报表页脚”主要用来打印数据的统计结果信息，它的内容只在报表的最后一页底部打印出来。

（2）页面页眉/页脚：内容在报表的每页输出。“页面页眉”的内容在报表的每页头部输出，主要用于定义报表输出的每一列的标题，也包含报表的页标题；“页面页脚”主要用来输出报表的页号、制表人、审核人等信息。

（3）主体：是报表的关键内容，是不可缺少的项目。“主体”用于输出表或查询中的记录数据，该节对每个记录而言都是重复的，数据源中要输出的每条记录都放置在主体节中。

（4）组页眉/页脚：内容在报表的每组头部输出，同一组的记录会在主体节中显示。“组页眉”主要用于定义输出报表每一组的标题，“组页脚”主要用来输出每一组的统计计算结果。

6.4.4 创建报表

在 Access 2016 中提供了 5 种创建报表的方法。选择“设计”选项卡中的“报表”组，“报表”组提供的创建报表的按钮，如图 6-68 所示。

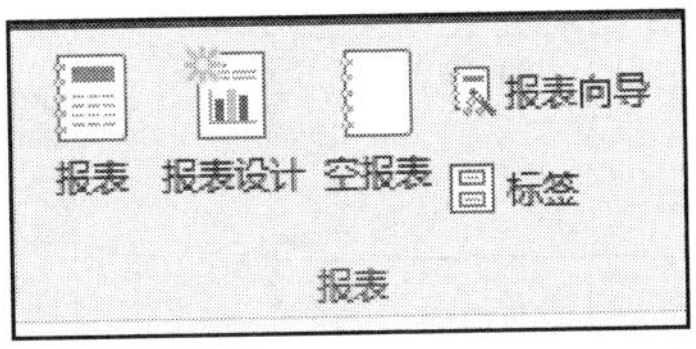

图 6-68　创建报表的按钮

各按钮的功能如下：

（1）报表：利用当前选定的表或查询自动创建一个报表。

（2）空报表：以布局视图的方式创建一个空白报表，将报表中所需显示的字段添加进报表。

（3）报表向导：启动报表向导，用户可按照向导的步骤和提示创建报表。

（4）标签：启动标签向导，对选定的表或查询创建标签、名片等样式的报表。

（5）报表设计：启动报表“设计视图”，在报表设计视图中可以利用添加控件的方法创建报表。

对于较简单的报表可以利用前 4 种方法创建，对于较复杂的报表，可在前 4 种方法创建的基础上，利用报表“设计视图”按照用户的需要修改已有的报表，完成报表的设计。

1. 利用报表“设计视图”创建报表

利用“报表”“报表向导”“空报表”“标签”可以方便地、快速地创建报表，但其创建的报表形式和功能都比较单一，布局也较简单。利用报表“设计视图”，可以依照设计者的个性及需求，设计报表包含的数据来源、报表的布局、报表的样式。

利用报表“设计视图”创建报表一般包含以下过程。

（1）打开数据库，打开报表的“设计视图”。

（2）指定报表的数据源。

（3）添加报表控件。

（4）对报表进行排序和分组。

（5）计算汇总数据。

（6）设置报表和控件外观格式、大小位置、对齐方式等属性。

（7）保存报表。

其中第（3）步到第（5）步可根据问题的具体需要选择。

例 6-8　在“图书管理”数据库中，利用“报表设计视图”创建“图书表”的库存情况报表。

操作步骤如下。

（1）打开数据库。

在“创建”选项卡中，选择“报表”组，单击报表组中的“报表设计”按钮，弹出“报表设计”窗口，如图 6-69 所示。

在新建的报表“设计视图”窗口中，报表分为 3 个部分，即页面页眉、主体和页面页脚，在“设计”选项卡中出现“控件”组，在“控件”组中包含的设计报表所需的基本控件，如图 6-70 所示，报表“控件”组中的各控件的功能及用法，与窗体的“控件”相同。

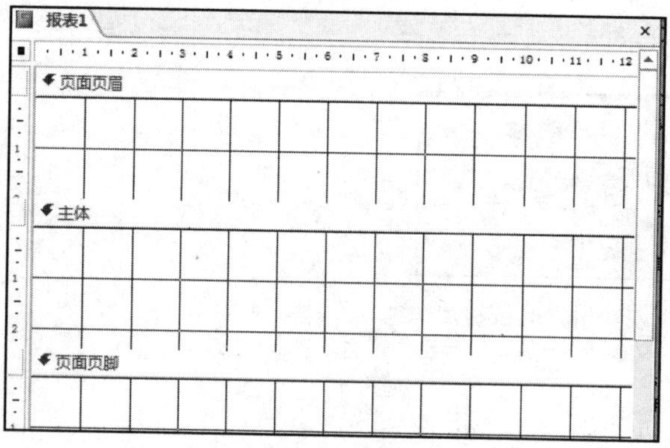

图 6-69　报表“设计视图”窗口

图 6-70　报表控件

（2）指定报表的数据源。

单击“创建”选项卡中的“属性表”按钮，打开“属性表”对话框，选择“数据”选项卡，然后单击“记录源”属性框右侧的下拉按钮，从下拉列表中选择一个表或查询作为新建报表的记录源，这里选择“图书表”，如图 6-71 所示。

上述方法是指定报表数据源最基本的方法，它只能选择来自单个表或查询中的数据。如果要选择来自多个表或查询中的数据，可单击“属性表”对话框中，“数据”选项卡记录源框右侧的“生成器”按钮，利用“查询生成器”把多个表或查询中的数据放到一个动态数据集中。

（3）添加控件。

使用拖动的方法：单击“设计”选项卡中的“添加现有字段”按钮，将选中字段拖至“主体”节，然后删除字段文本框前的附加标签，如图 6-72 所示。

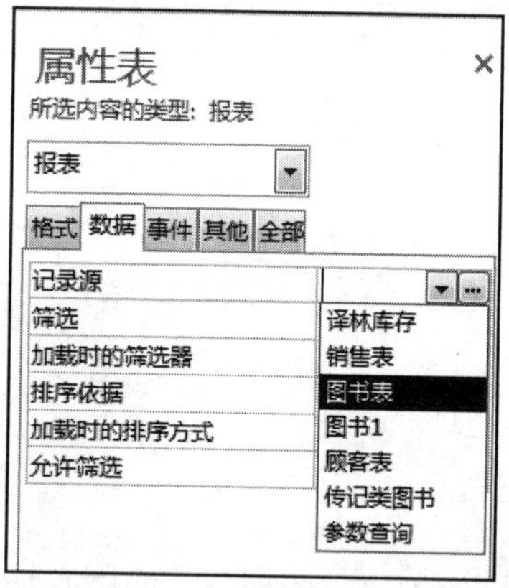

图 6-71　“属性表”对话框

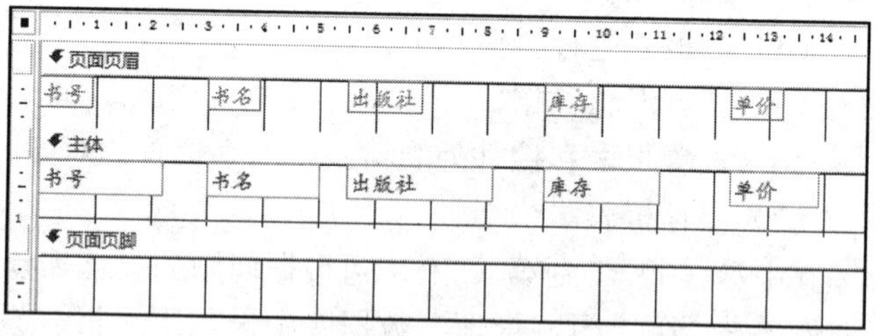

图 6-72　添加控件

使用手动设计方法：选择“控件”组中的“标签”控件，在“页面页眉”中建立报表的列标题；选择“控件”组中的“文本框”控件，在“主体”节中建立相应控件，用来显示报表中的各个字段。主体中的控件顺序应与“页面页眉”中的列标题相对应，效果如图 6-72 所示。

添加报表标题：选择“设计”选项卡，单击“页眉/页脚”组中的“标题”按钮，在报表中添加“报表页眉”和“报表页脚”。在“报表页眉”节中，添加一个标签控件，输入报表标题“图书库存情况”，在“页面页脚”节中添加页号，在“报表页脚”节中添加报表日期和时间（添加 2 个文本框控件，分别将文本框控件的“记录源”属性设置为“Date( )”和“Time( )”），如图 6-73 所示。

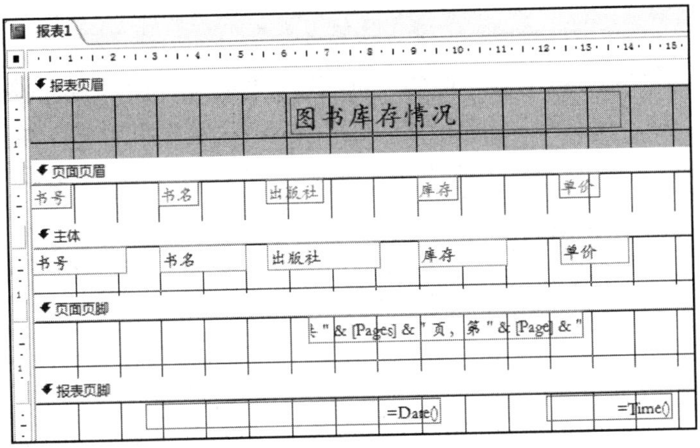

图 6-73　添加“报表页眉/页脚”

（4）保存并预览报表，结束报表的创建，结果如图 6-74 所示。

库存报表

图书库存情况

书号	书名	出版社	库存	单价
s0001	傲慢与偏见	海南	2300	23.5
s0002	安妮的日记	外文	1500	18.5
s0003	悲惨世界	人民文学	1200	30
s0004	都市消息	三联书店	1000	20
s0005	黄金时代	花城	800	15
s0006	我的前半生	人民文学	850	9
s0007	茶花女	外文	1300	35
s0019	人事	花城	1200	25
s0010	漫步	译林	1000	30
s0011	茶馆	人民文学	500	35
s0012	沙哈拉沙漠	人民文学	300	26

2018年5月5日　11:15:25

图 6-74　“图书库存情况”报表

2. 导出报表

在 Access 2016 中，可以将报表导出为 Excel 文件、文本文件、PDF 或 XPS 文件、XML 文档格式、Word 文件、HTML 文档等文件格式。导出的类型如图 6-75 所示。

图 6-75　“外部数据”选项卡的“导出”组

3. 报表的打印

报表可以输出到屏幕，输出到打印机，还可以导出到其他文件格式。

报表打印输出是设计报表的主要目的。为了保证打印出来的报表外观精美、合乎要求，报表打印输出之前，需要设置纸张和页面的格式，预览报表。

（1）页面设置。

页面设置的内容包括设置打印纸、页边距等。

单击“打印预览”功能区选项卡中的“页面设置”按钮，将打开“页面设置”对话框，如图 6-76 所示。该对话框中有 3 个选项卡：“打印选项”“页”和“列”，单击相应的标签即可打开相应的选项卡，设置报表的打印效果。

图 6-76 “页面设置”对话框

（2）打印预览。

预览报表可显示打印报表的页面布局，预览报表与打印出来的效果是完全一致的，可依据预览效果对报表做适当的修改。

在报表的打印预览视图下，可利用“打印预览”选项卡，如图 6-77 所示，对报表进行页面设置。

图 6-77 “打印预览”选项卡

（3）打印报表。

当对报表进行页面设置并预览后，确认报表显示效果无误即可对报表进行打印，在 Access 2016 中，报表的打印可以在打印预览视图中完成，也可以在“文件”选项卡中单击“打印”按钮，以上两种方式，都将打开“打印”对话框，如图 6-78 所示，在“打印”对话框中可以选择打印报表的打印机，打印份数等设置，单击“确定”按钮，进行报表的打印输出。

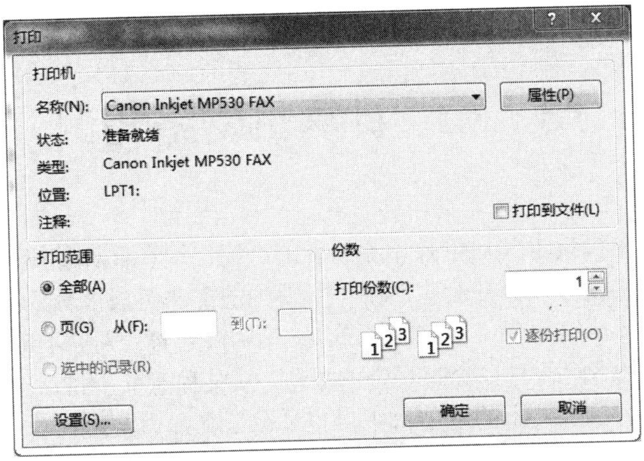

图 6-78　“打印”对话框

4. 将窗体转换为报表

报表设计和窗体的设计方式有许多共同之处，因此，可以将窗体转换为报表。

操作步骤如下。

（1）打开数据库。

（2）在“数据库”窗口中选择“窗体”为操作对象，单击“打开”按钮打开窗体。

（3）在“窗体”窗口中打开“文件”菜单，选择“另存为”命令。

（4）在“另存为”对话框中输入报表名称，选择保存类型为“报表”，单击“确定”按钮。

（5）预览报表，结束“窗体”到“报表”的转换。

第7章　计算机网络知识

计算机网络是计算机技术和通信技术相结合的产物。现在，计算机网络的应用遍布全球，覆盖到各个领域，并已成为人们社会生活中不可缺少的重要组成部分。而对网络的基本了解，则对人们在管理和理解网络服务方面起到了重要的作用。这样，人们不单单可以使用基本的网络功能，而且在处理网络问题时也会有一定的概念。从某种意义上讲，计算机网络的发展水平不仅反映了一个国家的信息技术的发展水平，也是衡量其国力及现代化程度的重要标志之一。

7.1　计算机网络基本知识

7.1.1　计算机网络概述

计算机网络是将地理位置分散并具有独立功能的多个计算机系统通过通信设备和通信线路相互连接起来，在网络协议和软件的支持下进行数据通信，以实现网络中资源共享为目标的系统。网络允许有授权的人们进行文件、数据以及其他一些信息的共享。同样，授权用户可以通过共享的网络或计算机资源进行共享打印、存储等活动。

计算机网络从20世纪60年代开始发展至今，经历了从简单到复杂、从单机到多机、由终端与计算机之间的通信演变成计算机与计算机之间的直接通信，主要包括以下几个发展阶段：

1. 远程联机阶段

为了共享主机资源和数据处理，用一台计算机与多台用户终端相连，用户通过终端命令以交互方式使用计算机，人们把它称为远程联机系统。

2. 多机互联网络阶段

多个主计算机通过通信线路互联起来为用户提供服务。这里的多个主计算机都有自主处理的能力，它们之间不存在主从关系，为用户提供服务的是大量分散而又互联在一起的多台独立的计算机。典型代表是美国的ARPANET，现在流行的互联网就是以其为骨干网络发展起来的。

3. 标准化网络阶段

网络大都由研究单位、大学或计算机公司各自研制，没有统一的网络体系结构，这种网络之间想实现互联是十分困难的。为了实现更大的信息交换与共享，必须开发新一代的计算机网络，这就是开放式、标准化计算机网络。国际标准化组织（ISO）经过几年的工作，于1984年正式颁布了一个称为“开放系统互联参考模型”（OSI/RM）的国际标准。

4. 网络互联与高速网络阶段

进入20世纪90年代，建立在计算机技术、通信技术基础上的计算机网络技术得到了迅猛的发展。特别是1993年美国宣布建立国家信息基础设施（National Information Infrastructure，NII）后，全世界许多国家纷纷制订和建立本国的NII，大力建设信息高速公路，从而极大地推动了计算机网络技术的发展，使计算机网络进入一个崭新的阶段，这就是计算机网络互联与高速网络阶段。

目前，全球以 Internet 为核心的高速计算机互联网络已经形成，Internet 已经成人类最重要的、最大的知识宝库。网络互联和高速计算机网络就成为第四代计算机网络。

一般说来，计算机网络主要功能为信息共享，例如：

（1）人们可以在一台计算机上控制网络中的另一台计算机来播放音乐。

（2）用户如果正使用一台没有 DVD 或 Blue-Ray（蓝光）播放器的计算机，那么他可以使用网络来实现在他人计算机播放 DVD 或蓝光电影，而在自己的显示器中收看。

（3）用户可以通过网络来连接打印机、扫描仪或传真机，使其成为网络设备，通过联网进行操作。

（4）用户可以在一台计算机中建立文件，存储文档，而在另一台计算机中进行访问。

7.1.2 计算机网络的分类

由于计算机本身技术的日益发展和应用越来越广泛，形成了各种不同类型的计算机网络，主要可以归类如下。

1．按覆盖的地理范围划分

可将计算机网络分成局域网、城域网、广域网三种类型。

（1）局域网（Local Area Network，LAN）：是指将近距离的计算机连接成的网络，分布范围一般在几米至几十公里之间。局域网是我们接触最多的一类网络，小到一间办公室，大到整座建筑物，甚至一个校园，一个社区，它们都可以是通过建立局域网来实现资源共享和数据通信。局域网的广泛应用正在使我们的生活方式发生着巨大的改变。与后面要讲到的广域网和城域网相比，局域网最大的特点就是分布范围小、布线简单、使用灵活、通信速度快、可靠性强、传输中误码率低，并且它是被某个组织完全拥有，这个组织有建立它、完善它的权利，同时也有拆除它的权利。

（2）城域网（Metropolitan Area Network，MAN）：是局域网的延伸，用于局域网之间的连接，网络规模局限在一座城市范围内，覆盖的地理范围从几十至几百公里。

（3）广域网（Wide Area Network，WAN）：是指在一个很大地理范围（从数百公里到数千公里，甚至上万公里）将许多局域网相互连接而成的网络。广域网是将远距离的网络和资源连接起来的任何系统，主要用在一个地区、行业甚至在全国范围内组网，达到资源共享的目的。覆盖全球范围的 Internet 是目前最大的广域网。

2．按传输介质划分

传输介质是网络中连接通信双方的物理通道。按照网络中所使用的传输介质，可将计算机网络分为以下两种。

（1）有线通信网：采用同轴电缆、双绞线、光纤等物理介质来传输数据的网络。

（2）无线通信网：采用红外、卫星、微波等无线电波来传输数据的网络。

3．按拓扑结构划分

根据拓扑结构网络可分为星型网络、总线型网络、树型网络、环型网络和网状型网络。

4．按使用范围划分

按使用范围网络可以分为公用网、专用网。公用网又称为公众网，它是为全社会所有的人提供服务的网络。专用网为一个或几个部门所拥有，它只为拥有者提供服务。

7.1.3 计算机网络的组成

计算机网络的组成主要包括三要素：①两台或两台以上独立的计算机。②连接计算机的通信设备和传输介质。③网络软件：包括网络操作系统和网络协议。

计算机网络的计算机主要由网络客户机、服务器组成。

1. 网络客户机

客户机为前台处理机，是发送请求给服务器进程要求其提供服务的计算机，一般采用中档计算机。

2. 服务器

服务器为后台处理机，是指为网络提供资源并对这些资源进行管理的计算机。服务器有文件服务器、通信服务器、数据库服务器等，其中文件服务器是最基本的服务器。服务器一般用较高档的计算机来承担。文件服务器要有丰富的资源，如高性能处理器、足够大的内存、大容量的硬盘、打印机等，这些资源能提供给网络用户共同使用。

7.1.4 计算机网络的拓扑结构

计算机网络的拓扑结构就是指计算机网络中的通信线路和结点相互连接的几何排列方法和模式。网络的拓扑结构可以从逻辑结构和物理结构的角度来看，物理结构主要侧重于网络繁多的结构组成，如：设备位置，光缆的安装；而逻辑结构则主要侧重于网络中数据流的流向，从此可以看出，逻辑结构主要由物理结构所决定。拓扑结构影响着整个网络的设计、功能、可靠性和通信费用等许多方面，是决定局域网性能优劣的重要因素之一。

在网络拓扑结构中主要可分成两大类：物理拓扑和逻辑拓扑。

用于连接设备的布线布局是网络的物理拓扑结构。这指的是布线的布局、节点的位置以及节点与布线之间的互连。网络的物理拓扑是由网络访问设备和媒介的传输能力、控制能力或容错级别，以及与电缆或通信电路相关的成本所决定的。

相反，逻辑拓扑是指信号在网络媒体上的作用方式，或者数据通过网络从一个设备传到另一个设备的方式，而不考虑设备的物理互连。网络的逻辑拓扑不一定与物理拓扑相同。例如，使用中继器集线器的原始双绞线以太网是一个具有物理星型拓扑布局的逻辑总线拓扑。令牌环是一个逻辑环形拓扑结构，但它是由媒体访问单元连接的物理星型结构。

网络拓扑结构基本包含了以下几种基本拓扑：星型、总线型、环型、树型、网状型或混合型。

1. 星型网络

星型网络必须有一个中心结点，网络中的每一个远程结点与中心结点之间都有一条单独的通信线路，所有与中心结点通信的远程结点，都通过各自的通信线路进行工作，彼此互不干扰。如果各远程结点之间要进行通信，都必须经过中心结点的转接。中心结点是其他结点之间进行相互通信的唯一中继结点。其形状像星星一样，故称之为星型网络，其拓扑结构如图 7-1 所示。

优点：单点故障不影响全网，结构简单。结点维护管理容易；故障隔离和检测容易，延迟时间较短。缺点：成本较高，资源利用率低；网络性能过于依赖中心节点。

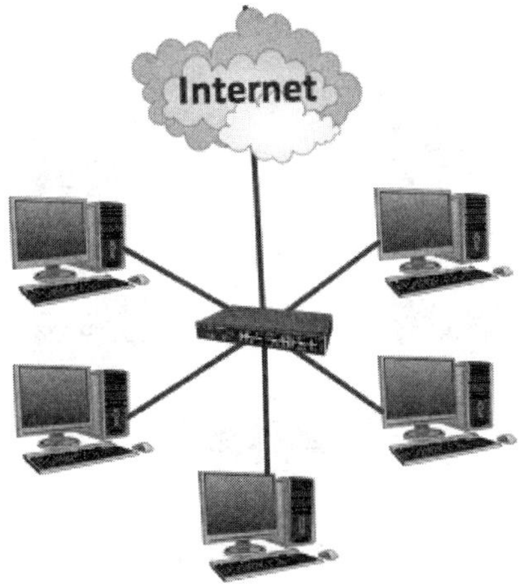

图 7-1 星型结构

2. 总线型网络

总线型网络采用一种高速的物理通路，一般称之为总线。网络上的各个结点都通过相应的硬件接口直接与总线相连接，源信号向连接在总线电缆上的所有节点方向传递，直到它找到预期的接收方。如果机器地址与数据的预期地址不匹配，机器将忽略数据。或者，如果数据与机器地址匹配，则接收数据。由于总线拓扑仅由一根线组成，所以与其他拓扑相比，它的实现成本相当低。然而，实现该技术的低成本被管理网络的高成本所抵消。其拓扑结构如图 7-2 所示。

优点：结构简单，价格低廉，安装使用方便。缺点：故障诊断和隔离比较困难。

图 7-2 总线型结构

3. 环型网络

在环型网络中，每台入网的计算机都先连接到一个转发器（或中继器）上，再将所有的转发器通过高速的点-点式物理连接成为一个环型。网络上的信息都是单向流动的。从任何一个源转发器发出的信息，经环路绕一个方向传送一周后又返回到该源转发器。其拓扑结构如图 7-3 所示。环型网上每个结点都是通过转发器来接收与发送信息的，每个结点都有一个唯一的结点地址，信息按分组格式形成，每个分组都包含了源地址和目的地址，当信息到达某个转发器后，其目的地址与该结点地址相同时，该结点就接收该信息，由于是多个结点共享一个环路，为了防止冲突，在环形网上设置了一个唯一的令牌，只有获得令牌的结点才能发送信息。

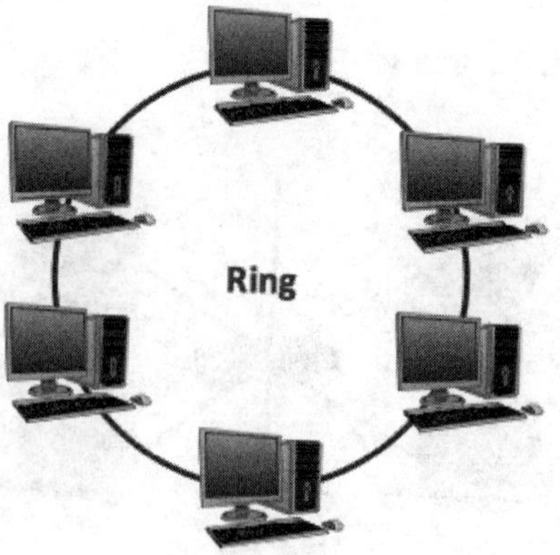

图 7-3　环型结构

优点：简化路径选择控制，传输延迟固定，实时性强，可靠性高。缺点：节点过多时，影响传输效率；环某处断开会导致整个系统的失效，节点的加入和撤出过程复杂。

4. 树型网络

树型结构是星型结构的扩展，树型网络可以看成是由多个星型网络按层次方式排列构成。网络的最高层通常是核心网络设备（亦称为树根结点），最底层（或称为叶子）常为终端或计算机。其他各层可以是计算机或集中器等。

优点：结构比较简单，成本低。扩充节点方便灵活。缺点：对根的依赖性大。

5. 网状型网络

这类网络没有固定的连接形式，是最一般化的网络结构。网络中的任何一个结点一般都至少有两条链路与其他结点相连，它既没有一个自然的中心，也没有固定的信息流向。这种网络的控制往往是分布的，所以，又可称之为分布式网络，其拓扑结构如图 7-4 所示。

优点：具有较高的可靠性。某一线路或节点有故障时，不会影响整个网络的工作。缺点：结构复杂，需要路由选择和流控制功能，网络控制软件复杂，硬件成本较高，不易管理和维护。

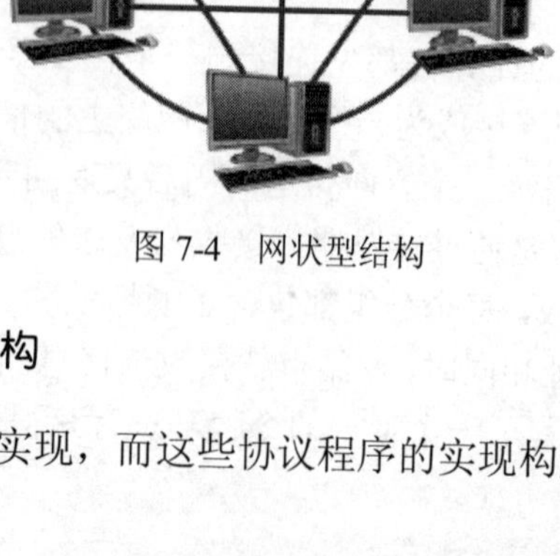

图 7-4　网状型结构

7.1.5　计算机网络体系结构

计算机网络采用通信协议实现，而这些协议程序的实现构成了计算机网络的软件部分，通信协议的集合形成了计算机网络的体系结构。为了减小设计的复杂性，网络的体系结构一般按层次结构组织，每一层协议定义了它具有的功能、它和下一层的接口以及它对上一层的服务。下面简单介绍国际标准化组织（ISO）提出的计算机网络开放系统互联（Open System Interconnection）参考模型，简称 OSI 模型。

1. ISO/OSI 模型

OSI 把计算机中的通信过程划分为如下 7 个不同层次，每一个层次完成一个特定的明确的定义和功能，并按协议相互通信。

第 1 层是物理层（Physical Layer），它主要负责处理信号在通信介质上的传输问题，包含信号的编码等，这一层涉及的是机械、电气、功能和规程等方面的一些协议。在局域网中物理层上的功能基本在网卡上实现。

第 2 层为数据链路层（Data Link Layer），这一层的主要任务是保证连接着的两台机器之间的数据无错传输。数据链路层分为逻辑链路控制（Logical Link Control，LLC）和介质访问控制（Media Access Control，MAC）两个子层，MAC 子层主要定义广播网络中如何控制共享介质的访问。数据链路层的格式一般称为帧（frame）。数据链路层的地址为 MAC 地址也称为物理地址或硬件地址。

第 3 层为网络层（Network Layer），其主要涉及点到点网络中的通信子网，主要负责在通信子网中选择适当的路径（也称路由），当通信子网负载很重时，还要控制流入子网的信息流。网络层的信息格式称为报文分组（packet），网络层的地址通常称为 IP 地址。

第 4 层称为传输层（Transmission Layer），它负责从上一层接收数据，并按一定格式把数据分成若干传输单元，然后交给网络层。传输层的信息格式一般称为报文段（segment）。因为源站点（发送消息的机器）的传输层从上一层接收数据后，要和目的站点（接收消息的机器）的传输层建立一种连接，通常这种连接是一种源站到目的站的无错连接，因此传输层的协议通常称为端到端的协议。

第 5 层、第 6 层和第 7 层分别称为会话层（Session Layer）、表示层（Presentation Layer）和应用层（Application Layer）。这几层主要针对应用而设置。会话层允许不同机器上的用户在彼此之间建立一条会话连接，然后进行文件传输或远程注册等应用操作。表示层通常完成不同机器间的代码转换操作，比如数据的加解密工作。应用层涉及常用的应用协议，如 HTTP、FTP、Telnet、E-mail 等。

OSI 模型是一种概念化的模型，实际中使用的网络体系结构一般遵循它的一些基本原则，但在具体实现上更讲究实用性。例如，实际中一般的网络体系结构没有 7 层，OSI 中的第 5 层、第 6 层和第 7 层在这些体系结构中通常合为一层。

2. TCP/IP 协议

为了更好地理解 TCP/IP 的特点，将 TCP/IP 和 OSI 的 7 层模型作对比，如图 7-5 所示。

（1）TCP/IP 的特点：支持不同操作系统的网络工作站，操作系统可以是 UNIX，也可以是 Windows。TCP/IP 协议的网络环境往往是异构形的。TCP/IP 协议与底层的数据链路层和物理层无关，它广泛支持各种通信网，可实现不同网络上的两台计算机之间的端—端连接。TCP/IP 实际上是一组协议的一个总称，因此有时也称为 TCP/IP 协议族，其中网络接口层什么都没有定义，是 TCP/IP 与各种 LAN 或 WAN 的接口。

OSI	TCP/IP
应用层	应用层（HTTP　Telnet　FTP　SNMP　SMTP　DNS ）
表示层	
会话层	
传输层	传输层（TCP　UDP）
网络层	网络层（IP　ICMP　ARP　RARP）
数据链路层	网络接口层
物理层	

图 7-5　OSI 与 TCP/IP 协议层对比

（2）网络层协议：IP 协议是网间互联的无连接的数据报协议，其基本任务是通过互联网传送数据报。ICMP 协议为了有效转发 IP 数据报和提高交付成功的机会，允许主机或路由器报告差错情况和提供有关异常情况的报告。网络互联通过 IP 协议来实现，但实际通行确是通过 MAC 地址来实现的，ARP 协议主要完成 IP 地址到 MAC 地址的映射表。

（3）传输层协议：主要有传输控制协议（TCP）和用户数据报协议（UDP）两种协议。TCP 协议是 TCP/IP 中的核心，处于传输层，保证不同网络上两个节点之间可靠的端—端通信。如果底层网络具有可靠的通信功能，传输层就可以选择比较简单的 UDP 协议。UDP 协议是不可靠的，UDP 报文可能会出现丢失、重复、失序等现象。

（4）应用层：在不同机型上广泛实现的协议有文件传输协议（FTP）、远程登录协议（Telnet）、简单邮件传送协议（SMTP）、域名服务（DNS）。FTP 在网络上实现文件共享，用户可以访问远程计算机上的文件，进行有关文件的操作，如复制等。Telnet 允许网上一台计算机作为另一台的虚拟终端，用户可在仿真终端上操作网上远程计算机，利用这种功能来享用远程计算机上的资源。SMTP 保证在网络上任何两个用户之间能互相传递报文，它提供报文发送和接收的功能，并提供收发之间的确认和响应。DNS 是一个名字服务的协议，提供主机名字到 IP 地址的转换，允许对名字资源进行分散管理。

7.1.6　局域网

1. 局域网的概念

局域网（Local Area Network，LAN）指的是一组计算机和相关设备，它们共享一个公共通信线路或无线连接到服务器。通常，局域网包括与服务器相连的计算机和外围设备，比如办公室或商业机构。计算机和其他移动设备使用局域网连接来共享资源，例如打印机或网络存储。局域网建网、维护以及扩展等较容易，系统灵活性高。其主要特点是：

（1）覆盖的地理范围较小，只在一个相对独立的局部范围内联网，如一座或集中的建筑群内。

（2）使用专门铺设的传输介质进行联网，数据传输速率高（10Mb/s～10Gb/s）。

（3）通信延迟时间短，可靠性较高。

（4）局域网可以支持多种传输介质。

2. 局域网的构成

局域网可以为 2～3 个用户使用（例如，在一个小型办公室网络中），也可以在大型办公室中为几百个用户服务。局域网包括网络硬件和网络软件两大部分。它的基本组成部分有网卡、传输介质、网络工作站、网络服务器、网间互联设备（中继器、集线器、交换机）、网络系统软件等 6 个部分。局域网允许用户通过广域网络连接到内部服务器、网站和其他局域网。

3. 局域网拓扑结构

局域网拓扑结构主要有总线型、环型、星型、树型结构等，还有专门用于无线网络的蜂窝状物理拓扑。

4. 无线局域网

无线局域网（Wireless LAN/WLAN）是移动用户通过无线连接到局域网（LAN）的一种方式。IEEE 802.11 标准组规定了无线局域网的技术。提供使用了以太网协议和 CSMA/CA（Carrier Sense Multiple Access with Collision Avoidance 避免冲突载波感知多访问）的 802.11 标准，可以用于包括加密方法和有线等效隐私算法路径共享的网络。

在美国，由于无线网络的高带宽设置而使得网络教育的价格相应降低，欧洲也进行了类似的频率设置。预计医院和企业也将安装无线局域网系统，现有局域网尚未全面覆盖。

通过使用来自 Symbionics 网络的技术，无线局域网适配器可以在个人电脑存储卡（PCMCIA）上安装，一般用于笔记本电脑。

7.2　互联网

7.2.1　互联网（Internet）的概念

互联网，有时简称为“网络”，是一个全球性的计算机网络系统——一个网络中的网络，在这个网络中，任何一台计算机有权限用户就可以从任何其他计算机获取信息（有时还可以直接与其他计算机的用户交谈）。它是由美国政府的高级研究计划局（ARPA）于 1969 年提出的，最初被称为 ARPANET。这个设计的目标是创建一个网络，让一所大学研究计算机的用户可以“与”其他大学的计算机进行“对话”。ARPANET 设计的一个附带好处是，由于消息可以在多个方向上路由，即使在军事攻击或其他灾难发生时，网络的某些部分被破坏，网络也可以继续运行。

中国早在 1987 年就由中国科学院高能物理研究所首先通过 X.25 租用线实现了国际远程联网，并于 1988 年实现了与欧洲和北美地区的 E-mail 通信。1993 年 3 月经电信部门的大力配合，开通了由北京高能所到美国 Stanford 直线加速中心的高速计算机通信专线。

现在，互联网是一个公共的、合作的、可自我维护的硬件设施，全世界数以亿计的人们都可以使用。从物理上讲，互联网使用了一部分现有公共电信网络的全部资源。从技术上讲，因特网的区别在于它使用了一组名为 TCP/IP 的协议。概括起来，Internet 由以下 4 部分组成。

1. 通信线路

通信线路是 Internet 的基础设施，各种各样的通信线路将 Internet 中的路由器、计算机等连接起来，可以说没有通信线路就没有 Internet。Internet 中的通信线路归纳起来主要有两类：有线线路（如光缆、铜缆等）和无线线路（如卫星、无线电等），这些通信线路有的由公用数据网提供，有的是单位自己建设。

2. 路由器

路由器是 Internet 中最为重要的设备，它是网络与网络之间联接的桥梁。数据从源主机出发通常需要经过多个路由器才能到达目的主机，当数据从一个网络传输至路由器时，路由器需要根据所要到达的目的地，为其选择一条最佳路径，即指明数据应该沿着哪个方向传输。如果所选的道路比较拥挤，路由负责指挥数据排队等待。

3. 服务器与客户机

所有连接在 Internet 上的计算机统称为主机，接入 Internet 的主机按其在 Internet 中扮演的角色不同，将其分成两类，即服务器和客户机。所谓服务器就是 Internet 服务与信息资源的提供者，而客户机则是 Internet 服务与信息资源的使用者。作为服务器的主机通常要求具有较高的性能和较大的存储容量，而作为客户机的主机可以是任意一台普通计算机。

4. 信息资源

Internet 上信息资源的种类极为丰富，主要包括文本、图像、声音或视频等多种信息类型，涉及科学教育、商业经济、医疗卫生、文化娱乐等诸多方面。用户可以通过 Internet 查询科技资料、获取商业信息、收听流行歌曲、收看实况转播等。

7.2.2 Internet 提供的服务方式

虽然 Internet 提供的服务越来越多，但这些服务一般都是基于 TCP/IP 协议的，Internet 的信息服务主要有以下 4 种。

1. WWW 服务

WWW 的含义是 World Wide Web（环球信息网），是一个基于超文本方式的信息查询服务。WWW 是由欧洲粒子物理研究中心（CERN）研制的，通过超文本方式将 Internet 上不同地址的信息有机地组织在一起。WWW 提供了一个友好的界面，大大方便了人们浏览信息，而且 WWW 方式仍然可以提供传统的 Internet 服务，如 Telnet、FTP、E-mail 等。

2. 文件传输服务（File Transfer Protocol，FTP）

FTP 解决了远程传输文件的问题，只要两台计算机都加入互联网并且都支持 FTP 协议，它们之间就可以进行文件传送。FTP 实质上是一种实时的联机服务。用户登录到目的服务器上就可以在服务器目录中寻找所需文件，FTP 几乎可以传送任何类型的文件，如文本文件、二进制文件、图像文件、声音文件等。一般的 FTP 服务器都支持匿名（anonymous）登录，用户在登录到这些服务器时无须事先注册用户名和口令，只要以 anonymous 为用户名，以自己的 E-mail 地址作为口令就可以访问该 FTP 服务器了。

3. 电子邮件服务（E-mail）

E-mail 是一种利用网络交换文字信息的非交互式服务。只要知道对方的 E-mail 地址，就可以通过网络传输转换为 ASCII 码的信息，用户可以方便地接收和转发信件，还可以同时向多个用户传送信件。电子邮件使网络用户能够发送和接收文字、图像和语音等多种形式的信息。使用电子邮件的前提是拥有自己的电子信箱，即 E-mail 地址，实际上就是在邮件服务器上建立一个用于存储邮件的磁盘空间。

4. 远程登录（Telnet）

Telnet 服务用于在网络环境下实现资源共享。利用远程登录，用户可以把一台终端变成另一主机的远程终端，从而使用该主机系统允许外部使用的任何资源。它采用 Telnet 协议，使多台计算机共同完成一个较大的任务。

7.2.3 IP 地址和域名地址

1．IP 地址

IP（Internet Protocol）协议又称互联网协议，是支持网间互联的数据报协议，它与 TCP 协议（传输控制协议）一起构成了 TCP/IP 协议族的核心。它提供网间连接的完善功能，包括 IP 数据报规定互联网络范围内的 IP 地址格式。

IP 地址用于标识连入 Internet 上的每台主机，它是每台主机唯一的标识。在 IPv4 中，一个 IP 地址由 32 个二进制比特数字组成，通常被分割为 4 段，每段 8 位，并用点分开的十进制数表示，如下所示：

aaa.bbb.ccc.ddd

每段的取值范围是 0～255，最多容纳的机器数是 255×255×255×255，约 42 亿台。

例如，腾讯首页的 IP 地址（IP address）为

00001110　00010001　00100000　11010011

14　.　17　.　32　.　211

每个 32 位的 IP 地址被分为网络号和主机号两个部分，如图 7-6 所示。

1）网络号：用于确定计算机从属的物理网络。

2）主机号：用于确定该网络中的一台计算机。

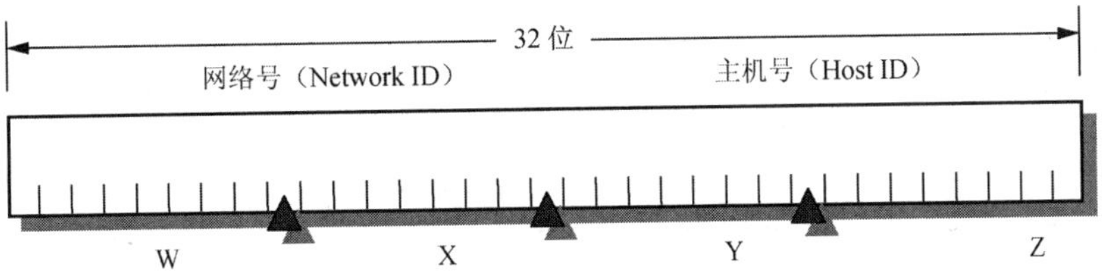

图 7-6　IP 地址结构

为了便于寻址和层次化地构造网络，IP 地址被分为 A、B、C、D、E 5 类。

（1）A 类地址。

A 类地址的网络号由第一组 8 位二进制数表示，网络中的主机标识占 3 组 8 位二进制数。A 类地址的特点是网络标识的第一位二进制数取值必须为“0”，通常分配给拥有大量主机的网络（如主干网）。A 类地址区间为 1.×.×.×～127.×.×.×，如图 7-7 所示。

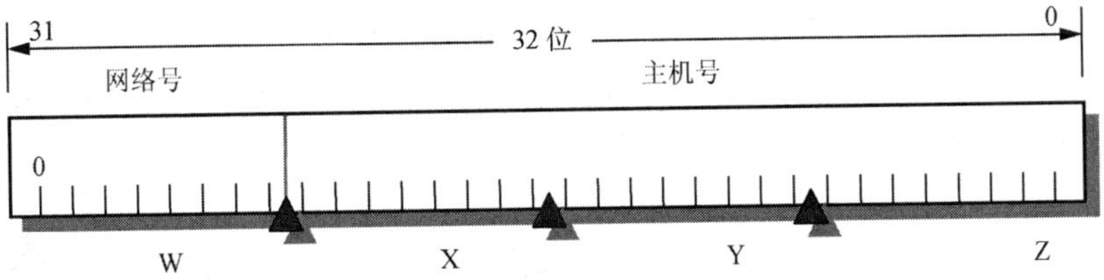

图 7-7　A 类 IP 地址结构

（2）B 类地址。

B 类地址的网络标识由前两组 8 位二进制数表示，网络中的主机标识占两组 8 位二进制数。

B 类地址的特点是网络标识的前两位二进制数取值必须为“10”，适用于结点比较多的网络（如区域网）。B 类地址区间为 128.×.×.×～191.×.×.×，如图 7-8 所示。

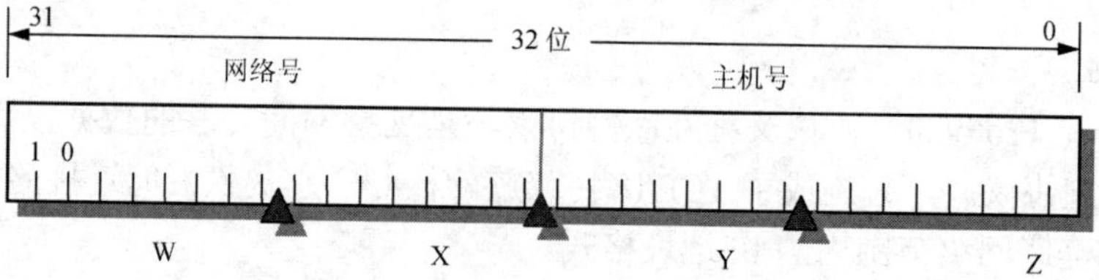

图 7-8　B 类 IP 地址结构

（3）C 类地址。

C 类地址的网络标识由前 3 组 8 位二进制数表示，网络中主机标识占 1 组 8 位二进制数。C 类地址的特点是网络标识的前 3 位二进制数取值必须为“110”，适用于结点比较少的网络（如校园网）。C 类地址区间为 192.×.×.×～223.×.×.×，如图 7-9 所示。

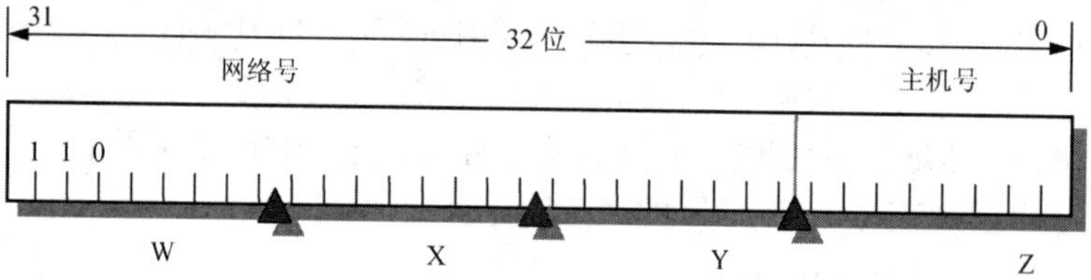

图 7-9　C 类 IP 地址结构

D 类地址用于组播，传送至多个目的地址，E 类为保留地址，以备将来使用。

3 类地址的取值区间及主要用途如表 7-1 所示。

表 7-1　3 类地址的取值区间及用途

IP 地址类型	第一字节取值	主要用途
A 类	0～127	用于主机数达 1600 多万台的大型网络
B 类	128～191	适用于中等规模的网络，每个网络所能容纳的计算机数为 6 万多台
C 类	192～223	适用于小规模的局域网络，每个网络最多只能包含 254 台计算机

2. 域名地址

尽管用数字表示的 IP 地址可以唯一确定某个网络中的某台主机，但其不便于记忆。为此，TCP/IP 协议的专家们创建了域名系统（Domain Name System，DNS），用域名表示 IP 地址，为 IP 地址提供了简单的字符表示法，每一个域名也必须是唯一的，并与 IP 地址一一对应。这样，人们就可以使用域名来方便地进行相互访问。在 Internet 上有许多 DNS 服务器，能自动完成 IP 地址与其域名之间的相互翻译工作。

域名的一般格式如表 7-2 所示。

表 7-2　域名的一般格式

单位名称	协议名	主机名	网络名	所属机构名	顶级域名
沈阳大学域名	http://	www	.syu	.edu	.cn
新浪中国域名	http://	www	.sina	.com	.cn

其中，主机名由用户自己命名；机构名在申请注册时确定。我国的域名注册由中国互联网络信息中心（CNNIC）统一管理。机构名代码由 3 个字母组成，常见的机构性质代码及含义如表 7-3 所示。

表 7-3 机构代码及含义

顶级域名代码	国家或地区名称	机构代码	机构名称
cn	中国	com	商业机构
jp	日本	edu	教育机构
hk	中国香港	gov	政府机构
uk	英国	int	国际机构
ca	加拿大	mil	军事机构
de	德国	net	网络服务机构

7.2.4 联接 Internet 的方式

目前常见的联接 Internet 的方式有通过光缆上网、通过专线上网、通过有线电视网络上网、通过无线上网 4 种。其中光缆上网的方式最为普遍。

在学校或工作单位局域网方式上网方式则是最常见的。通过路由器将本地计算机局域网作为一个子网联接到 Internet，使得局域网中所有计算机都能够访问 Internet。但访问 Internet 的速率要受局域网出口（路由器）速率和同时访问 Internet 的用户数量的影响。这种接入方式适用于用户数量多且较集中的情况。

而在家庭中由于无线终端的大量增加，无线方式上网则变成大多数家庭的选择。使用无线电波将移动端系统（笔记本电脑、PDA、手机等）和移动运营商的基站连接起来，基站又通过有线方式联入 Internet。

7.2.5 IPv6 简介

以往 Internet 中使用的是 IPv4 协议，简称 IP 协议。由于 IP 协议本身导致 IP 地址分配方案不尽合理，比如一个 B 类地址的网络理论上可以用约 65000 个 IP 地址，由于没有这么多主机接入使得部分 IP 地址闲置，并且不能被再分配。其次是 IP 地址没有有效平均分配给需要大量 IP 地址的国家，比如麻省理工学院拥有 1600 多万 IP 地址，而分配给我国的地址量还没有这么多。这样就导致了 IP 地址危机的发生，为了彻底解决 IPv4 存在的上述问题，就必须采用新一代 IP 协议，即 IPv6。

IPv6 是互联网工程任务组（Internet Engineering Task Force，简称 IETF）设计的用于替代现行版本 IP 协议（IPv4）的下一代 IP 协议。IPv6 的地址格式采用 128 位二进制来表示，IPv6 所拥有的地址容量约是 IPv4 的 8×10^{28} 倍。它不但解决了网络地址资源数量的问题，同时也为除计算机外的设备连入互联网的数量限制扫清了障碍。

1. IPv6 的特点

（1）IPv6 地址长度为 128 比特，地址空间增大了 2^{96} 倍。

（2）灵活的 IP 报文头部格式，使用一系列固定格式的扩展头部，取代了 IPv4 中可变长度的“选项”字段，使路由器可以简单路过“选项”而不做任何处理，加快了报文处理速度。

（3）IPv6 简化了报文头部格式，字段只有 7 个，加快了报文转发，提高了吞吐量。

（4）提高了安全性。身份认证和隐私权是 IPv6 的关键特性。

（5）允许协议继续演变，增加了新的功能，使之适应未来技术的发展。

2. 与 IPv4 相比，IPv6 具有的优势

（1）更大的地址空间。由原来的 32 位扩充到 128 位，彻底解决 IPv4 地址不足的问题；支持分层地址结构，从而更易于寻址。

（2）安全结构。IPv6 自动支持 IPSec，强化网络安全。

（3）自动配置。大容量的地址空间能够真正地实现无状态地址自动配置，使 IPv6 终端能够快速连接到网络上，无需人工配置。

（4）服务质量功能。IPv6 包的包头包含了实现 QoS 的字段，通过这些字段可以实现有区别的和可定制的服务。

（5）性能提升。报文分段处理、层次化的地址结构、包头的链接等方面使 IPv6 更适用于高效的应用程序。

（6）可移动性。IPv6 包含了针对移动 IP 的结构。一个主机可以漫游到其他网络，同时保持它最初的 IPv6 地址。

（7）简化的包头格式。有效减少路由器或交换机对报头的处理开销，这对设计硬件报头处理的路由器或交换机十分有利。

（8）加强了对扩展报头和选项部分的支持。这除了让转发更为有效外，还对将来网络加载新的应用提供了充分的支持。

7.3 Internet 的应用

7.3.1 WWW 的基本概念

WWW 即“世界范围内的网络”“布满世界的蜘蛛网”，俗称“万维网”、3W 或 Web，是使用最广泛的一种 Internet 服务。它通过超文本向用户提供全方位的多媒体信息，从而为全世界的 Internet 用户提供了一种获取信息、共享资源的全新途径。它使用超文本开发语言（HTML）、信息资源的统一格式（URL）和超文本传送通信协议（HTTP）。WWW 浏览器是一种客户端程序。

7.3.2 浏览器的使用

目前常用的浏览器有 Internet Explorer，360 安全浏览器等，本章主要介绍 360 安全浏览器的使用，其他浏览器的使用大同小异。如图 7-10 所示为 360 安全浏览器启动后的界面，下面来了解浏览器最常用的功能。

（1）地址栏：在联网状态下，在此处键入 Web 页地址（URL）就能游览其主页。

（2）“后退”按钮：单击此按钮可返回到前一页。

（3）“前进”按钮：如果已访问过很多 Web 页，单击此按钮可进入下一页。

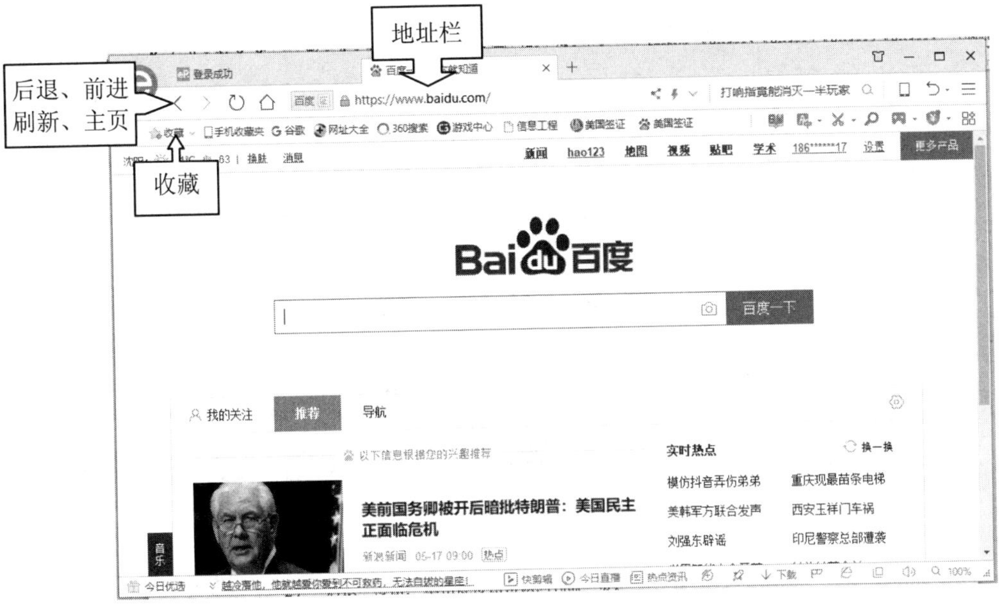

图 7-10 360 浏览器启动后的界面

（4）“刷新”按钮：如果所有最新的或希望看到的信息都未出现，那么单击此按钮可更新当前页。

（5）“主页”按钮：单击此按钮可进入主页（打开浏览器时首先看到的页）。

（6）“收藏夹”按钮：单击此按钮可打开收藏夹栏，可以在其中存储最常访问的站点或文档快捷方式。

7.3.3 电子邮件的收发

电子邮件也称为 E-mail，与传统的通信方式相比有着巨大的优势，它所体现的信息传输方式与传统的信件有较大的区别。

（1）发送速度快：通常在数秒钟内即可将邮件发送到全球任意位置的收件人邮箱中。

（2）信息多样化：除普通文字内容外，还可以发送软件、数据、动画等多媒体信息。

（3）收发方便：用户可以在任意时间、任意地点收发 E-mail，跨越了时空限制。

（4）成本低廉：除网络使用费外，无需其他开支。

（5）更为广泛的交流对象：同一个信件可以通过网络极快地发送给网上指定的一个或多个成员。

（6）安全：作为一种高质量的服务，电子邮件是安全可靠的高速信件递送机制，Internet 用户一般只通过 E-mail 方式发送信件。

电子邮件地址的典型格式是用户名@邮件服务器名称。其中用户名由用户申请时设置的，邮件服务器名称由 ISP 提供，如 peng_zc@163.com。

（1）首先要注册一个电子邮箱账号，如图 7-11 所示。这里选择目前常用的 163 邮件系统。在地址栏中输入 mail.163.com 后，页面自动跳转到登录和注册页面。如果没有邮箱，则可进行注册。

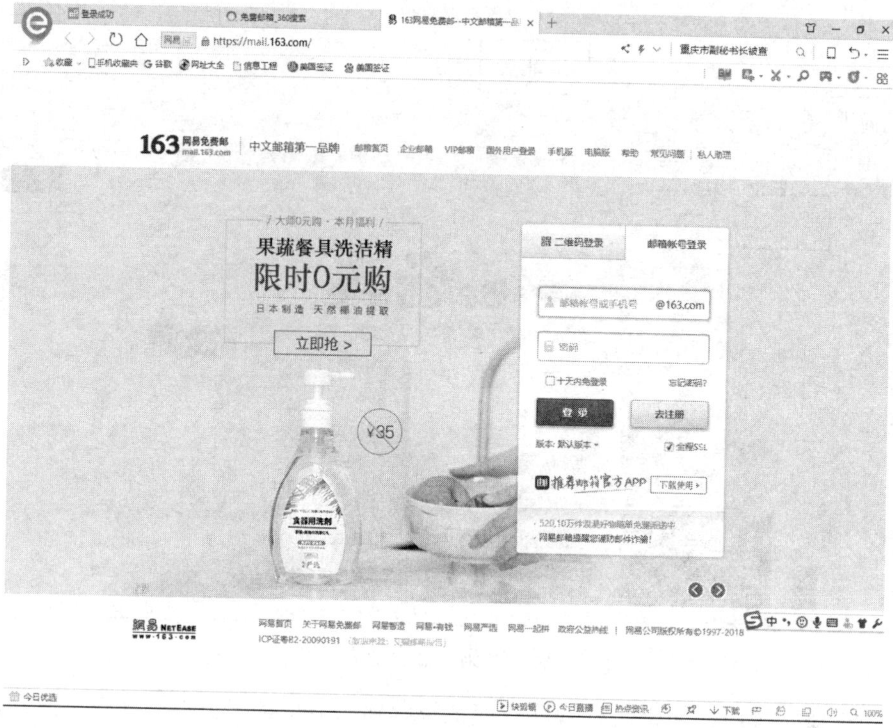

图 7-11　网易 163 免费邮箱登录界面

（2）注册页面如图 7-12 所示，可以按照提示进行填写。

图 7-12　注册邮箱

（3）登录邮箱后，单击“收信”后的页面，如图 7-13 所示，就可以阅读邮件内容。

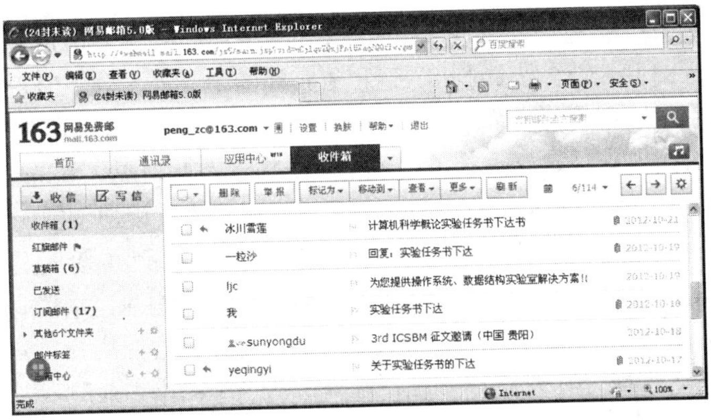

图 7-13 收件箱界面

（4）新建或回复邮件（含邮件正文与附件），如图 7-14 所示。

图 7-14 新建或回复邮件（带附件）界面

7.3.4 远程登录服务

远程登录（Telnet）是 Internet 最早提供的基本服务功能之一。Internet 中的用户远程登录是指使用 Telnet 命令，使自己的计算机暂时成为远程计算机的一个仿真终端的过程。

在分布式计算环境中，常常需要调用远程计算机资源同本地计算机协同工作，这样可以用多台计算机来共同完成一个较大的任务。协同操作的方式要求用户能够登录到远程计算机中，启动某个进程并使进程之间能够相互通信。为了达到这个目的，人们开发了远程终端协议，即 Telnet 协议（TCP/IP 协议的一部分，详细定义客户机与远程服务器之间的交互过程）。

远程登录实际上可以看成是互联网的一种特殊通信方式，它的功能是把用户正在使用的终端或主机变成它要在其上登录的某一远程主机的仿真远程终端。

利用远程登录，用户可以通过自己正在使用的计算机与其登录的远程主机相联，进而使用该主机上的多种资源，这些资源包括该主机的硬件资源、软件资源以及数据资源。可远程登录的主机一般都位于异地，但使用起来就像在身旁一样方便。

远程登录的工作原理是使用远程登录服务，用户必须在自己的计算机（称作“本地计算机”）上运行一个称为 Telnet 的程序，该程序通过互联网联接所指定的计算机（称作“远程计算机”），这个过程称为“联机”。联机成功后，有些系统还要求输入用户名和密码进行登录。一旦登录成功，Telnet 程序就作为本地机与远程机之间的中介而工作。用户用键盘在本地机上输入的所有东西都将传给远程机，而远程机显示的一切东西也将传送到用户的本地机上，并在屏幕上显示出来。对用户来说，好像在使用本地机一样。由此可见，Telnet 程序的功能就是将本地机与远程主机连接起来，并将远程主机上的各种资源提供给用户使用。

Telnet 的工作过程：在 TCP/IP 和 Telnet 协议的帮助下，通过本地机安装的 Telnet 应用程序向远程计算机发出登录请求。远程计算机在收到请求后对其响应，并要求本地机用户输入用户名和口令。然后，远程计算机系统将验证本地机用户是否为合法用户，若是合法用户，则登录成功。登录成功后，本地计算机就成为远程计算机的一个终端。此时，用户使用本地键盘所输入的任何命令都通过 Telnet 程序送往远程计算机，在远程计算机中执行这些命令，并将执行结果返回到本地计算机的屏幕上。

通过“控制面板”→“管理工具”→“服务”或者“开始”→“运行”，输入 services.msc 进入服务项列表之后，找到 telnet，可以看到它是被禁用的，此时你需要在“禁用”处右击，选择“属性”并在里面将“禁用”改为“手动”，然后再启动状态栏右击，选择“启动”。

7.3.5 文件传输与云盘

1. 文件传输

FTP 用于 Internet 上的控制文件的双向传输。同时，它也是一个应用程序（application）。用户可以通过它把自己的 PC 与世界各地所有运行 FTP 协议的服务器相联，访问服务器上的大量程序和信息。FTP 的主要作用就是让用户连接上一个远程计算机（这些计算机上运行着 FTP 服务器程序），查看远程计算机上有哪些文件，然后把文件从远程计算机上复制到本地计算机上，或把本地计算机的文件送到远程计算机上。

（1）FTP 的目标。

1）促进文件的共享（计算机程序或数据）。

2）鼓励间接或者隐式地使用远程计算机。

3）向用户屏蔽不同主机中各种文件存储系统的细节。

4）可靠和高效地传输数据。

（2）FTP 的缺点。

1）密码和文件内容都使用明文传输，可能产生不希望发生的窃听。

2）因为必须开放一个随机的端口以建立连接，当防火墙存在时，客户端很难过滤处于主动模式下的 FTP 流量。这个问题通过使用被动模式的 FTP 得到了很大的解决。

2. 云盘

云盘是一种专业的网络存储工具。它是用户的个人网络硬盘，随时随地的安全存放数据和重要资料，云盘是互联网云技术的产物，它通过互联网为企业和个人提供信息的储存、读取、下载等服务，具有安全稳定、海量存储的特点。

云盘相对于传统的实体磁盘来说，更方便，用户不需要把储存重要资料的实体磁盘带在身上。却一样可以通过互联网，轻松从云端读取自己所存储的信息。

云盘提供拥有灵活性和按需功能的新一代存储服务，从而防止了成本失控，并能满足不断变化的业务重心及法规要求所形成的多样化需求。

具有以下特点：

（1）安全保密：密码和手机绑定、空间访问信息随时告知。

（2）超大存储空间：不限单个文件大小，支持 10G 独享存储。

（3）好友共享：通过提取码轻松分享。

比较知名而且好用的云盘服务商有百度网盘、360 云盘、微云等。如图 7-15 所示为百度网盘。

图 7-15　百度网盘

人们可以通过百度 APP 扫描登录，或进行注册后登录使用。如需注册，可点击立即注册按钮进入到注册页面，如图 7-16 所示，用户可根据提示完成注册。

图 7-16　百度网盘注册页面

注册成功后，系统自动登录进入到百度网盘中，网盘的基本页面如图 7-17 所示。在这里用户可以进行本地文件向网盘上传、网盘的管理、网盘文件向本地下载等功能。

图 7-17　百度网盘页面

7.3.6　即时通信

即时通信，通常简称为 IM（Instant Messaging），是通过一个独立的应用程序或嵌入式软件进行实时消息的交换。聊天室有很多用户参与多个对话重叠不同，IM 会话通常是在两个用户之间以一种私人的、来回的方式进行交流。

许多即时通信客户端的核心功能之一是查看朋友或同事是否在线，并通过所选的服务进行连接。随着技术的发展，许多 IM 客户端增加了交换功能的支持，这不仅仅是文本消息，同样允许在 IM 会话中进行文件传输和图像共享等操作。

即时消息在消息交换的即时性上不同于电子邮件。它以会话为基础开始和结束。因为模仿面对面的交谈，所以传输个人信息往往是简短的。而电子邮件通常反映的是一种较长形式的书信写作风格。

通常，IM 用户必须了解彼此的用户名，以启动 IM 会话或将其添加到联系人列表或好友列表中。一旦确定并选择了目标收件人，发送方就会打开一个 IM 窗口来开始会话。

在 IM 工作中，两个用户必须同时在线。尽管几乎所有的即时消息平台允许在线和离线用户之间的异步交互。但如果不支持脱机消息传递，与一个不可用的用户传输将会导致一个通知即传输无法完成。此外，预期的接收者必须愿意接受即时消息，可通过配置 IM 客户端来拒绝特定用户。

当收到 IM 时，它会通过包含传入消息的窗口向接收方发出提示。或根据用户的设置，窗口可以指示 IM 已经到达，并提示接受或拒绝它。现在一些常见的 IM 软件有：Apple Messages（以前的 iMessage），Facebook Messenger，微软 Skype，微信（WeChat）和 Windows Live Messenger 等。而在这些 IM 应用中，我国的微信则是增长速度最快的。

微信是腾讯在中国开发的一款手机短信和语音信息通信服务，于 2011 年 1 月首次发布。该应用程序可在安卓、iPhone、黑莓、Windows Phone 以及个人计算机平台上使用。自从发布之日起微信拥有超过 7 亿的下载量，拥有 3 亿活跃用户。这使得它成为了世界上最受欢迎的社交应用之一，也成为 WhatsApp 和 Viber 的有力竞争者。

微信具有视频聊天、语音通话、短信、游戏、二维码扫描等多种功能，并在应用程序中提供了完整的移动商务功能。

微信领先于其他公司，因为它有一个突出的特点——移动商务。微信拥有一个成熟的移动商务平台，内置电子商务平台－微信支付。使用微信支付，用户可以很方便地完成支付交易。

7.4　信息检索与信息发布

7.4.1　信息检索的概念

信息检索（Information Retrieval）是指信息按一定的方式组织起来，并根据信息用户的需要找出有关信息的过程和技术。狭义的信息检索就是信息检索过程的后半部分，即从信息集合中找出所需要的信息的过程，也就是常说的信息查寻（Information Search 或 Information Seek）。

1．信息检索的手段

信息检索的手段有手工检索、光盘检索、联机检索和网络检索，概括起来分为手工检索和机械检索。

手工检索指以手工翻检的方式、利用工具书（包括图书、期刊等）来检索信息的过程，优点是回溯性好，没有时间限制，不收费；缺点是费时、效率低。机械检索指利用计算机检索数据库的过程，优点是速度快；缺点是回溯性不好，且有时间限制。

计算机检索、网络文献检索为现有信息检索的主流。

2．信息检索的对象

（1）文献检索（Document Retrieval）是以文献（包括题录、文摘和全文）为检索对象的检索，可分为全文检索和书目检索两种。

（2）数据检索（Data Retrieval）是以数值或数据（包括数据、图表、公式等）为对象的检索。

（3）事实检索（Fact Retrieval）是以某一客观事实为检索对象，查找某一事物发生的时间、地点及过程。

7.4.2　常用的搜索引擎

Internet 是一个巨大的信息资源宝库，几乎所有的 Internet 用户都希望宝库中的资源越来越丰富，使之应有尽有。的确，每天都有新的主机联接到 Internet 上，每天都有新的信息资源被添加到 Internet 中，使 Internet 中的信息以惊人的速度增长。然而 Internet 中的信息资源被分散在无数台主机之中，如果用户对所有主机的信息都做一番详尽的考察，无异于痴人说梦。那么用户如何在数百万个网站中快速有效地查找想要得到的信息呢？这就要借助于 Internet 中的搜索引擎。

搜索引擎是 Internet 上的一个网站，它的主要任务是在 Internet 中主动搜索其他 Web 站点中的信息并对其自动索引，其索引内容存储在可供查询的大型数据库中。当用户利用关键字查询时，该网站会告诉用户包含该关键字信息的所有网址，并提供通向该网站的链接。常见的中文搜索引擎有百度、必应、搜狗等，如表 7-4 所示。

表 7-4 常用的搜索引擎

搜索引擎	URL 地址
百度	http://www.baidu.com
搜狗	http://www.sogou.com
必应	http://cn.bing.com

7.4.3 中国期刊网文献检索

中国期刊网是中国学术期刊电子杂志社编辑出版的，以《中国学术期刊（光盘版）》全文数据库为核心的数据库，目前已经发展成为“CNKI 中国知网”。其收录的资源包括期刊、博硕士论文、会议论文、报纸等学术与专业资料，覆盖了理工、社会科学、电子信息技术、农业、医学等 9 大专辑、126 个专题数据库，收录了 1994 年以来中国出版发行的 6600 种学术期刊全文，数据每日更新，支持跨库检索。其网络地址为 http://www.cnki.net/，如图 7-18 所示。

图 7-18 “中国知网”检索首页

7.4.4 信息发布

1. 信息发布

信息发布是将原始材料（视频、文字、图片）通过网络，传递到分布于各地的显示终端（电视机、LED、投影仪等），以丰富多彩、声情并茂的方式进行播放，从而达到良好的通知、公告、广告等宣传效果。信息发布系统可以广泛地应用于银行、法院、政府、企业、商场、超市等。

发布的信息可以是各种形式，其中包括多媒体视频、图片、文字、音乐等。在高端的信息发布系统软件中，用户还可以使用实时数据性更强的数据库、实时更新的网络新闻、实时更新的公用信息（天气预报、车船票信息）等。典型的信息发布网站有阿里巴巴（http://www.alibaba.com）、中国制造（http://www.made-in-china.com）、环球资源网（http://www.globalsources.com）等。

2. 微博

微博，即微博客（MicroBlog）的简称，是一个基于用户关系信息分享、传播以及获取的平台，用户可以通过 Web、WAP 等各种客户端组建个人社区，以 140 字左右的文字更新信息，并实现即时分享。最早也是最著名的微博是美国 Twitter，如图 7-19 所示。

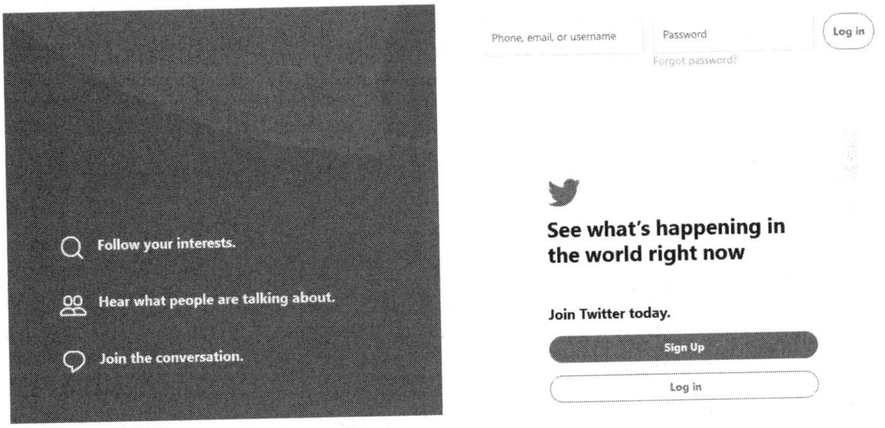

图 7-19　Twitter 微博

2009 年 8 月中国门户网站新浪推出“新浪微博”内测版，成为门户网站中第一家提供微博服务的网站，微博正式进入中文上网主流人群视野，除了新浪微博，腾讯微博也有庞大的用户群，如图 7-20 所示。

图 7-20　腾讯微博

7.5 网络服务

7.5.1 在线服务

在网络普及的今天，越来越多的传统业务也转移到了线上实现，如产品的售后服务、产品的预定、在线支持等。

第一个在线商业服务于 1979 年上线。CompuServe（20 世纪 80 年代和 90 年代 H&R 集团旗下）和 The Source（《读者文摘》旗下）被认为是为个人电脑用户服务的第一个主要在线服务。利用基于文本的界面和菜单，这些服务允许任何有调制解调器和通信软件的人使用电子邮件、聊天、新闻、金融和股票信息、BBS 和一般信息进行信息的交换。订阅者只能与同一服务的其他订阅者交换电子邮件。

在线服务提供的一些资源和服务包括信息板、聊天服务、电子邮件、文件档案、当前新闻和天气、在线百科全书、机票预订和在线游戏。像 CompuServe 这样的主要在线服务提供商也为软件和硬件制造商提供了一种方式，通过论坛和在线服务提供商网络的文件下载区域为他们的产品提供在线支持。在网络出现之前，这种服务支持必须通过由公司运营的私人电子公告板系统进行，并通过直接电话线进行访问。

在全球范围内在线服务有很多，如 AOL（American Online），提供 E-mail、浏览、信息等服务。也有维基百科（Wikipedia），提供信息的查询，词条的颁布等服务。以维基百科为例，它是一个以多种语言编写的网络百科全书，Wiki 指的是多人写作的超文本协作工具，Wiki 可允许多人进行维护，可根据共同的主题进行扩展、探讨甚至修正。维基百科中文词条数已经超过百万，英文词条已超过 500 万，如图 7-21 所示。因此，维基百科已经成为最大的信息共享网站，全世界已有近 3.65 亿人使用维基百科。

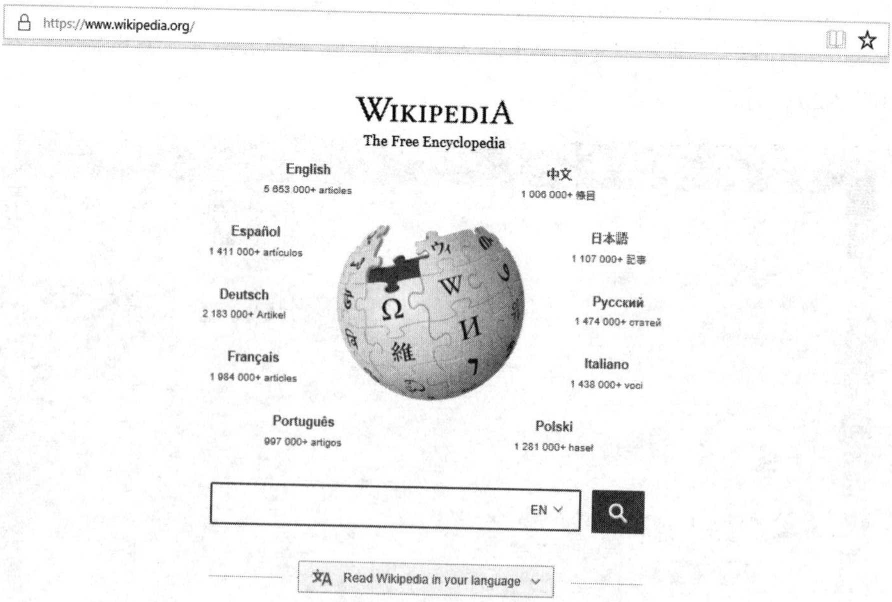

图 7-21　维基百科

在我国常见的商业在线服务有很多，如携程一类非实体销售服务公司或是一些实体厂商的售后服务的在线服务。

携程是一家创立于 1999 年的在线票务服务公司，总部设在中国上海。到今天，携程旅行网提供超过 600,000 家国内外酒店可供预订，是中国最大的酒店预订服务中心之一。携程网主要提供酒店住宿、旅游服务、机票等在线服务等，如图 7-22 所示。

图 7-22 携程旅游服务

7.5.2 在线学习

在线学习指的是一种已经被国际认可的网络学习的方式，学生不需要在校园里上课，他们可以任意选择上课的时间和地点。在线学习的目标人群是那些希望有灵活学习时间的人。

现如今很多学校或培训机构都采用在线学习的授课方式，无论是在线授课还是校园授课都必须遵循同样严格的标准。在线课程在入学标准和整体工作量方面对校内课程具有同等的价值。唯一不同的是课程的授课方式。

在线学习指的是在网络上进行课程的讲解，作业的提交，最后的课程审核。它的前身是远程教育，主要是以电视、电话的教学方式。而 2012 年后慕课（Massive Open Online Course，MOOC）的出现，则使得在线学习变得更加普及。

MOOC 指的是大规模网络公开课程，通过网络的无限访问和开放使得人们可以进行学习内容的获取。除了传统的课程材料：如录制的讲座、阅读材料和习题之外，许多 MOOC 提供互动的用户论坛以支持学生、教授和助教之间的互动。MOOCs 是近年来广泛研究的远程教育发展项目。为了促进资源的重复使用，早期的 MOOCs 经常强调开放特性，例如可开放内容、开放结构和学习目标；而后来的 MOOCs 则注重采用封闭资源，但相应的课程材料为注册学生提供免费的访问。

全球著名的 MOOC 课程的详细资料如表 7-5 所示。

表 7-5 常用 MOOC 课程资料

课程提供	类型	参与学校	国家	承建时间	许可
Coursera	收费	斯坦福大学、普林斯顿大学、亚利桑那州立大学、马里兰大学、俄亥俄州立大学、伊利诺伊大学香槟分校	美国	2012	可免费注册为用户，不同的课程许可证
OpenLearning	收费	澳大利亚新南威尔士大学、马来西亚泰莱的大学、澳大利亚查尔斯特大学、马来西亚国立大学、马来西亚技术大学	澳大利亚	2012	
edX	免费	麻省理工学院、哈佛大学、布朗大学、波士顿大学、加州大学伯克利分校、京都大学、澳大利亚国立大学、阿德莱德大学、昆士兰大学、达特茅斯学院、马德里自治大学、科廷大学、康奈尔大学、哥伦比亚大学、宾夕法尼亚大学、马里兰大学系统	美国	2012	受版权保护

现在在中国也有大量的 MOOC，绝大多数高校都会提供慕课为学生选择，但有一部分慕课仅提供学生上课的内容而非是学分或是学位。也有很多的慕课平台可供比较和筛选，如：中国慕课（图 7-23）、慕课网等。

图 7-23 中国慕课

7.5.3 电子商务

电子商务是一种电子类或网络类商业或商业交易的术语，包含互联网上的商业信息的传递。它涵盖了一系列不同类型的业务，从消费者的零售网站，拍卖或音乐网站，到商业交易所交易商品和公司之间的服务都是电子商务的主要服务方面。它是目前互联网最重要的网络活动之一。

电子商务使消费者能够以电子方式交换商品和服务，没有时间或距离的障碍。电子商务业务在过去五年中迅速扩张，而这种趋势将以更快的速度发展下去。在不久的将来，随着越来越多的企业将部分业务转移到互联网上，“传统”和“电子”商业之间的界限将变得越来越模糊。

电子商务可以根据销售情况和销售模式进行分类。如果对网上销售的产品进行分类可以分为实物型电子商务和服务型电子商务。

1. 出售实物商品的商店

这一类是典型的在线零售商。可以包括服装商店、家居用品商店和礼品店，他们出售实体商品的商店并在网上展示商品，让购物者在虚拟购物车中添加他们喜欢的东西。一旦交易完成，商店通常会将订单发送给顾客，越来越多的零售商正在实施线上购买，店内取货等举措。

一些著名的零售商都采用这种方式，如：优衣库和 H&M。

2. 基于服务的销售商

服务也可以在线购买和销售。在线咨询师和自由职业者通常是从事服务类电子商务的人。

服务的购买过程取决于商家。有些人可能允许你直接从他们的网站或平台上购买他们的服务。另一些服务提供商则要求客户先与他们联系（比如预约咨询）来确定需求。

3. 数字产品销售

电子商务本质上是高度数字化的，因此许多商家在网上销售“电子产品”也就不足为奇了。常见的数字产品包括电子书、软件、图形和虚拟物品。而有的电子商务平台即提供实物商品，又提供数字产品，如亚马逊中国，如图 7-24 所示。

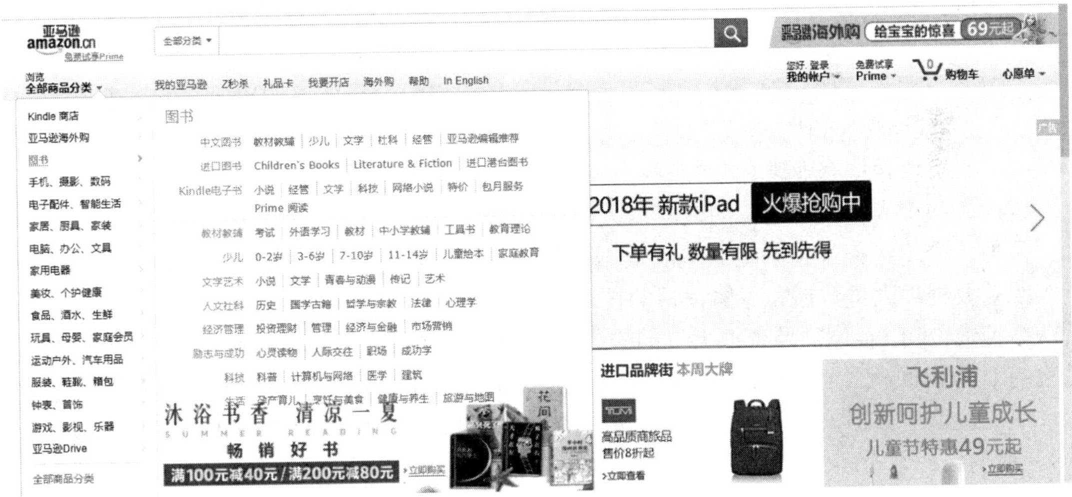

图 7-24　亚马逊中国电子书销售

电子商务也可以通过交易方进行分类。这些通常包括：

（1）企业对消费者（Business to Consumer，B2C），交易发生在企业和消费者之间。在 B2C 电子商务中，企业是向终端用户（即消费者）销售产品或服务的企业。

网上零售通常采用 B2C 模式。沃尔玛（Walmart）和宜家（IKEA）等在线商店的零售商都是从事 B2C 电子商务的企业。

（2）企业对企业（Business to Business，B2B），是指在两个企业之间进行的交易。任何公司的客户都是其他业务的 B2B 模式。例如，一个小型企业的在线会计软件 Xero 或者一个在线工资处理公司 ADP。

（3）消费者对企业（Consumer to Business，C2B），发生在消费者出售或为企业提供货币价值。许多众筹活动都是在 C2B 电子商务下进行的。

Soma 是一家销售环保水过滤器的公司，它是一家从事 B2C 电子商务的公司。早在 2012 年，Soma 就发起了一项 Kickstarter 众筹活动，为其产品的制造提供资金。这个项目成功后 Soma 筹集了 147444 美元。

（4）消费者对消费者（Consumer to Consumer，C2C），发生在两个消费者之间的买卖。C2C 通常发生在淘宝或闲鱼等在线市场，其中一个人向另一个人销售产品或服务。

（5）政府对商业（Government to Business，G2B），这类交易主要发生在公司向政府在线支付货物，服务或费用。如，在线报税系统。

（6）企业对政府（Business to Government，B2G），当一个政府实体使用互联网从企业购买商品或服务时，交易可能会在 B2G 电子商务下。比方说，一个城市或城镇政府部门雇佣了一家网站设计公司来更新其网站。这种类型的交易可能被认为是 B2G 的一种形式。

（7）政府对消费者（Goverment to Consumer，G2C），消费者也可以参与 B2C 电子商务。在网上支付交通罚单或支付汽车登记续期费用的人就属于这一类。

7.5.4 大数据

大数据在近些年是一个非常流行的词。所谓的大数据指的是大量的结构化和非结构化数据，使用传统的数据库和软件技术很难对其进行处理。对于大多数企业来说，数据量过大或传输过快都会超过当前企业的数据处理能力。

尽管存在很多问题，但是大数据对企业运营做出更快、更明智的决策会起到非常大的作用。当企业可以准确抓取、格式、操作、存储和分析这些数据时，可以帮助公司获得有用信息，而这些信息可以帮助企业进行业务改进、增加收入、获取新客户或留住老客户。

因此，很多人都持有这样的疑问：大数据究竟是数据量还是新的数据技术？

虽然这个术语似乎指的是大量的数据，但事实并非这么简单。供应商指的大数据，一般指组织需要处理大量数据和存储设备的技术（包括工具和过程）。“大数据”这个词被认为起源于网络搜索公司，他们需要查询大量的松散的结构化数据来进行分析。而另一方面大数据指的是它的单位 petabytes（=1024 TB）或 exabytes（=1024 PB），这些数据由数十亿到数万亿人的记录组成，这些数据来自不同的来源（如 Web、销售、客户联系中心、社交媒体、移动数据等），数据是通常不完整且不可访问的松散结构化数据。

还有很多人认为大数据可以控制业务数据集的类型。在处理较大的数据集时，组织在创建、操作和管理大数据方面面临各种困难。大数据是商业分析中的一个问题，因为标准工具和程序不是用来搜索和分析海量数据集的。

大数据可以用数据的极端量、各种类型的数据和必须处理数据的速度来描述。虽然大数据不涉及任何具体的数量，但在谈到单位为 petabytes 和 exabytes 的数据量时，那么基本上指的就是大数据。

由于大数据与传统的关系数据库进行分析和关联所花费的时间和金钱都十分巨大，因此，新的存储和分析数据的方法已经出现，这些数据依赖于数据模式和数据质量。大数据分析常常与云计算相关联，因为实时分析大数据集需要一个像 Hadoop 这样的平台，在分布式集群和 MapReduce 之间存储大型数据集，以协调、组合和处理来自多个数据源的数据。

尽管对大数据分析的需求很高，但是目前缺少数据科学家和其他分析人员，他们在分布式的开源环境中处理大数据。在企业中，供应商通过创建 Hadoop 设备来帮助公司利用他们拥有的半结构化和非结构化数据来应对这种短缺。

大数据可以与小数据进行对比，小数据是另一个演进的术语，通常用来描述数据的容量和格式可以很容易地用于自助服务分析。一个经常引用的公理是“大数据是为计算机准备的，而小数据是为人们准备的”。

第 8 章　程序设计初步

8.1　程序的基本概念

程序（Program）就是一种命令序列的组合。

1. 程序

程序是软件开发人员根据用户需求开发的、用计算机语言描述的适合计算机执行的指令（语句）序列。但是由于计算机还不能理解人类的自然语言，所以还不能用自然语言编写计算机程序。

2. 计算机语言

计算机语言（Computer Language）指用于人与计算机之间通信的语言。计算机语言是人与计算机之间传递信息的媒介。

计算机能够直接处理的是二进制——能被计算机直接处理的符号只有两个：0 和 1，由这些二进制数构成的计算机语言被称为“机器语言”。

如：计算机中二进制数与英文字母的对应关系：

01000001	A	01100001	a
01000010	B	01100010	b

3. 汇编语言

汇编语言（Assembly Language）也叫用助记符语言，是面向机器的程序设计语言。在汇编语言中，用助记符代替操作码，用地址符号（Symbol）或标号（Label）代替地址码。这样用符号代替机器语言的二进制码，就把机器语言变成了汇编语言。于是汇编语言亦称为符号语言。

人们很难“读”懂二进制的机器语言，字面的理解性很差，人们最容易接受自己每天都使用的自然语言。因此人们设计了一种新的计算机语言——汇编语言，它是通过“指令”的形式指挥计算机完成特定的操作，为了使机器指令的书写和理解变得容易，需要借鉴自然语言的优点。汇编语言使用符号来代表不同的机器指令，而这些符号非常接近于自然语言的要素。基本上，汇编语言里的每一条指令，都对应着处理器的一条机器指令。当计算机执行汇编语言的时候，先将对应的指令翻译成机器语言即二进制代码。

下面是一段汇编语言的代码：

```
MOV AL,10；数值 10 送寄存器 AL
MOV AH,5；  数值 5 送寄存器 AH
ADD AH,AL；AH 与 AL 中的值相加，结果回送 AH
```

4. 高级语言

高级语言（High-level programming language）相对于机器语言而言，是高度封装了的编程语言，与低级语言相对。

由于汇编语言依赖于硬件体系，且助记符量大难记，于是人们又发明了更加易用的所谓高级语言。高级语言是一种接近于人们使用习惯的程序设计语言。它允许用英文写解题的计算程序，程序中所使用的运算符号和运算式子，都和我们日常用的数学式子差不多。高级语言容易学习，通用性强，书写出的程序比较短，便于推广和交流，是很理想的一种程序设计语言。

高级语言其语法和结构更类似普通英文，且由于远离对硬件的直接操作，使得一般人经过学习之后都可以编程。高级语言通常按其基本类型、代系、实现方式、应用范围等分类。

高级语言并不是特指的某一种具体的语言，而是包括很多编程语言，如目前流行的 Java，C，C++，C#，Pascal，Visual FoxPro，Visual Basic，这些语言的语法、命令格式都不尽相同。

5. 计算机病毒

（1）计算机病毒（Computer Virus）：它是一种程序，是编制者在计算机程序中插入的破坏计算机功能或者数据的代码，能影响计算机使用，能自我复制的一组计算机指令或者程序代码。计算机病毒就像生物病毒一样，具有自我繁殖、互相传染以及激活再生等生物病毒特征。计算机病毒有独特的复制能力，它们能够快速蔓延，又常常难以根除。它们能把自身附着在各种类型的文件上，当文件被复制或从一个用户传送到另一个用户时，它们就随同文件一起蔓延开来。

（2）计算机病毒的五大特征。

1）传染性：计算机病毒传染性是指计算机病毒程序通过非法手段修改别的程序将其自身复制或其变体复制传染到其他无毒的对象上，这些对象可以是一个程序也可以是系统中的某一个部件。达到其破坏更多目标的目的。

2）潜伏性：计算机病毒潜伏性是指计算机病毒像生物病毒一样，依附于被侵害对象之后并不立刻发作，而是依赖依附于其他媒体寄生，侵入后的病毒潜伏到条件成熟才发作。

3）隐蔽性：计算机病毒具有很强的隐蔽性，可以通过病毒软件检查出来，隐蔽性的特征使得计算机中病毒在发作之前可以很好地隐藏自已。

4）可触发性：编制计算机病毒的人，一般都为病毒程序设定了一些触发条件，如系统时钟的某个时间或日期、系统运行了某些程序等。一旦条件满足，计算机病毒就会“发作”，使系统遭到破坏。

5）破坏性：计算机中毒后，可能会导致正常的程序无法运行，把计算机内的文件删除或受到不同程度的损坏。破坏引导扇区及 BIOS，破坏硬件环境等。

8.2　算法与流程图

8.2.1　算法

1. 算法

算法是为解决一个特定问题而采取的特定的操作步骤。广义地说，做任何事情都有算法，对于将要处理的问题，事先整理出一个解决的思路，正确的拟定出每一个操作步骤和过程。

2. 算法的特征

算法是在有限步骤内求解某一问题所使用的一组定义明确的规则。通俗点说，就是计算机解题的过程。在这个过程中，无论是形成解题思路还是编写程序，都是在实施某种算法。前者是推理实现的算法，后者是操作实现的算法。

一个算法应该具有以下五个重要的特征：

（1）有穷性：一个算法必须保证执行有限步之后结束。

（2）确切性：算法的每一步骤必须有确切的定义。

（3）输入：一个算法有 0 个或多个输入，以刻画运算对象的初始情况，所谓 0 个输入是指算法本身定义了初始条件。

（4）输出：一个算法有一个或多个输出，以反映对输入数据加工后的结果。没有输出的算法是毫无意义的。

（5）可行性：算法原则上能够精确地运行，而且人们用笔和纸做有限次运算后即可完成。

同学们在使用计算机来解决问题的时候，可能会感觉到无从下手，很茫然。其实计算机在进行事物处理的时候是将事件当成一个过程，将事件分解成一个序列组合，按次序将事件组合分别完成的一个过程。

8.2.2 流程图

流程图是一种算法的图形描述工具。它用一些几何图形（图 8-1）表示一些不同的操作，并在图形中写上一些简单的文字或符号，注明相应的操作，并用箭头表示操作的次序。目前流程图已经标准化了。

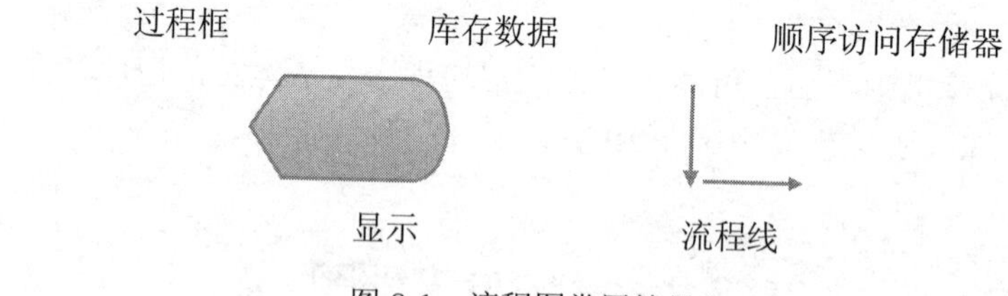

图 8-1 流程图常用符号

例 8-1 有 3 个数 A、B、C，要找出其中最大的数。

算法思路：

我们考虑处理这类问题的思路是：先将 A 与 B 进行比较，将较大的一个数存放到一个变量 MAX 中，接下来用 C 和存放在 MAX 中的数据进行比较，若 C 比 MAX 中的数据大，则可以判定 C 是三个数中最大的数，我们将会把 C 存放到 MAX 中替代原来存放在 MAX 中的数据

（A 或 B 中较大的数）；若 C 比 MAX 中存放的数据小，则可以判定。原来存放在 MAX 中的数据是最大的，不用替换。

通过上述的一个处理过程，我们就完成了 A，B，C 三个数中挑选最大数的任务。上面的思路就是算法，将算法利用计算机能读得懂的语言来描述，就是编写程序。

其流程图如图 8-2 所示。

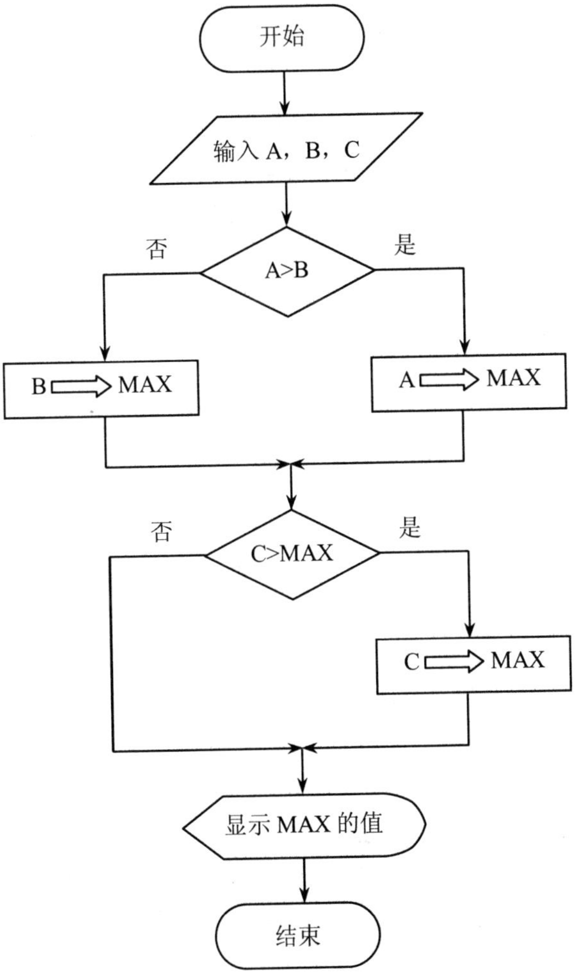

图 8-2　三个数比较大小的流程图

例 8-2　有 10 个数，要找出其中最大的数。

算法思路：

本题的思路是如同打擂，首先让第一个人（数）上台，然后让第二个人（数）上台与他比较，胜者留在台上，逐个比较完毕后，留下的就是最大的数。算法是对解题过程的抽象和精确描述。

流程图如图 8-3 所示。

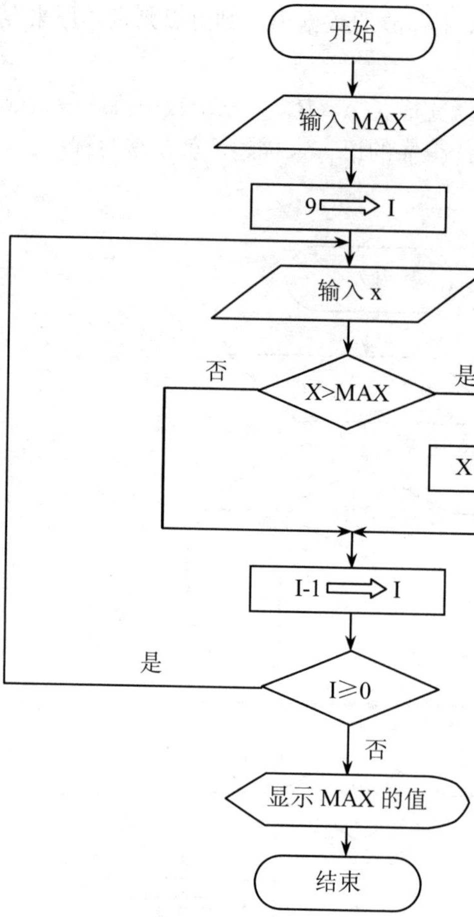

图 8-3　多个数比较大小的流程图

8.2.3　N-S 图

1973 年美国学者 I.Nassi 和 B.Shneiderman 提出了一种新的流程图形式，这种流程图完全去掉了流程线，算法的每一步都用一个矩形框来描述，把一个个矩形框按执行的次序连接起来就是一个完整的算法描述。这种流程图用两位学者名字的第一个字母来命名，称为 N-S 流程图示例如图 8-4 所示。

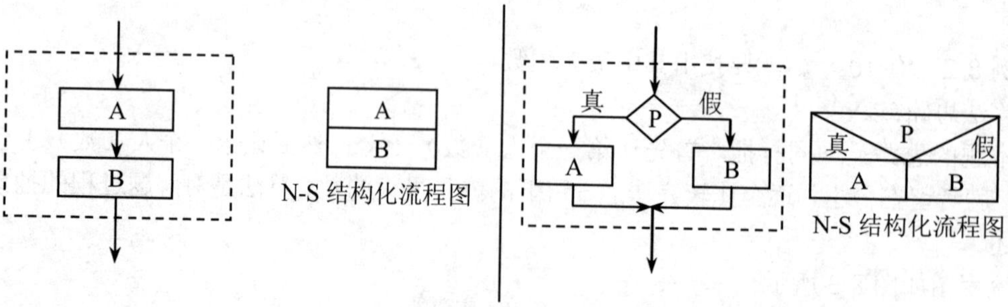

图 8-4　流程图与 N-S 图

在 N-S 图中，每个“处理步骤”是用一个盒子表示的，所谓“处理步骤”可以是语句或语句序列。需要时，盒子中还可以嵌套另一个盒子，嵌套深度一般没有限制，只要整张图在一页纸上能容纳得下，由于只能从上边进入盒子然后从下边走出，除此之外没有其他的入口和出口，所以，N-S 图限制了随意的控制转移，保证了程序的良好结构。

N-S 图的优点：

首先，它强制设计人员过程进行思考并描述他的设计方案，因为除了表示几种标准结构的符号之处，它不再提供其他描述手段，这就有效地保证了设计的质量，从而也保证了程序的质量；第二，N-S 图形象直观，具有良好的可见度。例如循环的范围、条件语句的范围都是一目了然的，所以容易理解设计意图，为编程、复查、维护都带来了方便；第三，N-S 图简单、易学易用，可用于软件教育和其他方面。

N-S 图的缺点：

手工修改比较麻烦，这是有些人不用它的主要原因。

8.3　程序的基本结构

8.3.1　顺序结构

结构化程序设计的思想是将一个问题分解为若干个小问题。

算法举例

例 8-3　求圆面积的程序。

程序中语句的执行是如何的？

第一步：输入圆的半径

第二步：半径相乘；再乘π

第三步：输出计算结果

程序的执行是按顺序从第一条语句开始执行到最后一条语句，这种程序结构称为顺序结构。

在程序设计中，通常按照程序的执行过程将程序的结构形式分成三种结构，顺序结构是最简单的程序结构，它是由若干个依次执行的处理步骤组成的。如图 8-5，A 语句和 B 语句是依次执行的，只有在执行完 A 语句后，才能接着执行 B 语句。

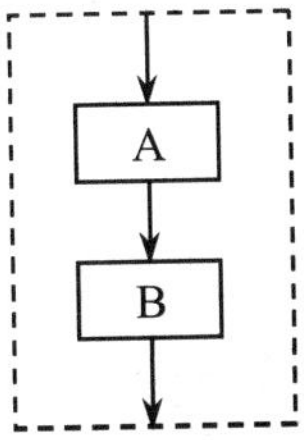

图 8-5　顺序结构

思考题：输入两个数，然后交换这两个数，再输出它们交换后的结果。

8.3.2　分支结构

在处理实际问题时，只有顺序结构是不够的，经常会遇到一些条件的判断，流程根据条件是否成立有不同的流向。

分支结构是根据指定的条件进行判断，根据判断的结果在两条分支路径中选择其中一条执行。对于要先做判断再选择的问题就要使用分支结构。分支结构的执行是依据一定的条件选择执行路径，而不是严格按照语句出现的物理顺序。分支结构的程序设计方法的关键在于构造合适的分支条件和分析程序流程，根据不同的程序流程选择适当的分支语句。分支结构适合于带有逻辑或关系比较等条件判断的计算，设计这类程序时往往都要先绘制其程序流程图，然后根据程序流程写出源程序，这样做把程序设计分析与语言分开，使得问题简单化，易于理解。分支结构图如图 8-6 所示。

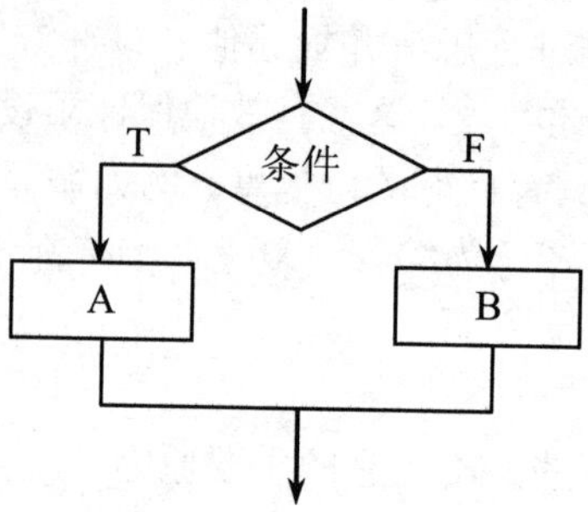

图 8-6　分支结构图

例 8-4　编写程序求两个数差的绝对值。

流程图如图 8-7 所示。

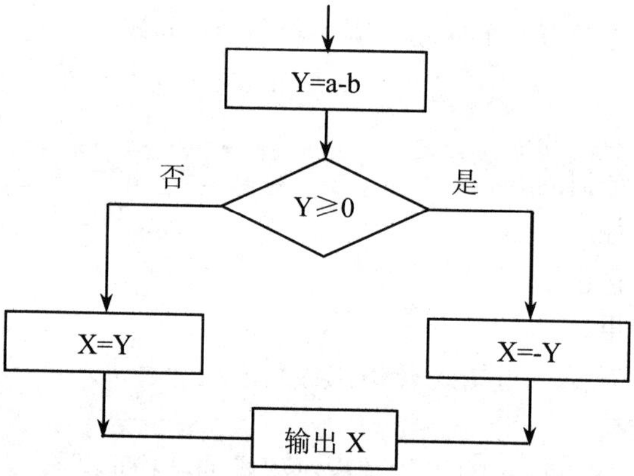

图 8-7　例题 8-4 流程图

程序语言：

（1）给 a, b 两个变量赋值。

（2）将 a 与 b 的差赋值给 Y。

（3）判断 Y 是否大于等于零。

（4）$X=\begin{cases} Y \geqslant 0 \text{ 则将Y的值赋值给X} \\ Y<0 \text{ 则将负Y赋值给X} \end{cases}$。

（5）输出 X。

（6）结束程序。

例 8-5　求一元二次方程 $aX^2+bX+c=0$ 的根。

流程图如图 8-8 所示。

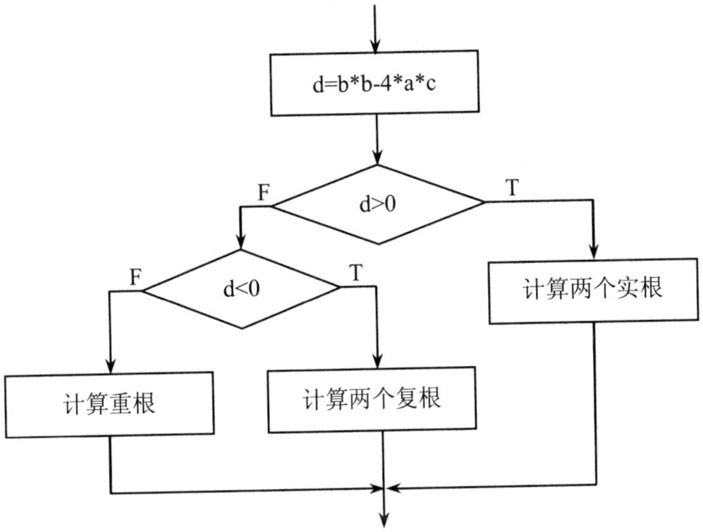

图 8-8　例题 8-5 流程图

程序语言：

（1）分别给 a，b，c 三个变量赋值。

（2）将 b^2-4ac 赋值给 d。

（3）判断

$$d>0\ \begin{cases} d>0 & \text{则计算两个实数根} \\ d\leqslant 0 & \text{则再分两种情况} \end{cases}$$

$$d\leqslant 0\ \begin{cases} d=0 & \text{则计算两个相同的根} \\ d<0 & \text{则没有实数根} \end{cases}$$

（4）输出根。

这种先根据条件做出判断，再决定执行哪一种操作的结构称为分支结构，也称为选择结构。

思考题：输入一个正整数，判断它是偶数还是奇数。

8.3.3　循环结构

在进行日常事物处理的时候，常常会遇到要重复多次处理类似事件的情况，例如一个班级有 30 名同学，考试大于等于 60 分记成“通过”，小于 60 分记成“未过”。那么对于这个事情，相似的操作就要重复 30 次。这样的事情在程序处理的时候就可以借助于一种叫做“循环结构”的程序结构来进行处理。

循环结构有一个人为设定的条件，当条件成立的时候，执行循环体中的程序，当条件不成立的时候，跳出循环，执行循环结构后面的程序。

循环结构可以减少源程序重复书写的工作量，用来描述重复执行某段算法的问题，这是充分利用计算机运算快的特点而采用的一种程序结构。

循环结构的三个要素：循环变量、循环体和循环终止条件。循环结构在流程图中利用判断框来表示，判断框内写上条件，两个出口分别对应着条件成立和条件不成立时所执行的不同指令，其中一个要指向循环体，然后再从循环体回到判断框的入口处。需要重复执行同一操作的结构称为循环结构，即从某处开始，按照一定条件反复执行某一处理步骤，反复执行的处理步骤称为循环体。

常见的两种循环结构：

（1）当型循环：先判断所给条件是否成立，若该条件成立，则执行循环体；再判断条件是否成立；若条件还成立，则又执行循环体，若此反复，直到某一次条件不成立时为止。

（2）直到型循环：先执行循环体，再判断所给条件是否成立，若条件不成立，则再执行循环体，如此反复，直到条件成立，该循环过程结束。

循环结构图如图 8-9 所示。

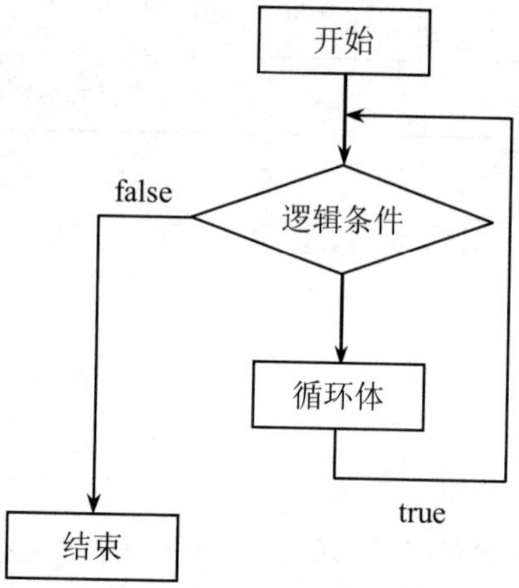

图 8-9　循环结构图

思考题：如计算 1+2+3+…+100 的和，我们可以利用循环结构控制程序按照一定的条件或者次数重复执行。

参考文献

[1] 张宇．计算机基础与应用（第二版）．北京：中国水利水电出版社，2014.

[2] 华文科技．新编 Word/Excel/PPT 商务办公应用大全．北京：机械工业出版社，2017.

[3] 李彤，张立波，贾婷婷．Word/Excel/PPT2016 商务办公从入门到精通．北京：电子工业出版社，2016.

[4] John Walkenbach．中文 Excel 2016 宝典（第九版）．北京：清华大学出版社，2016.

[5] 卢山．大学计算机信息素养．北京：中国水利水电出版社，2017.

[6] John Walkenbach．中文 Excel 2016 宝典（第九版）．北京：清华大学出版社，2016.

[7] 凤凰高新教育．Excel 2016 完全自学教程．北京：北京大学出版社，2017.

[8] 李洪发．Excel 2016 中文版完全自学手册．北京：人民邮电出版社，2017.

[9] 王秉宏．Access 2016 数据库应用教程．北京：清华大学出版社，2016.